中国农田面源污染防控

杨林章　薛利红　巨晓棠
　　　　　　　　　　　　著
沈阿林　钟旭华　张爱平

U0263248

科学出版社

北京

内 容 简 介

本书介绍了中国主要农区农田化肥施用状况与面源污染的特征，确定了主要作物体系的氮磷平衡及盈余指标，重点论述了农田化肥减量、面源污染物拦截阻断和环境源养分的农田回用等技术及面源污染防控的新材料和新产品，提出了不同作物体系的农田面源污染控制方案，展示了技术应用的效果，并阐述了未来农田面源污染治理面临的形势和发展趋势。

本书可为从事农田面源污染防控研究的科技工作者、相关专业的研究生及农业技术推广工作者提供参考，也可为农业经营者和管理工作者提供技术支持与解决方案。

图书在版编目(CIP)数据

中国农田面源污染防控/杨林章等著. —北京：科学出版社，2022.6
ISBN 978-7-03-070599-0

Ⅰ.①中… Ⅱ.①杨… Ⅲ.①农业污染源-面源污染-污染防治-中国 Ⅳ.①X501

中国版本图书馆 CIP 数据核字(2021)第 227520 号

责任编辑：周 丹 沈 旭/责任校对：郝甜甜
责任印制：赵 博/封面设计：许 瑞

科学出版社 出版
北京东黄城根北街 16 号
邮政编码：100717
http://www.sciencep.com

北京科印技术咨询服务有限公司数码印刷分部印刷
科学出版社发行 各地新华书店经销
*
2022 年 6 月第 一 版 开本：787×1092 1/16
2025 年 4 月第三次印刷 印张：25 1/2 插页：8
字数：629 000
定价：199.00 元
(如有印装质量问题，我社负责调换)

作 者 分 工

第1章　杨林章

第2章　巨晓棠　牛新胜　石　宁　侯朋福　熊正琴　黄农荣　傅友强
　　　　陈　潇　梁开明　李　斐　赵世翔　赵凤亮　单　颖

第3章　巨晓棠　牛新胜　侯朋福　熊正琴　梁开明　余超然　李　斐
　　　　赵世翔　赵凤亮　邹刚华　井永苹

第4章　杨正礼　张爱平　刘宏元　张英鹏　赵同凯　薛利红　杨林章
　　　　钟旭华　梁开明　赵凤亮　李　斐　赵世翔　张白鸽　尹龙泉
　　　　胡香玉

第5章　沈阿林　李　华　薛利红　梁开明　赵凤亮　李晓娜　俞映倞
　　　　段婧婧　侯朋福　李朝霞　牛新胜　张白鸽　熊正琴　史志华
　　　　单　颖

第6章　薛利红　杜会英　陈喜靖　段婧婧　喻　曼　高文萱

第7章　薛利红　冯彦房　熊正琴　何世颖　张白鸽　陈喜靖　侯朋福
　　　　赵凤亮　刘宏元　单　颖　曹　健

第8章　巨晓棠　牛新胜　薛利红　李　彦　张英鹏　熊正琴　梁开明
　　　　张白鸽　李　斐　赵世翔　赵凤亮　邹刚华

第9章　钟旭华　梁开明　张爱平　薛利红　赵凤亮　李　斐　杨正礼
　　　　潘俊峰　傅友强　刘宏元　邹刚华　赵世翔　陈荣彬

第10章　杨林章　薛利红

前　言

　　中国是一个高度集约化的农业大国，也是一个人口大国，粮食生产是国家安全的重要基础。为了获得高产，化肥等生产资料被大量投入，但化肥利用率低，导致大量的氮磷从农田排出，成为环境污染的重要来源之一。据《第二次全国污染源普查公报》，2017年全国种植业水污染物排放（流失）量为：氨氮 8.30 万 t、总氮 71.95 万 t、总磷 7.62 万 t，分别占全国水污染物排放总量的 8.62%、23.66% 和 24.16%，农业源水污染物排放总量的 38.39%、50.85% 和 35.94%。可见，农田是主要的农业源污染物排放点，控制农田面源污染是我国水环境治理和农村生态环境改善的迫切需求。

　　为了有效控制农业面源污染，农业部（现为农业农村部）提出了"一控两减三基本"的治理目标，并发布了《农业部关于打好农业面源污染防治攻坚战的实施意见》等文件，在全国范围内开展农业面源污染防治的攻坚战。为了配合该攻坚战的实施，农业部启动了一批公益性行业科研（农业）专项，"化肥面源污染农田综合治理技术方案"就是其中之一。该项目的目标是全面分析我国主要农区化肥施用状况，摸清化肥施用引起的农田面源污染特征，研发防控农田面源污染的技术，提出我国农田面源污染治理的系统解决方案，并通过规模化的示范推广，为我国农田面源污染的治理提供技术支撑和示范样板。项目由江苏省农业科学院牵头，组织了中国农业大学、中国农业科学院、中国热带农业科学院、浙江省农业科学院、广东省农业科学院、山东省农业科学院、北京市农林科学院、南京农业大学、华中农业大学、内蒙古农业大学等十多家单位开展联合攻关，在我国主要的粮食和经济作物产区——华北平原的小麦-玉米和蔬菜种植区、长江中下游的稻-麦产区和蔬菜种植区、华南的双季稻产区和多熟蔬菜产区、内蒙古的马铃薯产区、华南的香蕉产区等地开展了试验研究和技术示范，经过 5 年的实施，突破了一批农田面源污染治理的关键技术，取得了一批创新性的成果，在总结凝练的基础上汇编成本专著，为我国农田面源污染的防控提供科学依据和技术支撑。

　　本专著共分 10 章，第 1 章为绪论，第 2 章介绍了我国主要农区的化肥施用状况与污染现状，第 3 章介绍了主要作物体系的氮磷平衡及盈余指标，第 4 章介绍了农田化肥科学减量与结构调控技术，第 5 章讨论了化肥损失过程控制及高效阻断技术，第 6 章重点介绍了环境养分农田回用与化肥替代技术，第 7 章介绍了用于农业面源污染治理的新材料、新产品和新装备，第 8 章介绍了主要农区不同作物体系氮磷污染控制方案，第 9 章介绍了项目研发的技术在主要农区示范推广的效果，第 10 章讨论了我国农田面源污染治理面临的形势和未来技术发展的趋势。

　　随着农业面源污染防治攻坚战的实施，农业面源污染防控的技术日趋成熟，治理效果逐步显现，示范带动作用不断加大，面源污染的态势得到有效遏制，整体形势趋于乐观。希望本专著能为从事农业面源污染防控的科研工作者、管理工作者等提供参考。

由于著者水平有限，加上农业面源污染治理的复杂性和难度，书中所述的技术与治理方案等仍有局限性，疏漏和不足之处也在所难免，敬请读者批评指正。

著　者

2021 年 5 月于南京

目　　录

第1章 绪 论

农田面源污染是影响土壤环境、水体环境和农村生态环境质量的重要因素之一，由于其涉及范围广、随机性大、隐蔽性强、不易溯源、难以监管等，治理的难度很大，已经成为我国现代农业和社会经济可持续发展的瓶颈。

农田面源污染的产生与我国的国情密切相关。我国有 14.12 亿人口，但只有 19 亿亩^①耕地(2020 年数据)，要保证我国的粮食产量，就需要投入大量农业生产资料，尤其是肥料的投入。根据中国统计部门的数据，2019 年中国农用化肥施用量 5404 万 t，其中氮肥 1930 万 t，复合肥 2231 万 t，磷肥 682 万 t，钾肥 561 万 t，单位面积的使用量超过国际公认的平均水平。化肥的过量投入不仅影响土壤质量和农产品质量，同时也是农业面源污染的重要来源，是影响农村水环境质量的重要因素。因此，控制农业面源污染是当前农村水环境改善、农村生态文明建设的重要任务。

在 2014 年的全国农业工作会议上，农业部首次提出农业面源污染防治的目标为"一控两减三基本"，该目标随后以农业部文件(《农业部关于打好农业面源污染防治攻坚战的实施意见》)的形式得以全面阐释和确认，其中的主要目标是减少化肥和农药使用量，肥料、农药利用率均达到 40%以上，全国主要农作物化肥、农药使用量实现零增长；畜禽粪便、农作物秸秆、农膜基本资源化利用。为了进一步贯彻落实其中的"两减"目标，农业部在 2015 年印发了《到 2020 年化肥使用量零增长行动方案》和《到 2020 年农药使用量零增长行动方案》，这两项工作也被纳入"十三五"规划纲要，这意味着农业面源污染防治工作由过去口号式的倡导转入带有明确目标的具体实践，并且由部门行动上升到国家意志(金书秦和邢晓旭，2018)。

农业面源污染防治攻坚战启动以来，相关工作已经取得明显的进展。 一是化肥使用量增幅明显缩窄，已经接近零增长。相关部门的数据和报告显示，2015 年化肥施用量 6022.6 万 t(折纯量，下同)，增幅为 0.44%，是 21 世纪以来增幅首次低于 1%；2018 年中国农用化肥施用量 5653.42 万 t，较上年减少 205.99 万 t，同比下降 3.52%；2019 年中国农用化肥施用量 5403.59 万 t，较上年减少 249.83 万 t，同比下降 4.42%，连续几年实现负增长，部分地区已经实现连续、较大幅度的减量。 在化肥减量的同时，针对农田面源污染的治理技术的研发与应用也取得了明显的进展。尤其在肥料精准使用、新型肥料的研制应用、施肥技术与方法等方面有了明显的进步，不仅减少了化肥的用量，提高了肥料利用率，而且减少了肥料养分向大气和水环境的排放量，为农田面源污染的防控起到了积极的作用。

---

① 1 亩≈666.67 m²。

1.1 农田面源污染的特征

化肥的施用保证了我国的粮食安全，促进了农业的发展，但化肥的过量施用也带来较为严重的生态环境问题。近年来，过量施用化肥所带来的面源污染问题引起了国家和各级政府的高度重视。有关农业发展的政策已经从过去"增产、增收"的双目标转变为"稳粮、增收、可持续"的三目标，要抓住机遇打好农业面源污染防治攻坚战，而要打好这场攻坚战，必须充分认识农田面源污染的基本特征，充分认识我国农业生产的特殊性，充分认识面源污染治理的复杂性和难度，只有这样才能最终实现农业可持续发展、面源污染治理和农村生态环境改善的终极目标。

农田面源污染是农业面源污染的重要组成部分。农田面源污染是指在农业生产活动中，溶解的或固体的污染物，如氮、磷、农药及其他有机或无机污染物质，从非特定的地域，通过地表径流、农田排水和地下渗漏进入水体引起水质污染的过程（金书秦，2017；张维理等，2004）。农田面源污染主要来源于肥料不合理使用而造成的氮磷流失和秸秆还田不当而产生的 COD（化学需氧量）排放等。其基本特征如下。

(1) 污染来源的分散性、复杂性及溯源的困难性。我国地域辽阔，耕地主要分布在沿海东部季风区，集中在东北、华北、长江中下游、珠江三角洲等平原、山间盆地及广大的丘陵地区。土地利用类型多样，耕地又分水田、水浇地和旱地，园地又包括果园、茶园等。同时，我国农作物种类众多，主要粮食作物有水稻、小麦、玉米、马铃薯及豆类等，主要经济作物有蔬菜、瓜果等。受我国农业生产现状的影响，我国农田面源污染来源分散而且复杂，既包括主要粮食作物生产中产生的农田径流带来的氮磷流失，还包括蔬菜、水果、茶叶等经济作物生产中产生的农田径流带来的氮磷流失；不仅有平原区的农田面源污染，也有丘陵、山地农业区的农田面源污染。同时，由于作物、土地利用方式的不同，施肥量存在较大差异，农田面源污染的产生量也有不同，这些差异加大了农田面源污染的治理难度。

(2) 污染物排放的不确定性和随机性。农田面源污染物的排放受时间、空间的影响较大，排放过程具有明显的不确定性和随机性。同时，农户的施肥行为因人的主观意愿而变，加上地表径流受降雨事件的驱动，决定了农田面源污染排放量、排放时间及空间分布的不确定性和随机性。

(3) 污染物以水为载体，其产流、汇流特征具有较大的空间异质性。农田面源污染实际上是指对水体的污染，各种污染物以水为载体，通过扩散、汇流、分流等过程进入水体。农村地域宽广、土地利用方式多样、地形地势复杂，造成降雨引起的产流、汇流特征受空间地形的影响，具有较大的空间异质性，污染物的排放路径、迁移过程及受纳区难以准确辨认，也加大了农田面源污染治理的难度。

(4) 污染物具有量大和低浓度特征，治理难、成本高、见效慢。不同于点源污染，农田面源污染物指标一般是总氮（TN）、总磷（TP）和化学需氧量（COD），排放的大部分污染物在进入水体后浓度相对较低。由于浓度低，污染物来源多而分散，造成治理难度加大，传统的脱氮除磷工艺去除效率较低且成本高、见效慢。有效去除低浓度的面源污染物是当前面临的一大难题(杨林章等，2013b)。

1.2 农田面源污染治理的总体思路与技术

1.2.1 农田面源污染治理的总体思路

鉴于农田面源污染来源复杂且分散、发生随机、污染物浓度低、难以治理等特征，以及我国农村生态环境的现状，农田面源污染的治理要取得实效，必须因地制宜，从污染物的排放、迁移、污染成灾等过程入手，以减少农田氮磷投入为核心、拦截农田径流排放为抓手、实现排放氮磷回用为途径、水质改善和生态修复为总体目标，通过技术应用和相关工程的实施，达到农田面源污染的全过程防控与全空间覆盖，从而有效突破面源污染散乱难的瓶颈，实现面源污染的近零排放及改善水体环境质量的目标(吴永红等，2011；杨林章等，2013a)。

在农田面源污染治理中必须遵守以下 4 个原则。

(1)化肥总量削减与损失过程控制相结合。要减少农田面源污染，源头减控是关键，必须要在保证作物高产养分需求的基础上控制化肥总量，减少过量的肥料施用，提高肥料利用率。同时，针对氮磷的关键损失过程如径流、淋溶、氨挥发等，采用先进技术减少氮磷损失，从而保证化肥减量，作物不减产。

(2)水分管理与养分再利用相结合。优化水分管理是有效控制农田排水量、减少地表径流和淋溶的关键。在此基础上，还应结合农田周边水系特征，充分利用塘浜等对农田高浓度排水或初期地表径流进行汇集和农田灌溉回用，以进一步减少农田面源污染，降低治理费用。

(3)技术研究与产品装备研发相结合。在进行农田面源污染防控技术研究的同时，还应面向市场，注重技术的物化、产品化、装备化和工程化的研发，从而加速技术的应用并提高农田面源污染治理的效果。

(4)面源污染防控与生态农田建设相结合。农田面源污染防控一定要和高标准生态农田建设相结合，将技术和工程应用相结合并付诸实施，才能真正实现我国农田面源污染的有效控制。

1.2.2 农田面源污染治理的技术

农田面源污染治理的"4R"控制技术，即源头减量(reduce)、过程阻断(retain)、养分循环再利用(reuse)和生态修复(restore)技术，四者之间相辅相成，构成一条完整的技术体系链。"4R"控制技术体系是以污染物削减为根本，从污染物的源头减量入手，根据治理区域的污染汇聚特征进行过程阻断，通过对养分的循环再利用减少污染物的入水体量，并对水体进行生态修复，从而实现水质改善的目的。源头减量-过程阻断-生态修复三者之间在逻辑上是一环紧扣一环的，呈串联结构，但在实施地域的空间上则是互相独立的；养分循环再利用则把三者在地域空间上有效地连接起来，使其成为一个复杂的网络体，从而达到污染控制技术在时间和空间上的全覆盖，使整个系统的污染控制效果更好。要实现农田面源污染的有效控制,"4R"控制技术缺一不可。

1. 源头减量(reduce)技术

要进行肥料的减量首先要知道肥料是否多施、多施了多少,就需要进行科学的评价。根据不同作物养分需求、不同土壤地力特征和目标产量,利用养分平衡法估算出合理的养分盈余量,再推算出合理的施肥量是进行肥料减量的依据。合理的养分盈余量是评价养分输入的生产力、环境影响和土壤肥力变化最有效的指标。养分盈余量从负值、零到正值的变化过程中,能够反映出消耗土壤养分、合理施肥和过量施肥的状况。因此,科学的养分管理应该将土壤-作物体系的养分盈余量和养分利用率控制在指标范围内,以减少养分的损失和向环境的排放,实现养分资源的高效利用、作物的高产稳产及环境友好的多重目标(巨晓棠和谷保静,2017)。

在合理确定某个作物生产系统的养分盈余量的基础上,可以估算出该系统当前施肥量过量与否、过量了多少。在减少化肥用量的基础上,还必须配套适宜的施肥技术,将过量使用的那部分肥料或多损失的养分减下来,从而保证化肥减量不减产。可以采用的技术包括肥料优化管理技术、按需施肥技术、精准施肥技术、新型缓控释肥技术、肥料深施技术及种植制度调整技术等,也可通过施用肥料增效剂、土壤改良剂等增加土壤对养分的固持,从而提高养分利用率、减少养分的流失,实现肥料或养分投入量的减量、作物的高产稳产及环境影响最小化的目标(薛利红等,2011;Xue and Yang,2008;Min et al.,2012)。

2. 养分损失的过程阻断(retain)技术

养分损失的过程阻断技术是指养分(污染物)离开农田向水体的迁移过程中,通过一些物理的、生物的及工程的方法等对污染物进行拦截阻断和强化净化,延长其在陆域的停留时间,最大化减少进入水体的污染物量。目前常用的技术有两大类:一是农田内部的拦截,如稻田生态田埂技术(通过适当增加排水口高度、在田埂上种植一些植物等阻断径流)、农田排水口的污染物拦截促沉技术、生物篱技术、生态拦截缓冲带技术、设施菜地的填闲作物技术(夏天蔬菜揭棚期种植甜玉米等填闲作物对残留在土壤中的多余养分进行回收利用,阻断其向下渗漏和径流)、果园生草技术(果树下种植三叶草等减少地表径流量)(Duchemin and Hogue,2009;李国栋等,2006;张刚等,2007)。二是污染物离开农田后的拦截阻断技术,包括生态拦截沟渠技术、草皮水道技术、人工湿地塘技术、土地处理系统等。这类技术多通过对现有沟渠塘的生态改造和功能强化,或者额外建设生态工程,利用物理、化学和生物的联合作用对污染物(主要是氮磷)进行强化净化和深度处理,不仅能有效拦截、净化农田污染物,还能实现污染物中氮磷等的减量化排放或最大化去除。

3. 环境源养分的循环利用(reuse)技术

循环利用技术即将污染物中包含的氮磷等养分资源循环利用,达到节约资源、减少污染、增加经济效益的目的。环境源养分包括达标排放的农村生活污水尾水、河道低污染水、养殖业排放的污水及农田退水中的养分资源。农村生活污水的尾水、河道低污染水及农田的退水可直接回灌农田，不仅可以减少农田污染物的排放，还能减少化肥的投入，实现作物生产和环境保护的双赢；此外，还可收集旱地(果园和菜地)的径流，回灌到稻田中去，实现养分的循环利用；或把养殖业排放的污水、废弃物处理后的沼液、水产养殖的尾水等在经过处理后直接回灌农田，实现废弃物中养分资源的循环再利用。

4. 生态修复(restore)技术

生态修复是农田面源污染治理的最后一环，或最后一道屏障。主要是针对农田排放的污染物在经过生态拦截或沟渠塘系统处理后，仍有部分污染物会进入河道或受纳水体，影响河道和受纳水体的水环境质量，必须通过河道或受纳水体的生态修复，进一步削减污染物，改善水体环境质量，从而实现水体生态系统自我修复能力的提高和自我净化能力的强化，最终实现水体由损伤状态向健康稳定状态的转化。目前常用的技术有河岸带滨水湿地恢复技术、河道边坡修复技术、水生植物恢复技术、生态浮床技术等(霍恒翠等，2011)。

当前，过量使用化肥而引起的农田面源污染已经成为我国环境污染的重要因素，尤其在我国粮食和经济作物的主要产区，如华北平原的小麦-玉米和蔬菜种植区、长江中下游的稻-麦区和蔬菜种植区、华南地区的双季稻产区和多熟蔬菜产区，以及一些特定作物产区如内蒙古的土豆区、华南的香蕉产区等，为了获得作物的高产和高经济效益，农田的化肥使用量一直居高不下，如何有效地减少化肥的投入、提高化肥的利用效率、减少农田的面源污染已经成为各级政府和相关科技工作者奋斗的目标。因此，开展农田面源污染的防控，推行面源污染治理的"4R"控制技术，进行相关技术的推广应用，是有效减少污染物排放、改善农村生态环境的重要措施，也是保障我国农业可持续发展、实现美丽乡村建设和农村生态文明的紧迫需求。

参 考 文 献

霍恒翠, 张饮江, 李娟英, 等. 2011. 沉水植物与生态浮床组合对水产养殖污染控制的研究. 生态科学, 27(2): 87-94.

金书秦. 2017. 农业面源污染特征及其治理. 改革, 11: 53-56.

金书秦, 邢晓旭. 2018. 农业面源污染的趋势研判、政策评述和对策建议. 中国农业科学, 51(3): 593-600.

巨晓棠. 2015. 理论施氮量的改进及验证——兼论确定作物氮肥推荐量的方法. 土壤学报, 52(2): 249-261.

巨晓棠, 谷保静. 2017. 氮素管理的指标. 土壤学报, 54(2): 281-296.

李国栋, 胡正义, 杨林章, 等. 2006. 太湖典型菜地土壤氮磷向水体径流输出与生态草带拦截控制. 生态学杂志, 25(8): 905-910.

吴永红, 胡正义, 杨林章. 2011. 农业面源污染控制工程的"减源-拦截-修复"(3R)理论与实践. 农业工程学报, 27(5): 1-6.

薛利红, 俞映倞, 杨林章. 2011. 太湖流域稻田不同氮肥管理模式下的氮素平衡特征及环境效应评价.

环境科学, 32(4): 1133-1138.

杨林章, 冯彦房, 施卫明, 等, 2013a. 我国农业面源污染治理技术研究进展. 中国生态农业学报, 1(21): 96-101.

杨林章, 施卫明, 薛利红, 等. 2013b. 农村面源污染治理的"4R"理论与工程实践——总体思路与"4R"治理技术. 农业环境科学学报, 32(1): 1-8.

张刚, 王德建, 陈效民. 2007. 太湖地区稻田缓冲带在减少养分流失中的作用. 土壤学报, 44(5): 873-877.

张维理, 武淑霞, 冀宏杰, 等. 2004. 中国农业面源污染形势估计及控制对策 I. 21 世纪初期中国农业面源污染的形势估计. 中国农业科学, 37(7): 1008-1017.

中华人民共和国生态环境部, 国家统计局, 中华人民共和国农业农村部. 2020. 第二次全国污染源普查公报. http://www. mee. gov. cn/home/ztbd/rdzl/wrypc/zlxz/202006/t20200616_784745. html.

Duchemin M, Hogue R. 2009. Reduction in agricultural non-point source pollution in the first year following establishment of an integrated grass/tree filter strip system in southern Quebec(Canada). Agriculture, Ecosystems & Environment, 131(1/2): 85-97.

Min J, Zhang H L, Shi W M. 2012. Optimizing nitrogen input to reduce nitrate leaching loss in greenhouse vegetable production. Agricultural Water Management, 111: 53-59.

Xue L H, Yang L Z. 2008. Recommendations for nitrogen fertilizer topdressing rates in rice using canopy reflectance spectra. Biosystems Engineering, 100: 524-534.

第 2 章　典型区域农田化肥面源污染现状

化肥是提高作物产量的重要手段之一,对我国粮食增加的贡献率高达 40%～50%(金继运等,2006;Yu et al.,2019;喻朝庆,2019)。1952～1980 年,我国化肥使用量开始缓慢增长,平均年增长量为 $50×10^4$ t(折纯量,下同),到 1980 年达到 $1269×10^4$ t。从 20 世纪 80 年代开始,我国化肥使用量迅速增长,到 2010 年达 $5562×10^4$ t,30 年间年均增长量 $143×10^4$ t(图 2-1)。2015 年,农业部开始实施化肥、农药“双减”行动,2018 年化肥使用总量从 2015 年的 $6023×10^4$ t 回落到 $5653×10^4$ t[①]。但从施用强度(单位耕地面积施肥量)来看,目前农田化肥施用量在 340 kg/(hm^2·a)(据国家统计数据计算)以上,仍然处于较高水平。

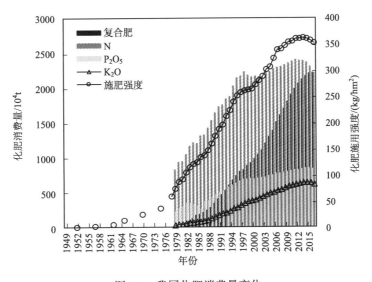

图 2-1　我国化肥消费量变化

图中数据 1998 年以前源自《新中国 60 年统计资料汇编》,1998 年以后源自国家统计局(http://data.stats.gov.cn/)

2.1　华北化肥使用、农田氮磷累积及水体污染状况

2.1.1　小麦-玉米轮作体系

1. 化肥使用状况

华北平原又称黄淮海平原(东经 113°至东海岸线,北纬 32°00′～40°30′)(郝晋珉,

---

① 数据来源:国家统计局,http://data.stats.gov.cn/。

2013)，属暖温带季风气候，四季分明，热量资源充沛，农作物大多是两年三熟，南部大多是一年两熟，是我国重要的粮食、瓜果和蔬菜生产基地，在全国农作物生产中占有十分重要的地位。2000～2009 年，黄淮海地区粮食产量占全国粮食总产量的 22%～27%，小麦播种面积占全国的 35%～40%(类淑霞，2013)，小麦产量占全国的 50%以上(Lv et al.，2013)，玉米播种面积占全国的 27%～29%，玉米产量约占全国的 30%(类淑霞，2013)。华北平原作物生产力的提高以集约化种植和养分资源高投入为主，是我国化肥使用量较高的地区之一，据李书田和金继运(2011)的结果推算，华北地区农田化肥使用量及盈余量均居全国前列，分别约占全国的 29%和 26%。根据赵荣芳等(2009)的研究和 2014～2015 年在河北曲周的调查结果(郭婧好，2017；孙娜，2017)，小麦和玉米季施氮量分别为 278～281 kg N/hm^2 和 196～276 kg N/hm^2(图 2-2)，分别比氮肥推荐施用量(小麦、玉米均为 180 kg N/hm^2)高 54%～56%和 9%～53%。整个轮作季施氮量为 474～557 kg N/hm^2，比该地区推荐施氮量(360 kg N/hm^2)高 32%～55%。小麦和玉米季施磷量分别为 140～142 kg P$_2$O$_5$/hm^2 和 66～77 kg P$_2$O$_5$/hm^2，分别比推荐量(小麦、玉米季推荐施磷量分别为 90 kg P$_2$O$_5$/hm^2 和 60 kg P$_2$O$_5$/hm^2)高 56%～58%和 10%～28%。整个轮作季施磷量为 202～219 kg P$_2$O$_5$/hm^2，比该区域推荐施磷量(150 kg P$_2$O$_5$/hm^2)高 35%～46%。

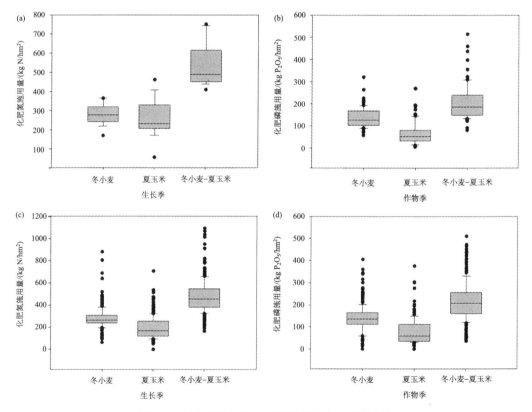

图 2-2　华北平原小麦-玉米轮作化肥氮、磷投入量

(a)华北地区 1997～2009 年的情况，文献荟萃调查样本量 3454 个，数据来源于赵荣芳等(2009)；(b)华北地区 1995～2015年的情况，文献参考的调查样本量为 49977 个，数据参照孙娜(2017)；(c)在典型地区河北曲周 2014～2015 年的调查结果，调查数据 420 个；(d)在典型地区河北曲周的调查结果，调查数据共 419 个

2. 农田土壤氮磷累积状况

长期过量施氮导致小麦-玉米轮作体系土壤中累积了大量的硝态氮。根据 Zhou 等 (2016) 文献荟萃分析结果 (图 2-3)，小麦和玉米收获后土壤深度为 0～100 cm 的土体硝态氮累积量分别达到 (119 ± 128) kg N/hm^2 和 (164 ± 150) kg N/hm^2，最高分别达到 939 kg N/hm^2 和 735 kg N/hm^2，超过 180 kg N/hm^2 的分别占 20.8% 和 32%。小麦收获后土壤深度为 0～200 cm、0～300 cm 和 0～400 cm 的土壤硝态氮累积量分别达 (294 ± 232) kg N/hm^2、(378 ± 83) kg N/hm^2 和 (771 ± 381) kg N/hm^2，0～400 cm 深度累积量超过 500 kg N/hm^2 的样点超过 70%，最高达到 1510 kg N/hm^2 以上。玉米收获后土壤深度为 0～200 cm、0～300 cm 和 0～400 cm 的累积量分别为 (405 ± 328) kg N/hm^2、(394 ± 276) kg N/hm^2 和 (904 ± 719) kg N/hm^2，0～400 cm 深度累积量超过 500 kg N/hm^2 的样点达到 60%，最高可达到 2608 kg N/hm^2。小麦和玉米收获后，土壤中残留的硝态氮主要累积在根区 (0～100 cm) 以下的深层包气带中 (牛新胜等，2021)，其中土壤深度为 200～400 cm 的土体中累积的硝态氮量占 82%，很难再被作物吸收利用，向下继续淋溶和污染地下水的风险极高。

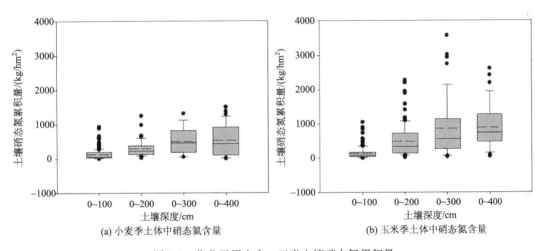

(a) 小麦季土体中硝态氮含量　　　　　　　(b) 玉米季土体中硝态氮含量

图 2-3　华北平原小麦、玉米土壤硝态氮累积量

根据 2014 年在河北曲周县采样分析的结果，玉米田收获后土壤硝态氮在深度为 0～400 cm 土体和 100～400 cm 土体的累积量分别为 (424.9 ± 291.1) kg N/hm^2 和 (308.0 ± 231.0) kg N/hm^2 (图 2-4)，平均累积量比 40 年的撂荒地的累积量 (27 kg N/hm^2) 分别高出约 15 倍和 10 倍，约 72% 的硝态氮累积在 100～400 cm 土体，0～400 cm 土体硝态氮累积量超过 500 kg N/hm^2 的样点超过 33%。华北地区小麦收获后土壤硝态氮残留量为 87～180 kg N/hm^2 时，可满足夏玉米高产的氮素需求 (Cui et al.，2008b)。当小麦播种前 0～30 cm 深度土层硝态氮含量超过 72 kg N/hm^2，拔节前 0～90 cm 深度土层硝态氮含量超过 175 kg N/hm^2 时，施用氮肥对小麦产量没有影响 (Cui et al.，2008a)。参考这些资料判断，约 19% 的田块在小麦播种前其土壤硝态氮含量超过氮需求量，22%～29% 的田块在玉米播种前的硝态氮超过了当季作物对氮素的需求，盈余的氮是环境污染的来源。

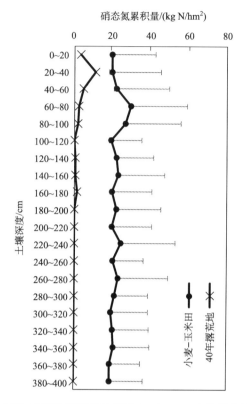

图 2-4　曲周县小麦-玉米轮作玉米收获后 0～400 cm 土体硝态氮累积量(n=30)

华北平原小麦-玉米轮作体系长期施用磷肥，土壤速效磷呈增加趋势（段霄燕等，2007）。2015 年该区土壤速效磷的含量平均为 18.3 mg P/kg（全国农业技术推广服务中心，2015）。河北曲周粮田土壤速效磷含量在 20 世纪 70～80 年代为（11.89±8.06）mg P/kg，2018 年增加到（16.2±12.8）mg P/kg（图 2-5），增长了近 36%。按照华北平原土壤速效磷淋洗阈值为 50 mg P/kg（孙娜，2017），小麦-玉米田土壤磷素维持在淋失风险以下。

综上所述，华北平原小麦-玉米轮作年施氮量为 474～557 kg N/hm^2，施磷量为 202～219 kg P$_2$O$_5$/hm^2，超过该地区推荐施肥量的 32%～55%。约 20% 的农田根层土壤硝态氮累积量超过作物需求，大量硝态氮累积在 100～400 cm 深度的土体，威胁着地下水安全。随着磷肥的大量施用，土壤速效磷含量逐年上升，目前耕层土壤速效磷含量为 18.3～20 mg P/kg，仍在磷素淋洗阈值以下，相对于氮素，磷素淋洗风险较低。

2.1.2　蔬菜种植体系

1. 化肥使用状况

2015 年华北平原蔬菜播种面积为 736×10^4 hm^2，占全国的 37.6%。与其他农田相比，菜地的复种指数高，蔬菜生长周期短，其轮作、耕作、灌溉和施肥也更加频繁，通常菜农为了追求高产和高收益而大量施用肥料。蔬菜氮肥投入平均为 478 kg N/hm^2（Ti et al.，2015），氮肥利用率仅为 18%～33%，远低于玉米、小麦和水稻等大田作物（Song et al.，2009）。设

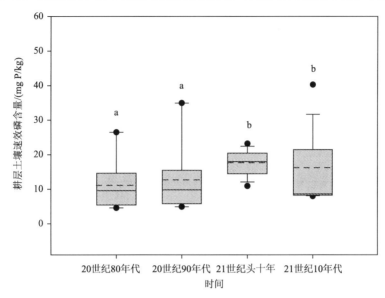

图 2-5　河北曲周县小麦-玉米轮作土壤速效磷含量变化

图中 20 世纪数据来自牛灵安(2018)，21 世纪结果为曲周县农牧局土肥站测土配方施肥项目测定结果

施蔬菜生产平均每季的化肥氮和有机肥氮投入分别达到 1169 kg N/hm² 和 735 kg N/hm²，有机肥和化肥的投入成本占总投入成本的 1/3 以上(山东省农业科学院蔬菜研究所 2015~2018 年问卷调查)。

以地处华北平原的山东省为例，1999 年，山东设施蔬菜面积达 54×10⁴ hm²，总收入超过了 500×10⁸ 元，部分地区甚至超过了粮食产值(刘兆辉等，2006)。1994~1997 年设施蔬菜年平均施氮量达 943~2288 kg N/hm²，施磷量达 950~2591 kg P₂O₅/hm²(刘兆辉等，2008)。2004 年，山东省惠民县大棚蔬菜和露地蔬菜的化肥氮平均用量分别为 1382 kg N/hm² 和 627 kg N/hm²。与 1997 年相比，化肥用量有所减少，但有机肥施用量显著增加，有机肥氮用量分别达 1142 kg N/hm² 和 211 kg N/hm²，远超过作物对氮素的需求(寇长林，2004)。刘兆辉等(2008)对山东寿光黄瓜、番茄和茄子等的调查表明，有机肥和化肥的氮素投入平均达到了 1155 kg N/hm² 和 1085 kg N/hm²；江丽华等(2020)对设施蔬菜施肥的调查表明，番茄种植年平均氮和磷投入达 855~1021 kg N/hm² 和 684~804 kg P₂O₅/hm²，黄瓜年平均氮和磷投入达 1277~1334 kg N/hm² 和 1187~1197 kg P₂O₅/hm²，不同蔬菜品种间的差异较大。根据 2017~2019 年在山东寿光地区典型蔬菜种植区问卷调查的结果，有机肥投入以低碳高氮磷的畜禽粪便为主，如鸡粪、鸭粪、牛粪、猪粪等；有机肥氮磷投入量大，氮投入量平均为 400~800 kg N/hm²，磷投入量平均为 200~600 kg P₂O₅/hm²，占总施肥量的一半以上(图 2-6)，氮磷总投入量是蔬菜养分需求量的 7.2~12.9 倍，总体上有机肥投入在整个氮肥投入中占有较大比例。设施蔬菜施用的化肥品种主要有复合肥、磷酸二铵、碳酸氢铵、过磷酸钙、尿素、硝酸铵、硝酸磷肥和钙镁磷肥等，复合肥和磷酸二铵占化肥用量的 70%以上。有机肥品种主要有鸡粪、厩肥、堆肥、饼肥、大豆等，其中鸡粪占有机肥施用量的 80%以上。

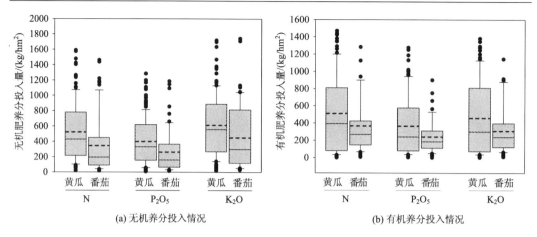

图 2-6　山东省设施蔬菜地无机肥和有机肥养分输入

　　同样，河北省作为华北平原的主要蔬菜种植大省，2017 年蔬菜种植面积达 $1327×10^4$ hm²，总产量达 $8878×10^4$ t。2000 年主要设施蔬菜黄瓜的施肥量平均为氮肥 2920 kg N/hm²、磷肥 2499 kg P₂O₅/hm² 和钾肥 2817 kg K₂O/hm²；露地蔬菜肥料养分投入量平均为氮肥 1716 kg N/hm²、磷肥 1389 kg P₂O₅/hm² 和钾肥 1156 kg K₂O/hm²(周冉，2012)。相对于大田作物，蔬菜施用的肥料品种除了常用的复合肥、尿素、碳酸氢铵、磷酸二铵和氯化钾等作为基肥外，有机肥、生物有机肥及腐殖酸类冲施肥在后期追肥施用次数较多。

2. 蔬菜地土壤氮磷累积状况

　　设施蔬菜施肥量普遍偏高，超出作物实际吸收量的 2～4 倍。施用的氮磷钾肥配比不合理，氮磷用量高，钾用量相对较低。有机肥养分施用占设施蔬菜施肥量的 20%～40%。通过养分平衡计算，蔬菜带走的氮素仅占施用化肥氮的 29%，土壤有明显的氮素累积现象。1997 年，山东寿光设施大棚中氮素年盈余量高达 1957 kg N/hm²，磷素年盈余量达 3187 kg P/hm²，氮肥的表观利用率仅为 21.3%，磷肥的表观利用率仅为 2.8%。到 2004 年，氮磷肥的利用率有所提高，氮肥的表观利用率提高到 31%，磷肥的表观利用率提高到了 11%(刘兆辉等，2008)，但总体利用率还较低，大量有效氮磷在土壤中积累，增加了环境污染的风险。

　　磷在土壤中易被固定，移动范围小，但设施蔬菜大量施用有机肥和化肥磷，土壤速效磷出现大量累积，随水进入土壤深层甚至地下水中。2006 年调查显示，种植 5 年内的设施蔬菜 0～100 cm 深度土体中有效磷含量为 23.7～102.4 mg P/kg，其表层土壤有效磷含量比露地蔬菜高出几倍甚至几十倍，且随着种植年限增加而增加(刘兆辉等，2006)。在山东寿光，种植 1 年的大棚蔬菜表层有效磷含量为 21.3 mg P/kg，种植 8 年后有效磷含量为 253 mg P/kg，经过 13 年后，达到 355 mg P/kg，同时深层土壤有效磷含量显著增加，种植 13 年的大棚 80～100 cm 深度土壤的有效磷含量已达 71 mg P/kg(李俊良等，2002)。随着种植年限的增加，氮磷不断向深层土壤迁移。另外，土壤 pH 也随之下降，严重影响了蔬菜生长和土壤质量。蔬菜作物一般是浅根系作物，只有根层少量的养分可以被有效利用,超出根层范围的养分则会因为频繁的灌溉进一步淋洗到更深层的土层中,进而造成养分的损失。长期投入有机肥比短期投入化肥更能快速增加土壤氮磷累积(庄远红等,2007)。

2.1.3　华北平原水体污染状况

目前,地下水硝酸盐污染已经成为我国一个普遍存在的问题,大多数浅层地下水硝态氮含量接近或超过世界卫生组织(WHO)或美国国家环境保护局(USEPA)地下水硝态氮含量的标准(10 mg N/L)(Han et al.,2016)。据 2016 年水利部《地下水动态月报》报告,对北京、河北、陕西等 18 个行政区 2103 眼地下水水井监测的结果表明,80%以上的监测位点地下水硝态氮含量超过 20 mg/L。目前,我国 31%的河流、九大海湾中六大海湾的水体发生了氮磷富营养化(Bai et al.,2018)。水体的污染与农业生产氮磷排放密切相关。据测算,全国三大作物每年有 11%~22%的施氮量流入了水体环境;2010~2014年,我国农田每年向水体(地下+地表)排放化肥氮(1450±310)×10^4 t(喻朝庆,2019)。据Wang 等(2018)的研究,从 1990 年到 2012 年,我国氮磷排放"热点"(排放量比其他地区高的地区)的面积分别扩大了 3 倍和 24 倍,这些"热点"的面积虽然不到农作物总面积的 5%,但是贡献了全国粮食生产中氮磷损失的 28%和 10%。

根据 Chen 等(2014)的模型推算,华北地区冬小麦-夏玉米轮作田每年可向环境(大气、水、土)输出化肥源氮污染物约 258.9 kg N/hm^2,占氮肥输入的 48%;其中,约 37%来自冬小麦季,其余 63%来自夏玉米季;氨挥发和硝酸盐约占总污染物的 58%和 41%。根据中华人民共和国生态环境部(1989~2018 年)发布的《中国环境状况公报》或《中国生态环境状况公报》,自 20 世纪 90 年代,黑河流域水体污染越来越严重,一半以上年份V类和劣V类水质占 83%以上,主要污染物是氨氮、耗氧有机物、挥发酚。2014~2015年,在河北曲周县一些河段的抽样调查显示,地表水的氨氮、总磷超过Ⅲ类以上的分别占 76%、48%。所有样点的总氮含量属于V类或者劣V类水质(图 2-7)。

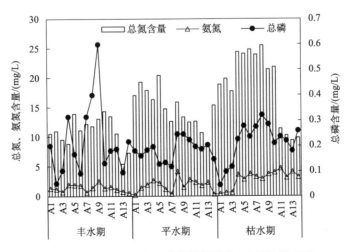

图 2-7　2014~2015 年河北曲周县地表水氮磷污染情况

A1~A13 表示不同取样点

华北地区设施蔬菜和露地蔬菜的种植区域大部分位于平原地带，地表径流较少，蔬菜种植过程中产生的氮磷损失主要通过淋溶进入浅层地下水。徐春英等（2011）根据硝酸盐 ^{15}N 的同位素溯源分析，潍坊地下水硝酸盐有 41.5% 来自于化肥，14.6% 来自于生活污水，其他来自化肥、生活污水和家畜粪尿的混合污染物。山东寿光市设施蔬菜种植区域，地下水中硝态氮含量从 1996 年到 2000 年增长了近 2.7 倍（刘兆辉等，2006，2008）；山东惠民县 2010 年设施蔬菜种植区浅层地下水中硝态氮平均含量为 121.6 mg/L，比 2002 年增长了近一倍（张丽娟等，2010）。天津设施蔬菜种植超过 10 年的地区，地下水硝态氮含量比大田区域高 132 倍（周冉，2012）。

对有关华北地区地下水硝酸盐污染的文献资料进行收集整理分析（表 2-1）发现，华北不同地区受到不同程度硝态氮的污染，多年多点监测结果显示，硝态氮含量变化范围为 0～280 mg/L，平均含量为 2.1～121.6 mg/L；地下水硝态氮污染程度随着时间的推移有加深的趋势，不同地区地下水硝酸盐污染程度不同，总的表现为山东最高，北京最低，河南、河北居中。

表 2-1　华北地区地下水硝态氮含量

采样区域	采样年份	水类别	样品数	硝态氮含量范围/(mg/L)	硝态氮平均含量/(mg/L)	参考文献
华北	1993	地下水	69	0～68	16	张维理等，1995
	1993	灌溉水	20	0～41	12	
	1993	饮用水	18	0～66	23	
河北，磁县	1993	饮用水	33		8.8	Zhang et al.，2003
	1994	饮用水	33		13	
	1995	饮用水	33		14	
	1996	饮用水	33		20	
山东，寿光	1996	地下水	11		10.3	刘兆辉等，2008
	1998	地下水			27.5	
北京，顺义	2000	地下水	146		3	刘宏斌等，2001
	2000	灌溉水	95		2.1	
	2000	饮用水	32		2.5	
北京	2000	地下水	481		5.7	刘宏斌等，2005
	2000	灌溉水	336		6	
	2000	饮用水	145		5.2	
山东，寿光	2000	地下水			27.5	刘兆辉等，2008
山东	2002	灌溉水	1186	0～80	8.1	Chen et al.，2010
	2002	地下水	1139	0～222	12	
山东，寿光	2004	地下水	40	25.3～279.6	121.6	张丽娟等，2010
河北	2005	地下水	28	0.008～14.44	6.2	王凌等，2008
	2005	地下水	210	0～36.9	7.2	赵同科等，2007
北京	2005	地下水	145		9.1	Du et al.，2011
	2005	地下水	71	0.02～71.9	5.4	赵同科等，2007
山东	2005	灌溉水	106	0～107	12	Chen et al.，2010
	2005	地下水	557	0～222	13	

续表

采样区域	采样年份	水类别	样品数	硝态氮含量范围/(mg/L)	硝态氮平均含量/(mg/L)	参考文献
山东	2005	地下水	253	0~87.7	18.9	
河南	2005	地下水	223	−0.1~222.4	9.5	赵同科等，2007
天津	2005	地下水	103	0~110.5	13	
北京	2005~2006	地下水	55	0~58	20	Du et al.，2011
河北	2006	地下水	46	0.008~21.55	5.2	王凌等，2008
河南	2006	地下水	537		9.3	郭战玲等，2008
	2006	灌溉水	301		11	
	2006	饮用水	236		5.8	
河北	2007	地下水	30	0.008~36.05	7.5	王凌等，2008
山东	2007	灌溉水	741	0~73	15	Chen et al.，2010
北京	2008	地下水	305	0~50	6.8	王庆锁等，2011
	2008	地下水	20	1.6~64.2	12.6	
华北	2009	地下水	19	0.7~72.0	11.3	Wang et al.，2016
	2010	地下水	19	0~19.6	6.5	
华北	2014	地下水	50	0.3~158.8	19.9	Wang et al.，2017b
	2015	地下水	75	1.0~136.7	18	
	2016	地下水	30	1.4~165.8	18.9	

2.2　长江中下游化肥使用、农田氮磷累积及水体污染状况

2.2.1　稻-麦轮作体系

1. 化肥使用状况

长江中下游平原指我国长江三峡以东的中下游沿岸带状平原，为中国三大平原之一，主要包括上海、江苏、浙江、安徽、江西、湖北和湖南七个省市，是我国重要的农业生产基地。本区属亚热带季风气候，水热资源丰富，年均温 14~18℃，年降水量 800~1600 mm，耕作制度以一年两熟或三熟为主，耕地以水田为主，占耕地总面积的 60%左右。种植业以水稻、小麦、油菜、棉花等作物为主，是我国重要的粮、棉、油生产基地，素有"鱼米之乡"之称，也是我国水资源最丰富的地区。长江天然水系及纵横交错的人工河渠使该区域成为我国河网密度最大的地区。土壤主要是黄棕壤或黄褐土，南缘为红壤，平地大部分为水稻土。2015 年统计数据显示，该区域稻田面积约 1566×10⁴ hm²，其中稻-麦轮作农田面积 658×10⁴ hm²（以小麦面积为准），占比 42%；其余为双季稻田。稻-麦轮作主要分布在江苏、安徽、湖南、湖北、浙江和上海，水稻单产较高，平均产量在 6.98~9.58 t/hm²。其中，江苏省 2015 年水稻播种面积 225×10⁴ hm²，平均单产 8.52 t/hm²，小麦播种面积 241×10⁴ hm²，平均单产 5.18 t/hm²（图 2-8）。

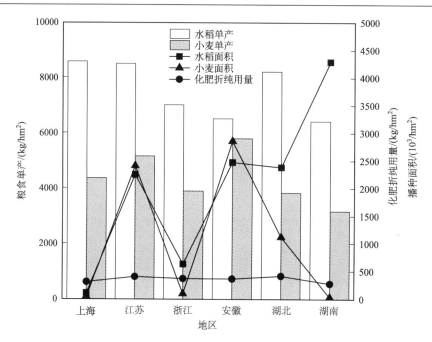

图 2-8 长江中下游稻-麦轮作区稻、麦面积、产量及单位耕地化肥用量(2016 年)

数据来源：中华人民共和国国家统计局(2016)；高晶晶等(2019)

　　长江中下游地区化肥施用结构和比例存在较大差异(表 2-2)，其中上海、江苏、浙江三省市单质氮肥比重较大，分别占 50.2%、50.6%和 52.9%，其次是复合肥，分别占 37.9%、30.1%和 27.7%，钾肥比例最低，分别占 4.5%、6.0%和 7.8%。湖北、湖南两省氮肥和复合肥所占比例一致，分别为 41%和 31%左右，但磷、钾肥差异较大，湖北省磷肥所占比重(18.1%)是钾肥(9.3%)的 2 倍，而湖南省钾肥用量要高于磷肥，分别占 17.5%和 10.8%。2016 年农户调研数据(图 2-8)显示，单位面积化肥折纯量也存在较大差异，其中湖北最高，平均为 418.18 kg/hm²，其次是江苏，平均为 407.07 kg/hm²，浙江和安徽基本相近，分别为 371.53 kg/hm² 和 367.68 kg/hm²，这四个省市的化肥用量均超过全国平均用量(359.08 kg/hm²)。此外，上海单位面积化肥用量平均为 312.18 kg/hm²，湖南平均为 280.21 kg/hm²(高晶晶等，2019)。

表 2-2 长江中下游稻-麦轮作区农业有效灌溉面积和农用化肥折纯量情况

地区	有效灌溉面积 /10^3 hm²	化肥施用总量 /10^4 t	氮肥 /10^4 t	磷肥 /10^4 t	钾肥 /10^4 t	复合肥 /10^4 t
上海	188.21	9.92	4.98	0.73	0.45	3.76
江苏	3952.50	319.99	162.05	42.35	19.25	96.34
浙江	1432.15	87.52	46.26	10.15	6.84	24.27
安徽	4400.34	338.39	107.58	34.07	32.08	164.97
湖北	2899.15	333.87	138.51	60.27	31.11	103.98
湖南	3113.32	246.54	101.63	26.52	43.21	75.18

数据来源：中华人民共和国国家统计局(2016)。

"十二五"国家水专项调研(2015年)结果表明,长江中下游典型稻-麦轮作种植区宜兴地区竺山湾农户稻田氮肥投入量达 315 kg N/hm², 麦田为 267 kg N/hm², 周年氮素投入量高达 582 kg N/hm²。对长江中下游典型稻-麦轮作区连续 3 年的监测结果表明, 投入稻-麦系统的氮素除被作物吸收利用外, 主要通过反硝化、氨挥发、径流和渗漏损失消耗, 残留土壤的化肥氮素较少(Zhao et al., 2012)。高量化肥投入带来了较高的氮磷流失风险, 以江苏省太湖流域为例, 多年监测结果表明, 稻-麦轮作系统周年的氮肥用量约 600 kg N/hm², 作物吸收约 290 kg N/hm², 占 48%; 氨挥发损失占 17%左右, 渗漏和地表径流损失约占 15%, 反硝化损失约占 20%(杨林章, 2018)。此外, 对苏州市 15 个稻-麦轮作省级耕地质量监测点的分析表明, 周年磷肥投入量约 120 kg P₂O₅/hm²(稻季约 62 kg P₂O₅/hm², 麦季约 58 kg P₂O₅/hm²)(陈吉等, 2016)。而磷的利用率低也使大部分施入土壤中的磷肥转变为难溶、作物难利用态而在土壤中累积。

2. 农田土壤氮磷累积状况

由于水旱条件的差异, 稻田氮素损失途径与旱作麦田明显不同。对稻田系统而言, 反硝化和氨挥发损失是氮素损失的主要途径。Wang 等(2017a)在常熟地区两年的监测结果表明, 反硝化 N_2 损失[膜进样质谱法(MIMS)]和氨挥发损失分别占施氮量的 17.2%(13.3%~21.1%)和 14.85%(11.5%~18.2%)。Zhao 等(2012)在宜兴地区的 ^{15}N 标记示踪研究结果表明, 反硝化损失和氨挥发损失分别占总氮素输入的 21.46%和 20.65%。径流和淋溶也是稻田氮素损失的重要途径, 宜兴地区 3 年(2007 年 6 月~2010 年 6 月)的监测结果表明, 稻田径流损失均值为 14.6 kg N/hm², 占总氮输入量的比例为 3.95%(Zhao et al., 2012)。在苏州地区定位试验(2010 年 6 月开始)的监测结果表明, 常规施肥下稻田径流损失量为 24.59 kg N/hm²(2016 年)和 5.53 kg N/hm²(2017 年), 分别占施肥量的 9.11%和 2.55%。稻田氮素淋溶是氮素随水分下移进入土壤下层的过程, Zhao 等(2012)的 3 年监测结果表明, 宜兴地区常规施肥下氮素淋溶损失约 7.65 kg N/hm²。在苏州地区的监测结果表明, 常规施肥下稻田氮素淋溶损失约 4.71~6.4 kg N/hm²(2016~2017 年)。旱作麦田氮素损失途径与稻田明显不同, 宜兴地区水旱轮作麦田 3 年监测结果表明, 麦田氨挥发、淋溶、径流和反硝化损失量分别为 27.4 kg N/hm²、8.4 kg N/hm²、45 kg N/hm² 和 50.5 kg N/hm², 占总氮输入的比例分别为 11.61%、3.56%、19.07%和 21.40%(表 2-3)。

表 2-3　宜兴地区稻-麦轮作氮素投入与损失　　　(单位: kg N/hm²)

项目		水稻季	小麦季	稻-麦轮作周年
输入	肥料	300	200	500
	干湿沉降	12.5	18	30.5
	非共生生物固氮	45	15	60
	种子	0.9	3	3.9
	灌溉	11.8	0	11.8
	总输入	370.2	236	606.2

续表

项目		水稻季	小麦季	稻-麦轮作周年
输出	作物吸收	177	113	290
	氨挥发	76.4	27.4	103.8
	反硝化	79.4	50.5	129.9
	淋溶	7.65	8.4	16.05
	径流	14.6	45	59.6
	总输出	355.05	244.3	599.35
氮素盈余		15.15	−8.3	6.85

数据来源：Zhao 等(2012)。

与氮素的大量流失和低残留不同，稻-麦农田磷素的土壤富集效应明显。王慎强等(2012)对宜兴和常熟土壤速效磷测定的结果表明，近 30 年来由于磷肥投入的不断增加，两地水稻土速效磷含量分别为 11.6～37.3 mg P/kg 和 8.03～19.8 mg P/kg。其中，宜兴和常熟两地水稻土速效磷含量在 5 mg P/kg 以上的占比分别为 98%和 83%，10 mg P/kg 以上的占比分别为 87%和 42%。汪玉等(2014)对宜兴市土壤采样的分析也表明，该市三种主要类型水稻土的全磷和有效磷含量分别为 0.53～0.72 mg P/kg 和 15.3～37.3 mg P/kg，均处于不缺磷状态。刘付程等(2003)对太湖流域西北部典型地区土壤、麻万诸等(2012)对浙江省 11 个地市耕作土壤、许仙菊(2007)对上海郊区 43 个定位试验农田的监测结果均得出相似结论，磷的高投低效和长江中下游地区土壤的磷富集已是不争的事实。随着土壤磷的富集，其对水环境污染的风险也加大。

2.2.2 蔬菜种植体系

2018 年，长江中下游地区蔬菜播种面积为 5932.6×10³ hm²，占全国蔬菜播种面积的 29%，蔬菜在本区域农业中所占比重高于全国 12.3%的平均水平。我国露天菜地的氮、磷、钾肥投入量分别为 570.0 kg N/hm²、357.0 kg P_2O_5/hm² 和 321.0 kg K_2O/hm²，温室菜地的氮、磷、钾投入量分别为 816.0 kg N/hm²、690.0 kg P_2O_5/hm² 和 769.5 kg K_2O/hm²，而长江中下游地区的氮、磷、钾用量均高于此水平(黄绍文等，2017)。长江中下游地区的氮、磷、钾和复合肥投入量也接近全国总量的 1/4(表 2-4)。孙锦等(2019)调查表明，我国主要设施蔬菜区平均有机肥养分用量为 988.5 kg/hm²，平均化肥养分(N+P_2O_5+K_2O)用量为 1354.5 kg/hm²，是粮食作物的 4.2 倍；N、P_2O_5 和 K_2O 平均施用总量(有机肥+化肥)分别为 850.5 kg/hm²、726.0 kg/hm² 和 793.5 kg/hm²，分别超出推荐施用量 1.2 倍、5.3 倍和 0.9 倍。

表 2-4　2018 年长江中下游地区农作物播种面积和农用化肥折纯量

地区	农作物总播种面积/10³ hm²	蔬菜播种面积/10³ hm²	化肥施用总量/10⁴ t	氮肥/10⁴ t	磷肥/10⁴ t	钾肥/10⁴ t	复合肥/10⁴ t
全国	165902	20439	5653.4	2065.4	728.9	590.3	2268.8
上海	282.3	94.3	8.4	3.8	0.6	0.3	3.8

续表

地区	农作物总播种面积/10³ hm²	蔬菜播种面积/10³ hm²	化肥施用总量/10⁴ t	氮肥/10⁴ t	磷肥/10⁴ t	钾肥/10⁴ t	复合肥/10⁴ t
江苏	7520.2	1425	292.5	145.6	34	17.2	95.7
浙江	1978.7	639	77.8	40.1	8.6	6.1	22.9
安徽	8771.1	652.2	311.8	95.6	28.2	27.9	160.1
江西	5555.8	632.9	123.2	34	18.5	17.9	52.9
湖北	7952.9	1224.3	295.8	113.1	46	29.1	107.7
湖南	8111.1	1264.9	242.6	94.1	25.5	41.6	81.4
长江中下游地区占比/%	24.2	29	23.9	25.5	22.1	23.7	23.1

数据来源:《中国统计年鉴 2019》。

　　温室大棚蔬菜种植模式提高了蔬菜地的种植频率和总产出率,然而高产出的背后是更高的水肥等资源投入。据统计,温室菜地中氮肥施用量是露天菜地的 2~5 倍(黄绍文等,2017)。Yang 等(2016)在南京地区的调查表明,鸡粪、传统有机肥和尿素等氮肥的施用量分别为 323 kg N/hm²、1500 kg N/hm² 和 510 kg N/hm²;Xiong 等(2006)曾报道江苏南京郊区大棚菜地的氮肥施用量达到 1340 kg N/hm²。因此,研究在高投入下肥料的损失途径,优化施肥方式和管理措施,对减少农田肥料施用、提高利用率、实现蔬菜生产可持续发展有重要意义。

　　温室蔬菜生产复种指数高、产量大,其消耗的养分量也大。除了过量投入化肥,有机肥施用量每季每公顷甚至可以达到十几吨或几十吨。蔬菜从土壤吸收的养分量从高到低依次为钾、氮和磷,一般 N:P_2O_5:K_2O 吸收比例为 1.0:0.3~0.5:1.0~1.5,而实际施用比例为 1.0:0.6~1.0:0.4~0.7(武雪萍和李银坤,2019),养分施用比例失衡。菜地土壤养分供应是前期过多、中后期明显不足,而蔬菜对养分的吸收是前期少、中后期快速增加,农民对蔬菜各个时期的需肥种类及需肥量不了解,最终导致养分供应和实际需求不同步。另外,施肥方法上也存在着不当之处。菜农习惯于“大水大肥,肥随水走”的管理模式,灌溉水和肥料的投入量远远超过蔬菜实际需求量,导致肥料随水流失。蔬菜需水量大,灌溉频繁,在实际生产中仍沿用经验式灌溉管理或者简单大水漫灌方式,导致灌溉水利用率低。过量灌溉使土壤养分流失严重,对地下水环境造成威胁,不合理的灌溉方式是造成化肥污染的重要因素。

　　氮素进入菜地生态系统后,一部分被作物吸收利用,一部分残留在土壤中,其余通过各种途径损失,如氨挥发、硝化、反硝化、淋溶或径流等。菜地作为受人类干预较为频繁的生态系统,其活性氮损失严重。长江三角洲河网平原地区设施蔬菜种植中氨挥发损失、地表径流损失和淋溶损失分别占施氮量的 0.1%、3.0% 和 18.9%,总损失量约占22.0%(谢文明等,2018)。Shan 等(2015)的研究表明,在 3 年的蔬菜生产中,NH_3 总排放量占氮肥用量的 11.5%~17.4%;Gong 等(2013)的实时监测数据表明,撒施和基施氮肥导致 NH_3 的损失量分别为总氮量的 23.6% 和 21.3%。然而,Ti 等(2019)的研究表明,我国温室菜地中 NH_3 排放量相对较低,这可能与密闭的小环境条件(空气流动性弱、空气湿度较高)有关,减少了 NH_3 排放。菜地土壤中连年大量施肥导致土壤酸化,也不利于 NH_3 挥发。

菜地过量施用氮肥会导致氮素在土壤中积累。随着种植年限的增加,氮素积累增多,且氮素积累形态主要为硝态氮,全氮和氨氮的含量也有所提高。养分过量投入和施肥与作物需肥不耦合增加了 NO_3^- 和 Olsen-P 在土壤剖面的迁移。例如,种植 16 年后菜地土壤中 NO_3^--N 含量达 110~203 mg/kg,Olsen-P 累积达到 300 mg/kg(孙晓姝等,2019)。老菜地区域地下水 NO_3^--N 含量为 29~41 mg/L,比新菜地区域高 10 mg/L。菜地种植年限增加到 20~30 年后,菜地土壤出现严重硝酸盐累积现象,100 cm 深度土层内累积 NO_3^--N 达 602.3 kg N/hm^2,地下水中 NO_3^--N 含量为 29~41 mg/L(徐运清等,2015)。施用的化肥氮中 58.0%在 0~100 cm 深度土层中残留,残留量为 580.2 kg N/hm^2,主要以硝态氮形态存在。通过计算 ^{15}N 平衡,大约 32.4%的化肥氮流出了土壤-作物体系而损失(姜慧敏等,2013)。

2.2.3 长江中下游水体污染状况

长江中下游平原区是经济发达、农业高度集约化的地区,河水污染较严重,水生态呈相对恶化趋势。由于大量工业废水和生活污水未经处理直接排入内河水系,加之农业大量使用化肥农药,河沟和湖泊水污染难以有效控制,导致水环境恶化、水生态系统退化,水质型缺水普遍。废污水的大量排放引起的水质型缺水问题是长江经济带现在及未来发展面临的严峻挑战(《生态治理蓝皮书:中国生态治理发展报告(2019—2020)》)。

胡开明等(2014)对太湖流域(江苏省)9 个三级生态功能分区和湖体 28 项水质指标主成分分析的结果表明,第一主成分主要体现了水体中氮磷等导致水体富营养化的关键因子,同时湖体水环境质量的空间分布特征说明流域外源输入是导致湖体水质污染的主要原因之一。大量研究显示,农业源污染是造成太湖水体富营养化的主要因子。“十一五”国家水专项课题研究表明,农村面源污染贡献的总氮和总磷分别占太湖流域污染负荷来源的 58%和 40%,是重要的污染排放源(杨林章等,2013)。刘庄等(2010)对太湖流域污染负荷的调研分析表明,流域内(江苏、浙江、上海)农田总氮和总磷的年输出量分别为 67631.3 t 和 3661.4 t,占面源污染年总排放量的比例分别为 18%和 7%。

农田高的氮、磷投入量及施肥时间和施用方法不当是种植业养分流失和周边水体水质恶化的主要原因。基于 ^{15}N 示踪结果表明,前期苗小,水稻对养分的需求量也较少,加上土壤本身能提供一定量的养分,因此对基蘖肥的利用较低,利用率不到 20%,被土壤固定的也只有 20%左右,一半以上的肥料通过各种途径损失到环境中(林晶晶等,2014)。张焕朝等(2004)对太湖地区两种水稻土的研究结果表明,常规施磷下 [50 kg P_2O_5/(hm^2·a)],爽水型水稻土的地表径流年磷流失量在第一年和第二年分别为 0.60 kg P/hm^2 和 1.15 kg P/hm^2,囊水型水稻土流失量分别为 0.68 kg P/hm^2 和 1.35 kg P/hm^2,累积效应明显。因此,对农田养分输入与输出进行评价,并提出有效的防控措施成为农田面源污染减排的当务之急。

化肥大量施用随径流等汇入河流,是导致水体氮磷污染的重要原因。蔬菜氮磷肥料用量为大田作物的数倍甚至数十倍,成为水体富营养化的潜在威胁之一(陆沈钧等,

2020)。在粮田、菜地、果园、养殖等几种类型中,菜地土壤硝态氮淋失量最大,其地下水中硝态氮平均含量达到 21 mg/L(高德才等,2013)。长江中下游地区湖泊的总氮和全磷含量也存在较大的时空差异性,各种不同种类的湖泊在春天都具有较高浓度的总氮含量,为 1.33~1.69 mg/L;而过水性湖泊和深水湖泊的全磷含量分别达到 0.15 mg/L 和 0.21 mg/L,均超过了超富营养水平(季鹏飞等,2020)。在长江中下游地区的宜溧河流域,农业源总氮排放强度为 22.2 kg/hm^2,其中种植业排放占总负荷的比例为 55.9%;而流域内种植业化肥施用量高,氮素损失量大,尤其是蔬菜地较明显,蔬菜地总氮排放量占总农业源负荷的 18.7%(罗永霞等,2015)。

2.3 华南化肥使用、农田氮磷累积及水体污染状况

2.3.1 双季稻种植体系

1. 化肥使用状况

华南双季稻区位于南岭以南,包括广东、广西、福建、海南、云南南部以及台湾和南海诸岛,是我国重要的籼稻产区。该稻区常年水稻播种面积占全国水稻播种面积的 18% 左右,稻谷产量约占全国水稻产量的 16%。该稻区大部分处于亚热带季风气候区,气候温暖,雨热同季,年均温 14~28℃,≥10℃ 的积温为 4500~9200℃,干湿季节交替明显,年降水量 1200~2500 mm。以冲积平原为主,水资源丰富,主要河流有珠江、汉江、赣江等。早稻一般于 3 月中下旬播种,4 月中下旬移栽,7 月中下旬收获。早稻生育前期常遇低温阴雨天气,生长缓慢,生育中后期高温湿热,降雨多。晚稻一般于 7 月中下旬移栽,10 月下旬或 11 月中上旬收获。晚稻生育前期温度高,雨水多且台风频发,生育后期气温低,降雨少。

从历史上看,华南三省区(广东、广西和海南)农用化肥施用折纯量表现为先增加后下降的趋势,从 2010 年到 2017 年的 8 年间,农用化肥施用折纯量增加了 52.6×10^4 t,增幅达 10.1%。2017 年以前华南地区农用化肥施用折纯量达到最高峰。2017 年,广东省农用化肥施用折纯量为 258.3×10^4 t,其中氮肥、磷肥、钾肥和复合肥分别为 103.6×10^4 t、24.8×10^4 t、50.7×10^4 t 和 79.2×10^4 t;广西壮族自治区农用化肥施用折纯量为 263.8×10^4 t,其中氮肥、磷肥、钾肥和复合肥分别为 76.0×10^4 t、31.0×10^4 t、58.5×10^4 t 和 98.3×10^4 t;海南省农用化肥施用折纯量为 51.4×10^4 t(表 2-5)。

表 2-5 华南三省区(广东、广西和海南)2010~2018 年农用化肥施用折纯量 (单位:10^4 t)

年份	广东				广西				海南				合计
	氮肥	磷肥	钾肥	复合肥	氮肥	磷肥	钾肥	复合肥	氮肥	磷肥	钾肥	复合肥	
2018	88.6	27.1	44.9	79.2	73.8	30.0	56.0	95.3	14.8	3.1	8.6	21.8	543.2
2017	103.6	24.8	50.7	79.2	76.0	31.0	58.5	98.3	15.6	3.4	9.0	23.4	573.5
2016	104.9	25.0	51.1	80.1	74.9	31.1	59.0	97.2	15.5	3.3	8.8	23.0	573.8
2015	103.6	24.4	50.3	78.2	74.2	31.1	58.3	96.2	15.3	4.1	9.1	22.7	567.5

续表

| 年份 | 广东 | | | | 广西 | | | | 海南 | | | | 合计 |
	氮肥	磷肥	钾肥	复合肥	氮肥	磷肥	钾肥	复合肥	氮肥	磷肥	钾肥	复合肥	
2014	101.8	22.9	49.3	75.6	74.7	31.3	57.4	95.4	14.7	3.9	8.6	22.3	557.7
2013	100.5	21.9	48.4	73.1	74.2	30.9	57.3	93.3	14.4	3.4	8.2	21.6	547.2
2012	102.8	21.8	48.3	72.5	72.5	30.5	56.0	90.1	14.3	3.2	8.0	20.1	539.9
2011	101.5	21.7	47.4	70.7	70.8	29.6	54.8	87.5	13.8	3.1	7.5	23.2	531.7
2010	100.0	21.5	47.0	68.8	69.9	28.9	53.2	85.2	13.8	3.1	7.2	22.4	520.9

数据来源：中华人民共和国国家统计局(2019b)。

华南地区水稻播种面积呈现逐渐下降的趋势。其中，广东省和广西壮族自治区的水稻播种面积较大，均为 $180×10^4$ hm^2 左右，其水稻播种面积在全国各省份中分别列在第八位和第九位，海南省水稻播种面积仅约为 $25×10^4$ hm^2(表 2-6)。从华南地区水稻早晚季播种面积来看，从 2010 年的 $426.6×10^4$ hm^2 到 2018 年的 $378.6×10^4$ hm^2，9 年间水稻播种面积下降了 $48×10^4$ hm^2，2018 年比 2012 年的播种面积下降了 12.6%。

表 2-6　华南三省区(广东、广西和海南)水稻早晚季播种面积　　　　(单位：$10^4 hm^2$)

| 年份 | 广东 | | 广西 | | | 海南 | | 合计 |
	早季	晚季	早季	中稻或单季晚稻	晚季	早季	晚季	
2018	83.9	94.8	79.0	13.6	82.7	12.7	11.9	378.6
2017	85.3	95.2	81.1	14.1	85.0	12.4	12.2	385.4
2016	89.2	99.7	88.4	14.6	93.0	13.6	15.3	413.8
2015	88.9	99.8	88.8	14.8	94.8	14.2	15.8	417.1
2014	89.3	100.0	91.8	14.9	96.0	14.3	16.9	423.2
2013	90.5	100.3	92.8	15.1	96.7	14.5	16.7	426.7
2012	93.6	101.4	93.0	14.9	97.9	14.3	18.1	433.1
2011	90.7	99.1	91.1	14.6	95.5	13.8	16.0	420.8
2010	92.5	99.3	94.0	14.6	95.5	13.8	17.0	426.6

数据来源：中华人民共和国国家统计局(2019a)。

华南水稻化肥施用折纯量随着播种量的下降呈现逐渐下降的趋势。2007 年，广东稻田单季化肥总施用折纯量平均为 331.3 kg/hm^2，氮、磷、钾肥折纯量分别为 199.3 kg/hm^2、48.6 kg/hm^2 和 83.4 kg/hm^2；广西稻田化肥总施用量高达 540.1 kg/hm^2，其中氮、磷、钾肥施用折纯量分别为 311.4 kg/hm^2、76.8 kg/hm^2 和 151.9 kg/hm^2(李红莉等，2010)。2013 年，广东和广西的早稻和晚稻化肥实际施用折纯量平均为 330 kg/hm^2(张灿强等，2016)。华南三省区(广东、广西和海南)的化肥实际施用折纯量如表 2-7 所示，随着水稻播种面积的下降，水稻化肥施用折纯量也逐渐下降，从 2010 年的 $142.9×10^4$～$186.4×10^4$ t 下降到 2018 年的 $126.8×10^4$～$165.5×10^4$ t。

表 2-7　华南三省区(广东、广西和海南)双季稻化肥施用折纯量

年份	播种面积/$10^4 hm^2$				化肥施用总量/$10^4 t$
	广东	广西	海南	小计	
2018	178.7	175.3	24.6	378.6	126.8～165.5
2017	180.5	180.2	24.7	385.4	129.1～168.4
2016	188.9	196.0	28.9	413.8	138.6～180.8
2015	188.7	198.4	29.9	417.1	139.7～182.3
2014	189.3	202.6	31.2	423.2	141.8～184.9
2013	190.9	204.7	31.2	426.7	143.0～186.5
2012	194.9	205.8	32.4	433.1	145.1～189.3
2011	189.8	201.2	29.8	420.8	141.0～183.9
2010	191.8	204.1	30.8	426.6	142.9～186.4

2. 稻田土壤氮磷累积状况

氮肥施入农田后的主要去向有：①被作物吸收利用；②在土壤中残留；③从农田中损失，进入环境(如氨挥发、反硝化、径流和渗漏等途径)。有研究表明，当季作物收获后土壤中残留的肥料氮通常占总施氮量的 15%～30%，最高可达 48%(刘新宇等，2010；赵伟等，2013)。史天昊(2015)研究表明，长期试验中，我国典型农田的年平均氮肥残留率为 16.9%。水田、水旱轮作和旱作三种土地利用方式下的氮肥残留率依次为 13.2%、23.9%和 13.6%，华南双稻以水田为主，氮肥残留率约为 13.2%。

当季磷肥利用率较低，土壤残留磷较高。董稳军等(2012)通过整理广东省 60 年的水稻的磷肥利用率发现，均值为 23.2%。大部分磷素储存于土壤，造成农田磷处于盈余状态，土壤磷素不断积累，农田土壤磷的环境风险逐渐增大(张维理等，2004)。连续三年监测广东菜田习惯施肥条件下磷素流失情况发现，总磷(TP)流失负荷为 134 kg/hm²，占磷素投入量的 13.2%(曾招兵等，2012)。因此，磷素流失也是农业面源污染和水体污染的主要原因之一。

2.3.2　蔬菜种植体系

1. 化肥使用状况

华南地区是我国蔬菜优势产区之一，蔬菜年播种面积约为 $300×10^4 hm^2$，产量占全国蔬菜总产量的 10%。伴随种植业结构调整，我国蔬菜区域化种植更加突显，如华南地区的冬春蔬菜。2018 年，华南地区蔬菜播种面积达 $3.0×10^6 hm^2$，在我国六大蔬菜优势产区中，产量居第五位，占全国总量的 10.42%，近 $0.73×10^8 t$。冬春蔬菜产区的优势在于气候温暖，极适宜喜温蔬菜的露地生产，优势种植时期可从当年 12 月至翌年 3 月，品种主要有豆类、瓜类、茄果类，弥补了其他区域种植品种与上市档期的空缺。2007～2015 年，华南三省区(广东、广西、海南)的蔬菜种植面积呈逐年扩大的趋势(国家统计局，2007～2018)(图 2-9)。

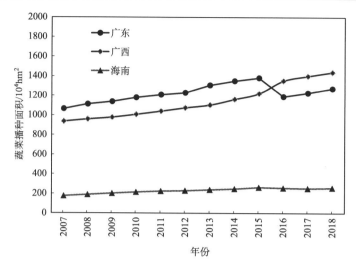

图 2-9　2007~2018 年华南地区(广东、广西、海南)蔬菜播种面积变化

国家发展和改革委员会、农业部公布了《全国蔬菜产业发展规划(2011—2020 年)》，在全国划定了 580 个蔬菜重点生产县区。华南地区共 74 个重点县(市、区)，其中广东、广西、海南的蔬菜产业重点县分别有 21 个、18 个、12 个。广东蔬菜产量居华南地区之首，2019 年达 3569×10⁴ t，广西次之(图 2-10)。

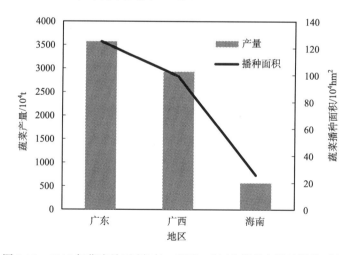

图 2-10　2019 年华南地区(广东、广西、海南)蔬菜产量及播种面积

对华南地区广东、广西、海南和福建四省区的菜田土壤养分和蔬菜施肥现状进行文献分析，结果表明，调查地区蔬菜作物的氮磷投入量远高于作物实际需求量，导致菜田土壤氮磷累积量较高，普遍高于引起流失的临界值。菜田系统的氮磷盈余量较高，具有较大的环境风险。广东省作为华南地区蔬菜产量最大的省，化肥施用量(表 2-8)具有代表性(官利兰等，2014)。

表 2-8　广东省菜田化肥施用量情况

项目	N/(kg/hm^2)	P$_2$O$_5$/(kg/hm^2)	K$_2$O/(kg/hm^2)	N：P$_2$O$_5$：K$_2$O
化肥施用量	444.02	456.66	441.09	1.00：1.03：0.99
有机肥施用量	167.16	99.89	94.77	1.00：0.60：0.57
总施用量	611.19	556.56	535.86	1.00：0.91：0.88

华南地区蔬菜的复种指数高，雨水多，导致地力出现退化，农户为了提高蔬菜的产量，大量施用化学肥料和农药，不重视有机肥施用。目前，华南地区土壤有机质含量基本维持在 0.5%～0.8%，很少达到 1.0% 以上的；菜田有机质很少得到补充，对化肥的依赖加剧了土壤与水体的富营养化(肖日新和何阳，2017)。蔬菜氮、磷元素的来源主要包括肥料施用、灌溉水输入、大气干湿沉降输入等，但肥料施用是菜地土壤氮、磷元素的主要来源，且以化肥为主，有机肥为辅。不同类型蔬菜平均每茬口施肥水平(N+P$_2$O$_5$+K$_2$O 总养分)在 460～1200 kg/hm^2，N、P$_2$O$_5$、K$_2$O 比例平均为 1：0.8：0.8，变异大、总量高，比例不协调，导致华南地区菜田面源污染日趋严重。

2. 蔬菜地土壤氮磷累积状况

在全国第二次土壤普查时，华南地区旱地蔬菜土壤全氮含量较低。一般认为土壤全氮含量小于 0.2% 即有可能缺氮，而华南地区大部分耕地的土壤含氮量都在 0.2% 以下，所有农田都需要施用氮肥。不同蔬菜种类对氮磷营养的需求量及菜田的主要理化性状差异很大，对福建的 460 个菜田样品(叶菜类、根茎类、瓜果类)的分析表明，碱解氮含量由高到低依次是：瓜果类≥叶菜类≥根茎类，均值为 128.3 mg/kg(章明清等，2014)。广东省菜田碱解氮含量均值为 125.6 mg/kg，按照蔬菜地养分的分级标准来看，大部分处于缺乏水平。从 2005 年到 2010 年，广东全省耕地面积减少了 13.5%，但化肥用量增加了16%，导致以广东为首的华南地区农田单位种植面积平均氮盈余 78.3 kg/hm^2，位居全国之首。在 2015 年进行的农户调查结果表明，广东茄果类蔬菜每季纯养分投入量平均约为 1125 kg/hm^2，瓜果类每季使用化肥养分折纯量为 1300 kg/hm^2，考虑复种因素后，广东瓜果类蔬菜养分年投入量显著高于全国平均水平。广东省蔬菜种植面积较大，品种繁多，大部分种植模式是一年三茬的复种模式，施肥量与蔬菜需肥量相比偏高，特别是磷肥的投入，而且 N、P、K 比例失衡(官利兰等，2014)。这意味着有大量未被利用的养分进入环境。菜田经过多年种植会出现 NO$_3^-$-N 累积，NO$_3^-$-N 在大雨或灌溉的条件下会随地表径流淋洗损失，如从菜田流失到地表水导致水体富营养化，或从菜田下渗到地下水导致硝酸盐污染(Zhang et al.，2009)，造成农业面源污染。

华南地区以珠江三角洲流域为例，从 1970 年以来珠江河口地区围垦滩涂面积达 6.0×10^4 hm^2，是珠江三角洲地区的后备耕地资源。与全国第二次土壤普查时期(1980 年)比较，珠江三角洲耕地土壤有机质、全氮含量稳中有降，土壤速效氮含量显著增加，已达丰富水平。大量水田改种茄果类、瓜类等经济作物而产生的耕作制度变化、利用强度增加及相应的化学氮肥的过量投入、蔬菜地施用石灰等管理措施，导致珠江三角洲耕地土壤有机质含量下降和产生新的养分非均衡化。蔬菜保护地由于大量施用化学氮肥，其土壤中 NO_3^--N 含量普遍为 100 kg N/hm²，而 5 年以上的塑料大棚表土 NO_3^--N 含量在200～700 kg N/hm² 之间，已形成盐渍现象。珠江三角洲蔬菜地化肥施氮量为150～2773 kg N/hm²，平均为 1560 kg N/hm²，有机肥施氮量为 365 kg N/hm²，蔬菜地土壤碱解氮含量明显升高。如果以单位产量需氮量估算，每公顷小白菜产量 15 t，仅需氮素 24.15 kg（钟继洪等，2009）。有机肥施用不足而化肥施用过多，是珠江三角洲土壤速效氮显著增加的原因，这不仅导致土壤硝酸盐累积、土壤板结，而且导致肥料利用率下降，水体污染加重。施氮肥促进了芥菜植株对氮、磷、钾养分的吸收；随着施用量的增加，芥菜的产量和养分吸收量增加，但是芥菜植株对氮肥的利用率随着施氮量的增加而降低。施氮显著增加菜地土壤 0～100 cm 深度土层硝态氮残留累积量（宁建凤等，2011）。而且在不同时期，水体中的硝酸盐氮含量不同，珠江三角洲地区在 5 月以后雨水充沛，对菜田的冲刷较严重，菜田施用的化肥会随着暴雨径流进入水体，导致水体中硝酸盐氮含量增加。梁秋洪等（2012）在 2012 年对珠江三角洲流域部分水样进行检测发现，其中大部分总氮含量已超过《地表水环境质量标准》（GB 3838—2002）V 类水的标准限值。

华南地区绝大多数的菜田磷素含量丰富，土体中的总磷含量约在 0.1%～0.25% 之间，但是多以固定态磷形态存在，蔬菜难以利用。叶菜类、根茎类、瓜果类等不同菜田的主要理化性状差异很大，前人对福建的 460 个菜田样品进行分析，发现 Olsen-P 含量由高到低依次是：瓜果类≥根茎类≥叶菜类，均值为 61.7 mg/kg（章明清等，2014）。广东省典型菜田土壤中有效磷含量均值为 99.0 mg/kg，按照菜地养分分级标准，属于中上水平。但是能被植物直接吸收利用的磷是可溶性的正磷酸盐，含量较低，不超过 10 μmol/L（Bieleski，2003；Schachtman et al.，1998）。另外，磷素在土壤中很难移动，蔬菜作为浅根系作物，一般只能吸收距离根表 2 mm 以内的有效磷，这也会造成根际范围内的磷素耗竭（Trolove et al.，2003），出现土壤中高磷而作物缺磷的现象。在蔬菜生产中，适量地在缺磷土壤上施用磷肥，对提高作物产量和品质有很好的作用，但是过量施用磷肥导致磷素在土壤中不断累积，会使土壤中的有效磷水平超过作物需求的临界值，而目前提倡的有机肥加剧了磷素在土壤中的有效性和移动性，易引发农田面源污染问题。

华南地区土壤磷素含量从 1980 年以来不断增加。以珠江三角洲流域为例，全国第二次土壤普查时期（1980 年），耕地土壤磷素缺乏。以博罗县、惠阳区、东莞市、南海区为例，土壤有效磷含量范围为 9～31.4 mg/kg，2005 年对 67 个蔬菜地样本磷素养分的测定结果表明，土壤有效磷含量范围为 39.4～127.1 mg/kg，相比全国第二次土壤普查时提高了 1～7 倍。戴照福等（2006）对珠江三角洲流域菜地土壤磷素特征及流失风险进行分析的结果表明，菜地土壤全磷和有效磷含量分别为 2.4 g/kg 和 95.14 mg/kg，土壤磷素积累明显，已经超过作物需求。课题组 2015 年调研表明，以广东为首的华南地区农田单位种植面积平均磷盈余 65.7 kg/hm²，其中叶菜类蔬菜在广东种植面积较大，每季磷肥利用率仅为 6%，大量磷未被利用，盈余累积的磷素极易损失到环境中。

2.3.3 华南地区水体污染状况

珠江是我国南方最大的水系，干流全长 2214 km，其径流量仅次于长江，居全国第二位。近年来，随着河流的过度开发和珠江沿岸城镇化的发展，以及流域内农业生产中投放的大量化肥农药被雨水带入河流,严重影响了珠江水体质量(黄梅珍和卫晋波,2017;刘雨果等,2017)。自 20 世纪 70 年代以来,珠江流域氮、磷营养盐向水体输出的趋势显著升高,致使水体富营养化加剧,赤潮发生频率增加且持续时间延长,水体下层严重缺氧,使生物多样性减少,对河口及近海海域的生态环境造成了严重的不良影响。

Strokal 等(2015)利用 Global NEWS 模型(nutrient export from water sheds)估算,从1970 年至 2050 年,珠江溶解性无机氮、磷对沿海水域输入量将会增加 2.0～2.5 倍,其中 2/3 来源于东江和珠江三角洲。程炯等(2006)从不同水文期对珠三角地区水环境的评价表明,枯水期主要污染因子为氨氮、溶解氧和高锰酸盐指数,平水期主要是氨氮、高锰酸盐指数、溶解氧、石油类,丰水期主要是高锰酸盐指数、硝酸盐氮等。以氨氮为主的农业面源污染是珠三角地区水环境污染的主体。徐鹏等(2017)采用系统动力学模型与环境管理模型耦合构建流域氮、磷营养盐排放仿真系统,模拟了 2000～2030 年珠江流域不同污染源的营养盐污染特征、影响因素和演变趋势,得到珠江流域总氮(TN)和总磷(TP)入河量将呈逐年递增的趋势,总氮入河量将从 2000 年的 $5.79×10^5$ t 增加到 2030 年的 $9.45×10^5$ t,总磷入河量将从 2000 年的 $7.9×10^4$ t 增加到 2030 年的 $1.4×10^5$ t。在 TN 入河量中,种植业贡献最多,其后依次为城镇污水、养殖业和农村污水。在 TP 入河量中,种植业、养殖业、城镇污水和农村污水的年均贡献比例分别为 35.6%、28.8%、21.5% 和14.1%。2000～2010 年,养殖业为第一污染源,其次是种植业、城镇污水和农村污水,但到 2011 年,种植业的贡献比例达到了 31.6%,开始超过养殖业(30.8%),成为首要污染来源。罗俊华(2011)的研究表明,广州市天河区河涌水质都属 V 类,其中天河区河涌总氮的贡献率为 30.0%,氨氮为 22.4%,总磷为 11.1%。刘乾甫等(2019)研究表明,珠江中上游水体主要受到氮污染,3 个采样时期、17 个采样点的 TN 和 NO_3^--N 超标率均在90% 以上,最大超标倍数分别达到 2.72 倍和 2.13 倍。

在旱季和雨季,珠江三角洲流域水体中总磷变化明显,雨季的均值明显高于旱季,而该区域每年 10 月至次年 1 月降水量较少,蔬菜的种植时期也进入生长后期或收获期,化肥的施用量减少,灌溉水量也相应减少;到了 5 月,降雨强度大,大部分蔬菜处于快速生长期,需要施用大量化肥,导致未被蔬菜吸收的磷肥随暴雨径流流入附近水体中。梁秋洪等(2012)在 2012 年对珠江三角洲流域典型农田水体水质特征进行分析发现,以张松村为例,农田水渠、珠江河道和河涌中总磷含量范围分别为 0.02～1.15 mg/L、0.06～0.2 mg/L 和 0.05～0.75 mg/L,最大值为 1.15 mg/L,严重超过地表水环境质量 V 类标准限值(0.4 mg/L)。当水体中总磷含量>0.02 mg/L 时有可能引发富营养化,而研究区中水样总磷含量全部超过临界值,水体污染较为严重(梁秋洪等,2012)。

2.4　北方马铃薯化肥使用、农田氮磷累积及水体污染状况

2.4.1　马铃薯化肥使用状况

马铃薯是世界上少有的可以普遍种植的作物,不仅粮、饲、菜兼用,而且是重要的工业原料。据联合国粮食及农业组织(FAO)2014 年的数据统计,我国的马铃薯种植面积

和总产量分别为 $5.6×10^6$ hm^2 和 $96×10^6$ t，分别占世界总种植面积和总产量的 29.4%和 25.0%，均居世界第一。因此，马铃薯的生产在我国粮食安全和"菜篮子"工程中占有举足轻重的地位。内蒙古自治区是我国马铃薯种植面积最大的省份，种植区域主要分布在阴山沿麓，约占全区种植面积的 1/2，覆盖乌兰察布市、呼和浩特市、包头市约 20 多个主产旗县；其次分布在锡林郭勒盟东南部、赤峰市及大兴安岭沿麓的呼伦贝尔市和兴安盟部分地区。自 2000 年种植面积首次超过小麦后，马铃薯就成为内蒙古的第二大作物。马铃薯种植面积从 1990 年的 $24.5×10^4$ hm^2 增加到 2010 年的 $68.1×10^4$ hm^2，总产量从 $61×10^4$ t 增加到了 $167×10^4$ t(图 2-11)。近年来，随着国家农业补贴的不断增加，针对内蒙古水资源短缺的现状，内蒙古马铃薯灌溉区逐渐从大水漫灌的灌溉方式向喷灌、滴灌等节水型灌溉方式转变，马铃薯滴灌面积日益扩大。然而，这种转型却缺乏与之配套的氮素营养诊断和肥料管理措施。受传统观念的影响及经济利益的驱使，灌溉尤其是滴灌马铃薯的氮肥用量普遍过量。自有记录以来，马铃薯的氮肥使用折纯量从 1982 年的 $6.50×10^4$ t 增加到 2014 年的 $97.15×10^4$ t，增加了 14 倍(杨海波等，2018)。陈杨等(2012)于 2008～2009 年在阴山北麓调查了 1256 个农户，其中 828 个旱地农户、428 个水浇地农户；其中旱地化学氮肥的投入在 11.2～195.0 kg N/hm^2，平均为 84.5 kg N/hm^2，水浇地化学氮肥的投入在 33.6～319.4 kg N/hm^2，平均为 162.4 kg N/hm^2。总体看来，不同农户的化学氮肥投入变异性较大，水浇地的化学氮肥用量要远远高于旱地雨养农业的投入。

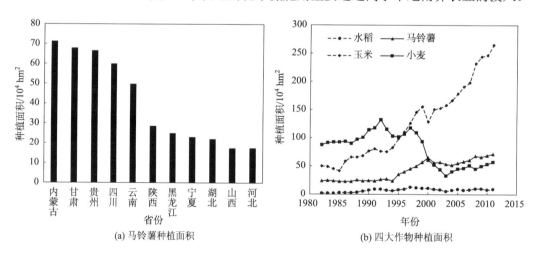

(a) 马铃薯种植面积　　　　　　　　　(b) 四大作物种植面积

图 2-11　我国主要省份马铃薯种植面积及内蒙古自治区四大作物种植面积年际变化

数据来源：《中国统计年鉴》(1981～2010)

2016 年内蒙古农业大学相关团队采用抽样调查，通过走访马铃薯种植专业合作社、公司及个别小农户，询问种植管理情况、施肥情况并填写调查问卷的方式，详细调查了内蒙古马铃薯主产区的施肥情况(表 2-9 和表 2-10)。调查发现，当地主要化学氮肥品种为复合肥和尿素，也有部分为硝酸钾和硝酸铵钙及含氮的一些液体肥料。马铃薯种植过程中化学氮肥投入量比较大，从最低的 53.6 kg N/hm^2 到最高的 588.0 kg N/hm^2，平均值达 287.6 kg N/hm^2，远远高出内蒙古地区马铃薯测土配方施肥确定的水浇地马铃薯氮肥的推荐范围(60.1~195.3 kg N/hm²),也高于文献中调研的农户水浇地马铃薯氮肥用量。内蒙古马铃薯主产区武川地区磷肥投入量平均为 222.36 kg P₂O₅/hm²,四子王旗磷肥投入量平均为 158.00 kg P₂O₅/hm²,整体平均投入量为 202.30 kg P₂O₅/hm²。分析调查也表明,大的种植专业合作社和公司氮肥和磷肥用量普遍高于小农户种植模式,说明近几年马铃薯种植专业合作社和公司为了追求高产,盲目地加大了氮磷肥用量。

表 2-9 阴山北麓农户化学氮肥投入调查统计

地点	样本量	最低/(kg N/hm²)	最高/(kg N/hm²)	平均/(kg N/hm²)	标准差/(kg N/hm²)	CV/%
武川县	43	53.6	588.0	293.8	135.1	46.0
四子王旗	15	198.0	431.7	272.5	82.2	30.2
所有	58	53.6	588.0	287.6	121.6	42.3

表 2-10 内蒙古马铃薯主产区 2015~2016 年各农户、合作社磷肥投入量 (单位:kg P₂O₅/hm²)

项目	四子王旗(n=24)*		武川县(n=53)		平均
	小农户(n=16)	合作社(n=8)	小农户(n=16)	合作社(n=37)	
磷肥用量	143.2±78.1 (36~285.6)**	187.6±75.6 (45~315.5)	204±106.8 (33.8~371.3)	230.3±117.5 (60~517.2)	202.30
平均	158.00		222.36		

*圆括号中 n 表示样本量;**括号中数字表示变化范围。

2.4.2 马铃薯农田氮磷累积及地下水污染状况

在 2.4.1 节所述农户施肥调查的同时,在每个调查的专业合作社、公司和农户中随机选取三个地块,依据"S"形取至少 10 钻土样,按照 0~30 cm、30~60 cm、60~90 cm 深度分层进行硝态氮含量的测定。表 2-11 列出了武川县和四子王旗 58 个马铃薯种植户不同土层的硝态氮累积量,0~90 cm 土层硝态氮的累积量从最小的 33.4 kg N/hm² 到最高的 1036.1 kg N/hm²,平均为 241.7 kg N/hm²。由于氮肥用量过多,累积在土壤中的硝态氮在砂土中很容易在下次作物生长季还没来得及吸收时就被淋洗到地下水当中,造成地下水的污染。

表 2-11 阴山北麓滴灌、喷灌马铃薯田块土壤无机氮含量

地区	土层/cm	样本容量	最低/(kg N/hm²)	最高/(kg N/hm²)	平均/(kg N/hm²)	标准差/(kg N/hm²)	CV/%
武川县	0~30	43	10.7	442.4	90.4	89.7	99.2
	30~60	43	9.4	271.9	82.2	64.7	78.7
	60~90	43	8.0	321.8	67.4	56.4	83.8
	0~90	43	33.4	1036.1	240.0	199.5	83.1

续表

地区	土层/cm	样本容量	最低 /(kg N /hm²)	最高 /(kg N /hm²)	平均 /(kg N /hm²)	标准差 /(kg N /hm²)	CV /%
四子王旗	0～30	15	17.4	296.8	89.5	79.5	88.9
	30～60	15	13.8	173.0	74.4	57.7	77.5
	60～90	15	12.5	288.6	83.3	73.2	87.9
	0～90	15	54.0	758.4	247.2	197.6	79.9
所有	0～30	58	10.7	442.4	90.1	86.6	96.1
	30～60	58	9.4	271.9	80.3	62.6	78.0
	60～90	58	8.0	321.8	71.3	60.7	85.1
	0～90	58	33.4	1036.1	241.7	197.2	81.6

　　在内蒙古武川县和四子王旗这两个马铃薯典型种植区,马铃薯收获后农户常规施肥模式下不同土层硝态氮残留情况见图 2-12。马铃薯收获后,武川地区农户常规施肥模式下 0～30 cm、30～60 cm 和 60～90 cm 深度土层硝态氮含量依次为 106 kg N/hm²、143 kg N/hm² 和 80 kg N/hm²,共计 329 kg N/hm²;四子王旗农户常规施肥模式下 0～30 cm、30～60 cm、60～90 cm 深度土层硝态氮含量依次为 35 kg N/hm²、33 kg N/hm² 和 89 kg N/hm²,共计 157 kg N/hm²。

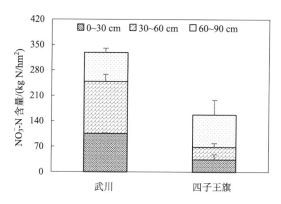

图 2-12　武川县及四子王旗马铃薯收获后农户常规施肥模式下不同土层硝态氮含量

　　土壤硝酸盐的大量残留导致该地区硝酸盐淋溶损失风险加大。对农户常规施肥模式下硝态氮淋溶量的研究结果表明,农户常规施肥模式下硝态氮淋失量为 40.6～50.4 kg N/hm²。土壤硝态氮的大量淋失导致地下水污染,调查发现,由于水肥资源的不合理利用,该地区的民用浅井水硝态氮浓度平均达 4.51 mg/L,最高达 18.29 mg/L,高于我国生活饮用水规定的临界硝态氮浓度(许来生,2004)。

　　马铃薯苗期和收获期不同深度土层土壤 Olsen-P 含量的测定结果(图 2-13)显示:与苗期相比,收获期 0～30 cm、30～60 cm、60～90 cm 深度土壤 Olsen-P 含量分别下降了45.45%、36.36%、30.33%,尤其是 0～30 cm 深度处下降最多。收获期 0～90 cm 深度土层 Olsen-P 含量仍然维持在较高的水平,虽然土壤对磷素有巨大的容纳能力,一定量磷素进入土壤中会与土壤物质发生一系列物理化学反应并蓄存在土壤中，从而增加土壤有效磷含量，提高土壤供磷能力，但是过多的磷蓄积仍然会增加磷素向环境损失的风险，造成水体富营养化等环境问题。

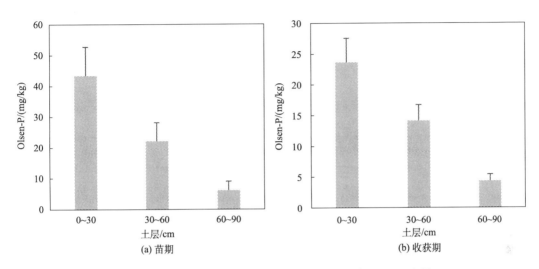

图 2-13 马铃薯苗期和收获期不同深度土层土壤 Olsen-P 含量

2.5 海南蕉园化肥使用、农田氮磷累积及水体污染状况

2.5.1 海南蕉园化肥使用状况

热带地区占地球表面约 36%（Caiado and Heatwole, 2009），分布于亚太地区、中南美洲及非洲地区，地域差异大，传统农业与现代农业并存，农田生态系统生物多样性丰富，但由于不合理的利用，其支持、供应、调节和文化服务功能逐步变弱（Fu et al., 2013）。热带农业面临的最大挑战是土地退化，包括土壤酸化、侵蚀、肥料不合理施用等（Agegnehu and Amede, 2017）。

2010 年，香蕉在热带和亚热带地区的种植面积超过 1.00×10^6 hm^2，总产量约为 1.38×10^8 t（Zhu et al., 2015），是发展中国家第四大作物，仅次于水稻、小麦和玉米（Meya et al., 2020）。2011 年，全球香蕉总产量约为 1.45×10^8 t，总产值为 440×10^8 美元，是仅次于大米、小麦和牛奶的第四大最有价值的食物（Ploetz and Evans, 2015）。根据 2017 年 FAO 的统计，香蕉生产量排名前六位的国家分别是印度、中国、印度尼西亚、巴西、厄瓜多尔和菲律宾（图 2-14）。我国是世界第二大香蕉生产国，种植面积从 1961 年的 1.3×10^4 hm^2 增长至 2017 年的 40×10^4 hm^2；单产由 13.5 t/hm^2 增至 30 t/hm^2 产量，总产量由 17.8×10^4 t 增长至 1142×10^4 t，占世界总产量的 10%左右（图 2-14）。

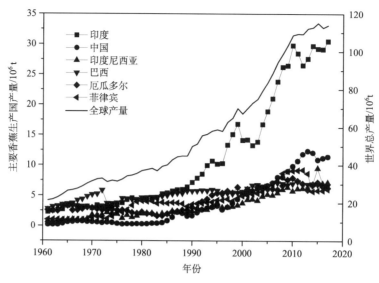

图 2-14 香蕉主要生产国产量及世界各国总产量

数据来源: http://www.fao.org/faostat/en/#data/QC

香蕉园施肥量差异较大,拉丁美洲有些地区氮肥施用量高达 500~1300 kg N/hm^2 (Al-Harthil and Al-Yahyai, 2009;Yao et al., 2009;Al-Busaidi, 2013),显著高于水稻、小麦和玉米等粮食作物(Marquina et al., 2013),不仅施肥量大,而且频率高(Bashma et al., 2019);而非洲有些地区氮肥施用量低至 150 kg N/hm^2,磷肥仅为 40 kg P$_2$O$_5$/hm^2(Bolfarini et al., 2020;Meya et al., 2020)。如表 2-12 所示,国外香蕉园化肥 N、P、K 平均投入量分别为(473±242)kg/hm^2、(120±89.7)kg/hm^2、(887±670)kg/hm^2,产量为(47.8±20.7)t/hm^2。Torres 等(2014)通过田间试验研究了施氮量与香蕉植株氮含量之间的关系,表明施氮量为 483 kg/hm^2 时植株氮含量最高。Pattison 等(2018)的研究结果表明,350 kg/hm^2 施氮处理与减施氮肥处理(180 kg/hm^2)相比,每串香蕉重量差异不显著,然而前者氮肥利用率却只有后者的一半。Al-Harthil 和 Al-Yahyai(2009)的研究结果表明,施肥量为 600 g N/株、100 g P/株、500 g K/株时香蕉产量高于高施肥处理(900 g N/株、150 g P/株、750 g K/株),且在果串重、中梳果重和每束果指数等果实特征方面优于其他处理。可见,施氮量超过合理范围,对香蕉产量和品质会产生不利影响。

表 2-12 国外香蕉种植密度、养分投入和产量

地点	密度 /(株/hm^2)	N /(kg/hm^2)	P$_2$O$_5$ /(kg/hm^2)	K$_2$O /(kg/hm^2)	产量 /(t/hm^2)	文献来源
澳大利亚	1429	180	—	—	34.0	Pattison et al.,2018
法国	2232	200	75	300	53.8	Achard et al.,2018
哥伦比亚	1599	320	56	480	—	Yuvaraj and Mahendran,2017

续表

地点	密度/(株/hm²)	N/(kg/hm²)	P₂O₅/(kg/hm²)	K₂O/(kg/hm²)	产量/(t/hm²)	文献来源
巴基斯坦	—	500	—	—	—	Rajput et al.，2017
巴西	1667	350	84	570	32.0	Nomura et al.，2017
巴西	2000	525	84	855	43.6	Nomura et al.，2017
巴西	2000	525	84	855	55.1	Nomura et al.，2017
巴西	1667	533	20	2400	20.6	Fratoni et al.，2017
印度	3086	617	333	694	52.8	Hegde and Srinivas，1989
巴西	1923	400	90	600	51.5	Teixeira et al.，2002
印度	—	300	90	—	—	Navaneethakrishnan et al.，2013
印度	2267	200	30	330	41.4	Thangaselvabai et al.，2007
印度	4444	1111	178	889	91.3	Bhalerao et al.，2009a
印度	4444	889	178	889	91.3	Bhalerao et al.，2009b
哥伦比亚	1599	483	87	679	46.5	Torres et al.，2014
巴西	1667	533	100	2400	20.6	Fernandez and Fox，1985
巴基斯坦	2500	625	313	—	43.9	Rajput et al.，2015
坦桑尼亚	1667	230	119	471	38.4	Meya et al.，2020
平均值	2262	473	120	887	47.8	
标准差	949	242	89.7	670	20.7	

　　香蕉主要在我国华南广东、广西、海南、云南和福建五个省份种植，2012~2017 年香蕉年产量为 $1151×10^4$~$1335×10^4$ t（图 2-15）。香蕉是典型的"大水大肥"作物，生长

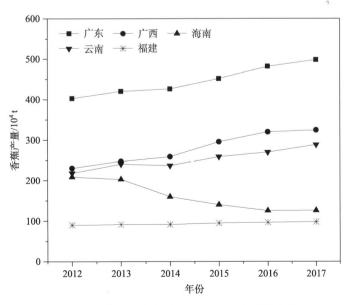

图 2-15　华南五个省份 2012~2017 年香蕉产量

迅速，产量高，根浅不耐干旱。据估计，产量为 52 t/hm² 的蕉园每年可以带走 320 kg N、32 kg P₂O₅ 和 925 kg K₂O 的养分(Mustaffa and Kumar，2012)。化肥具有养分含量高、肥效高、轻便、见效快等特点。多数蕉农在施肥上追求简便、快速，造成重施化肥、轻施有机肥等现象(潘孝忠和曾建华，2007；Zhang et al.，2019)。据调研，我国香蕉化肥投入差异较大，氮肥在 309~1333 kg/hm²，平均为 755 kg/hm²；磷肥(折 P₂O₅)在 67~2275 kg/hm²，平均为 399 kg/hm²；钾肥(纯 K₂O)在 632~2880 kg/hm²，平均为 1442 kg/hm²(表 2-13)。此外，单位面积香蕉果实氮吸收差异较大，低则 30.4~65.9 kg N/hm²，高则 104~118 kg N/hm²，这与香蕉品种、水肥管理、种植时间和气候条件有关；茎秆氮吸收低则 73~100 kg N/hm²，高则 233~360 kg N/hm²(表 2-14)。

表 2-13　我国香蕉种植密度、养分投入和产量

地点	密度 /(株/hm²)	N /(kg/hm²)	P₂O₅ /(kg/hm²)	K₂O /(kg/hm²)	产量 /(t/hm²)	文献来源
广西	2175	1153	261	1414	49.4	肖焱波等，2012
广西	2100	966	231	1260	34.2	朱晓晖，2006
广西	2490	513	67	996	44.8	熊柳梅，2006
广西	1800	370	203	1776	—	张江周等，2016
海南	2500	750	300	1500	—	张海风，2001
海南	3330	683	333	799	51.5	董兆佳，2010
海南	2273	309	307	770	42.5	李炜芳，2011
海南	2500	600	300	1200	52.3	曲均峰等，2010
海南	2250	1333	557	2717	57.9	陈永森，2016
海南	2083	471	494	1000	33.2	张爱华等，2015
海南	2500	625	250	1406	57.3	黄丽娜等，2017
海南	2500	1000	500	2000	—	Sun et al., 2018
海南	1084	960	576	2880	41.4	Zhong et al., 2014
云南	1667	576	183	1122	41.4	林木森等，2017
云南	1590	442	127	1051	27.2	张爱华等，2015
福建	1740	788	158	1418	35.7	丁文，2013
广东	2038	793	380	1091	39.3	杨苞梅等，2009
广东	2500	1000	2275	2725	39.6	臧小平等，2009
广东	2010	557	179	632	49.8	李国良等，2011
广东	1800	795	262	1237	44.8	匡石滋等，2011
广东	3333	1125	525	1925	86.7	郭春铭等，2017
广东	2010	804	302	804	31.5	马海洋等，2015
平均值	2194	755	399	1442	45.3	
标准差	519	271	443	649	13.2	

集约化的香蕉种植及较高的肥料投入给周边环境带来污染风险。我国香蕉化肥施用量远远超过澳大利亚、巴西和印度等国家的推荐量(250~500 kg N/hm²、50~250 kg P₂O₅/hm²)

（表 2-15）。香蕉的氮肥利用率较低，大量的氮素通过径流、淋溶等途径损失至环境中，导致一系列环境问题，如土壤酸化、水体富营养化等（Hou et al.，2018）。

表 2-14　香蕉果实和茎秆氮磷吸收量

氮素吸收/(kg N/hm²)		磷素吸收/(kg P/hm²)		文献来源
果实	秸秆	果实	秸秆	
85.2～108	233～360	—	—	李宝深，2016
46.2～66.1	106～130	—	—	张俊华，2012
91～130	73～100	—	—	霍敏霞，2012
30.4～65.9	75.2～120	4.3～7.1	9.1～14.8	张爱华等，2015
74.2～81.5	123～144	6.3～7.7	7.3～8.8	马海洋等，2015
104～118	138～160	4.5～5.1	18.7～28.6	丁文，2013
48～73.3	84～118	—	—	董兆佳，2010
135～152		18～23		Hegde and Srinivas, 1989
123～159		20～21		
216～305		21～28		Thangaselvabai et al., 2007

表 2-15　部分国家地区的香蕉园肥料推荐施用量

国家地区	氮/(g N/hm²)	磷/(kg P₂O₅/hm²)	文献来源
印度	250	50	Pramanik and Patra, 2016
巴西	350	96	Nomura et al., 2017
阿曼	400	—	Al-Busaidi, 2013
巴基斯坦	500	250	Rajput et al., 2015
澳大利亚	400	—	Bass et al., 2016
中国	900	270	Yao et al., 2009

根据课题组 2017～2019 年连续三年的田间小区试验发现，香蕉氮肥利用率低于大田作物，仅为 11.2%～18.3%；磷肥利用率不足 10%，导致氮磷在土壤中大量积累。蕉园耕层硝态氮含量可达 260～468 kg/hm²，有效磷含量高达 442～940 kg/hm²。而且香蕉种植区高温多湿、降雨强度大，在传统的施肥模式下，氮素和磷素地表径流、淋溶损失分别占氮投入量的 53.8%和 15.0%，以及磷投入的 0.3%和 17.6%。尽管磷素在土壤中的迁移性小，但当土壤中有效磷含量超过环境阈值时，磷素淋溶风险剧烈增加。

2.5.2　香蕉种植区的水体污染状况

2005 年海南省化肥使用量达到 93.6×10⁴ t，比 2001 年使用量增加 23.9×10⁴ t。根据农业种植面积和源强污染物排放系数及流失系数计算，2005 年农业种植 COD 排放量为 12.7×10⁴ t、NH₄⁺-N 排放量为 2.5×10⁴ t，COD 排放量超过城镇生活和工业 COD 排放之和（刘贤词等，2009）。从我国化肥投入的总体环境风险状况来看，海南省氮肥和磷肥投入引发的环境污染均处于重度风险状态(刘聪,2018)。以氮为限值的贫营养化水区、贫-中营养化水区、中营养化水区和中-富营养化水区分别占总面积的 21.42%、49.98%、11.58%和17.02%。以磷为限值的贫-中营养化水区、中营养化水区、中-富营养化水区和风险水区分别占 1.48%、35.40%、47.49%和15.63%(吴哲等,2015)。

通过热带典型作物全生育期定点观测(表2-16)发现,海南水稻、辣椒和香蕉种植系统土壤表层 TP 含量较高(0.66~1.25 g/kg);水稻和香蕉生长期大部分时间段地表径流 TN 浓度低于地表 V 类水标准(2.0 mg/L),整个生长期内地表径流含量高于地表 V 类水 TP 标准;尽管香蕉整个生长期内渗漏液 TN 浓度(4.65~21.6 mg/L)低于辣椒种植系统的浓度(26.7~75.5 mg/L),但是 TP 浓度大多高于辣椒种植系统。因此,根据土壤供肥和作物养分需求规律,进行养分综合管理、科学减量施肥十分迫切。

表 2-16　典型热带种植系统土壤、地表径流和渗漏液氮磷含量

种植系统	土壤/(g/kg)		地表径流/(mg/L)		渗漏液/(mg/L)	
	总氮	总磷	总氮	总磷	总氮	总磷
水稻	0.97~1.18	1.10~1.22	0.34~12.1	0.32~2.19	—	—
辣椒	0.78~1.54	0.66~1.25	—	—	26.7~75.5	0.10~0.16
香蕉	0.77~1.07	0.90~1.03	1.67~5.14	0.43~2.05	4.65~21.6	0.06~0.32

参 考 文 献

陈吉, 孙永泉, 沈林林, 等. 2016. 苏州市稻-麦轮作施肥特征及土壤养分平衡状况. 农业与技术, 36: 43-46.

陈杨, 樊明寿, 康文钦, 等. 2012. 内蒙古阴山丘陵地区马铃薯施肥现状与评价. 中国土壤与肥料, 2: 104-108.

陈永森. 2016. 喷灌不同施肥量对'宝岛'香蕉生产效果影响. 热带农业科学, 36(10): 6-9.

程炯, 王继增, 刘平, 等. 2006. 珠江三角洲地区水环境问题及其对策. 水土保持通报, 26(2): 91-93.

戴照福, 王继增, 程炯, 等. 2006. 流溪河流域菜地土壤磷素特征及流失风险分析. 广东农业科学, 4: 82-84.

丁文. 2013. 缓控释肥料对香蕉产量、品质和养分利用率的影响. 福建农业学报, 28(1): 47-50.

董稳军, 黄旭, 郑华平, 等. 2012. 广东省60年水稻肥料利用率综述. 广东农业科学, 39(7): 76-79.

董兆佳. 2010. 施用不同类型 N 肥对香蕉生长和氧化亚氮排放影响研究. 海口: 海南大学.

段霄燕, 李志田, 杨瑞让, 等. 2007. 河北省几种农田土壤养分变化及施肥建议//江荣风, 杜森. 首届全国测土配方施肥技术研讨会论文集. 北京: 中国农业大学出版社.

高德才, 张蕾, 刘强, 等. 2013. 菜地土壤氮磷污染现状及其防控措施. 湖南农业科学, (17): 51-55, 61.

高晶晶, 彭超, 史清华. 2019. 中国化肥高用量与小农户的施肥行为研究——基于1995~2016年全国农村固定观察点数据的发现. 管理世界, 35(10): 120-132.

官利兰, 伏广农, 徐鹏举, 等. 2014. 广东省菜园土壤施肥状况调查与分析. 南方农业学报, 45(3): 420-424.

郭春铭, 刘卫军, 樊小林. 2017. 碱性长效缓释氮肥对蕉园土壤 pH 和香蕉氮肥利用效率的影响. 植物

营养与肥料学报, 23(1): 128-136.

郭婧妤. 2017. 华北平原农田氮素污染评价方法及指标研究. 北京: 中国农业大学.

郭战玲, 沈阿林, 寇长林, 等. 2008. 河南省地下水硝态氮污染调查与监测. 农业环境与发展, 25(5): 125-128.

郝晋珉. 2013. 黄淮海平原土地利用. 北京: 中国农业大学出版社.

胡开明, 李冰, 王水, 等. 2014. 太湖流域(江苏省)水质污染空间特征. 湖泊科学, 26: 200-206.

黄丽娜, 程世敏, 赵增贤, 等. 2017. 控释氮比例对香蕉产量及其构成因子的影响. 中国南方果树, 46(5): 63-67.

黄梅珍, 卫晋波. 2017. 广佛交界河涌水质监测及其水体环境单元分类研究. 资源节约与环保, (7): 50-51.

黄绍文, 唐继伟, 李春花, 等. 2017. 我国蔬菜化肥减施潜力与科学施用对策. 植物营养与肥料学报, 23: 1480-1493.

霍敏霞. 2012. 氮肥类型对二代蕉园土壤 N_2O、NO 排放及香蕉 C、N 分配影响研究. 海口: 海南大学.

季鹏飞, 许海, 詹旭, 等. 2020. 长江中下游湖泊水体氮磷比时空变化特征及其影响因素. 环境科学, 9: 4030-4041.

江丽华, 李妮, 徐钰, 等. 2020. 山东省设施蔬菜施肥现状调查研究. 山东农业科学, 52(2): 90-96.

姜慧敏, 张建峰, 李玲玲, 等. 2013. 优化施氮模式下设施菜地氮素的利用及去向. 植物营养与肥料学报, 19(5): 1146-1154.

金继运, 李家康, 李书田. 2006. 化肥与粮食安全. 植物营养与肥料学报, (5): 601-609.

寇长林. 2004. 华北平原集约化农作区不同种植体系施用氮肥对环境的影响. 北京: 中国农业大学.

匡石滋, 田世尧, 李春雨, 等. 2011. 香蕉氮·磷·钾施肥效应模型探析. 安徽农业科学, 39(1): 147-150.

类淑霞. 2013. 黄淮海平原耕地与粮食产量//郝晋珉. 黄淮海平原土地利用. 北京: 中国农业大学出版社: 135.

李宝深. 2016. 滴灌蕉园养分综合管理技术研究与应用——以广西金穗为例. 北京: 中国农业大学.

李国良, 姚丽贤, 张育灿, 等. 2011. 不同施肥方式对香蕉生长和产量的影响. 中国农学通报, 27(6): 188-192.

李红莉, 张卫锋, 张福锁, 等. 2010. 中国主要粮食作物化肥施用量与效率变化分析. 植物营养与肥料学报, 16(5): 1136-1143.

李俊良, 李晓林, 张福锁, 等. 2002. 山东寿光保护地蔬菜施肥现状及问题的研究. 土壤通报, 33(2): 126-128.

李书田, 金继运. 2011. 中国不同区域农田养分输入、输出与平衡. 中国农业科学, 44(20): 4207-4229.

李炜芳. 2011. 香蕉园土壤水肥时空变异及其与香蕉生长、产量的关系研究. 海口: 海南大学.

梁秋洪, 李取生, 罗璇, 等. 2012. 珠江河口地区农田水体 N、P 污染研究. 中国环境科学, 32(4): 695-702.

林晶晶, 李刚华, 薛利红, 等. 2014. ^{15}N 示踪的水稻氮肥利用率细分. 作物学报, 40(8): 1424-1434.

林木森, 王娟, 范志荣, 等. 2017. 云南河口山地香蕉测土配方施肥的田间肥料效应研究. 热带农业科学, 37(6): 18-23.

刘聪. 2018. 中国农业化肥面源污染的成因及负外部性研究. 杭州: 浙江大学.

刘付程, 史学正, 潘贤章, 等. 2003. 太湖流域典型地区土壤磷素含量的空间变异特征. 地理科学, 23: 77-81.

刘宏斌, 雷宝坤, 张云贵, 等. 2001. 北京市顺义区地下水硝态氮污染的现状与评价. 植物营养与肥料学报, 7(4): 385-390.

刘宏斌, 张云贵, 李志宏, 等. 2005. 北京市平原农区深层地下水硝态氮污染状况研究. 土壤学报, 42(3): 411-418.

刘乾甫, 杜浩, 赖子尼, 等. 2019. 珠江中上游水环境状况分析与评价. 中国渔业质量与标准, 9(4): 36-47.

刘贤词, 邢巧, 王晓辉. 2009. 海南省农村农业面源污染现状及防治对策. 中国水土保持, (3): 19-20.

刘新宇, 巨晓棠, 张丽娟, 等. 2010. 不同施氮水平对冬小麦季化肥氮去向及土壤氮素平衡的影响. 植物营养与肥料学报, 16(2): 296-303.

刘雨果, 杜进林, 梁慧丽, 等. 2017. 嗜热四膜虫在评价珠江广州段水体中的应用初探. 现代预防医学, 44(20): 3805-3809.

刘兆辉, 江丽华, 张文君, 等. 2006. 氮、磷、钾在设施蔬菜土壤剖面中的分布及移动研究. 农业环境科学学报, 25: 537-542.

刘兆辉, 江丽华, 张文君, 等. 2008. 山东省设施蔬菜施肥量演变及土壤养分变化规律. 土壤学报, 45(2): 296-303.

刘庄, 李维新, 张毅敏, 等. 2010. 太湖流域非点源污染负荷估算. 生态与农村环境学报, 26: 45-48.

陆沈钧, 姚俊, 曹翔. 2020. 浅析太湖流域农业面源污染现状、成因及对策. 水利发展研究, 20(2): 40-44.

罗俊华. 2011. 广州市天河区河涌水体污染特征分析与污染治理模式探讨. 广州: 暨南大学.

罗永霞, 高波, 颜晓元, 等. 2015. 太湖地区农业源对水体氮污染的贡献——以宜溧河流域为例. 农业环境科学学报, 34(12): 2318-2326.

麻万诸, 章明奎, 吕晓男. 2012. 浙江省耕地土壤氮磷钾现状分析. 浙江大学学报(农业与生命科学版), 38: 71-80.

马海洋, 刘亚男, 石伟琦, 等. 2015. 香蕉优化施肥浅析. 中国土壤与肥料, (3): 50-54.

宁建凤, 罗文, 杨少海, 等. 2011. 施磷对苦麦菜生长及土壤磷素淋失的影响. 中国生态农业学报, 19(3): 525-531.

牛灵安. 2018. 盐渍化区域土壤系统培肥研究. 北京: 中国农业大学出版社.

牛新胜, 张翀, 巨晓棠. 2021. 华北潮土冬小麦-夏玉米轮作包气带氮素淋溶机制. 中国生态农业学报(中英文), 29(1): 53-65.

潘孝忠, 曾建华. 2007. 海南香蕉平衡施肥的现状与发展前景. 安徽农学通报, 13(10): 81-83.

曲均峰, 赵福军, 傅送保. 2010. 香蕉应用不同氮肥的效果研究. 广东农业科学, (9): 116-117.

全国农业技术推广服务中心. 2015. 测土配方施肥土壤基础养分数据集 2005-2014. 北京: 中国农业出版社.

史天昊. 2015. 不同施肥下典型农田氮素残留特征及可利用性. 贵阳: 贵州大学.

孙锦, 高洪波, 田婧, 等. 2019. 我国设施园艺发展现状与趋势. 南京农业大学学报, 42(4): 594-604.

孙娜. 2017. 华北农田土壤磷素平衡与环境风险评价指标研究. 北京: 中国农业大学.

孙晓姝, 王立革, 郭珺, 等. 2019. 山西曲沃设施蔬菜施肥现状及土壤氮磷累积与分配特征. 生态科学, 38(6): 149-155.

汪玉, 赵旭, 王磊, 等. 2014. 太湖流域稻-麦轮作农田磷素累积现状及其环境风险与控制对策. 农业环境科学学报, 33: 829-835.

王凌, 张国印, 孙世友, 等. 2008. 河北省蔬菜高产区化肥施用对地下水硝态氮含量的影响. 河北农业科学, 12(10): 75-77.

王庆锁, 孙东宝, 梅旭荣, 等. 2011. 密云水库流域地下水硝态氮的分布及其影响因素. 土壤学报, 1: 141-150.

王慎强, 邢光熹, 杨林章, 等. 2012. 太湖流域典型地区水稻土磷库现状及科学施磷初探. 土壤, 44: 158-162.

吴哲, 陈歆, 刘贝贝, 等. 2015. 基于 InVEST 模型的海南岛氮磷营养物负荷的风险评估. 热带作物学报, 34(9): 1791-1797.

武雪萍, 李银坤. 2019. 温室蔬菜水肥增效机制与管理研究. 中国农业科学, 52(20): 3605-3610.

肖日新, 何阳. 2017. 华南区菜园土壤选择与改良措施. 长江蔬菜, 14(11): 24-25.

肖焱波, 万其宇, 葛旭, 2012. 恩泰克 26 在灌溉施肥中对香蕉产量和品质的影响. 热带作物学报, 33(1): 55-58.

谢文明, 闵炬, 施卫明. 2018. 长江三角洲河网平原地区集约化种植面源污染监测指标筛选研究. 生态与农村环境学报, 34(9): 776-781.

熊柳梅. 2006. 土壤有效养分与香蕉生产的空间分析. 南宁: 广西大学.

徐春英, 李玉中, 李巧珍, 等. 2011. 山东潍坊地下水硝酸盐污染现状及 $\delta^{15}N$ 溯源. 生态学报, 31(21): 6579-6587.

徐鹏, 林永红, 杨顺顺, 等. 2017. 珠江流域氮、磷营养盐入河量估算及预测. 湖泊科学, 29(6): 1359-1371.

徐运清, 秦红灵, 全智, 等. 2015. 长期蔬菜种植对菜地土壤剖面硝酸盐分布和地下水硝态氮含量的影响. 农业现代化研究, 36(6): 1080-1085.

许来生. 2004. 内蒙古武川-四子王旗地区地下水中的 NO_3^- 污染. 铀矿地质, 4: 251-256.

许仙菊. 2007. 上海郊区不同作物及轮作农田氮磷流失风险研究. 北京: 中国农业科学院.

杨苞梅, 姚丽贤, 李国良, 等. 2009. 不同氮钾肥配比对香蕉生长的影响. 广东农业科学, (4): 37-39.

杨海波, 杨海明, 孙国梁, 等. 2018. 阴山北麓节水灌溉马铃薯田氮素平衡研究. 北方农业学报, 46(5): 54-60.

杨林章. 2018. 我国农田面源污染治理的思路与技术. 民主与科学, (5): 16-18.

杨林章, 施卫明, 薛利红, 等. 2013. 农村面源污染治理的"4R"理论与工程实践——总体思路与"4R"治理技术. 农业环境科学学报, 32(1): 1-8.

喻朝庆. 2019. 水-氮耦合机制下的中国粮食与环境安全. 中国科学: 地球科学, 49(12): 2018-2036.

臧小平, 邓兰生, 郑良永, 等. 2009. 不同灌溉施肥方式对香蕉生长和产量的影响. 植物营养与肥料学报, 15(2): 484-487.

曾招兵, 李盟军, 姚建武, 等. 2012. 习惯施肥对菜地氮磷径流流失的影响. 水土保持学报, 26(5): 34-38.

张爱华, 阮云泽, 董存明, 等. 2015. 配方施肥对香蕉生物量及养分积累的影响. 中国农学通报, 31(31): 141-145.

张灿强, 王莉, 华春林, 等. 2016. 中国主要粮食生产的化肥削减潜力及其碳减排效应. 资源科学, 38(4): 790-797.

张海风. 2001. 海南省反季节香蕉营养特性和营养诊断指标的研究. 儋州: 华南热带农业大学.

张焕朝, 张红爱, 曹志洪. 2004. 太湖地区水稻土磷素径流流失及其 Olsen 磷的突变点. 南京林业大学学报(自然科学版), 28: 6-10.

张江周, 张涛, 余赟, 等. 2016. 滴灌条件下广西香蕉氮磷钾吸收与分配特性研究. 热带作物学报, 37(12): 2250-2255.

张俊华. 2012. 尿素用量及抑制剂施用对植蕉土壤 N_2O、NO 排放和香蕉碳氮分配的影响. 海口: 海南大学.

张丽娟, 巨晓棠, 刘辰琛, 等. 2010. 北方设施蔬菜种植区地下水硝酸盐来源分析——以山东省惠民县为例. 中国农业科学, 43(21): 4427-4436.

张维理, 田哲旭, 张宁, 等. 1995. 我国北方农用氮肥造成地下水硝酸盐污染的调查. 植物营养与肥料学报, (2): 84-91.

张维理, 武淑霞, 冀宏杰, 等. 2004. 中国农业面源污染形势估计及控制对策 I. 21 世纪初期中国农业面源污染的形势估计. 中国农业科学, (7): 1008-1017.

章明清, 姚宝全, 李娟, 等. 2014. 福建菜田氮、磷累计状况及其淋失潜力研究. 植物营养与肥料学报, 20(1): 148-155.

赵荣芳, 陈新平, 张福锁. 2009. 华北地区冬小麦-夏玉米轮作体系的氮素循环与平衡. 土壤学报, 46(4): 684-697.

赵同科, 张成军, 杜连凤, 等. 2007. 环渤海七省(市)地下水硝酸盐含量调查. 农业环境科学学报, 26(2): 779-783.

赵伟, 梁斌, 杨学云, 等. 2013. 长期不同施肥对小麦-玉米轮作体系土壤残留肥料氮去向的影响. 中国农业科学, 46(8): 1628-1634.

中华人民共和国国家统计局. 2016. 中国统计年鉴 2016. 北京: 中国统计出版社.

中华人民共和国国家统计局. 2019a. 国家数据 [EB/OL]. [2019-05-03]. http://data.stats.gov.cn/search.htm? s =水稻播种面积.

中华人民共和国国家统计局. 2019b. 国家数据 [EB/OL]. [2019-05-03]. http://data.stats.gov.cn/search.htm? s =农用化肥施用折纯量.

钟继洪, 余炜敏, 骆伯胜, 等. 2009. 珠江三角洲耕地土壤质量演化及其机制. 生态环境学报, 18(5): 1917-1922.

周冉. 2012. 华北地区主要作物施肥的资源环境影响评价. 保定: 河北农业大学.

朱晓晖. 2006. 镁肥和芸苔素内酯对香蕉产量、品质及养分吸收的影响. 武汉: 华中农业大学.

朱新开, 郭凯泉, 郭文善, 等. 2010. 氮肥运筹比例对稻田套播强筋小麦子粒品质和产量的影响. 植物营养与肥料学报, 16(3): 515-521.

庄远红, 吴一群, 李延. 2007. 有机无机磷肥配施对蔬菜地土壤磷素淋失的影响. 土壤, 39(6): 905-909.

Achard R, Fevrier A, Estrade J R. 2018. Weed control by two cover crops *Neonotonia wightii* and *Centrosema pascuorum* in banana plantations-impact on nitrogen competition and banana productivity//Van Den Bergh I, Risede J M, Johnson V. X International Symposium on Banana: ISHS - ProMusa Symposium on Agroecological Approaches to Promote Innovative Banana Production Systems: 87-94.

Agegnehu G, Amede T. 2017. Integrated soil fertility and plant nutrient management in tropical agro-ecosystems: A review. Pedosphere, 27: 662-680.

Al-Busaidi K T S. 2013. Effects of organic and inorganic fertilizers addition on growth and yield of banana(*Musa* AAA cv. Malindi)on a saline and non-saline soil in Oman. Journal of Horticulture and Forestry, 5(9): 146-155.

Al-Harthil K, Al-Yahyai R. 2009. Effect of NPK fertilizer on growth and yield of banana in Northern Oman.

Journal of Horticulture and Forestry, 1(8): 160-167.

Bai Z H, Lu J, Zhao H, et al. 2018. Designing vulnerable zones of nitrogen and phosphorus transfers to control water pollution in China. Environmental Science & Technology, 52: 8987-8988.

Bashma E, Sudha B, Sajitharani T, et al. 2019. Growth, nutrient uptake, yield and quality parameters of Nendran banana (*Musa* sp.) as influenced by combined application of soil and foliar nutrition. Journal of Tropical Agriculture, 56: 107-113.

Bass A M, Bird M I, Kay G, et al. 2016. Soil properties, greenhouse gas emissions and crop yield under compost, biochar and co-composted biochar in two tropical agronomic systems. Science of the Total Environment, 550: 459-470.

Bhalerao V P, Patil T D, Patil N M, et al. 2009a. Standardization of optimum dose and time of nitrogen application to tissue cultured Grand Naine banana. Indian Journal of Agricultural Research, 43: 134-138.

Bhalerao V P, Pujari C V, Mendhe A R, et al. 2009b. Effect of different sources of nitrogen on yield attributes of banana cv. GRAND NAINE. Asian Journal of Soil Science, 4: 261-265.

Bieleski R L. 2003. Phosphate pools, phosphate transport, and phosphate availability. Annual Review of Plant Physiology, 24: 225-252.

Bolfarini A, Putti F, Souza J, et al. 2020. Yield and nutritional evaluation of the banana hybrid 'FHIA-18' as influenced by phosphate fertilization. Journal of Plant Nutrition, 43(9): 1331-1342.

Caiado M, Heatwole C. 2009. Improved nutrient parameters for modeling diffuse pollution in the tropics. Transactions of the ASABE, 52(3): 845-849.

Chen S, Wu W, Hu K, et al. 2010. The effects of land use change and irrigation water resource on nitrate contamination in shallow groundwater at county scale. Ecological Complexity, 7(2): 131-138.

Chen X P, Cui Z L, Fan M S, et al. 2014. Producing more grain with lower environmental costs. Nature, 514(7523): 486-489.

Cui Z, Chen X, Miao Y, et al. 2008a. On-farm evaluation of winter wheat yield response to residual soil nitrate-N in North China Plain. Agronomy Journal, 100(6): 1527-1534.

Cui Z, Zhang F, Miao Y, et al. 2008b. Soil nitrate-N levels required for high yield maize production in the North China Plain. Nutrient Cycling in Agroecosystems, 82(2): 187-196.

Du L F, Zhao T K, Zhang C J, et al. 2011. Investigations on nitrate pollution of soil, groundwater and vegetable from three typical farmlands in Beijing Region, China. Agricultural Sciences in China, 10(3): 423-430.

Fernandez F M, Fox R L. 1985. Effect of nitrogen and potassium fertilization on the yield of banana. Anales de Edafologia Y Agrobiologia, 44: 1439-1452.

Fratoni M, Moreira A, Moraes L, et al. 2017. Effect of nitrogen and potassium fertilization on banana plants cultivated in the humid tropical amazon. Communications in Soil Science and Plant Analysis, 48: 1511-1519.

Fu B, Wang S, Su C, et al. 2013. Linking ecosystem processes and ecosystem services. Current Opinion in Environmental Sustainability, 5: 4-10.

Gong W, Zhang Y, Huang X, et al. 2013. High-resolution measurement of ammonia emissions from fertilization of vegetable and rice crops in the Pearl River Delta Region, China. Atmospheric Environment, 65: 1-10.

Han D, Currell M J, Cao G. 2016. Deep challenges for China's war on water pollution. Environmental Pollution, 218: 1222-1233.

Hegde D M, Srinivas K. 1989. Effect of soil matric potential and nitrogen on growth, yield, nutrient uptake and water use of banana. Agricultural Water Management, 16: 109-117.

Hou Y, Wei S, Ma W Q, et al. 2018. Changes in nitrogen and phosphorus flows and losses in agricultural systems of three megacities of China, 1990-2014. Resources Conservation and Recycling, 139: 64-75.

Ju X T, Xing G X, Chen X P, et al. 2009. Reducing environmental risk by improving N management in intensive Chinese agricultural systems. Proceedings of the National Academy of Sciences of the United States of America, 19(106): 8077-8078.

Lv L, Yao Y, Zhang L, et al. 2013. Winter wheat grain yield and its components in the North China Plain: Irrigation management, cultivation, and climate. Chilean Journal of Agricultural Research, 73(3): 233-242.

Marquina S, Donoso L, Pérez T, et al. 2013. Losses of NO and N_2O emissions from Venezuelan and other worldwide tropical N-fertilized soils. Journal of Geophysical Research: Biogeosciences, 118: 1094-1104.

Meya A I, Ndakidemi P A, Mtei K M, et al. 2020. Optimizing soil fertility management strategies to enhance banana production in volcanic soils of the northern highlands, Tanzaniam. Agronomy, 10: 289.

Mustaffa M, Kumar V. 2012. Banana production and productivity enhancement through spatial, water and nutrient management. Journal of Horticultural Sciences, 7: 1-28.

Navaneethakrishnan K, Gill M, Kumar S. 2013. Effect of different levels of N and P on ratoon banana (*Musa* spp. AAA). Journal of Horticulture and Forestry, 5: 81-91.

Nomura E, Cuquel F, Damatto Junior E, et al. 2017. Fertilization with nitrogen and potassium in banana cultivars 'Grand Naine', 'FHIA 17' and 'Nanicão IAC 2001' cultivated in Ribeira Valley, São Paulo State, Brazil. Acta Scientiarum-Agronomy, 39(4): 505-513.

Pattison A B, East D, Ferro K, et al. 2018. Agronomic consequences of vegetative groundcovers and reduced nitrogen applications for banana production systems. Acta Horticulturae, 1196: 155-162.

Ploetz R C, Evans E A. 2015. The Future of Global Banana Production//Janick J. Horticultural Reviews. Hoboken: John Wiley & Sons, Inc.

Pramanik S, Patra S K. 2016. Growth, yield, quality and irrigation water use efficiency of banana under drip irrigation and fertigation in the Gangetic Plain of west Bengal. World Journal of Agricultural Sciences, 12: 220-228.

Rajput A, Memon M, Memon K S, et al. 2015. Integrated nutrient management for better growth and yield of banana under Southern Sindh climate of Pakistan. Soil Environ., 34(2): 126-135.

Rajput A, Memon M, Memon K S, et al. 2017. Nutrient composition of banana fruit as affected by farm manure, composted pressmud and mineral fertilizers. Pak. J. Bot, 49(1): 101-108.

Schachtman D P, Reid R J, Ayling S M. 1998. Phosphorus uptake by plants: From soil to cell. Plant Physiology, 116: 447-453.

Shan L, He Y, Chen J, et al. 2015. Ammonia volatilization from a Chinese cabbage field under different nitrogen treatments in the Taihu Lake Basin, China. Journal of Environmental Sciences, 38: 14-23.

Song X Z, Zhao C X, Wang X L, et al. 2009. Study of nitrate leaching and nitrogen fate under intensive vegetable production pattern in northern China. Comptes Rendus Biologies, 332(4): 385-392.

Strokal M, Kroeze C, Li L, et al. 2015. Increasing dissolved nitrogen and phosphorus export by the Pearl River(Zhujiang): A modeling approach at the sub-basin scale to assess effective nutrient management. Biogeochemistry, 125(2): 221-242.

Sun J B, Zou L P, Li W B, et al. 2018. Rhizosphere soil properties and banana Fusarium wilt suppression influenced by combined chemical and organic fertilizations. Agriculture Ecosystems & Environment, 254: 60-68.

Teixeira L, Natale W, Ruggiero C. 2002. Nitrogen and potassium fertilization of 'Nanicao' banana (*Musa* AAA Cavendish subgroup) under irrigated and non-irrigated conditions. Acta Horticulturae, 575: 771-779.

Thangaselvabai T, Joshua J P, Justin C G L, et al. 2007. The uptake and distribution of nutrients by banana in response to application of nitrogen and *Azospirillum*. Plant Archives, 7: 137-140.

Ti C, Luo Y, Yan X. 2015. Characteristics of nitrogen balance in open-air and greenhouse vegetable cropping systems of China. Environmental Science and Pollution Research, 22(23): 18508-18518.

Ti C, Xia L, Chang S, et al. 2019. Potential for mitigating global agricultural ammonia emission: A meta-analysis. Environmental Pollution, 245: 141-148.

Torres B J, Sanchez J D, Cayon G, et al. 2014. Accumulation of dry matter and nitrogen contents in banana 'Williams' (*Musa* AAA) plants in Uraba, Colombia. Agronomia Colombiana, 32: 349-357.

Trolove S N, Hedley M J, Kirk G J D, et al. 2003. Progress in selected areas of rhizosphere research on P acquisition. Australian Journal of Soil Research, 41: 471-499.

Wang M, Ma L, Maryna S, et al. 2018. Hotspots for nitrogen and phosphorus losses from food production in China: A county-scale analysis. Environmental Science & Technology, 52: 5782-5791.

Wang S, Shan J, Xia Y, et al. 2017a. Different effects of biochar and a nitrification inhibitor application on paddy soil denitrification: A field experiment over two consecutive rice-growing seasons. Science of the Total Environment, 593-594: 347-356.

Wang S, Tang C, Song X, et al. 2016. Factors contributing to nitrate contamination in a groundwater recharge area of the North China Plain. Hydrology Processes, 30: 2271-2285.

Wang S, Zheng W, Currell M, et al. 2017b. Relationship between land-use and sources and fate of nitrate in groundwater in a typical recharge area of the North China Plain. Science of Total Environment, 609: 607-620.

Xiong Z, Xie Y, Xing G, et al. 2006. Measurements of nitrous oxide emissions from vegetable production in China. Atmospheric Environment, 40: 2225-2234.

Yang L, Huang B, Mao M, et al. 2016. Sustainability assessment of greenhouse vegetable farming practices from environmental, economic, and socio-institutional perspectives in China. Environmental Science and Pollution Research, 23: 17287-17297.

Yao L, Li G, Yang B, et al. 2009. Optimal fertilization of banana for high yield, quality, and nutrient use efficiency. Better Crop, 93: 10-11.

Yu C Q, Huang X, Chen H, et al. 2019. Managing nitrogen to restore water quality in China. Nature, 567(7749): 516-520.

Yuvaraj M, Mahendran P. 2017. Nitrogen distribution under sub surface drip fertigation system on banana cv. RASTHALI. Asian Journal of Soil Science, 12: 242-247.

Zhang D H, Lin S X, Wan G F, et al. 2009. Investigation and evaluation on vegetable garden soil fertility of

Minzhong Town in Zhongshan City. Guangdong Agricultural Sciences, (7): 97-100.

Zhang J, Bei S, Li B, et al. 2019. Organic fertilizer, but not heavy liming, enhances banana biomass, increases soil organic carbon and modifies soil microbiota. Applied Soil Ecology, 136: 67-79.

Zhang X L, Bai X L, Zhang B, et al. 2003. Research and control of well water pollution in high esophageal cancer areas. World Journal of Gastroenterology, 9 (6): 1187-1190.

Zhao X, Zhou Y, Wang S, et al. 2012. Nitrogen balance in a highly fertilized rice-wheat double-cropping system in Southern China. Soil Science Society of America Journal, 76: 1068-1078.

Zhong S, Mo Y, Guo G, et al. 2014. Effect of continuous cropping on soil chemical properties and crop yield in banana plantation. Journal of Agricultural and Technology, 16: 239-250.

Zhou J, Gu B, Schlesinger W H, et al. 2016. Significant accumulation of nitrate in chinese semi-humid croplands. Scientific Reports, 6 (1): 25088.

Zhu T, Zhang J, Huang P, et al. 2015. N_2O emissions from banana plantations in tropical China as affected by the application rates of urea and a urease/nitrification inhibitor. Biology and Fertility of Soils, 51: 673-683.

第3章 典型区域主要作物体系氮磷平衡及盈余指标

来自化肥、有机肥与自然界各种资源的养分，输入到作物生产体系后，部分被作物吸收利用、土壤生物转化循环和固持，部分损失到环境中去。通过作物体系养分收支平衡清单，可以追踪养分"足迹"，清晰地估算养分盈余，优化管理作物体系的氮磷盈余量则可以作为评估该作物体系管理的环境影响风险指标值。本章将给出我国典型区域及典型作物生产体系的氮磷平衡清单和基于体系氮磷盈余的环境风险指标。

3.1 农业系统不同尺度养分收支平衡及盈余指标

3.1.1 不同尺度农业系统养分收支平衡

基于物质守恒定律对不同尺度农业系统养分收支平衡的定量化研究，有助于理解复杂的自然和人类耦合系统的养分循环，从而实现可持续的农业养分管理(Zhang et al.，2020)。一个世纪以来，氮磷收支平衡已广泛应用于农业生产系统氮磷管理和环境影响评价中，欧美国家把氮磷平衡作为保护水质指标和农业环境污染控制指标，用于农业政策制定、生态环境承载力分析等方面(Oenema et al.，2003；Sieling and Kage，2006；巨晓棠和谷保静，2017；Zhang et al.，2019a；Zhang et al.，2020)。

从不同尺度考虑，农业养分收支平衡可包括五种系统，即土壤-植物系统、动物系统、动物-植物-土壤系统、农作-食物系统及景观系统，参见图 3-1(Zhang et al.，2020)。农田氮磷收支平衡就是基于土壤界面的土壤-植物系统氮磷平衡(Oenema et al.，2003；巨晓棠和谷保静，2017；Zhang et al.,2020)，涵盖了养分的输入和输出，兼顾了投入与产出，预示着环境污染风险的高低。农田系统氮磷养分收支平衡空间边界是氮磷活动面，出入活动面的氮磷被视为氮磷的输出或输入，在活动面以内的循环和转化属于土壤-作物

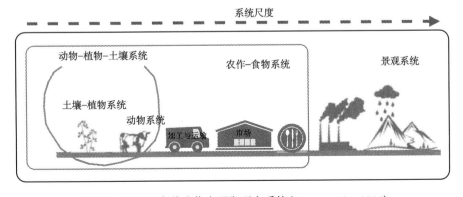

图 3-1　不同尺度养分收支平衡研究系统(Zhang et al.，2020)

系统内循环,如还田秸秆中的氮磷、土壤内部氮磷的固持与矿化(Zhang et al., 2020),在计算平衡或盈余时不予考虑,从而建立一个特定农田或者作物体系的输入、输出(收支)清单,评估氮磷平衡与盈亏。

根据养分来源的重要性,农田氮磷养分输入源主要包括化肥、有机肥、生物固氮、大气沉降、灌溉水和种子,其余氮磷输入数量极微,一般忽略不计。氮磷等养分输出包括移出系统的收获性产品(Zhang et al., 2020)和各种途径损失(巨晓棠和谷保静,2017)。养分平衡等于养分总输入与养分总输出的差值,而养分盈余则等于养分总输入减去作物吸收带走的养分。对于秸秆全部还田的作物体系,计算盈余时将秸秆作为土壤-作物体系的内循环,既不将其作为输入项,也不将其作为输出项;如果作物生产体系秸秆不还田,输出项中还应包括秸秆移出。氮磷养分输入与输出的差值就是农田土壤养分库的变化(巨晓棠和谷保静,2017;Zhang et al., 2020),也包含了定量各个输入和输出项时的误差。差值为正值,表明盈余;反之,则表示农田系统养分亏缺。盈余实际上是衡量环境污染风险的尺度,盈余量越大,对环境的污染风险越大,这就是以氮磷盈余作为环境评价的理论根据。

氮素损失过程是一个涉及多种因素的复杂非点源污染过程,在农业生产过程中要控制氮素对环境的污染,则需要构建可靠的氮素管理指标。合理的氮素管理指标能直观了解污染的主要来源,是降低氮素污染的关键。输入土壤的氮素除去作物吸收部分,即为氮素盈余,它反映了累积于土体中或进入水体和大气环境中的氮素损失量,盈余量能够表征氮素在环境中的损失潜力(图 3-2)。近年来,国内外学者在不同农田生态系统中建立了适宜的氮素盈余量指标,Chen 等(2014)建立了氮盈余与氮素损失之间的经验关系;巨晓棠和谷保静(2017)综述了氮素管理的方法和指标,汇总了我国小麦、玉米和水稻的氮素研究结果,以化肥氮减去籽粒收获氮为盈余,建立了华北小麦-玉米轮作体系氮素盈余指标($80\ kg\ N/hm^2$)和长江中下游稻-麦轮作体系盈余指标($100\ kg\ N/hm^2$)。Zhang 等(2019a)收集整理了我国 6 大区域 4500 多个农田氮素优化试验结果,以肥料氮+沉降氮+生物固定氮-籽粒收获氮为盈余指标,建立了我国 13 大作物体系的氮素污染控制指标(benchmark),单作体系氮素盈余指标为 $73\ kg\ N/hm^2$($40\sim100\ kg\ N/hm^2$),双季轮作体系则为 $160\ kg\ N/hm^2$($110\sim190\ kg\ N/hm^2$),据此可以评价我国主要作物氮素管理水平。

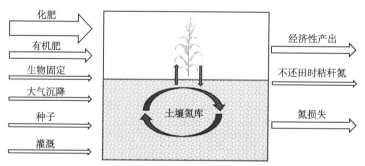

图 3-2　农田系统氮素输入/输出(参照 Zhang et al., 2020)

与农田系统中的氮素行为不同,磷素的主要去向是作物吸收利用、淋溶和地表径流(图 3-3)。地表径流是地表水体磷素的非点源污染源,与农田地势有关,在坡耕地容易发生,而在我国北方平原区一般较少发生。淋溶是磷素损失的另外一个重要途径，主要与施磷量有关，当农田磷素输入量高于作物吸收量，则表现为磷素盈余，磷素盈余能显著提高土壤速效磷含量(鲁如坤等，1996a；冀宏杰等，2015；Cao et al.，2012；杨学云等，2007；唐旭，2009；Tang et al.，2008；裴瑞娜等，2010；张丽，2014；沈浦，2014；信秀丽等，2015)。当土壤速效磷含量高于一定阈值时则会发生淋溶损失(Heckrath，1998；McDowell et al.，2001)。Zhao 等(2007)发现我国农田土壤磷素淋失"突变点"(阈值)是土壤速效磷(Olsen-P)含量在 30～160 mg P/kg。

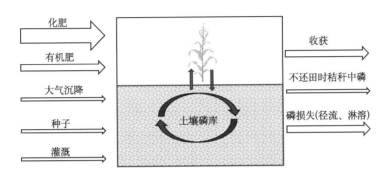

图 3-3　农田系统磷素输入/输出(参照 Zhang et al.，2020)

3.1.2　我国主要作物体系的氮磷盈余评价指标

　　科学判断农田氮素管理的合理性是改善氮素管理的关键，其中一个重要的方面是建立氮素管理指标。评判氮素管理的指标有氮素利用率(NUE)、氮素盈余等。NUE 一直被广泛使用，但该指标并不能反映产量水平和氮素损失量，片面追求较高的 NUE 还可能造成土壤氮素消耗。欧洲国家一直强调 NUE 必须和其他指标如氮素盈余和作物收获氮等结合，来判断氮素管理水平。氮素盈余指"向土壤-作物体系输入的氮素与作物收获输出氮素的差值"。大量研究表明，氮素盈余是衡量氮素输入的生产力、环境影响和土壤肥力变化的最有效指标。随着氮素投入量增加，氮素盈余量从负值、零到正值的变化过程中，能够反映出消耗土壤氮、合理施氮和过量施氮的状况。当氮素盈余处于负值时，尽管氮素损失很低，但供氮不足，作物产量低，还会消耗土壤氮素；当氮素大量盈余时，作物产量和品质不会增加或增加幅度较小，甚至还会降低，但氮素损失会大量增加，引起较大的环境风险。因此，科学的氮素管理应该将土壤-作物体系的氮素盈余和氮素利用率控制在指标范围内，最大限度降低氮素在环境中的损失。

　　Zhang 等(2019a)基于我国不同区域多年多点的田间优化试验建立了 13 种作物体系的氮素盈余指标，同时建立了与 NUE 和作物收获氮之间的关系。一年一熟作物体系的氮素盈余标准为 40～100 kg/(hm^2·a)[平均为 73 kg/(hm^2·a)]，而一年两熟作物体系的氮素盈余标准为 110～190 kg/(hm^2·a)[平均为 160 kg/(hm^2·a)]，约为一年一熟作物体系的两倍(表 3-1)。最近的研究结果显示，玉米、小麦和水稻的氮素盈余标准分别为 75 kg/hm^2、40 kg/hm^2 和 70 kg/hm^2，也印证了该标准的合理性(Li et al.，2020)。同时发现农户常规施氮的氮素盈余值很高,通过"4R"养分管理策略(在合理的时间和位置,向作物施用合理用量和来源的氮肥)和增加有机肥施用是降低氮素盈余指标的有效途径。上述指标可对现有管理水平和措施进行评判,同时作为基准,对未来改进措施设置目标。基于上述指标,政策制定者、科研人员及农户能够客观地评估和提高不同田块的氮素管理水平,实现目标产量、高品质和低氮素损失。

表 3-1　优化氮素管理下的我国主要土壤-作物体系氮素盈余指标　　　[单位:(kg N/(hm²·a)]

区域	作物体系	氮投入		收获氮	氮素盈余
		化肥氮[*]	其他来源氮[**]		
东北	水稻	127	65	154	38
	玉米	160	45	126	79
西北	小麦	166	40	138	68
	玉米	184	40	128	96
华北平原	小麦-玉米	361	71	270	162
长江中下游平原	小麦-水稻	381	74	294	161
	水稻-水稻	337	94	263	168
	油菜-水稻	377	74	264	187
西南	小麦-玉米	313	45	211	147
	小麦-水稻	294	65	250	109
	油菜-水稻	343	65	252	156
	油菜-玉米	362	45	213	194
东南	水稻-水稻	325	83	261	147

*包括化肥氮和有机肥氮(但有机肥在田间试验中没有施用);**包括大气沉降氮和生物固氮。

Zhang 等(2019a)文献综述表明,农户习惯氮素管理下所有作物体系的氮素投入(包括肥料氮和其他氮素投入)为 206~532 kg/(hm²·a),比优化氮素管理下相应作物体系的氮素投入高 7%~27%,但农户习惯氮素管理下作物产量要比优化氮素管理下作物产量低 2%~30%。这是由于习惯氮素管理下的氮素投入超过最大产量施氮量,导致作物易倒伏和易遭受病虫害,进而减产。农户习惯氮素管理下所有作物体系的收获氮为 104~259 kg/(hm²·a),比优化氮素管理下作物收获氮低 2%~30%。农户习惯氮素管理下导致的高氮素投入和低作物产量(收获氮素)正是由于农户缺乏相应的科学知识,采用粗放的施肥模式,氮素损失高,不得不多施入氮肥。农户习惯氮素管理下的高投入和低产出造成很高的氮素盈余,为 59~349 kg/(hm²·a),比优化氮素管理下相应作物体系氮素盈余低 34%~96%。农田单位产量活性氮排放是指生产每千克籽粒造成的活性氮损失。农户习惯氮素管理下所有作物体系平均的单位产量活性氮排放(7.4 g N/kg,范围为 2.4~13.0 g N/kg)比优化氮素管理下(5.2 g N/kg,范围为 2.0~7.6 g N/kg)高 42%。优化和习惯管理下的氮素利用率分别为 52%~80% 和 30%~71%,相应的氮素利用率平均值分别为 47% 和 63%(Zhang et al.,2019a)。从全国的主要大田作物体系来看,在其他"3R"(施肥时期、方法和肥料品种)都趋于合理的情况下,大田作物的氮肥减量额度在 20%~30%

之间,既能保证持续高产、品质和经济效益,维持土壤肥力,又能将环境效应控制在可接受的范围。

3.2　华北平原农田氮磷平衡及盈余指标

3.2.1　小麦-玉米轮作体系

1. 氮素平衡及盈余状况

根据 3.1 节中的方法,在赵荣芳等(2009)相关研究的基础上,根据近年在河北曲周的跟踪和问卷调查数据,建立了基于土壤界面、轮作季尺度的氮素收支与平衡(表 3-2)。氮素的输入项包括化肥、有机肥、生物固定、大气沉降、灌溉、种子。该区域小麦和玉米秸秆绝大部分已经还田,秸秆氮素全部视为内循环,不计入输入和输出。化肥是最主要的氮素输入项,为$(474±139)$ kg N/hm^2,占系统氮素总输入的79%。有机肥源氮素的输入仅有$(15±77)$ kg N/hm^2。自然界生物固氮量变化很大,一般范围为 $15\sim33$ kg N/hm^2(Cui et al.,2013;Gu et al.,2015),本研究参照李书田和金继运(2011)及赵荣芳等(2009)在华北地区的旱作和小麦-玉米轮作氮平衡研究,采用 15 kg N/hm^2。不同时期,我国大气沉降氮量变化较大。1980 年为 7.7 kg N/hm^2,2010 年增加到 21.8 kg N/hm^2(Gu et al.,2015;Liu et al.,2013),赵荣芳等(2009)及李书田和金继运(2011)的农田养分平衡研究中氮沉降分别采用的是 21 kg N/hm^2 和 23.6 kg N/hm^2,而 Xu 等(2015)的最新研究结果发现曲周点大气氮素沉降为 63 kg N/hm^2。因此本书采用的是最新数据。

表 3-2　华北平原小麦-玉米氮素收支与平衡　　(单位: kg N/hm^2)

项目		典型地区调研 (2013~2015 年, n=420)[**]	华北历史[*] (1995~2009 年, n=3215)[**]
输入	化肥	474 ± 139 B	545 A
	有机肥	15 ± 77 B	68 A
	生物固定	15	15
	大气沉降	63	21
	灌溉	24 ± 24 a	15 b
	种子	8 ± 25 a	5 b
	总输入	600 ± 162 B	669 A
输出	籽粒	301 ± 33 B	311 A
	氮淋失	119 ± 35 B	136 A
	氨挥发	108 ± 35 B	120 A
	反硝化	17 ± 16 a	16 a
	总输出	545 ± 84 B	583 A
平衡		54 ± 95 B	86 A
盈余		299 ± 167 B	358 A

*华北历史指的是 1995~2009 年华北地区氮肥施用状况(赵荣芳等,2009);**括号中数字先后依次为年限和样本量;表中大写和小写字母表示典型地区调查和华北历史平均水平分别在 0.01 和 0.05 水平有显著差异。

灌溉输入农田的氮素，与单次灌水量、灌溉次数和灌溉水中总氮浓度有关。据调研，曲周县目前99%以上的农田都是旋耕（小麦季）或者免耕（玉米季），单次灌溉量约为1110 m³/hm²。曲周县小麦-玉米体系灌溉水源一般为地表水、井水（60 m）和深井水（300 m），而实地监测数据显示，曲周县第四疃镇域内老漳河和滏阳河以及用于灌溉农田的主要干支流地表水系在2014年12月至2015年12月的总氮浓度平均为14.93 mg N/L，39口用于灌溉的浅井水中总氮浓度为4.73 mg N/L，深井水氮素浓度视为0 mg N/L，根据式（3-1）估算，曲周小麦-玉米轮作体系灌溉输入氮素平均为(24±24) kg N/hm²，显著高于华北历史平均值15 kg N/hm²（赵荣芳等，2009）。

$$f_I = (F_s \times C_{sN} + F_r \times C_{rN}) \times 111 \tag{3-1}$$

式中，f_I为灌溉输入的氮素通量，kg N/hm²；F_s和F_r分别为一个轮作季内农田浅井水和河水灌溉次数，由调研问卷获得，次/a；C_{sN}和C_{rN}分别为浅井水和河水总氮浓度，mg N/L；111为转换系数。

种子输入是小麦-玉米体系氮素输入的另一个途径，输入量主要与播种量和种子氮浓度有关。种子的氮浓度主要与品种、种子含水量等有关。根据曲周实验站长期定位研究连续10年的数据，烘干后小麦、玉米（当地主要品种）籽粒氮浓度分别为22.84 g/kg和12.69 g/kg。按照普通种子水分含量为13%计算，曲周小麦-玉米轮作种子氮素周年输入量为8 kg N/hm²。

综上，曲周县小麦-玉米体系周年氮素总输入平均为(600±162) kg N/hm²，比华北1995~2009年的平均输入量669 kg N/hm²（赵荣芳等，2009）显著减少了10%，主要源于化肥和有机肥氮素输入的减少。

华北小麦-玉米轮作体系的输出项有籽粒输出和损失，其中损失有氨挥发、反硝化和氮淋失，该区域秸秆视为全部还田，秸秆氮素属于内循环，不计入输出项。

根据小麦和玉米的籽粒产量，以及小麦、玉米籽粒氮浓度（同上），由式（3-2）计算得

$$f_{grain} = (Y_w \times 0.98 \times C_w + Y_m \times 0.88 \times C_m) \times 0.001 \tag{3-2}$$

式中，f_{grain}为籽粒移走的氮素通量，kg/hm²；Y_w和Y_m分别为小麦和玉米的籽粒产量，kg/hm²；C_w和C_m分别为小麦和玉米籽粒的氮浓度，典型地区河北曲周籽粒氮浓度由中国农业大学曲周实验站小麦-玉米轮作试验连续10年的观测数据的平均值得出，为干基含量，分别为22.84 g/kg和12.69 g/kg；0.98和0.88分别为由农户的小麦、玉米收获时的风干基产量转化为干基生物量系数；0.001为由克(g)换算为千克(kg)的转换系数。这样，当前河北曲周小麦-玉米轮作体系中，籽粒移走的氮素通量为(301±33) kg N/hm²，比华北平原历史平均通量（赵荣芳等，2009）减少3%。

赵荣芳等（2009）的文献荟萃分析结果表明，华北小麦-玉米轮作氨挥发损失率为22%。施用有机肥同样会造成氨挥发，根据Gu等（2015）的研究结果，有机肥氨挥发损失率为23%。按照式（3-3）估算，曲周县小麦-玉米轮作农田氮素氨挥发为(108±35) kg N/hm²，低于华北平原历史氨挥发平均通量。这主要是由于曲周氮肥和有机肥投入量减少，降低了氨挥发损失量。

$$f_{NH_3} = CF \times r_{C\text{-}NH_3} + OF \times r_{O\text{-}NH_3} \tag{3-3}$$

式中，f_{NH_3}为氨挥发损失量，kg N/hm²；CF和OF分别为化肥和有机肥氮素施用量，

kg N/hm^2；$r_{\text{C-NH}_3}$ 和 $r_{\text{O-NH}_3}$ 分别为化肥和有机肥氨挥发损失率，%。

在华北平原小麦-玉米轮作中，化学肥料氮素硝酸盐淋洗率为氮肥施用量的 25%（赵荣芳等，2009），旱地有机肥硝酸盐淋失率为 4%（Gu et al.，2015）。由式（3-4）估算，曲周小麦-玉米轮作氮素淋失平均为（119 ± 35）kg N/hm^2，显著低于华北平原历史氮淋失平均通量（赵荣芳等，2009）。

$$f_{\text{NO}_3} = \text{CF} \times r_{\text{C-NO}_3} + \text{OF} \times r_{\text{O-NO}_3} \qquad (3\text{-}4)$$

式中，f_{NO_3} 为硝态氮淋失量，kg N/hm^2；CF 和 OF 分别为化肥和有机肥氮素施用量，kg N/hm^2；$r_{\text{C-NO}_3}$ 和 $r_{\text{O-NO}_3}$ 分别为化肥和有机肥硝酸盐淋洗损失率，%。

在华北平原小麦-玉米轮作体系中，反硝化损失率为 3%（赵荣芳等，2009），有机肥反硝化损失率为 15%（Gu et al.，2015）。根据式（3-5）估算得到反硝化氮素损失通量，曲周县小麦-玉米轮作体系氮素反硝化损失量平均为（17 ± 16）kg N/hm^2，与华北平原历史平均通量没有显著区别。

$$f_{\text{Deni.}} = \text{CF} \times r_{\text{C-Deni.}} + \text{OF} \times r_{\text{O-Deni.}} \qquad (3\text{-}5)$$

式中，$f_{\text{Deni.}}$为氮肥反硝化氮素损失量，kg N/hm^2；CF 和 OF 分别为化肥和有机肥氮素施用量，kg N/hm^2；$r_{\text{C-Deni.}}$和 $r_{\text{O-Deni.}}$分别为化肥和有机肥反硝化氮素损失率，%。

自 1995 年至 2009 年，华北平原小麦-玉米轮作体系氮素平均总输出量为 583 kg N /hm^2（赵荣芳等，2009）。曲周县小麦-玉米轮作体系氮素平均总输出量为（545 ± 84）kg N /hm^2，比华北历史平均输出通量显著降低了约 7%。

我国农田土壤氮素平衡具有阶段性，20 世纪 60 年代前，氮素平衡处于亏损状态；20 世纪 60 年代至 70 年代中期，由亏缺转为基本平衡；70 年代以后，氮素有盈余（鲁如坤等，1998）。1995～2009 年，华北平原小麦-玉米体系氮素盈余量为 358 kg N/ hm^2（赵荣芳等，2009）。2013～2015 年，在典型地区河北曲周的研究结果表明，其盈余为（299±167）kg N/hm^2，比华北平原 1995～2009 年期间平均盈余通量显著减少了约 17%。

2. 氮素管理风险评价指标体系

以合理氮盈余 80 kg N/hm^2（巨晓棠和谷保静，2017）作为基础级，盈余阈值 250 kg N/hm^2 为最高级别并作为最大尺度，建立极低、低、合理、高、极高环境阈值 5 级评价指标体系，这样合理盈余 80 kg N/hm^2 和 250 kg N/hm^2 之间有 3 个级别，从而确定了每一级的盈余尺度约为 57 kg N/hm^2，并明确了各个风险范围的盈余限值。建立的氮素盈余量的 5 级风险指标体系见表 3-3。

表 3-3　氮素盈余量的风险级别划分　　　　　　（单位：kg N/hm^2）

风险级别	盈余量	风险评价
极低	≤−33	环境氮污染风险极低，土壤可能处于耗竭状态
低	−33～23	环境氮污染风险较低
合理	23～137（平均为 80）	可接受的环境风险，但污染较高
高	137～193	环境污染风险很高，不可接受
极高	193～250	环境氮素污染风险极高

按照表 3-3 中给出的各风险级别盈余量,根据 Chen 等(2014)和王桂良(2014)建立的华北平原小麦-玉米轮作体系氮素盈余量与环境污染物排放量及施氮量之间的经验关系,推算出各级盈余量所对应的氨挥发量、硝酸盐淋失量、氧化亚氮损失量和施氮量,从而构建了华北平原小麦-玉米轮作田氮肥污染风险及管理评价指标体系(表 3-4)。可以方便地从这个指标体系表中查到其管理的环境风险并进行评价。

表 3-4　华北平原小麦-玉米轮作田氮肥污染风险及管理评价指标体系

时间尺度	指标项目	风险等级					环境阈值
		极低	低	合理	高	极高	
一个轮作周期	盈余/(kg N/hm^2)	−33	23	80	137	193	250
	N$_2$O-N[*]/(kg/hm^2)	1.6	1.8	2.2	2.5	3.0	3.5
	NO$_3^-$-N/(kg/hm^2)	34	43	55	69	87	110
	NH$_3$-N/(kg/hm^2)	35	45	55	66	76	86
	施氮量/(kg/hm^2)	262	323	384	445	506	567

*由氧化亚氮、硝酸盐淋失和施氮量之间的经验关系推算的施氮量的平均值。

Zhang 等(2019a)利用作物体系的氮素盈余确定了我国主要作物体系的氮素污染控制指标,其中华北地区的合理盈余指标为 162 kg N/hm^2,计算中的输入项除了化肥氮素以外,还有其他氮(有机肥氮、生物固定氮+大气沉降氮)共 78 kg N/hm^2,去除这部分氮后,合理盈余量为 84 kg N/hm^2,落在本指标体系 23~137 kg N/hm^2 的合理盈余范围之间,与巨晓棠和谷保静(2017)研究结果中的合理盈余量为 80 kg N/hm^2 一致。

3. 氮素盈余指标

根据本节所建立的华北平原小麦-玉米轮作氮肥污染风险及管理评价指标,可对小麦-玉米农田氮肥污染风险进行简易、快速评价。根据 3.2.1 节结果,在 1995~2009 年,华北地区氮素盈余量平均为 358 kg N/hm^2,超过了高风险限值 193 kg N/hm^2,也超过环境阈值 250 kg N/hm^2,平均施氮量在 506~567 kg N/hm^2;每年向环境排放的氮素污染物在 166~200 kg N/hm^2,占施氮量的 33%~35%。所以,2009 年以前,华北平原小麦-玉米轮作体系氮素污染极高。

典型地区河北曲周小麦-玉米轮作氮素盈余平均为 299 kg N/hm^2,在环境阈值 250 kg N/hm^2 之上,其中,26%的农户施氮已经超过了氮素盈余的环境阈值,仍然处在极高污染风险指标水平以上,57%的农户施氮在高风险以上,仅有 31%的农户施氮盈余合理,12%的农户施氮在低风险水平以下(图 3-4)。综上所述,华北平原小麦-玉米轮作体系化肥氮素污染处在高风险水平,亟待科学施肥和管理控制。

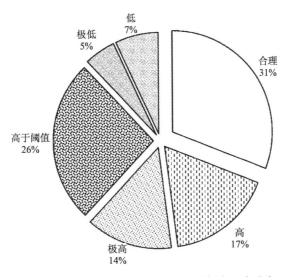

图 3-4　河北曲周小麦-玉米轮作体系氮素盈余分布

4. 磷素平衡及盈余状况

在孙娜(2017)对华北平原小麦-玉米轮作体系农田磷素输入与输出文献荟萃分析结果，以及 2014～2015 年华北典型地区河北曲周农户跟踪与问卷调查的基础上，建立了该地区基于土壤界面的轮作季磷素平衡与盈余(表 3-5)。

表 3-5　华北平原小麦-玉米磷素平衡与盈余　　　　　(单位：kg P/hm^2)

项目		典型地区(河北曲周) (2013～2015 年，n=420)[*]	华北历史 (1990～2015 年，n=48535)[*]
输入	化肥	95.7 ± 43.2 a	77.6 b
	有机肥	5.3 ± 24.3 b	14.1 a
	大气沉降	1.52	1.52
	种子	1.2 ± 4.7 a	0.67 b
	灌溉	0.2 ± 0.4 b	0.72 a
	总输入	104.0 ± 48.5 a	94.61 b
输出	籽粒移走	51.8 ± 5.9 b	56.8 a
	径流损失	0.2	0.2
	总输出	52.1 ± 5.9 b	57.0 a
平衡		51.9 ± 49.1 a	37.61 b
盈余		52.2 ± 49.1 a	37.81 b

*圆括号中的数据依次表示年限和样本量；表中字母表示典型地区调查和华北历史平均水平分别在 0.05 水平有显著差异。

磷素的输入主要包括化肥、有机肥、大气沉降、种子、灌溉。因为华北小麦-玉米秸秆绝大部分还田，秸秆磷素视为内循环，不计入输入项。1990～2015 年，化肥输入的磷素平均为 77.6 kg P/hm²，占磷素总输入约 82%。2013～2015 年，典型地区河北曲周小麦-玉米轮作化肥磷素输入量为(95.7±43.2)kg P/hm²，比华北历史平均水平增加了 23%。1990～2015 年，有机肥源磷素输入平均为 14.1 kg P/hm²，占总输入的 15%。根据 2013～2015 年在河北曲周的调研结果，有机肥输入磷素显著降低 62%，只有(5.3±24.3)kg P/hm²。华北平原大气沉降磷素输入量约为 1.52 kg P/hm²(孙娜，2017)。参照种子氮和灌溉氮素输入的方法，典型地区河北曲周 2013～2015 年播种输入磷为(1.2±4.7)kg P/hm²，比华北平原在 1990～2015 年显著增加了约 79%，曲周 2013～2015 年灌溉输入磷素为 (0.2±0.4)kg P/hm²，比华北平原平均输入减少约 72%。综上所述，曲周 2013～2015 年小麦-玉米轮作体系磷素总输入量平均为(104.0±48.5)kg P/hm²，比华北平原 1990～2015 年平均输入量(94.61 kg P/hm²)增加了 10%，主要是化肥磷素输入的增加所致。

　　磷素输出主要包括籽粒收获移走和径流损失，华北平原小麦-玉米秸秆绝大部分还田，秸秆磷素视为内循环，不计入输出项。参照氮素的相关计算方法，2013～2015 年河北曲周小麦-玉米体系籽粒磷素移走量平均为(51.8±5.9)kg P/hm²(表 3-5)，比孙娜(2017)所分析的华北平原 1990～2015 年的输出量(56.8 kg P/hm²)减少约 9.7%。磷素损失有两个主要途径，一是淋溶损失，二是径流损失。只有当土壤有效磷含量达到淋失阈值，才会发生磷的淋失，华北地区小麦-玉米田土壤速效磷含量平均约为 18.3 mg P/kg，还没有达到淋失阈值(45～50 mg P/kg)(孙娜，2017)，所以这里淋失损失视为 0。径流损失是小麦-玉米田磷素损失的另一条途径，约为 0.2 kg P/hm²(孙娜，2017)。综上所述，1990～2015 年，华北平原小麦-玉米轮作体系平均磷素总输出为 57.0 kg P/hm²，典型地区河北曲周 2013～2015 年小麦-玉米轮作田磷素总输出平均为(52.1±5.9)kg P/hm²，比华北平原历史平均输出量显著减少 9%。

　　我国农田土壤磷素平衡具有阶段性，随着时间的推移，磷素盈余量持续增加。20 世纪 60 年代以前，磷素平衡处于亏缺状态；60 年代至 70 年代中期，由亏缺转为基本平衡；70 年代以后，转为盈余(鲁如坤等，1998)。1990～2015 年，华北平原小麦-玉米轮作体系磷素盈余达到了 37.81 kg P/hm²，目前典型地区河北曲周磷素盈余量为(52.2±49.1)kg P/hm²，盈余增加趋势明显，这种累积必然导致土壤速效磷含量不断提高，一旦超过淋失阈值，则会导致农田磷素的淋失。

　　5. 磷素盈余指标

　　通过整理在华北地区开展的长期定位试验所获得的土壤有效磷演变、土壤磷素盈亏、土壤有效磷对磷盈亏的相应关系等研究结果，归纳出华北地区小麦-玉米轮作体系土壤有效磷动态变化量、施磷量、农田磷素盈亏量三者之间的经验关系，结合评价土壤磷素环境风险的磷素"环境阈值"指标，建立了典型作物体系的磷素盈余指标体系。随着施磷量的增加，土壤-作物体系盈余增加，土壤速效磷含量也不断增加。研究表明，每盈余 100 kg P/hm² 的肥料磷，单施化肥和有机无机配施两种情况下土壤速效磷年增量分别为 4.83 mg P/kg 和 7.66 mg P/kg。根据前人研究结果，确定了华北平原小麦-玉米轮作体系土壤速效磷含量的环境阈值为土壤速效磷含量为 50 mg P/kg。根据华北地区小麦-玉米推荐年施磷量，划定 6 个施磷量梯度，分别为 30 kg P₂O₅/hm²、60 kg P₂O₅/hm²、90 kg P₂O₅/hm²、

120 kg P_2O_5/hm^2、150 kg P_2O_5/hm^2 和 180 kg P_2O_5/hm^2。依据前面所建立的施磷量、速效磷和磷盈余量之间的关系，建立了以磷盈余为指标的磷肥污染评价指标体系(表 3-6)。目前，华北平原小麦-玉米轮作体系土壤速效磷的平均含量为 18.3 mg P/kg(全国农业技术推广服务中心，2015)，仍处于环境风险较低的范围。

表 3-6　华北平原小麦-玉米轮作磷素环境风险评价指标体系

指标	等级				
	极低	低	中	高	极高
磷盈余/(kg P/hm^2)	−6~5	5~15	15~26	26~37	37~48
施磷量/(kg P/hm^2)	13<x≤27	27<x≤39	39<x≤52	52<x≤65	65<x≤79
土壤 Olsen-P 年增量/[mg P/(kg·a)]	−0.3~0.53	0.53~1.28	1.28~2.11	2.11~2.94	2.94~3.77
达到环境临界值年限/a	>60	25~60	15~25	11~15	8~11
单施化肥有效磷增长率/[mg P/(kg·a)]	−0.54~−0.11	−0.11~0.47	0.47~1.01	1.01~1.54	1.54~2.07
单施化肥达到环境临界值年限/a	—	>67	32~67	21~32	15~21
有机无机配施有效磷年增量/[mg P/(kg·a)]	1.95~2.8	2.8~3.56	3.56~4.40	4.40~5.25	5.25~6.09
有机无机配施达到磷淋失阈值的时间/a	11~16	9~11	7~9	6~7	5~6

根据表 3-6，不同的施肥方式，磷淋失的环境风险不同，有机无机配施在培肥土壤方面速度很快，但是土壤速效磷增长也很快，其环境风险增加，所以应该注意降低其体系磷素盈余，磷盈余值降至极低级别方可减少环境风险。根据华北平原目前生产中以化肥为主的实际施肥情况，建立了以单施化肥为主的磷风险评价指标体系，其对不同风险级别的解释参见表 3-7。

表 3-7　华北平原小麦-玉米轮作化肥磷盈余指标　　　　　[单位：mg P/(kg·a)]

淋失风险	盈余量	环境风险说明
极低	−6~5	土壤磷不会向环境中淋失
低	5~15	长期(67 年以内)内不会造成土壤磷素淋失
中	15~26	短期(32 年内)内不会有淋失风险，但是长期盈余也会存在淋失风险
高	26~37	较短期(21 年)内有磷肥淋失风险
极高	37~48	很快(15 年)就会造成淋失

华北历史上(1990~2015 年)小麦-玉米轮作化肥磷素投入平均为 77.6 kg P/hm^2，籽粒移走量为 56.8 kg P/hm^2，体系磷盈余量为 37.81 kg P/hm^2，所以华北平原历史上磷素淋失风险处在极高级别。据 2013~2015 年在典型地区河北曲周的调查结果，按照前述环境评价风险，约有 36%的农户施磷磷盈余量处在高风险范围，37%在合理范围里，27%处在低风险以下(图 3-5)。据当地农业部门目前取样调查的结果，河北曲周县小麦-玉米田耕层土壤速效磷含量为(19.7±11.3) mg P/kg，超过 3%的田块土壤速效磷含量超过淋失阈值，存在淋失风险。

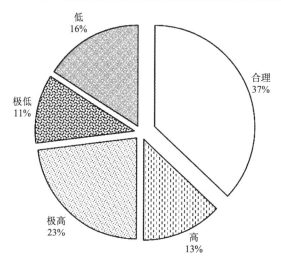

图 3-5 河北曲周小麦-玉米轮作体系磷素盈余分布

综上所述,华北平原小麦-玉米轮作磷素污染风险较小,但是目前磷肥投入增加,少数田块土壤速效磷含量较高,应该注意,并采取措施控制。另外,本风险评价仅针对单施化肥管理的小麦-玉米轮作体系,如果是有机无机配施,需要参照表 3-6 给出的有关有机无机配施条件下的标准进行评估。

3.2.2 蔬菜种植体系

1. 设施蔬菜种植体系氮素平衡与盈余

以华北平原设施菜地为研究对象,分析农民习惯和优化施肥模式氮素盈余及化肥氮素污染评价指标,氮素平衡与盈余计算方法如表 3-8 所示。

集约化蔬菜大棚种植是华北地区主要的蔬菜种植模式之一,一年四季使用塑料大棚和覆盖地膜进行增温,一年可种植 1~3 茬蔬菜。蔬菜种类繁多,如黄瓜、西红柿、西葫芦、辣椒等茄果类;芹菜、菠菜等叶菜类;萝卜、马铃薯等根茎类。通过文献荟萃(2010~2019 年)、农户抽样调查(2015~2016 年)的方法对该地区设施菜地氮素盈余及化肥污染

表 3-8 华北设施菜地氮素平衡与盈余计算方法

	项目	计算方法	说明
输入	化肥	施肥数量×该化肥氮素含量	
	有机肥	有机肥数量×该有机肥中氮素含量	
	秸秆还田	根据秸秆还田量、含氮量计算	
	生物固定	参考相关文献获取本地区的数值	
	大气干湿沉降	参考相关文献获取本地区的数值	
	种子	播种量×籽粒含氮量	数值较小,忽略不计
	灌溉	单次灌溉量×灌溉水含氮量的结果加和	
氮素输入 = 化肥+有机肥+秸秆还田+大气干湿沉降+生物固定+种子+灌溉			

续表

	项目	计算方法	说明
输出	地上物收获氮	果实生物量×含氮量+秸秆生物量×含氮量	
	氨挥发	实测或经验模型估算	
	反硝化	实测或经验模型估算	
	淋洗	实测或经验模型估算	
	径流	实测或经验模型估算	径流量较小，忽略不计
	氮素输出=地上物收获氮+氨挥发+反硝化+淋洗+径流		
	平衡=氮素输入-氮素输出		
	盈余=氮素输入-地上物收获氮		

指标进行统计分析。通过收集该地区设施菜地土壤 NH_3 挥发、N_2O 排放、氮淋失和径流研究文献（郝小雨，2012；闫鹏等，2012；廉晓娟等，2013；李银坤等，2014，2016；高伟等，2015；董畔等，2016；江雨倩等，2016；佟鑫等，2019），获得各种氮素损失量，如表 3-9 所示。

表 3-9　华北平原设施菜地各种氮素损失量　　　　（单位：$kg\ N/hm^2$）

氮损失	处理		
	对照	优化施肥	农民习惯
氨挥发	7.0	14.9	20.4
反硝化	3.2	8.9	17.5
淋溶	91.7	219.1	270.1

对该地区设施蔬菜施肥量文献（高峻岭等，2011；郝晓然等，2015；王丽英等，2015；李若楠等，2016；陈全兴等，2017；骆晓声等，2018；郭智等，2019）及调查结果（石宁等，2018）进行统计分析，得到华北地区设施菜地氮素输入、输出、平衡与盈余量，如表 3-10 所示。

表 3-10　华北平原设施菜地氮素平衡与盈余　　　　（单位：$kg\ N/hm^2$）

项目	来源	处理		
		对照	优化施肥	农民习惯
输入	化肥	0	358.5	670.4
	有机肥	0	272.5	336.8
	秸秆还田	28	28	28
	生物固定	15.0	15.0	15.0
	大气沉降	7.1	7.1	7.1
	灌溉	39.1	39.1	39.1
	种子	忽略不计		
	总输入	89.2	720.2	1096.4

续表

项目	来源	处理		
		对照	优化施肥	农民习惯
输出	经济收获	202.5	320.2	296.0
	氨挥发	7.0	14.9	20.4
	反硝化	3.2	8.9	17.5
	硝酸盐淋失	91.7	219.1	270.1
	径流损失	忽略不计		
	总输出	304.4	563.1	604.0
平衡		−215.2	157.1	492.4
盈余		−113.3	400	800.4

菜地氮素主要来自于肥料输入,包括化肥和有机肥。文献分析表明,该地区设施蔬菜总施氮量为 1007.2 kg N/hm^2,其中化肥氮与有机肥氮比例约为 2∶1。用量低于 2010年以前施氮量 2427 kg N/hm^2 或 4088 kg N/hm^2(刘兆辉等,2008;余海英等,2010),优化施肥减少施氮量到 631 kg N/hm^2 时,地上物收获氮反而增加 8.2%。同时,大量氮素可通过氨挥发、反硝化和淋洗等途径进入环境中,优化施肥通过减少施氮量使氮损失量较农民习惯施肥方式减少 21.1%。优化施肥氮盈余量占投入量的 55.5%,而农民习惯施肥方式下氮盈余量达到总投入量的 73.0%,长期施肥下会形成严重的氮素累积,氮盈余量严重,具有极高的环境污染风险。

2. 设施蔬菜种植体系磷素平衡与盈余

通过对有关文献(郝小雨,2012;陈全兴等,2017;李若楠等,2017;骆晓声等,2018;石宁等,2018;郭智等,2019)汇总分析,计算了华北平原设施菜地磷盈余量,结果如表 3-11 所示。设施菜地中磷素主要来自化肥和有机肥输入。在华北平原设施土壤中磷素未达饱和状态下,施入土壤中的磷主要被吸附固持于土壤中,因此与氮素相比,磷素损失量相对较小,但利用率也较低,投入土壤中的磷大量累积。随着设施蔬菜种植年限的延长,土壤中大量累积的磷素淋溶损失也不容忽视。通过文献分析表明(表 3-11),该地区设施蔬菜总施磷量为 634 kg P/hm^2,其中有机磷投入量占总磷投入量的 47.7%,磷盈余量占输入量的 89%,利用率仅为 11%。优化施肥通过减少施磷量使磷盈余量较农民习惯施用方式减少 26.2%,磷素利用率提高了 12.7%,淋溶损失也比农民习惯施用方式降低 45.7%。总之,华北地区设施菜地磷素累积严重,具有极高的环境污染风险,需要在减少施磷量的同时提高磷利用率。

3. 氮磷盈余指标

蔬菜生产体系复种指数高,肥料投入量大,单季氮磷投入量和盈余量远高于该地区小麦-玉米体系。根据蔬菜优化管理的研究结果,华北蔬菜体系氮磷盈余指标分别为400 kg N/hm^2 和 95 kg P/hm^2。推荐每年氮肥投入量为 450~650 kg N/hm^2,推荐每年磷肥投入量为 100~200 kg P/hm^2。

表 3-11　华北平原设施菜地磷素平衡与盈余　　　　（单位：kg P/hm²）

项目		处理		
		对照	优化施肥	农民习惯
输入	化肥	0	298.5	331.5
	有机肥	0	177	302.5
	大气沉降		忽略不计	
	灌溉		忽略不计	
	种子		忽略不计	
	总输入	0	475.5	634
输出	收获	51.7	59	69.8
	径流损失		忽略不计	
	淋溶损失	0.32	0.63	1.16
	总输出	52.02	59.63	70.96
平衡		−52.02	415.87	563.04
盈余		—	416.5	564.2

3.3　长江中下游农田氮磷平衡及盈余指标

3.3.1　稻-麦轮作体系

1. 氮素平衡与盈余状况

依据本章前述氮磷平衡与盈余的研究方法,以江苏省太湖地区稻-麦轮作常年监测与文献数据为基础,分析该地区的氮素平衡与盈余情况（表 3-12）。周年氮肥投入约 520 kg N/hm²,其中水稻季和小麦季分别为 270 kg N/hm² 和 250 kg N/hm²。考虑非共生生物固氮、大气干湿沉降、灌溉和种子的氮素输入,该地区稻-麦轮作周年氮素总输入量达 636.36 kg N/hm²,其中水稻季约 350.36 kg N/hm²,小麦季约 286 kg N/hm²。

表 3-12　长江中下游稻-麦轮作周年氮素平衡与盈余　　　　（单位：kg N/hm²）

项目		水稻季	小麦季	稻-麦轮作周年	数据来源
输入	肥料	270	250	520	课题组调研
	大气干湿沉降	12.5	18	30.5	Zhao 等（2012）
	非共生生物固氮	45	15	60	Zhao 等（2012）
	种子	3.75	3	6.75	稻季实测,麦季参考 Zhao 等（2012）
	灌溉	19.11	0	19.11	实测
	总输入	350.36	286	636.36	
输出	籽粒吸收	125.57	136.15	261.72	实测
	氨挥发	50.35	27.4	77.75	稻季实测,麦季参考 Zhao 等（2012）
	反硝化	71.55	50.5	122.05	稻季系数及麦季损失量参考 Zhao 等（2012）
	淋洗	5.55	8.4	13.95	实测

续表

项目		水稻季	小麦季	稻-麦轮作周年	数据来源
输出	径流	15.06	45	60.06	稻季实测,麦季参考Zhao等(2012)
	总输出	268.08	267.45	535.53	
平衡		82.28	18.55	100.83	
盈余		224.79	149.85	374.64	

除籽粒吸收外,氨挥发、反硝化、淋洗及径流损失是主要的氮素输出途径。水稻季籽粒吸收、氨挥发、反硝化、淋洗和径流氮输出量分别占水稻季氮素总输入量的35.8%、14.4%、20.4%、1.6%和4.3%;小麦季籽粒吸收、氨挥发、反硝化、淋洗和径流氮输出量占比分别为47.6%、9.6%、17.7%、2.9%和15.7%。

考虑氮素总输入、总输出,水稻季、小麦季和稻-麦轮作周年的氮素平衡分别为82.28 kg N/hm^2、18.55 kg N/hm^{2}和100.83 kg N/hm^2,氮平衡量占氮总输入的比例分别为23.5%、6.5%和15.8%。水稻季、小麦季和稻-麦轮作周年的氮素盈余量分别达224.79 kg N/hm^2、149.85 kg N/hm^{2}和374.64 kg N/hm^2。

2. 磷素平衡与盈余状况

长江中下游稻-麦轮作磷素平衡与盈余情况列于表3-13中,肥料磷素输入是稻-麦轮作农田磷素的主要输入项,水稻季和小麦季肥料磷素输入量占磷总输入量的比例分别为88.8%和97.8%。稻-麦轮作周年磷素总输入量约81.1 kg P/hm^2,其中水稻季和小麦季分别为42.77 kg P/hm^{2}和38.33 kg P/hm^2。

表3-13 长江中下游稻-麦轮作周年磷素平衡与盈余 (单位:kg P/hm^2)

项目		水稻季	小麦季	稻-麦轮作周年	数据来源
输入	肥料	38	37.5	75.5	实测
	干湿沉降	0.12	0.08	0.2	实测
	种子	0.15	0.75	0.9	实测
	灌溉	4.5	0	4.5	实测
	总输入	42.77	38.33	81.1	
输出	籽粒吸收	47.25	20.10	67.35	陈吉等(2016)
	淋洗	0.25	0.02	0.27	Wang等(2019)
	径流	0.73	0.40	1.13	Wang等(2019)
	总输出	48.23	20.52	68.75	
平衡		−5.46	17.81	12.35	
盈余		−4.48	18.23	13.75	

与氮素输出途径不同,籽粒吸收、淋洗和径流损失是稻-麦轮作农田主要的磷素输出途径。水稻季籽粒吸收、淋洗和径流磷输出量分别占水稻季磷素总输出量的

98.0%、0.5%和 1.5%，小麦季籽粒吸收、淋洗和径流磷输出量占比分别为 98.0%、0.1%和 1.9%。

考虑磷素总输入、总输出，水稻季、小麦季和稻-麦轮作周年的磷素平衡分别为–5.46 kg P/hm^2、17.81 kg P/hm^2 和 12.35 kg P/hm^2。水稻季、小麦季和稻-麦轮作周年的磷素盈余量分别为–4.48 kg P/hm^2、18.23 kg P/hm^2 和 13.75 kg P/hm^2。

综上所述，长江中下游地区稻-麦轮作农田氮投入均呈现盈余状态，而磷素基本平衡，平衡量分别为 100.83 kg N/hm^2 和 12.35 kg P/hm^2。籽粒吸收是主要的输出项，水稻季和小麦季籽粒吸收氮分别占氮输出量的 46.8%和 50.9%，水稻季和小麦季作物吸收磷均约占磷输出量的 98.0%。除了籽粒吸收外，反硝化和氨挥发损失分别占总输出的 26.7%和 18.8%，是水稻季氮素主要损失途径，淋洗和径流损失分别占总输出的 2.1%和 5.6%，占比相对较低。而反硝化、径流和氨挥发则是小麦季氮素主要损失途径，分别占总输出的 18.9%、16.8%和 10.2%，淋洗损失占比(3.1%)较低。

3. 氮磷盈余指标

基于土壤表观平衡方法对该地区稻-麦轮作体系优化管理的文献荟萃分析，长江中下游农田稻-麦轮作体系的适宜氮素盈余量约 160.5 kg N/(hm^2·a)(Zhang et al.，2019b)。从表 3-12 可以看出，当前该地区稻-麦轮作体系的氮素盈余量远高于推荐值。该地区稻-麦轮作体系下的磷平衡值和磷盈余量相当，但水稻季和小麦季差异较大，这可能与稻季淹水环境提高了土壤磷的有效性有关。因此，稻-麦轮作体系下的适宜磷盈余量还有待于进一步研究。

3.3.2　蔬菜种植体系

1. 氮素平衡与盈余状况

以长江中下游南京地区集约化蔬菜生产为研究对象，采用单施化肥、施用有机肥和有机无机肥料配施的施肥模式，探究菜地的养分平衡和盈余(Zhou et al.，2019)。氮素平衡和盈余计算方法如表 3-14 所示。

表 3-14　长江中下游菜地氮素平衡和盈余计算方法

项目	来源	计算方法
输入	化肥	施肥数量×该化肥氮素含量
	有机肥	有机肥数量×该有机肥中氮素含量
	秸秆还田	根据秸秆还田量、含氮量计算
	干湿沉降	参考相关文献获取本地区的数值
	非共生固氮	参考相关文献获取本地区的数值
	种子	播种量×籽粒含氮量
	灌溉	单次灌溉量×灌溉水含氮量的结果加和
总输入 = 化肥+有机肥+秸秆还田+干湿沉降+非共生固氮+种子+灌溉		

续表

项目	来源	计算方法
输出	收获氮	收获量×含氮量
	氨挥发	实测或经验模型估算
	反硝化	实测或经验模型估算
	淋洗	实测或经验模型估算
	径流	实测或经验模型估算
	总输出=氨挥发+反硝化+淋洗+径流+收获氮	
	平衡=总输入−总输出	
	盈余=总输入−收获氮	

通过收集 2018 年 3 月以前发表的关于我国菜地土壤氨挥发、氮淋失和氮径流文章，构建经验模型(Zhou et al.，2019)，如表 3-15 所示。

表 3-15　我国菜地土壤氨挥发、氮淋失和氮径流的经验模型

途径	来源	模型
氨挥发	化肥	$\text{NH}_3 \text{ volatilization} = 9.18 \ln(N_{\text{rate}}) - 42.6$
	有机肥	$\text{CR}_{\text{NH}_3}(\%) = -151.87 R_s^2 + 152.7 R_s - 16.20$
氮淋失	化肥	$N_{\text{leaching}} = 77.2 \ln(N_{\text{rate}}) - 407.53$
	有机肥	$\text{CR}_{\text{leaching}}(\%) = -118.05 R_s^2 + 149.75 R_s - 2.59$
氮径流	化肥	$N_{\text{runoff}} = 15.97 \ln(N_{\text{rate}}) - 78.09$
	有机肥	$\text{CR}_{\text{runoff}}(\%) = -95.92 R_s^2 + 112.45 R_s + 2.93$

注：N_{rate} 为化学氮肥施用量，kg N/hm^2；CR_{NH_3}、$\text{CR}_{\text{leaching}}$ 和 $\text{CR}_{\text{runoff}}$ 分别为有机肥替代处理的土壤氨挥发、氮淋失和氮径流与单施化肥处理相比的相对变化率；R_s 为有机肥替代化肥的比率($0 \leq R_s \leq 1$)。

通过田间实测结合模型分析，获得长江中下游地区菜地氮素平衡和盈余量，见表 3-16。

表 3-16　长江中下游地区菜地氮素平衡与盈余　　　　(单位：kg N/hm^2)

项目		处理					
		传统施肥	空白	有机肥	无机有机配施 1:2	无机有机配施 1:1	无机有机配施 2:1
输入	化肥	1200	0	0	800	600	400
	有机肥	0	0	1200	400	600	800
	秸秆还田			无			
	干湿沉降			忽略不计			
	非共生固氮	15	15	15	15	15	15
	种子			忽略不计			
	灌溉	39.2	39.2	39.2	39.2	39.2	39.2
	总输入	1254.2	54.2	1254.2	1254.2	1254.2	1254.2

续表

项目		处理					
		传统施肥	空白	有机肥	无机有机配施 1：2	无机有机配施 1：1	无机有机配施 2：1
输出	蔬菜收获	590	470	560	620	630	640
	氨挥发	37.8	忽略不计	43.6	31.1	29.4	31
	N_2O+NO	30.8	5.3	14.2	21.1	22	18.1
	淋洗	99	忽略不计	70.1	65.1	56.6	54.6
	径流	48.1	忽略不计	38.7	33.8	31.2	31.1
	总输出	805.6	475.3	726.7	771	769.2	774.8
平衡		448.6	−421.1	527.5	483.2	485	479.4
盈余		664.2	−415.8	694.2	634.2	624.2	614.2

大棚蔬菜生产复种指数高、产量大，其消耗的养分量也大。然而肥料投入总体过量，除了过量投入的化肥，有机肥施用量也较高。当前研究中每年种植四季蔬菜（小青菜、空心菜、苋菜、菠菜），且在生长期长的空心菜季伴随着追肥，因此每年化肥和有机肥的氮用量高达 1200 kg N/hm^2。由于塑料大棚中氮沉降忽略不计，所种植叶菜类种子体积和质量很小，其带入的氮也忽略不计，灌溉带入及非共生固氮相对于氮肥施入量也较少，因此菜地的氮输入主要来自于氮肥施用。

在各种氮输出项中活性气态氮排放、淋洗和径流等引起的损失不可忽视。本研究采用的是实测数据与经验模型估算相结合的方法，没有直接测定 N_2 排放和土壤中残留累积氮量，径流和淋溶等损失也没有测定，因此氮平衡数值结果可能存在较大的误差，需要进一步深入研究。菜地氮总输入量与蔬菜收获所带走氮量之间的差值表示氮盈余量。在各施肥处理中氮盈余量均高于 600 kg N/hm^2，超过了施氮量的一半。由于蔬菜作物为浅根系作物，需肥量大，其盈余氮量与作物收获带走氮量接近，与我国西南地区玉米-油菜两熟体系中氮盈余量与作物带走氮量相当（Zhang et al.，2019a），但远低于我国广东双季稻体系中传统种植方式下氮盈余量（Liang et al.，2019）。由于长江中下游菜地常常多次大量施肥，盈余量远高于粮食作物体系的安全阈值，具有很高的环境污染风险（Zhang et al.，2019a）。无机有机肥配施的优化处理相比于单施氮肥处理可以增加产量，与作物收获带走氮量相比，氮盈余量进一步降低，各种损失量也降低，环境风险进一步降低，但仍远超我国粮食作物体系中氮盈余量，具有一定减施潜力。

2. 磷素平衡与盈余状况

根据盈余量计算公式，长江中下游地区菜地磷素盈余量参见表 3-17。

该地传统施肥方式中，N、P_2O_5、K_2O 养分施用量相当。蔬菜吸收养分总量大小依次为钾、氮和磷，因此该地施肥方式存在养分失衡问题。蔬菜生长对磷的需求少，磷的总输出量不到 43.9 kg P/hm^2，而施用量高达 523.9 kg P/hm^2，因此菜地土壤磷素具有极高的环境污染风险。菜地土壤的磷素盈余量远高于粮田，在粮田中磷素盈余量大于 65 kg P/hm^2（孙娜，2017）。农田排放进入水体的磷数量与土壤磷积累程度有关，但土壤磷积累至一

表 3-17 长江中下游地区菜地磷素平衡与盈余 （单位：kg P/hm²）

项目		处理					
		传统施肥	空白	有机肥	无机有机配施 1:2	无机有机配施 1:1	无机有机配施 2:1
输入	化肥	523.9	523.9	0.0	147.1	90.8	293.8
	有机肥	0.0	0.0	441.0	348.4	391.6	173.3
	秸秆				无		
	大气沉降				忽略不计		
	种子				忽略不计		
	灌溉	0.8	0.8	0.8	0.8	0.8	0.8
	总输入	524.7	524.7	441.8	496.3	483.3	468.0
输出	收获	28.7	22.8	26.9	30.0	30.8	30.9
	径流	5.7	5.7	0.0	1.6	1.0	3.2
	淋洗	0.5	0.5	0.4	0.5	0.5	0.5
	总输出	34.9	29.0	27.3	32.0	32.3	34.5
平衡		489.8	495.7	414.5	464.3	451.0	433.5
盈余		496.0	501.9	414.9	466.4	452.5	437.1

定程度时，向环境中排放磷的能力将明显提升。因此在关注菜地氮肥投入的同时，更要重视磷的过量投入带来的环境风险。本研究中商品有机肥含 P_2O_5 较高，有机肥施用及配施由于增加了作物吸收量，相对减少了土壤盈余量，也进一步减少了环境损失量。

3. 氮磷盈余指标

根据前述研究结果，以一年四季轮作菜地为例，长江中下游蔬菜体系氮素盈余指标为 $610\sim640$ kg N/hm²，磷素盈余指标为 $440\sim470$ kg P_2O_5/hm²。

3.4 华南地区农田氮磷平衡及盈余指标

3.4.1 双季稻种植体系

1. 氮素平衡与盈余状况

根据前述氮素收支平衡计算方法，在 CNKI 中国知网、维普网数据库和科学引文索引（SCI）数据库中，将 2000～2018 年华南地区双季稻种植体系单位面积氮素输入和输出量进行汇总（表 3-18）。氮素输入项包括化肥、大气干湿沉降、种子、灌溉。该区域水稻秸秆绝大部分已经还田，秸秆氮素全部视为内循环，不计入输入项，也不计入输出项。氮素输出项有籽粒移走和损失，其中损失有氨挥发、径流、渗漏和反硝化。

表 3-18　华南地区双季稻体系氮素平衡与盈余　　　　（单位：kg N/hm²）

项目		早稻	晚稻	周年
输入	化肥	182.8	185.9	368.7
	大气干湿沉降	10.1	10.1	20.2
	种子	1.3	1.3	2.6
	灌溉	3.7	8.6	12.3
	总输入	197.9	205.9	403.8
输出	籽粒移走	69.2	69.9	139.1
	氨挥发	51.7	60.4	112.2
	径流	20.7	12.0	32.7
	渗漏	13.7	10.1	23.7
	反硝化	32.9	37.2	70.1
	总输出	188.2	189.6	377.8
平衡		9.8	16.3	26.0
盈余		128.7	136.0	264.7

在农户习惯施肥模式下，周年氮肥平均施入量达 368.7 kg N/hm²。除化肥外，大气干湿沉降也成为不可忽略的养分来源。根据 Xu 等(2015)的研究结果，我国陆地生态系统的总氮沉降年平均值为 20.1 kg N/hm²。根据洪曦等(2018)及李书田和金继运(2011)的研究，农田灌溉水周年带入的氮素养分平均为 12.3 kg N/hm²。

作物籽粒收获氮量为籽粒含氮量和籽粒产量的乘积。籽粒含氮量为 1.21%(刘欢瑶等，2015)，作物收获所带走氮素量占总输出量的 36.8%(表 3-18)。文献汇总结果表明，华南双季稻体系氮素总损失量达 238.6 kg N/hm²，占氮肥总投入的 64.7%。其中，氨挥发是氮素损失的主要途径，每年通过氨挥发损失的氮素平均为 112.2 kg N/hm²，占施肥量的 30.4%(朱坚，2013；Liang et al.，2017，2019；田昌等，2018)。氮素反硝化损失受土壤理化性质和微生物等因素影响。与旱作土壤相比，水稻土的反硝化细菌数量较高，导致氮肥在水田中的硝化-反硝化损失率高于旱作。结合稻田氮素反硝化损失的文献(续勇波和蔡祖聪，2014；郑圣先等，2004；Zhao et al.，2012；Li et al.，2014；丁洪等，2003)汇总分析表明，每年通过反硝化损失的氮素平均为 70.1 kg N/hm²，占施氮量的 19.0%。氮肥径流损失主要受降雨和施肥量的影响，施肥后发生降雨通常将导致大量氮素通过农田排水流失到周边水体环境。根据文献分析结果，稻田周年氮素径流损失平均为 32.7 kg N/hm²，占氮肥施用量的 8.87%(姚建武等，2015；Liang et al.，2017，2019)。国内外普遍认为水稻生长期氮渗漏流失量较少，铵氮集中分布在稻田土壤表层，易被土壤胶体吸附，硝态氮则是稻田氮淋失的主要形态。文献分析结果表明，稻田氮素淋失相对较少，周年平均为 23.7 kg N/hm²，仅占氮肥施用量的 6.4%，占环境流失总量的 9.94%(纪雄辉等，2007，2008；焦军霞等，2014；胡伟等，2017)。

在农户习惯栽培模式下，对华南双季稻体系氮素输入、损失及作物收获输出进行比较，周年氮素收支平衡为 26.0 kg N/hm²，周年氮素盈余为 264.7 kg N/hm²，其中早稻氮素盈余为 128.7 kg N/hm²，晚稻氮素盈余为 136.0 kg N/hm²，远高于欧洲氮专家组推荐的 80 kg N/hm²

（EU Nitrogen Expert Panel，2015），表明华南双季稻体系存在较大的氮素环境污染风险。

2. 磷素平衡与盈余状况

华南双季稻体系农田磷素养分输入包括化肥、大气沉降、种子和灌溉（表3-19）。通过CNKI中国知网文献数据库、维普网数据库汇总，华南地区双季稻体系磷肥的周年平均输入量为42.7 kg P/hm^2，双季稻体系磷素输入主要为化肥，占磷肥总输入量的94.7%。农田灌溉带入的磷素养分为1.58 kg P/hm^2。由于多数地区采取秸秆就地还田模式，秸秆磷素养分属于内循环，不计入输入或输出。

表3-19　华南地区双季稻体系磷素平衡与盈余　　　　（单位：kg P/hm^2）

项目	养分源	早稻	晚稻	周年
输入	化肥	21.1	21.6	42.7
	大气沉降	0.18	0.18	0.36
	种子	0.23	0.23	0.45
	灌溉	0.47	1.1	1.58
	总输入	22	23.1	45.1
输出	籽粒移走	16.3	16.5	32.8
	径流损失	2.74	2.49	5.23
	渗漏损失	0.16	0.64	0.8
	总输出	19.2	19.6	38.8
平衡		2.8	3.50	6.30
盈余		5.7	6.60	12.3

双季稻农田磷素输出包括作物籽粒移走和环境损失。作物籽粒移走磷量为籽粒含磷量与籽粒产量的乘积。根据相关研究结果，籽粒含磷量平均为0.285%（何仁江等，2011；刘欢瑶等，2015）。周年尺度上，双季稻体系中作物收获所带走磷素为32.8 kg P/hm^2，占施肥量的76.8%，占双季稻系统总输出量的84.5%。农田中磷素的环境流失主要通过两种途径——地表径流和渗漏。径流是磷素流失的主要途径，由于磷肥主要吸附于土壤表面，强降雨冲击农田土层将导致土壤磷素以溶解态或颗粒态形式进入水体。通过文献分析，双季稻农田磷素径流损失平均为5.23 kg P/hm^2，占磷肥施用量的12.2%，占环境损失的86.7%（黄东风等，2013；李卫华，2011；李高明，2009；宁建凤等，2018；易均，2016；张威等，2009）。磷素渗漏损失平均为0.8 kg P/hm^2，占磷肥施用量的1.88%（黄东风等，2013；李卫华，2011；李高明，2009；纪雄辉等，2006；宁建凤等，2018；石丽红等，2010；杨益新，2011；易均，2016）。

华南双季稻体系周年磷盈余为12.3 kg P/hm^2。此外，磷素在田面水中的含量较低，磷素径流和渗漏流失少于氮素，环境流失仅占磷素输入量的13.4%，作物吸收系数相对较高。

3. 氮磷盈余指标

我国双季稻种植系统氮盈余介于 110～190 kg N/hm^2(Zhang et al.，2019a)。当盈余量为 70～90 kg N/hm^2 时，对应的施氮量为 121.2～141.5 kg N/hm^2，且此时氮素损失量为 90.0～101.2 kg N/hm^2，环境污染风险较小(表 3-18)。Zhang 等(2019a)研究表明，优化施肥条件下，南方双季稻种植体系周年施氮量为 162.5 kg N/hm^2，周年氮盈余平均为 147 kg N/hm^2，接近合理范围。因此，可将 150 kg N/hm^2 设置为华南地区双季稻的推荐施肥量，所以，氮素盈余量合理指标为 70～90 kg N/hm^2。

尽管华南双季稻体系周年磷盈余相对较低，磷素污染风险较小，但整体处于盈余状态。长期而言，积累在土壤中的磷库对环境的潜在影响仍不可忽视，磷素管理仍需进一步优化。根据水稻养分需求一般为 N：P$_2$O$_5$：K$_2$O=1：0.30：0.8～1.0(钟旭华等，2010)，磷素投入量可参考氮肥推荐量，当推荐施肥量设为 90 kg P$_2$O$_5$/hm^2，即每季水稻施磷量为 45.0 kg P$_2$O$_5$/hm^2 时，磷盈余为–1.67 kg P/hm^2。综上，双季稻磷素盈余指标可确定为 0～12 kg P/hm^2，此时环境风险较低。

3.4.2　蔬菜种植体系

目前，利用盈余量评价菜田氮素管理及环境污染的研究还很缺乏。本小节通过问卷调查及田间试验明确广东地区典型菜田氮素平衡及盈余量，进而优化施氮量，对提高氮肥利用率，减少氮素损失，在保证蔬菜产量的同时减少环境污染具有重要的意义。

苦瓜、冬瓜等瓜类蔬菜是华南地区重要的特色蔬菜。2019 年，广东地区苦瓜和冬瓜的播种面积和产量分别为 14.95×10^4 hm^2 和 30.31×10^4 t，分别占瓜类蔬菜的 11.32%和12.89%。以瓜类蔬菜为代表性作物，课题组在 2016～2017 年调研了主产区菜农生产管理的详细情况，收集有效调查问卷 121 份，对氮磷各输入、输出项进行了统计分析(表 3-20)。依据作物养分需求、区域土壤养分状况、种植期间年均降雨情况，提出两套优化施肥方案，一套是针对氮磷进行优化，另外一套是在氮磷优化的基础上补充中微量元素，三种施肥方式如表 3-20 所示。

表 3-20　冬瓜生产中农户施肥与优化施肥量

施肥时期	肥料类型	典型地区施肥		优化施肥 1		优化施肥 2	
		施肥量/(kg/hm^2)	占总施肥量比/%	施肥量/(kg/hm^2)	占总施肥量比/%	施肥量/(kg/hm^2)	占总施肥量比/%
基肥	N	292.3	60	315	70	315	70
	P$_2$O$_5$	270	75	188	83	188	83
	K$_2$O	300	71	285	76	285	76
	MgO	—	—	—	—	100	100
苗期缓苗肥	N	28	6	20	4	20	4
	P$_2$O$_5$						
	K$_2$O						

续表

施肥时期	肥料类型	典型地区施肥		优化施肥1		优化施肥2	
		施肥量 /(kg/hm²)	占总施肥量 比/%	施肥量 /(kg/hm²)	占总施肥量 比/%	施肥量 /(kg/hm²)	占总施肥量 比/%
苗期 抽蔓肥	N	54.3	11	35.8	8	35.8	8
	P₂O₅	—	—	—	—	—	—
	K₂O	—	—	—	—	—	—
花期 坐果肥	N	27.6	6	19.8	4	19.8	4
	P₂O₅	28.8	8	12.3	5	12.3	5
	K₂O	37.5	9	30	8	30	8
处瓜期 吊瓜肥	N	27.6	6	19.8	4	19.8	4
	P₂O₅	28.8	8	12.3	5	12.3	5
	K₂O	37.5	9	30	8	30	8
果实膨大期 状瓜肥	N	60.2	12	39.6	9	39.6	9
	P₂O₅	32.4	9	13	6	13	6
	K₂O	45	11	30	8	30	8
施肥总量	N	490	—	450	—	450	—
	P₂O₅	360	—	225.6	—	225.6	—
	K₂O	420	—	375	—	375	—
	MgO	—	—	—	—	100	—

从表 3-20 中可以看出，优化施肥 1 和优化施肥 2 减少了氮、磷、钾肥的总施肥量，较农户典型施肥量分别减少了 40 kg N/hm²、134.4 kg P₂O₅/hm²、45 kg K₂O/hm²，提高了氮、磷、钾肥在基肥中的比例，此外优化施肥 2 在基肥中增施镁肥 100 kg MgO/hm²。

1. 氮素平衡与盈余状况

氮素输入主要包括肥料、干湿沉降、生物固定、灌溉、种子等方面。其中，化肥是最主要的氮素来源，占总氮素投入的 90%以上。表 3-21 列出了华南地区典型菜田(冬瓜)农户常规管理的施肥情况。农户的氮肥投入介于 225~805 kg N/hm² 之间，表现出总量变异较大、有机肥使用少的特点，有机肥约占 27%。优化施肥的两个处理中，并未直接降低氮素总量，而主要采用了有机无机配施[有机肥替代氮素总量30%(鸡粪 N 2.34%)]、平衡施肥(稳氮降磷)、时期调节、中微增效的综合方式，将氮素供应与冬瓜植株养分需求相匹配，通过进一步增加产量和氮素吸收量，提高氮肥利用率，达到降低氮素盈余的目标。

当前，畜牧业发展、化学肥料的使用和能源的消耗，导致大气活性氮浓度持续升高。樊敏玲等(2010)和陈中颖等(2010)在珠江口附近的监测结果显示，该区域干湿沉降氮含量介于 35.9~42.9 kg N/hm²，华南区域的其他监测点数据介于 7.4~22.5 kg N/hm²，对该区域的文献数据进行平均后，拟定该区域氮沉降平均值为 29.1 kg N/hm²。生物固定的参数参考鲁如坤等(1996b)报道的数据 15.0 kg N/hm²。种子和灌溉的氮素投入均为实测值(表 3-22)。

表 3-21　华南(广东)菜田氮素平衡及盈余量　　　(单位: kg N/hm²)

收支	项目	广东省区域调查 (2016~2017 年, n=121)	优化施肥1 (2017~2018 年, n=11)	优化施肥2 (2017~2018 年, n=11)
输入	肥料	443.34 a	450.00 a	450.00 a
	种子	0.072 a	0.072 a	0.072 a
	灌溉	44.00 a	44.00 a	44.00 a
	干湿沉降	29.10 a	29.10 a	29.10 a
	生物固定	15.00 a	15.00 a	15.00 a
	总输入	531.51 a	538.17 a	538.17 a
输出	果实	58.91 b	112.16 a	125.91 a
	茎叶	33.31 c	115.97 b	138.82 a
	氨挥发	46.45 a	47.10 a	47.10 a
	反硝化	1.44 a	1.46 a	1.46 a
	淋洗	100.57 a	101.97 a	101.97 a
	径流	52.68 a	53.41 a	53.41 a
	总输出	293.36 b	432.06 a	468.67 a
平衡		238.15 a	106.11 b	69.50 b
盈余		472.60 a	426.01 b	412.26 b

注: 表中圆括号里的数字先后依次表示调查年份和样本量; 表中数字后面的字母表示优化施肥1、优化施肥2和调查之间差异显著性, $P<0.05$。

表 3-22　华南(广东)氮干湿沉降

缺省值项目	地点	数值/(kg N /hm²)	数据来源
干湿沉降	广东	42.0	鲁如坤等, 1996b
	珠江口	42.9	樊敏玲等, 2010
	珠江口	35.9	陈中颖等, 2010
	流溪河	1.2	郑丹楠等, 2014
	韶关	37.3	刘思言等, 2014
	华南	7.4~22.5	顾峰雪等, 2016
	平均值	29.1±1.2	

氮素输出主要包括植株和果实氮素带走量, 以及淋洗、径流、氨挥发和反硝化损失量。采用原位测定研究的结果表明, 传统施肥下的华南露地苦瓜生产中, 氮素总输入为 650 kg N/hm², 收获带走 99.6 kg N/hm²(占总输入 15.3%), 收获后根层残留氮素为 278.1 kg N/hm²(占总输入 42.8%), 氮素表观损失 272.4 kg N/hm²(占总输入 41.9%), 其中, 淋洗损失占总输入的 21.4%, 占总损失的 50.9%。因此, 淋洗是亚热带蔬菜生产系统中主要的氮素损失途径。此外, 广东地区典型菜田的年平均氮素径流量为 107 kg N/hm², 占氮肥投入量的 10%~14%(曾招兵等, 2012), 是淋洗以外最大的氮素损失途径。相对于菜田中其他损失途径, N_2O 排放所占比例较小, 在华南露地蔬菜系统中, 占氮素投入的 0.2%~4.9%(丁洪等, 2004; Cao et al., 2006; 曹兵等, 2008; 邱炜红等,

2011）。全国露地菜田平均氨挥发损失量为 35.7 kg N/hm², 占总氮投入的 8.6%（陈清等, 2015）, 变异范围为 1.0%~17.1%（曹兵等, 2008）。在华南露地菜田中, 氨挥发占总化学氮肥投入的 9.7%（李德军, 2007）。

基于前述的研究和文献分析, 明确肥料、种子、氨挥发（9.7%）、反硝化（0.3%）、淋洗（21%）、径流（11%）、灌溉、干湿沉降, 结合果实、茎叶的氮素含量, 估算了系统氮输入与输出量。

基于对广东省冬瓜生产典型地区（佛山市三水区）施肥情况的调研数据（氮、磷、钾施肥比例为 1.36∶1∶1.16, 总施肥量为 1270 kg/hm²）, 以及针对性优化施肥 1 和 2, 参照前文的方法计算得出典型地区农户施肥模式、优化施肥 1 和优化施肥 2 的氮平衡分别为 238.15 kg N/hm²、106.11 kg N /hm² 和 69.5 kg N/hm², 优化施肥 1 和优化施肥 2 较典型地区农户施肥模式氮平衡降低 55.44% 和 70.81%; 氮盈余量分别为 472.60 kg N/hm²、426.01 kg N/hm² 和 412.26 kg N/hm², 优化施肥 1 和 2 较典型地区农户施肥模式氮盈余量分别降低 9.86% 和 12.77%。

冬瓜植株从农田土壤中带走的氮量, 可以根据冬瓜各部位干物质含量和各器官氮素浓度计算。尽管冬瓜果实生物量较大, 但由于果实含水量近 95%, 果实收获指数仅为 0.52, 茎叶中的氮素浓度高于果实, 因此, 果实和茎秆中的氮素携带量相近。由表 3-21 可以看出, 优化施肥 1 和优化施肥 2 的氮输出显著高于农户典型施肥的氮输出, 冬瓜生长前期更加旺盛, 构建了更强大的生产基础, 提高了群体光合能力。优化施肥 1 和优化施肥 2 植株干重和果实干重较典型地区农户施肥模式分别提高了 268.3%、325.7% 和 4.75%、19.24%, 而植株、果实氮浓度较农民习惯施肥分别提高了 –5.22%、–2.25% 和 56.1%、53.7%。因此, 优化施肥 1 和优化施肥 2 的氮输出总量也显著高于典型地区施肥模式。茎叶氮输出量在优化施肥 2 中显著高于优化施肥 1, 是因为增施了镁肥, 茎叶生物量提高了 15.58%, 使茎叶氮输出量提高了 19.70%。

2. 磷素平衡与盈余状况

磷素输入主要包括肥料、干湿沉降、灌溉和种子。其中, 化肥是最主要的磷素来源。表 3-23 中列出了华南地区典型菜田（苦瓜、冬瓜）农户常规磷肥施用情况。农户磷肥投入介于 94~380 kg P/hm² 之间, 平均为 154.8 kg P/hm²。优化施肥的两个处理中, 基于作物磷营养需求和菜田土壤磷素养分情况, 显著降低了磷素投入总量, 达到提高磷肥利用率、降低磷素盈余的目标。鸡粪（P 含量约为 0.4%）为华南地区最为常见的有机肥。樊敏玲等（2010）在广东省珠江口、鼎湖山、中山区域附近的监测表明, 该区域磷素干湿沉降介于 0.49~1.06 kg P/hm², 平均为 0.60 kg P/hm²（表 3-24）。种子和灌溉输入的磷素投入均为实测值。

在华南区域, 菜田磷素输出主要包括植株和果实带走量, 以及淋洗和径流损失量。本书采用原位测定结果, 传统施肥方式下的露地菜田系统中（以苦瓜为例）, 磷素淋洗损失占总投入的 0.4%、径流占总投入的 13.2%, 是亚热带蔬菜生产系统中主要的磷素损失途径。基于以上试验和文献分析获得的参数, 进一步结合果实、茎叶的磷素含量, 计算系统磷输入与输出量。

表 3-23　华南(广东)菜田磷素平衡与盈余量　　　　　　(单位：kg P/hm²)

项目		广东省区域调查 (2016~2017 年，n=121)	优化施肥 1 (2017~2018 年，n=11)	优化施肥 2 (2017~2018 年，n=11)
输入	肥料	154.80 a	98.24 b	98.24 b
	种子	0.02 a	0.02 a	0.02 a
	灌溉	1.50 a	1.50 a	1.50 a
	干湿沉降	0.60 a	0.60 a	0.60 a
	总输入	156.92 a	100.36 b	100.36 b
输出	果实	19.18 b	33.93 a	39.40 a
	茎叶	4.56 b	13.43 a	16.38 a
	淋洗	0.62 a	0.40 b	0.40 b
	径流	20.57 a	13.11 b	13.11 b
	总输出	44.93 b	60.87 a	69.29 a
平衡		111.99 a	39.49 b	31.07 b
盈余		137.74 a	66.43 b	60.96 b

注：表中圆括号里的数字依次表示调查年份和样本量；表中数字后面的字母表示优化施肥 1、优化施肥 2 和调查之间差异显著性，$P<0.05$。

表 3-24　华南(广东)磷素干湿沉降量

缺省值项目	地点	数值/(kg P/hm²)	文献
干湿沉降	珠江口	0.55	樊敏玲等，2010
	珠江口	0.49	樊敏玲等，2010
	大亚湾	0.21	陈瑾等，2014
	鼎湖山	1.06	周曙亿聘和黄文娟，2014
	中山	0.70	林文实等，2007
平均值		0.60	

　　由表 3-23 可以看出，优化施肥 1 和优化施肥 2 的磷素输入量明显低于典型地区的施肥模式，减少了 36.04%。果实、茎叶磷输出量显著高于典型地区的施肥模式，果实磷输出量较典型地区施肥模式分别提高了 76.9%和 105.42%，茎叶磷输出量较农民习惯施肥分别提高了 194.52%和 259.21%。因此，优化施肥 1 和优化施肥 2 的磷输出总量高于典型地区施肥模式。在三种施肥方式中磷平衡量和盈余量为：优化施肥 2<优化施肥 1<典型地区施肥。增施镁肥对冬瓜田磷平衡量和盈余量无显著影响。基于对广东省冬瓜生产典型地区(佛山市三水区)施肥情况的调研数据，参照前文的方法计算得出典型地区施肥模式和优化施肥 1 和优化施肥 2 的磷平衡分别为 111.99 kg P/hm²、39.49 kg P/hm²、31.07 kg P/hm²，优化施肥 1 和优化施肥 2 较典型地区施肥模式磷平衡降低了 64.74%和 72.26%；磷盈余量分别为 137.74 kg P/hm²、66.43 kg P/hm²、60.96 kg P/hm²，优化施肥 1 和优化施肥 2 较典型地区施肥模式磷盈余量降低 51.77%和 55.74%。

3. 氮磷盈余指标

基于前述研究结果, 华南地区苦瓜和冬瓜生产优化管理下的氮素盈余指标为 185.3～222 kg N/hm^2。华南区域典型菜田中, 磷素优化管理的盈余指标为 60.96 kg P/hm^2。

3.5 北方马铃薯种植体系氮磷平衡及盈余指标

3.5.1 氮素平衡与盈余状况

目前, 利用氮素盈余量评价马铃薯农田氮素管理及环境污染的研究还较缺乏。本节通过问卷调查及田间试验明确内蒙古马铃薯农田氮素盈余量, 进而优化施氮量, 对提高氮肥利用率, 减少氮素损失, 在保证马铃薯产量的同时减少环境污染, 具有重要的意义。

计算氮素平衡、盈余主要从氮素输入与氮素输出两方面进行分析。氮素输入主要包括化学氮肥、有机肥、生物固氮(非豆科作物为非共生固氮)、干湿沉降、灌溉、种子等方面; 氮素输出主要包括收获物移走氮、氨挥发、反硝化、淋洗等。

$$氮素平衡=总氮输入-总氮输出$$

$$氮素盈余=总氮输入-收获物移走氮$$

通过调查数据、文献汇总及田间试验数据等系统分析了内蒙古阴山北麓马铃薯主产区(武川和四子王旗)氮素的输入及输出平衡。对于氮素输出项而言, 所得数据相对较少, 通过设置不同氮肥用量的试验, 明确不同途径氮素损失通量, 从而为马铃薯田阻断氮素流失途径、控制氮素的面源污染提供科学依据。

1. 氮素输入

根据实际调查结果, 把旱地化学氮肥投入量依据参考文献定为 84.5 kg N/hm^2(陈杨等, 2012)。滴灌和喷灌的水浇地氮肥投入量依据调查数据, 把最高和最低的 5%的数据分别去掉, 武川县和四子王旗的平均氮肥投入量分别为 292.4 kg N/hm^2 和 264.8 kg N/hm^2, 平均为 285.7 kg N/hm^2。

内蒙古传统马铃薯种植, 尤其是雨养旱地马铃薯种植不施化肥, 只是在马铃薯播种前施用一些有机肥作为底肥。就目前来说, 旱地有机氮的投入在 0～39.9 kg N/hm^2, 平均 17.3 kg N/hm^2; 水浇地在 0～65.4 kg N/hm^2, 平均 33.3 kg N/hm^2(陈杨等, 2012)。项目组的调查结果表明, 不同农户变异较大, 有机肥的投入从不施到最高 562.5 kg N/hm^2, 平均施用为 191.6 kg N/hm^2(表 3-25)。农户施用的有机肥基本上都是羊粪, 含氮量比较高, 加上有的农户施用量大, 折合纯氮量较高。由于没有旱地的调查数据, 旱地的有机氮投入依据文献确定为 17.3 kg N/hm^2(陈杨等, 2012)。

马铃薯田非共生固氮包括自身固氮和联合固氮。孙建光等(2009)从全国 13 个省市自治区的 70 份土样中分离、采集到了非共生固氮微生物资源 181 份, 其中采自内蒙古的马铃薯土壤的非共生固氮菌有类芽孢杆菌、鞘氨醇杆菌科和叶杆菌, 说明在马铃薯田有非共生固氮。国内外研究估测旱地作物的非共生固氮一般为 15～30 kg N/hm^2, 考虑到氮肥对非共生固氮的抑制作用，本节把内蒙古马铃薯田的非共生固氮量定为 15 kg N/hm²。

表 3-25　阴山北麓农户有机肥投入调查

地区	样本量	最低投入量/(kg N /hm²)	最高投入量/(kg N /hm²)	平均投入量/(kg N /hm²)	标准差/(kg N /hm²)	变异系数/%
武川县	43	0.0	460.4	199.8	227.2	113.8
四子王旗	15	0.0	562.5	167.1	209.4	125.3
全部	58	0.0	562.5	191.6	221.5	115.6

人类活动导致大量的活性氮排放到大气中，之后随着降雨、降雪及降尘又沉积到地表归还到土壤中。张菊等(2013)在内蒙古太仆寺旗温带草原地区进行了为期 1 年(2011年 11 月~2012 年 10 月)的氮沉降观测，该地区每年的氮沉降量达 34.3 kg N/hm²。本节的研究区域处于内蒙古北面农牧交错带地区，离太仆寺旗较近，因此氮沉降量选用34.3 kg N/hm²。

当灌溉水硝酸盐达到一定含量时，通过灌溉带入农田的氮也应该考虑进农田氮素输入中。根据项目组对武川县和四子王旗 58 个种植专业合作社、公司及农户马铃薯田灌溉水的硝酸盐含量的测定，武川县和四子王旗的灌溉水硝酸盐平均含量为 22 mg/L 和48.3 mg/L。阴山北麓喷灌马铃薯每个生育期的灌溉量平均为 3600 m³/hm² 左右，滴灌马铃薯灌溉量平均为 2250 m³/hm² 左右，不同灌溉方式灌溉量平均为 2850 m³/hm²。将灌溉水中硝态氮含量乘以每年的灌溉量，估算得到每年通过灌溉进入马铃薯田的氮量，武川县平均为 13.4 kg N/hm²，四子王旗为 31.1 kg N/hm²，总体平均为 18.2 kg N/hm²。

除上述氮素的输入项以外，在马铃薯播种过程中，块茎也输入一定量的氮素。马铃薯播种时块茎带入的氮量可以通过马铃薯播种量和马铃薯块茎的含氮量计算。内蒙古阴山北麓马铃薯的播种量一般为 2250 kg/hm²(鲜重)，按平均 80%的含水量计算，干重为450 kg/hm²。马铃薯块茎中的含氮量一般在 1.1%~1.9%，平均为 1.65%，所以马铃薯块茎带入的氮量为 7.4 kg N/hm²。

2. 氮素输出

马铃薯从农田带走的氮量，可以根据马铃薯单产和形成 1000 kg 块茎移走的氮量进行计算。根据文献资料，内蒙古阴山北麓旱地和水浇地马铃薯块茎平均产量分别为 13552~31386 kg/hm² 和 31572~56406 kg/hm²(表 3-26)。本节以旱地马铃薯块茎单产

表 3-26　阴山北麓不同种植条件下马铃薯产量及氮素带走量　　　(单位：kg/hm²)

种植类型	地点	产量	纯氮带走量	文献来源
旱作	武川县	31386	178	肖强等，2014
	武川县	13552	77	王颖慧等，2012
	商都县	19442	112	秦军红等，2013

续表

种植类型	地点	产量	纯氮带走量	文献来源
滴灌	武川县	42408	240	井涛等，2012
	商都县	56406	318	秦军红等，2013
	武川县	48566	271	秦军红等，2013
	武川县	31572	179	秦军红等，2013
	武川县	43565	244	秦永林等，2013
	武川县	38085	214	井涛等，2012
喷灌	武川县	36457	206	秦永林等，2013

15000 kg/hm^{2}和喷灌、滴灌单产 37500 kg/hm^{2}来计算收获带走的氮量。目前，该地区生产条件下，每生产 1000 kg 马铃薯块茎平均带走纯氮 5.5 kg 左右。因此，旱地和喷灌、滴灌马铃薯收获从农田带走的氮量分别为 83 kg N/hm^{2}和 206 kg N/hm^2。

为了准确定量滴灌马铃薯田的氨挥发损失，项目组设置了不同氮水平处理，利用通气法测定氨挥发量(图 3-6)。在第一次追肥后(马铃薯的现蕾期和开花期)，施用 180 kg N/hm^{2}和 270 kg N/hm^2 处理分别在追肥后第三天和第四天出现了峰值[8.69 mg/(m^2·d) 和 12.05 mg/(m^2·d)]，随后逐渐下降并趋于平缓；第二次追肥(7 月 18 日)后，只有施用 90 kg N/hm^{2}处理在追肥后第三天出现一个排放峰，随后趋于平缓；在第三次追肥(马铃薯开始进入块茎形成期)后，仅有施用 270 kg N/hm^{2}处理出现一个峰值[13.15 mg/(m^2·d)]；在马铃薯第四次追肥(块茎膨大期)后，施用 180 kg N/hm^{2}和 270 kg N/hm^{2}处理均在第四天出现一个排放峰[7.35 mg/(m^2·d) 和 7.76 mg/(m^2·d)]，其他处理没有明显变化。整个马铃薯生长季氨挥发损失的氮量最高可达每公顷 3.2 kg 纯氮(图 3-7)。为此，本书中内蒙古阴山北麓水

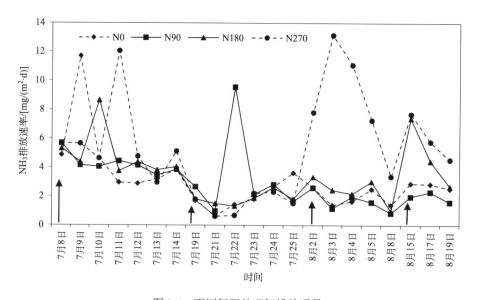

图 3-6　不同氮肥处理氨排放通量

箭头指追施氮肥时间；N0、N90、N180、N270 分别代表不施肥、施用 90 kg N/hm^2、180 kg N/hm^2、270 kg N/hm^2 处理，下同

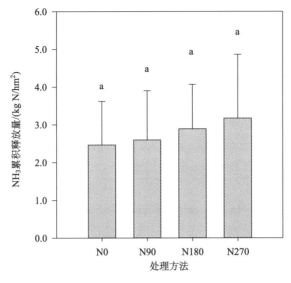

图 3-7　不同施肥处理对马铃薯田氨累积排放量的影响

浇地氨挥发量以最高施氮量条件下氨挥发量为准，定为 3.2 kg N/hm²。旱地施氮量少而且只施基肥，马铃薯生长期间不追肥，所以基本与空白相同，定为 2.5 kg N/hm²。

与氨挥发损失相比，N_2O 损失量较少。为了定量滴灌马铃薯田 N_2O 的排放量，在不同氮水平试验测定 NH_3 挥发的同时，测定了 N_2O 的排放（图 3-8）。在马铃薯生长的幼苗期及第一次追肥后，N_2O 排放量相对较低；在第二次及第三次(马铃薯开始进入块茎形成期)追肥后，只有施用 270 kg N/hm² 处理在第三天出现一个排放峰，其余处理排放量并没有明显增多；在马铃薯第四次追肥(块茎膨大期)后，施用 180 kg N/hm² 和 270 kg N/hm²

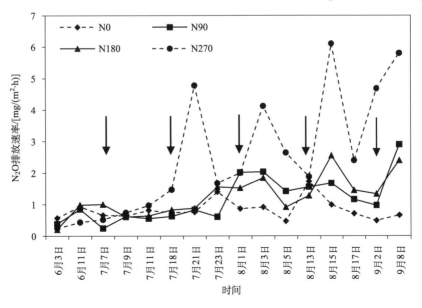

图 3-8　不同氮肥处理下 N_2O 排放通量

处理均出现一个排放峰，其他处理没有明显变化；第五次追肥后，各处理排放量均较空白处理有大幅度的增加。随着施氮量的增加，N_2O 的排放量也在增加(图 3-9)，尤其是施用 270 kg N/hm² 的处理显著高于其他处理。同样，把阴山北麓喷灌、滴灌等灌溉马铃薯的 N_2O 排放量定为最高施氮量的 N_2O 排放量，为 1.5 kg N/hm²，旱地的与空白相同，定为 0.3 kg N/hm²，可以忽略不计。

　　关于氮素淋洗，农学家和环境学者的认识有所差别。研究环境的学者认为氮素进入水体后才可以视为淋洗，而农学家一般认为氮素移出作物根系活动层以外就视为淋洗。与小麦、玉米相比，马铃薯是典型的浅根系作物，本节以氮素移出马铃薯根层(60 cm)为淋洗。井涛等(2012)的研究表明，马铃薯淋洗损失的氮量最高为 21 kg N/hm²。秦永林等(2013)在阴山北麓的田间试验表明，漫灌马铃薯收获后，非根层深度为 60～120 cm 的土层无机氮残留量达 103 kg N/hm²，分别是喷灌、滴灌和膜下滴灌的 1.36 倍、2.11 倍和 2.28 倍，说明灌水量的大小会影响氮素的淋溶量。农民尤其是马铃薯种植合作社和公司灌水量大，在阴山北麓砂土的情况下氮素的淋溶损失也比较大，是氮肥的主要损失途径。通过试验结合文献调研，在砂土上氮素的淋溶损失占施用化学氮量的 30% 左右，据此，内蒙古阴山北麓滴灌、喷灌条件下淋溶损失的氮量大约为 86 kg N/hm²。

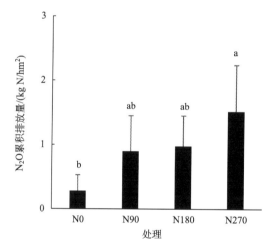

图 3-9　不同施肥处理对马铃薯田氧化亚氮累积排放量的影响
图中 N0、N90、N180、N270 分别代表不施肥、施用 90 kg N/hm²、180 kg N/hm²、270 kg N/hm² 处理

3. 氮素平衡与盈余计算

　　根据以上分析结果，内蒙古阴山北麓马铃薯农田每年的氮素输入为：化学氮肥旱地为 84.5 kg N/hm²，滴灌和喷灌为 285.7 kg N/hm²；有机肥带入的氮旱地为 17.3 kg N/hm²，滴灌和喷灌为 191.6 kg N/hm²；干湿沉降带入的氮为 34.3 kg N/hm²；通过滴灌和喷灌带入的氮为 18.2 kg N/hm²；非共生固氮为 15 kg N/hm²；马铃薯块茎带入的氮为 7.4 kg N/hm²；氮素年输入总量旱地为 158.5 kg N/hm²，滴灌和喷灌为 552.2 kg N/hm²。每年的氮素输出为：马铃薯收获移走的氮旱地为 83 kg N/hm²，滴灌和喷灌为 206 kg N/hm²；

氨挥发损失旱地为 2.5 kg N/hm²，滴灌和喷灌为 3.2 kg N/hm²；反硝化损失旱地为 0.3 kg N/hm²，滴灌和喷灌为 1.5 kg N/hm²；淋洗损失只有滴灌和喷灌有，为 86 kg N/hm²；氮素年输出总量旱地为 85.8 kg N/hm²，滴灌和喷灌为 296.7 kg N/hm²。因此，目前内蒙古阴山北麓马铃薯种植体系农田氮素处于盈余状态，年盈余量旱地为 75.5 kg N/hm²，滴灌和喷灌为 346.2 kg N/hm²（表 3-27）。

表 3-27　内蒙古阴山北麓马铃薯种植体系中氮素收支平衡

	项目	旱地马铃薯		滴灌、喷灌马铃薯	
		氮量/(kg N/hm²)	所占百分比/%	氮量/(kg N/hm²)	所占百分比/%
输入	化学氮肥	84.5	53.3	285.7	51.7
	有机肥	17.3	10.9	191.6	34.7
	非共生固氮	15	9.5	15	2.7
	干湿沉降	34.3	21.6	34.3	6.2
	灌溉	—	—	18.2	3.3
	块茎	7.4	4.7	7.4	1.3
	总输入	158.5		552.2	
输出	马铃薯收获	83	96.7	206	69.4
	氨挥发	2.5	2.9	3.2	1.1
	反硝化	0.3	0.3	1.5	0.5
	淋洗	—	—	86	29.0
	总输出	85.8		296.7	
	平衡	72.7		255.5	
	盈余	75.5		346.2	

滴灌和喷灌马铃薯氮素的输入远远大于输出，造成氮素大量累积在土壤中，最终可能进入地下水，造成地下水的硝酸盐污染。对 58 个马铃薯种植专业合作社、公司及农户地下水硝酸盐进行测定（图 3-10），发现武川县地下水硝态氮含量平均为 4.97 mg/L，四子

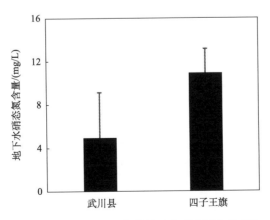

图 3-10　内蒙古阴山北麓地下水硝态氮含量变化

王旗地下水硝态氮含量平均为 10.91 mg/L，总体而言，四子王旗地下水硝态氮含量高于武川县。这可能是由于武川县的滴灌和喷灌面积较小(2015 年大约为 $0.67×10^4$ hm^2)，而四子王旗滴灌和喷灌面积达到 $5.33×10^4$ hm^2，灌溉量大，大部分氮素被淋洗到地下水当中。

内蒙古阴山北麓滴灌和喷灌马铃薯种植体系氮素处于盈余状态，土壤中氮素的过多累积超出了当地砂土的承载能力，部分氮素以硝态氮的形式被淋洗到地下水中，造成部分地下水硝态氮含量逐年上升，地下水硝态氮平均含量达到 6.51 mg/L，部分地区硝态氮含量达到 13.32 mg/L，已经超过了欧盟规定的饮用水硝态氮含量标准(11 mg/L)，硝酸盐淋洗是当地氮素损失的主要途径。近几年马铃薯价格较高，一些专业合作社和公司为了获得较高的产量而投入大量的化学氮肥，从滴灌和喷灌马铃薯田的氮素收支平衡来看，化学氮肥用量平均高达 285.7 kg N/hm^2，氮素输入中化学氮肥的输入占总输入的一半以上，化学氮肥是这一地区农田氮素的主要来源；其次是有机肥投入也较高，占总投入的 34.7%，但有机肥投入在不同农户间变异很大。内蒙古阴山北麓滴灌和喷灌马铃薯种植体系氮素输入中有机肥和化学氮肥用量显著高于目前生产水平下马铃薯吸收带走的氮量 (206 kg N/hm^2)。大量氮素输入土壤虽然补充了土壤氮库，有利于培肥地力，但同时存在着氮素资源浪费和环境污染问题。因此，在内蒙古阴山北麓滴灌和喷灌马铃薯种植体系下，进行氮素优化管理，提高氮肥利用率，减少硝酸盐淋洗是当前需要解决的关键问题。

3.5.2 磷素平衡与盈余状况

作物对磷肥的当季利用率仅有 10%～25%(杨振兴等，2015)，进入农田的大量磷素蓄积到了土壤中。土壤对磷素有巨大的容纳能力，但是过多的磷在土壤中蓄积会增加磷素向环境损失的风险，造成水体富营养化等环境问题。计算磷素平衡、盈余主要从磷素输入与输出两方面来分析。经过查阅相关文献和实地调查，马铃薯磷素输入主要包括化肥、有机肥、种子、灌溉、大气沉降等；磷素输出主要包括作物吸收、径流损失、淋溶损失等。

磷素平衡和盈余按照下式计算：

$$磷素平衡=总输入–总输出$$
$$磷素盈余=总输入–收获物移走$$

1. 磷素输入

根据内蒙古马铃薯主产区化学磷肥投入的调查结果，将四子王旗化学磷肥投入量定为 158.0 kg P$_2$O$_5$/hm^2 (折 69.05 kg P/hm^2)，武川地区化学磷肥投入量定为 222.4 kg P$_2$O$_5$/hm^2 (折 97.19 kg P/hm^2)。对有机肥而言，四子王旗地区有机磷肥的投入在 0～375 kg P$_2$O$_5$/hm^2，平均为 117.6 kg P$_2$O$_5$/hm^2 (折 51.39 kg P/hm^2)；武川地区在 0～459 kg P$_2$O$_5$/hm^2，平均为 141.8 kg P$_2$O$_5$/hm^2 (折 61.97 kg P/hm^2) (表 3-28)。有的农户施用有机肥，有的不施，所以变异较大。

表 3-28 内蒙古马铃薯主产区 2015～2016 年有机磷肥投入量 （单位：kg P$_2$O$_5$/hm^2）

项目	四子王旗(*n*=24)		武川(*n*=53)		平均
	小农户(*n*=16)	合作社(*n*=8)	小农户(*n*=16)	合作社(*n*=37)	
有机肥	133.1±120.1 (0～375)	86.5±86.0 (0～225)	122.7±168.1 (0～459)	150.0±143.3 (0～459)	134.2
平均	117.6		141.8		

在马铃薯播种过程中，种薯也会带入少量的磷素养分。可以根据马铃薯播种量和种薯含磷量来计算获得。单位面积上通过作物种薯带入的磷养分很少。通过调研得到的两地播种量平均为 150 kg/hm^2，种薯含磷量达 4.50 g P/kg，所以单位种植面积下种薯带入磷养分量为 0.83 kg P/hm^2。

内蒙古地区马铃薯灌溉用水的主要来源有两种：一个是深井水灌溉，主要消耗的是地下水资源；另一个是水库、河流灌溉，消耗的是地表水资源。四子王旗年平均灌溉水量为 4332.3 m^3/hm^2，武川县年平均灌溉水量为 1912.5 m^3/hm^2，两地每年有效灌溉用水量平均可达到 3122.4 m^3/hm^2。地下水可溶性磷(P)含量为 0.225 mg/L(王云慧等，2010)，则四子王旗通过灌溉水带入农田的磷素量平均为 1.01 kg P/hm^2，武川县通过灌溉水带入农田磷素量平均为 0.39 kg P/hm^2，内蒙古地区通过灌溉水带入农田的磷素量平均为 0.70 kg P/hm^2。

从我国的大气沉降分布格局来看，沉降速率呈现出由东南向西北递减的格局。华北、华中和西南地区东北部的大气沉降最高，华南地区及西南地区西部和南部的大气沉降次之，西北、内蒙古、西藏地区的大气沉降最低。有关内蒙古地区农田生态系统大气沉降的文献较少，所以大气沉降数据沿用尹琳琳(2014)在乌梁素海进行大气氮、磷沉降研究的数据，干沉降加湿沉降带入土壤的磷平均为 0.48 kg P/hm^2。

2. 磷素输出

内蒙古地区马铃薯产量达到 15000～70000 kg/(hm^2·a) (表 3-29)，平均产量可达 56212 kg/(hm^2·a)。通过调研得知内蒙古地区马铃薯 1000 kg 块茎可吸收纯磷 0.68 kg，从而估算出四子王旗马铃薯吸磷量可达到 33.87 kg P/hm^2，武川可达到 42.13 kg P/hm^2，平均吸磷量为 38.02 kg P/hm^2。

表 3-29 内蒙古马铃薯主产区 2015～2016 年各农户、合作社产量及吸磷量

项目	四子王旗(*n*=24)		武川(*n*=53)	
	小农户(*n*=16)	合作社(*n*=8)	小农户(*n*=16)	合作社(*n*=37)
块茎平均产量/(kg/hm^2)	42107±18497	58125±43686	55781±16195	68838±20170
吸磷量/(kg P/hm^2)	28.45±8.08	39.24±19.10	37.41±7.08	46.50±8.83

内蒙古地区年降水量少，农田发生径流现象也很少，根据旱田经验模型：y=0.001x+0.006(杨旺鑫等，2015)估算，其中 y 为径流损失磷量[TP，kg/(hm^2·a)]，x 为

施磷量[(P，kg/(hm²·a)]，四子王旗通过径流损失的磷素量平均为 0.28 kg P/hm²，武川通过径流损失的磷素量平均为 0.32 kg P/hm²，整体通过径流损失的磷素量平均为 0.31 kg P/hm²。磷的损失还包括淋溶损失，通过调研发现，武川淋溶水量可达 222～583 t/hm²，四子王旗淋溶水量在 300～550 t/hm²，估算得四子王旗磷淋溶损失量可达 3.67 kg P/hm²，武川磷淋溶损失量可达 2.80 kg P/hm²。

3. 磷素平衡与盈余计算

根据以上的分析和估算结果，内蒙古地区通过化学磷肥带入的磷为 88.41 kg P/hm²，有机磷肥带入的磷为 58.65 kg P/hm²，种薯带入的磷为 0.83 kg P/hm²，灌溉水带入的磷为 0.70 kg P/hm²，大气沉降带入的磷为 0.48 kg P/hm²，磷素输入总量为 149.06 kg P/hm²。马铃薯通过块茎从农田中吸收磷量为 38.02 kg P/hm²，径流损失带走磷量为 0.31 kg P/hm²，淋溶损失带走磷量为 3.23 kg P/hm²，磷素总输出量为 41.56 kg P/hm²（表 3-30）。因此，目前内蒙古地区马铃薯种植体系的土壤磷素处于盈余状态，每年盈余磷 111.04 kg P/hm²。而从不同区域看，四子王旗和武川马铃薯农田磷素盈余量分别为 88.89 kg P/hm² 和 118.73 kg P/hm²。

表 3-30　内蒙古马铃薯农田土壤磷素输入、输出与平衡　　　（单位：kg P/hm²）

项目		四子王旗 (2015～2016 年，n=24)	武川 (2015～2016 年，n=53)	内蒙古 (2015～2016 年，n=77)
输入	化肥	69.05	97.19	88.41
	有机肥	51.39	61.97	58.65
	种子	0.83	0.83	0.83
	灌溉	1.01	0.39	0.70
	大气沉降	0.48	0.48	0.48
	总输入	122.75	160.86	149.06
输出	作物吸收	33.87	42.13	38.02
	径流	0.28	0.32	0.31
	淋溶	3.67	2.80	3.23
	总输出	37.82	45.24	41.56
平衡		84.94	115.62	107.50
盈余		88.89	118.73	111.04

3.5.3　氮磷盈余指标

在优化施肥模式下，武川和四子王旗氮盈余量分别为 125 kg N/hm² 和 137 kg N/hm²，较传统施肥模式分别下降 56.29%和 55.81%，由此确定内蒙古马铃薯生产环境风险的氮盈余指标为 125～137 kg N/hm²（表 3-31）。

表 3-31　内蒙古马铃薯田氮盈余指标　　（单位：kg N/hm²）

项目		武川		四子王旗	
		优化施肥处理	传统施肥处理	优化施肥处理	传统施肥处理
输入	化肥	162	324	180	360
	有机肥	0	0	0	0
	非共生固氮	15	15	15	15
	干湿沉降	34	34	34	34
	灌溉	1	1	5	5
	块茎	5	5	5	5
	总输入	217	379	239	419
输出	马铃薯收获	92	93	102	109
	氨挥发	0.8	1.1	1.6	4.8
	反硝化	1	2	1	2.1
	淋洗	13	41	14	50
	总输出	107	137	119	166
平衡		110	242	120	253
盈余		125	286	137	310

　　在对氮素盈余指标进行量化的同时，根据马铃薯种植过程中磷肥的投入量、马铃薯吸磷量等进行测定分析，计算在磷肥减量投入基础上（52.44 kg P/hm²）的磷素盈余量（表 3-32），与调查研究结果进行对比分析，从而确定内蒙古马铃薯主产区磷素盈余指标为 33.34～36.23 kg P/hm²，虽然与所调查农化管理盈余量 111.04 kg P/hm² 相比，下降了 68.48%，但整体磷素盈余量仍然偏高，还可以继续降低磷素盈余量。

表 3-32　内蒙古马铃薯田磷盈余指标　　（单位：kg P/hm²）

项目		武川		四子王旗	
		优化施肥处理	传统施肥处理	优化施肥处理	传统施肥处理
输入	化肥	52.44	52.44	52.44	52.44
	有机肥	0.00	0.00	0.00	0.00
	干湿沉降	0.48	0.48	0.48	0.48
	灌溉	0.39	0.39	1.01	1.01
	块茎	0.83	0.83	0.83	0.83
	总输入	54.14	54.14	54.76	54.76
输出	马铃薯收获	17.92	18.35	20.10	21.41
	径流	2.80	2.80	3.67	3.67
	淋洗	0.06	0.06	0.06	0.06
	总输出	20.77	21.21	23.83	25.14
平衡		33.37	32.94	30.93	29.62
盈余		36.23	35.79	34.65	33.34

3.6 海南蕉园氮磷平衡及盈余指标

香蕉是典型的大生物量、低收获指数作物(Hauser and van Asten,2008),蕉园生态系统内部存在复杂的养分循环过程(van Asten et al.,2003;Hauser and van Asten,2008),明确养分投入与去向对于蕉园养分管理和面源污染防控具有重要意义。

3.6.1 氮素平衡与盈余状况

蕉园氮输入(total input nitrogen, TIN)主要包括化学肥料(chemical fertilizer, CF)、有机肥料(organic fertilizer, OF)、种苗(banana seedling, BS)、生物固氮(biological nitrogen fixation, BNF)、大气沉降(deposition nitrogen, DN)、灌溉水(irrigation water, IW)及来自上一代母株的氮(turnover nitrogen of last generation, TN_{n-1}),可用以下算式表示:

$$TIN=CF+OF+BS+BNF+DN+IW+TN_{n-1}$$

对于新植蕉来讲,来自上一代母株的氮 TN_{n-1} 等于零。对于宿根蕉来讲,TN_{n-1} 包括母株养分回流及秸秆还田降解。Raphael 等(2012)研究表明,香蕉秸秆中 39%的氮可被下一代植株吸收,54%留在表土层,3%仍在剩余的未被降解的残留物中,4%的残留物氮可能通过淋失而损失;来自母株秸秆的氮占子代果实的 19%(14 kg N/hm^2),占子代香蕉整个植株的 18%(39 kg N/hm^2)。

蕉园氮输出(total output nitrogen, TON)主要包括果实带走的氮(fruit nitrogen, FN)和秸秆带走的氮(stalk nitrogen, SN)、氮淋失(leaching nitrogen, LN)、地表流失(runoff nitrogen, RN)、氨挥发(NH$_3$)、反硝化(NO$_x$),可用以下算式表示(李宝深,2016):

$$TON=FN+SN+LN+RN+NH_3+NO_x$$

相对于大田作物,香蕉园氮素收支与盈余研究较少,且不够系统。香蕉种植系统具独有的特征,且其产地具有高温高湿的气候特点。为了满足香蕉快速生长和生物量积累的需要,蕉园水肥投入频繁,整个香蕉生育期内施肥多达 8~10 次。Zhu 等(2015)利用静态箱-气相色谱法测定了海南香蕉园 N$_2$O 排放通量为 6.39~12.8 kg N/hm^2,与尿素施用量、温度和土壤铵根离子含量呈显著正相关关系。Muñoz-Carpena 等(2002)研究表明,整个香蕉生长期内土壤淋溶液硝态氮浓度为 50~120 mg/L,氮损失量为 202~218 kg/hm^2,占施氮量的 48%~52%。Armour 等(2013)在澳大利亚通过连续两年的香蕉试验,在两个香蕉周期中氮施用量为 710 kg/hm^2 和 1065 kg/hm^2 的条件下,氮素淋溶损失量分别为 246 kg/hm^2 和 641 kg/hm^2,分别相当于氮投入的 35%和 60%。Prasertsak 等(2001)观测到施用的氮肥中有 60%在土壤中被回收,氨挥发、淋失或反硝化损失了 25%。Veldkamp 和 Keller(1997)研究了每年施氮量 360 kg/hm^2 条件下香蕉园氮素气态损失,结果表明,氮氧化物的排放对肥料施用的时间和地点有强烈的时空依赖性,火山灰土 Andisol 比始成土 Inceptisol 多,N$_2$O 和 NO 排放量分别占施氮量的 1.26%~2.91%、5.09%~5.66%(表3-33)。氮素损失主要由不合理的养分管理引起,如施肥过多、施肥时机不当、地表撒施等。

表 3-33　不同区域香蕉园氮损失途径与损失量

氮损失途径	国家	试验方法	施氮量/(kg N /hm²)	占施氮量/%	参考文献
硝酸盐淋失	西班牙	香蕉大田	500～600	48～52	Muñoz-Carpena et al., 2002
	澳大利亚	香蕉大田	710	37	Armour et al., 2013
	澳大利亚	香蕉大田	1065	63	Armour et al., 2013
氨挥发	澳大利亚	香蕉大田	228	3.2～17.2	Prasertsak et al., 2001
	菲律宾	土壤培养	50	3.1～8.1、3.5～5.3	Macrae and Ancajas, 1970
	菲律宾	土壤培养	200	10.1～11、4.5～7.2	Macrae and Ancajas, 1970
反硝化/N₂O	哥斯达黎加	香蕉大田	360	1.26～5.09	Veldkamp and Keller, 1997
	中国	香蕉大田	312～623	—	Zhu et al., 2015
反硝化/NO	哥斯达黎加	香蕉大田	360	2.91～5.66	Veldkamp and Keller, 1997

为明确蕉园氮素去向及氮素平衡盈余状况，2016～2019 年项目组在海南省澄迈县桥头镇进行了定点跟踪监测(表 3-34)。试验地处热带季风气候，年平均气温为 23.8℃，年均降雨量为 1786 mm，土壤类型为砖红壤。以传统施肥为对照，研究优化施肥在减少肥料投入和氮素损失方面的潜力。

表 3-34　新植蕉园氮素收支平衡与盈余

项目		常规施肥		优化施肥	
		氮量/(kg N /hm²)	占比 /%	氮量/(kg N /hm²)	占比 /%
输入	化肥	783	84.9	450	53.2
	有机肥	83	9.0	340	40.2
	干湿沉降	34	3.7	34	4.0
	非共生固氮	15	1.6	15	1.8
	种苗	0.18	0.02	0.18	0.02
	灌溉	7.3	0.8	7.3	0.9
	总输入	923		846	
输出	果实吸收	109	12.5	144	18.9
	秸秆吸收	144	16.5	228	29.9
	氨挥发	16.4	1.9	9.5	1.2
	反硝化	9.6	1.1	7.7	1.0
	淋溶	130	14.9	109	14.3
	径流	466	53.3	264	34.6
	总输出	874		762	
平衡		49		84	
盈余		814		702	

根据以上试验结果，传统施肥氮素环境损失(氨挥发、反硝化、淋溶和径流)高达 622 kg/hm²，径流损失占总输出的 53.3%，是氮素损失的主要途径。优化施肥降低了化肥

施用量,提高了有机肥用量,化肥氮输入减少42.5%,肥料氮总输入降低8.8%;香蕉果实和秸秆氮吸收比常规施肥分别增加32.1%和58.3%,氨挥发、反硝化、淋溶和径流损失分别减少42.1%、19.8%、16.2%和43.3%。

与常规施肥相比,优化施肥氮素盈余降低了13.8%,环境损失降低了37.3%,但仍然有702 kg N/hm² 的氮素环境损失,而且以径流损失为主。因此,在满足香蕉氮素需求的基础上,可以进一步优化施肥方法和时间,从而减少氮素盈余。根据定位监测与分析,优化施肥香蕉生长周期氮盈余控制指标为306 kg/hm²。Zhang 等(2019a)通过对我国 13个大田作物系统的分析,得出单季作物系统的氮素盈余指标范围为40~100 kg N/(hm²·a)[平均 73 kg N/(hm²·a)]、双季作物系统为 110~190 kg N/(hm²·a)[平均为 160 kg N/(hm²·a)]。因此,与大田作物系统相比,香蕉种植系统氮盈余相对较高。

3.6.2 磷素平衡与盈余状况

蕉园磷输入(total input phosphorus,TIP)主要包括化学肥料(CF)、有机肥料(OF)、种苗(BS)、大气沉降(deposition phosphorus,DP)、灌溉水(IW)及来自上一代母株的磷(turnover phosphorus of last generation,TP$_{n-1}$),可用以下算式表示:

$$TIP=CF+OF+BS+BNF+DP+IW+TP_{n-1}$$

对于新植蕉来讲,来自上一代母株的磷 TP$_{n-1}$ 等于零。蕉园磷输出(total output phosphorus, TOP)主要包括果实带走的磷(fruit phosphorus, FP)和秸秆带走的磷(stalk phosphorus, SP)、磷淋失(leaching phosphorus, LP)和地表流失(runoff phosphorus, RP),可用以下算式表示:

$$TOP=FP+SP+LP+RP$$

蕉农习惯施用等比例的氮磷复合肥,导致蕉园施磷量远远高于作物养分需求量。磷环境损失以径流为主,占总输出的68.51%。砖红壤对磷的固定比较强,磷淋失量仅占总输出的1.03%,高达561 kg P/hm²的磷被固定在土壤中。与传统施肥相比,优化施肥磷输入减少67.5%,肥料磷总输入降低45.3%;淋溶、径流损失分别减少57.1%和48.5%,磷盈余减少46.6%。然而,优化施肥磷盈余量仍然高达381 kg P/hm²,占磷输入量的92%。根据定位监测与分析,优化施肥香蕉生长周期磷盈余控制指标为380 kg P/hm²(表3-35)。

表 3-35　新植蕉园磷素收支平衡与盈余*

项目		常规施肥		优化施肥	
		磷量/(kg P/hm²)	占比/%	磷量/(kg P/hm²)	占比/%
输入	化肥	708	94.0	230	55.86
	有机肥	43.8	5.81	180	43.71
	干湿沉降	1.50	0.20	1.50	0.36
	种苗	0.02	0.00	0.02	0.00
	灌溉	0.24	0.03	0.24	0.06
	总输入	753		412	

续表

项目		常规施肥		优化施肥	
		磷量/(kg P/hm²)	占比/%	磷量/(kg P/hm²)	占比/%
输出	果实吸收	39.4	20.45	31.3	24.89
	秸秆吸收	19.3	10.02	25.6	20.36
	淋溶	1.98	1.03	0.85	0.68
	径流	132	68.51	68.0	54.08
	总输出	193		126	
平衡		561		286	
盈余		714		381	

*未发表数据。

3.6.3　氮磷盈余指标

通过田间传统施肥及优化施肥模式下香蕉整个生育期内氮素损失途径监测（表 3-34），优化施肥氮素盈余 702 kg N/hm²。在维持香蕉果实产量的前提下，通过进一步减施化肥，氮素盈余可降低至 524 kg N/hm²，比常规施肥减少 35.6%，该盈余量可以作为香蕉周年生产氮素盈余量的参考指标。

根据表 3-35，优化施肥磷素盈余为 381 kg P/hm²，通过有机无机配施和化肥减施，优化处理磷素盈余量可降低至 202～381 kg P/hm²，比常规施肥减少 46.6%～71.7%，可以作为香蕉周年生产磷素盈余量的推荐值。

3.7　我国典型区域氮磷平衡和盈余的对比分析

针对华北平原小麦-玉米、设施菜地，长江中下游地区稻-麦轮作、菜田，华南双季稻、菜田，内蒙古马铃薯田，海南蕉园三大区域 8 种作物体系，通过面上调查、田间试验和定位监测、集成示范等方法，研究这些作物体系常规氮磷管理和优化管理条件下，氮磷的输入、输出和平衡关系，建立基于养分盈余的化肥污染评价指标体系。结合不同作物的施肥强度，对我国上述三大农区化肥氮磷污染现状进行科学评估。

3.7.1　典型区域大田作物氮素平衡与盈余

表 3-36 为我国三大区域 5 种大田作物体系农户常规施肥的氮素收支、平衡和盈余清单。所有作物都表现为高量的氮素盈余，盈余量占氮素总输入的 46%～66%，这意味着输入的氮素约有一半以上没有被作物吸收利用，在土壤中累积或者损失到环境中。

华北平原小麦-玉米体系化肥氮素输入为 474～545 kg N/hm²，长江中下游稻-麦体系和华北小麦-玉米体系基本相当，为 520 kg N/hm²，居全国之首，分别占体系氮素总输入量的 81%和 82%。华南双季稻体系化肥氮素输入为 369 kg N/hm²，占体系氮素总输入的 91%。内蒙古灌溉马铃薯化肥氮素输入平均为 286 kg N/hm²，占体系氮素总输入的 52%；内蒙古旱地马铃薯化肥氮素输入为 85 kg N/hm²，占体系氮素总输入的 54%。总的来看，

表 3-36 典型区域大田作物体系的氮素平衡及盈余 （单位：kg N/hm²）

项目		华北 麦-玉*	长江中下游 稻-麦*	华南 稻-稻*	内蒙古	
					旱地马铃薯	灌溉马铃薯
输入	化肥	474~545	520	369	85	286
	有机肥	15~68	0	0	17	192
	生物固定	15	60	0	15	15
	大气沉降	21~63	31	20	34	34
	灌溉	15~24	19	12	0	18
	种子	5~8	7	3	7	7
	总输入	599~669	637	404	159	552
输出	籽粒	301~311	262	139	83	206
	淋洗	119~136	14	24	—	86
	氨挥发	108~120	78	112	3	3
	反硝化	16~17	122	70	0	2
	径流	0	60	33	0	0
	总输出	545~583	536	378	86	297
平衡		54~86	101	26	73	256
盈余		298~358	375	265	76	346

*麦-玉、稻-麦、稻-稻分别是小麦-玉米轮作、水稻-小麦轮作、早稻-晚稻轮作的简写。

不同区域粮食作物体系化肥投入占 50%以上，特别是华南双季稻体系，化肥投入所占比例最高。内蒙古灌溉马铃薯体系有机肥氮素输入最高，为 192 kg N/hm²，占总输入的 35%；华北平原小麦-玉米体系和内蒙古旱地马铃薯体系，均占体系氮素总输入的 10%左右；长江中下游稻-麦体系和华南双季稻体系，几乎无有机肥投入。总体来看，不同作物体系化肥氮是主要输入源。从氮肥施用强度看，不同区域可划分为三个梯度，华北平原小麦-玉米体系和长江中下游稻-麦轮作体系相当，在 520~550 kg N/hm²，华南双季稻体系和内蒙古灌溉马铃薯体系在 280~370 kg N/hm²，内蒙古旱地马铃薯仅有 85 kg N/hm²。

籽粒收获是氮素输出的主要去向，从氮素利用率[收获氮/（化肥氮+有机肥氮+沉降氮+生物固定）×100]来看，华南双季稻体系和内蒙古灌溉马铃薯较低，分别为 36%和 39%，华北平原小麦-玉米体系、长江中下游的稻-麦体系和内蒙古旱地马铃薯体系较高，分别为 48%、43%和 55%，基本相当。

从氮素损失途径与损失量看，主要损失途径是硝态氮淋洗、氨挥发、反硝化和径流损失。华北平原小麦-玉米体系硝态氮淋洗和氨挥发是主要损失途径，占总损失的 50%和 44%。长江中下游的稻-麦体系，主要损失途径是氨挥发、反硝化和径流，分别占总损失的 28%、45%和 22%。华南双季稻体系则以氨挥发和反硝化损失为主，分别占总损失的 47%和 29%。内蒙古旱地马铃薯氮损失几乎全是氨挥发，而灌溉马铃薯主要途径是淋洗，占总损失的 95%。华北平原和内蒙古作物体系径流损失极少，长江以南径流损失高于北方旱地。从总损失量看，华北平原小麦-玉米体系、长江中下游的稻-麦体系及华南双季稻体系最高，在 240~270 kg N/hm²；内蒙古旱地马铃薯最低，仅为 3 kg N/hm²，而灌溉马铃薯处于中等水平，约为 91 kg N/hm^2。

从土壤氮素累积(总输入-总输出)状况看，最高的是内蒙古灌溉马铃薯体系，平均年累积量约为 256 kg N/hm^2；其次是长江中下游的稻-麦体系、华北小麦-玉米和内蒙古旱地马铃薯，平均年累积量分别为 101 kg N/hm^2、86 kg N/hm^2 和 73 kg N/hm^2；最低是华南双季稻体系，平均年累积量为 26 kg N/hm^2。从累积量所占总输入氮量的比例看，内蒙古旱地和灌溉马铃薯体系为 46%；长江中下游的稻-麦体系和华北小麦-玉米体系，分别占 13% 和 14%；最低的是华南双季稻体系，仅占 6%。土壤高量的氮素累积，增加了地下水的硝酸盐污染风险。内蒙古土壤为砂性土，灌溉马铃薯体系对地下水硝酸盐污染构成威胁。

从氮素盈余量看，内蒙古灌溉马铃薯、长江中下游的稻-麦体系和华北小麦-玉米体系最高，分别为 346 kg N/hm^2、375 kg N/hm^2 和 328 kg N/hm^2；华南双季稻体系次之，为 265 kg N/hm^2。内蒙古灌溉马铃薯是允许盈余量的 11 倍，盈余量约占总氮素输入量 63%；其余体系均超过了允许盈余量，是允许盈余量的 2 倍左右。

从土壤氮素累积和盈余总量看，内蒙古灌溉马铃薯最高，其次是华北平原小麦-玉米体系和长江中下游稻-麦体系，这些地区是优化管理的重点区域(图 3-11)。华南双季稻体系土壤累积不高，但盈余量较高，环境污染风险也较大。

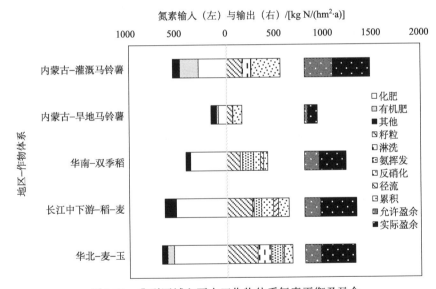

图 3-11　典型区域主要大田作物体系氮素平衡及盈余

"允许盈余"指标来源于 Zhang 等(2019a)或者根据本章有关小节的盈余指标值；其他指的是生物固定、大气沉降、灌溉和种子带入氮素

3.7.2　典型区域大田作物磷素平衡与盈余

表 3-37 为我国三大区域 5 种大田作物体系农户常规施肥的磷素收支、平衡和盈余清单。除华南稻-稻和长江中下游稻-麦的磷素盈余量较低外，其余作物都表现为高量的磷盈余，盈余量占磷素总输入量的 40%～74%，这意味着输入的磷素约有一半没有被当季作物吸收利用，在土壤中累积或者损失到环境中。

表 3-37　主要区域大田作物体系的磷素平衡及盈余　　　　　（单位：kg P/hm²）

	项目	华北 麦-玉	长江中下游 稻-麦	华南 稻-稻	内蒙古 马铃薯
输入	化肥	78~96	75.5	42.7	88
	有机肥	5~14	0	0	59
	大气沉降	1.5	0.2	0.36	0.5
	种子	1	0.9	0.45	0.8
	灌溉	0.2~0.7	4.5	1.58	0.7
	总输入	95.2~103.7	81.1	45.09	149
输出	籽粒移走	51.8~56.8	67.4	32.8	38
	径流	0.2	1.13	5.23	0.3
	淋洗	ND	0.27	0.8	3.2
	总输出	52~57	68.8	38.83	41.5
平衡		38.2~51.7	12.3	6.26	107.5
盈余		38.4~51.9	13.7	12.29	111

　　内蒙古马铃薯体系、华北小麦-玉米体系及长江中下游的稻-麦体系磷肥施用强度较高，平均为 84.4 kg P/hm²，华南双季稻较低 (表 3-37)。但是，除内蒙古马铃薯体系外，所有体系化肥磷素占比均较高，占体系总磷素输入的 87%~95%(图 3-12)。马铃薯有机磷肥输入占比较高，占总磷输入的 40%，化肥磷输入占 59%。总体来看，除北方马铃薯外，不同区域大田作物体系以化学磷肥投入为主，占磷素总输入的 87% 以上。

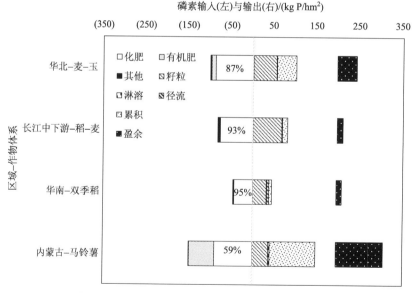

图 3-12　典型区域主要大田作物体系磷素平衡及盈余

其他指的是大气沉降、灌溉和种子带入磷素；图中百分数是指化肥磷输入量占总输入量的比例

与籽粒氮素输出率比，籽粒磷素输出较高。从全国来看，内蒙古马铃薯体系磷素效率[PE%=籽粒吸磷量/(化肥磷素+有机肥磷素+沉降磷素)×100]较低，仅有 26%，其次是华北的麦-玉体系，平均为 61%，长江中下游的稻-麦体系和华南的双季稻体系较高，为 76%～89%，基本相当。磷素的主要损失途径是淋溶和径流，华北小麦-玉米淋溶损失较少，长江中下游稻-麦和华南双季稻体系淋溶损失分别为 0.27 kg P/(hm^2·a)和 0.8 kg P/(hm^2·a)，基本相当。华南双季稻体系径流损失最高，约为 5.23 kg P/(hm^2·a)，长江中下游稻-麦体系次之，约为 1.13 kg P/(hm^2·a)，华北小麦-玉米最低，约为 0.2 kg P/(hm^2·a)。

磷素总输入、土壤累积和盈余均表现为内蒙古马铃薯>华北麦-玉>长江中下游稻-麦>华南稻-稻，在磷素籽粒输出和总输出中则表现为长江中下游稻-麦>华北麦-玉>内蒙古马铃薯>华南稻-稻(表 3-37)。可见，作物体系中磷肥输入越高，则土壤中磷累积和盈余也越高，磷素的流失风险也随之加大。

内蒙古马铃薯以淋洗损失为主，占总损失的 91%，其余体系以径流损失为主，占总损失的 81%～100%。

3.7.3　典型区域蔬菜种植体系氮素平衡与盈余

典型区域蔬菜种植体系的氮素收支、平衡及盈余清单如表 3-38 所示。化肥输入仍然占主要地位，仅有华北设施蔬菜和华南蕉园有有机肥输入，化肥源氮分别占体系总氮素输入的 63%～96%，典型蔬菜种植体系仍然以化肥输入为主。

表 3-38　典型区域蔬菜和果树种植体系氮素平衡及盈余　　　(单位：kg N/hm^2)

项目		华北	长江中下游	华南	
		设施蔬菜	叶菜类	瓜类	蕉园
输入	化肥	670	1200	443	783
	有机肥	337	0	0	83
	秸秆	0	0	0	0
	生物固定	15	15	15	15
	大气沉降	7	0	29	34
	灌溉	39	39	44	7
	种子	Ng	Ng	Ng	Ng
	总输入	1068	1254	531	922
输出	经济收获	296	590	59	109
	茎叶	30.3		33	144
	淋洗	270	99	101	130
	氨挥发	20	38	46	16
	反硝化	18	31	1.4	10
	径流	ND	48	53	466
	总输出	634.3	806	293.4	875
平衡		433.7	448	237.6	47
盈余		772	664	472	813

注：Ng，表示忽略，视为零；ND，表示暂无数据，视为零。

全国蔬菜种植体系均表现为极高的化学氮肥输入，不同区域蔬菜种植体系氮肥施用强度为长江中下游>华北>华南（图 3-13），约是蔬菜收获氮量的 2～8 倍。从施氮量看，华南蔬菜施氮量处于最低水平，但也超过了经济部分吸氮量（需氮量）的 7 倍。除华北蔬菜体系外，其余区域有机肥氮输入量较低。

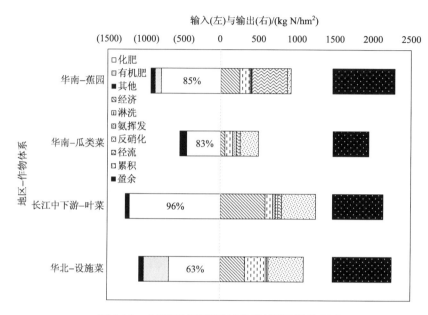

图 3-13　典型区域蔬菜种植体系氮素平衡与盈余

其他指的是生物固定、大气沉降、灌溉和种子带入氮素；图中百分数是指化肥氮素输入量占氮素总输入量的比例

总体上，不同区域蔬菜经济部分氮素输出较低，表现不一。从氮素利用率[经济部分/（化肥氮+有机肥氮+沉降氮+生物固氮+灌溉氮）×100]看，其高低顺序为长江中下游>华北>华南，分别为 47%、28% 和 11%。蔬菜体系氮素主要损失途径包括淋洗、氨挥发、反硝化和径流。总的来看，淋洗是蔬菜体系氮素损失的最主要途径，占总损失量的 46%～88%（表 3-39）。华北蔬菜体系，淋洗占总损失的 88%，径流损失较低。径流损失是长江中下游和华南区域的另一条主要氮素损失途径，分别占总损失量的 22% 和 26%。华北设施蔬菜氨挥发损失较低，长江中下游反硝化损失较高。

表 3-39　典型区域蔬菜种植体系氮素各损失途径所占比例　　　（单位：%）

地区-种植体系	淋洗	氨挥发	反硝化	径流
华北-设施蔬菜	88	7	6	0
长江中下游-小青菜-空心菜-苋菜-菠菜	46	18	14	22
华南-冬瓜	50	23	1	26

从蔬菜种植体系的盈余量看，表现为华北>长江中下游>华南，分别为 772 kg N/(hm²·a)、664 kg N/(hm²·a) 和 472 kg N/(hm²·a)，分别比允许盈余量超出约 400 kg N/(hm²·a)、50 kg N/(hm²·a) 和 53 kg N/(hm²·a)。不同体系都表现为土壤氮素大量累积，其顺序为华北≈长江中下游>华南，分别为 465 kg N/(hm²·a)、458 kg N/(hm²·a)、254 kg N/(hm²·a)。所以，华北设施蔬菜体系累积量和盈余量最高，华南蔬菜种植体系最低。

综上，化肥是不同区域蔬菜体系的主要氮素输入源，氮肥施用强度最高为长江中下游，高达 1200 kg N/(hm²·a)。氮素利用效率高低顺序为长江中下游>华北>华南。累积量高低顺序为华北≈长江中下游>华南。盈余量高低顺序为华北>长江中下游>华南。所有区域蔬菜体系主要损失途径中淋洗损失约占 50%以上，长江中下游和华南地区径流损失是第二大损失途径。

3.7.4　典型区域蔬菜种植体系磷素平衡与盈余

典型区域蔬菜种植体系的磷素收支、平衡及盈余清单如表 3-40 所示。化肥磷输入仍然占主要地位，仅有华北设施蔬菜和华南蕉园有有机肥输入，化肥源磷分别占体系磷氮素输入的 43%~100%，典型蔬菜种植体系仍然以化肥磷输入为主。

表 3-40　典型区域蔬菜和果树种植体系磷素平衡及盈余　　（单位：kg P/hm²）

项目		华北	长江中下游	华南	
		设施蔬菜	叶菜类	瓜类	蕉园
输入	化肥	135	524	154.8	708
	有机肥	180	0	0	44
	大气沉降	Ng	Ng	0.6	1.5
	种子	Ng	Ng	0.02	0.02
	灌溉	Ng	0.8	1.5	0.24
	总输入	315	524.8	156.92	753.76
输出	经济收获	35.7	28.7	19.18	39.4
	茎叶	15.8	0	4.56	19.3
	淋溶	1.16	0.5	0.62	1.98
	径流	ND	5.7	20.57	132
	总输出	52.66	34.9	44.93	192.68
平衡		262.34	489.9	111.99	561.08
盈余		279.3	496.1	137.74	714.36

注：Ng，表示量比较小，忽略不计，视为 0；ND，表示暂无数据，视为 0。

不同蔬菜种植体系磷肥施用量高低次序为长江中下游>华北>华南，分别为 524.8 kg P/(hm²·a)、315 kg P/(hm²·a) 和 156.92 kg P/(hm²·a)（图 3-14）；其中华北设施菜地有机肥源磷素占比过半，为 180 kg P/(hm²·a)，长江中下游和华南蔬菜种植体系有机肥磷源较少。整体而言，磷肥输入量远远超过作物吸磷量，是经济部分磷素输出的 4~8 倍，表现为过量施磷。

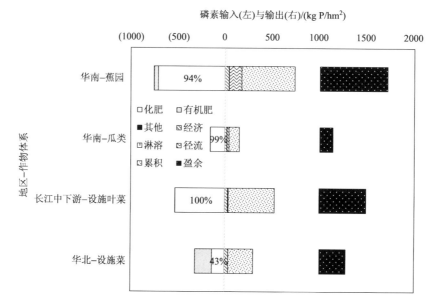

图 3-14　典型区域蔬菜种植体系磷素平衡与盈余

其他指的是大气沉降、灌溉和种子带入磷素；图中百分数是指化肥磷输入量占总输入量的比例

　　不同蔬菜种植体系经济部分移走磷素表现为华北>长江中下游>华南，分别为 35.7 kg P/(hm²·a)、28.7 kg P/(hm²·a) 和 19.18 kg P/(hm²·a)。从磷素利用率[经济部分吸磷量/(化肥磷+有机肥磷)×100]看，不同区域表现为华南≈华北>长江中下游，分别为 12%、11% 和 5%。可见，蔬菜体系磷肥利用率极低。华南和长江中下游蔬菜种植体系磷素的主要损失途径是径流，占总损失 86% 以上，华北设施蔬菜体系主要是淋溶损失，约为 1.16 kg P/(hm²·a)，径流损失很低。

　　从土壤磷素累积和盈余量看，不同区域蔬菜种植体系表现为长江中下游>华北>华南，盈余量分别超过该区域优化管理措施下允许盈余量 2~3 倍(图 3-14)。

　　综上所述，不同蔬菜种植体系磷肥施用强度为长江中下游>华北>华南，磷肥输入量远远超过作物吸磷量，是经济部分磷素输出的 4~8 倍，过量施磷严重。磷素利用率表现为华南≈华北>长江中下游，利用率极低。华南和长江中下游蔬菜种植体系磷素的主要损失途径是径流；华北设施蔬菜主要损失为淋溶。蔬菜种植体系土壤磷素累积与盈余量较高，具有较高的环境风险。

参 考 文 献

曹兵, 贺发云, 徐秋明, 等. 2008. 露地蔬菜的氮肥效应与氮素去向. 核农学报, 22(3): 343-347.

陈吉, 孙永泉, 沈林林, 等. 2016. 苏州市稻-麦轮作施肥特征及土壤养分平衡状况. 农业与技术, 36: 43-46.

陈瑾, 卢平, 陈中颖, 等. 2014. 惠州大亚湾春夏季大气氮磷沉降的研究. 热带海洋学报, 33(2): 109-114.

陈清, 卢树昌, 等. 2015. 果类蔬菜养分管理. 北京: 中国农业大学出版社.

陈全兴, 张胜平, 车寒梅, 等. 2017. 华北地区设施蔬菜生产技术存在问题及对策. 蔬菜, (7): 61-69.

陈杨, 樊明寿, 康文钦, 等. 2012. 内蒙古阴山丘陵地区马铃薯施肥现状与评价. 中国土壤与肥料, 2: 104-108.

陈中颖, 李开明, 林文实, 等. 2010. 珠江口大气氮磷干湿沉降通量及其污染特征. 环境污染与防治, 32(11): 53-57.

丁洪, 王跃思, 项虹艳, 等. 2003. 福建省几种主要红壤性水稻土的硝化与反硝化活性. 农业环境科学学报, 22(6): 715-719.

丁洪, 王跃思, 项虹艳, 等. 2004. 菜田氮素反硝化损失与 N_2O 排放的定量评价. 园艺学报, 31(6): 762-766.

董畔, 张成军, 彭正萍, 等. 2016. 京郊设施黄瓜氮素施用量的优化运筹研究. 植物营养与肥料学报, 22(6): 1628-1635.

樊敏玲, 王雪梅, 王茜, 等. 2010. 珠江口横门大气氮、磷干湿沉降的初步研究. 热带海洋学报, 29(1): 51-56.

高峻岭, 宋朝玉, 黄绍文, 等. 2011. 青岛市设施蔬菜施肥现状与土壤养分状况. 山东农业科学, (3): 68-72.

高伟, 李明悦, 高宝岩, 等. 2015. 有机无机肥料配合施用对设施黄瓜产量、氮素累积及硝酸盐淋溶的影响. 华北农学报, 30(4): 188-193.

顾峰雪, 黄玫, 张远东, 等. 2016. 1961—2010 年中国区域氮沉降时空格局模拟研究. 生态学报, 36(12): 3591-3600.

郭智, 刘红江, 张岳芳, 等. 2019. 不同施肥模式对菜-稻轮作农田土壤磷素径流损失与表观平衡的影响. 水土保持学报, 33(4): 102-109.

郝小雨. 2012. 设施菜田养分平衡特征与优化调控研究. 北京: 中国农业科学院.

郝晓然, 彭亚静, 张丽娟, 等. 2015. 根层调控措施对甜玉米-黄瓜设施蔬菜轮作体系土壤硝态氮的影响. 中国农业科学, 48(12): 2390-2400.

何仁江, 江韬, 木志坚, 等. 2011. 三峡库区典型农业小流域土壤系统氮磷收支研究. 西南大学学报(自然科学版), 33(5): 95-101.

洪曦, 高菊生, 罗尊长, 等. 2018. 不同施肥措施对红壤稻田氮磷平衡及生态经济效益的影响. 应用生态学报, 29(1): 158-166.

胡伟, 向建华, 向言词, 等. 2017. 氮掺杂碳纳米子施用对稻田氮素径流和渗漏损失的影响. 农业环境科学学报, 36(7): 1378-1385.

黄东风, 李卫华, 王利民, 等. 2013. 水肥管理措施对水稻产量、养分吸收及稻田氮磷流失的影响. 水土保持学报, 27(2): 62-66.

纪雄辉, 郑圣先, 刘强, 等. 2006. 施用有机肥对长江中游地区双季稻田磷素径流损失及水稻产量的影响. 湖南农业大学学报, 32(3): 283-287.

纪雄辉, 郑圣先, 聂军, 等. 2007. 稻田土壤上控释氮肥的氮素利用率与硝态氮的淋溶损失. 土壤通报, 38(3): 467-471.

纪雄辉, 郑圣先, 石丽红, 等. 2008. 洞庭湖区不同稻田土壤及施肥对养分淋溶损失的影响. 土壤学报, 45(4): 663-671.

冀宏杰, 张怀志, 张维理, 等. 2015. 我国农田磷养分平衡研究进展. 中国生态农业学报, (1): 1-8.

江雨倩, 李虎, 王艳丽, 等. 2016. 滴灌施肥对设施菜地 N_2O 排放的影响及减排贡献. 农业环境科学学报, 35(8): 1616-1624.

焦军霞, 杨文, 李裕元, 等. 2014. 有机肥化肥配施对红壤丘陵区稻田土壤氮淋失特征的影响. 农业环境科学学报, 33(6): 1159-1166.

井涛, 樊明寿, 周登博, 等. 2012. 滴灌施氮对高垄覆膜马铃薯产量、氮素吸收及土壤硝态氮累积的影响. 植物营养与肥料学报, 18(3): 654-661.

巨晓棠, 谷保静. 2017. 氮素管理的指标. 土壤学报, 54(2), 281-296.

李宝深. 2016. 滴灌蕉园养分综合管理技术研究与应用——以广西金穗为例. 北京: 中国农业大学.

李德军. 2007. 珠江三角洲森林和蔬菜地土壤一氧化氮排放. 北京: 中国科学院.

李高明. 2009. 湖南农业面源污染中氮、磷损失的影响因素研究. 长沙: 湖南农业大学.

李若楠, 武雪萍, 张彦才, 等. 2016. 节水减氮对温室土壤硝态氮与氮素平衡的影响. 中国农业科学, 49(4): 695-704.

李若楠, 武雪萍, 张彦才, 等. 2017. 减量施磷对温室菜地土壤磷素积累、迁移与利用的影响. 中国农业科学, 50(20): 3944-3952.

李书田, 金继运. 2011. 中国不同区域农田养分输入、输出与平衡. 中国农业科学, 44(20): 4207-4229.

李卫华. 2011. 不同施肥及水分管理方式下稻田土壤氮磷养分流失特征的研究. 福州: 福建农林大学.

李银坤, 武雪萍, 郭文忠, 等. 2014. 不同氮水平下黄瓜-番茄日光温室栽培土壤 N_2O 排放特征. 农业工程学报, 30(23): 260-267.

李银坤, 武雪萍, 武其甫, 等. 2016. 水氮用量对设施栽培蔬菜地土壤氨挥发损失的影响. 植物营养与肥料学报, 22(4): 949-957.

廉晓娟, 李明悦, 王艳, 等. 2013. 不同氮肥管理条件下设施黄瓜硝态氮淋失量研究. 中国农学通报, 30(10): 135-139.

林文实, 李开明, 王雪梅, 等. 2007. 珠江口及近海海域干湿沉降的监测. 中国气象学会 2007 年年会大气成分观测、研究与预报分会场论文集.

刘欢瑶, 吴金水, 周脚根, 等. 2015. 中南地区农田有机物质与化肥投入量的区域差异. 应用生态学报, 26(9): 2721-2727.

刘思言, 陈瑾, 卢平, 等. 2014. 广东韶关地区大气氮干湿沉降特征研究. 生态环境学报, (9): 1445-1450.

刘兆辉, 江丽华, 张文君, 等. 2008. 山东省设施蔬菜施肥量演变及土壤养分变化规律. 土壤学报, 45(2): 296-303.

鲁如坤, 刘鸿翔, 闻大中, 等. 1996a. 我国典型地区农业生态系统养分循环和平衡研究 V. 农田养分平衡和土壤有效磷、钾消长规律. 土壤通报, 27(6): 241-242.

鲁如坤, 刘鸿翔, 闻大中, 等. 1996b. 我国典型地区农业生态系统养分循环和平衡研究 II. 农田养分收入参数. 土壤通报, (4): 151-154.

鲁如坤等. 1998. 中国农田生态系统的养分循环和平衡//土壤-植物营养学原理和施肥. 北京: 化学工业出版社.

骆晓声, 李艳芬, 寇长林, 等. 2018. 减量施肥对河南省典型设施菜田硝态氮和总磷淋溶量的影响. 河南农业科学, 47(11): 67-71.

宁建凤, 姚建武, 艾绍英, 等. 2018. 广东典型稻田系统磷素径流流失特征. 农业资源与环境学报, 35(3): 257-268.

裴瑞娜, 杨生茂, 徐明岗, 等. 2010. 长期施肥条件下黑垆土有效磷对磷盈亏的响应. 中国农业科学, 43(19): 4008-4015.

秦军红, 陈有君, 周长艳, 等. 2013. 膜下滴灌灌溉频率对马铃薯生长、产量及水分利用率的影响. 中国生态农业学报, 21(7): 42-48.

秦永林, 井涛, 康文钦, 等. 2013. 阴山北麓马铃薯在不同灌溉模式下的水肥效率. 中国生态农业学报, 21(4): 426-431.

邱炜红, 刘金山, 胡承孝, 等. 2010. 不同施氮水平对菜地土壤 N_2O 排放的影响. 农业环境科学学报, 29(11): 2238-2243.

全国农业技术推广服务中心. 2015. 测土配方施肥土壤基础养分数据集 2005—2014. 北京: 中国农业出版社.

沈浦. 2014. 长期施肥下典型农田土壤有效磷的演变特征及机制. 北京: 中国农业科学.

石丽红, 纪雄辉, 李洪顺, 等. 2010. 湖南双季稻田不同氮磷施用量的径流损失. 中国农业气象, 31(4): 551-557.

石宁, 李彦, 井永苹, 等. 2018. 长期施肥对设施菜田土壤氮、磷时空变化及流失风险的影响. 农业环境科学学报, 37(11): 83-91.

孙建光, 徐晶, 胡海燕, 等. 2009. 中国十三省市土壤中非共生固氮微生物菌种资源研究. 植物营养与肥料学报, 15(6): 1450-1465.

孙娜. 2017. 华北农田土壤磷素平衡与环境风险评价指标研究. 北京: 中国农业大学.

唐旭. 2009. 小麦—玉米轮作土壤磷素长期演变规律研究. 北京: 中国农业科学院.

田昌, 周旋, 谢桂先, 等. 2018. 控释尿素减施对双季稻田氨挥发损失和氮肥利用率的影响. 中国水稻科学, 32(4): 387-397.

佟鑫, 王珊珊, 张丽娟, 等. 2019. 不同施氮模式对设施茄子产量、品质及氮素气态损失的影响. 土壤通报, 50(3): 662-669.

王桂良. 2014. 中国三大粮食作物农田活性氮损失与氮肥利用率的定量分析. 北京: 中国农业大学.

王丽英, 武雪萍, 张彦才, 等. 2015. 适宜施氮量保证滴灌日光温室黄瓜番茄产量降低土壤盐分及氮残留. 农业工程学报, 31(17): 91-98.

王颖慧, 蒙美莲, 张静, 等. 2012. 覆膜方式对旱作马铃薯若干生理指标的影响. 中国马铃薯, 26(6): 336-340.

王云慧, 张璇, 欧阳威, 等. 2010. 夏灌对内蒙古河套灌区土壤中磷元素迁移的影响. 农业工程学报, (4): 93-99.

肖强, 蒙美莲, 陈有君, 等. 2014. 肥料配施对阴山北麓旱区马铃薯产量和水分利用效率的影响[J]. 干旱地区农业研究, 32(6): 112-118.

谢迎新, 刘园, 靳海洋, 等. 2015. 施氮模式对砂质潮土氨挥发、夏玉米产量及氮肥利用率的影响. 玉米科学, 23: 124-129.

信秀丽, 钦绳武, 张佳宝, 等. 2015. 长期不同施肥下潮土磷素的演变特征. 植物营养与肥料学报, 21(6): 1514-1520.

续勇波, 蔡祖聪. 2014. 亚热带土壤氮素反硝化气态产物研究. 生态环境学报, 23(6): 932-937.

闫鹏, 武雪萍, 华珞, 等. 2012. 不同水氮用量对日光温室黄瓜季土壤硝态氮淋失的影响. 植物营养与肥料学报, 18(3): 645-653.

杨旺鑫, 夏永秋, 姜小三. 2015. 我国农田总磷径流损失影响因素及损失量初步估算. 农业环境科学学报, 34(2): 319-325.

杨学云, 孙本华, 郝兴顺. 2007. 长期施肥磷素盈亏及其对土壤磷素状况的影响. 西北农业学报, 16(5): 118-123.

杨益新. 2011. 专用配方肥对稻田氮磷径流损失及水稻产量的影响. 湖南农业科学,(7): 42-44.

杨振兴, 周怀平, 解文艳, 等. 2015. 长期施肥褐土有效磷对磷盈亏的响应. 植物营养与肥料学报, 21(6): 1529-1535。

姚建武, 宁建凤, 李盟军, 等. 2015. 广东稻田氮素径流流失特征. 农业环境科学学报, 34(4): 728-737.

易均. 2016. 磷肥减量施用对双季稻田磷素损失及水稻磷肥利用效率的影响. 长沙: 湖南农业大学.

尹琳琳. 2014. 乌梁素海大气氮、磷营养盐及重金属沉降的分异规律与入湖量核算. 呼和浩特: 内蒙古农业大学.

余海英, 李廷轩, 张锡洲. 2010. 温室栽培系统的养分平衡及土壤养分变化特征. 中国农业科学, 43(3): 514-522.

曾招兵, 李盟军, 姚建武, 等. 2012. 习惯施肥对菜地氮磷径流流失的影响. 水土保持学报, 26(5): 24-40.

张菊, 康荣华, 赵斌, 等. 2013. 内蒙古温带草原氮沉降的观测研究. 环境科学, 9: 38-45.

张丽. 2014. 长期施肥黑土有效磷演变与磷平衡关系及其机理. 北京: 中国农业科学院.

张威, 艾绍英, 姚建武, 等. 2009. 水稻田磷径流流失特征初步研究. 中国农学通报, 25(16): 237-243.

赵荣芳, 陈新平, 张福锁. 2009. 华北地区冬小麦-夏玉米轮作体系的氮素循环与平衡. 土壤学报, 46(4): 684-697.

郑丹楠, 王雪松, 谢绍东. 2014. 2010 年中国大气氮沉降特征分析. 中国环境科学, 34(5): 1089-1097.

郑圣先, 刘德林, 聂军, 等. 2004. 控释氮肥在淹水稻田土壤上的去向及利用率. 植物营养与肥料学报, 10(2): 137-142.

钟旭华, 梁向明, 黄农荣, 等. 2010. 水稻化肥减量化栽培技术规范. 广东农业科学, 37(12): 71-72.

周曙亿聘, 黄文娟. 2014. 鼎湖山自然保护区不同演替系列森林生态系统的磷平衡. 生态科学,(5): 1030-1034.

朱坚. 2013. 中南丘陵区典型双季稻田氨挥发对施氮量的响应及阈值初探. 长沙: 中南大学.

Armour J D, Nelson P N, Daniells J W, et al. 2013. Nitrogen leaching from the root zone of sugarcane and bananas in the humid tropics of Australia. Agriculture Ecosystems & Environment, 180: 68-78.

Cao B, He F Y, Xu Q M, et al. 2006. Denitrification losses and N_2O emissions from nitrogen fertilizer applied to a vegetable field. Pedosphere, 16(3): 390-397.

Cao N, Chen X P, Cui Z L, et al. 2012. Change in soil available phosphorus in relation to the phosphorus budget in China. Nutrient Cycling in Agroecosystems, 94(2/3): 161-170.

Chen X P, Cui Z L, Fan M S, et al. 2014. Producing more grain with lower environmental costs. Nature, 514(7523): 486-489.

Cui S H, Shi Y L, Groffman P M, et al. 2013. Centennial-scale analysis of the creation and fate of reactive nitrogen in china(1910-2010). Proceedings of the National Academy of Sciences, 110(6): 2052-2057.

EU Nitrogen Expert Panel. 2015. Nitrogen Use Efficiency(NUE) an Indicator for the Utilization of Nitrogen in Food Systems. Wageningen: Wageningen University.

Gu B, Ju X T, Vitousek P M, et al. 2015. Integrated reactive nitrogen budgets and future trends in china. Proceedings of the National Academy of Sciences, 112(28): 8792-8797.

Hauser S, van Asten P. 2008. Methodological considerations on banana(*Musa* spp.) yield determinations. IV International Symposium on Banana: International Conference on Banana and Plantain in Africa. Harnessing International, 879: 433-444.

Heckrath G J. 1998. Phosphorus accumulation and leaching in clay loam soils of the broadbalk experiment. Journal of Environmental Quality, 24(5): 177-199.

Li T Y, Zhang W F, Cao H B, et al. 2020. Region-specific nitrogen management indexes for sustainable cereal production in China. Environmental Research Communications, 2(7): 075002.

Li X, Xia L, Yan X. 2014. Application of membrane inlet mass spectrometry to directly quantify denitrification in flooded rice paddy soil. Biology and Fertility of Soils, 50(6): 891-900.

Liang K M, Zhong X H, Huang N R, et al. 2017. Nitrogen losses and greenhouse gas emissions under different N and water management in a subtropical double-season rice cropping system. Science of the Total Environment, 609: 46-57.

Liang K M, Zhong X H, Pan J F, et al. 2019. Reducing nitrogen surplus and environmental losses by optimized nitrogen and water management in double rice cropping system of South China. Agriculture, Ecosystems and Environment, 286: 106680.

Liu X J, Zhang Y, Han W X, et al. 2013. Enhanced nitrogen deposition over China. Nature, 28(494): 459-462.

Macrae I C, Ancajas R. 1970. Volatilization of ammonia from submerged tropical soils. Plant Soil, 33: 97-103.

McDowell R, Sharpley A, Brookes P, et al. 2001. Relationship between soil test phosphorus and phosphorus release to solution. Soil Science, 166(2): 137-149.

Muñoz-Carpena R, Ritter A, Socorro A, et al. 2002. Nitrogen evolution and fate in a Canary Islands (Spain) sprinkler fertigated banana plot. Agricultural Water Management, 52(2): 93-117.

Oenema O, Kros H, de Vries W. 2003. Approaches and uncertainties in nutrient budgets: Implications for nutrient management and environmental policies. European. Journal of Agronomy, 20(1/2): 3-16.

Prasertsak P, Freney J, Saffigna P, et al. 2001. Fate of urea nitrogen applied to a banana crop in the wet tropics of Queensland. Nutrient Cycling in Agroecosystems, 59: 65-73.

Raphael L, Sierra J, Recous S, et al. 2012. Soil turnover of crop residues from the banana (*Musa* AAA cv. Petite-Naine) mother plant and simultaneous uptake by the daughter plant of released nitrogen. European Journal of Agronomy, 38: 117-123.

Sieling K, Kage H. 2006. N balance as an indicator of n leaching in an oilseed rape-winter wheat-winter barley rotation. Agriculture Ecosystems & Environment, 115(1): 261-269.

Tang X, Li J M, Ma Y B, et al. 2008. Phosphorus efficiency in long-term (15 years) wheat-maize cropping systems with various soil and climate conditions. Field Crops Research, 108(3): 231-237.

van Asten P, Gold C, Wendt J, et al. 2003. The contribution of soil quality to yield and its relationship with other factors in Uganda. Farmer-participatory Testing of Integrated Pest Management Options for Sustainable Banana Production in Eastern Africa, 100.

Veldkamp E, Keller M. 1997. Nitrogen oxide emissions from a banana plantation in the humid tropics. Journal of Geophysical Research Atmospheres, 102: 15889-15898.

Wang L, Zhao X, Gao J, et al. 2019. Effects of fertilizer types on nitrogen and phosphorus loss from rice-wheat rotation system in the Taihu Lake region of China. Agriculture, Ecosystems and Environment, 285: 106605.

Xu W, Zhang F S, Liu X J, et al. 2015. Quantifying atmospheric nitrogen deposition through a nationwide monitoring network across China. Atmospheric Chemistry and Physics, 15(21): 12345-12360.

Zhang C, Ju X, Powlson D, et al. 2019a. Nitrogen surplus benchmarks for controlling N pollution in the main cropping systems of China. Environmental Science & Technology, 53(12): 6678-6687.

Zhang J, Bei S, Li B, et al. 2019b. Organic fertilizer, but not heavy liming, enhances banana biomass, increases soil organic carbon and modifies soil microbiota. Applied Soil Ecology, 136: 67-79.

Zhang X, Davidson E A, Zou T, et al. 2020. Quantifying nutrient budgets for sustainable nutrient management. Global Biogeochemical Cycles, 34(3): e2018GB006060.

Zhao X, Zhou Y, Wang S Q, et al. 2012. Nitrogen balance in a highly fertilized rice-wheat double-cropping system in southern China. Soil Science Society of America Journal, 76(3): 1068-1078.

Zhao X R, Zhong X Y, Bao H J. 2007. Relating soil P concentrations at which P movement occurs to soil properties in Chinese agricultural soils. Geoderma, 142(3/4): 237-244.

Zhou J, Li B, Xia L, et al. 2019. Organic-substitute strategies reduced carbon and reactive nitrogen footprints and gained net ecosystem economic benefit for intensive vegetable production. Journal of Cleaner Production, 225: 984-994.

Zhu T, Zhang J, Huang P, et al. 2015. N_2O emissions from banana plantations in tropical China as affected by the application rates of urea and a urease/nitrification inhibitor. Biology and Fertility of Soils, 51: 673-683.

第4章 农田化肥科学减量与结构调控技术

4.1 我国化肥减量与结构调控背景

近年来，随着农产品质量安全问题和农业面源污染问题的不断凸显，我国化肥减量的呼声越来越高。2015年农业部下发了《农业部关于打好农业面源污染防治攻坚战的实施意见》，明确就防治农业面源污染提出了"一控两减三基本"目标，明确提出要减少化肥和农药使用量，实施化肥、农药零增长行动。2017年，中国共产党第十九次全国代表大会提出了乡村振兴战略和绿色发展、高质量发展战略，同年，中共中央办公厅、国务院办公厅颁布《关于创新体制机制推进农业绿色发展的意见》；2019年，中央一号文件提出"统筹推进山水林田湖草系统治理，推动农业农村绿色发展"。这些政策文件均明确指出，要控制农田化肥面源污染，科学合理施肥。

4.1.1 农业种植结构与施肥结构现状

1978年以来，我国粮食产量从30477.0万t上涨到2020年的66949.0万t，翻了一倍。特别是从2003年以来，实现了粮食总产13连增和农民收入的15连增。同时，粮食单产也从1978年的2527.3 kg/hm^{2}提高到2019年的4074.4 kg/hm^2，增幅达61.2%。1978～2020年中国主要作物产量结构见表4-1。

表4-1　1978～2020年中国主要作物产量结构　　　　（单位：万t）

年份	粮食产量	棉花	油料	甘蔗	甜菜	水果
1978	30477.0	216.7	521.8	2111.6	270.2	657.0
1979	33212.0	220.7	643.5	2150.8	310.6	701.5
1980	32056.0	270.7	769.1	2280.7	630.5	679.3
1981	32502.0	296.8	1020.5	2966.8	636.0	780.1
1982	35450.0	359.8	1181.7	3688.2	671.2	771.3
1983	38728.0	463.7	1055.0	3114.1	918.2	948.7
1984	40731.0	625.8	1191.0	3951.9	828.4	984.5
1985	37911.0	414.7	1578.4	5154.9	891.9	1163.9
1986	39151.0	354.0	1473.8	5021.9	830.6	1347.7
1987	40298.0	424.5	1527.8	4736.3	814.0	1667.9
1988	39408.0	414.9	1320.3	4906.4	1281.0	1666.1
1989	40755.0	378.8	1295.2	4879.5	924.3	1831.9
1990	44624.0	450.8	1613.2	5762.0	1452.5	1874.4

续表

年份	粮食产量	棉花	油料	甘蔗	甜菜	水果
1991	43529.0	567.5	1638.3	6789.8	1628.9	2176.1
1992	44266.0	450.8	1641.2	7301.1	1506.9	2440.1
1993	45649.0	373.9	1803.9	6419.4	1204.8	3011.2
1994	44510.0	434.1	1989.6	6092.7	1252.5	3499.8
1995	46662.0	476.8	2250.3	6542.0	1398.4	4214.6
1996	50454.0	420.3	2210.6	6818.7	1541.5	4652.8
1997	49417.0	460.3	2157.4	7889.7	1496.8	5089.3
1998	51230.0	450.1	2313.9	8343.8	1446.6	5452.9
1999	50839.0	382.9	2601.2	7470.3	863.9	6237.6
2000	46218.0	441.7	2954.8	6828.0	807.3	6225.1
2001	45264.0	532.4	2864.9	7566.3	1088.9	6658.0
2002	45706.0	491.6	2897.2	9010.7	1282.0	6952.0
2003	43070.0	486.0	2811.0	9023.5	618.2	14517.4
2004	46947.0	632.4	3065.9	8984.9	585.7	15340.9
2005	48402.2	571.4	3077.1	8663.8	788.1	16120.1
2006	49804.2	753.3	2640.3	9709.2	750.8	17102.0
2007	50413.9	759.7	2787.0	11179.4	902.9	16800.1
2008	53434.3	723.2	3036.8	12152.1	853.9	18108.8
2009	53940.9	623.6	3139.4	11200.4	546.5	19093.7
2010	55911.3	577.0	3156.8	10598.2	705.1	20095.4
2011	58849.3	651.9	3212.5	10867.4	795.8	21018.6
2012	61222.6	660.8	3285.6	11574.6	877.2	22091.5
2013	63048.2	628.2	3287.4	11926.4	628.7	22748.1
2014	63964.8	629.9	3371.9	11578.8	509.9	23302.6
2015	66060.3	590.7	3390.5	10706.4	508.8	24524.6
2016	66043.5	534.3	3400.0	10321.5	854.5	24405.2
2017	66160.7	565.3	3475.2	10440.4	938.4	25241.9
2018	65789.2	610.3	3433.4	10809.7	1127.7	25688.4
2019	66384.3	588.9	3493.0	10938.8	1227.3	27400.8
2020	66949.0	591.0	3585.0	/	/	/

注：数据来源于国家统计局；"/"代表暂时未统计。

刘珍环等(2016)通过对 1980～2011 年中国农作物种植结构时空变化的分析，发现2002 年后多元种植结构逐步替代单一型种植结构，粮食作物占优的单一种植结构类型呈逐年递减趋势，而果蔬类型增加改变了种植结构格局。华北地区各类农作物种植面积均有所增加，种植结构也有明显的改变，小麦、玉米和花生等作物种植面积比例明显增加，棉花和大豆等因经济效益低而种植面积比例明显降低。长江中下游地区为南方粮食作物(稻、麦、玉米)主要生产区，水稻面积基本平稳且较为集中，湖北、安徽、湖南的玉米种植面积略有增加，棉花种植面积出现缩减。而华南地区的粮食种植面积降低较为明显，蔬菜种植面积逐年上升，因农户会及时调整蔬菜种类、更换优质品种，复种指数也逐年增加。

基于农业农村部 339 个国家级基层肥料信息网点调查数据，2014～2016 年我国种植业化肥使用量分别为 5995.9 万 t、6022.6 万 t 和 5984.1 万 t（表 4-2），其中 2015 年三大粮食作物小麦、玉米、水稻年化肥施用总量分别为 728.3 万 t、1214.2 万 t、887.1 万 t，合计占化肥施用总量的 46.9%（徐洋等，2019）。此外，华北、华中南和华东三个区域年均化肥施用总量分别为 1603.1 万 t、1156.8 万 t 和 978.7 万 t，合计占化肥施用总量的 62.0%，复合肥和尿素是农民最常购买的两种肥料，年均购买比例分别为 76.8% 和 65.1%。尽管我国目前化肥市场已形成氮肥、钾肥、磷肥、微量元素肥、复合肥、新型缓控释肥、生物肥、水溶肥、叶面肥等品种丰富、用途多样的产业格局，但肥料使用结构仍比较单一，肥料产品与农业需求不匹配，尚未建立需求导向型的肥料生产和供应体系。例如氮肥，目前我国 90% 以上的作物和土壤都用尿素、氨氮肥，而这两种肥料在酸性土壤条件下以氨氮形式存在时间较长，会导致大量的氨挥发损失（赵玉芬等，2018）。此外，新肥料的总体应用比例和面积还相对较小，亟须逐步扩大应用面积。

表 4-2　1978～2019 年中国化肥、农药和农膜使用量

年份	总播种面积/千 hm²	化肥折纯量/万 t	农药/万 t	农膜/万 t
1978	150104.0	945.4		
1979	148477.0	1107.4		
1980	146379.0	1269.4		
1981	145157.0	1334.9		
1982	144755.0	1513.4		
1983	143993.0	1659.8		
1984	144221.0	1739.8		
1985	143626.0	1775.8		
1986	144204.0	1930.6		
1987	144957.0	1999.3		
1988	144869.0	2141.6		
1989	146554.0	2357.1		
1990	148363.0	2590.3	73.3	48.2
1991	149586.0	2805.1	76.1	64.2
1992	149008.0	2930.2	79.5	78.1
1993	147741.0	3151.9	84.5	70.7
1994	148241.0	3317.9	97.9	88.7
1995	149879.0	3593.7	108.7	91.5
1996	152381.0	3827.9	114.1	105.6
1997	153969.0	3980.7	119.5	116.2
1998	155706.0	4083.7	123.2	120.7
1999	156373.0	4124.3	132.2	125.9
2000	156300.0	4146.4	128.0	133.5
2001	155708.0	4253.8	127.5	144.9

续表

年份	总播种面积/千 hm^2	化肥折纯量/万 t	农药/万 t	农膜/万 t
2002	154636.0	4339.4	131.2	153.9
2003	152415.0	4411.6	132.5	159.2
2004	153553.0	4636.6	138.6	168.0
2005	155488.0	4766.2	146.0	176.2
2006	152149.0	4927.7	153.7	184.5
2007	150396.0	5107.8	162.3	193.7
2008	153690.0	5239.0	167.2	200.7
2009	155590.0	5404.4	170.9	208.0
2010	156785.0	5561.7	175.8	217.3
2011	159859.0	5704.2	178.7	229.5
2012	161827.0	5838.8	180.6	238.3
2013	163453.0	5911.9	180.2	249.3
2014	164966.0	5995.9	180.7	258.0
2015	166829.0	6022.6	178.3	260.4
2016	166939.0	5984.1	174.0	260.3
2017	166332.0	5859.4	165.5	252.8
2018	165902.4	5653.4	150.4	246.7
2019	162930.7	5403.6	139.2	240.8

注：数据来源于国家统计局；空白部分代表未统计。

4.1.2　化肥减量的必要性与可行性

李子涵(2016)利用《全国农产品成本收益资料汇编》中我国主要粮食作物的生产投入及产出数据，测算了我国四大粮食作物(小麦、玉米、稻谷和马铃薯)生产中的化肥最优施用量。研究结果发现，我国稻谷、小麦和玉米生产中均存在化肥过量施用的现象，小麦的化肥施用过量约为 7 kg/hm^2，而玉米约为 3.6 kg/hm^2，稻谷约为 7.8 kg/hm^2。史常亮等(2016)基于 2004~2013 年省级农产品成本收益面板数据，也发现目前中国粮食生产中的化肥施用量已经超过其经济意义上的最优施用量，无论是小麦、水稻还是玉米均存在过量施肥的现象；玉米生产中的过量施肥程度平均达到 50.74%，小麦和水稻生产中的过量施肥程度相对较轻，分别为 27.26% 和 24.67%。王善高等(2019)利用指标分解法分析了中国农业化肥施用量的增长原因，并探究了农业化肥施用量的削减潜力，结果表明，单位面积化肥施用量增加是我国农业化肥施用量增长的主要原因，其贡献率高达 67.5%，播种面积扩张的贡献率为 28.9%；我国农业化肥施用量存在巨大的削减潜力，降低单位面积化肥施用量、耕地轮作休耕均能减少农业化肥施用量。

我国种植业化肥施用量在 2016 年首次实现了零增长，化肥减量工作取得重要进展，并积累了丰富的经验：第一，化肥减量一定要以科学试验与调研为基础，要因地区、因作物制宜，科学减量，不能一刀切，避免盲目性；第二，减量要有配套的技术支撑与政策保障。当前，我国区域养分供应不平衡现象突出，主要表现为华北、华中南养分盈余较大，西南、西北养分供应不足。不同作物体系也存在施肥不平衡的问题，小麦、水稻基本合理，玉米和花生投入过量，甘蔗和棉花投入不足。因此，亟须针对不同区域的不同作物类型，给出科学合理的施肥量确定方法，确定适宜的化肥减量额度和配套施肥技术，在确保粮食安全生产的前提下减少化肥投入总量，减少面源污染。

4.2　农田化肥合理减量额度

4.2.1　合理施肥量的确定

当前我国普遍存在农户施用肥料量过高的现象。例如，王海等（2009）的调查显示，太湖流域稻季施氮量平均在 352 kg/hm^2，其中 270～360 kg/hm^2 的占 43.3%，360～450 kg/hm^2（过量施肥）和超过 450 kg/hm^2（极端过量施肥）的分别占 26.6% 和 13.3%。过量的化肥施入导致化肥利用率低，氮肥利用率不足 40%，而整个稻季施入的氮肥有 30%～50% 流失到周边水体及大气中，造成了严重的面源污染（薛峰等，2009；薛利红等，2010；俞映倞等，2013）。根据肥料-产量效应函数法，太湖流域稻田的最佳施氮量在 210～270 kg/hm^2，目前太湖流域稻田平均施氮量在 352 kg/hm^2，表明目前农户的化肥使用水平普遍过量了 30% 左右（崔玉亭等，2000；黄进宝等，2007；闫德智等，2005）。2013年，广东和广西的早稻与晚稻化肥实际使用量仍在 335～437 kg/hm^2，高于全国平均水平 330 kg/hm^2（张灿强等，2016），农户习惯施肥往往重氮肥，轻磷钾肥，实际施肥量超过测土配方推荐施肥量，更高于水稻实际需肥量，化肥施用量存在很大的削减空间。而在华北小麦-玉米轮作农田中，化肥过量施用更是非常普遍的问题，如氮肥施用量平均达 588 kg/hm^2，远高于欧美等发达国家和地区的施氮量，这大大增加了对环境的潜在威胁。因此，明确合理的减量额度，确定合理的化肥施用量，对维持作物产量、提高土壤肥力和降低环境污染都至关重要。

合理施氮量的确定是获得高产、维持土壤肥力和减少施氮引起的环境污染的关键。当前普遍认为理论施氮量为籽粒吸收氮量减去其他来源氮量（如大气沉降、非共生固氮等）再加上肥料本身的氮素损失。我国氮肥施用较为粗犷，导致氮素损失高于欧美等一些发达国家。根据巨晓棠（2015）推算，当前我国氮素损失量大致等于其他来源氮素和秸秆携带的氮素之和，即在我国普遍秸秆还田的地区施氮量约等于作物地上部分携带的氮量，随着我国农业技术的不断发展和相关政策的不断优化，未来施氮量可以降低到籽粒吸氮量。巨晓棠（2015）在以往理论施氮量的概念和方法基础上，进一步推导出了根据百千克籽粒需氮量的理论施氮量计算方法。该方法综合考虑作物的持续高产、稳产及土壤氮素的平衡，认为高产不能以牺牲土壤地力为代价，简化了斯坦福方程中土壤基础供氮量的计算过程，只需百千克籽粒需氮量这一参数便可根据相应地块的目标产量算出合理施氮量。为了确保高产的可持续性，同时避免农户施入过量的化肥，巨晓棠（2015）提出的理论施氮量无疑是一种更为简便且易于推广应用的方法，其具体计算公式如下：

$$N = \frac{Y}{100} \times N_{100} \tag{4-1}$$

式中，N 为理论推荐施氮量，kg/hm^2；Y 为目标产量，kg/hm^2；N_{100} 为百千克籽粒吸氮量（或者称为施氮系数）。

上述理论施氮量的计算方法也遵循了氮素平衡基本原理。根据氮素平衡原理，氮素输入应该基本等于氮素输出。在秸秆还田条件下，秸秆还田氮与其他氮素输入大致相当于氮素损失的情况下，化肥氮和有机肥氮的投入量应约等于地上部氮素携出量。同样的，根据磷素平衡原理，也可以推算出磷肥理论施用量。当前我国磷肥施用已经普遍满足作物所需，适量降低磷肥施用量，有利于保护土壤环境，降低环境污染风险。

当前农户施肥水平（$270 \sim 300 \ kg/hm^2$）下，稻季化肥用量减量 $20\% \sim 30\%$ 是可行的，对产量没有显著影响（张刚等，2008；Qiao et al., 2012; Xue et al., 2014a）

4.2.2 不同种植体系的合理减量额度

1. 华北小麦-玉米种植模式合理减量额度

冬小麦-夏玉米轮作是华北平原主要种植模式，为获得更高效益而过量施肥的现象在该地区长期存在。根据《山东统计年鉴 2017》，2016 年化肥单位面积平均用量达到 $466.54 \ kg/(hm^2 \cdot a)$，而课题示范区山东省德州市小麦-玉米轮作体系下全年氮素用量高达 $570 \ kg/hm^2$，磷素用量达 $315 \ kg/hm^2$，造成了很大的资源浪费和环境问题。巨晓棠和谷保静（2014）指出可以将 $80 \ kg/hm^2$ 作为华北平原小麦-玉米轮作现有产量和管理水平下氮素盈余量的参考指标。通过设置常规施氮及不同氮减量额度对比试验，计算了当前管理水平下土壤氮素盈余情况，结果显示，常规施氮情况下土壤氮素盈余量为 $196.84 \ kg/hm^2$，氮减量 10%、20% 和 30% 的情况下，土壤氮素盈余量分别为 $160.33 \ kg/hm^2$、$137.38 \ kg/hm^2$ 和 $68.08 \ kg/hm^2$，常规施氮、减量 10% 和 20% 的情况下土壤氮素盈余量都高于参考指标，氮减量 30% 后土壤氮素盈余量略低于参考指标。在对产量的影响上，常规施肥模式下小麦和玉米的产量分别为（7739 ± 239）kg/hm^2 和（7189 ± 294）kg/hm^2；氮减量 10% 和 20% 时小麦和玉米的产量分别为（7179 ± 175）kg/hm^2、（7012 ± 404）kg/hm^2 和（7149 ± 158）kg/hm^2、（7035 ± 149）kg/hm^2；而氮减量 30% 时小麦和玉米的产量分别为（7066 ± 98）kg/hm^2 和（6835 ± 218）kg/hm^2。统计分析显示，氮减量 10% 和 20% 的处理下小麦和玉米的产量无显著降低，但在减量 30% 时，小麦和玉米的产量较目前施肥水平显著下降，下降率分别达 8.70% 和 4.92%。因此，在目前管理水平下，减量 30% 会造成土壤养分库消耗，难以保证产量，而减量 20% 盈余量高于参考指标并可以维持产量。综上，现有管理水平下华北小麦-玉米种植模式氮减量额度在 $20\% \sim 25\%$。

华北农田典型小麦-玉米轮作体系常规施肥模式下，磷盈余量为 $92.26 \ kg/hm^2$，远高于该地区磷盈余量的合理参考值（$32 \sim 49 \ kg/hm^2$），环境风险高。示范区的试验表明，目前施磷量减少 50% 并不会影响小麦-玉米的产量，但由于是短期试验结果，且未设置不同用量的梯度试验来比较土壤磷素盈余情况，其可持续性仍有待进一步验证。从短期试验结果看，现有管理水平下有很大的减磷空间，在后续的工作中，可以设置不同的磷减量额度，参考当地土壤磷素盈余指标，提出磷肥合理减量额度。

2. 长江中下游稻-麦农田种植模式合理减量额度

目前我国稻-麦生产上普遍采用凌启鸿等(2005)提出的精确定量施氮法：施氮量=(目标产量-基础产量)×百千克籽粒吸氮量/氮肥利用率。该方法基于斯坦福方程，通过确定基础产量、百千克籽粒吸氮量及氮肥利用率三个参数计算合理施氮量。百千克籽粒吸氮量经过多年、多点、多品种的实验研究已基本明确，参数相对比较稳定。而基础产量(即无氮区的产量)的精确确定仍然是一个难题，虽然该指标可通过田间试验得出，或者通过土壤速效养分指标来估算，但无法解决这一参数的时空变异性问题。朱兆良(2006)提出了区域平均适宜施氮量的概念和做法，推荐在土壤、气候、生产条件、农艺管理和产量水平相对一致的区域内，采用平均施氮量来代替每个田块的经济最佳施氮量。这为区域化肥总量的控制提供了一个可行的办法，但区域平均适宜施氮量的计算仍然需要通过大量田间试验获得，其采用的仍是肥料产量效应函数法，同样无法解决地块之间的空间变异性问题。为科学简便地获得适宜的施氮量以指导千家万户，建议采用巨晓棠(2015)提出的百千克籽粒需氮量的理论施氮量计算方法。在当前高产条件下，太湖流域主推的籼稻品种的 N_{100} 建议取值 1.8，粳稻品种的 N_{100} 建议取值 2.1，杂交稻的 N_{100} 建议取值 1.7(Li et al., 2014；于林惠等，2012)。太湖流域水稻种植以常规粳稻为主，其高产稻田(产量在 9～10.5 t/hm²)的适宜施氮量在 195～225 kg/hm²。实践证明，在此施氮量下，同时配合科学适宜的施肥技术，如氮肥运筹优化调整、新型缓控释肥、肥料深施等技术，水稻能获得高产并使氮肥利用率提高到 40%以上(张刚等，2008；Qiao et al., 2012; Xue et al., 2014a)。上文表明，在科学施肥前提下，当前太湖流域化肥氮减量 10%～30%是可行的，既能保证高产，又能显著减少氮的损失。

土壤有效磷累积超过 10 mg/kg 以上时，施磷肥粮食作物不再增产。目前南方稻-麦轮作农田土壤有效磷大多在 15 mg/kg 以上，减磷有很大的空间。对于南方稻-麦轮作农田，水稻季在淹水条件下土壤磷的有效性会提高，而从淹水到落干的过程中旱作磷的有效性会降低，因此，需在一个轮作周期中统筹考虑不同作物季磷肥的分配，充分利用残留磷肥的后效。20 世纪 60 年代，鲁如坤等(1965)利用盆栽试验发现，磷肥施用于旱作比施用于水稻时对后茬作物增产的效应高了 80%，并且提出了"旱重水轻"的施磷理念。然而农民仍在稻-麦两季大量施用化学磷肥或者复合肥，导致土壤磷素盈余，磷素利用率低，流失风险加大。太湖流域农田存在磷肥施用过量、利用率低、环境风险加剧等问题，根据淹水土壤磷有效性提高的原理，中国科学院南京土壤研究所在太湖地区宜兴和常熟建立了稻-麦农田磷肥减施长期定位试验，优化磷肥施用的周年运筹，实施"稻季不施磷"的稳产减排策略。十种水稻土四年的盆栽试验及八年田间定位试验结果证明，"稻季不施磷"可以在保证稻-麦作物产量的同时提高磷肥周年利用率 5.42%，径流总磷排放量减少 20.6%，磷输入输出总体平衡。并进一步利用核磁共振磷谱(^{31}P-NMR)、土壤磷酸盐氧同位素、高通量测序、薄膜扩散梯度(DGT-P)等技术发现："稻季不施磷"，根际土中有效磷源足够满足水稻生长，且主要来源于无机磷库 NaHCO$_3$-Pi(活性磷源)及 NaOH-Pi(中活性磷源)。磷的移动与释放受铁循环控制，微生物活动高效，与土壤磷素转化相关的细菌为变形杆菌及鞘氨醇杆菌(汪玉等，2014；Wang et al., 2016)。因此，建议稻-麦轮作农田仅旱季作物基肥正常施用磷肥 75～90 kg/hm², "稻季不施磷", 即稻-麦轮作周年可减少磷肥用量 60～75 kg/hm²。

3. 华南双季稻种植模式合理减量额度

华南双季稻区属于水稻高过量施肥区(孔凡斌等, 2018)。据李红莉等(2010)的研究结果, 2007 年, 广东稻田单季化肥总施用量为 330.2 kg/hm², 其中氮肥、磷肥和钾肥施用量分别为 199.3 kg/hm²、48.6 kg/hm² 和 83.4 kg/hm²; 广西稻田化肥总施用量高达 540.1 kg/hm², 其中氮肥、磷肥和钾肥施用量分别为 311.4 kg/hm²、76.8 kg/hm² 和 151.9 kg/hm², 远高于水稻实际需肥量, 化肥的使用存在很大的削减空间。

根据百千克籽粒需氮量的理论施氮量计算方法, 华南双季籼稻品种的 N_{100} 可取值 1.8(Li et al., 2014; 于林惠等, 2012)。目前广东省稻谷高产水平在 7500～8250 kg/hm², 据此推算, 华南双季稻种植模式合理施氮量为 135～150 kg/hm²。莫钊文等(2014)指出, 华南早晚兼用型水稻在施氮量为 135 kg/hm² 的条件下, 能有效增产或稳产。胡香玉等(2019)研究发现, 在华南地区, 晚季施氮量为 120 kg/hm² 时, 仍有部分氮高效水稻品种(种系)能够保持高产、稳产。可见, 通过选用良种可减少氮肥用量 28.0%～33.3%。优化的施肥技术, 如水稻三控施肥技术, 与常规施肥技术相比, 一般节省氮肥 10%～30%, 增产 5%～10%, 氮肥利用率至少提高 10%, 可大大减轻环境污染, 目前在华南双季稻区已广泛应用(Zhong et al., 2010; 黄农荣等, 2007)。施用缓/控释肥同样可以提高肥料利用率, 减少肥料所带来的环境污染。陈建生等(2005)综合广东省不同水稻生态类型稻作区连续三年共 167 点(次)应用示范结果, 表明一次基施水稻控释肥技术较常规分次施肥平均减少氮和磷养分用量分别为 22.1% 和 21.8%, 增产 8.2%。控释氮肥掺混一次性施用在减氮 20%(156 kg/hm²)时, 在广东省双季稻区可实现水稻增产、稳产, 显著提高氮肥利用率(黄巧义等, 2017)。因此, 氮高效品种和施肥技术的推广应用, 既可将华南双季稻氮减量额度控制在 10%～30%, 又可维持水稻高产、稳产, 保障粮食安全。

广东省稻田土壤速效磷含量总体处于较丰富水平, 而有效钾含量总体处于缺乏状态(黄继川等, 2014)。广东省稻田面积平均有 58.98% 处于高肥力等级水平, 根据土壤中磷钾养分含量和目标产量确定磷肥用量, 以此估算, 广东省至少有 50% 的稻田可在早、晚季分别减少磷肥 7.4% 和 38.3% 以上; 中等磷肥力水平的稻田面积占广东稻田总面积的 31.64%, 在 7500 kg/hm² 目标产量下, 晚稻仍有 17.7% 的磷减量空间。由于土壤有效钾含量总体处于缺乏状态, 钾肥减量空间较小。从目前情况看, 在保障我国未来粮食产量的前提下, 华南双季稻区表现出很大的节肥空间, 减量的潜力主要在氮肥, 减氮 10%～30% 是可行的, 在此基础上施用有机肥可进一步减少氮肥用量; 磷肥在施用有机肥后可大幅度减少, 一般有 50% 的减量潜力。

4. 南方菜地化肥合理减量额度

南方菜地以种植瓜菜类为主, 其中冬瓜不仅是重要的药食同源作物, 还是华南蔬菜的支柱产业, 种植面积约有 120 万亩。以冬瓜为例, 基于第 3 章提到的氮磷平衡和盈余方法, 计算了 2016～2017 年广东省冬瓜主产区(清远市、江门市、佛山市等区域)农户常规施肥模式下的氮平衡量和盈余量，分别为 238.15 kg/hm² 和 472.60 kg/hm²；磷平衡量和盈余量分别为 111.99 kg/hm² 和 137.74 kg/hm²。若要达到理论氮、磷平衡量为 0 kg/hm² 的理想状态，则氮、磷肥可减量 37.2%和 56.8%。

为进一步验证化肥减量的可行性，针对冬瓜的典型地区施肥情况设置了优化施肥 1、2 两个方案。其中优化施肥 1 基于高产需求和养分损失规律对氮磷钾用量和运筹比例进行优化，氮磷钾施用量较农户常规施肥分别减少了 40 kg/hm²、134.4 kg/hm² 和 45 kg/hm²，并提高了基肥比例，氮、磷、钾分别提高了 10 个百分点、8 个百分点和 5 个百分点。优化施肥 2 是鉴于产业限制因素——缺镁的问题，在优化施肥基础上进一步补充了镁肥（MgO 100 kg/hm²）。研究发现，优化施肥 1 的氮平衡量和盈余量分别为 106.11 kg/hm² 和 426.01 kg/hm²、磷平衡量和盈余量分别为 39.49 kg/hm² 和 66.43 kg/hm²，优化施肥 2 的氮平衡量和盈余量分别为 69.50 kg/hm² 和 412.26 kg/hm²，磷平衡量和盈余量分别为 31.07 kg/hm² 和 60.96 kg/hm²，较农户常规施肥显著降低。农户施肥模式下冬瓜产量为 93.7 t/hm²，优化施肥 1、2 的产量分别为 113.8 t/hm²、129.5 t/hm²，产量分别提高了 21.45%、38.2%。说明在华南地区短期氮肥减量 10%、磷肥减量 37.3%的条件下，不仅没有减少产量，反而增加了产量。结合氮磷的盈余量数据表明，华南地区冬瓜氮肥减量额度还可以进一步提高，每公顷减施纯氮 50 kg 以上，短期内对冬瓜产量无显著影响。

为追求高经济利益，南方蔬菜生产中普遍存在超量施用氮肥和磷肥的情况，化肥过量施用造成的面源污染风险逐年增加。长期以来，华南地区冬瓜氮磷钾施肥配比在 1.4:1:1.2 左右（调研数据），其施磷量超过广东省肥料施用比例 3.2:1:1.6（2017 年），经过优化施肥 1、2 的对比试验发现，氮磷钾配比优化为 2:1:1.7 时，在减少氮磷投入的情况下产量提高了 30%左右。从目前情况看，在保证产量水平的前提下，广东省冬瓜生产表现出很大的节肥空间，减量的潜力主要在氮磷肥，减氮 10%~30%、减磷 30%左右是可行的，在此基础上施用中、微量元素肥及配套避雨栽培技术等可进一步减少氮磷肥施用量。

5. 海南蕉园化肥合理减量额度

为了促使香蕉植株快速生长，种植者往往盲目施用氮肥和磷肥。部分香蕉园氮肥投入量高达 960~1485 kg N/hm²（Zhong et al., 2014；何应对等，2016；Sun et al., 2018），远高于印度、巴西、澳大利亚等国家的推荐施氮量（200~500 kg N/hm²），存在很大的减施空间（Bass et al., 2016；Yuvaraj and Mahendran, 2017；Nomura et al., 2017）。Nomura 等（2017）研究了不同的氮肥施用水平对不同香蕉品种产量的影响，结果表明，氮肥施用量为 525 kg N/hm² 时产量最高，并且香蕉品种间存在较大的差异。Pattison 等（2016）的研究指出 350 kg N/hm² 氮肥用量与减施氮肥处理（180 kg/hm²）相比，每串香蕉重量差异不显著，然而前者氮肥利用率却只有后者的 50%。何应对等（2016）在海南省澄迈县的田间试验表明，香蕉施肥量为当地传统施肥量的 70%（1040 kg N/hm²）时，产量和经济效益最优。Raphael 等（2020）对香蕉开花期 ¹⁵N 的示踪研究表明，土壤-香蕉系统中的氮肥利用率仅为 24%。

香蕉园化肥理论推荐用量应根据目标产量、土壤供肥水平和有机肥投入量计算：

$$N_{chem} = N_{req} - N_{soil} - N_{org} \tag{4-2}$$

式中，N_{chem} 为 推荐化肥施用量，kg/hm^2；N_{req} 为香蕉养分吸收量，kg/hm^2；N_{soil} 为土壤有效养分供应水平，kg/hm^2，可以根据土壤耕作层容重、氨氮和硝态氮含量计算，海南澄迈、东方和乐东主产区平均为 65 kg N/hm^2；N_{org} 为有机肥养分供应量，kg/hm^2，由有机肥施用量、氮含量和矿化速率决定，其中鸡粪矿化速率为 40% 左右，其他畜禽粪便及堆肥一般为 20% 左右(赵明等，2007)。

受品种和产量的影响，香蕉养分吸收量存在一定的差异。Senthilkumar 等(2017)的研究表明，在 46～60 t/hm^2 的产量条件下，香蕉养分吸收量为 300 kg N/hm^2、40 kg P/hm^2、1000 kg K/hm^2、150～180 kg Ca/hm^2、40～60 kg Mg/hm^2；也有研究认为香蕉养分吸收量为 445 kg N/hm^2、120 kg P_2O_5/hm^2、1670 kg K_2O/hm^2、467 kg CaO/hm^2、290 kg MgO/hm^2(Twyford and Walmsley, 1974)。

由于香蕉植株可以把一定的养分转移至下一代植株，宿根蕉应适当减施肥料。Raphael 等(2012)的研究表明，39% 的香蕉母株残留氮可以被子代植株吸收，子代植株 18% 的氮(39 kg/hm^2)来自母株残留物；因此，为了降低氮素流失，宿根蕉氮肥施用量可以在新植蕉施肥基础上减少 30%(Raphael et al., 2020)。

6. 北方马铃薯化肥合理减量额度

马铃薯产量并未随着施氮量的增加而显著增加，且过量的氮肥施用导致氮肥利用率降低和潜在的环境压力(秦永林等，2019)。据调查，内蒙古滴灌和喷灌马铃薯农田化学氮肥投入量平均为 285.7 kg N/hm^2，有机肥带入的氮为 191.6 kg N/hm^2，平均氮肥施用量为 477.3 kg N/hm^2。氮肥过量的投入导致氮肥利用率低，高娃等(2018)的研究发现，内蒙古马铃薯的氮肥利用率不到 20%。化肥投入量过高而利用率低造成作物收获后土壤大量累积硝态氮，而内蒙古马铃薯种植土壤主要为砂性土壤，土壤保肥能力差，大量硝态氮淋失到地下水中，从而导致地下水硝酸盐、亚硝酸盐等超标(井涛等，2012)。氮平衡分析结果也表明，内蒙古马铃薯田氮素损失中硝态氮的淋失占总损失的 90% 以上。因此，适当减少施氮量，在维持马铃薯高产、稳产的同时可降低氮素损失造成的面源污染。

根据 4.2.1 节中理论施氮量公式，马铃薯的理论施氮量为 200 kg N/hm^2。为验证此施氮量是否可行，设计了室内土柱盆栽模拟试验。考虑到有机肥当季氮素的矿化，设定传统施肥(Con)施氮量为 360 kg N/hm^2，目标产量为 37.5 t/hm^2。试验设置 2 个灌溉施肥处理，分别为 Con-F(传统灌溉施肥)、Opt-F(优化灌溉施肥)，6 个氮肥处理，分别为 CK(无氮对照)、U(尿素)、UI(尿素+脲酶抑制剂)、UC(尿素+生物炭)、PU(树脂包膜尿素)、SPU(硫+树脂包膜尿素)，每个处理设 3 个重复。与传统灌溉施肥模式相比，优化灌溉施肥模式在减少 44.44% 的氮肥投入基础上能够维持马铃薯产量的稳定(图 4-1)。同时，优化灌溉施肥处理能够显著降低土壤硝态氮的淋失(表 4-3)。土柱盆栽模拟试验还表明，不管是在传统灌溉施肥模式下还是优化灌溉施肥模式下，添加 LIMUS® 脲酶抑制剂和生物炭均有利于降低氮素的表观损失，同时提高马铃薯的吸氮量和产量(图 4-1)，即在通过理论施氮量方程确定施氮量的基础上，改变尿素的品种能够在提高马铃薯吸氮量和产量的同时进一步减少氮素表观损失，降低对环境的负荷。

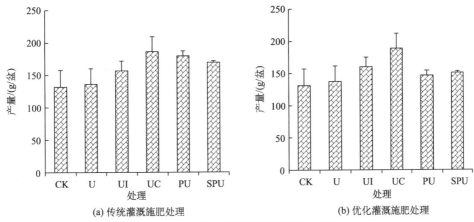

(a) 传统灌溉施肥处理　　　　　　　　　(b) 优化灌溉施肥处理

图 4-1　土柱盆栽模拟试验马铃薯产量

表 4-3　传统施肥和优化施肥条件下不同形态氮的淋失总量　　　（单位：mg/盆）

处理	传统施肥	优化减量施肥
CK	2.00±0.15c	2.00±0.15b
U	70.60±23.70a	0.88±0.15c
UI	2.99±3.38c	0.75±0.25c
UC	2.92±0.24c	1.65±0.44c
PU	58.63±26.77a	3.69±1.96a
SPU	32.79±12.88b	5.33±1.56a

注：不同字母表示处理存在显著差异 $P<0.05$，下同。

4.3　农田化肥减量增效的种植结构与模式

4.3.1　华北设施菜地种植模式优化

近年来，随着我国种植业结构的调整和人民生活水平的提高，蔬菜种植面积不断增加，设施蔬菜栽培在蔬菜生产中占有重要地位，但种植上普遍存在过量和不合理施肥的情况，同时种植模式单一，不仅对蔬菜生长造成一系列的负面影响，还导致养分流失、土壤和地下水环境的污染，土传病害严重。因此，优化蔬菜种植结构，实现化肥减量增效，对促进我国蔬菜产业绿色高效发展至关重要。

1. 利用夏季空棚期的菌菜轮作模式

山东是我国有名的设施蔬菜种植省份，设施大棚面积在 700 万亩左右，年播种面积超过 1400 万亩，约占全国设施蔬菜总面积的 1/4。蔬菜种植大多是一年一茬或一年两茬，夏季高温季节一般都是大棚的休棚季。西葫芦是山东保护地设施栽培的主要蔬菜作物，而设施西葫芦的夏季空棚期有三个月左右，除了闷棚杀菌外，还有两个月左右的时间可种植耐高温类蔬菜(赵同凯等, 2020)。

　　众所周知, 草菇肉质细嫩, 脆滑爽口, 味道鲜美, 营养丰富, 具有很好的保健价值, 是一种优质的食用菌。特别是在夏季高温炎热的天气, 其他食用菌很少时, 正是出草菇的旺季, 此时又是蔬菜的淡季。因此, 种植草菇不但可以丰富人们的菜篮子, 而且售价也较高, 经济效益好。对金针菇工厂化的菌渣进行二次利用, 利用其残余的养分在夏季设施西葫芦大棚内栽培草菇, 能增加农民收入, 同时栽培料可以作为有机肥还田, 减少肥料成本, 并减少养分在大棚土壤中的积累, 具有很好的经济和环境效益。

　　2019 年, 在德州市临邑县理合务镇的东宫村进行了设施西葫芦夏季空棚期种植草菇的菌菜轮作模式研究, 设置了对照棚(农户习惯的西葫芦单作)和 1 个草菇种植棚(草菇-西葫芦轮作), 大棚的土壤理化性状见表 4-4, 每个棚的面积为 $9 \times 70 = 630 \ m^2$。对照棚按照农民的常规操作夏季闷棚 3 周, 待至 10 月中下旬, 基施有机肥 12 m^3, 撒施 50 kg 的氮磷钾三元复合肥(N-P_2O_5-K_2O=15-15-15), 浇水后翻耕, 然后进行西葫芦苗的定植、管理、采摘及收获。草菇种植棚则在 7 月初准备 20 m^3 金针菇栽培废料, 加入 20 kg 生石灰, 调节水分至 65%左右, 自然发酵 15 天, 发酵过程中全面翻动 2 次, 当基料变成褐色、黏度小、质地松软、没有臭味和异味时移入棚, 覆盖在已整理好的 1 m 宽畦里, 料厚为 20 cm, 待其料温稳定在 38℃左右时, 按每平方米 1000 g 的量撒播草菇栽培种, 通过畦间浇水、棚前开通风口及覆膜等综合措施, 保证料面的温度在 32℃左右, 大棚内湿度在 85%左右, 出菇采摘; 结束后草菇试验棚撒施 50 kg 的复合肥, 待至 10 月中下旬, 浇水后翻耕, 然后进行西葫芦苗的移栽、管理、采摘及收获。

表 4-4　草菇-西葫芦轮作系统经济效益分析

处理	西葫芦产量 /(t/hm²)	草菇产量 /(t/hm²)	西葫芦肥料成本 /(万元/hm²)	草菇栽培成本 /(万元/hm²)	西葫芦收益 /(万元/hm²)	草菇收益 /(万元/hm²)	总收益 /(万元/hm²)
西葫芦单作	165.0	—	7.50	—	17.25	—	17.25
草菇-西葫芦轮作	172.5	39.90	4.50	6.6	21.375	33.3	54.675

　　由表 4-4 和表 4-5 可知, 草菇-西葫芦轮作棚的西葫芦产量要略高于对照西葫芦单作棚, 同时草菇-西葫芦轮作种植棚每公顷还有 30 多 t 的草菇产量, 尽管草菇种植每公顷的成本有 6.6 万元, 西葫芦每公顷的肥料成本比对照棚低了 3 万元, 但草菇的栽培料可以作为有机肥很好的替代品, 同时草菇收益较高, 所以草菇-西葫芦轮作棚的总收益远高于西葫芦单作棚。同时, 因为草菇栽培料还田作为有机肥带入的氮磷量远远低于鸡粪(分别降低了 71.4%和 67.3%), 大大降低了有机肥带入氮磷的淋失风险。

表 4-5　草菇-西葫芦轮作系统环境效益分析

处理	有机肥用量 /(t/hm²)	带入 N 量 /(t/hm²)	带入 P_2O_5 量 /(t/hm²)	氮降低率 /%	磷降低率 /%
西葫芦单作	95	2.62	3.12	—	—
草菇-西葫芦轮作	48	0.75	1.02	71.4	67.3

因此，利用夏季空闲期菌菜轮作模式(草菇-西葫芦轮作)能够显著提高农民收益，在西葫芦价格不好的年份，能够增收 217%，属于时间短、收益高的轮作模式；同时可以实现废弃物的资源化利用，改善土壤，减少根线虫的发生，有利于设施大棚的可持续发展，具有很好的应用前景。但是由于草菇的种植时间是在 6~8 月，夏季高温使这项技术在推广应用上具有一定的操作难度，如大棚内要保持草菇生长所需的温度和湿度，但栽培料的 pH 及湿度保持等存在相应的难度，而且草菇鲜品不容易常温储放，需要进行烘干或是盐渍等加工处理才能有比较好的商品性，对应市场也需要有一定的规模。因此，技术的推广还需地方政府加大对衍生的大棚种植食用菌产业的支持力度，从而提高当地的农民收入水平。

2. 设施黄瓜一长茬改两短茬氮磷削减技术

山东省德州市设施蔬菜面积有 165 万亩，其中平原县是其重要的设施黄瓜产区，许多大棚的种植年限均在 10 年以上。由于常年大量的有机、无机肥料投入，养分失衡，微生态平衡遭到破坏，盐分含量显著升高，存在明显的环境风险(高新昊等，2015)。单一的种植模式受市场蔬菜价格的波动影响，容易使菜农收入不稳定。因此，改变当地传统连作习惯(设施黄瓜一茬)，优化蔬菜传统的种植模式布局，可以稳定菜农收入，实现设施菜地的低污染高效种植。

改变当地一长茬黄瓜的种植习惯，改为种植黄瓜(短茬)+甜瓜(短茬)的技术模式(称为两短茬模式)。以德州市平原县王杲铺镇董路口村为例，当地一大长茬黄瓜定植时间为 10 月中上旬至第二年的 5 月左右；而两短茬模式的种植时间则为：定植黄瓜时间为 9 月 14 日，12 月 27 日拔秧，然后种植羊角蜜甜瓜，种植时间在 12 月 30 日，次年 6 月结束；种植甜瓜时不用额外施用基肥，利用甜瓜的一季生长，消耗原来土层积累的氮磷养分。根据黄瓜和甜瓜的投入与产出，两种模式的经济收益见表 4-6。

表 4-6　两种种植制度下的产量及收益对比表

种植制度	黄瓜产量 /(t/hm²)	甜瓜产量 /(t/hm²)	收益 /万元	追肥量/(t/hm²)			节约肥料成本 /万元	总收益 /万元
				N	P₂O₅	K₂O		
一长茬	185.84	—	74.34	804	804	804	—	74.34
两短茬	86.4	33.9	102.4	680	680	680	0.75	103.15

尽管一长茬黄瓜是两短茬黄瓜产量的 2 倍多，但由于甜瓜的收益要远高于黄瓜，结果两短茬模式比一长茬黄瓜模式增收 38%；而追肥量减少也节约了肥料成本，累计收益比一长茬增收约 39%。与传统一长茬种植模式相比，应用两短茬种植技术后设施大棚的化肥氮磷用量平均减少 12%，肥料利用率提高 11%左右，氮和磷的总淋溶损失分别减少32%和 58%以上(表 4-7)，具有很好的环境效益。

两短茬种植技术具有很好的可操作性，两短茬作物的换茬时间可以根据市场价格进行合理调控，能有效保证菜农的收入稳定，较常规一长茬种植模式具有更好的经济收益，累计应用面积 140 亩，辐射带动了王杲铺镇和王打卦镇 2100 亩左右的设施大棚，目前其应用面积还在进一步扩大。

表 4-7　两种种植制度下的氮磷淋溶损失对比表　　　　　（单位：kg/hm²）

种植制度	黄瓜茬淋溶量		甜瓜茬淋溶量		总淋溶量	
	N	P₂O₅	N	P₂O₅	N	P₂O₅
一长茬	446.8	6.5	—	—	446.8	6.5
两短茬	214.7	1.71	88.8	0.97	303.5	2.7

3. 设施土壤盈余氮磷的西葫芦根系布局调控技术

在我国的温室栽培系统中，盲目过量地施肥，不仅造成肥料资源的浪费，破坏土壤-植物的养分供需平衡，影响蔬菜品质，同时氮磷随水淋失也会带来巨大的环境风险（余海英等，2010）。西葫芦的根系强大（邱晓峰，2017），传统种植是平行位种植，因此如果改变西葫芦的种植布局，进行地下根系分布调控就可以增大对养分的吸收（Li et al., 2012）。根系布局调控技术主要参考当地的种植习惯，通过改变垄作及垄距研究不同垄作及垄距对作物根系布局的影响，通过对比西葫芦产量、根系分布与氮磷养分吸收量、土壤残留量、流失量之间的关系，形成氮磷污染削减的西葫芦根系布局调控技术。

根系布局研究设置了三行/畦（畦宽 1.6 m，垄距 0.53 m）、四行/畦（垄距 0.4 m）两种垄距和平行位、错位两种种植位置的对比模式，保证每畦的西葫芦株数一致，畦长 13.5 m，一畦面积为 21.6 m²；2018 年 10 月 6 日施肥整地，10 月 19 日定植西葫芦。

不同根系布局调控的结果表明，一畦种植四行的西葫芦产量要略高于一畦种植三行，分别增产 3.59% 和 4.17%；而在相同种植密度的情况下，平行位与错位种植的西葫芦产量几乎没有差异（图 4-2）。

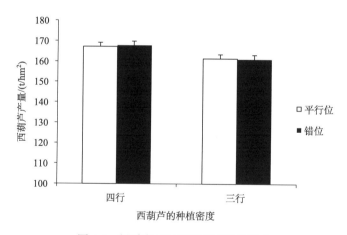

图 4-2　根系布局对西葫芦产量的影响

由图 4-3 可知，随着土层深度的加深，三行错位处理和四行错位处理的土壤硝态氮含量明显下降，而四行平行位和三行平行位处理的硝态氮含量随着土层的深度加深都会有明显的高峰值，四行平行位处理在 40 cm 处有个高峰值，而三行平行位处理则在 60 cm 处有个明显的峰值。

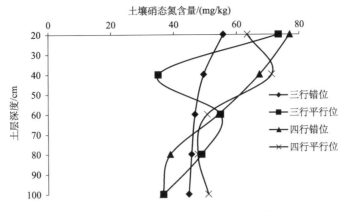

图 4-3　根系布局对土壤硝态氮含量的影响

　　不同的根系布局对西葫芦的养分吸收及氮磷淋失具有一定影响，进而影响西葫芦的果实品质(表 4-8)。三行错位的西葫芦维生素 C 含量最高，硝酸盐含量最低，具有很好的营养与品质；氮磷钾的养分吸收量也是三行错位的较高，其次是四行错位。在相同种植密度条件下，错位种植的氮淋溶量要低于平行位种植，这说明根系的交错分布能够增强西葫芦根系对养分的吸收，减少氮的淋溶损失；而磷的淋溶量整体不高，三行平行位的磷淋溶量最高，四行平行位的最低，错位种植的磷淋溶量相差不大。

表 4-8　根系布局对西葫芦品质、养分利用及淋失的影响

根系布局方式	西葫芦维生素 C 含量(FW) /(mg/kg)	硝酸盐含量 /(mg/kg)	西葫芦养分吸收量/(kg/hm^2)			氮淋溶 /(kg/hm^2)	磷淋溶 /(kg/hm^2)
			N	P$_2$O$_5$	K$_2$O		
四行平行位	178.2±7.6a	226.0±21.6b	443.1±18.9c	162.5±14.2c	581.9±15.1b	192.1±8.7a	2.18±0.2c
四行错位	169.7±3.5a	264.5±16.7a	566.4±58.5b	211.2±10.6a	572.2±24.8b	176.8±3.4a	2.64±0.2b
三行平行位	94.4±8.3b	237.1±22.0ab	310.4±19.4d	150.4±9.7c	463.0±7.6c	179.0±17.8a	3.11±0.1a
三行错位	183.3±16.6a	216.7±8.7b	788.3±37.9a	187.6±9.1b	629.7±23.6a	170.8±13.1a	2.48±0.2bc

　　从不同垄距和种植位置考虑，四行种植的西葫芦产量要高于三行种植，而错位种植的产量略高于平行位，这几种垄距和种植位置不会对生产造成难度的增加，考虑产量和收益的因素，四行错位是最佳根系布局，其次是四行平行位。盛果期各土层硝态氮含量都很高，随着土层深度的增加，错位种植的土壤硝态氮含量下降明显，而平行位在不同深度均有高峰值，具有较大的淋溶风险。改设施西葫芦四行平行位的种植方式为四行错位的种植模式，能够通过根系调控，提高产量，显著减少氮流失，具有较好的经济和环境效益，有利于设施蔬菜的可持续发展(张英鹏等，2020)。

4.3.2　长江中下游稻田减量增效的种植模式优化

　　种植模式不同，化肥的投入量及水分管理方式也不同，从而造成面源污染产生情况不尽相同。在太湖流域宜兴连续 8 年的定位试验结果表明，与稻-麦轮作农户常规施肥模式相比，稻-紫云英、稻-黑麦草和稻-休闲轮作下水稻无氮区产量可达最高产量的 75%～

85%，稻季氮肥用量分别减至 150 kg/hm² 和 200 kg/hm² 时产量还略有增加，径流总氮损失可减少 18%～45%；由于冬季不施氮肥，冬季径流总氮损失减少了 70%～90%（乔俊等，2011）。进一步对稻-紫云英、稻-蚕豆、稻-油菜、稻-休闲和稻-麦五种轮作方式的连续 3 年田间数据比较发现，紫云英还田后可带入 45.8 kg/hm² 的氮，替代化肥氮的比例为 21.6%；与稻-麦轮作相比，水稻产量增加 5%～10%，水稻植株氮吸收量增加 9.7%～20.5%；稻-紫云英和稻-休闲的减排效果最佳，能减少 35%～40% 的全年径流总氮损失，但经济效益会减少 250～300 元/亩；而稻-蚕豆轮作能在减少 25%～30% 的径流氮排放条件下获得较高的经济效益（图 4-4）（Yu et al.，2014）。此外，绿肥还田可明显提高土壤有机质含量和全氮含量，土壤微生物碳氮含量也显著增加。连续 3 年绿肥还田后，土壤有机质和全氮含量比传统稻-麦轮作田增加了 17.5% 和 10.9%（表 4-9）。因此，在太湖一级保护区及水环境敏感区域，建议将稻-麦轮作模式改为稻-豆/绿肥轮作模式，培肥地力的同时最大化地减少氮磷排放。在其他区域为保证粮食安全生产，推荐麦季每 3～5 年种植一次豆科绿肥或豆科经济作物。

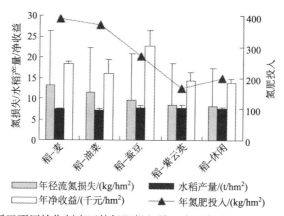

图 4-4　稻田不同轮作制度下的氮肥投入量、水稻产量、净收益及环境排放

表 4-9　不同轮作模式下土壤养分含量变化情况

年份	项目	稻-麦	稻-油菜	稻-蚕豆	稻-紫云英	稻-休闲
2010	土壤有机质/%	2.24b	2.79a	2.35b	3.07a	2.07b
	矿质氮含量/(mg/kg)	9.11a	7.52a	10.63a	10.25a	8.65a
	全氮含量/(g/kg)	1.77a	1.84a	1.89a	1.86a	1.75a
2011	土壤有机质/%	2.93b	3.59a	3.22ab	3.28ab	2.95b
	矿质氮含量/(mg/kg)	9.82ab	9.63ab	10.95a	5.93bc	5.64c
	全氮含量/(g/kg)	1.71a	1.83a	1.75a	1.87a	1.74a
2012	土壤有机质/%	2.68ab	3.37a	3.28a	3.15ab	2.47b
	矿质氮含量/(mg/kg)	8.53b	8.18b	14.81a	13.12ab	10.51ab
	全氮含量/(g/kg)	1.74b	1.99a	1.87ab	1.93ab	1.78ab
	碳氮比	8.92ab	9.74a	9.37a	9.49a	9.81a
	土壤微生物碳/(mg/kg)	81.99ab	75.42b	115.06a	100.91a	76.85ab
	土壤微生物氮/(mg/kg)	711.3ab	657.1b	815.9a	823.8a	771.1ab

4.3.3　华南稻田高效低污染种植模式

水稻是广东省第一大粮食作物，2018 年播种面积为 2681.1 万亩（熊瑞权等，2021），主要以传统双季稻冬闲一年两熟制及稻-稻冬种经济作物（北运菜、马铃薯、番薯等）一年三熟制种植方式为主。除双季稻外，冬种经济作物同样存在化肥过量施用的现象，收获后养分残留多，进一步降低了肥料利用率，加剧了环境污染（李小波等，2016）。作物秸秆和绿肥是除化肥外的重要养分来源。我国水稻秸秆产量位居世界首位，双季稻区稻草资源更为丰富，广东省秸秆综合利用率虽达到 80%，但目前仍有部分稻草被直接焚烧，造成了严重的资源浪费和环境污染（叶延琼等，2019）。冬种绿肥是南方稻区传统的生产方式，恢复和发展绿肥水稻轮作，对稻田培肥有着重要作用。因此，如何调整多熟制稻田种植结构，合理利用资源，探索"高产、高效、低污染"的稻田种植模式，在保障粮食安全的前提下，力争保护生态环境，对促进农业可持续绿色发展具有重要意义。

2015～2017 年，在广州市白云区钟落潭镇的广东省农业科学院白云试验基地设置了双季稻+冬闲，稻草不还田；双季稻+冬种梅菜，稻草不还田；双季稻+冬种紫云英，稻草不还田；双季稻+冬闲，稻草还田；双季稻+冬种梅菜，稻草还田；双季稻+冬种紫云英，稻草还田；双季稻+冬种马铃薯，稻草还田；双季稻+冬种豆科作物，稻草还田共 8 种种植模式，4 次重复。供试水稻品种为常规稻粤农丝苗，冬种结束后在早季、晚季进行水稻种植。稻草还田处理中，稻草早、晚季均全量还田，稻草不还田处理中稻草全部移出，仅保留稻桩。各处理具体肥料用量见表 4-10，其中氮肥按照基肥 40%、分蘖肥 20%、穗肥 30% 和粒肥 10% 分配，磷肥全部做基肥施用，稻草不还田处理的钾肥在分蘖中期和幼穗分化Ⅱ期各施用一半，稻草还田处理钾肥用量减半，在幼穗分化Ⅱ期施用。

研究结果显示，相同种植模式下，秸秆还田且稻季钾肥用量减半，可增加早、晚单季产量、两季总产量及肥料利用效率（表 4-11 和表 4-12）。冬种紫云英模式下的经济产值虽然略低于梅菜、马铃薯和蚕豆，但周年化肥投入量减少 31.7%～53.2%，有利于减少面源污染。综合考虑产量、经济效益和环境效益，"双季稻+冬种紫云英+稻草还田"模式

表 4-10　不同种植模式下冬作及早、晚季施肥量　　（单位：k/hm²）

| 模式 | 冬作 | | | | 早季 | | | | 晚季 | | | | 周年 |
	N	P₂O₅	K₂O	总量	N	P₂O₅	K₂O	总量	N	P₂O₅	K₂O	总量	总量
闲移	0	0	0	0	120	45	90	255	180	27	108	315	570
菜移	170	218	170	558	120	45	90	255	180	27	108	315	1128
紫移	37	29	48	114	120	45	90	255	180	27	108	315	684
闲还	0	0	0	0	120	45	45	210	180	27	54	261	471
菜还	170	218	170	558	120	45	45	210	180	27	54	261	1029
紫还	37	29	48	114	120	45	45	210	180	27	54	261	585
薯还	253	194	331	778	120	45	45	210	180	27	54	261	1249
豆还	100	167	119	386	120	45	45	210	180	27	54	261	857

注：闲移，双季稻+冬闲，稻草不还田；菜移，双季稻+冬种梅菜，稻草不还田；紫移，双季稻+冬种紫云英，稻草不还田；闲还，双季稻+冬闲，稻草还田；菜还，双季稻+冬种梅菜，稻草还田；紫还，双季稻+冬种紫云英，稻草还田；薯还，双季稻+冬种马铃薯，稻草还田；豆还，双季稻+冬种豆科作物，稻草还田；下同。

表 4-11　2015～2017 年不同种植模式下早、晚季产量　　（单位：kg/hm²）

模式	2015 年			2016 年			2017 年			平均两季总产量
	早季	晚季	两季	早季	晚季	两季	早季	晚季	两季	
闲移	5442	5699	11141	4764	6041	10805	5843	6629	12472	11473
菜移	5464	6023	11487	5717	6241	11958	5990	6342	12332	11926
紫移	5365	5742	11107	5076	6134	11210	5875	6274	12149	11489
闲还	5592	6215	11807	5336	6175	11510	6379	6350	12728	12015
菜还	5854	6389	12243	6263	6389	12652	6324	6639	12963	12619
紫还	5636	6361	11997	5780	6597	12377	6655	6776	13430	12601
薯还	5469	6081	11550	6480	6333	12813	6740	6975	13716	12693
豆还	5955	6310	12265	5993	6545	12538	6676	6712	13387	12730

表 4-12　2015～2017 年不同种植模式下早、晚季肥料平均利用率　　（单位：kg/kg）

模式	氮肥偏生产力		磷肥偏生产力		钾肥偏生产力	
	早季	晚季	早季	晚季	早季	晚季
闲移	44.6	34.0	118.9	226.7	59.4	56.7
菜移	47.7	34.5	127.2	229.6	63.6	57.5
紫移	45.3	33.6	120.9	224.0	60.4	56.1
闲还	48.0	34.7	128.2	231.3	128.2	115.8
菜还	51.2	36.0	136.6	239.7	136.6	120.0
紫还	50.1	36.6	133.8	243.6	133.8	121.9
薯还	51.9	35.9	138.4	239.3	138.4	119.9
豆还	51.7	36.3	137.9	241.5	137.9	120.9

下，氮和磷肥料利用率高，面源污染风险小，经济效益好，是一种多熟制稻田高效低污染种植模式。华南地区光温资源充沛，可充分利用冬闲田种植紫云英，以提高土壤养分含量，减少化肥用量，降低面源污染风险。

4.4　农田化肥减量增效的施肥结构优化

化肥减量增效是保障我国粮食安全和农业可持续发展的必经之路。为实现化肥用量零增长，农业农村部下发《到 2020 年化肥使用量零增长行动方案》。Chen 等（2014）对我国三大粮食作物主产区实施的 153 个田间试验研究表明，在化肥用量不变情况下，通过优化施肥结构，我国水稻、小麦、玉米至少还有 30%～50%的增产潜力。因此，如何优化调整施肥结构，实施氮肥合理减量，挖掘作物产量潜力和养分资源利用效率，降低环境成本，是当前国际上确保全球粮食安全和农业可持续发展的研究热点，也是农业面临的巨大挑战（张福锁等，2008；Foley et al.，2011; Tilman et al.，2011）。

本节围绕我国华北小麦-玉米、南方稻田及其他特色农田开展了农田化肥施肥结构优化与减量增效研究，通过丰富肥料类型、优化肥料结构及改进施肥方法达到肥料减量目标；同时以土壤碳氮关系为理论依据，以农业有机废弃物还田促进农田地力提升及微生物氮磷活化为技术核心，通过秸秆还田，添加生物炭、有机肥和微生物菌剂，扩大土壤库容，提升土壤缓冲性能，实现用养地相结合，促进农田提质增效。

4.4.1　华北小麦-玉米系统施肥结构优化

1. 施肥结构优化的减量增效技术

作物生长需要氮、磷、钾肥的合理配比，华北地区小麦、玉米种植中农民习惯多施氮磷肥而不施钾肥，不仅施肥量高而且施肥结构不合理，因此，通过优化氮磷钾比例，降低氮肥用量，调整磷钾肥用量，在保证作物产量的同时实现减污增效（田间试验方案见表 4-13）。每个小区面积为 90 m^2，各设 3 个重复。小麦品种为'山农 21 号'，玉米品种为'鲁宁 184'。

表 4-13　施肥结构优化田间试验各处理施肥量　　　　[单位：kg/(hm^2·a)]

处理	小麦季施肥量			玉米季施肥量		
	N	P$_2$O$_5$	K$_2$O	N	P$_2$O$_5$	K$_2$O
农民习惯施肥	315	270	0	255	45	60
优化施肥 1	270	270	90	225	45	60
优化施肥 2	270	225	90	195	45	90
优化施肥 3	270	185	90	165	45	120
优化施肥 4	270	135	90	195	75	60
优化施肥 5	270	90	90	165	105	60

1）不同施肥处理对冬小麦和夏玉米产量的影响

试验结果表明（图 4-5），优化施肥 1、优化施肥 3、优化施肥 4 和优化施肥 5 小麦产量略有提高，但是未达到显著增产的水平。因此，在氮肥用量减少 14.3% 的水平下，保持小麦产量略有增加或持平是可能的，同时基于在山东其他地区小麦施氮量的水平，在本试验条件下氮用量仍有一定的下调空间。

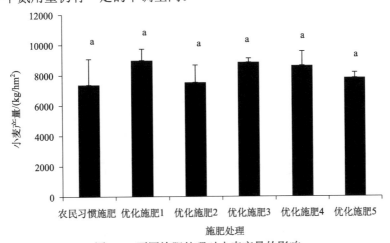

图 4-5　不同施肥处理对小麦产量的影响

由图 4-6 可知，与农民习惯施肥相比，各优化施肥处理的玉米产量均保持持平或略有增长的趋势。其中，优化施肥 4 处理增产达到显著水平，增产 8.9%，其他处理差异不显著。可见，在本试验条件下，减少一定量的氮肥不会降低玉米产量，而适当增加玉米季磷肥量可提高玉米产量。

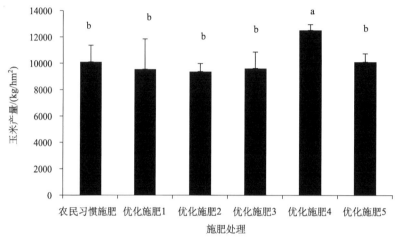

图 4-6　不同施肥处理对玉米产量的影响

2）不同施肥处理小麦和玉米的氮磷投入与产出

表 4-14 是不同施肥情况下的小麦氮磷养分投入与产出情况。由表 4-14 可知，在小麦季，各施肥处理的氮磷养分投入量明显超过了收获带走的输出量，氮磷均出现显著盈余，尤其以农民习惯施肥处理最为明显。磷盈余量的变化与磷肥施用量的多少有关，呈正相关关系。和农民习惯施肥相比，氮磷施用量的减少并没有减少产量，说明氮磷肥用量都有一定的下调空间。

表 4-14　不同优化施肥情况下的小麦氮磷养分投入与产出　　　　（单位：kg/hm^2）

处理	肥料投入		收获植株		养分平衡	
	N	P_2O_5	N	P_2O_5	N	P_2O_5
农民习惯施肥	315	270	170.5	56.0	144.5	214.0
优化施肥 1	270	270	191.0	59.6	79.0	210.4
优化施肥 2	270	225	165.7	51.9	104.3	173.1
优化施肥 3	270	185	183.6	61.1	86.4	123.9
优化施肥 4	270	135	185.6	58.3	84.4	76.7
优化施肥 5	270	90	163.7	55.7	106.3	34.3

3）不同施肥处理对小麦关键生育期土壤剖面氮磷含量的影响

优化施肥对小麦拔节期不同土层土壤硝态氮含量的影响如图 4-7(a)所示。随土层深度增加，所有处理的土壤硝态氮含量呈现先增加后显著降低的趋势，在 20～40 cm 深度土层出现峰值，而优化施肥 4 的峰值出现在 20～60 cm。表层土硝态氮含量介于 28～

38 mg/kg，淋溶层 80~100 cm 土壤硝态氮含量介于 14~26.3 mg/kg。在小麦孕穗期［图 4-7(b)］，优化施肥 1、优化施肥 3 和优化施肥 5 处理的土壤硝态氮含量随土层加深先略有升高，而后逐渐降低；优化施肥 2 保持相对稳定；而农民习惯施肥和优化施肥 4 的土壤硝态氮含量则随土层深入先明显升高而后显著下降，土壤硝态氮含量峰值出现在 20~40 cm 深度土层。表层土硝态氮含量介于 20~30 mg/kg，与拔节期比，淋溶层(80~100 cm)硝态氮量变化不大。在小麦收获后［图 4-7(c)］，各处理不同土层土壤硝态氮含量差异明显。随土层深度增加，硝态氮含量呈现"S"形曲线；在 20~40 cm 深度土层有低峰值，在 40~60 cm 深度土层有高峰值；说明此条件下硝态氮主要淋至 40~60 cm 深度土层。淋溶层(80~100 cm)硝态氮含量为 6~17 mg/kg，和孕穗期比，硝态氮含量有所降低，可见硝态氮向下迁移。

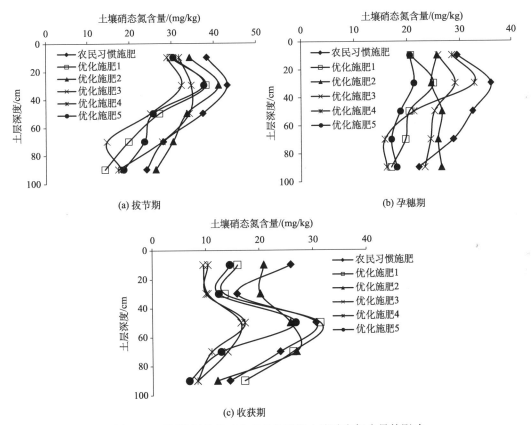

图 4-7　不同施肥处理对小麦各生育期土壤硝态氮含量的影响

在小麦拔节期［图 4-8(a)］，各处理土壤有效磷含量在表层土壤最高，为 35~45 mg/kg，20~40 cm 深度急速下降至 5~11 mg/kg，之后保持稳定。小麦孕穗期［图 4-8(b)］变化趋势和拔节期相同，且各处理间除表层外有效磷含量差异不大，表层土壤有效磷含量位于 25~35 mg/kg，和拔节期相比，有效磷含量有所降低。在小麦收获后［图 4-8(c)］，土壤有效磷含量仍表现为表土层最高、之后下降、再稳定不变的趋势。但处理间差异明显，优化施肥 4 和优化施肥 5 处理表层有效磷含量低于其他处理，而下层含量高于其他处理，位于 16~20 mg/kg。和前几个生育期相比，下层有效磷含量明显升高，说明磷出现向下迁移现象。但深层土壤仍然表现出施磷量越低有效磷含量越高的趋势，因此，淋溶量和施磷量之间不存在正相关关系。

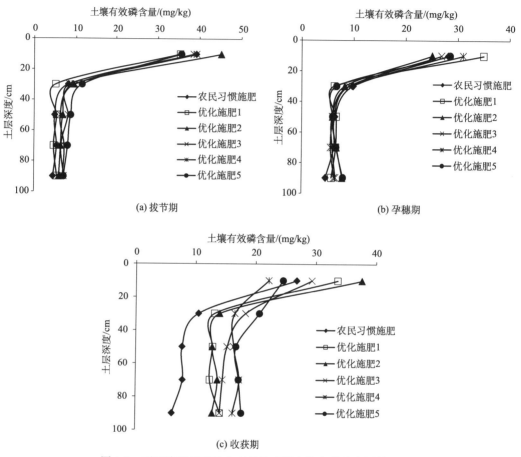

图 4-8　不同施肥处理对小麦各生育期土壤有效磷含量的影响

4) 不同施肥处理对径流氮和氨挥发损失的影响

在本试验期间，小麦-玉米轮作体系下各个处理的径流损失均较小，周年低于 0.5 kg/hm²，可忽略不计(表 4-15)。

表 4-15　不同施肥情况下小麦-玉米两季氮径流损失　　　　(单位：kg/hm²)

处理	NO_3^--N 损失	NH_4^+-N 损失
农民习惯施肥	0.111	0.010
优化施肥 1	0.069	0.019
优化施肥 2	0.352	0.120
优化施肥 3	0.052	0.008
优化施肥 4	0.171	0.055
优化施肥 5	0.067	0.024

表 4-16 是不同施肥情况下小麦季和玉米季的氨挥发损失情况。由表 4-16 可知,小麦季和玉米季氨挥发量均较大,其变化范围在 24.85~46.84 kg/hm² 之间。小麦季中,农民习惯施肥和优化施肥 2 处理的氨挥发量最大。玉米季中,以农民习惯施肥和优化施肥 1 处理氨挥发量最大,可见氨挥发和施氮量成正比。

表 4-16　不同施肥情况下小麦和玉米季的氨挥发损失　　（单位：kg/hm²）

处理	小麦季氨挥发量	玉米季氨挥发量
农民习惯施肥	41.46	46.40
优化施肥 1	32.95	46.84
优化施肥 2	44.24	35.90
优化施肥 3	30.55	32.90
优化施肥 4	37.15	30.74
优化施肥 5	24.85	29.02

通过调整氮磷钾的配比结构,可以保证作物产量并有效减少氮磷损失。在本试验条件下,适合小麦的氮磷钾结构是 $N\text{-}P_2O_5\text{-}K_2O=270\text{-}135\text{-}90$,氮肥投入降低 14%,磷肥投入降低 50%,产量增加 16.9%,氮素流失减少 63%;适合玉米的氮磷钾结构是 $N\text{-}P_2O_5\text{-}K_2O=195\text{-}75\text{-}60$,氮肥投入降低 24%,产量增加 8.9%。本试验条件下,氮磷在土体中的积累较为明显,氨挥发损失量较大,径流损失较小,可忽略不计。考虑氮磷养分的投入与产出的平衡,氮用量为 225 kg/hm² 左右、磷用量为 80~90 kg/hm² 是比较合适的氮磷用量,小麦季氮磷投入量还有一定下调的空间。

2. 小麦-玉米系统新型肥料替代增效减排技术

新型肥料有利于提高肥料利用率、促进作物生长并提高产量,对保护农业生态环境、改良土壤、提升农产品质量具有重要作用(冯尚善等,2020)。因此,因地制宜地应用新型缓控释肥料是解决传统型化肥肥效短、利用率低的重要举措。为此,在华北平原典型小麦-玉米系统开展不同新型肥料处理的效果研究,试验设置 7 个处理,田间试验方案见表 4-17。每个小区面积为 90 m²,各设 3 个重复。

表 4-17　新型肥料替代田间试验各处理施肥量　　[单位：kg/(hm²·a)]

处理	小麦季			玉米季		
	N	P_2O_5	K_2O	N	P_2O_5	K_2O
农民习惯施肥	315	270	0	255	45	60
控释肥 A	270	150	120	225	45	60
控释肥 B	270	150	120	225	45	60
控释肥 C	270	150	120	225	45	60
控释肥 D	270	150	120	225	45	60
微生物肥	270	150	120	225	45	60
稳定性肥料	270	150	120	225	45	60

注：控释肥 A 为金正大生产的小麦专用控释肥；控释肥 B、C 和 D 为山东省农业科学院农业资源与环境研究所自制产品。

1) 不同肥料对小麦和玉米产量的影响

图 4-9(a) 是施用不同肥料情况下的小麦产量。从图 4-9(a) 中可以看出，与农民习惯施肥相比，控释肥 A 略增产，微生物肥处理的产量有所降低，但未达到显著性差异水平；控释肥 B、控释肥 C、控释肥 D 和稳定性肥料处理的产量基本与农民习惯施肥处理持平。说明在减氮 14.3% 的水平下，各处理未明显降低小麦产量，且控释肥 A 可略增加小麦产量。

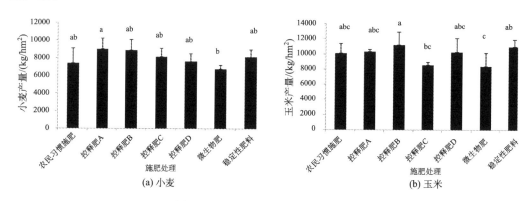

图 4-9　不同肥料对作物产量的影响

图中 a、b、c 不同字母表示处理间差异达 5% 显著水平

不同新型肥料对玉米产量的影响见图 4-9(b)。与农民习惯施肥相比，控释肥 B 和稳定性肥料处理的玉米产量略有升高，增产幅度在 8.8%~11.0%；而控释肥 C 和微生物肥处理的产量比农民习惯施肥略有下降，但差异都不显著；控释肥 A 和控释肥 D 与农民习惯施肥产量持平。与农民习惯施肥相比，以新型肥料减氮投入 11.8% 替代常规氮肥，对玉米产量影响不显著。

2) 不同肥料对小麦氮磷养分投入与产出的影响

表 4-18 是小麦季不同肥料处理的养分平衡情况。由表 4-18 可见，农民习惯施肥处理的氮磷肥投入量最高，但其收获植株带走量并非最高；控释肥 A 带走的氮量最高，其次是控释肥 B，且控释肥 B 带走磷量最高。这与作物产量有一定的关系。研究结果显示，

表 4-18　小麦季不同肥料处理的养分平衡情况　　　　　　[单位：kg/(hm²·a)]

处理	肥料投入		收获植株		养分平衡	
	N	P₂O₅	N	P₂O₅	N	P₂O₅
农民习惯施肥	315	270	170.5	56.0	144.5	214.0
控释肥 A	270	150	189.6	56.7	80.4	93.3
控释肥 B	270	150	188.5	61.6	81.5	88.4
控释肥 C	270	150	182.5	55.7	87.5	94.3
控释肥 D	270	150	160.8	58.7	109.2	91.3
微生物肥	270	150	156.3	51.4	113.7	98.6
稳定性肥料	270	150	174.9	54.3	95.1	95.7

氮磷盈余最高的都是农民习惯施肥处理，其次是微生物肥料处理，这与农民习惯施肥带入的氮磷量最多和微生物肥料处理的作物产量较低有关。可见，在农业生产中，农民习惯的氮磷肥施用量可适当减少。

3）小麦不同生育期土壤氮的累积

在小麦拔节期［图 4-10(a)］，各处理的硝态氮含量具有明显不同的变化趋势。随土层深度的增加，农民习惯施肥和稳定性肥料处理的硝态氮含量先略有上升而后直线下降；控释肥 A、控释肥 B 和控释肥 C 呈稳定下降趋势，但控释肥 B 硝态氮含量总体值较高；控释肥 D 和微生物肥呈直线下降趋势。表层土的硝态氮含量在 22.8～43.7 mg/kg，淋溶层(80～100 cm)除控释肥 B 外硝态氮含量变化范围为 8.3～27.1 mg/kg。

在小麦孕穗期，各处理不同土层土壤硝态氮变化不同［图 4-10(b)］。微生物肥和稳定性肥料处理随土层深度的增加硝态氮含量先增加，然后在 40～100 cm 土层硝态氮含量下降，而其他处理随土层深度的增加，硝态氮含量呈一个弯度较小的"S"形曲线，即先降低后略有增加到淋溶层时再次降低，这种变化与后期小麦对硝态氮较快的吸收利用有关。与拔节期相比，除控释肥 A 和控释肥 C 略有增加外，其他处理的硝态氮含量降低，这可能与肥料的分解速度有关；而淋溶层(80～100 cm)的硝态氮含量变化不是很大。

在小麦灌浆期，各处理的硝态氮含量呈现明显不同的变化趋势［图 4-10(c)］。随着土层深度增加，微生物肥、控释肥 B 和稳定性肥料的硝态氮含量呈先显著升高后降低的趋势，分别在 40～60 cm、60～80 cm 和 40～60 cm 深度土层有个峰值，控释肥 A、C 和 D 的硝态氮含量则是先下降后升高，而农民习惯施肥的硝态氮含量是先下降后升高再降低，呈明显的"S"形曲线。

在小麦收获期［图 4-10(d)］，随着土层的深度增加，控释肥 B、稳定性肥料和农民习惯施肥的硝态氮含量先升高后下降，其峰值均出现在 40 cm 深度左右；而控释肥 A、C 和 D 的硝态氮含量先下降后升高，变化幅度不大；微生物肥的各土层硝态氮含量呈弯度很小的"S"形曲线，在淋溶层（80～100 cm）各处理的硝态氮含量均保持在 20 mg/kg 以下，淋溶风险很低。

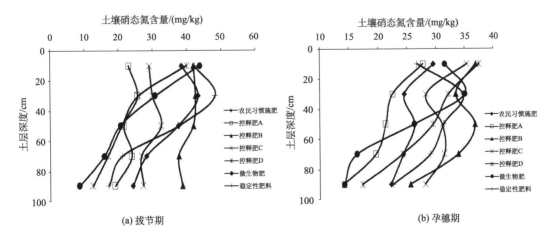

(a) 拔节期　　　　　　　　　　　　　　　(b) 孕穗期

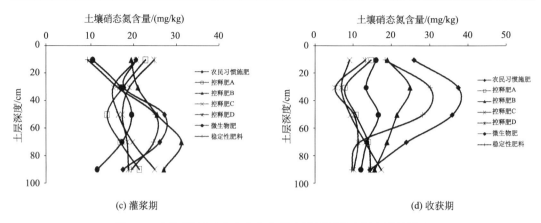

(c) 灌浆期　　　　　　　　　　　　　(d) 收获期

图 4-10　不同肥料对小麦各生育期土壤剖面硝态氮含量的影响

4) 小麦不同生育期土壤磷的累积

在小麦拔节期[图 4-11(a)]，各处理的土壤有效磷含量在表层(0～20 cm)最高，表层向下的土壤有效磷含量明显下降。20～100 cm 深度土层有效磷含量略有下降，但变化不大。在表层土中，农民习惯施肥、稳定性肥料和微生物肥处理的有效磷含量相对较高，控释肥处理的有效磷含量相对较小，含量小于 30 mg/kg，这与控释肥释放养分较慢有关。

在小麦孕穗期[图 4-11(b)]，不同肥料处理的土壤有效磷含量随土层深度的增加先明显下降后相对稳定。控释肥 A 表层土的有效磷含量最高，其次是微生物肥。在 20～60 cm 深度土层，农民习惯施肥和微生物肥处理的有效磷含量高于其他处理。各处理 60～100 cm 深度的有效磷含量相差不大。可见，有效磷以淋溶方式流失的不多，磷肥更多或许以稳定性磷储存于土壤中。

由图 4-11(c)可知，收获期时，表层土有效磷含量仍较高，但在小麦吸收利用下低于前几个生育期，微生物肥和控释肥 D 处理的有效磷含量最高。各处理 20～100 cm 深度土层的土壤有效磷含量变化有明显差异，农民习惯施肥、控释肥 A 和控释肥 B 处理的有效磷含量稳定且较低；其他处理有效磷含量相对较高，达 10 mg/kg 以上。

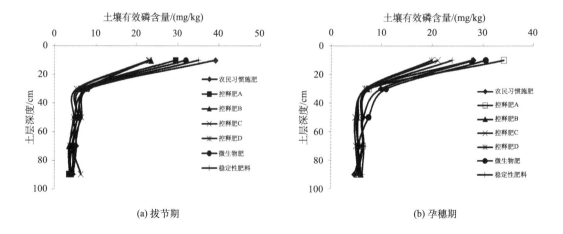

(a) 拔节期　　　　　　　　　　　　　(b) 孕穗期

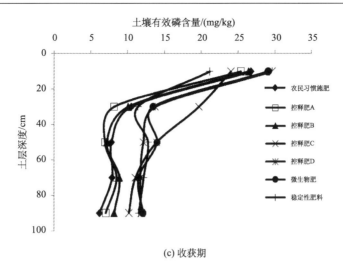

(c) 收获期

图 4-11　不同肥料对小麦生育期土壤剖面有效磷含量的影响

5) 不同肥料的小麦-玉米季氮径流和氨挥发损失

表 4-19 是不同肥料情况下的小麦-玉米两季氮素径流损失情况。由表 4-19 可知,各施肥处理的氮径流损失量均较低,氮的流失主要以硝态氮为主。另外,控释肥处理的氮径流损失量明显低于其他处理,而微生物肥和稳定性肥料处理的氮径流损失量高于其他处理。

表 4-19　不同肥料情况下的小麦-玉米两季的氮径流损失量　　　（单位：kg/hm²）

处理	NO_3^--N 损失	NH_4^+-N 损失
农民习惯施肥	0.111	0.010
控释肥 B	0.094	0.009
控释肥 C	0.061	0.005
控释肥 D	0.036	0.003
微生物肥	0.265	0.026
稳定性肥料	0.189	0.033

表 4-20 是不同肥料处理下小麦季和玉米季氨挥发损失的情况。由表 4-20 可知,小麦季的氨挥发以农民习惯施肥处理损失量最大,达到 41.46 kg/hm²;微生物肥和稳定性肥料处理氨挥发损失相对较小。在玉米季,除稳定性肥料处理中氨挥发损失量较小外,其他处理氨挥发损失量均较大,且高于小麦季,这可能与玉米季温湿环境有助于氨挥发有关。

小麦氮磷的投入远远高于作物的吸收利用,尤其以农民习惯施肥最为明显。各个处理的土壤氮磷都有明显的积累;无机氮是氮径流损失的主要形态,但总量不大,可忽略不计;而氨挥发损失量相对较大,高达 54.72 kg/hm²,稳定性肥料处理最低也达到 21.90 kg/hm²。新型肥料处理与常规处理相比,氮投入减少 14.3%,小麦、玉米产量未下降,总氮损失减少 16.8%～39.24%，总磷流失减少 27%～54%。综合考虑产量等因素，选择出适合小麦的肥料品种是控释肥 A，适合玉米的肥料品种是控释肥 B 和稳定性肥料。

表4-20　不同肥料情况下小麦季和玉米季的氨挥发损失量　　　（单位：kg/hm²）

处理	小麦季氨挥发量	玉米季氨挥发量
农民习惯施肥	41.46	46.40
控释肥 A	39.05	54.72
控释肥 B	33.52	34.87
控释肥 C	35.77	41.46
控释肥 D	24.24	41.85
微生物肥	27.19	51.71
稳定性肥料	23.83	21.90

4.4.2　南方稻田化肥减量增效模式优化

1. 化肥氮的基-蘖-穗肥优化运筹模式

为提高肥料利用率，水稻生产中多采用分次施肥的策略，即基肥、蘖肥和穗肥合理分配。目前，水稻的氮肥运筹主要根据一定的比例对基肥、蘖肥和穗肥进行分配，如当前生产实际中常用的 30∶30∶40 和 40∶30∶30 等。因此，要减量施肥，必须明确减施哪个时期的肥料。

目前，我国稻田基蘖肥用量比例过高，占总施氮量的 60%～80%。利用 ^{15}N 示踪技术，以目前太湖流域常用的常规粳稻‘武运粳 23 号’及杂交稻‘Y 两优 2 号’为供试材料，对水稻基肥、蘖肥和穗肥的氮素去向进行系统研究。结果发现，水稻一生中吸收积累的氮素中，基肥的贡献占 4.13%～10.59%（平均 6.92%），蘖肥占 3.98%～11.75%（平均 7.58%），穗肥占 13.32%～37.56%（平均 26.02%），土壤的贡献在 45.71%～70.83%（平均 59.91%）。基肥氮和蘖肥氮的吸收利用率分别仅有 21.1%～21.4%和 22.0%～26.8%，远远低于穗肥（65.8%～70.8%），基蘖肥中有 55%～70%损失到环境中，土壤残留只有 10%～22%，而穗肥的损失率不足 20%（图 4-12）（林晶晶等，2014）。基蘖肥用量越大，其损失也越大，总体氮肥利用率也越低。因此，从提高肥料利用率方面考虑，减少基蘖肥用量，增加穗肥比例是比较科学的方法。

重后期、轻前期的施肥策略可增加产量并提高氮肥利用率（Ghaley，2012；Peng et al.，2010；张洪程等，2011），如同等氮肥用量下（225 kg/hm²），重穗肥不施基肥（基肥、蘖肥和穗肥的分配比例为 0∶50∶50 和 0∶30∶70）比传统施肥（36∶24∶40）高产且肥料利用率有所提高（Zhang et al.，2013）。倒四叶、倒三叶是最利于早熟晚粳高产的追肥叶龄期，即前氮后移的最佳施肥期，此期追肥能确保穗数，又能攻取大穗，提高抽穗后的干物质积累和转运量，从而增产（杨海生等，2002；张洪程等，2011）。在江西早稻上的研究表明，氮肥用量从 210 kg/hm² 降低到 180 kg/hm²，穗肥不减，无论是减基肥还是减蘖肥，产量均表现为增加，基肥、蘖肥均减施的处理产量最高，增产 7%，单减基肥处理增产

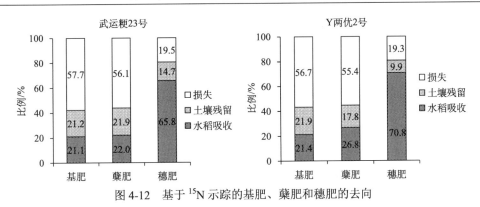

图 4-12　基于 ^{15}N 示踪的基肥、蘖肥和穗肥的去向

6.6%，单减蘖肥处理仅有轻微增产效果（薛利红等，2010）。钟旭华等（2007）的研究表明，穗粒肥的增产效果及氮肥利用率均高于基肥和蘖肥，而水稻季氮损失又主要发生在苗期（Qiao et al., 2013）。因此，目前过量施肥情况下，减量施肥应减少基肥、蘖肥的用量。太湖流域两年大田的试验结果进一步发现（表 4-21），氮肥用量从 300 kg/hm^2 降低到 150 kg/hm^2，同时将基蘖肥用肥比例从 80%降低到 50%，常规粳稻'武运粳 23 号'的穗数有所下降，但穗粒数、结实率和千粒重均提高，产量并没有出现下降，肥料利用效率显著提高，氮损失率显著下降了 10 个百分点以上；但如果减氮的同时不调整基肥与蘖肥的比例，则产量下降 3%～8%（Li et al., 2018）。

表 4-21　氮肥减量下前后期用肥比例对产量及其构成、氮肥利用率和氮素损失的影响

年份	氮肥用量及前后期用肥比例 /(kg/hm^2)	穗数 /10^4 hm^2	穗粒数	结实率 /%	千粒重 /g	产量 /(kg/hm^2)	氮肥恢复效率/%	氮损失比例/%
2012	300（8∶2）	347.8 a	123.4 a	88.8 b	30.7 b	11.7 a	37.1 b	51.4 a
	150（8∶2）	314.6 a	113.6 a	95.7 a	31.4 b	10.7 a	49.0 a	38.6 b
	150（5∶5）	311.1 a	119.2 a	96.2 a	32.4 a	11.6 a	58.8 a	25.2 c
2013	300（8∶2）	370.1 a	109.6 a	90.4 a	30.5 b	11.1 a	32.3 b	47.2 a
	150（8∶2）	324.6 ab	110.4 a	94.5 a	32.0 a	10.8 a	44.6 a	49.0 a
	150（5∶5）	312.4 b	119.3 a	94.0 a	31.4 ab	11.0 a	48.6 a	37.7 b

为明确适宜的前后期用肥比例，开展了太湖流域不同土壤肥力下适宜前后期用肥比例的桶栽试验研究，结果发现，土壤肥力水平决定了产量潜力的高低，在同等氮肥用量下高肥力土壤的产量明显高于低肥力土壤；且适宜的前后期比例也因土壤肥力的不同而不同，水稻前后期用肥比例随肥力水平的增加而下降，低肥力下以 6∶4 最佳，中肥力和高肥力下以 5∶5 最佳，此时的产量和氮肥利用率均最高（图 4-13）。根据已有研究，双季稻氮肥优化运筹基肥与蘖肥和穗肥的比例在 5∶5～7∶3 为宜（潘俊峰等，2019；王光火等，2003；张雪凌等，2017），一般基肥配以 2～3 次追肥。例如，三控施肥技术，其氮肥运筹为基肥∶蘖肥∶穗肥∶粒肥=4∶2∶3∶1，分别在插秧前、分蘖中期、穗分化二期和抽穗期施用。水稻生产上，磷肥基、追肥比例一般在 10∶0～7∶3，磷肥追施宜

在倒四叶或倒五叶，钾肥基、追肥比例一般在 10：0～5：5，钾肥追施宜在倒三叶。

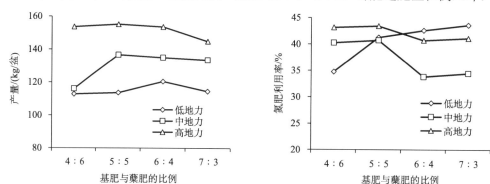

(a) 产量　　　　　　　　　　　(b) 氮肥利用率

图 4-13　不同土壤肥力下前后期用肥比例对产量、氮肥利用率的影响(桶栽试验)

以往的研究多针对水稻的氮肥施用总量、前(基蘖肥)后期(穗肥)施肥比例及如何调控穗肥用量，对于基肥和蘖肥两者之间的运筹研究较少。[15]N 的示踪研究结果发现，在水稻整个生长期吸收的氮素中，基肥和蘖肥的贡献率几乎相当，分别为 6.92% 和 7.58%，在土壤中的残留则表现为基肥>蘖肥(林晶晶等，2014)。水稻移栽后，秧苗需要 7～8 天的移栽损伤恢复期，移栽后 2 周水稻对氮的吸收量十分少。本土氮供应能力在 50～60 kg/hm² 时，不施基肥，利用叶色卡或冠层光谱实时指导追肥能在保证产量的基础上明显提高氮肥利用率(Shukla et al.，2004；Singh et al.，2002；Xue and Yang，2008)。研究我国 199 个水稻品种对有无基肥的产量响应发现，2/3 的品种在不施基肥条件下肥料利用效率得到提高，有无基肥产量无显著差异(Wang et al.，2014c)。由此可见，基肥的用量取决于土壤肥力的高低。要实现水稻的高产高效低污栽培，必须针对土壤肥力对各个时期的用肥进行精确定量(曾祥明等，2012；张军等，2011)。

为进一步明确基肥和蘖肥的运筹比例是否受土壤肥力的影响，选用'武运粳 23 号'为供试品种，采用大田小区试验，考察不同基蘖肥运筹比例在高、低肥力水平下，对水稻产量及产量构成因素、氮素利用率和群体质量的影响。试验结果表明，基蘖肥运筹比例对产量及氮素利用率的影响因地力水平的差异而不同。低肥力土壤下，随着蘖肥比例的增加，分蘖速度增加，高峰苗数降低，干物质积累和产量均呈现先增加后减少的趋势，在基蘖肥比例为 3：7 时(总氮用量为 300 kg/hm²)，产量和氮肥利用率也最高，分别为 13.12 t/hm² 和 41.50%(图 4-14)。在高肥力土壤中，随着蘖肥比例的增加，高峰苗数和分蘖速度均有所下降，最终穗数也呈现下降的趋势，产量及氮素利用率也发生相应的变化，但差异未达显著水平。低肥力下要保证高产必须注重基肥、蘖肥的合理运筹，高肥力下基肥、蘖肥的运筹对产量影响不显著(范立慧等，2016)。

在实际生产中，为确保高产，减轻前期水肥管理不当或者土壤-气候条件变化对水稻生长和群体构建造成的影响，需要根据作物的实时长势对穗肥用量进行微调。根据高产栽培经验，长江中下游区域早熟晚粳稻群体高峰苗应为适宜穗数的 1.3～1.4 倍，叶色于无效分蘖期正常落黄，穗肥于倒四叶、倒三叶期正常施用；若群体茎蘖数不足，叶色落

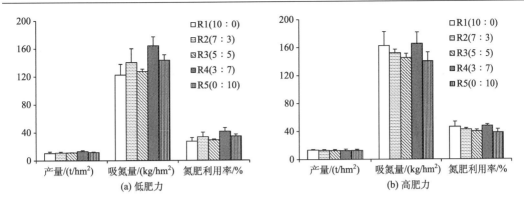

图 4-14　不同土壤肥力下基肥蘖肥比例对产量、吸氮量及氮肥利用率的影响

R1、R2、R3、R4 和 R5 表示不同的基蘖肥比例

黄早，需要早施、重施穗肥；若中期群体大，茎蘖数过多，叶色不落黄，穗肥则要推迟、减量施用；若剑叶抽出期仍未明显褪黄，则不必施穗肥。为了精确调整穗肥用量，可利用叶绿素仪(SPAD)、便携式光谱仪或光谱传感器等测定的叶色或冠层反射光谱对水稻生长进行无损快速诊断(Xue et al., 2004；李刚华等，2007；薛利红等，2009)，并对穗肥氮用量进行决策(Xue et al., 2014b)，从而有效解决作物长势和土壤养分存在的时空变异性问题。

　　基于叶色的水稻实地氮肥推荐法(SSNM)，能在保证产量的基础上，减少农户氮肥用量 20%~40%，减少总氮(TN)渗漏 38%和径流损失 26%(刘立军等，2006)。该施肥技术的关键点是在水稻关键施肥期根据水稻叶片叶色(SPAD 读数)对追肥用量进行实时调整：若实测叶片 SPAD 值低于临界值，说明水稻呈缺氮状态，则需要在原追肥用量的基础上多施氮肥；若高于临界值，说明水稻呈氮过剩状态，则需要在原追肥用量的基础上减少用量。大量研究表明，江苏地区常规籼稻品种的叶片 SPAD 阈值为 35，常规粳稻品种为 37，而对于超级稻 '甬优 12 号'，其穗分化期的 SPAD 临界值为 49(刘荣杰，2015)。实际应用中，一般取临界值加减一个单位为适宜的 SPAD 范围，增减的氮用量多以 10 kg/hm^2 为标准。例如籼稻，以 36 为临界值：若叶片 SPAD 在 35~37，按原计划施氮；若低于 35 时，则需要在原计划施氮量的基础上增加 10 kg/hm^2；若高于 37，则要少施 10 kg/hm^2。巨晓棠(2015)发现利用 SSNM 推荐的总施氮量一般要略低于计算出的理论施氮量，若长期维持这一低施氮量，则会造成土壤本底氮的消耗，引起产量下降，如薛利红等(2016)的研究表明，水稻连续 3 年施氮 150 kg/hm^2，第二年起水稻产量会出现轻微下降，但与农户对照统计上差异不显著(Xue et al., 2014a)。若要保证高产，必须考虑土壤肥力的变化，根据作物长势每年都对追肥用量进行调整。例如，Peng 等(2006)在江苏江都的研究结果表明，SSNM 推荐的施氮量在第二年比第一年高 20 kg/hm^2，此时水稻保持持续高产并比对照农户增产 8%左右。

　　作物冠层光谱指数以其反映的是冠层群体信息、可以从遥感影像获取等优点近年来备受关注，其中传统的归一化植被指数(NDVI)因其容易获取而常被用来诊断作物的氮素营养状况并进行推荐施肥研究。薛利红等(2009)利用冠层 NDVI 来诊断水稻氮素营养状况，初步提出了江西早稻穗分化期 NDVI 的临界指标为 0.70，组建了基于目标产量的光谱追肥算法（SDNT），与传统氮肥报酬曲线计算出的最佳施肥量和最高产量相差无几（覃夏等，2011）。江西双季稻区的示范应用结果发现，推荐施氮量因土壤肥力的不同而不同，早晚稻的推荐施氮量变化分别在 157.5～181.5 kg/hm^2 和 165～187 kg/hm^2，比农户施氮量减少了 1%～18%，平均减少 8%～9%，但早晚稻产量分别比农户平均增产 7.1% 和 7.6%，氮肥农学效率分别提高了 30% 和 47%（表 4-22）。表明基于作物长势的穗肥调控技术能够根据作物的实时长势以及作物高产氮素需求对氮肥用量进行及时矫正，从而可有效避免过量施肥或者施肥不足带来的不利影响，确保高产并减少氮素的损失（Xue et al.，2014a）。

综上所述，为保证稻田的高产稳产，必须在保证土壤肥力不下降的基础上对氮肥用量进行合理减量，低土壤肥力下化肥减量空间较小，高土壤肥力下化肥减量空间较大。适宜施氮量的计算宜采用基于目标产量的理论施氮量计算方法，即目标产量与百千克籽粒吸氮量的乘积。应减施的化肥量等于农户施氮量与理论施氮量的差值。化肥减量应重点减施前期用肥即基肥、蘖肥。氮肥运筹应根据土壤肥力的高低进行优化调整，低土壤肥力下要重视前期用肥，促进水稻早发、快发，基蘖肥施用比例以 60% 为宜，其中基肥与蘖肥的比例以 3∶7 为宜，中高土壤肥力下基肥与蘖肥的比例以降低到 50% 左右为宜。在此基础上，可利用叶色或冠层光谱无损监测技术对水稻长势进行实时无损诊断，并根据作物高产氮素需求对穗肥用量进行实时动态调整，从而确保高产（薛利红等，2016）。

表 4-22　基于光谱的水稻氮肥推荐方法在江西早晚稻的应用

田块	氮肥推荐方法	早稻			晚稻		
		施氮量/(kg/hm^2)	产量/(t/hm^2)	氮肥农学效率/%	施氮量/(kg/hm^2)	产量/(t/hm^2)	氮肥农学效率/%
田 1	SDNT	166.5	7.77	17.0	165	5.98	10.59
	SN	183	7.35	13.2	195	5.50	6.51
田 2	SDNT	181.5	7.94	17.6	187	5.71	7.93
	SN	183	7.36	14.3	195	5.41	6.05
田 3	SDNT	157.5	7.65	18.0	184	5.82	8.66
	SN	183	7.10	13.6	195	5.37	5.86

注：SDNT 为光谱追肥算法；SN 为常规多次施肥对照。

2. 基于新型缓控释肥的施肥模式优化

随着经济的发展及农村城镇化程度的不断提高，农村劳动力日益匮乏，对节工省本的稻田高产环保栽培技术的需求日益迫切。新型缓控释肥通过对传统肥料外层包膜的处理来控制养分释放速度和释放量，使其与作物需求相一致，可显著提高肥料利用率。另外，包膜材料阻隔膜内尿素与土壤脲酶的直接接触并阻碍膜内尿素溶出过程所必需的水分运移，减少了参与氨挥发的底物尿素态氮，还抑制了土壤脲酶活性，从而可以明显降低氨挥发损失。为了适应机械化的需求，在江苏宜兴、镇江丹阳和黄海农场开展了等肥料用量下的水稻新型缓控释肥插秧施肥一体化技术研究。采用日本井关农机株式会社原

装进口的插秧施肥一体化机械,参试缓控释肥品种有 3 种,分别为①树脂包膜尿素(3.8%
释放速率,RCU);②硫包衣尿素(N37%,汉枫集团,SCU);③不同释放速率的包膜掺
混肥(N-P-K,20-10-16,RBB)。采用缓控释肥一次性施肥、缓控释肥与尿素(分蘖肥)
配施两种施肥模式,以常规化肥分次施肥为对照。产量结果(图 4-15)表明,三个地点的
产量趋势并不完全一致,黄海农场的平均产量最高,而宜兴最低,这可能和土壤类型及
水稻品种有关。宜兴点的缓控释肥一次性基施处理在 2013 年均表现出了增产现象,2014
年仅掺混肥(RBB1)增产显著,缓控释肥与化肥配施模式下仅掺混肥在 2013 年和 2014
年表现出了良好的增产效果,增产幅度分别达 16.7%和 33.7%。黄海农场则是掺混肥一
次性基施和与化肥配施两种模式在 2013 年和 2014 年均表现出了增产效果,增产幅度分
别为 3.9%、2.5%和 7.9%、10.8%。丹阳点同样表现为掺混肥一次性基施和与化肥配施处
理产量表现突出,以掺混肥与化肥配施处理产量最高,在 2013 年和 2014 年两年增产幅
度分别为 9.4%和 12.2%。纵观三个地点两年的产量,发现缓控释掺混肥与化肥配施处理
在这三个地点均表现出较好的增产效果,年际重现性较好。

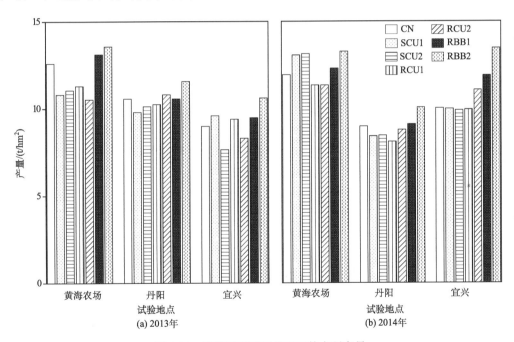

图 4-15　缓控释肥不同处理下的水稻产量

　　与产量结果相同,宜兴点掺混肥一次性基施处理(RBB1)在 2013 年和 2014 年年氮素
利用率均比常规化肥对照提高,效果最为显著,硫包衣尿素和掺混肥与化肥配施处理
(SCU2 和 RBB2)同样表现出良好的增加效果。丹阳点表现为掺混肥一次性基施和与化肥
配施处理氮素利用率增加效果明显,以掺混肥与化肥配施处理最高。黄海农场两年试验
结果也是掺混肥与化肥配施表现为增加效果。纵观三个地点两年的氮素利用率,掺混肥
与化肥配施处理在这三个地点均表现出较好的增加氮肥吸收利用的效果,年际重现性较
好(图 4-16)。

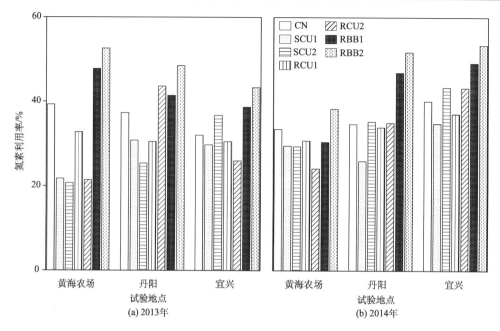

图 4-16　缓控释肥不同处理下氮素利用率

　　宜兴点氨挥发 2013 年和 2014 年均值结果(图 4-17)表明,氨挥发总量约占施氮量的 7.68%~27.91%;与农户化肥分次施用相比,缓控释肥处理的氨挥发量均有所下降,降幅在 20.1%~72.5%。树脂包膜尿素(RCU)的氨挥发减排效果最好,一次性基施减排 72.5%,与化肥配施减排 49.7%;掺混肥减排效果次之,一次性基施和与化肥配施下氨挥发减排分别为 53.3%和 32.1%;硫包衣尿素减排幅度最低,一次性基施模式与化肥配施模式减排分别为 20.1%和 40.1%。田面水氮浓度数据(图 4-18)表明,施肥后稻田田面水氮

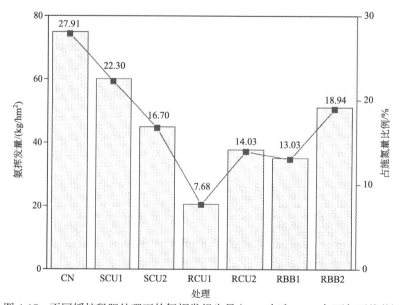

图 4-17　不同缓控释肥处理下的氨挥发损失量(2013 年和 2014 年两年平均值)

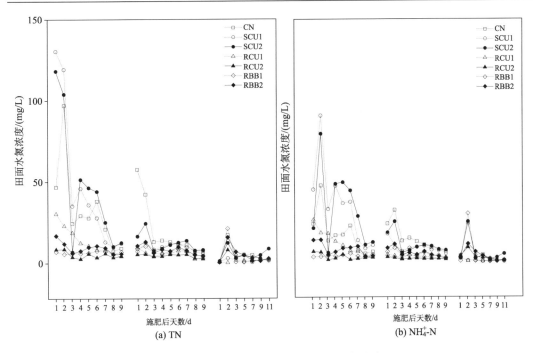

图 4-18　不同缓控释肥处理下田面水氮浓度

以氨氮为主，硝态氮浓度较低。基肥期田面水氮峰值浓度（TN 和 NH_4^+-N）明显高于蘖肥期和穗肥期。无机氮肥施用后田面水氮浓度明显增加。此外，硫包衣尿素施用后同样由于一次性施用量较大，肥效释放存在一定的不稳定性，基肥期和蘖肥期田面水氮浓度较高，并且基肥期的氮峰值浓度高于无机化肥处理。与无机化肥和硫包衣尿素相比，树脂尿素和掺混肥田面水氮浓度较低，两处理间规律性不明显。穗肥期追施无机氮肥后田面水氮浓度增加，但变异幅度要低于基肥期和蘖肥期。

综合产量及氮减排效果，掺混肥增产效果明显，年际稳定性较好，有利于氮素的高效利用，硫包衣尿素和树脂尿素年际产量存在一定的不稳定性；3 种新型缓控释肥均有减少氨挥发的作用，树脂尿素和掺混肥减排效果明显。总体来看，掺混肥一次性基施和与化肥配施均具有较好的增产减排效果，尤其是一次性基施减排效果更加明显。

在新型缓控释肥品种筛选的基础上，以缓控释掺混肥 RBB 为供试肥料，进一步开展不同氮肥减量下的缓控释掺混肥侧深施田间试验，以期探明保证产量的适宜氮肥减量比例。设置无机化肥常规用量分次施用（CN）、掺混控释肥梯度减量一次性基施［常规用量（RBB1）、减量 10%（RBB2）、减量 20%（RBB3）和减量 30%（RBB4）］共 5 个处理，研究掺混控释肥（RBB）减量对太湖地区稻田田面水不同形态氮素浓度的影响及产量效益。结果表明，与无机化肥常规用量分次施用 CN 处理（270 kg/hm²）相比，RBB 减量 10%～30%不会造成水稻减产（图 4-19）。掺混控释肥处理的 3 个肥期田面水氮素峰值浓度均显著低于 CN 处理，田面水氮素以氨氮为主。其中，基肥期、蘖肥期、穗肥期田面水氮均值浓度在 2015 年和 2016 年降低幅度分别为 87.19%～93.87%（2015 年）和 76.93%～83.48%（2016 年）、69.74%～79.73%（2015 年）和 74.46%～87.52%（2016 年）、94.43%～

96.69%(2015 年)和 95.52%～96.57%(2016 年)(表 4-23)。RBB 减量能够降低前期(基肥期和蘖肥期)田面水氮浓度,总体呈随用量减少而降低的趋势。RBB 施用减少了太湖地区稻田肥期氮素流失风险,RBB 肥料用量为 189～216 kg/hm²,能够在保证水稻产量的前提下降低前期田面水氮浓度,减少氮素流失风险(侯朋福等,2019)。

表 4-23　不同肥期田面水氮浓度(均值)　　　　　　(单位:mg/L)

年份	处理	总氮			氨氮			硝氮		
		基肥期	蘖肥期	穗肥期	基肥期	蘖肥期	穗肥期	基肥期	蘖肥期	穗肥期
2015	CN	47.14a	29.11a	35.37a	45.86a	28.38a	35.29a	1.28a	0.73a	0.07a
	RBB1	6.04b	8.81b	1.97b	4.73b	8.61b	1.63b	0.79b	0.13b	0.08a
	RBB2	4.05b	7.12c	1.62b	2.88b	6.67c	1.38b	0.70b	0.14b	0.07a
	RBB3	5.02b	5.9c	1.17b	3.68b	5.46c	0.99b	0.93ab	0.13b	0.07a
	RBB4	2.89b	6.71c	1.21b	1.58b	6.37c	1.02b	0.78b	0.13b	0.07a
2016	CN	26.09a	25.57a	46.7a	14.77a	25.44a	46.37a	11.11a	0.14a	0.34a
	RBB1	6.02b	6.51b	2.09b	5.53b	6.44b	1.95b	0.42b	0.06b	0.13b
	RBB2	4.75bc	6.53b	2.04b	4.38b	6.47b	1.90b	0.22b	0.06b	0.14b
	RBB3	4.31c	3.19c	1.6b	3.96b	3.14c	1.53b	0.26b	0.05b	0.07bc
	RBB4	4.47c	3.32c	1.63b	4.1b	3.27c	1.57b	0.24b	0.04b	0.06c

注:数据后不同字母代表表示处理间在 0.05 水平差异显著(LSD);RBB1、RBB2、RBB3 和 RBB4 分别代表掺混控释肥常规用氮量、减氮 10%、减氮 20%、减氮 30%,下同。

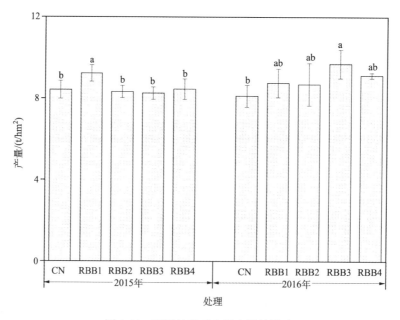

图 4-19　不同处理对水稻产量的影响

　　他人的研究结果也表明,缓控释肥料其氮释放规律更符合水稻氮吸收利用情况,相比于普通化学氮肥在提高氮肥利用率、减少氮素损失、增产方面更有优势(徐明岗等,2009)。吴萌等(2017)在典型红壤地区双季稻种植模式下开展田间定位试验,发现与常规农民习惯施氮相比，在减氮 30 kg/hm^2 条件下，一次性施用 20% 的缓释尿素，其氮肥利用率大幅提高。李旭(2016)在湖南双季稻区的长期定位试验表明，与常规尿素处理相比，采用控释尿素减量 10%～30% 不仅可维持双季稻稳产，还能显著提高水稻的氮肥利用率，降低稻田氮素径流和渗漏流失量、氨挥发量和 N$_2$O 排放量，且控释氮肥施用量越低，氮肥利用率提高幅度越大，氮素损失量越少。华南双季稻区，在较常规施肥减氮 20% 后，75% 普通尿素配施 25% 控释尿素作基肥一次性施用也可实现水稻增产、稳产，并显著提高氮肥利用率(黄巧义等，2017)。因此，缓控释肥是当前南方稻区适应机械化操作需求、省工减排的一项很好的技术措施，江苏省农业科学院研发的"基于掺混控释肥的水稻插秧施肥一体化减量减排技术"已经入选 2018 年度江苏省科技厅颁布的《江苏省水污染防治技术指导目录》(苏科社发〔2018〕191 号)。2020 年，"水稻机插缓混一次施肥技术"入选为农业农村部十大引领性技术和江苏省主推技术。在大田生产应用时，推荐使用市场上成熟的已商品化的作物专用缓控释尿素或缓控释掺混肥，氮肥总用量可在推荐施氮量标准的基础上减少 20% 左右。稻田可以采用一次性施肥，即全部采用缓控释肥，在整地前深施下去，或者利用插秧施肥一体化机械，在插秧时一次性深施下去；也可采用一基一追技术，即基肥用缓控释肥，以其占总氮量的 70%～80% 为宜，在整地前或者插秧时深施，在作物的生长后期孕穗拔节期根据作物长势进行 1 次追肥，采用尿素，占总施氮量的 20%～30%。该技术比较适宜规模化农田、劳动力比较紧张的情况。

3. 有机替代化肥减量技术

有机替代化肥减量技术多以农业废弃物如秸秆、处理过的畜禽粪便、沼液沼渣、菌渣、绿肥等富含一定氮磷养分的有机物料来替代部分化肥，利用有机物料中养分缓慢释放的特点，达到减少化肥用量、减少面源污染排放的目的。有机肥替代化肥减量的比例因生态气候、土壤条件和有机肥种类等不同而异，一般可替代 20%～50%(陈贵等，2018；侯红乾等，2011；李菊梅等，2005；谭力彰等，2018)，在实际生产中应根据具体情况调节施用。例如，稻-麦轮作系统采用有机肥与无机化肥配施，与传统农户施肥处理相比可减少氮用量 25% 左右，产量略有增加，氮肥利用效率增加，稻季径流氮损失减少 6%～28%，麦季径流和渗漏损失减少 25%～46%(俞映倞等，2011)。双季稻的应用研究也表明，有机肥替代化肥可以有效减少双季稻田养分总损失量，降低稻田面源污染(张刚等，2016；韩晓飞等，2017；李菊梅等，2005；廖义善等，2013；刘红江等，2017)。

与等氮量的纯化肥处理相比，径流减排效果因径流产生的时间而变化，若径流发生在施肥后期，有机肥处理因养分缓慢释放而导致径流损失略高于纯化肥处理；若径流发生在施肥后一周内，则径流损失低于纯化肥处理(薛利红等，2011；俞映倞等，2011)。然而，张志剑(2001)发现，水稻田中有机无机配施磷肥较单施化肥更易导致磷素的流失。因此，为确保面源污染防控效果，有机肥的替代比例不能太大，以其占氮总量的 20%～30% 为宜，基肥时施入并深耕混入土壤，这样既能维持土壤肥力，保证产量，又不过多增加投入成本，是一项经济、简单且能减少面源污染的实用技术。

秸秆还田和绿肥还田也是一种有机替代化肥减量技术。秸秆还田处理使稻-麦两熟制农田周年作物产量略有增加，减少 7%～8% 的稻-麦周年氮磷径流损失量(刘红江等，

2012)。秸秆还田配合氮肥减量，一般可较农民习惯施肥减少 10%～30%，同时提高水稻对氮肥的利用率，增加产量(张刚等，2016；王保君等，2019；徐国伟等，2009；左文刚等，2017)。此外，冬种绿肥如紫云英，也具有良好的减肥增效效果(黄山等，2016；赵冬等，2015)，如太湖流域麦季实行休耕种植蚕豆、紫花苜蓿、紫云英等豆科植物，稻季绿肥翻压还田，稻季氮肥和磷肥用量分别为 210 kg/hm^2 和 79 kg/hm^2，与稻-麦轮作系统相比，周年化肥氮、磷减施率分别达到 50.5% 和 47.0%，水稻产量提升 5% 左右，径流氮损失降低 50% 以上。双季稻采用绿肥还田，能减少化肥氮投入 115.5 kg/hm^2，径流氮损失减少 8.9 kg/hm^2(吴俊等，2012)。

4. 肥料增效剂/土壤增效剂与化肥配施模式

土壤添加剂一般通过各种途径或作用使养分离子固持于土壤中，提高作物吸收利用量从而减少损失。目前，应用于土壤保肥性的添加剂主要有微生物菌肥、生物炭、硝化抑制剂、保水剂、抑氨膜等。为明确适宜长江中下游地区稻-麦轮作农田的适宜添加剂，在对氮磷进行源头减量的基础上，采用盆栽试验，开展了不同土壤添加剂及其组合应用对稻-麦作物生长、产量及氮磷损失的控制效果研究。麦季试验选用的土壤添加剂有保水剂(树脂)、生物炭和硝化抑制剂。两年试验结果表明：各添加剂处理均促进了小麦的地上部生物量，除单施树脂处理外，其他添加剂处理的产量都比施肥对照处理有所增加，增加幅度为 13%～133%，以添加剂的两两配施效果较佳；各添加剂处理均促进了小麦对氮素的吸收，除单施树脂处理外，其他添加剂处理均提高了氮肥利用效率，以两两配施效果最为显著，显著高于施肥对照；与施肥对照处理相比，生物炭和硝化抑制剂的单施及配施均降低了径流和渗漏液中总氮和总磷浓度，减少麦季氮流失 57%～71%、磷流失 26%～46%，而有树脂施入的处理氮磷损失量有所提高。综合比较得出，施化肥的同时配施生物炭和硝化抑制剂，可显著增加小麦产量，氮肥农学效率和生理效率显著提高，整个麦季通过径流和渗漏损失的氮、磷分别减少了 68.8% 和 26.1%(图 4-20)，适合应用在太湖流域麦田的面源污染控制上(潘复燕等，2015)。

稻季试验采用的土壤添加剂有微生物菌肥、生物炭和硝化抑制剂。刘雅文等(2017)两年的试验结果表明，各添加剂处理均可保证水稻的正常生长，并表现出增产效果，生物炭添加处理、微生物菌肥与生物炭组合处理和生物炭与硝化抑制剂组合处理的水稻产量分别较施肥对照处理提高了 57.5%、66.1% 和 45.4%。各添加剂的施用对植株吸氮量的影响不显著，仅微生物菌肥与生物炭组合处理显著提高了氮回收效率，但是所有添加剂处理均显著提高了氮肥农学利用效率和生理效率，生物炭处理和微生物菌肥与生物炭组合处理效果最佳，各添加剂处理对水稻的磷素吸收利用没有影响。微生物菌肥单施处理提高了水稻基肥期田面水氮浓度，而其他处理则表现为显著降低，特别是与生物炭的组合处理。蘖肥期各处理对田面水氮浓度影响不大；穗肥期除生物炭与菌肥配施处理外，其他各添加剂处理均显著提高了田面水氮浓度。添加剂处理还略微增加了基肥期和穗肥期的田面水总磷浓度，但差异不显著。各添加剂处理对收获后土壤肥力指标没有影响。综合产量、氮肥吸收及田面水氮磷流失风险，微生物菌肥与生物炭组合处理可促进水稻生长，显著提高水稻产量，有效降低水稻生育前期氮素流失风险，缩短养分流失风险期，并能维持土壤肥力，值得应用于太湖流域稻田的面源污染控制上(刘雅文等，2017)。

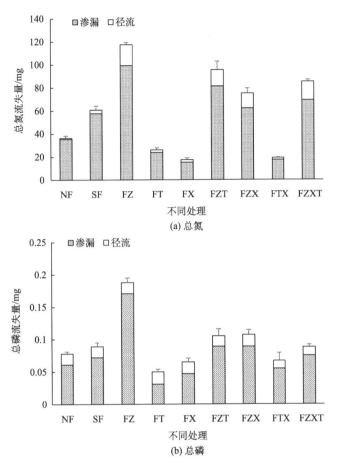

图 4-20 不同土壤添加剂处理下对麦季径流和渗漏的总氮和总磷损失量

NF 为不施肥；SF 为施肥对照；FZ 为施肥+树脂；FT 为施肥+生物炭；FX 为施肥+硝化抑制剂；FZT 为施肥+树脂+生物炭；

FZX 为施肥+树脂+硝化抑制剂；FTX 为施肥+生物炭+硝化抑制剂；FZXT 为施肥+树脂+硝化抑制剂+生物炭

稻-麦上的试验结果同时表明，生物炭对太湖地区麦季和稻季面源污染控制均适用，其对小麦和水稻的增产效果优于其他添加剂(潘复燕等，2015)。生物炭的养分固持作用也较其他添加剂好，可显著减少麦季氮磷养分损失，降低稻季田面水氮浓度。添加剂的配施在作物产量和肥料利用率方面较单施均产生良好的协同效应，可显著增加小麦和水稻的产量及氮肥利用率。

5. 施肥结构优化技术

我国稻田施肥结构不合理现象突出，除重化肥、轻有机肥以外，重氮肥、轻磷钾肥的问题也比较突出。水稻每生产 100 kg 稻谷所需的养分不同，一般需要氮 5.0 kg 左右、磷 2.0 kg 左右、钾 4.0 kg 左右，而不同土壤条件下养分的供应能力和肥料效应也不同。通过分析广东、广西、福建和海南四省(区)不同点次的测土配方施肥数据，不同地点推荐的氮、磷、钾肥施用量和比例有所差异(表 4-24)。说明不同生态和土壤条件下,水稻氮、磷、钾优化施用的配比不同。因此,应根据不同地域土壤养分含量差异及水稻的需肥特点,有针对性地制订施肥方案,优化氮、磷、钾肥施用比例,最大化提高水稻产量和肥料利用率,避免化肥过量施用,以达到精准施肥、减量增效的目的。

表 4-24　不同地区测土配方肥推荐氮、磷、钾肥施用量和比例

| 省(区) | 地区 | 施肥量/(kg/hm²) | | | N∶P₂O₅∶K₂O |
		N	P₂O₅	K₂O	
广东	珠海	162.0	54.0	144.0	10∶3.3∶8.9
	封开	151.8	23.4	108.0	10∶1.5∶7.1
	丰顺	179.0	46.2	125.9	10∶2.6∶7
	廉江	135.0	52.5	135.0	10∶3.5∶10
	雷州	161.0	65.1	113.4	10∶4.1∶7
	乳源	153.0	63.0	78.0	10∶4.1∶5.1
	龙川	140.9	24.5	94.4	10∶1.7∶6.7
	平均				10∶3∶7.4
广西	贺州	142.5	0.0	97.5	10∶0∶6.8
	平乐	140.9	24.5	94.4	10∶1.7∶6.7
	桂平	150.0	60.0	120.0	10∶4∶8
	河池	202.5	37.5	120.0	10∶1.9∶6
	田东	174.4	70.4	114.9	10∶4∶6.6
	平均				10∶2.4∶6.8
福建	武平	180.0	72.0	216.0	10∶4∶12
	宁德	147.0	57.0	136.5	10∶3.9∶9.3
	明溪	165.0	58.5	126.0	10∶3.5∶7.6
	仙游	165.0	33.0	99.0	10∶2∶6
	漳浦	150.0	60.0	105.0	10∶4∶7
	平均				10∶3.4∶6.9
海南	三亚	103.5	17.9	0.0	10∶1.7∶0
	琼海	103.5	45.0	144.0	10∶4.3∶13.9
	五指山	299.7	133.1	505.5	10∶4.4∶16.9
	保亭	93.3	17.1	71.0	10∶1.8∶7.6
	文昌	83.9	47.9	141.1	10∶5.7∶16.8
	平均				10∶3.6∶9.4

随着测土配方施肥技术在全国范围内的广泛应用,各地均发布了县域尺度的施肥配方,主要粮食作物中的氮、磷、钾比例逐步得到优化。以太湖流域稻田为例,由于基肥多采用 15-15-15 的三元复合肥,长年累月地施入导致稻田的土壤有效磷含量不断增加,土壤磷富集现象突出,磷流失风险也不断加大。而稻季淹水条件下,土壤磷的有效性有所增加,因此稻季少施磷肥甚至不施磷肥也能保证水稻高产,且有效减少了磷的径流损失。为此,江苏省近年来主推了许多低磷配方肥(表 4-25),配方肥的总养分含量在 30%~45%,氮、磷、钾的比例也因土壤肥力不同而有较大变化,水稻季配方肥中磷的比例明显下降,氮

的比例增加，钾的比例也有所调整；小麦季的氮、磷、钾比例也相应进行了优化。

表 4-25　2019 年苏州、无锡、常州三市稻-麦基肥主推配方汇总表

市别	水稻	小麦
	氮磷钾总含量(%)与配合式(N-P$_2$O$_5$-K$_2$O)	氮磷钾总含量(%)与配合式(N-P$_2$O$_5$-K$_2$O)
苏州	42(20-8-14)、45(19-9-17)、45(20-9-16)、42(15-10-17)	40(16-8-16)、40(17-10-13)、43(25-10-8)、41(19-12-10)
无锡	40(16-8-16)、40(14-10-16)、40(15-10-15)、45(18-9-18)	40(15-15-10)、40(14-16-10)、45(15-14-16)、40(15-12-13)
常州	42(22-10-10)、40(22-8-10)、35(18-7-10)、35(15-5-15)、40(18-10-12)、40(20-8-12)	42(20-12-10)、40(20-10-10)、42(16-18-8)、35(18-7-10)、40(18-10-12)、40(16-16-8)、30(15-7-8)

4.4.3　其他农田施肥结构优化技术

1. 内蒙古马铃薯氮肥减量增效优化技术

内蒙古是我国马铃薯的主产区之一，受传统观念的影响及经济利益的驱使，马铃薯种植过程中氮肥用量普遍过量。当前，内蒙古马铃薯的氮肥利用率不到 20%(郑海春，2007)，氮肥的大量施用在创造马铃薯高产的同时也造成了氮肥资源的低效利用和环境污染(石晓华等，2018)，成为制约地区农业绿色发展的主要因素之一。因此，如何在维持作物产量的同时，降低氮肥用量、提高氮肥利用效率成为人们关注的重点。为此，根据巨晓棠(2015)提出的理论施氮量计算模型，在总结室内淋溶试验的基础上，在内蒙古四子王旗开展氮肥减量增效优化技术的研究。试验共设置 8 个处理，分别为 CK、Con-AS、50% Opt-U、100% Opt-U、150% Opt-U、100% Opt-IU(添加脲酶抑制剂)、100% Opt-AS、100% Opt-IAS(添加硝化抑制剂)处理，每个处理中选取 3 个重复埋入淋溶桶，灌溉方式为滴灌。试验设计方案见表 4-26。

表 4-26　四子王旗氮肥增效优化试验

地点	处理	氮肥用量/(kg/hm^2)	说明
四子王旗	CK	0	
	50% Opt-U	90	
	100% Opt-U	180	全生育期追肥，苗期(20%)、块茎形
	100% Opt-IU	180	成期(20%、30%)、块茎膨大期
	100% Opt-AS	180	(20%)和淀粉积累期(10%)
	100% Opt-IAS	180	
	150% Opt-U	270	
	Con-AS	360	

从图 4-21 中可以看出，不施氮肥硝态氮淋溶损失量最低，为 11.4 kg/hm^2，Con-AS处理淋溶损失量最高，达 50.41 kg/hm^2。氮肥增效优化处理下，马铃薯田硝态氮淋溶损失量为 13.8～21.8 kg/hm^2，显著低于传统施肥处理，但与 CK 处理的差异并不显著。这表明，氮肥增效优化能够有效降低土壤硝态氮的淋溶损失。与不同肥料处理相比，施用尿素土壤硝态氮的淋溶损失量要大于硫酸铵，但并无显著差异。

中国农田面源污染防控

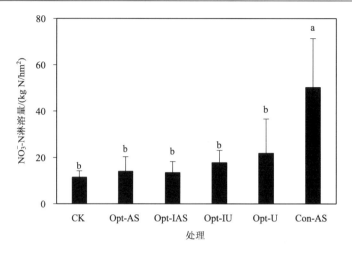

图 4-21　氮肥增效优化对马铃薯田硝态氮淋溶损失的影响

从图 4-22 可以看出，马铃薯田土壤氨气的排放量随着时间的推移呈现先增加而后降低的趋势。传统施肥模式下，土壤氨累积排放量最高，达到 4.81 kg N/hm^2；优化施肥处理模式下，土壤氨排放量有不同程度的降低。这表明，在保证作物产量的前提下，降低土壤氮肥投入是减少土壤氨挥发的重要措施。不同肥料处理下，同一施氮量条件时，硫酸铵处理土壤氨挥发量要高于尿素，且氮肥增效剂对两种肥料处理下土壤氨挥发的影响有所差异，即硝化抑制剂处理的硫酸铵抑制了氨氮在土壤中转化成硝态氮的速率，从而增加了土壤中的氨挥发，而脲酶抑制剂处理可抑制尿素的水解速度，从而减少尿素的无效降解，降低了土壤氨挥发。

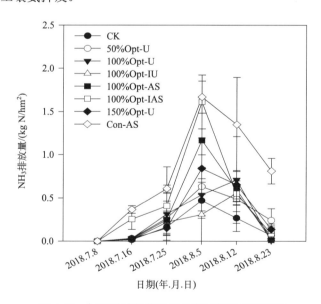

图 4-22　氮肥增效优化对马铃薯田氨排放的影响

根据建立的马铃薯田氮肥的施用量和土壤氧化亚氮的排放量关系曲线，计算出不同处理模式下土壤氧化亚氮的排放量(表 4-27)。氮肥的投入增加了土壤氧化亚氮的排放，传统施肥模式下最高，达到 2.1 kg N/hm²。与传统施肥模式相比，氮肥增效优化试验处理下，土壤氧化亚氮的排放降低了 33.33%～71.43%。

表 4-27　不同处理氧化亚氮排放量　　　　　　　(单位：kg N/hm²)

处理方式	氮肥用量	氧化亚氮排放量
CK	0	0.4
50% Opt-U	90	0.6
100% Opt-U	180	1.0
100% Opt-IU	180	1.0
100% Opt-AS	180	1.0
100% Opt-IAS	180	1.0
150% Opt-U	270	1.4
Con-AS	360	2.1

与 CK 相比，氮肥投入均可以显著增加马铃薯的产量(图 4-23)，且随着氮肥投入量的增加，马铃薯的产量表现出先增加而后稳定的趋势。与传统施肥(施氮 360 kg N/hm²)相比，施氮 180 kg N/hm² 及以上的优化施肥处理马铃薯产量虽然有所降低，但差异并不显著，产量在 22000～24000 kg/hm² 之间波动，施氮 90 kg N/hm² 处理马铃薯产量显著降低，仅为 17500 kg/hm² 左右。但随着氮肥用量的增加，氮肥的利用效率呈现显著下降趋势，氮肥利用率从 50% Opt-U 处理下的 38.73%下降到 Con-AS 处理下的 18.55%。施氮量 180 kg N/hm² 的处理氮肥利用率差异不大，氮肥利用率在 33%左右波动。总的来说，施用氮肥可以增加马铃薯的产量，但过多的氮肥投入及不合理的施用技术不仅不能增加作物的产量，还会造成氮肥利用率的下降，从而造成环境和经济效益的降低。

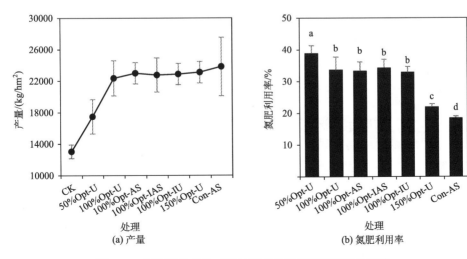

图 4-23　氮肥增效优化对马铃薯产量及氮肥利用率的影响

从表 4-28 中可以看出，淋洗是氮素损失的主要方式，不同施肥处理下氮素的淋洗量占总损失量的 82.71%～91.84%。氮肥优化处理能够降低氮素损失，尤其是以硝态氮为主的淋溶损失。相同品种肥料下，施氮量越高，土壤中氮的平衡量及盈余量越高，氮损失量也越大。传统施肥模式下，氮素的平衡量及盈余量最大，分别为 253 kg N/hm² 和 310 kg N/hm²，增效优化施肥均会不同程度地降低氮素的平衡量和盈余量，不同增效优化处理氮素的平衡量和盈余量分别为 61～188 kg N/hm² 和 74～228 kg N/hm²，分别降低了 25.69%～75.89% 和 26.45%～76.13%。在施氮量为 180 kg N/hm² 时，不管是尿素处理还是硫酸铵处理，都能在保证马铃薯产量的同时，最大限度地降低氮素的损失，此时，氮素的平衡及盈余量在 120 kg N/hm² 和 135 kg N/hm² 左右浮动；当施肥高于 180 kg N/hm² 时，氮素平衡量及盈余量增加，氮素淋失风险加大；当施肥低于 180 kg N/hm² 时，虽然氮素平衡量及盈余量较低，但马铃薯产量显著降低。

表 4-28　马铃薯田氮素输入、输出与平衡　　　　（单位：kg N/hm²）

项目		CK	50% Opt-U	100% Opt-AS	100% Opt-IAS	100% Opt-U	100% Opt-IU	150% Opt-U	Con-AS
输入	化学氮肥	0	90	180	180	180	180	270	360
	有机肥	0	0	0	0	0	0	0	0
	非共生固氮	15	15	15	15	15	15	15	15
	干湿沉降	34	34	34	34	34	34	34	34
	灌溉	5	5	5	5	5	5	5	5
	块茎	5	5	5	5	5	5	5	5
	总输入	59	149	239	239	239	239	329	419
输出	马铃薯收获	42	75	102	104	103	102	101	109
	氨挥发	1.0	1.7	1.6	1.2	2.0	2.9	1.8	4.8
	反硝化	0.4	0.6	1.0	1.0	1.0	1.0	1.4	2.1
	淋洗	11	11	14	13	18	22	36	50
	总输出	55	88	119	119	123	127	141	166
平衡		4	61	120	120	116	112	188	253
盈余		17	74	137	135	136	137	228	310

综上，基于氮平衡的马铃薯田氮肥施用优化技术能够显著降低马铃薯田氮肥投入量，结合增效氮肥在保证马铃薯产量的前提下，可以有效降低氮肥用量，显著提高马铃薯田氮肥的利用率。优化施氮和氮肥增效剂能够降低氮肥的淋溶损失，提高马铃薯种植过程中的环境效应。

2. 海南蕉园减肥增效技术

我国是仅次于印度的第二大香蕉生产国，种植面积从 1961 年的 1.3 万 hm² 增长至 2017 年的 40 万 hm²；产量由 13.5 t/hm² 增至 30 t/hm²，总产量占世界总产量的 10% 左右。

我国蕉园化肥施用量远高于香蕉养分需求量，化学肥料的不当施用，特别是化学氮肥的过量施用进一步加速了土壤酸化，导致果实品质下降。因此，需通过合理施用无机肥料、有机物料和土壤调理剂，在满足作物生长需要的同时，提高肥料利用效率，降低环境风险。

1) 蕉园有机无机肥配施技术

有机肥可以通过增强土壤缓冲能力和铝螯合剂来提高土壤 pH 并减少可交换 Al^{3+} 的产生 (Wang et al., 2014a)。由于高温和高湿度会加速土壤有机物的矿化，因此施用有机肥在高风化酸性土壤中尤其有用 (Zech et al., 1997)。除了提高作物产量和质量外，有机肥的施用还改变了土壤微生物群落组成 (Wang et al., 2017)。

为了明确有机无机配施对香蕉产量和品质的影响，于 2018～2019 年在海南省澄迈县 (109°54′28.8″ E，19°56′14.2″N) 进行了香蕉田间小区试验。施肥处理香蕉果实产量为 64.1～72.8 t/hm^2 (图 4-24)，高于我国香蕉平均产量 (45 t/hm^2)。有机无机配施 NPKM 处理 (化肥 N、P_2O_5、K_2O 分别减施 7.4%、5.8%、8.7%) 和优化施肥 OPT1 处理果实产量显著高于单施化肥处理 NPK (64.1 t/hm^2) ($P<0.05$)。所有处理植株假茎和叶片鲜重差异不显著。

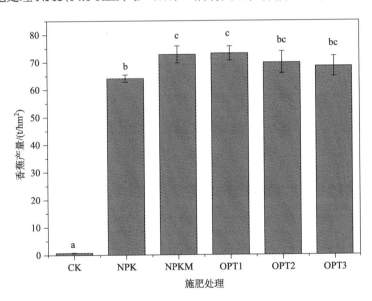

图 4-24　不同施肥处理对香蕉果实产量的影响

不施肥 CK 处理维生素 C 和可滴定酸含量最高，与优化处理 OPT3 (化肥 N、P_2O_5、K_2O 分别减施 20.6%、16.3%、24.3%) 差异达到显著水平 ($P<0.05$)；但其可溶性蛋白、可溶性糖和糖酸比最低。OPT3 处理的糖酸比为 45.4，显著高于单施化肥处理 NPK 和不施肥处理 CK (表 4-29)。

施肥处理果实、花梗、假茎和叶片对 N 吸收量分别为 89.2～102.3 kg/hm^2、4.02～6.87 kg/hm^2、44.2～62.1 kg/hm^2、82.9～89.7 kg/hm^2。不同施肥方式显著影响香蕉果实、花梗和假茎对 N 的吸收累积，但对叶片没有影响。OPT1 处理果实和花梗 N 吸收量显著高于 NPK 处理 (表 4-30)。

表 4-29　不同施肥处理对香蕉果实品质的影响

处理	维生素 C /(mg/kg)	可溶性蛋白 /(mg/kg)	可溶性糖 /%	可滴定酸 /%	糖酸比
CK	98.1 b	5.34 a	12.9 a	0.54 b	24.3 a
NPK	79.5 ab	10.7 bc	16.4 b	0.54 b	31.1 a
NPKM	96.6 b	13.7 c	17.2 b	0.49 ab	36.4 ab
OPT1	81.9 ab	8.93 b	15.4 ab	0.45 ab	34.7 ab
OPT2	79.8 ab	8.50 ab	15.9 b	0.43 ab	37.3 ab
OPT3	75.8 c	9.61 b	16.6 b	0.37 a	45.4 b

表 4-30　不同施肥处理对香蕉组织部位 N 和 P 吸收量的影响　　　（单位：kg/hm²）

处理	N				P			
	果实	花梗	假茎	叶片	果实	花梗	假茎	叶片
CK	0.83 a	0.56 a	41.5 a	65.4 a	0.40 a	0.35 a	4.37 b	5.60 a
NPK	89.2 b	5.76 c	62.1 c	89.7 a	11.5 b	0.68 b	4.56 b	7.62 a
NPKM	102.3 c	6.48 cd	54.9 bc	88.8 a	12.5 bc	0.60 b	4.07 ab	7.11 a
OPT1	102.1 c	6.87 d	47.2 ab	82.9 a	11.9 bc	0.62 b	3.43 ab	6.15 a
OPT2	98.6 bc	5.52 c	44.2 ab	85.4 a	11.8 bc	0.59 b	3.33 a	6.77 a
OPT3	89.9 b	4.02 b	48.0 ab	86.9 a	13.0 c	0.69 b	4.85 b	7.83 a

施肥处理果实、花梗、假茎和叶片对 P 的吸收量分别为 11.5～13.0 kg/hm²、0.59～0.69 kg/hm²、3.33～4.85 kg/hm²、6.15～7.83 kg/hm²。不同施肥方式对花梗和叶片中 P 的吸收量没有显著影响。OPT3 处理果实中 P 吸收量显著高于 NPK 处理（表 4-30）。

2）蕉园化肥与土壤改良剂配施增效技术

香蕉生长于高温、多湿的气候环境中，土壤有机质容易发生矿化，保肥能力差。在热带和亚热带地区施用有机肥、生物炭等是改善土壤特性（如水分、容重、pH 和可交换阳离子）的有效途径。Lee 等（2018）在台湾坡地研究发现，木质生物质炭施用有效提高了土壤的 pH、土壤有机碳、无机氮、有效磷和速效钾含量，油菜产量提高了 1.5～2 倍；在生物炭和堆肥配合施用条件下土壤径流损失减少 16.8%，土壤流失减少 25%，无机氮径流损失减少 41.8%。Abbruzzini 等（2019）采用 ^{15}N 同位素示踪技术研究发现，施用 1.9% 生物炭处理小麦产量和茎秆生物量分别增加了 27% 和 16%，并且具有更高的分蘖数和穗数；1.9% 生物炭处理谷物中 ^{15}N 的含量比不含生物炭的处理高 28%，这相当于 ^{15}N 标记的土壤肥料总量的 25%；生物炭处理反硝化损失也有所减少。在土壤中施用生物炭提高了作物对氮的吸收率和氮利用率，从而提高了农作物的产量，减少了 N_2O 排放，减轻了热带条件下温室气体的排放。Bass 等（2016）评估了生物炭、堆肥及其配施（COMBI）对热带澳大利亚香蕉和木瓜种植园的土壤特性和作物产量的影响，结果表明，生物炭、堆肥及其配施改善了土壤特性，土壤含水量、CEC、K、Ca、NO_3^-、NH_4^+ 和土壤碳含量显著增加，但是作物产量并没有提高。

　　2016～2017 年，在海南省澄迈县进行了生物炭和有机肥配施技术的田间试验。试验设置不施肥(CK)、单施化肥(NPK)、有机无机配施(NPKM)、增施生物炭(BC)间种绿肥(GM)共五个处理。除 CK 外，其他处理的 N、P、K 投入量保持一致(表 4-31)。香蕉品种为'南天皇'，于 2016 年 6 月移栽，种植密度为 2500 株/hm²。尿素(N 46%)、过磷酸钙(P 5.24%)和氯化钾(K 49.8%)每月施用一次。NPKM、BC、GM 处理有机肥在移栽之前和移栽后各施用一次。BC、GM 处理生物炭作为基肥一次性施入。绿肥竹豆在香蕉移栽后种植于香蕉行间。

表 4-31　各处理肥料和生物炭施用量及化肥减施比例

处理	化肥施用量 /(kg/hm²)			有机肥 /(kg/hm²)	生物炭 /(kg/hm²)	化肥减施/%		
	N	P	K			N	P	K
CK	0	0	0	0	0	—	—	—
NPK	900	450	1350	0	0	—	—	—
NPKM	560	270	1100	20	0	37.8	40.0	18.5
BC	450	230	920	20	20	50.0	48.9	31.9
GM	450	230	920	20	20	50.0	48.9	31.9

　　试验期间香蕉生长良好，未出现叶片黄化、缺素等症状。2017 年 6 月进行香蕉田间测产。如表 4-32 所示，NPK 处理香蕉产量为 23.2 kg/株，NPKM、BC 和 GM 处理下香蕉产量均有不同程度的提高。其中，BC 处理条件下香蕉产量与生物量最高，分别为 25.2 kg/株和 115 kg/株，分别比 NPK 处理提高 8.6%和 19.2%。

表 4-32　不同农艺措施对香蕉产量和生物量的影响　　　　　　(单位：kg/株)

处理	产量	生物量	叶片	茎秆
CK	8.16±1.15 a	57.2±5.39 a	5.17±0.95 a	43.9±5.19 a
NPK	23.2±2.72 b	96.5±10.4 b	7.57±0.77 b	65.7±6.94 b
NPKM	24.7±3.06 b	99.7±11.2 bc	7.73±0.32 b	67.2±7.85 bc
BC	25.2±2.80 b	115±10.2 c	8.49±0.86 b	81.2±6.87 bc
GM	24.1±2.73 b	108±7.33 bc	7.85±0.59 b	75.6±8.43 c

　　如表 4-33 所示，香蕉不同组织部位对 N 吸收为茎秆>果实>叶片，其中 BC 处理香蕉茎秆、果实和叶片对 N 的吸收分别比 NPK 处理提高 29.4%、12.9%和 13.0%。香蕉氮肥利用率为 BC>GM>NPKM>NPK，其中 BC 处理比 NPK 处理增加 7.0 个百分点。

　　如表 4-34 所示，香蕉不同组织部位对 P 吸收为茎秆>果实>叶片，其中 BC 处理香蕉茎秆、果实和叶片对 P 的吸收分别比 NPK 处理提高 37.0%、16.8%和 22.7%。香蕉磷肥利用率为 BC>GM>NPKM>NPK，其中 BC 处理比 NPK 处理增加 3.89 个百分点。

表 4-33　香蕉不同组织部位对 N 的吸收及氮肥利用率

处理	果实 /(g/株)	叶片 /(g/株)	茎秆 /(g/株)	氮肥利用率 /%
CK	13.8±2.67 a	11.0±1.93 a	33.5±2.69 a	—
NPK	51.1±5.38 b	18.4±0.76 b	54.4±4.28 b	18.2±1.81 a
NPKM	53.3±3.66 b	18.9±1.72 b	57.2±4.59 b	19.7±2.06 a
BC	57.7±5.99 b	20.8±2.99 b	70.4±3.59 c	25.2±2.99 b
GM	55.6±5.63 b	19.1±3.26 b	64.2±8.67 bc	22.4±2.87 ab

表 4-34　香蕉不同组织部位对 P 的吸收及磷肥利用率

处理	果实 /(g/株)	叶片 /(g/株)	茎秆 /(g/株)	磷肥利用率 /%
CK	3.18±0.37 a	2.15±0.22 a	8.19±1.57 a	—
NPK	10.7±2.19 b	3.35±0.20 b	11.9±1.35 b	6.91±1.20 a
NPKM	12.1±2.02 b	3.76±0.31 bc	12.7±1.25 b	8.37±0.61 a
BC	12.5±1.72 b	4.11±0.15 c	16.3±2.24 c	10.8±1.56 b
GM	11.6±1.34 b	3.72±0.57 bc	14.7±0.58 bc	9.19±1.11 ab

如表 4-35 所示，香蕉不同组织部位对 K 吸收为茎秆>果实>叶片，其中 BC 处理香蕉茎秆、果实和叶片对 K 的吸收比 NPK 处理提高 37.1%、20.0%和 19.7%。香蕉钾肥利用率为 BC>GM>NPKM>NPK，其中 BC 处理比 NPK 处理增加 19.0 个百分点。

表 4-35　香蕉不同组织部位对 K 的吸收及钾肥利用率

处理	果实 /(g/株)	叶片 /(g/株)	茎秆 /(g/株)	钾肥利用率 /%
CK	41.3±9.21 a	13.0±2.28 a	103±14.6 a	—
NPK	125±6.41 b	23.8±5.45 b	197±24.9 b	34.9±2.90 a
NPKM	136±10.1 b	25.4±2.91 b	211±24.1 bc	39.8±2.49 ab
BC	150±20.2 b	28.5±4.47 b	270±32.4 d	53.9±5.60 c
GM	136±15.3 b	26.0±3.57 b	243±19.8 cd	46.0±4.13 b

BC 和 GM 处理土壤 pH 显著高于化肥 NPK 处理(表 4-36)。与 NPK 处理相比，BC 处理土壤有机质、硝态氮、碱解氮、速效钾和全钾分别提高 16.4%、92.9%、23.0%、80.8%和 31.3%。

表 4-36　不同施肥措施对蕉园土壤化学性质的影响

处理	pH	有机质 /(g/kg)	氨态氮 /(mg/kg)	硝态氮 /(mg/kg)	碱解氮 /(mg/kg)
CK	6.28±0.26 c	14.3±0.59 ab	15.9±2.38 a	4.45±0.31 a	26.1±4.12 a
NPK	5.34±0.28 a	13.4±0.28 a	24.4±1.58 b	7.88±1.04 b	46.9±3.21 b
NPKM	5.65±0.38 ab	15.3±1.73 ab	25.1±0.49 b	15.1±1.74 d	56.9±7.51 bc
BC	5.93±0.32 bc	15.6±1.00 b	23.5±1.09 b	15.2±2.02 d	57.7±5.60 c
GM	6.34±0.23 c	14.9±0.59 ab	24.6±1.87 b	11.3±1.06 c	50.2±6.04 bc

续表

处理	有效磷 /(mg/kg)	速效钾 /(mg/kg)	全氮 /(g/kg)	全磷 /(g/kg)	全钾 /(g/kg)
CK	14.3±1.24 a	267±38.0 a	0.25±0.04 a	0.34±0.04 a	0.51±0.05 a
NPK	24.4±2.51 b	338±56.9 a	0.31±0.03 ab	0.45±0.04 b	0.64±0.05 ab
NPKM	27.3±1.48 b	430±34.9 b	0.37±0.04 b	0.47±0.05 b	0.72±0.03 bc
BC	28.2±3.71 b	611±27.0 c	0.40±0.05 b	0.49±0.06 b	0.84±0.11 c
GM	27.4±1.13 b	453±48.7 b	0.38±0.07 b	0.45±0.06 b	0.83±0.06 c

综上，BC 处理在化肥 N、P、K 分别减施 50.0%、48.9%、31.9%的条件下，香蕉产量和生物量均最高，比 NPK 处理提高 8.6%和 19.2%；氮肥、磷肥和钾肥利用率分别增加 7.0 个百分点、3.89 个百分点和 19.0 个百分点；土壤 pH、有机质和有效养分含量也有明显提升，既减少了化肥投入，又能够提高肥料利用效率，从而提高经济效益和环境效益。

参 考 文 献

陈贵, 张红梅, 沈亚强, 等. 2018. 猪粪与牛粪有机肥对水稻产量、养分利用和土壤肥力的影响. 土壤, (1): 59-65.

陈建生, 徐培智, 唐拴虎, 等. 2005. 一次基施水稻控释肥技术的养分利用率及增产效果. 应用生态学报, (10): 1868-1871.

崔玉亭, 程序, 韩纯儒, 等. 2000. 苏南太湖流域水稻经济生态适宜施氮量研究. 生态学报, 20(4): 659-662.

范立慧, 徐珊珊, 侯朋福, 等. 2016. 不同地力下基蘖肥运筹比例对水稻产量及氮肥吸收利用的影响. 中国农业科学, 49(10): 1872-1884.

冯尚善, 崔荣政, 王臣. 2020. 我国新型肥料产业发展现状及展望. 磷肥与氮肥, 35(10): 1-3.

高娃, 郑海春, 郜翻身, 等. 2018. 测土施肥技术对内蒙古通辽市玉米养分管理的影响现状与评价. 植物营养与肥料学报, 24(2): 544-552.

高新昊, 张英鹏, 刘兆辉, 等. 2015. 种植年限对寿光设施大棚土壤生态环境的影响. 生态学报, 35(5): 1452-1459.

韩晓飞, 谢德体, 高明, 等. 2017. 减磷配施有机肥对水旱轮作紫色水稻土磷素淋失的消减效应. 生态学报, 37(10): 3525-3532.

何应对, 王丽霞, 井涛, 等. 2016. 减量施氮对蕉园土壤养分、农艺性状及产量的影响. 热带农业科学, 36: 1-5.

侯红乾, 刘秀梅, 刘光荣, 等. 2011. 有机无机肥配施比例对红壤稻田水稻产量和土壤肥力的影响. 中国农业科学, 44(3): 516-523.

侯朋福, 薛利祥, 周玉玲, 等. 2019. 掺混控释肥侧深施对稻田田面水氮素浓度的影响. 中国土壤与肥料, (1): 16-21.

胡香玉, 钟旭华, 彭碧琳, 等. 2019. 减氮条件下高产水稻品种的产量形成和氮素利用特征. 核农学报, 33(12): 2460-2471.

黄继川, 彭智平, 徐培智, 等. 2014. 广东省水稻土有机质和氮、磷、钾肥力调查. 广东农业科学, 41(6): 70-73.

黄进宝, 范晓晖, 张绍林, 等. 2007. 太湖地区黄泥土壤水稻氮素利用与经济生态适宜施氮量. 生态学报, 27(2): 588-595.

黄农荣, 钟旭华, 郑海波. 2007. 水稻"三控"施肥技术示范应用效果. 广东农业科学, (5): 16-18.

黄巧义, 唐拴虎, 张发宝, 等. 2017. 减氮配施控释尿素对水稻产量和氮肥利用的影响. 中国生态农业学报, 25(6): 829-838.

黄山, 汤军, 廖萍, 等. 2016. 冬种紫云英和稻草还田下氮钾肥减量施用对双季水稻产量和养分吸收的影响. 江西农业大学学报, 38(4): 607-615.

井涛, 樊明寿, 周登博, 等. 2012. 滴灌施氮对高垄覆膜马铃薯产量、氮素吸收及土壤硝态氮累积的影响. 植物营养与肥料学报, 23: 654-661.

巨晓棠. 2015. 理论施氮量的改进及验证——兼论确定作物氮肥推荐量的方法. 土壤学报, 52(2): 249-261.

巨晓棠, 谷保静. 2014. 我国农田氮肥施用现状、问题及趋势. 植物营养与肥料学报, 20(4): 783-795.

孔凡斌, 郭巧苓, 潘丹. 2018. 中国粮食作物的过量施肥程度评价及时空分异. 经济地理, 38(10): 201-211.

李刚华, 薛利红, 尤娟, 等. 2007. 水稻氮素和叶绿素SPAD叶位分布特点及氮素诊断的叶位选择. 中国农业科学, 40(6): 1127-1134.

李红莉, 张卫峰, 张福锁, 等. 2010. 中国主要粮食作物化肥施用量与效率变化分析. 植物营养与肥料学报, 16(5): 1136-1143.

李菊梅, 徐明岗, 秦道珠, 等. 2005. 有机肥无机肥配施对稻田氨挥发和水稻产量的影响. 植物营养与肥料学报, 11(1): 51-56.

李小波, 刘晓津, 赖玉嫦, 等. 2016. "薯-稻-稻"轮作模式下双季稻施肥减量研究. 热带作物学报, 37(10): 1877-1881.

李旭. 2016. 控释尿素减量施用对双季稻产量、氮肥利用率和氮素损失的影响. 长沙: 湖南农业大学.

李子涵. 2016. 我国粮食生产中的化肥过量施用研究. 安徽农业科学, 44(16): 245-247.

廖义善, 卓慕宁, 李定强, 等. 2013. 适当化肥配施有机肥减少稻田氮磷损失及提高产量. 农业工程学报, 29(25): 210-217.

林晶晶, 李刚华, 薛利红, 等. 2014. [15]N示踪的水稻氮肥利用率细分. 作物学报, 40(8): 1418-1428.

凌启鸿, 张洪程, 戴其根, 等. 2005. 水稻精确定量施氮研究. 中国农业科学, 38(12): 2457-2467.

刘红江, 陈虞雯, 孙国峰, 等. 2017. 有机肥-无机肥不同配施比例对水稻产量和农田养分流失的影响. 生态学杂志, 36(2): 405-412.

刘红江, 郑建初, 陈留根, 等. 2012. 秸秆还田对农田周年地表径流氮、磷、钾流失的影响. 生态环境学报, 21(6): 1031-1036.

刘立军, 徐伟, 桑大志, 等. 2006. 实地氮肥管理提高水稻氮肥利用效率. 作物学报, 32(7): 987-994.

刘荣杰. 2015. 超级稻"甬优12"实地氮肥管理技术. 上海交通大学学报(农业科学版), 33(1): 48-53.

刘雅文, 马资厚, 潘复燕, 等. 2017. 不同土壤添加剂对太湖流域水稻产量及氮磷养分利用的影响. 农业环境科学学报, 36(7): 1395-1405.

刘珍环, 杨鹏, 吴文斌, 等. 2016. 近30年中国农作物种植结构时空变化分析. 地理学报, 71(5): 840-851.

鲁如坤, 蒋柏藩, 牟润生. 1965. 磷肥对水稻和旱作的肥效及其后效的研究. 土壤学报, 13(2): 152-160.

莫钊文, 李武, 段美洋, 等. 2014. 减氮对华南早晚兼用型水稻产量、品质及氮吸收利用的影响. 西北农林科技大学学报(自然科学版), (9): 83-90.

潘复燕, 薛利红, 卢萍, 等. 2015. 不同土壤添加剂对太湖流域小麦产量及氮磷养分流失的影响. 农业环境科学学报, (5): 118-126.

潘俊峰, 钟旭华, 黄农荣, 等. 2019. 不同栽培模式对华南双季晚稻产量和氮肥利用率的影响. 浙江农业学报, 31(6): 857-868.

乔俊, 颜廷梅, 薛峰, 等. 2011. 太湖地区稻田不同轮作制度下的氮肥减量研究. 中国生态农业学报, 19(1): 24-31.

秦永林, 于静, 陈杨, 等. 2019. 内蒙古灌溉马铃薯施肥现状及肥料利用效率. 中国蔬菜, 11: 75-77.

覃夏, 王绍华, 薛利红. 2011. 江西鹰潭地区早稻氮素营养光谱诊断模型的构建与应用. 中国农业科学, 44(4): 691-698.

邱晓峰. 2017. 无公害棚室西葫芦高效生产技术措施. 吉林蔬菜, 5: 6-7.

石晓华, 杨海鹰, 康文钦, 等. 2018. 不同施氮量对马铃薯-小麦轮作体系产量及土壤氮素平衡的影响. 作物杂志, (2): 108-113.

史常亮, 郭焱, 朱俊峰. 2016. 中国粮食生产中化肥过量施用评价及影响因素研究. 农业现代化研究, 37(4): 671-679.

谭力彰, 黎炜彬, 黄思怡, 等. 2018. 长期有机无机肥配施对双季稻产量及氮肥利用率的影响. 湖南农业大学学报(自然科学版), (2): 188-192.

汪玉, 赵旭, 王磊, 等. 2014. 太湖流域稻-麦轮作农田磷素累积现状及其环境风险与控制对策. 农业环境科学学报, 33(5): 829-835.

王保君, 程旺大, 陈贵, 等. 2019. 秸秆还田配合氮肥减量对稻田土壤养分、碳库及水稻产量的影响. 浙江农业学报, 31(4): 117-123.

王光火, 张奇春, 黄昌勇. 2003. 提高水稻氮肥利用率、控制氮肥污染的新途径-SSNM. 浙江大学学报(农业与生命科学版), 29(1): 67-70.

王海, 席运官, 陈瑞冰, 等. 2009. 太湖地区肥料、农药过量施用调查研究. 农业环境与发展, 26(3): 10-15.

王善高, 田旭, 周应恒. 2019. 中国农业化肥施用量增长原因分解及其削减潜力分析. 生态经济, 35(3): 115-121.

吴俊, 樊剑波, 何园球, 等. 2012. 不同减量施肥条件下稻田田面水氮素动态变化及径流损失研究. 生态环境学报, 21(9): 1561-1566.

吴萌, 李委涛, 刘佳, 等. 2017. 红壤水稻土上双季稻氮素减施增效方法比较. 土壤, 49(4): 685-691.

熊瑞权, 谢雁芸, 李倩欣. 2021. 广东省水稻生产区域变迁及影响因素分析. 农村经济与科技, 32(2): 8-10.

徐国伟, 谈桂露, 王志琴, 等. 2009. 秸秆还田与实地氮肥管理对直播水稻产量、品质及氮肥利用的影响. 中国农业科学, 42(8): 2736-2746.

徐明岗, 李菊梅, 李冬初, 等. 2009. 控释氮肥对双季水稻生长及氮利用率的影响. 植物营养与肥料学报, 15(5): 1010-1015.

徐洋, 杨帆, 张卫峰, 等. 2019. 2014-2016年我国种植业化肥施用状况及问题. 植物营养与肥料学报, 25(1): 11-21.

薛峰, 颜廷梅, 乔俊, 等. 2009. 太湖地区稻田减量施肥的环境效益和经济效益分析. 生态与农村环境学报, 25(4): 26-31, 51.

薛利红, 李刚华, 候朋福, 等. 2016. 太湖地区稻田持续高产的减量施氮技术体系研究. 农业环境科学学报, 35(4): 729-736.

薛利红, 覃夏, 李刚华, 等. 2009. 江西鹰潭早稻关键生育期的 NDVI 诊断指标. 农业工程学报, 25: 223-227.

薛利红, 覃夏, 李刚华, 等. 2010. 基蘖肥氮不同比例对直播早稻群体动态、氮素吸收利用及产量形成的影响. 土壤, 42(5): 681-685.

薛利红, 俞映倞, 杨林章. 2011. 太湖流域稻田不同氮肥管理模式下的氮素平衡特征及环境效应评价. 环境科学, 32(4): 222-227.

闫德智, 王德建, 林静慧. 2005. 太湖地区氮肥用量对土壤供氮、水稻吸氮和地下水的影响. 土壤学报, 42(3): 440-446.

杨海生, 张洪程, 杨连群, 等. 2002. 依叶龄运筹氮肥对优质水稻产量与品质的影响. 中国农业大学学报, 7(3): 19-26.

叶延琼, 汪晶, 章家恩, 等. 2019. 广东省水稻秸秆露天焚烧大气污染物排放的时空分布特征. 华南农业大学学报, 40(4): 52-60.

于林惠, 李刚华, 徐晶晶, 等. 2012. 基于高产示范方的机插水稻群体特征研究. 中国水稻科学, 26(4): 451-456.

余海英, 李廷轩, 张锡洲. 2010. 温室栽培系统的养分平衡及土壤养分变化特征. 中国农业科学, 43(3): 514-522.

俞映倞, 薛利红, 杨林章. 2011. 不同氮肥管理模式对太湖流域稻田土壤氮素渗漏的影响. 土壤学报, 48(5): 988-995.

俞映倞, 薛利红, 杨林章. 2013. 太湖地区稻田不同氮肥管理模式下氨挥发特征研究. 农业环境科学学报, 32(8): 1682-1689.

曾祥明, 韩宝吉, 徐芳森, 等. 2012. 不同基础地力土壤优化施肥对水稻产量和氮肥利用率的影响. 中国农业科学, (14): 2886-2894.

张灿强, 王莉, 华春林, 等. 2016. 中国主要粮食生产的化肥削减潜力及其碳减排效应. 资源科学, 38(4): 790-797.

张福锁, 王激清, 张卫峰. 2008. 中国主要粮食作物肥料利用率现状与提高途径. 土壤学报, 45(4): 915-924.

张刚, 王德建, 陈效民. 2008. 稻田化肥减量施用的环境效应. 中国生态农业学报, 16(2): 327-330.

张刚, 王德建, 俞元春, 等. 2016. 秸秆全量还田与氮肥用量对水稻产量、氮肥利用率及氮素损失的影响. 植物营养与肥料学报, 22(4): 877-885.

张洪程, 吴桂成, 戴其根, 等. 2011. 水稻氮肥精确后移及其机制. 作物学报, 10: 1837-1851.

张军, 张洪程, 段祥茂, 等. 2011. 地力与施氮量对超级稻产量、品质及氮素利用率的影响. 作物学报, (11): 2020-2029.

张雪凌, 姜慧敏, 刘晓, 等. 2017. 基追比例提高红壤性水稻土肥力和双季稻氮素的农学效应. 植物营养与肥料学报, 23(2): 351-359.

张英鹏, 孙明, 李彦, 等. 2020. 根系调控对设施西葫芦产量、品质及土壤氮磷淋溶损失的影响. 山东农业科学, 52(11): 90-94.

张志剑. 2001. 水田土壤磷素流失的数量潜能及控制途径的研究. 杭州: 浙江大学.

赵冬, 颜廷梅, 乔俊, 等. 2015. 太湖地区绿肥还田模式下氮肥的深度减量效应. 应用生态学报, 26(6): 1673-1678.

赵明, 蔡葵, 赵征宇, 等. 2007. 不同有机肥料中氮素的矿化特性研究. 农业环境科学学报, (S1): 146-149.

赵同凯, 孙明, 李彦, 等. 2020. 设施西葫芦空棚期利用金针菇菌渣栽培草菇技术. 农业科技通讯, 12: 281-283.

赵玉芬, 赵秉强, 侯翠红, 等. 2018. 适应农业新需求, 构建我国肥料领域创新体系——中国科学院学部咨询报告. 植物营养与肥料学报, 24(2): 561-568.

郑海春. 2007. 内蒙古自治区化肥施用现状调研与化肥利用率的研究. 呼和浩特: 内蒙古农业大学.

钟旭华, 黄农荣, 郑海波, 等. 2007. 不同时期施氮对华南双季杂交稻产量及氮素吸收和氮肥利用率的影响. 杂交水稻, 22(4): 62-66.

朱兆良. 2006. 推荐氮肥适宜施用量的方法论刍议. 植物营养与肥料学报, (1): 1-4.

左文刚, 黄顾林, 陈亚斯, 等. 2017. 氮肥运筹对秸秆全量还田双季稻氮产量及氮素吸收利用的影响. 扬州大学学报(农业与生命科学版), 38(2): 75-81.

Abbruzzini T F, Davies C A, Toledo F H, et al. 2019. Dynamic biochar effects on nitrogen use efficiency, crop yield and soil nitrous oxide emissions during a tropical wheat-growing season. Journal of Environmental Management, 252: 9.

Bass A M, Bird M I, Kay G, et al. 2016. Soil properties, greenhouse gas emissions and crop yield under compost, biochar and co-composted biochar in two tropical agronomic systems. Science of the Total Environment, 550: 459-470.

Chen X P, Cui Z L, Zhang F S, et al. 2014. Producing more grain with lower environmental costs. Nature, 514: 486-489.

Foley J A, Ramankutty N, Brauman K A, et al. 2011. Solutions for a cultivated planet. Nature, 478: 337-342.

Ghaley B B. 2012. Uptake and utilization of 5-split nitrogen topdressing in an improved and a traditional rice cultivar in the Bhutan highlands. Experimental Agriculture, 48: 536-550.

Lee C H, Wang C C, Lin H H, et al. 2018. In-situ biochar application conserves nutrients while simultaneously mitigating runoff and erosion of an Fe-oxide-enriched tropical soil. Science of the Total Environment, 619: 665-671.

Li G H, Lin J J, Xue L H, et al. 2018. Uptake, residual, and loss of basal n under split n fertilization in transplanted rice with ^{15}N isotope tracer. Pedosphere, 28(1): 135-143.

Li G H, Zhang J, Yang C D, et al. 2014. Yield and yield components of hybrid rice as influenced by nitrogen fertilization at different eco-sites. Journal of Plant Nutrition, 37: 244-258.

Li T M, Huang Z, Chen M S, et al. 2012. Study on purification of black-odors river water by floating-bed-grown *Lythrum salicaria* with root regulation. Advanced Materials Research, 518-523: 2235-2242.

Nomura E S, Cuquel F L, Damatto Junior E R, et al. 2017. Fertilization with nitrogen and potassium in banana cultivars 'Grand Naine', ' FHIA 17' and 'Nanicao IAC 2001' cultivated in Ribeira Valley, Sao Paulo State, Brazil. Acta Scientiarum-Agronomy, 39: 505-513.

Pattison A, East D, Ferro K, et al. 2016. Agronomic consequences of vegetative groundcovers and reduced nitrogen applications for banana production systems. X International Symposium on Banana: ISHS-ProMusa Symposium on Agroecological Approaches to Promote Innovative Banana 1196: 155-162.

Peng S B, Buresh J R, Huang J L, et al. 2006. Strategies for overcoming low agronomic nitrogen use efficiency in irrigated rice systems in China. Field Crops Research, 96(1): 37-47.

Peng S B, Buresh R J, Huang J L, et al. 2010. Improving nitrogen fertilization in rice by site-specific N management. A review. Agronomy for Sustainable Development, 30(3): 649-656.

Qiao J, Yang L Z, Yan T M, et al. 2012. Nitrogen fertilizer reduction in rice production for two consecutive years in the taihu lake region. Agriculture, Ecosystems and Environment, 146: 103-112.

Qiao J, Yang L Z, Yan T M, et al. 2013. Rice dry matter and nitrogen accumulation, soil mineral N around root and N leaching, with increasing application rates of fertilizer. European Journal of Agronomy, (49): 93-103.

Raphael L, Recous S, Ozier-Lafontaine H, et al. 2020. Fate of a ^{15}N-labeled urea pulse in heavily fertilized banana crops. Agronomy, 10(5): 666.

Raphael L, Sierra J, Recous S, et al. 2012. Soil turnover of crop residues from the banana(*Musa* AAA cv. Petite-Naine)mother plant and simultaneous uptake by the daughter plant of released nitrogen. European Journal of Agronomy, 38: 117-123.

Senthilkumar M, Ganesh S, Srinivas K, et al. 2017. Fertigation for effective nutrition and higher productivity in banana-A Review. International Journal of Current Microbiology and Applied Sciences, 6(7): 2104-2122.

Shukla A K, Ladha J K, Singh V K, et al. 2004. Calibrating the leaf color chart for nitrogen management in different genotypes of rice and wheat in a systems perspective. Agronomy Journal, 96(6): 1606-1621.

Singh B, Singh Y, Ladha J K, et al. 2002. Chlorophyll meter - and leaf color chart-based nitrogen management for rice and wheat in Northwestern India. Agronomy Journal, 94(4): 821-829.

Sun J B, Zou L P, Li W B, et al. 2018. Rhizosphere soil properties and banana Fusarium wilt suppression influenced by combined chemical and organic fertilizations. Agriculture Ecosystems & Environment, 254: 60-68.

Tilman D, Balzer C, Hill J, et al. 2011. Global food demand and the sustainable intensification of agriculture. Proceedings of the National Academy of Sciences of the United States of America, 108: 20260-20264.

Twyford I, Walmsley D J P. 1974. The mineral composition of the Robusta banana plant. Plant & Soil, 39(2): 227-243.

Wang J, Song Y, Ma T, et al. 2017. Impacts of inorganic and organic fertilization treatments on bacterial and fungal communities in a paddy soil. Applied Soil Ecology, 112: 42-50.

Wang L, Butterly C, Wang Y, et al. 2014a. Effect of crop residue biochar on soil acidity amelioration in strongly acidic tea garden soils. Soil Use and Management, 30: 119-128.

Wang Y, Tang J, Zhang H, et al. 2014b. Aggregate-associated organic carbon and nitrogen impacted by the long-term application of fertilizers, rice straw, and pig manure. Soil Science, 179(10/11): 522-528.

Wang Y, Zhao X, Wang L, et al. 2016. Phosphorus fertilization to the wheat-growing season only in a rice - wheat rotation in the Taihu Lake region of China. Field Crops Research, 198: 32-39.

Wang Z, Huang K K, Xue X. 2014c. Genotype difference in grain yield response to basal N fertilizer supply among various rice cultivars. Soil Science, 2: 52-57.

Xue L H, Cao W X, Luo W H, et al. 2004. Monitoring leaf nitrogen status in rice with canopy spectral reflectance. Agronomy Journal, 96(1): 135-142.

Xue L H, Li G H, Qin X, et al. 2014a. Topdressing nitrogen recommendation for early rice with an active sensor in south China. Precision Agriculture, 15(1): 95-110.

Xue L H, Yang L Z. 2008. Recommendations for nitrogen fertilizer topdressing rates in rice using canopy reflectance spectra. Biosystems Engineering, 100: 524-534.

Xue L H, Yu Y L, Yang L Z. 2014b. Maintaining yields and reducing nitrogen loss in rice-wheat rotation system in Taihu Lake region with proper fertilizer management. Environmental Research Letter, (9): 115010.

Yu Y L, Xue L H, Yang L Z. 2014. Winter legumes in rice crop rotations reduces nitrogen loss, and improves rice yield and soil nitrogen supply. Agronomy for Sustainable Development, 34(3): 633-640.

Yuvaraj M, Mahendran P. 2017. Nitrogen distribution under subsurface drip fertigation system on banana cv. RASTHALI. Asian Journal of Soil Science, 12: 242-247.

Zech W, Senesi N, Guggenberger G, et al. 1997. Factors controlling humification and mineralization of soil organic matter in the tropics. Geoderma, 79: 117-161.

Zhang Z, Chu G, Liu L, et al. 2013. Mid-season nitrogen application strategies for rice varieties differing in panicle size. Field Crops Research, 150: 9-18.

Zhong S, Mo Y, Guo G, et al. 2014. Effect of continuous cropping on soil chemical properties and crop yield in banana plantation. Journal of Agricultural Science and Technology, 16(1): 239-250.

Zhong X H, Peng S B, Huang R, et al. 2010. The development and extension of three controls technology in Guangdong, China. Research to Impact: Case Studies for Natural Resources Management of Irrigated Rice in Asia: 221-232.

第5章 化肥损失过程控制及高效阻断技术

5.1 引 言

5.1.1 农田化肥的使用、损失与环境排放

20世纪70年代初期，我国农业生产开始试验和应用化肥。随着化肥生产技术和化肥工业的逐渐成熟，我国农田中化肥的用量迅速增加，进入21世纪后，单位面积化肥用量已超过许多国家。据统计，华北平原小麦-玉米田的施氮量为474～545 kg N/hm^2，长江中下游稻田每年的氮肥综合投入高达500～600 kg N/hm^2(Zhao et al., 2012)，华南双季稻地区单季氮肥用量为184.4 kg N/hm^2，磷肥用量为71.1 kg P$_2$O$_5$/hm^2，香蕉园氮肥施用量低则为500～750 kg N/hm^2，高则为900～1016 kg N/hm^2(Tan et al., 2004; Yao et al., 2009)，甚至高达1300 kg N/hm^2(Zhu et al., 2015)。

化肥施用过量与施肥结构的不合理，不仅增加了投资成本，降低了其利用效率，同时其以径流、淋溶与挥发等方式排放到环境中，对周边土壤和水体造成了一定程度的污染。氮素在循环和利用过程中，受气候、土壤质地、肥料种类、施肥方式、肥料用量、土地耕作制度等因素的影响，不同地区和不同种植方式的农田氮肥损失特征不尽相同。华北平原小麦-玉米体系化肥氮素损失途径主要是氨挥发、硝酸盐淋溶、反硝化及地表径流(Ju et al., 2009; 赵荣芳等, 2009)，其中氮素氨挥发、硝酸盐淋溶、反硝化损失量分别占氮肥施用量的22%、25%、3%(赵荣芳等, 2009)，约有一半的氮肥排放到环境中。长江中下游稻-麦轮作体系下每年仅以氨的形式损失的氮肥就占氮肥施用量的6%～20%(Dong et al., 2019)，以硝化和反硝化损失的氮肥为16%～41%(朱兆良, 2000)。华南地区蔬菜地氮素以淋溶损失为主，蔬菜植株自身吸收的氮仅90 kg/hm^{2}左右，而高达290 kg/hm^{2}的氮通过淋溶排放到环境(Lowrance and Smittle, 1988)。相对于氮素营养而言，磷素在土壤中的迁移较为缓慢，主要损失途径为径流。孙娜(2017)利用前人的研究模型估算华北平原小麦-玉米轮作磷素径流损失为0.2 kg P/hm^2。

据《第二次全国污染源普查公报》统计,2017年农业源总氮、总磷排放量分别为141.49万t、21.20万t，占排放总量的46.5%、67.2%。其中种植业总氮排放量为71.95万t，总磷为7.62万t，已经成为水体富营养化的主要因素；而长江中下游区域太湖和巢湖中总氮的60%～70%和总磷的40%～60%来自农业面源污染。氮素的淋溶会显著增加地下水中硝酸盐的浓度。N$_2$O、NO和NH$_3$是农田系统中排放的三种最主要的活性气态氮，进入大气环境后会造成一系列的环境问题(Qiao et al., 2015)。因此，使用化学肥料引起的养分损失对周边水体的威胁不容小视，亟须根据其在土壤及水体环境中的损失特征研发针对性的过程控制技术，从而减少氮磷损失并提高其利用率。

5.1.2 农田化肥面源污染的阻控

农田化肥面源污染控制的主要技术手段包括：①源头控制技术，如有机肥替代、缓控释肥和生物炭基肥等新型肥料的使用、化肥科学减量等措施；②过程阻断技术，如人工湿地、生态沟渠、植物缓冲带等生态工程措施；③末端处理技术，如前置库技术、生态浮床技术等水体生态修复措施。杨林章等(2013)提出了面源污染治理的总体思路及指导原则，总结提炼了面源污染治理的"4R"理论，即源头减量、过程阻断、养分循环再利用和生态修复，并在江苏省直湖港小流域进行了"4R"理论的具体工程设计和应用。工程实践证明，"4R"理论指导下的核心示范区 TN 入河量的削减率可达到 47.5%。

源头化肥减量技术除了利用增施有机肥和测土配方肥优化施肥来减少化肥用量外，还可以采用新型缓控释肥等改变肥料种类，推广机械深施调整和改进施肥方法，配施生物炭、脲酶抑制剂或硝化抑制剂等调控氮素的转化过程来减少氮素损失(Li et al., 2020; 俞巧钢和陈英旭，2010; 张文学等，2019)。农田氮磷径流损失的过程阻控主要是通过生态沟渠、生态塘、人工湿地、植物缓冲带、植物篱等生态工程措施，发挥其沉积、过滤、吸收、吸附及微生物转化等作用，减少地表径流中氮磷等向水体的输出量。

由于区域土壤性质、气候条件、耕作轮作与水肥管理等因素的不同，氮磷损失的特征不同，采取的控制措施也应有所差异。20 余年来，虽然在农田氮磷损失过程、机制及阻控技术等方面的研究已经有了较多的数据积累，但研究的系统性与技术的规范性显然不够。特别是针对我国典型生态类型与农作制度下的农田化肥氮磷在土壤-作物-水体环境的迁移、吸收、转化特点，损失途径及所占比例，尚缺少深入与全面系统的研究，针对性和操作性强的阻控技术严重不足。

本章选取了华北小麦-玉米轮作、长江中下游水稻-小麦轮作、华南蔬菜地、华南双季稻、华南香蕉园等典型区域的典型种植方式，基于施肥优化下的氮磷流失途径、损失通量研究，系统研发南方水田生态沟渠与生态塘、坡耕地植物篱与草皮水道、北方旱地草篱与植物过滤带等农田流失氮磷的拦截与消纳技术，以期为农田养分的流失阻控和农业面源污染治理提供更多的技术支撑。

5.2 农田化肥径流损失与阻控拦截技术

5.2.1 农田化肥氮磷径流损失特征

1. 长江中下游水稻-小麦轮作区化肥氮磷径流损失特征

长江中下游地区降雨充沛，径流是农田氮素排放进入水环境的主要途径。在水稻-小麦轮作区，虽然小麦季施氮量通常低于水稻季，但小麦季需开沟排涝防止小麦渍害，对降雨无拦蓄作用，因此其径流系数往往高于水稻季。基于 1956~2015 年的历史降雨数据分析和实际径流发生的调研监测，水稻和小麦的径流易发期分别是水稻移栽至分蘖期(即 6 月初至 7 月中下旬的基肥期和蘖肥期)和小麦播种至返青拔节期(11 月、2 月和 3 月)，此时径流样中氮浓度可高达 40~60 mg/L(侯朋福等，2017a; 严磊等，2020)。

根据 2009～2012 年连续 3 年的监测结果(图 5-1)，太湖流域无锡地区水稻-小麦轮作农田的径流主要受降雨事件驱动，径流系数在 0.14～0.56 之间，年际变异较大；径流氮损失：稻季 1.84～8.75 kg/hm²，以氨氮为主；小麦季 1.75～27.50 kg/hm²，以硝态氮为主；年径流氮总损失量为 3.95～36.25 kg/hm²，占施氮量的 0.8%～7.2%，平均为 3.1%(Xue et al., 2014)。而 Tian 等(2007)在太湖流域常熟地区连续 2 年的监测结果和 Zhao 等(2012)在宜兴连续 3 年的监测结果显示，麦季氮素径流损失平均为 18.4 kg N/hm² 和 44.97 kg N/hm²，均远高于稻季的 6.72 kg N/hm² 和 14.55 kg N/hm²。

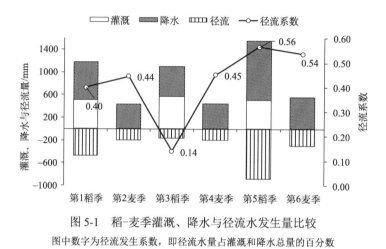

图 5-1　稻-麦季灌溉、降水与径流水发生量比较

图中数字为径流发生系数，即径流水量占灌溉和降水总量的百分数

与径流相比，水稻-小麦轮作农田氮的淋溶损失量相对较小，约占施肥量的 3%左右。其中稻季由于水层的存在，淋溶损失相对稳定，占施氮量的 1.7%～3.2%，平均为 2.6%，淋溶氮浓度在 2.28～5.03 mg/L，其中有机氮占 60%以上；麦季由于旱作，氮淋溶损失受降雨量影响极大，损失总量在 1.44～19.0 kg/hm²，平均占施氮量的 4.2%左右，其中硝态氮占比 60%以上(俞映倞等，2011)。除了径流和淋溶外，还有相当一部分氮素通过氨挥发、氧化亚氮排放及反硝化损失到大气中。

相对于氮素而言，农田磷素损失途径相对比较简单，主要通过地表径流和淋溶两种途径。其中地表径流损失是水稻-小麦轮作农田磷素流失的主要途径，约占农田磷素总损失量的 76%，颗粒态磷是主要形态。多年定位监测数据显示，稻季的磷素损失量为 0.69～2.66 kg P/hm² 左右，占施磷量的 1.1%～4.4%；麦季为 0.55～1.26 kg P/hm²，约占施磷量的 0.9%～2.1%；周年径流磷损失平均为 2.58 kg P/hm²，占总施磷量的 2.1%。磷的淋溶损失较少，周年平均损失量为 0.80 kg P/hm²，占总施磷量的 0.7%。

2. 华南双季稻区化肥氮磷径流损失特征

华南双季稻区地处经济发达的珠江三角洲地区，水稻生产依赖于大量化肥投入。农户习惯栽培模式下，华南双季稻地区单季氮肥用量为 184.4 kg N/hm²，磷肥用量为 71.1 kg P₂O₅/hm²，钾肥用量为 129.6 kg K₂O/hm²。部分地区的氮肥投入量甚至超过 300 kg N/hm²，磷肥用量高达 145.5 kg P₂O₅/hm²(姚建武等，2015；张威等，2009)。过量施肥增加了氮磷等营养的流失。

对 2005~2017 年华南地区关于稻田径流氮磷损失的研究文献汇总分析表明：华南双季稻氮素周年径流损失平均为 32.7 kg N/hm²，占氮肥施用量的 8.86%，磷素周年径流损失平均为 5.20 kg P/hm²，占磷肥施用量的 12.2%。Ji 等（2007）研究表明，稻田氮素单季流失负荷达 7.47 kg N/hm²，占施氮量的 2.49%。农田氮素和磷素的径流损失是华南地区水网水体富营养化的重要原因。

国内外研究普遍认为水稻生长期氮渗漏损失的量较少，氨氮集中分布在土壤表层，易被土壤胶体吸附，在淹水条件下土壤处于强还原状态，土壤的硝化反应受到抑制，减少了氨氮淋溶损失。因此，稻田氮淋溶损失的主要形态是硝态氮。文献分析结果表明，华南双季稻区氮素淋溶损失相对较少，氮素周年渗漏损失平均为 23.7 kg N/hm²，占氮肥施用量的 6.43%，占环境流失总量的 9.94%（胡伟等，2017；纪雄辉等，2007，2008；焦军霞等，2014；李高明，2009；李旭，2016；李敏等，2019；田昌等，2018；吴建富等，2001）。

径流是华南双季稻田中氮磷养分向环境流失的重要途径。降雨初期是氮、磷径流输出的高峰期，降雨条件下氮、磷输出浓度分别是非降雨条件下的 3.8 倍和 7.8 倍（刘平等，2008）。施肥后 10 天内是氮素径流损失的高风险期，氮磷的径流损失占稻季总流失量的 80% 以上（杨坤宇等，2019）（图 5-2）。

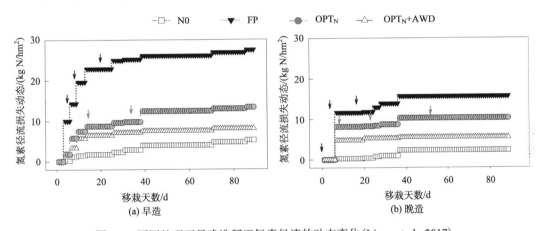

图 5-2　不同处理下早晚造稻田氮素径流的动态变化（Liang et al., 2017）

N0、FP、OPT$_N$、OPT$_N$+AWD 分别表示不施氮、农户习惯栽培、氮肥优化管理、氮肥优化结合节水控污技术；黑色箭头和灰色箭头代表施肥时间

3. 华南香蕉园化肥氮磷径流损失特征

香蕉是典型的"大水大肥"作物，生长迅速，产量高，根浅不耐干旱，需要大量的矿物质养分才能保证其快速生长和发育（Memon et al., 2010）。据估计，产量为 52 t/hm² 的蕉园每年需吸收 320 kg N、32 kg P$_2$O$_5$ 和 925 kg K$_2$O（Mustaffa and Kumar, 2012）。根据文献统计和现场调查，我国华南地区香蕉园化肥平均施用量分别为（755±271）kg N/hm²、（399±443）kg P$_2$O$_5$/hm² 和（1442±649）kg K$_2$O/hm²，超过植株生长养分需求量（Bass et al., 2016; Nomura et al., 2017; Pramanik and Patra, 2016; Rajput et al., 2015）。与水稻、小麦和

玉米等粮食作物相比，香蕉的肥料利用率更低。大量的氮素通过径流、淋溶、氨挥发和反硝化等途径进入周边环境。

在海南省澄迈县香蕉试验基地全年的监测发现，尽管地表径流液中 TN 浓度比淋溶液低很多，但由于径流量远高于淋溶水量，地表径流氮损失大于淋溶损失。常规化肥 NPK 处理的地表径流液 TN 浓度为 1.7～5.0 mg/L，而不施肥处理 TN 浓度仅为 0.6～1.0 mg/L，优化施肥处理可以有效降低径流 TN 浓度（图 5-3）。常规化肥 NPK 处理的累计氮径流流失量为 145 kg N/hm^2，是不施肥处理的 4.6 倍，占施氮总量的 19.2%；优化施肥处理的累积氮径流流失量为 97～116 kg N/hm^2，比常规化肥 NPK 处理降低 19.7%～33.2%（图 5-4）。余萍（2011）的研究指出，蕉园氮地表径流损失为 54.3 kg N/hm^2，低于实际监测结果，这与氮投入量比较低（243 kg N/hm^2）有关，氮径流损失比例和实际监测结果相当，占氮投入量的 22.3%。

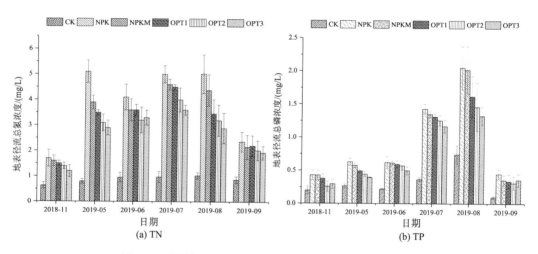

图 5-3　不同施肥处理香蕉园地表径流 TN 和 TP 浓度变化

CK 为不施肥处理；NPK 为常规化肥处理；NPKM 为有机无机配施处理；OPT1、OPT2 和 OPT3 分别为优化处理 1、优化处理 2 和优化处理 3；下同

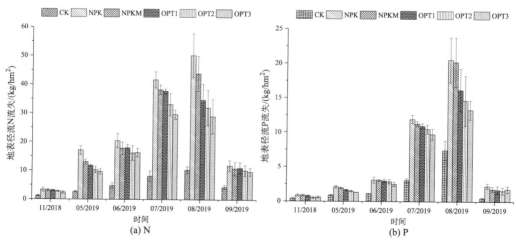

图 5-4　不同施肥处理香蕉园地表径流 N 和 P 流失量

地表径流液中 TP 浓度高于淋溶液。不施肥处理径流液中 TP 浓度为 0.1~0.7 mg/L，而常规化肥 NPK 处理为 0.4~2.1 mg/L，优化处理为 0.3~1.6 mg/L，比单施化肥 NPK 处理降低 4.3%~37.0%。图 5-4 结果显示，各个施肥处理 P 地表径流损失远低于 N 径流损失，其中常规化肥 NPK 处理累计磷径流流失量为 40.7 kg P/hm²，是不施肥处理的 3.1 倍，占施磷量的 10.8%；优化施肥处理累计磷径流流失量为 29.2~34.2 kg P/hm²，比常规化肥 NPK 处理降低 16.1%~28.3%。

5.2.2　农田氮磷径流的流失阻控与养分拦截技术

1. 农田径流的原位减排技术

1）降低径流养分浓度的肥料优化管理技术

有机无机配施、秸秆还田、采用缓控释肥和生物炭等源头控制措施是生产上减少氮磷径流损失的重要手段。一般来说，在化肥施用后的 7~10 天内田面水中养分浓度较高，若该时期发生大规模降水和排水则有可能引发化肥氮大量损失，而此时期田面水中氮磷浓度则是决定径流养分损失大小的关键。因此，能有效减少施肥期田面水中氮磷浓度的措施，均可降低径流损失风险。减少化肥投入能有效降低田面水中的氮浓度，进而减少农田养分径流损失(Liang et al., 2017)。有机肥替代 50%的化肥能显著降低 23%的磷素流失；采用秸秆还田措施不仅可从源头上减少晚稻化肥投入，还可以通过改善土壤理化性质降低稻田径流液的氮磷养分含量。

以水稻-小麦轮作系统为研究对象，氮肥减量、缓控释肥配合机械深施及有机肥替代均可降低径流发生的风险。减少氮肥投入量可在径流发生时有效降低径流液中氮浓度(图 5-5)。缓控释肥料由于其缓慢释放养分的特性，整个稻季仅需施肥 1 次，因此与常规分次施化肥相比，稻田田面水氮浓度在肥料施用后的第 1~3 天达到峰值，此后逐渐降低(图 5-6)；而传统化肥处理则分别在施肥后的第二天出现峰值。农户常规施肥处理下田面水氮浓度明显高于树脂尿素和掺混控释肥处理，说明缓控释肥料明显起到了削减

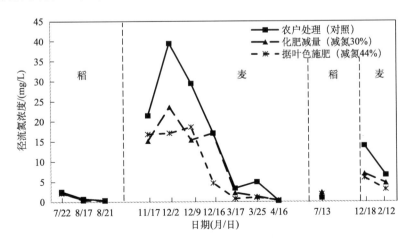

图 5-5　氮肥减量处理的水田周年径流液氮浓度

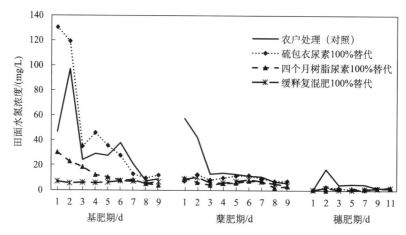

图 5-6　不同缓控释肥及不同替代比例处理的稻季关键肥期田面水氮浓度

基肥期和蘖肥期田面水氮浓度峰值的作用，有效减少了氮肥的径流损失风险。此外，有机肥替代降低田面水氮浓度效果显著，其作用主要表现在对肥后峰值的削减(图 5-7)。但考虑到有机形态养分的释放周期较长，结合土壤情况及作物生长需求选择适宜的有机肥替代比例则更为重要。

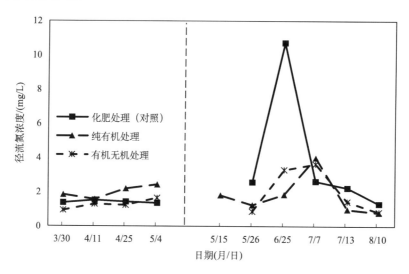

图 5-7　有机肥全量替代及部分替代处理的水田周年径流氮浓度

　　优化施肥管理可从根本上减少施肥量，减轻水稻生育前期的磷素流失风险(刘红江等，2018)。姜利红等(2017)研究了不同施肥处理对双季稻径流磷含量的影响，结果表明，有机肥代替 20%氮肥的情况下能够降低径流水中的磷流失负荷。

　　2) 减少农田径流排水的水分优化管理技术

　　径流发生主要由降水驱动，径流量由降水量、稻田田面水深度和田埂高度综合决定。采用节水灌溉，可减少田间灌溉用水，降低田面水层，提高农田蓄雨能力，从而减少氮磷养分径流损失(Wesström and Messing, 2007; 曹小闯等，2016)。已有研究表明，节水间歇灌溉相较于传统的灌溉可降低 20%～30%的总氮和 10%左右的总磷流失（Liang et al.，2017；张丽娟等，2011）。相对于节水技术，氮肥优化结合节水技术具有更好的减排控污效果，该技术通过降低氮肥用量，减少氮素径流损失，同时通过降低田面水层，在多雨季节减少田面水流失所带走的氮素。Liang 等（2017）的研究结果表明，在早稻-晚稻连作的农田，农户习惯栽培、氮肥优化管理和氮肥优化结合节水控污技术的氮素径流分别为 85.1 kg N/hm^2、57.3 kg N/hm^2 和 49.5 kg N/hm^2（图 5-8）。在早晚稻中，传统施肥模式下，氮素总径流量分别占当季化肥总投入量的 49.6%和 38.5%。与传统施肥相比，氮肥优化结合节水控污技术的氮素径流分别减少了 34.1%和 31.2%；与氮肥优化管理相比，氮肥优化结合节水控污技术的氮素径流损失分别减少了 11.8%和 15.7%。

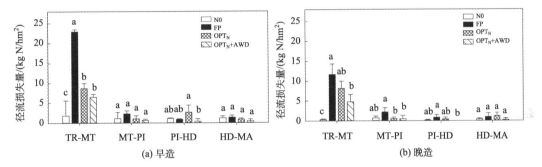

图 5-8　不同处理下早晚稻连作移栽到分蘖中期（TR-MT）、分蘖中期到穗分化始期（MT-PI）、穗分化始期到抽穗期（PI-HD）、抽穗期到成熟期（HD-MA）的稻田氮素径流动态过程（Liang et al.，2017）

同一时期不同小写字母之间表示差异显著（$P<0.05$）

张子璐等（2019）的研究表明，施肥后一周为磷素径流损失的高峰期。与传统灌溉方式相比，间歇性灌溉的磷径流流失量降低了 10%（张丽娟等，2011）。周静雯等（2016）的研究结果表明，整个稻季深水淹灌模式的磷径流量是 1.0 kg P/hm^2，而干湿交替灌溉模式在降水量最大时仍未产流，也充分说明节水灌溉可显著降低由降雨造成的磷素流失问题。

水分和养分管理是影响农田氮素渗漏损失的两个重要因素，稻田不同氮肥和水分管理会改变田间微气候（茆智，2002）和水稻氮素吸收过程（Ye et al.，2013），也会影响田间氮素渗漏过程（Tan et al.，2013；姜萍等，2013；朱成立和张展羽，2003）。氮肥优化结合节水控污技术措施通过减少施肥量、施肥时间后移和节水灌溉，对减少稻田氮素渗漏同样有效（Liang et al.，2017）。在两季水稻生产中，农户习惯栽培、氮肥优化管理和氮肥优化节水栽培方式的氮素渗漏分别是 17.6 kg N/hm^2、11.4 kg N/hm^2 和 9.55 kg N/hm^2（Liang et al.，2017）。与农户习惯栽培相比，氮肥优化管理在早晚两季水稻连作中的氮素渗漏分别减少了 45.9%和 26.9%。相比氮肥优化管理，氮肥优化结合节水控污技术进一步减少了氮磷养分的渗漏损失，在早晚两季水稻连作中氮素渗漏分别减少了 6.2%和 23.5%（图 5-9）。

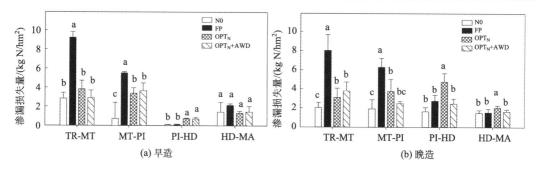

图 5-9 不同处理下早晚稻连作移栽到分蘖中期(TR-MT)、分蘖中期到穗分化始期(MT-PI)、穗分化始期到抽穗期(PI-HD)、抽穗期到成熟期(HD-MA)的稻田氮素渗漏动态过程(Liang et al., 2017)

同一时期不同小写字母之间表示差异显著($P < 0.05$)

2. 农田流失养分生态拦截技术

1)北方旱地草篱与草本植被过滤带养分拦截技术

在我国北方旱区,降水量年内分布不均,7~9 月三个月的降水总量占全年降水量的 80%左右,而其他月份的降水量不足 20 mm(李晓娜等, 2017)。在遇强降雨时,会引起水土流失,大量的泥沙和营养物质随着径流进入地表水,从而引起面源污染。石辉(1997)将这种由水土流失触发的面源污染定义为水土流失型面源污染。植物篱与植物过滤带主要种植于农田边的空旷地带,通过植物茎秆的拦截、过滤、吸收,土壤的渗透、吸附及微生物的分解等多重作用实现挡水、挡土、降流、减污,减缓和控制农业区域的水、土、营养元素及污染物向水体的迁移,是控制水土流失型面源污染的重要技术手段。

(1)草篱与草本植被过滤带适宜植物的筛选。

按照草篱和草本植被过滤带植物的要求,搜集整理出 9 种适宜草篱和草本植被过滤带的北方草本植物材料,分别为狼尾草(品种:'紫光'狼尾草)、柳枝稷、芒、披碱草、黑麦草、新麦草、无芒雀麦、偃麦草(包括'京草 1 号'与'京草 2 号'两个品种)。对收集到的植物材料在室内温室进行耐旱、氮磷养分吸收能力试验,得出 9 种植物耐旱能力表现为:狼尾草>'京草 2 号'>柳枝稷>芒>无芒雀麦>'京草 1 号'>披碱草=黑麦草>新麦草,氮吸收能力顺序为:黑麦草>'京草 2 号'>无芒雀麦>芒>狼尾草>柳枝稷>'京草 1 号'>披碱草>新麦草。综合考虑抗旱能力与养分吸收能力,筛选芒与狼尾草作为草篱植物,黑麦草、偃麦草('京草 2 号')、无芒雀麦为草本植被过滤带植物。

(2)影响草篱与草本植被过滤带养分拦截效果的主要因素。

影响草篱与草本植被过滤带养分拦截效果的主要因素包括植物配置、带宽、土壤质地、径流流量和径流氮磷浓度等。试验发现,当径流流量为 0.27L/s、坡度为 5%、土壤质地为黏壤土时,不同草本植物过滤带对氮磷的拦截率均达到 60%以上,复合种植的草本植被过滤带对氮磷流失的拦截率要高于单一种植,其中狼尾草+黑麦草+'京草 2 号'复合种植结构对径流、泥沙、总氮与总磷的拦截率最高(表 5-1)。

表 5-1　不同植物配置方案草本植被过滤带径流、泥沙及氮磷的拦截率　　　（单位：%）

植被	径流	泥沙	总氮	总磷
裸地	30.3	92.0	62.9	71.8
黑麦草	54.0	95.0	76.5	80.9
'京草 2 号'	67.0	95.0	82.7	85.6
狼尾草	37.5	91.0	64.6	72.5
芒	51.6	94.0	70.5	76.5
狼尾草+芒	46.8	95.0	68.2	80.5
狼尾草+黑麦草+'京草 2 号'	94.6	98.7	91.7	97.1
芒+黑麦草+'京草 2 号'	81.1	96.5	86.3	93.6
狼尾草+芒+黑麦草+'京草 2 号'	92.3	98.5	90.2	96.6

对两种坡度（5%、10%）、三种宽度草本植被过滤带（3 m、6 m、9 m）的拦截效果进行对比，发现在径流流量 0.59 L/s、5%和 10%两种坡度下，3 m 宽草本植被过滤带对径流氮磷的拦截率均达 80%以上；径流流量为 0.76 L/s、5%和 10%两种坡度下，6 m 宽草本植被过滤带对径流的拦截率均达 65%以上（表 5-2）。因此，在草本植被过滤带土壤质地为黏壤土条件下，以氮磷拦截率 65%为目标，5%坡度下 3 m 为草本植被过滤带适宜宽度，10%坡度下 6 m 为草本植被过滤带适宜宽度。

表 5-2　不同宽度草本植被过滤带氮磷拦截效果

流量/(L/s)	宽度	5%坡度		10%坡度	
		总氮拦截率/%	总磷拦截率/%	总氮拦截率/%	总磷拦截率/%
0.59	植被过滤带-9 m	96.32±0.31a	98.68±0.11a	94.52±0.40a	98.52±0.04a
	植被过滤带-6 m	89.70±1.33b	96.33±0.47b	88.66±1.40a	96.06±0.39b
	植被过滤带-3 m	84.97±1.23c	94.35±0.46c	83.84±0.51b	93.77±0.23c
	裸地对照-9 m	84.89±1.30c	94.66±0.46c	78.71±2.43bc	92.78±0.56d
	裸地对照-6 m	76.45±0.61d	91.26±0.23d	75.27±1.04c	91.63±0.76d
	裸地对照-3 m	67.92±3.14e	87.96±1.18e	68.39±3.07d	84.15±1.72e
0.76	植被过滤带-9 m	91.85±0.59A	96.97±0.22A	80.51±2.79A	92.07±0.48A
	植被过滤带-6 m	77.73±0.85B	91.65±0.32B	65.72±2.95B	84.61±0.31B
	植被过滤带-3 m	68.81±1.98C	88.33±0.74C	47.12±4.69C	80.74±1.02C
	裸地对照-9 m	66.15±0.24D	87.33±0.09D	45.88±2.34CD	79.41±0.34D
	裸地对照-6 m	65.76±0.22D	85.64±0.09E	39.21±2.16D	72.94±0.87E
	裸地对照-3 m	55.69±0.61E	81.12±0.26F	23.65±6.31E	67.52±0.84F

注：表中不同小写字母表示在 0.59 L/s 流量条件下，不同宽度过滤带氮磷拦截率差异显著；不同大写字母表示在 0.76 L/s 流量条件下，不同宽度过滤带氮磷拦截率差异显著。

比较不同土壤质地、径流流量和径流氮磷浓度，分析草本植被过滤带对氮磷的拦截效果（表 5-3），发现流量和土壤质地均对草本植被过滤带的氮拦截率产生影响，在 0.13 L/s 流量条件下，三种土壤质地草本植被过滤带的氮拦截率无显著差异；在 0.26 L/s 和 0.39 L/s

流量条件下，黏壤土草本植被过滤带的氮拦截率显著高于砂土草本植被过滤带。随着径流液中氮素含量的增加，三种土壤质地草本植被过滤带的氮拦截率均有所降低。

表5-3　流速、土壤质地、氮浓度对草本植被过滤带氮拦截率的影响

N 浓度/(mg/L)	流量/(L/s)	砂土/%	砂壤土/%	黏壤土/%
3	0.13	56.27±8.29a	61.45±4.76a	62.90±2.56a
	0.26	45.59±1.28b	59.86±6.56a	57.83±1.66a
	0.39	37.26±0.18b	48.44±8.03a	50.47±4.37a
6	0.13	48.81±7.30a	47.66±5.72a	48.59±8.33a
	0.26	21.24±6.56b	23.36±0.61b	34.72±1.34a
	0.39	5.22±2.88b	15.11±7.28a	24.19±1.49a
12	0.13	48.49±1.65a	50.50±4.87a	48.27±1.51a
	0.26	24.97±2.84a	25.64±3.52a	30.31±1.18a
	0.39	10.79±2.73b	12.53±2.35b	19.72±1.16a

注：表中不同小写字母表示相同流量、相同 N 浓度条件下，不同土壤质地草本植被过滤带氮拦截率差异显著。

(3) 草篱和草本植被过滤带对氮磷养分的截留作用机制。

利用氮稳定同位素示踪法研究农田径流中的氮素通过草篱和草本植被过滤带后的去向(图 5-10)，得出在裸地条件下，农田径流中 80%的 N 通过径流损失，19%随水分入渗被保留在土壤中，只有不到 1%随泥沙损失；黑麦草、'京草 2 号'和无芒雀麦三种植被过滤带中，农田径流中携带的 58%~81%的 N 随水分入渗被保留在土壤中，19%~42%通过径流损失，只有不到 0.2%随泥沙损失。三种植被过滤带之间，无芒雀麦植被过滤带保留到土壤中的 N 最多，达到 81%，黑麦草最低，为 58%。

过滤带的植物经过两个月生长之后进行刈割，检测土壤中 N 含量，同时对植物生物量及其 N 含量进行检测，以分析保留在过滤带土壤中的 N 的归趋(图 5-11 和图 5-12)。结果表明，无芒雀麦、黑麦草和'京草 2 号'三种植物对土壤中保持的 N 的吸收率分别为 47%、111%和 103%，说明保留在'京草 2 号'和黑麦草植被过滤带土壤中的 N 可以通过一次刈割全部去除，而无芒雀麦因其地上部生物量小，通过一次刈割可将土壤中保留的 N 移除 50%。因此，来自输入径流的 N 有 41%~75%被三种植物吸收，15%~48%仍然保留在土壤中。

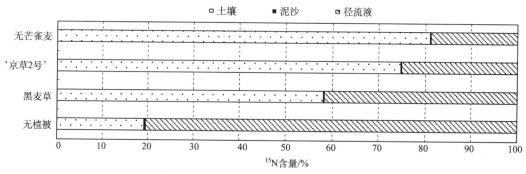

图 5-10　N 在土壤、泥沙与径流中的分配

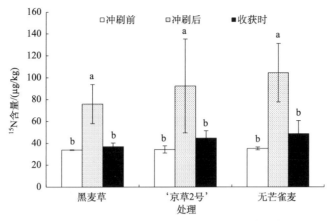

图 5-11　冲刷前后及植物收获时土壤中 N 含量变化

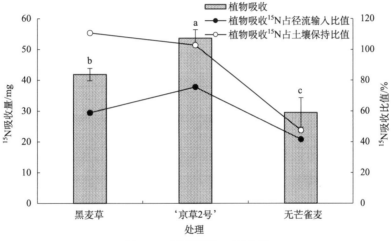

图 5-12　不同植物 N 吸收量

　　氮素在草本植被过滤带土壤中的水平和垂直运移能力均较强。不同植被过滤带土壤剖面氮含量的增幅规律不同（图 5-13）。黑麦草、'京草 2 号'和无芒雀麦三种植被过滤

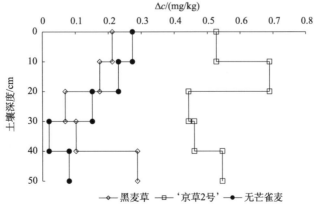

图 5-13　冲刷后土壤剖面氮含量增幅（Δc）变化

Δc 为冲刷后土壤氮含量与冲刷前土壤氮含量的差值，下同

带中，土壤剖面氮含量增加幅度表现为'京草2号'过滤带最大。受植物根系分布影响，不同植被过滤带不同土层土壤氮素增加幅度存在差异。同时氮素随着径流和泥沙在土壤中发生水平运移(图5-14)。黑麦草与无芒雀麦植被过滤带表层土壤氮素含量随着距入水口水平距离增加而增加。比较冲刷后各土层氮素含量相对冲刷前的增加值，黑麦草植被过滤带各土层氮素增加量均随着距入水口水平距离增加而增加；'京草2号'则相反，表层土壤氮素含量随着距入水口水平距离增加而降低。

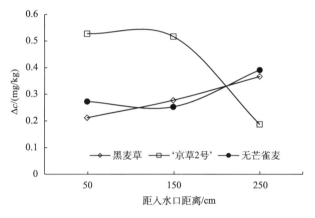

图5-14　氮含量随水平运移距离的变化

与氮素相比，磷素在土壤中水平、垂直运移能力较差。在黑麦草、'京草2号'两种草本植被过滤带中，在距入水口0～150 cm处，冲刷后0～50 cm土壤全磷含量均高于冲刷前，说明磷在径流产生过程中在这一段距离内均发生了垂向移动，而在距入水口250 cm处，冲刷后全磷含量仅在0～10 cm表层土壤中较冲刷前有所增加(图5-15)。在水平方向磷的含量随运移距离的增加逐渐减小(图5-16)。

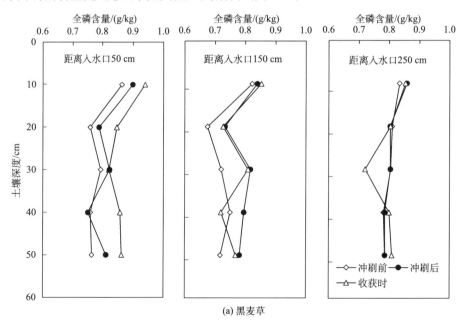

(a) 黑麦草

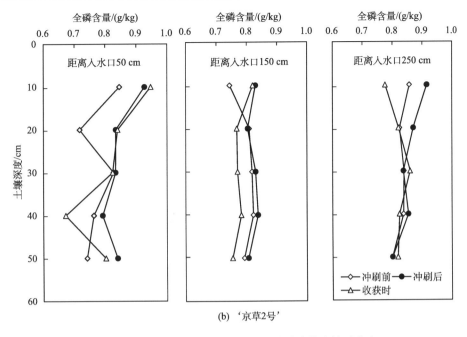

图 5-15　黑麦草与'京草 2 号'植被过滤带土壤磷分布

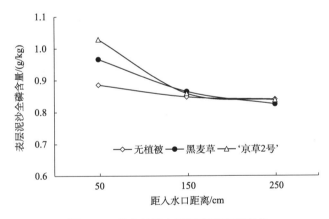

图 5-16　磷含量随水平运移距离的变化

　　氮被植物拦截后会通过植物根际微生物活动发生进一步的生物地球化学转化(如硝化与反硝化作用)，从而逐渐降低残留的浓度。通过对不同植被过滤带根际氨氧化古菌、氨氧化细菌、反硝化细菌的分析，得出不同植物根际微生物数量不同，5 种植物中仅'京草 2 号'根际土壤氨氧化古菌数量均高于裸地，5 种植物根际土壤中氨氧化细菌数量亦高于裸地(图 5-17)。相反，5 种植物根际土壤中反硝化细菌数量均低于裸地，初步说明氮被植物拦截后在土壤中主要发生硝化作用(图 5-18)。

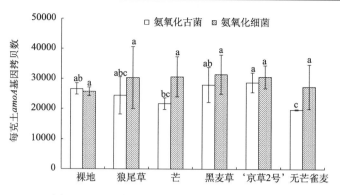

图 5-17　不同植物根际氨氧化古菌、细菌数量

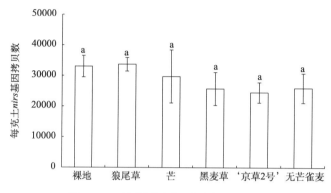

图 5-18　不同植物根际反硝化细菌数量

(4)小结。

北方旱地草篱与草本植被过滤带养分拦截技术适宜于北方旱区坡耕地,用草篱代替人工土坎或石坎、河岸带、库滨带草本植被过滤带及农业园区汇水口生态排水沟建设。坡耕地草篱带专用植物宜选用茎秆直立、粗壮、分蘖能力强、根系发达的多年生植物,如狼尾草与芒。沿等高线每隔 5 m 种植宽度为 0.5 m 的草篱带,氮拦截率可达 35%以上,磷拦截率达 80%以上。库滨带或河岸带草本植被过滤带推荐植物为多年生黑麦草与‘京草 2 号’,两种植物混合种植拦截效果最佳。以 65%为拦截目标,在 5%坡度下,草本植被过滤带适宜宽度为 3 m;在 10%坡度下,草本植被过滤带适宜宽度为 6 m。在农业园区汇水口建设生态沟渠,稳固边坡的植物推荐大披针薹草与青绿薹草,沟底拦截污染物的植物推荐多年生黑麦草、‘京草 2 号’与无芒雀麦,三种植物可单一种植或混播种植。农业园区面积为 500 亩时,推荐沟渠长度为 90 m,氮拦截率可达 69%以上,磷拦截率可达 62%以上。

本项目所采用的植物均为多年生植物,一年建植可以多年使用。草篱与草本植物过滤带在建植当年需要适度灌溉与清除杂草,完全覆盖地表后则不需要任何管护。为了避免植物残体腐烂和转化,变为氮磷等污染物的输出源,在草篱与草本植被过滤带投入使用后,地上部要及时进行刈割,一般每年刈割 2~3 次。

2)南方水田生态沟渠拦截技术

(1)南方水网区生态拦截沟渠的结构与功能。

目前,人工湿地、植被缓冲带等生态工程是控制面源污染的有效措施,在国内外有着广泛的应用。然而,在经济较为发达、人口密度较大的南方地区,没有多余的成片土地来应用此类技术。为此,杨林章等(2005)提出了生态沟渠技术,在原有的农田沟渠之上进行工程改造,该技术对农田径流中的氮磷营养元素有着较好的拦截去除效果,且不需要额外占用土地,适合我国南方平原水网地区应用。其主要由工程部分和植物部分组成,两侧渠壁和渠底均由蜂窝状水泥板组成,两侧渠壁具有一定坡度,渠体较深,渠体内相隔一定距离构建小坝以减缓水速、延长水力停留时间,流水挟带的颗粒物质和养分等得以沉淀和去除(图5-19)。

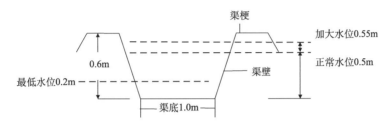

图 5-19　典型生态沟渠断面示意图

渠体的断面为等腰梯形,上宽 1.5 m,底宽 1.0 m,深 0.6 m;渠壁、渠底均为土质

生态沟渠是由自然沟渠改造成的,保留了自然沟渠排涝防滞的功能,并兼具对氮磷等营养元素的拦截转化和去除的能力。这一过程伴随着物理吸附、化学反应和微生物转化等方式,其去除效率很大程度上又取决于环境条件和管理措施。其中,水生植物不仅能直接从水体和底泥中吸收氮磷等营养物质,还能提高水力停留时间,增加对氮磷的拦截量,且其发达的根系能为微生物的生长提供有力的附着点,在面源污染控制、氮磷拦截方面发挥着重要的作用(Kumwimba et al., 2017; Vymazal, 2010)。生态沟渠沟壁植物以自然演替为主,夏季种植狗牙根,冬季种植黑麦草;沟底种植鸢尾、黄菖蒲,或菹草、狐尾藻等沉水植物。

(2)生态沟渠对典型面源污染物的去除原理。

生态沟渠中氮素去除的机制包括植物吸收、转化、沉积、挥发、微生物同化作用,以及在根系微生物作用下发生的硝化/反硝化过程(Chen et al., 2015; Vymazal, 2010)。当pH 低于 8.0 时,通过氨挥发对氮素去除的作用不大(Vymazal, 2007)。微生物的硝化/反硝化作用被认为是沟渠及湿地系统氮素去除的主要途径(Kumwimba et al., 2018; Shukla et al., 2011; Vymazal, 2007)。微生物通过硝化/反硝化过程将 NH_4^+ 转化为 N_2O 或 NO,最终变为 N_2 排向大气。氨氧化过程是硝化反应的限速步骤,主要由氨氧化细菌(AOB)和氨氧化古菌(AOA)来完成;而反硝化过程是在厌氧条件下将氮氧化物转化成气态氮,参与该过程的细菌包括假单胞菌、芽孢杆菌、微球菌、无色菌等(Levy et al., 2011)。

生态沟渠中磷的去除机制包括植物的吸收、微生物作用、土壤或沉积物的吸附与离子交换、上覆水体的化学沉降及沉积等过程(Reddy et al., 1999; Vymazal and Březinová,

2018)。与氮去除不同，生态沟渠中磷去除的机理主要是由物理和化学过程驱动的。在沟渠沉积物上发生的吸附反应被认为是磷去除的重要机制(Needelman et al., 2007; Vymazal, 2007)。总体而言，植物吸收和微生物降解有助于 PO_4^{3-} 去除，而基质中沉降和吸持容量是各种形态磷去除的主要途径(Kumwimba et al., 2018)。有研究表明，通过植物收获带走的磷仅占系统总磷的 5%以下，大部分都储存在基质中(Kim and Geary, 2001)。Vymazal 和 Březinová(2018)发现在植物沟渠系统中，植物吸收去除的磷大约占总磷去除负荷的 14%。而不同的基质材料、水力停留时间及管理措施等条件下，平原河网区生态沟渠对农田排水中磷的去除效果也有所不同，去除率可达 14.0%～81.6%(表 5-4)。

(3)高效脱氮除磷沟渠植物的筛选。

一般情况下，施肥后农田径流中的氮素以 NH_4^+-N 为主要形态，因此，以往研究多关注沟渠植物对 NH_4^+-N 的拦截和利用，常用的沟渠植物有蓖草、狐尾藻、金鱼藻、苦草等，而对菜地、果园等旱地以 NO_3^--N 为主的径流生态拦截研究较少。同时，随着乡村振兴的发展，农村地区道路、沟渠的硬化率逐步提高，硬质化的水泥沟渠常常导致微生物反硝化所需的碳源不足，制约其对农田径流 NO_3^--N 的去除。

针对以 NO_3^--N 为主要污染物的菜地排水，通过静态水箱模拟试验，对我国南方地区常见的几种沟渠植物进行了筛选(邵凯迪等, 2020)。试验选择了苦草、伊乐藻、黄花水龙、狐尾藻、中华天胡荽 5 种沉水植物，研究了它们对低和高氮浓度下(分别为 5 mg/L、15 mg/L，NO_3^-：NH_4^+ 为 3：1)污水中 TN 的净化效果。试验结果显示，在低氮进水浓度阶段，黄花水龙和狐尾藻对 NO_3^- 和 TN 的去除率分别达到了 90%和 80%以上，而苦草、伊乐藻和中华天胡荽对 NO_3^- 的去除率从初期的 91.7%、95.7%、89.3%分别下降至后期的 35.6%、48.8%、65.9%。在高氮进水浓度阶段，植物可能受到高 NO_3^- 的胁迫影响，黄花水龙和狐尾藻对 NO_3^- 的去除率分别从初期的 54.6%和 38.6%下降至后期的 18.5%和 25.4%，但仍然高于其他三种植物。这两种植物在低氮进水浓度阶段对磷的去除能力较强，去除率在 83.2%～97.1%。黄花水龙和狐尾藻不仅拥有最大的生物量和氮磷吸收量，而且具有较强的 NO_3^- 耐受能力并形成一个适于净化富硝水体的微环境，从而有效提高硝态氮的去除能力。因此，对于菜地高 NO_3^- 浓度排水的拦截，可以选取黄花水龙和狐尾藻的组合方式。

(4)生态沟渠中氮磷污染物的强化去除。

生态沟渠对污水中污染物的去除效果受沟渠植物种类、生长阶段、水力停留时间、养分负荷、沟渠类型等环境因素的影响(Faust et al., 2018; Kumwimba et al., 2018; Wang et al., 2018)。在较长的水力停留时间下，沟渠湿地与底栖生物进行的交互作用促进了生物地球化学反应，也促进了氮素降解(Kumwimba et al., 2018)。生态沟渠中加入拦截坝可降低水流速度，增加水体水力停留时间(王岩等, 2010)，而水流速度的改变会调控养分的动态变化及反硝化过程(Castaldelli et al., 2018)。外加碳源调节到适宜的碳氮比(>6.0)可有效促进植物对氮磷养分的吸收利用，提升沟渠对低污染水中氮磷的去除效率(Duan et al., 2016; Zhou et al., 2019; 段婧婧等, 2016)。

针对高硝态氮污水的去除，研发出了强化除氮反应器，内部填充纳米材料与生物炭、沸石或硅藻土结合的新型功能化环境复合材料。利用强化除氮反应器可对农田排水中的

表 5-4　平原河网区生态沟渠对污染物的去除效果

地区	污水类型	长度/m	沟渠尺寸	植物种类	基质	运行参数	平均去除效率（以浓度为基础）/(mg/L)	参考文献
江苏无锡	农田排水	50	深度：0.45 m，上口宽：1.1 m，下口宽：0.5 m	沟壁：黑麦草	土壤	—	TN: 5.0%~47%（前25 m）；0%~27.4%（后25 m）	Min and Shi, 2018
江西	农田排水	170	上口宽：3.6~8.5 m，下口宽：2~3 m，深度：0.2 m	沟里：欧洲慈姑、茭、水虱草，莲，沟壁覆盖生态袋，并种植孤和香根草	—	HRT: 3~5 d（有三角堰等水位控制装置）	TN: 9.3%, TP: 14.0%	Cai et al., 2017
江苏	农田排水	300	—	—	—	HRT: 5~7 d（利用水闸控制水位）	TN: 63.7%, TP: 30.8%	Xiong et al., 2015
湖南长沙	农田排水	200	上口宽：4.0 m，下口宽：1.0 m，平均深度：2.8 m	美人蕉、欧洲天胡荽、黑三棱、穗状狐尾藻、灯心草	土壤	（有围堰）	TN: 75.8%, NO_3^-: 63.7%, NH_4^+: 77.9%	Chen et al., 2015
江苏宜兴	农田排水	200	上口宽：1.2 m，下口宽：0.35 m	大豆、狗牙根、黑麦草	底部4~8 mm碎石，上部16~32 mm碎石	—	TN: 27%, NO_3^-: 7.7%, NH_4^+: 31%, TP: 26%	Fu et al., 2014
广东	农田排水	100	上口宽：3.3 m，下口宽：0.9 m，平均深度：1.0 m	沟内：风车草、鸢尾，沟壁：狗牙根	底部0.2 m粗碎石，中间0.1 m中碎石，上部0.1 m粗沙	—	TP: 63.4%, TN: 49.9%, COD: 26.6%, NH_4^+: 14.5%	何元庆等, 2012
上海	模拟农田排水	90	深度：1.3 m	沟底：苦草，沟壁：狗牙根	沟壁：带孔预制板	HRT: 26.5 h	TN: 63.1%, TP: 71.8%, NH_4^+: 64.8%, SS: 60.8%	刘福兴等, 2019
江苏宜兴	农田排水	60	上口宽：1.1 m，下口宽：0.3 m，深度：0.85 m	沟底：茭，沟壁：狗牙根、假稻	土壤	（有三角堰）	TN: 31.4%, TP: 40.8%	王晓玲等, 2015
湖南长沙	农田排水	200	上口宽：4.0 m，下口宽：1.0 m，平均深度：2.8 m	美人蕉、欧洲天胡荽、黑三棱、粉绿狐尾藻	土壤	（间隔设有溢流坝）	TN: 48.7%, NO_3^-: 58.3%, NH_4^+: 77.8%	王迪等, 2016
江苏宜兴	模拟农田排水	30	上口宽：1.0 m，下口宽：0.94 m，深度：0.5 m	夏季沟底：蕹菜、水稻、水芹；冬季沟底：水芹，沟壁：狗牙根、豇豆；沟壁：黑麦草	底部：具有10 cm×10 cm长方形孔的混凝土板材	HRT: 48 h（内设拦截坝、过滤箱）	TN: 53.8%, TP: 81.6%	王岩等, 2010

注：HRT 为水力停留时间；SS 指悬浮物。

氮磷元素进行逐级削减，最大限度地消除农田氮磷污染。目前，反应器对氮磷的最佳处理效果为：氨氮去除达到 60%，磷酸根达到 90%；田间沟渠出水氨氮和总氮浓度分别在 0.5 mg/L 和 1 mg/L 以下。

（5）低温季节生态沟渠对氮素的去除效果。

适宜的植物、物理沉降、基质材料、温暖的环境及适当的管理措施均有助于提升沟渠系统氮素去除能力（Kumwimba et al., 2018）。不同的管理措施下，平原河网区生态沟渠对氮素的去除率可达 9.3%～75.8%（表 5-4）。在温度合适的季节，生态沟渠对农田径流排水的氮磷等污染物有着较为稳定的去除能力，而在寒冷的冬季，大部分沟渠植物无法正常生长，去除能力受到很大的影响，其残体还可能引起水体的二次污染。因此，研发了适用于低温季节的黑麦草草帘浮床（图 5-20），发现低温季节在静态试验高氮浓度下（TN：15 mg/L），黑麦草草帘浮床系统对 TN 和 NH_4^+-N 的去除率分别可达 95.0%～96.1%和97.9%～99.1%（Duan et al., 2017），且没有造成 COD 的较大上升。

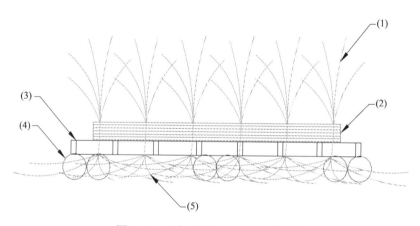

图 5-20　黑麦草草帘浮床系统横截面
(1)黑麦草地上部分；(2)秸秆草帘；(3)格栅；(4)浮球；(5)黑麦草根系

为了探究流水条件下黑麦草草帘浮床系统对农田排水氮素的去除效果，在江苏省农业科学院水泥池沟渠中开展了黑麦草草帘浮床系统流水试验。通过稻草秸秆草帘培育黑麦草，出苗后制成黑麦草草帘浮床系统（Duan et al., 2017）。试验中所用水泥沟渠有 4 条，每条长 21 m，宽 1.0 m，深 1.2 m，每个沟渠培养池有效容积为 16.8 m³。试验结果显示，铺设黑麦草草帘浮床系统的沟渠对 NH_4^+-N 均有较好的去除效果，在不同流速和进水浓度下拦截率在 30.5%～46.0%。与此同时，无植物对照沟渠对 NH_4^+-N 的拦截率仅有 1.5%～20.1%。试验中沟渠系统对 NO_3^--N 的拦截效果均不佳，这可能是因为水泥沟渠缺乏沉积物质，影响了水生态系统中氮的转化过程，使得反硝化未能彻底进行。未来可通过外加碳源或选用适宜的基质材料，安装末端强化反硝化装置来提高低温季节沟渠系统氮素的去除率。

（6）生态沟渠的实际应用效果。

"十三五"期间，在国家水专项课题"太滆运河农业复合污染控制与清洁流域技术集成与应用"的资助下，江苏省农业科学院在常州市武进区雪堰镇新康村实施了农田排水

氮磷的"排水口原位促沉–生态沟渠拦截–湿地塘浜净化"的全过程拦截净化技术(图 5-21
和图 5-22)。根据区域排灌沟渠分布及地理水系特征因地制宜地建设了农田促沉池 3 座、
生态沟渠 580 m、生态净化湿地塘浜 5220 m²。经第三方检测,该区域农田排水水质明显
改善,氮磷(超标时段)拦截率大于 50%,排水水质稳定达到河流Ⅳ类水水质。

图 5-21 生态拦截沟渠

图 5-22 自然型生态拦截沟渠

(7) 小结。

生态沟渠由自然沟渠改造而成,兼具排涝防滞与氮磷污染物拦截转化的作用,且不
需要额外占用土地,适合在我国南方平原水网地区应用。其沟壁植物可种植狗牙根(夏季)

和黑麦草(冬季)；沟底宜种植高效消纳氮磷的鸢尾、黄菖蒲、狐尾藻等水生植物。平原河网区生态沟渠对氮、磷的拦截率分别为9.3%～75.8%与14.0%～81.6%，设置拦截坝、外加碳源调节碳氮比及安装强化除氮反应器等措施可进一步增加生态沟渠对氮磷等污染物的拦截效果。黄花水龙和狐尾藻对硝酸盐的拦截率较高、耐受性较好，可用于对高硝氮的菜地排水的拦截。在低温季节，可利用黑麦草草帘浮床对农田排水氮磷等污染物进行拦截去除。生态沟渠技术实际应用效果稳定，氮磷(超标时段)拦截率在50%以上，具有良好的应用推广前景。

3) 丘陵坡耕地径流拦截的草皮水道技术

坡耕地是我国南方重要的耕地资源，南方红壤丘陵区水热丰沛，但降水不均匀，降雨主要集中在5～8月，多以暴雨形式出现，雨季强降雨导致严重的水土流失(Dai et al., 2018; 史志华等, 2018)。植被过滤带、经济植物篱和草沟等生态拦截带技术通过沉积作用、过滤作用和吸附作用，大大降低了地表径流中氮磷等污染物浓度。本研究根据坡耕地降雨径流汇水过程及污染物转运特征，在丹江口五龙池小流域，在不改变原有农田排水沟渠的土层结构基础上构建草皮水道生态缓冲带，研究不同污染物浓度、流量、坡度对草皮水道拦截面源污染物过程的影响，开发能够拦截、储存和净化径流的沟渠系统，提出坡耕地化肥面源污染传输途径调控与生态阻断技术。

(1) 草皮水道植被筛选。

根据植被调查结果，结合试验区固有的植被类型，筛选出具有典型区域代表性的草皮水道植草类型与品种，分别为狗牙根和白茅。

(2) 草皮水道对面源污染物的拦截特征。

通过设计不同污染梯度和流量(0.1 L/s、0.2 L/s 和 0.3 L/s)，开展不同污染物水平的径流冲刷试验(表 5-5)，以揭示不同草皮水道对化肥面源污染物的阻控特征及机理，研究不同径流冲刷流量条件下对草皮水道拦截面源污染物过程的影响。

表 5-5　不同处理模拟水样中污染物浓度　　　　　(单位：mg/L)

污染物	轻度污染	中度污染	重度污染
TN	3	5	10
NH_4^+-N	0.5	1	4
NO_3^--N	2.5	4	6
TP	0.1	0.2	0.3
SS	500	1000	1500

① 氮素拦截特征。

如表 5-6 所示，各草皮水道在不同的污染负荷中，对 NH_4^+-N 都表现出良好的拦截能力，去除率范围为37.1%～91.1%，平均拦截率为77.4%。狗牙根、白茅对 NH_4^+-N 的平均拦截率在低流量条件(0.1 L/s，下同)下分别为84.0%和84.5%，在中流量条件(0.2 L/s，下同)下分别为77.2%和76.9%，在高流量条件(0.3 L/s，下同)下分别为61.0%和57.8%。

表 5-6   草皮水道在不同污染负荷下的氮素拦截率   （单位：%）

污染负荷	污染种类	狗牙根			白茅		
		0.1 L/s	0.2 L/s	0.3 L/s	0.1 L/s	0.2 L/s	0.3 L/s
低度污染	NH_4^+-N	80.9	76.7	68.7	75.0	77.2	73.9
	NO_3^--N	13.6	11.7	15.3	31.9	13.0	0.4
	TN	13.8	10.1	16.7	27.4	18.6	1.2
中度污染	NH_4^+-N	87.1	86.4	72.4	91.1	90.2	62.2
	NO_3^--N	16.2	11.7	6.8	14.5	10.4	2.2
	TN	24.6	14.0	9.9	25.3	11.1	10.2
重度污染	NH_4^+-N	*	68.4	41.9	87.4	63.4	37.1
	NO_3^--N	*	8.4	5.8	21.4	9.9	0.2
	TN	*	27.9	13.4	36.0	30.3	17.2

*因为土壤干燥无地表径流产生，所以无数据，下同。

相对 NH_4^+-N 来说，草皮水道对 NO_3^--N 和 TN 的拦截能力要小一些。各草皮水道对 NO_3^--N 的拦截率范围为 0.2%~31.9%，平均拦截率为 9.6%，其中低度污染高流量的白茅、重度污染高流量的白茅拦截率小于 1%，分别为 0.4%、0.2%。狗牙根、白茅对 NO_3^--N 的平均拦截率在低流量条件下分别为 14.9%、22.6%，在中流量条件下分别为 10.6%、11.1%，在高流量条件下分别为 9.3%、1.0%。对 TN 的去除范围为 1.2%~36.0%，平均拦截率为 16.9%。狗牙根、白茅对 TN 的平均拦截率在低流量条件下分别为 19.2%、29.6%，在中流量条件下分别为 17.3%、20.0%，在高流量条件下分别为 13.3%、9.6%。

图 5-23 表明，随着冲刷流量的增大，草皮水道对 NH_4^+-N、NO_3^--N 和 TN 的拦截能力总体上表现出减弱的趋势，且减小趋势在中度和重度污染负荷条件下更为显著；当流量从 0.1 L/s 增大到 0.3 L/s 时，狗牙根对 NH_4^+-N、NO_3^--N 和 TN 的拦截率分别从 87.1%降到 72.4%、16.2%降到 6.8%、24.6%降到 9.9%；白茅对 NH_4^+-N、NO_3^--N 和 TN 的拦截率也随着流量的增大，分别从 91.1%降到 62.2%、14.5%降到 2.2%、25.3%降到 10.3%。

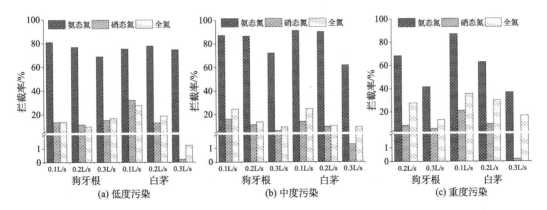

图 5-23   不同污染负荷下草皮水道的氮素拦截率特征

狗牙根、白茅对 NH_4^+-N 的平均拦截率分别为 72.8% 和 73.1%，对 NO_3^--N 和 TN 的平均拦截率分别为 11.2%、11.6% 和 16.3%、19.7%；总体来说，白茅对 NH_4^+-N、NO_3^--N 和 TN 的拦截效果都优于狗牙根。

② 磷素拦截特征。

表 5-7 表明，各草皮水道在不同污染负荷下对 TP 都表现出一定的拦截能力，拦截率范围在 29.4%～77.7%，平均拦截率为 57.5%。不同流量和污染负荷条件下对 TP 的平均拦截率表现为狗牙根优于白茅，分别 63.3% 和 57.0%。各草皮水道在不同污染负荷下对可溶性活性磷(SRP)的拦截率范围为 -4.0%～65.9%，平均拦截率为 42.6%，其中狗牙根在低浓度负荷、高流量径流冲刷条件下，拦截率为 -4.0%，表明在径流冲刷过程中，泥沙颗粒不仅对 SRP 有吸附作用，同时草皮水道内土壤和径流泥沙颗粒中含有的可溶性磷也会解析出来，且这种负反馈作用会由于低浓度背景和高水流速度而表现得更为明显。不同流量和污染负荷条件下对 SRP 的平均拦截率表现为白茅优于狗牙根，分别为 44.8% 和 21.5%；各草皮水道对 SRP 的拦截率也都表现出随着流量增大而降低的趋势。

表 5-7　草皮水道在不同污染负荷下的磷素拦截率　　　　　　　(单位：%)

污染负荷	污染种类	狗牙根			白茅		
		0.1 L/s	0.2 L/s	0.3 L/s	0.1 L/s	0.2 L/s	0.3 L/s
低度污染	SRP	33.7	27.6	-4.0	65.9	51.7	36.8
	TP	75.5	73.0	61.2	75.3	73.9	42.3
中度污染	SRP	39.9	22.9	7.1	55.1	49.7	22.2
	TP	77.7	70.0	56.2	74.3	69.8	32.1
重度污染	SRP	*	33.0	18.1	54.1	46.0	21.6
	TP	*	52.3	40.5	63.1	53.0	29.4

(3) 小结。

草皮水道作为农田与下游受纳水体之间的一个纽带，以草皮覆盖农田排水沟道的形式，使通过草皮水道的暴雨径流、灌溉产流等农田废水经过土壤吸附、植物吸收、生物降解等一系列作用，降低进入受纳水体中的氮、磷、泥沙含量，不仅是坡耕地的安全排水道，而且可以作为一种生态缓冲带来阻控农田面源污染。

水道过水横断面一般调整为抛物线形断面，过水横断面宽度范围为 1～2 m，边坡的水平长度与垂直长度的比例大于或等于 4∶1，且不改变所述构建区域的土层内部环境。水道中草高度在 50～150 mm，草皮水道适宜深度为 30 cm，但一般最大深度不宜超过 60 cm，水道长度不宜小于 10 m。

南方低山丘陵区坡地坡度多较大，需选择距离引水水道出口外延至少 3 m 的陆地区域作为沟道缓冲带的构建区域。当经过调整后沟道坡度为 1°～5°、5°～10°、10°～30° 时，则需选择距离引水水道出口外延 3～10 m、10～30 m、30 m 以上的陆地区域作为沟道缓冲带的构建区域。当原始沟道土地坡度为 10°～30° 且不能调整坡度至 10° 以下时，则在水道中每隔 3 m 或 5 m 位置处修筑梯级土谷坊群(防冲坝)。

5.3 农田化肥淋溶损失与减排技术

5.3.1 农田化肥氮磷淋溶损失特征

1. 华北小麦-玉米轮作区化肥氮磷淋溶损失特征

在现行的管理方式下，华北平原小麦-玉米体系氮素氨挥发、硝酸盐淋溶损失和反硝化损失量分别占施氮量的22%、25%和3%(赵荣芳等，2009)，约有一半的氮肥损失到环境中去。按照华北平原小麦-玉米田目前施氮量474～545 kg N/hm² 估算，每年因氨挥发、硝酸盐淋溶和反硝化损失到环境中的量分别为108～120 kg N/hm²、119～136 kg N/hm² 和16～17 kg N/hm²。

土壤中硝酸根是带负电荷的离子，土壤胶体表面正负电荷均有分布，但多数情况下以负电荷为主，因此硝酸根极易淋溶损失逸出作物的根区，在非根区很难再被植物利用而造成淋溶损失(赵荣芳等，2009)。据文献综述分析，华北小麦-玉米田地下水硝酸盐含量为2.45～10.32 mg N/L，超标率为0%～55.4%。华北平原小麦-玉米田地下水硝酸盐主要污染浅层地下水，污染程度与施氮量、地下水埋深和所处地区的地形地貌、土壤质地等有关，施氮量高的地区、高产区、质地较轻的土壤分布区污染偏重；地下水埋深浅的，污染偏重；山前平原区污染较重，华北平原中部较低。

硝酸盐淋溶损失主要取决于作物体系、施氮量与农田氮素平衡、土壤物理结构、灌溉、降雨等因素。华北平原小麦-玉米轮作田土壤每年有大量硝酸盐淋溶损失(Chen et al.，2014; Ju et al.，2009; 赵荣芳等，2009)。牛新胜等(2021)利用土柱模拟试验发现，土壤大孔隙优先流对玉米季氮淋溶损失的贡献在71%左右，硝酸盐淋溶损失还与土壤结构及土壤水分饱和情况有密切关系。在雨季(夏玉米季)，极少量降雨(日降水量9 mm)都会导致淋溶发生。

华北平原小麦-玉米轮作体系下磷素主要损失途径是淋溶。虽然磷在土壤中移动性很弱，但是长期施用磷肥后耕层土壤速效磷会逐步增加(鲁如坤，1998; 张英鹏等，2009)，当土壤速效磷增加到一定的量时会发生磷淋溶损失(Hesketh and Brookes，2000; Johann，1998; Zhao et al.，2007; 钟晓英等，2004)。本项目中小麦-玉米轮作田磷素淋溶损失阈值为耕层土壤速效磷含量达到45.7 mg P/kg，而华北平原小麦-玉米体系目前土壤速效磷含量平均不到20 mg P/kg，因此，平均来看，其磷素淋溶损失风险不高。但是近年来在典型地区河北曲周的调查发现，约有3%的小麦-玉米田土壤速效磷含量超过了磷素淋溶损失阈值，有可能发生磷素淋溶损失，磷素淋溶损失通量为 0.065 kg P/hm²(0.04～0.096 kg P/hm²)(习斌等，2015)。

华北平原小麦-玉米轮作体系氮素淋溶损失通量与氮肥施用量关系符合经验模型：$y=0.369x-17.38(r=0.81)$(赵荣芳等，2009)。据 Chen 等(2014)的研究，小麦季和玉米季硝态氮淋溶损失量(y)与农田氮盈余量(x，氮盈余量=施氮量-地上部吸氮量)之间的关系分别符合 $y=13.59e^{0.009x}$ 和 $y=25.319e^{0.0095x}$。一个轮作季氮肥淋溶损失量占氮肥施用量的25%(赵荣芳等，2009)，小麦季和玉米季氮淋溶损失率分别占施氮量的2.7%和12.1%(Ju et al.，2009)。

张英鹏等(2009)观测了华北平原小麦-玉米轮作氮、磷径流损失通量,农户常规管理模式年氮、磷径流损失分别为(0.104±0.060)kg N/hm^{2}和(0.013±0.0031)kg P/hm^2。孙娜(2017)利用杨旺鑫等(2015)发表的旱地磷肥径流损失模型估算出华北地区小麦-玉米轮作土壤磷的损失量为 0.2 kg P/hm^2。

2. 华南露地蔬菜化肥氮素淋溶损失特征

在亚热带区域,当蔬菜的施氮量为 388 kg/hm^2 时,蔬菜植株吸收的氮量为 90 kg/hm^2,淋溶量为 290 kg/hm^2,氮淋溶率达 74.7%(Lowrance and Smittle, 1988);而地处热带的广东集约化蔬菜产区约有 95.9%的菜农施氮量超过淋溶临界值(张永起等, 2010),在土柱模拟试验中,氮淋溶率为 43%~75%(曾曙才等, 2007)。原位观测结果(图 5-24)表明,传统施肥方式下的华南露地菜田系统中,总氮素投入为 650 kg N/hm^2,作物吸收带走99.6 kg N/hm^2,收获后根层残留氮素为 278.1 kg N/hm^2,氮素表观损失为 272.4 kg N/hm^2,其中淋溶损失占总投入的 21.4%,占总损失的 50.9%。因此,淋溶是亚热带蔬菜生产系统中主要的氮素损失途径。在淋溶损失过程中,第一次追肥前的淋溶损失为 60.0 kg N/hm^2,占全生育期化学氮肥淋溶总量的 43.8%;中后期追肥过程中,氮肥淋溶损失为 77 kg N/hm^2,占全生育期化学氮肥淋溶总量的 56.2%。这表明华南区域的气候条件下,生育前期是氮肥淋溶的主要时期。此外,广东地区典型菜田的平均年氮素径流量为 107 kg N/hm^2,占氮肥投入量的 11%(曾招兵等, 2012),是除淋溶以外最大的氮素损失途径。

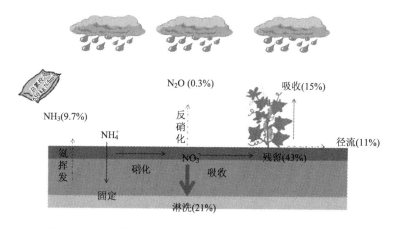

图 5-24　华南典型菜田氮素主要去向示意图(多年数据平均)

长期高强度的磷肥投入使广东、福建等华南地区土壤磷含量从原来一个较低的水平跃升到较高水平,尤其是菜地磷含量增长最为突出。不同蔬菜类型由于施肥习惯和作物养分需求特性不同,表现出果菜类菜田土壤磷累积量明显大于根茎类蔬菜和叶菜类蔬菜的菜田土壤磷素含量的特点(张政勤和姚丽贤, 1997;章明清等, 2014)。

农户传统施肥管理下(图 5-25),蔬菜平均磷肥投入量为 155 kg P$_2$O$_5$/hm^2,地上部植株利用率仅为 10%~24%,径流损失占 13%,淋溶约占 0.2%,62.8%磷累积在土壤当中。而这些未被利用的残留在土壤中的磷素,在遇到较大的降雨或灌溉时,极易随地表径流或下渗水迁移，最终流失进入水体。可见，华南区域菜地径流产生的磷流失较为严重，应加强对华南菜地磷流失的控制（曾招兵等，2012）。

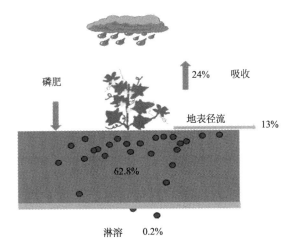

图 5-25　华南典型菜田磷肥主要去向示意图

3. 华南香蕉园化肥氮磷淋溶损失特征

通过位于海南省澄迈县的香蕉试验基地全年的监测，发现不施肥处理（CK）土壤淋溶液 TN 浓度随着香蕉生长天数的增加而逐渐降低（图 5-26），由开始的 13.1 mg/L 降至 0.3 mg/L，累计 N 淋溶损失量为 62.9 kg N/hm²（图 5-27）；常规化肥 NPK 处理的累计 N 淋失量最高，为 148.4 kg N/hm²；优化处理 OPT1～OPT3 的淋溶损失量为 107.2～112.7 kg N/hm²，比常规化肥 NPK 处理降低 24.1%～27.8%。

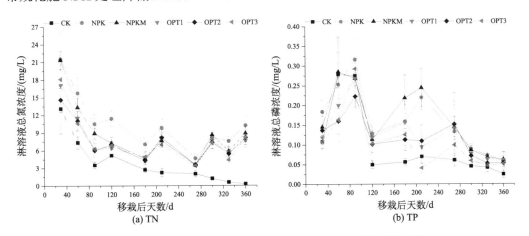

图 5-26　不同施肥处理香蕉园土壤淋溶液总氮和总磷浓度变化

土壤淋溶液中 TP 浓度在香蕉移栽后的第 60～90 天最高（0.22～0.28 mg/L）。整个香蕉生育期内不施肥处理土壤淋溶液 TP 浓度为 0.02～0.28 mg/L，累计 P 淋溶损失量为 1.29 kg P/hm²；常规化肥 NPK 处理的累计 P 淋溶损失量最高，为 2.02 kg P/hm²；优化处理 OPT1～OPT3 淋溶损失量为 1.21～1.59 kg P/hm^2，比常规化肥 NPK 处理降低 21.3%～40.1%。

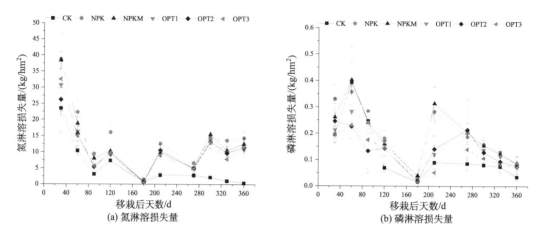

图 5-27　不同施肥处理香蕉园土壤氮和磷淋溶损失量

5.3.2　农田氮磷淋溶阻控技术

优化施肥、使用缓控释肥和硝化抑制剂等是阻控氮淋溶损失的重要技术措施。优化施肥、氮肥减量等可减少土壤氮盈余量，进而降低硝酸盐在土壤中的高量累积及淋溶损失风险。使用缓控释肥可以控制氮素转化和释放，提高作物吸收利用率，从而降低淋溶损失量（毋永龙，2006）。添加硝化抑制剂，可以控制硝态氮转化量从而降低淋溶损失（Zaman and Blennerhassett, 2010; 王雅楣，2014）。

1. 华北小麦-玉米轮作区化肥氮磷淋溶减排技术

在华北平原典型地区河北省曲周县，中国农业大学进行了连续 4 年的优化管理措施试验，设计了 5 种优化模式（OPT1、OPT2、OPT3、OPT4 和 OPT5），所有的优化模式采用深耕深施、秸秆还田、优化灌溉量（单次灌溉 70 mm）及氮素减量，小麦季 210 kg N/hm^2，玉米季 180 kg N/hm^2，磷素均为 90 kg P$_2$O$_5$/hm^2。OPT1 以氮素优化为主；OPT2 为有机肥部分替代模式，在优化氮素的基础上，增加了有机肥（牛粪），以总氮量不变为原则，根据牛粪氮素含量及氮素矿化率决定施氮量；OPT3 在 OPT1 基础上增加生物炭；OPT4 处理采用了冬小麦-夏玉米-闲田-春玉米的轮作模式；OPT5 则采用了冬油菜-春玉米的轮作模式。传统管理模式（CON）秸秆不还田，单季施氮量均为 280 kg N/hm^2 和 90 kg P$_2$O$_5$/hm^2，单次灌水量为 135 mm。

优化模式可提高小麦产量，对玉米产量没有影响。三个轮作小麦平均产量差异显著，其中 OPT2 平均产量达到 6.87 t/hm^2，比 CON、OPT1 显著增加 12.4% 和 12.2%（图 5-28）；其余优化模式与 CON 无差异。所有管理模式的玉米平均产量无明显差异。

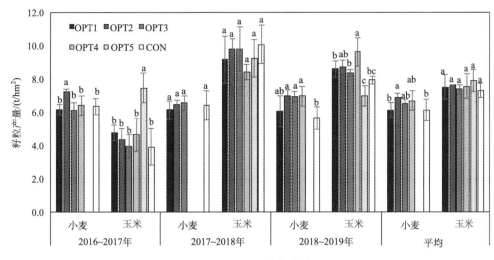

图 5-28 不同模式产量

优化模式三个轮作季平均氮素盈余量为 64~196 kg/hm², 比 CON 模式显著降低 35%~79%, 平均氮肥偏生产力 (PFP-N) 为 31~44 kg/kg, 比 CON 模式显著增加 29%~83% (表 5-8)。优化模式降低了氮素盈余、提高了氮肥利用效率。

表 5-8 不同模式氮素盈余与氮肥偏生产力

| 处理 | 2016~2017 年 | | 2017~2018 年 | | 2018~2019 年 | | 平均 | |
	氮盈余 /(kg/hm²)	PFP-N /(kg/kg)	氮盈余 /(kg/hm²)	PFP-N /(kg/kg)	氮盈余 /(kg/hm²)	PFP-N /(kg/kg)	氮盈余 /(kg/hm²)	PFP-N /(kg/kg)
OPT1	165 ±4 c	29 ±1.1 bc	91 ±3 c	40 ± 2.3 c	115 ±21 c	38.5 ± 2.6 b	124± 35 c	36 ± 5.6 c
OPT2	258 ±22 b	24 ±1.7 c	141 ±13 b	37 ± 1.7 c	189 ±9 b	33.6± 0.1 c	196 ±53 b	31 ± 5.9 b
OPT3	164 ±15 c	26 ±2.4 bc	81 ±18 d	43 ± 3.1 bc	111 ±3 c	40.1± 1.2 ab	118 ±38 c	36 ± 7.9 c
OPT4	142 ±28 c	29 ± 4.1 b	53 ±12 c	47 ± 2.5 ab	86 ±23 d	43.6± 3.8 a	94 ±43 d	40 ± 8.7 d
OPT5	74 ±14 d	41 ± 5.0 a	43 ±15 d	51 ± 6.4 a	76 ±12 d	38.8± 3.4 ab	64 ±20 e	44 ± 7.2 e
CON	343 ±29 a	18 ± 2.7 d	259 ±14 a	29 ± 2.6 d	305 ±18 a	24.2± 1.0 d	302 ±41 a	24 ± 5.2 a

连续三个轮作季的田间试验观测发现, 玉米收获后, 在 80~100 cm 深度土层, CON 模式硝态氮累积量平均达到 47.5 kg N/hm², 比减排技术的优化管理措施 (OPT1~OPT5) 显著减少了 33.0%~59.5% (图 5-29), 其中优化模式 OPT2 和 OPT5 平均累积量仅为 19.2 kg N/hm², 比其余优化模式显著减少了 19.3%~39.3%。所以, 从硝态氮在该风险土层的累积情况来看, OPT2 和 OPT5 表现最优, 优化技术措施减少了硝态氮在较深的根层累积, 显著降低了向深层土壤累积的风险, 而 CON 模式硝态氮则显著向土壤深层累积。

三个轮作季结束后, CON 处理 100~200 cm 深度土体硝态氮累积量达到约 318 kg N/hm², 较开始试验前累积量显著增加 138%, 比优化处理 OPT1、OPT2、OPT3 和 OPT5 分别显著增加 72.4%、147.2%、90.8% 和 74.3%。除了 OPT3 硝态氮累积 (259.3 kg N/hm²) 比初始显著增加 94.8% 外, 其余优化模式与初始累积量比没有显著变化 (图 5-30), 明显降低了硝态氮在 100～200 cm 深度土层的累积，降低了淋溶损失的风险，其中 OPT2 模式表现更优。

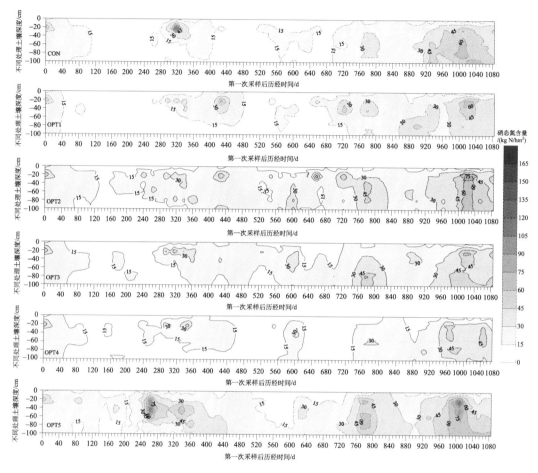

图 5-29　不同管理模式土壤硝态氮动态

各分图左下角大写英文缩写表示田间试验的 6 个处理

综上所述，与常规管理模式相比，优化模式在提高作物产量、减少氮素盈余、提高氮肥利用效率、减少在土壤中氮素高量累积及降低淋溶风险方面，均具有不同程度的效果，其中有机肥部分替代模式 OPT2 效果最佳，值得在生产中推荐。

2. 华南露地蔬菜氮淋溶减排的土壤根层氮调控技术

在氮肥总量控制的基础上，分别在移栽前的育苗阶段采用了控释氮肥增加基质携氮量，在移栽后的田间生长阶段采用硝化抑制剂调节氮素转化，从而降低根层氮含量尤其是硝酸根的含量，减少氮淋溶损失。结果发现：与传统农户氮肥处理相比，优化氮肥管理处理下 0～30 cm 深度土壤表层氮素累积量降低了 32.8 kg N/hm² 和 70.4 kg N/hm²，平均降幅为 35.5%；30～60 cm 深度土层中无机氮也表现出相似的趋势，两年间无氮处理(Nno)、传统农户(Ncon)和优化处理(Nopt)下的平均 N_{min} 值分别为 47.4 kg N/hm²、

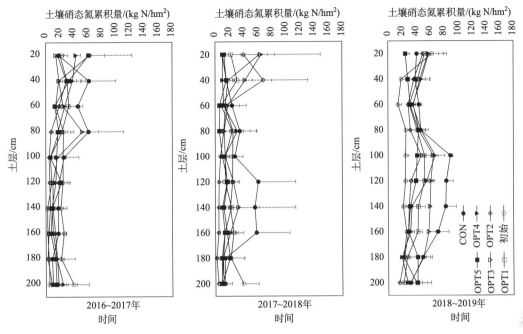

图 5-30　不同管理模式土壤硝酸盐累积变化

137.2 kg N/hm²、124.0 kg N/hm² 和 43.0 kg N/hm²、100.2 kg N/hm²、82.4 kg N/hm²，优化处理比传统农户处理下土壤中氮累积量减少了 9.6%～17.8%（图 5-31）。从苦瓜苗期至初瓜期，不同氮肥管理措施对 30～60 cm 深度土层土壤氮的影响较大，而进入盛果期以后，则主要影响 0～30 cm 深度土壤。这可能是因为前期降雨强度大，氮素已经移动至深层土壤，而后期降雨量少，淋溶量减少，蒸发量大，反而带动深层土壤中硝态氮向上移动，且在亚热带高温和干湿交替环境影响下，加大了土壤矿化强度，从而引起表层 N_{min} 的变化。进一步分析土壤氨硝比发现，传统氮肥管理模式下的氨硝比平均为 0.04（第 1 年）和 0.07（第 2 年），添加硝化抑制剂增加了氨态氮的比例，平均为 0.08（第 1 年）和 0.17（第 2 年），意味着采用硝化抑制剂的氮肥综合优化管理将 NH_4^+-N/NO_3^--N 提高了 1.4～2.0 倍。

降雨是引起淋溶的主要原因。苦瓜移栽早期，降雨集中，所以淋溶体积也较大，是淋溶损失的主要时期。相比于传统氮肥管理方式，优化氮肥管理下的淋溶体积降低了 10.0%。随着生育期的推进，淋溶液浓度逐渐降低。总体上，氮的淋溶以硝态氮为主，两年度试验期间 Ncon 处理下的硝态氮浓度介于 37.4～294.1 mg/L，平均浓度为 111.8 mg/L，移栽前期浓度最大；Nopt 处理中硝态氮浓度处于 14.9～259.2 mg/L，平均浓度为 88.4 mg/L，比传统对照减少 20.9%；不施氮肥处理中，硝态氮浓度介于 3.5～156.9 mg/L，平均浓度为 49.5 mg/L，浓度最低。淋溶液中氨态氮的浓度范围为 0.7～101.8 mg/L，其中，两个年度不施氮肥（Nno）、传统农户施肥（Ncon）和优化施肥（Nopt）三个处理下的平均氨态氮浓度分别为 3.7 mg/L、5.0 mg/L、7.4 mg/L 和 10.0 mg/L、36.4 mg/L 和 32.2 mg/L。可见，Nopt 淋溶液中氨态氮浓度略高于 Ncon，表明尽管相对于硝态氮而言，氨态氮易被土壤固定，但强降雨条件下，还是通过扩散或质流最终被淋溶（Fanson and Kenneth, 1998）。同时，这一现象也表明，采用抑制剂的氮肥管理方法确实延长了 NH_4^+-N 的存在时间。

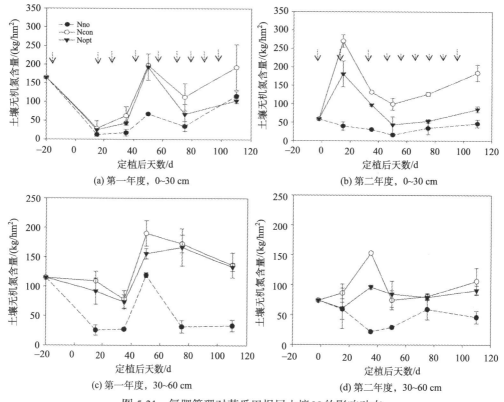

(a) 第一年度，0~30 cm　　　　　(b) 第二年度，0~30 cm

(c) 第一年度，30~60 cm　　　　　(d) 第二年度，30~60 cm

图 5-31　氮肥管理对苦瓜田根层土壤 N 的影响动态

两个年度的试验期间，在传统农户施肥管理下，氮素淋溶量为 153.0 kg/hm² 和 124.3 kg/hm²，氮肥根层调控措施下氮素淋溶量为 104.0 kg/hm² 和 96.7 kg/hm²（图 5-32）。与农户传统施肥相比，根层调控技术降低氮肥淋溶损失 32.0% 和 22.3%。在氮素形态方面，传统农户处理下淋溶液中氮素的平均氨硝比为 0.03 和 0.26，优化氮肥处理下为 0.08 和 0.35，是传统农户处理的 1.3~2.7 倍。

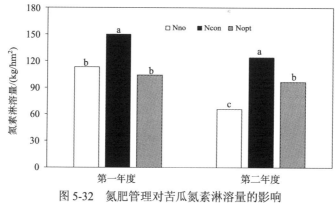

图 5-32　氮肥管理对苦瓜氮素淋溶量的影响

综上所述，在苦瓜全生育期间，通过以上综合根层氮肥调控方式，早期实现壮根壮苗，携氮移栽，定植后迅速缓苗，提早开花，后期优化氮素和光合产物分配方式，最终相比于传统的氮肥管理，可使氮肥投入降低 18.8%，氮素吸收量提高 30.0%，产量增加 22.5%，氮肥当季利用率和化肥偏生产力分别提高 13.6% 和 54.1%，使氮素淋溶损失显著降低。因此，"总量控制+分期调控+形态调节"的氮肥根层调控方法是控制华南菜地淋溶的有效技术。

5.4　农田化肥氮素气态损失与减排技术

5.4.1　农田化肥氮素气态损失途径与特征

1. 稻田氮素气态损失过程及规律

氮素的气态损失主要有氨挥发和反硝化脱氮两种途径。其中，氨挥发是稻田活性氮排放的重要途径，而且挥发到大气的氨有很大一部分又通过干湿沉降回到地面，从而对水体面源污染有间接贡献。氨挥发损失量因测量方法与土地利用方式的不同有较大差异，一般占施氮量的 9%～40%（朱兆良和文启孝，1992；宋勇生和范晓辉，2003；田光明等，2001；Fillery and Vlek，1986）。目前比较常用的氨挥发监测方法有密闭室间歇抽气-酸碱滴定/分光光度法、通气式氨气捕获-分光光度法和微气象法，一般施肥后需连续监测 7～14 d，如果采用缓控释肥和有机肥，监测时期需要更长些。稻季氨挥发损失主要受田面水中氨浓度和 pH 的影响，麦季则主要受土壤氮含量因素包括施肥量、施肥时间、施肥方法和温度等的影响。

以太湖流域稻田为研究对象，采用通气式氨气捕获-分光光度法监测了稻田不同氮肥用量（N0：不施氮肥；SSNM：153 kg N/hm^2；RCN：210 kg N/hm^2；FN：270 kg N/hm^2）和肥料类型（CRU：缓控释尿素处理，210 kg N/hm^2；OCN：有机无机配施，210 kg N/hm^2）下的氨挥发排放情况。结果表明，稻田氨挥发通量总体上呈现先上升后下降的变化趋势，施肥后第一天氨挥发通量较低，第二天显著增加，在分蘖肥期与穗肥期达到峰值，此后呈现下降或平稳的状态。最大值出现在分蘖肥后第二天，农户 FN 处理达 3.57 kg/(hm^2·d)，此阶段光照较强且水稻植株尚小，未封行，促进了氨挥发的产生。不同氮肥用量处理的氨挥发通量变化趋势较为相似（图 5-33）。

比较不同施氮水平处理[图 5-33(a)]，发现稻季 N0 处理的氨挥发通量显著低于施氮处理（FN、RCN 及 SSNM 处理），仅为 FN 处理的 60%；RCN 处理较 FN 处理平均减少 23.5%，而 SSNM 处理降幅达 35%。由此可见，氮肥施用是氨挥发通量增加的主导因素，尤其在基肥期田面郁闭度较低时，减氮对氨挥发通量的抑制效果显著。分蘖肥期与穗肥期减氮处理对氨挥发通量的减轻程度均有所降低，且日变化稳定。不同肥料种类处理间的施肥时间和量有所不同，RCN 与 OCN 处理的基、分蘖肥和穗肥的比例分别为 30%、30% 和 40%，其中 OCN 处理中的有机肥全部于基肥期施入，其余为普通化肥，而 CRU 处理基肥、分蘖肥和穗肥的比例分别为 70%、0 和 30%，其中基肥全部为缓控释尿素，穗肥为普通尿素。OCN 与 CRU 处理平均较 RCN 处理氨挥发通量减少 10%，但因肥料种类不同、施入时间不同，各处理肥期氨挥发通量的变化各有特点。

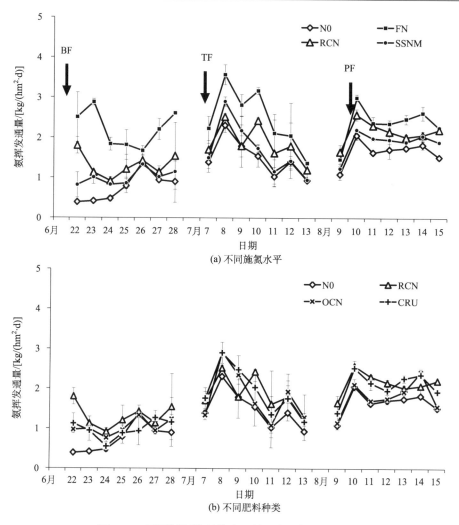

图 5-33　不同氮肥管理模式下稻田表面氨挥发通量

BF：基肥；TF：分蘖肥；PF：穗肥

　　整个稻季氨挥发损失总量均表现出随施肥量增加而增加的趋势(表 5-9)。施氮处理较 N0 处理高出 22.75%～89.8%，FN 处理稻季各肥期氨挥发损失量最高；SSNM 处理较 RCN 处理减少了约 10 kg/hm^2 的氨挥发量。不同肥料种类处理间，CRU 与 RCN 处理间差异不显著，OCN 处理则较 FN 处理降低了 23.9%的氨挥发量，降幅达到显著水平。普通化学肥料处理基肥期与分蘖肥期损失之和占稻季氨挥发损失量的 70%左右，穗肥期相对较少。

表 5-9　稻季不同肥期氨挥发损失量　　　　　　　　　(单位：kg/hm^2)

时期	FN	RCN	SSNM	OCN	CRU	N0
基肥期	28.0a	20.4b	14.3c	14.6c	16.9c	11.1d
分蘖期	26.9a	21.6b	18.7c	18.6c	22.5b	14.5d
穗肥期	20.9a	18.5ab	17.2b	15.9b	19.2ab	14.4c
总量	75.9a	60.5b	50.2c	49.1c	58.6b	40.0d

总体上,稻季氨挥发总量在 $40.0 \sim 75.9$ kg/hm^2,占总施肥量的 $27.9\% \sim 32.4\%$。氮肥施用是氨挥发通量增加的主导因素,减少氮肥施用可显著降低氨挥发通量,氮肥用量由当前农户施氮水平的 270 kg/hm^2 下降到 210 kg/hm^2(减氮 22%)时,氨挥发通量可减少 $20.2\% \sim 35.3\%$,以 OCN 最为明显。等氮肥投入下,具有肥料缓慢释放的 OCN 与 CRU 处理的氨挥发量要低于 RCN。基肥期水稻苗小,对氮素的需求较少,从而造成较大的氨挥发损失率,是控制氨挥发的关键时期。

2. 集约化菜地氮素气态损失规律

长江中下游集约化菜地长期定位监测试验结果显示,菜地氮肥利用率仅 18%,53% 为土壤残留,27.5%损失到环境;淋溶为主要的损失途径,占施氮量的 20%,主要为硝态氮,氨挥发和 N$_2$O 气态损失仅分别占 1%和 0.5%(Min et al., 2011)。北方设施菜地的监测结果显示,黄花-番茄周年轮作体系中,N$_2$O 和氨挥发排放仅占施氮量的 0.7%和 2.2%(丁武汉,2020)。因此,菜地中气态损失不是主要损失途径。

菜地 N$_2$O 排放和氨挥发排放具有明显的季节性变化,均在温度较高的 4~8 月较大,在其他月份相对较小。氮肥的使用显著增加了菜地 N$_2$O 和氨挥发排放,排放量随施氮量的增加而增加。此外,土壤温度和土壤水分是菜地 N$_2$O 和氨挥发排放的主要影响因子。

5.4.2 稻田氨挥发减排技术

1. 基于缓控释肥和肥料深施的氨挥发减排技术

稻田氨挥发损失与田面水氮素浓度尤其是氨态氮浓度呈正相关。因此,有效控制田面水氨浓度是控制氨挥发损失的关键,通过调整肥料用量及运筹方式、采用新型缓控释肥料替代和有机肥料替代等,可实现氨挥发减排的效果。其中,缓控释肥料由于氮素养分的缓慢释放,不仅能够满足水稻生长需肥规律、提高水稻氮素利用率,对稻田氨挥发损失也表现出稳定的控制效果。特别是缓控释肥与插秧侧深施肥一体化技术结合,通过肥料深施可进一步降低田面水氨浓度,不仅省工节本,且氮减排效果显著。因此,缓控释肥料稻田一次性深施技术是一项值得推荐的稳定控制稻田氨挥发损失的技术。为说明其实际效果,本小节结合笔者等在太湖地区开展的两个专题试验对缓控释肥稻田一次性深施技术的氨挥发控制效果进行阐述。

2014 年在太湖地区开展的稻田不同类型缓控释肥料和施肥方式的试验证实(图 5-34),与无机化肥分次撒施处理(CN)相比,相同氮肥用量下 3 种新型缓控释肥料(硫包衣尿素,SCU;4 个月树脂尿素,RCU;缓释复混肥,RBB)在 2 种施用模式(一次性基施模式 B 和"一基一穗"模式 BF)下均不同程度地降低了稻田氨挥发损失,减排程度可达 $13.8\% \sim 86.4\%$,不同类型缓控释肥的氨挥发控制效果差异较大。相同施肥方式下,硫包衣尿素处理的氨挥发总量高于树脂尿素和缓释复混肥处理。施肥方式显著影响稻田氨挥发损失,除硫包衣尿素处理,缓控释肥"一基一穗"处理(BF-RCU、BF-RBB)的氨挥发损失量均高于一次性基施施肥处理(B-RCU、B-RBB)。结果说明,缓控释肥料对稻田氨挥发损失表现出较好的控制效果,其中树脂尿素和缓释复混肥控制效果最好。结合产量表现，缓释复混肥一次性侧深施是一类值得推荐的稻田氨挥发损失控制技术。

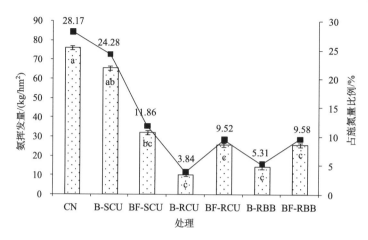

图 5-34　不同类型缓控释肥及施肥方式对稻田氨挥发损失的影响

为进一步验证缓控释肥不同施肥深度对稻田氨挥发损失的控制效果，选择缓释复混肥于 2019 年在太湖地区开展了缓控释肥不同施肥深度对稻田氨挥发损失影响的专题研究。结果证明，与缓控释肥撒施相比，相同氮肥用量下缓控释肥深施处理（5 cm 深度和 10 cm 深度）均降低了稻田氨挥发损失，氨挥发损失量随施肥深度增加而降低（图 5-35）。结果说明，缓控释肥深施是稻田氨挥发损失控制的关键。例如，结合农学效益及田间作业表现，缓释复混肥 5 cm 深施能够获得最高的产量和环境效益。

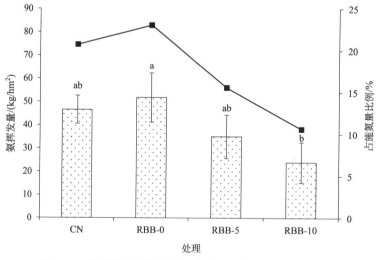

图 5-35　缓控释肥不同施肥深度对稻田氨挥发损失的影响

CN，常规化肥分次撒施；RBB-0，缓控释肥撒施；RBB-5，缓控释肥 5 cm 深施；RBB-10，缓控释肥 10 cm 深施

综上，缓控释肥料对稻田氨挥发损失表现出较好的控制效果，是一项值得推荐的稳定控制稻田氨挥发损失技术。肥料类型和施肥深度选择是稻田氨挥发实际控制效果的关键，缓释复混肥和 5 cm 深度分别是较适宜的肥料类型和施肥深度。

2. 基于物理界面阻隔的稻田氨挥发控制技术

稻田氨挥发是田面水中游离的氨根离子转换成氨气分子逃逸出水面的一个物理过程。因此，除了调控田面水氨浓度、降低田面水 pH 外，通过界面的阻隔作用来阻断氨分子从水面逃逸到大气中去，是氨挥发控制的另一个途径。根据稻田环境特点，选用环境友好的两性分子材料及农业废弃物粉末调配为膜材料，在氮肥施用后铺洒于田面水，构建气-液膜结构，对氨挥发进行物理阻隔，同时通过影响田面水其他相关的属性来有效抑制稻田氨挥发。研究表明，界面阻隔材料能显著抑制水面氨挥发，且可逐渐自然降解，其降解成分还能为土壤微生物提供有机碳源，不会带来二次污染，是一种低成本且环境友好的减少氨挥发的方法。

为筛选适宜的膜材料并明确其对稻田氨挥发的控制效果，江苏省农业科学院开展了相关研究(王梦凡等，2020；俞映倞等，2021)。通过在稻田喷施表面分子膜材料和覆盖稻糠，比较了两种表面分子膜材料——聚乳酸(PLA)和卵磷脂(LEC)及稻糠(RB)施用后水稻产量、稻田田面水 pH、氨态氮及硝态氮含量动态、稻田氨挥发的变化特征。结果表明，第一年，除卵磷脂添加显著增加了 27%的作物产量，其余膜材料处理相比于常规施肥对照(CKU)差异不显著。连续使用的第二年，所有膜材料处理均表现为增产，较 CKU 提高了 13%～24%。氮肥利用效率的变化趋势与产量一致，2017 年膜材料使用未对利用效率产生显著影响，2018 年膜材料添加处理较 CKU 具有较高的氮肥利用效率，且卵磷脂处理达到统计学显著水平。

连续两年小区试验发现，CKU 处理氨挥发日通量损失在施用基肥和分蘖肥的一周内及施用穗肥的前 2 天较高(图 5-36)。与之对应，添加的膜材料在基肥和分蘖肥的前 5 天可较 CKU 处理有效削减了 14%～69%的氨挥发日通量；穗肥期，2017 年膜材料的削减作用不明显，2018 年仅在前 2 天具有明显削减作用。由此可见，膜材料的抑氨效果在氨

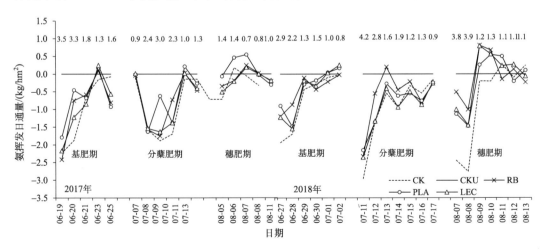

图 5-36　两年稻季肥期氨挥发排放通量(较 CKU 处理)

数据为各处理与 CKU 处理相比的相对数据，CKU 处理数值为水平基线，标注的具体数值为对应日期下 CKU 处理的氨挥发日通量。当相对数值为正值时，说明该处理对应日期下的氨挥发日通量高于 CKU 处理，反之亦然。CK：不施氮处理；CKU：常规施肥对照；RB：化肥增施稻糠处理；PLA：化肥增施聚乳酸处理；LEC：化肥增施卵磷脂处理；下同

挥发排放较高条件下更为显著。几个膜材料中,稻糠在铺洒于田面水表面的初期具有较好的抑氨效果,但作用时间较短;而聚乳酸和卵磷脂抑氨作用时间较长。使用膜材料可实现基肥期、分蘖肥期和穗肥期氨挥发累积损失量27%~40%、31%~47%和2%~13%的削减,并在稻季总损失量上实现19%~31%的削减;而除肥期以外的其他时期,膜材料的抑氨效果不显著。2017年,聚乳酸的抑氨效果略差于稻糠和卵磷脂;而2018年不同材料间无显著差异。

如图5-37所示,膜材料对作物氮吸收未构成不利影响,第一年略有下降但差异不显著,第二年较CKU处理增加了4%~31%。膜材料使用显著降低了氨挥发损失,增加了土壤中矿质态氮含量,为作物生长提供了更多可用氮。2017年聚乳酸的使用虽然抑氨效果不如稻糠和卵磷脂显著,但其收获后土壤的矿质态氮含量有了显著提升(+48%),未增加其他途径氮损失的风险;而2018年膜材料处理土壤矿质态氮含量并未较CKU有显著差异,但与之对应的是作物氮吸收量的提升。

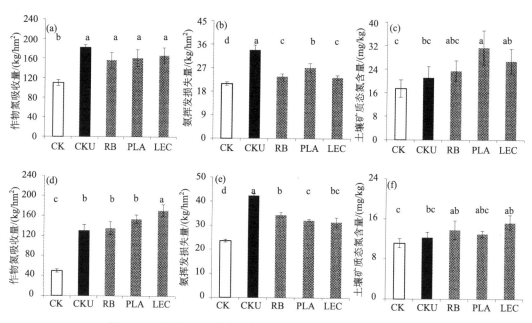

图5-37 不同处理下的水稻氮吸收、氨挥发损失及土壤氮含量

(a)~(c)为2017年数据;(d)~(f)为2018年数据

田间环境下的膜材料使用,对水稻产量及氮利用效率呈现促进作用。膜材料在整个稻期可减少氨挥发排放总量的19%~31%,且削减作用主要体现在基肥期和分蘖肥期的前5天。此外,由于氨挥发削减而减少的氮排放或以矿质态氮形态贮存于土壤或提高了作物氮吸收量,并未以其他形态发生氮损失。施氮条件下,环境条件中田面水氨态氮含量和pH及膜材料的使用是影响氨挥发排放的主控因子。三种膜材料中,稻糠作为唯一的生物质材料,主要通过降低田面水pH来影响氨挥发;聚乳酸稳定性较好,可在气-液表面停留较长时间,通过物理阻隔的途径减少氨挥发;而卵磷脂对于氨挥发的影响途径较为多样,除物理阻隔外,其水解后还可通过改变田面水相关属性影响氨挥发,抑氨作

用显著。基于不同膜材料对氨挥发影响机制的差异，应用时，可根据实际生产需求对膜材料进行选择。

3. 小结与讨论

肥料施用为南方水田系统的氮磷损失提供了物质基础，因此，优化施肥至关重要。基于现有文献报道的技术及其效果参数，从多个技术方向对优化施肥技术在南方水田系统中应用的养分损失减排效果进行梳理（表 5-10）。其中，减量施肥技术多以氮为调整目标，减施幅度为 14.3%～45.5% 不等。通过减少施肥引起的各损失途径的削减比例来看，径流养分损失的削减基本与养分投入的变化同步，而其他三种损失则因为土壤本底情况不同，养分损失的减排效果差异较大。

表 5-10　优化施肥技术对养分损失的减排效果

技术方向	信息描述及文献来源	作用效果			
		径流损失	渗漏损失	氨挥发	氧化亚氮
养分用量减少	减少氮投入 40%（Cui et al., 2018）	削减 23.5%～41.1%			
	减少氮投入 43%（Xue et al., 2014）	削减 17.1%	削减 30.2%		
	减少氮投入 33%（Cao et al., 2017）			削减 19.1%	削减 80.8%
	减少氮投入 45.5%（Tian et al., 2007）	削减 46.8%			
	减少氮投入 14.3%（Liang et al., 2017）	削减 34.4%			削减 30.7%
	减少氮投入 33%（Gui et al., 2015）	削减 35.8%	削减 7.5%		削减 19.6%
	减少氮投入 10%～40%（Jiao et al., 2018）		削减 15.0%～35.4%		
	减少氮投入 16.7%～66.7%（Deng et al., 2012）			削减 13.8%～69.1%	削减 25%～75%
	减少氮投入 22%（张刚等, 2008）	削减 30%～40%	削减 32.3%		
肥料种类选用	基肥缓控释肥（侯朋福等, 2017b; 刘兆辉等, 2018）	削减 43.2%	削减 50.5%～3.0%	削减 18.1%～89%	削减 22.4%～73.4%
	脲胺氮肥（敖玉琴等, 2016）			削减 10.4%	
有机肥替代	有机肥部分替代（Cao et al., 2017; Sun et al., 2018; 李菊梅等, 2005; 叶静等, 2011）	削减 17.6%	削减 25.6%	削减 27.3%～31.5%	削减 6.2%～24.3%
	不同品种有机肥替代（a: 菜饼, b: 牛厩肥, c: 猪厩肥）（邹建文等, 2003）				a 增加 22% b 削减 21% c 削减 18%
	基肥使用有机肥（Zhao et al., 2016）	削减 40.4%	削减 60.9%		

续表

技术方向	信息描述及文献来源	作用效果			
		径流损失	渗漏损失	氨挥发	氧化亚氮
施用方法调整	深施(Ke et al., 2018; Yao et al., 2018; 侯朋福等, 2017b)		增加 55.8%~68.4%	削减 88%~91%	
	调整基-蘗-穗肥比例, 变3∶1∶1 为 5∶1∶2 (Zhang et al., 2017)		削减33%		
	基肥尿素湿施(王德建等, 2010)			削减67.8%	增加 36.5%~71.6%
土壤添加剂配用	生物炭(冯轲等, 2016; 李露等, 2015; 吴震等, 2018; 董玉兵, 2018; Wu et al., 2019b)			低用量减少 27.2%, 高用量 增加 18.8%~ 40.3%	削减 19.5%~38.6%
	硝化抑制剂 3,4-二甲基吡唑磷酸盐 (DMPP)(俞巧钢和陈英旭, 2010)		削减 13.5%~23.1%		
	a: 脲酶抑制剂			a 削减 21.7%	
	b: 硝化抑制剂			b 无影响	
	c: 联用(张文学等, 2019)			c 削减 13.6%	
灌溉水分管控	改变淹水环境(Chu et al., 2015) a: 持续淹水; b: 交替湿润和适度干燥				a 削减 35.5% b 增加 66.7%
	控制灌溉(高世凯等, 2017; 侯会静等, 2015; 杨士红等, 2012)	削减 34.2%~58.3%		削减 44.7%	稻季增加 136%, 冬季减少 47.1%, 全年总量无影响

减少化肥氮用量是减少氮损失的关键, 可同步减少径流、淋溶、氨挥发和 N$_2$O 排放等损失。而新型缓控释肥的使用相比于传统化肥来讲, 减少氮损失的效果更佳, 尤其是对氨挥发的控制效果较好; 有机肥替代的作用效果因有机肥的种类和基底物料不同而有差异。在施用方法上, 深施对于氨挥发的削减效果十分显著, 而水田环境中的水分管理对氨挥发和氧化亚氮的损失则可能存在相反影响, 需从全局上进行系统管理。在施肥时配合使用生物炭、硝化抑制剂和脲酶抑制剂等添加剂, 通过影响氮转运过程对不同途径的氮损失进行控制, 对单一转运过程的抑制或延缓有可能在带来这一途径氮损失量削减的同时引起另一个途径损失量的增加, 在应用时需进行整体评估。

5.4.3 集约化菜地气态氮损失减排技术

为减少硝态氮淋溶, 菜地多施用硝化抑制剂, 可有效抑制菜地土壤中氨态氮向硝态氮的转化, 同时也起到了减少 N$_2$O 排放的作用, 但也增加了氨挥发排放的风险。关于菜地施用硝化抑制剂对气态氮损失的效果, 详见本书第 7 章, 在此不再赘述。吴震等(2020)基于文献整合分析, 评估了减施氮肥、配施硝化抑制剂、有机肥替代、施用生物炭和优化灌溉等几种措施在蔬菜生产中减排 N$_2$O 的潜力。结果表明, 与当地常规管理措施相比, 各种优化措施均可在不同程度上降低菜地 N$_2$O 排放, 幅度分别为 49.4%(减施氮肥)、

33.2%（配施硝化抑制剂）、26.6%（有机肥替代）、29.1%（施用生物炭）和 34.3%（优化灌溉），平均达 36.6%。在高施氮情况下，有机肥替代化肥能更有效地降低 N_2O 排放系数和单位产量 N_2O 排放量。菜地 N_2O 排放量随着氮肥减施率的增加而降低，在低施氮土壤中 N_2O 减排效果更好。优化灌溉在不同施氮量下对 N_2O 的减排效果相当，配施硝化抑制剂和施用生物炭则在低施氮条件下 N_2O 减排效果更好。

表 5-11 总结了各种优化施肥技术在长江中下游地区菜地的综合减排效果。减少氮肥投入、有机肥替代化肥能同时减少氨挥发和 N_2O 排放，然而，添加硝化抑制剂或生物炭等土壤添加剂可有效降低菜地 N_2O 和 NO 排放，对 NH_3 挥发无影响或者略微增加其排放。

表 5-11　优化施肥技术对菜地（和稻田）活性气态氮的减排效果

技术方向	信息描述	作用效果			文献来源
		氧化亚氮（N_2O）	一氧化氮（NO）	氨挥发（NH_3）	
养分施用量	减少氮肥投入 1/3	减少 18.2%			张曼, 2015
	减少氮肥投入 2/3	减少 31.8%			
有机肥替代	有机肥部分替代 1/3	减少 30.3%	减少 43.9%	减少 17.8%	毕智超, 2017；周俊, 2019
	有机肥部分替代 1/2	减少 27.3%	减少 39.8%	减少 22.2%	
	有机肥部分替代 2/3	减少 40.3%	减少 52.0%	减少 18.1%	
土壤添加剂配用	硝化抑制剂 DCD	减少 41.8%	减少 58.8%～79.5%	增加 5.1%～37.5%	范长华, 2018；冯练, 2019；李双双, 2019
	硝化抑制剂 CP	减少 46.1%	减少 43.0%～71.7%	增加 3.2%～44.6%	
	硝化抑制剂 DMPP	减少 21.9%			
	生物炭	减少 47.4%～56.5%	减少 26.9%～57.0%	无显著影响	

注：DCD，双氰胺；CP，2-氯-6-三氯甲基吡啶；DMPP，3，4-二甲基吡唑磷酸盐。

5.5　小流域农田化肥面源污染阻控技术体系

小流域尺度的面源污染防控包括化肥减施、水土流失防控、径流阻控与生态拦截及汇水的湿地处理系统等。以南水北调水源区丹江口水库胡家山小流域为例，依据流域内地形、气候、土壤、土地利用组成及景观格局等特征因子，借助遥感和地理信息系统等手段，通过对典型坡耕地流域内各支流的水质监测，在明晰流域内氮磷流失的时空变化规律和影响因素的基础上，研究各种面源污染防控技术的效果，为小流域的治理提供实用模式。

胡家山小流域地处湖北省丹江口市的习家店镇（111°12′22″E～111°15′20.5″E，32°44′17.8″N～32°49′15.6″N），属于汉江一级支流，面积 23.93 km^2，属北亚热带半湿润季风气候，年均温 16.1℃，年均降水量 797.6 mm。土壤类型有黄棕壤、石灰土、紫色土等，以黄棕壤和紫色土为主，分别占流域总面积的 61% 和 31%。地貌主要为丘陵和岗地，少数为低山。小流域内以柑橘、山楂为主要经济林，以刺槐、杨树、紫穗槐等为主要灌木林，以柏树为主要用材林，林草覆盖率有 35.4%。流域内 47.1% 为农业用地，40.8% 为林地，2.1% 为居民区。流域内主要作物为小麦和玉米，冬季种植小麦，夏季种植玉米。

本研究中将胡家山流域根据水文特征划分为 13 个子流域(集水区)。

5.5.1　小流域农田氮磷流失时空分布特征

1. 面源污染物输出的时间特征

在胡家山流域内的各个支流设置了水质监测点。根据降雨状况划分枯水期(11～4月)和丰水期(5～10月),各监测点总氮浓度季节变化特征如表 5-12 和图 5-38 所示。在枯水期,总氮浓度变化范围为 1.51～6.81 mg/L,最小值和最大值分别在 1 月和 4 月。丰水期平均浓度变化范围为 2.43～4.75 mg/L,最小值和最大值分别在 5 月和 10 月。由各季节总氮浓度的平均值可以看出,在枯水期,总氮浓度平均值整体上要高于丰水期,这与当地的季节降雨有关。通常情况下,降雨对污染物的浓度具有稀释作用,在丰水期降雨量比枯水期大,稀释作用明显。同时,总氮浓度变化范围较大说明总氮浓度受外界的影响较大,这与农作物施肥时间密切有关。

表 5-12　不同季节总氮浓度变化表

时间	次数	平均值/(mg/L)	标准差/(mg/L)	偏态	峰态
第一年 1～4 月	5	6.81	3.58	−0.18	−1.47
第一年 5～10 月	12	4.75	4.24	2.05	4.01
第一年 11 月～第二年 4 月	7	1.51	1.83	2.35	7.85
第二年 5～10 月	12	2.43	1.99	1.32	1.90
第二年 11 月～第三年 4 月	5	2.24	2.80	4.42	27.29

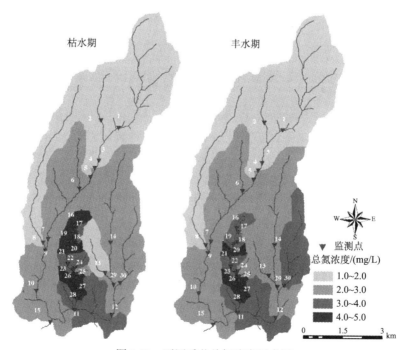

图 5-38　不同季节总氮浓度示意图

在枯水期，总磷平均浓度变化范围为 0.04～0.18 mg/L。丰水期总磷平均浓度变化范围为 0.04～0.27 mg/L（表 5-13 和图 5-39）。与总氮浓度枯丰水期具有规律性相比，总磷浓度则无明显的规律性，主要原因与当地的土壤和人类活动有关，通过调查可知，当地土壤中总磷含量较低，在无外界磷素输入的情况下，磷的流失量很少，说明胡家山流域内总磷受人为作用的影响明显。

表 5-13　不同季节总磷浓度变化表

时间	次数	平均值/(mg/L)	标准差/(mg/L)	偏态	峰态
第一年 1～4 月	5	0.13	0.16	6.16	45.57
第一年 5～10 月	12	0.27	0.45	3.70	15.62
第一年 11 月～第二年 4 月	7	0.18	0.18	2.09	4.88
第二年 5～10 月	12	0.04	0.05	1.90	3.30
第二年 11 月～第三年 4 月	5	0.04	0.05	5.10	34.93

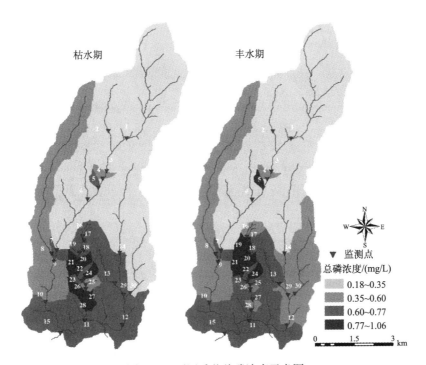

图 5-39　不同季节总磷浓度示意图

2. 面源污染物输出的空间特征

流域水体中面源污染呈现高氮低磷的特征，硝态氮的输出占总氮输出的 80%以上。通过基于河流距离的贝叶斯最大熵方法对河流水质进行估算，利用有限的监测数据评价分析整个流域河网氮磷污染物的时空变化特征。

胡家山小流域各集水区总氮输出浓度范围在 3.52～6.56 mg/L 之间（图 5-40）。总氮输出浓度最低的是 3 号集水区，其次为 2 号和 1 号集水区，均位于胡家山流域上游，林地分布面积较大。而 13 号集水区总氮浓度最高，位于中部支流的下游，旱地和居民地较为集中，其次为 7 号、8 号集水区。从空间上看，胡家山小流域的三条支流中，旱地、居民地较集中的中部支流总氮浓度最大，东侧支流次之，各支流从上游到下游氮素浓度均呈逐渐增大趋势。

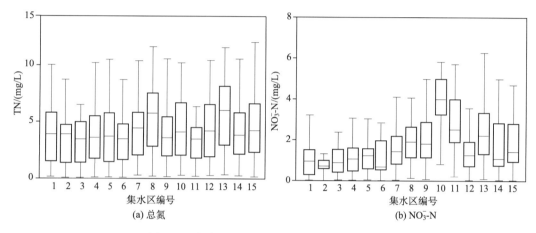

图 5-40　胡家山小流域年均氮素输出浓度箱状图

　　胡家山小流域硝态氮的输出占总氮输出的 80% 以上，硝态氮输出状况与总氮输出状况相似，各集水区硝态氮输出浓度范围在 0.87~3.67 mg/L 之间。硝态氮浓度最低的是 6 号集水区，其次为 2 号、3 号集水区，浓度最高的依旧是 10 号集水区。旱地、居民地较集中的中部支流硝态氮浓度最高，东侧支流次之。在各集水区中，西侧支流上游硝态氮浓度较低，从中游到下游硝态氮浓度呈逐渐增大的趋势，中间支流从上游到下游硝态氮浓度同样呈逐渐增大的趋势。

5.5.2　小流域农田氮磷流失阻控技术体系

　　根据研究区面源污染的特征，提出了我国南方红壤坡耕地氮磷流失防控的系统技术。根据坡耕地的地形、坡度、坡长、土地利用等情况，集成生态涵养林、植物篱、水土保持耕作措施、草皮水道缓冲带等防控坡面径流、污染物迁移及水土流失综合治理的技术（图 5-41）。在山顶营造山坡水源涵养林，在坡耕地内推广横坡耕作和秸秆覆盖，在坡脚布设一定宽度的草皮水道缓冲带，净化进入水体的污染物。集成的坡耕地面源污染生态阻控集成技术可广泛应用于南方红壤低山丘陵区的坡耕地上，有效降低水土流失和面源污染物的流失。

　　山顶营造水源涵养林的措施以封禁治理为主，能减少人为活动和人为干扰，在宜林地营造水土保持林，通过封禁、封育、补植等措施，促进林木的生长和植被恢复，充分发挥植被的生态功能，涵养水分，拦蓄降雨径流。

　　在山坡水源涵养林下部的坡耕地和经果林地上，采取的治理措施主要是通过科学施肥施药，减少污染物来源，配置适宜的水土保持耕作措施，在源头阻控面源污染物的排放。

图 5-41　典型坡耕地化肥面源污染生态阻控技术集成

　　草皮水道缓冲带位于坡耕地和经果林下部,坡脚下河岸边。通过对污染物的截留、过滤或吸附作用,达到拦截径流泥沙、改善汇流水体水质的目的。

　　集成技术应用后,能有效减少面源污染物的流失量,技术上和经济上均具有可行性,具有广泛的适用性和可操作性,适宜推广应用,有广阔的前景。

1. 胡家山流域水源涵养型林草植被空间结构配置模式

1)防蚀功能为主的水源涵养林营造模式

　　采用人工造林技术,营造水源涵养林,调节降水的吸收,变地表径流为壤中流和地下径流。为了更好地发挥这种功能,在流域内采用封禁和森林均匀分布的措施,合理配置杨树、柳树、牡荆、侧柏等树种,而在土层厚度 25 cm 以下的立地条件下,可以用白刺、牡荆和紫穗槐等树种,结合抚育措施,营造水源涵养林,配合沟头拦水埝,减少水土流失,防控面源污染。

2)兼顾山地经济效益的经济林模式

　　在土层较厚的立地条件下,栽植优良经济林树种,可选择花椒、酸枣、柑橘、核桃等,控制每个经济林面积,不同类型经济林交错分布。在保证控制水土流失的同时,可获得一定的经济效益。

2. "源头控制-运移途径调控-生态拦截"的小流域面源污染治理模式

1) 农田面源源头控制

在流域内实施坡改梯,现有坡地改为水平梯田。完善田间排水系统,充分利用现有的坑、塘、沟、渠蓄水,合理规划坡耕地径流途径,选择不同位置兴修径流聚集沟。对骨干排水沟道进行生态防护。加固田坎,修建截流沟和排水沟,减少农田的地表径流量和土壤侵蚀量。采取适当工程-生物等净化措施,沉积泥沙,对径流中氮磷进行净化,降低面源污染物浓度,减少污染物的排放。主要措施如下:①生物护坎;②农田排水渠道植草;③草皮水道;④田间道路植草或半硬化;⑤农业种植结构调整。

2) 村落面源源头控制

针对农村基础设施建设落后,农业生产、生活污染的分散性,污水处理系统不完善等特点,开发了适合村落面源污染源头控制的模式。主要措施包括:①村落排水沟渠系统整治;②农业固体废物资源化;③农村生活污水生态处理。

3) 面源污染运移控制

沟渠作为流域面源污染输入的主要通道,在流域污染传输的过程中能够起到关键的污染削减作用,可建立地表漫流单元、生态沟道单元和稳定塘单元,对面源污染输移过程进行控制,延长污染物在沟渠的停留时间,提高污染物的截留和净化效果。

3. 治理效果

依据监测数据,该控制系统具有较好的净化效果,运行期间总氮平均去除率达14%,总磷平均去除率达45%,氨态氮的平均去除率达26%,硝态氮的平均去除率达28%,为小流域面源污染的防控提供了可推广应用的模式。

参 考 文 献

敖玉琴, 张维, 田玉华, 等. 2016. 脲胺氮肥对太湖地区稻田氨挥发及氮肥利用率的影响. 土壤, 48(2): 248-253.

毕智超. 2017. 有机无机肥配施对菜地 N_2O 和 NO 排放及温室效应的影响. 南京: 南京农业大学.

曹小闯, 李晓艳, 朱练峰, 等. 2016. 水分管理调控水稻氮素利用研究进展. 生态学报, 36(13): 3882-3890.

丁武汉. 2020. 不同灌溉条件下设施菜地气态氮排放特征及其相互关系. 北京: 中国农业科学院.

董玉兵. 2018. 追施生物质炭对稻-麦轮作系统土壤 NH_3 挥发和 NO 排放的影响. 南京: 南京农业大学.

段婧婧, 薛利红, 冯彦房, 等. 2016. 碳氮比对水芹浮床系统去除低污染水氮磷效果的影响. 中国生态农业学报, 24(3): 384-391.

范长华. 2018. 集约化菜地土壤活性气态氮排放强度及减缓措施研究. 南京: 南京农业大学.

冯轲, 田晓燕, 王莉霞, 等. 2016. 化肥配施生物炭对稻田田面水氮磷流失风险影响. 农业环境科学学报, 35(2): 329-335.

冯练. 2019. 氮肥与生物质炭施用对菜地 NO 和 N_2O 排放及产量的影响. 南京: 南京农业大学.

高世凯, 俞双恩, 王梅, 等. 2017. 旱涝交替下控制灌溉对稻田节水及氮磷减排的影响. 农业工程学报,

33: 122-128.

何元庆, 魏建兵, 胡远安, 等. 2012. 珠三角典型稻田生态沟渠型人工湿地的非点源污染削减功能. 生态学杂志, 31: 394-398.

侯会静, 陈慧, 杨士红, 等. 2015. 水稻控制灌溉对稻-麦轮作农田 N_2O 排放的调控效应. 农业工程学报, 31: 125-131.

侯朋福, 薛利祥, 俞映倞, 等. 2017a. 稻田径流易发期不同类型肥料的氮素流失风险. 农业环境科学学报, 36(7): 1353-1361.

侯朋福, 薛利祥, 俞映倞, 等. 2017b. 缓控释肥侧深施对稻田氨挥发排放的控制效果. 环境科学, 38(12): 5326-5332.

胡伟, 向建华, 向言词, 等. 2017. 氮掺杂碳纳米子施用对稻田氮素径流和渗漏损失的影响. 农业环境科学学报, 36(7): 1378-1385.

纪雄辉, 郑圣先, 聂军, 等. 2007. 稻田土壤上控释氮肥的氮素利用率与硝态氮的淋溶损失. 土壤通报, 38(3): 467-471.

纪雄辉, 郑圣先, 石丽红, 等. 2008. 洞庭湖区不同稻田土壤及施肥对养分淋溶损失的影响. 土壤学报, 45(4): 663-671.

姜利红, 谭力彰, 田昌, 等. 2017. 不同施肥对双季稻田径流氮磷流失特征的影响. 水土保持学报, 31(6): 33-38, 45.

姜萍, 袁永坤, 朱日恒, 等. 2013. 节水灌溉条件下稻田氮素径流与渗漏流失特征研究. 农业环境科学学报, 32(8): 1592-1596.

焦军霞, 杨文, 李裕元, 等. 2014. 有机肥化肥配施对红壤丘陵区稻田土壤氮淋失特征的影响. 农业环境科学学报, 33(6): 1159-1166.

李德军. 2007. 珠江三角洲森林和蔬菜地土壤一氧化氮排放. 广州: 中国科学院研究生院(广州地球化学研究所).

李高明. 2009. 湖南农业面源污染中氮、磷损失的影响因素研究. 长沙: 湖南农业大学.

李菊梅, 徐明岗, 秦道珠, 等. 2005. 有机肥无机肥配施对稻田氨挥发和水稻产量的影响. 植物营养与肥料学报, 11: 51-56.

李露, 周自强, 潘晓健, 等. 2015. 氮肥与生物炭施用对稻-麦轮作系统甲烷和氧化亚氮排放的影响. 植物营养与肥料学报, 21: 1095-1103.

李敏, 王春雪, 舒正文, 等. 2019. 牛粪化肥配施对稻田下渗水氮素流失和水稻氮素积累的影响. 农业环境科学学报, 38(4): 903-911.

李双双. 2019. 施用硝化抑制剂对菜地土壤 N_2O 排放特征的影响研究. 南京: 南京农业大学.

李晓娜, 张雪莲, 张国芳, 等. 2017. 9 种禾本科草本植物的耐旱能力. 草业科学, 34(4): 802-812.

李旭. 2016. 控释尿素减量施用对双季稻产量、氮肥利用率和氮素损失的影响. 长沙: 湖南农业大学.

刘福兴, 陈桂发, 付子轼, 等. 2019. 不同构造生态沟渠的农田面源污染物处理能力及实际应用效果. 生态与农村环境学报, 35: 787-794.

刘红江, 郭智, 郑建初, 等. 2018. 前氮后移对水稻产量形成和农田氮素流失的影响. 中国农学通报, 34(5): 82-87.

刘平, 程炯, 刘晓南, 等. 2008. 广州流溪河流域典型农业集水区降雨径流污染物输出特征分析. 生态与农村环境学报, (1): 92-95.

刘兆辉, 吴小宾, 谭德水, 等. 2018. 一次性施肥在我国主要粮食作物中的应用与环境效应. 中国农业科学, 51(20): 3827-3839.

鲁如坤. 1998. 土壤-植物营养学原理和施肥. 北京: 化学工业出版社.

茆智. 2002. 水稻节水灌溉及其对环境的影响. 中国工程科学, (7): 8-16.

倪玉雪. 2013. 中国农田土壤硝态氮累积、淋洗与径流损失及 N_2O 排放. 保定: 河北农业大学.

牛新胜, 张翀, 巨晓棠. 2021. 华北潮土冬小麦-夏玉米轮作包气带氮素淋溶机制. 中国生态农业学报
　　(中英文), 29(1): 53-65.

邵凯迪, 段婧婧, 薛利红, 等. 2020. 5 种水生植物对模拟菜地径流中总氮和硝氮净化效果. 环境工程技
　　术学报, 10(3): 406-413.

石辉. 1997. 水土流失型非点源污染. 水土保持通报, 17(7): 99-101.

史志华, 杨洁, 李忠武, 等. 2018. 南方红壤低山丘陵区水土流失综合治理. 水土保持学报, 32(1): 6-9.

宋勇生, 范晓辉. 2003. 稻田氨挥发研究进展. 生态环境, 12: 240-244.

孙娜. 2017. 华北农田土壤磷素平衡与环境风险评价指标研究. 北京: 中国农业大学.

田昌, 周旋, 刘强, 等. 2018. 控释尿素减施对双季稻田氮素渗漏淋失的影响. 应用生态学报, 29(10):
　　3267-3274.

田光明, 曹金留, 蔡祖聪, 等. 2001. 镇江丘陵区稻田化肥氮的氨挥发及其影响因素. 土壤学报, 38(3):
　　268-276.

王德建, 张刚, 汪军, 等. 2010. 水稻基肥尿素干施与湿施对氮素损失及水稻氮素吸收的影响. 土壤学
　　报, 47: 483-489.

王迪, 李红芳, 刘锋, 等. 2016. 亚热带农区生态沟渠对农业径流中氮素迁移拦截效应研究. 环境科学,
　　37: 1717-1723.

王梦凡, 俞映倞, 杨梖, 等. 2020. 界面阻隔材料对稻田产量、氮肥利用率和氨挥发排放的影响. 中国生
　　态农业学报(中英文), 28(6): 803-812.

王晓玲, 乔斌, 李松敏, 等. 2015. 生态沟渠对水稻不同生长期降雨径流氮磷的拦截效应研究. 水利学
　　报, 46: 1406-1413.

王雅楣. 2014. 几种硝化抑制剂对土壤氮素转化和小麦生长的影响. 泰安: 山东农业大学.

王岩, 王建国, 李伟, 等. 2010. 生态沟渠对农田排水中氮磷的去除机理初探. 生态与农村环境学报,
　　26(6): 586-590.

毋永龙. 2006. 不同土壤条件下复合矿物包膜肥料氮素释放特性及效应. 咸阳: 西北农林科技大学.

吴建富, 张美良, 刘经荣. 等. 2001. 不同肥料结构对红壤稻田氮素迁移的影响. 植物营养与肥料学报,
　　7(4): 368-373.

吴震, 陈安枫, 朱爽阁, 等. 2020. 集约化菜地 N_2O 排放及减排——基于文献整合分析. 农业环境科学学
　　报, 39(4): 707-714.

吴震, 董玉兵, 熊正琴. 2018. 生物炭施用 3 年后对稻-麦轮作系统 CH_4 和 N_2O 综合温室效应的影响. 应
　　用生态学报, 29: 141-148.

习斌, 翟丽梅, 刘申, 等. 2015. 有机无机肥配施对玉米产量及土壤氮磷淋溶的影响. 植物营养与肥料学
　　报, 21(2): 326-335.

严磊, 薛利红, 侯朋福, 等. 2020. 太湖典型地区雨养麦田的径流发生时间特征. 农业环境科学学报,
　　39(5): 1043-1050.

杨坤宇, 王美慧, 王毅, 等. 2019. 不同农艺管理措施下双季稻田氮磷径流流失特征及其主控因子研究.
　　农业环境科学学报, 38(8): 1723-1734.

杨林章, 薛利红, 施卫明, 等. 2013. 农村面源污染治理的 "4R" 理论与工程实践——案例分析. 农业环境科学学报, 32(12): 1309-2315.

杨林章, 周小平, 王建国, 等. 2005. 用于农田非点源污染控制的生态拦截型沟渠系统及其效果. 生态学杂志, 24(11): 1371-1374.

杨士红, 彭世彰, 徐俊增, 等. 2012. 不同水氮管理下稻田氨挥发损失特征及模拟. 农业工程学报, 28(11): 99-104.

杨旺鑫, 夏永秋, 姜小三, 等. 2015. 我国农田总磷径流损失影响因素及损失量初步估算. 农业环境科学学报, 34(2): 319-325.

姚建武, 宁建凤, 李盟军, 等. 2015. 广东稻田氮素径流流失特征. 农业环境科学学报, 34(4): 728-737.

叶静, 俞巧钢, 杨梢娜, 等. 2011. 有机无机肥配施对杭嘉湖地区稻田氮素利用率及环境效应的影响. 水土保持学报, 25: 87-91.

余萍. 2011. 粤西地区天然降雨条件下农田氮素径流流失特征研究. 广州: 华南理工大学.

俞巧钢, 陈英旭. 2010. DMPP 对稻田田面水氮素转化及流失潜能的影响. 中国环境科学, 30(9): 1274-1280.

俞映倞, 王梦凡, 杨棋, 等. 2021. 氮肥减投条件下膜材料使用对稻田氨挥发排放的影响. 环境科学, (1): 477-484.

俞映倞, 薛利红, 杨林章. 2011. 太湖地区稻-麦轮作系统不同氮肥管理模式对麦季氮素利用与流失的影响研究. 农业环境科学学报, 30(12): 2475-2482.

曾曙才, 吴启堂, 侯焕英. 2007. 模拟酸雨对施肥条件下赤红壤氮磷淋失特征的影响. 水土保持学报, 21(6): 16-20.

曾招兵, 李盟军, 姚建武, 等. 2012. 习惯施肥对菜地氮磷径流流失的影响. 水土保持学报, 26(5): 34-38, 43.

张刚, 王德建, 陈效民. 2008. 稻田化肥减量施用的环境效应. 中国生态农业学报, 16(2): 327-330.

张丽娟, 马友华, 石英尧, 等. 2011. 灌溉与施肥对稻田氮磷径流流失的影响. 水土保持学报, 25(6): 7-12.

张曼. 2015. 氮肥用量与硝化抑制剂对菜地 N_2O 排放的影响研究. 南京: 南京农业大学.

张威, 艾绍英, 姚建武, 等. 2009. 水稻田磷径流流失特征初步研究. 中国农学通报, 25(16): 237-243.

张文学, 王少先, 夏文建, 等. 2019. 脲酶抑制剂与硝化抑制剂对稻田土壤硝化、反硝化功能菌的影响. 植物营养与肥料学报, 25(6): 897-909.

张英鹏, 于仁起, 孙明, 等. 2009. 不同施磷量对山东三大土类磷有效性及磷素淋溶风险的影响. 土壤通报, 40(6): 1367-1370.

张永起, 李淑仪, 廖新荣, 等. 2010. 广东蔬菜地土壤氮磷流失风险研究. 安徽农业科学, 38(19): 10135-10137, 10166.

张政勤, 姚丽贤. 1997. 广州市郊菜园土和蔬菜养分状况调查分析. 广东农业科学, (6): 29-32.

张子璐, 刘峰, 侯庭钰. 2019. 我国稻田氮磷流失现状及影响因素研究进展. 应用生态学报, 30(10): 3292-3302.

章明清, 姚宝全, 李娟, 等. 2014. 福建菜田氮、磷积累状况及其淋失潜力研究. 植物营养与肥料学报, 20(1): 148-155.

赵荣芳, 陈新平, 张福锁. 2009. 华北地区冬小麦-夏玉米轮作体系的氮素循环与平衡. 土壤学报, 46(4): 684-697.

钟晓英, 赵小蓉, 鲍华军, 等. 2004. 我国 23 个土壤磷素淋失风险评估 I. 淋失临界值. 生态学报,

24(10): 2275-2280.

周静雯, 苏保林, 黄宁波, 等. 2016. 不同灌溉模式下水稻田径流污染试验研究. 环境科学, 37(3): 963-969.

周俊. 2019. 有机无机肥料配施对集约化蔬菜生产碳氮足迹的影响研究. 南京: 南京农业大学.

朱成立, 张展羽. 2003. 灌溉模式对稻田氮磷损失及环境影响研究展望. 水资源保护, (6): 56-58.

朱兆良. 2000. 农田中氮肥的损失与对策. 土壤与环境, 9(1): 1-6.

朱兆良, 文启孝. 1992. 中国土壤氮素. 南京: 江苏科学技术出版社.

邹建文, 黄耀, 宗良纲, 等. 2003. 不同种类有机肥施用对稻田 CH_4 和 N_2O 排放的综合影响. 环境科学, 24(4): 7-12.

Bass A M, Bird M I, Kay G, et al. 2016. Soil properties, greenhouse gas emissions and crop yield under compost, biochar and co-composted biochar in two tropical agronomic systems. Science of the Total Environment, 550: 459-470.

Cai S, Shi H, Pan X, et al. 2017. Integrating ecological restoration of agricultural non-point source pollution in Poyang Lake basin in China. Water (Switzerland), 9: 1-16.

Cao Y, Sun H, Liu Y, et al. 2017. Reducing N losses through surface runoff from rice-wheat rotation by improving fertilizer management. Environmental Science & Pollution Research, 24: 4841-4850.

Castaldelli G, Aschonitis V, Vincenzi F, et al. 2018. The effect of water velocity on nitrate removal in vegetated waterways. Journal of Environmental Management, 215: 230-238.

Chen L, Liu F, Wang Y, et al. 2015. Nitrogen removal in an ecological ditch receiving agricultural drainage in subtropical central China. Ecological Engineering, 82: 487-492.

Chen X, Cui Z, Fan M, et al. 2014. Producing more grain with lower environmental costs. Nature, 514(7523): 486-489.

Chu G, Wang Z, Zhang H, et al. 2015. Alternate wetting and moderate drying increases rice yield and reduces methane emission in paddy field with wheat straw residue incorporation. Food and Energy Security, 4(3): 238-254.

Cui Z, Zhang H, Chen X, et al. 2018. Pursuing sustainable productivity with millions of smallholder farmers. Nature, 555(7696): 363-366.

Dai C, Liu Y, Wang T, et al. 2018. Exploring optimal measures to reduce soil erosion and nutrient losses in southern China. Agricultural Water Management, 210: 41-48.

Deng M H, Shi X J, Tian Y H, et al. 2012. Optimizing nitrogen fertilizer application for rice production in the Taihu Lake Region, China. Pedosphere, 22(1): 48-57.

Dong Y, Wu Z, Zhang X, et al. 2019. Dynamic responses of ammonia volatilization to different rates of fresh and field-aged biochar in a rice-wheat rotation system. Field Crops Research, 241: 107568.

Duan J, Feng Y, Yu Y, et al. 2016. Differences in the treatment efficiency of a cold-resistant floating bed plant receiving two types of low-pollution wastewater. Environmental Monitoring and Assessment, 188(5): 283.

Duan J, He S, Feng Y, et al. 2017. Floating ryegrass mat for the treatment of low-pollution wastewater. Ecological Engineering, 108: 172-178.

Fanson M K, Kenneth D K. 1998. Retention of nitrogen from stabilized anhydrous ammonia in the soil profile during winter wheat production in Missouri. Communications in Soil Science and Plant Analysis,

29 (3-4): 481-499.

Faust D R, Kröger R, Moore M T, et al. 2018. Management practices used in agricultural drainage ditches to reduce Gulf of Mexico hypoxia. Bulletin of Environmental Contamination and Toxicology, 100 (1): 32-40.

Fillery I R P, Vlek P L G. 1986. Reappraisal of the significance of ammonia volatilization as an N loss mechanism in flooded rice fields. Fertilizer Research, 9 (1/2): 79-98.

Fu D, Gong W, Xu Y, et al. 2014. Nutrient mitigation capacity of agricultural drainage ditches in Tai lake basin. Ecological Engineering, 71: 101-107.

Gui C, Ying C, Zhao G, et al. 2015. Do high nitrogen use efficiency rice cultivars reduce nitrogen losses from paddy fields? Agriculture Ecosystems & Environment, 209: 26-33.

Hesketh N, Brookes P. 2000. Development of an indicator for risk of phosphorus leaching. Journal of Environmental Quality, 29 (1): 105-110.

Ji X H, Zheng S X, Lu Y H, et al. 2007. Study of dynamics of floodwater nitrogen and regulation of its runoff loss in paddy field-based two-cropping rice with urea and controlled release nitrogen fertilizer application. Agricultural Science of China, 6 (2): 189-199.

Jiao J, Shi K, Peng L, et al. 2018. Assessing of an irrigation and fertilization practice for improving rice production in the Taihu Lake region (China). Agricultural Water Management, 201: 91-98.

Johann H G. 1998. Phosphorus accumulation and leaching in clay loam soils of the broadbalk experiment. Journal of Environmental Quality, 24 (5): 177-199.

Ju X T, Xing G X, Chen X P, et al. 2009. Reducing environmental risk by improving N management in intensive Chinese agricultural systems. Proceedings of the National Academy of Sciences, 106 (9): 3041-3046.

Ke J, He R, Hou P, et al. 2018. Combined controlled-released nitrogen fertilizers and deep placement effects of N leaching, rice yield and N recovery in machine-transplanted rice. Agriculture, Ecosystems & Environment, 265: 402-412.

Kim S Y, Geary P M. 2001. The impact of biomass harvesting on phosphorus uptake by wetland plants. Water Ence and Technology, 44 (11/12): 61-67.

Kumwimba M N, Meng F, Iseyemi O, et al. 2018. Removal of non-point source pollutants from domestic sewage and agricultural runoff by vegetated drainage ditches (VDDs): Design, mechanism, management strategies, and future directions. Science of the Total Environment, 639: 742-759.

Kumwimba M N, Zhu B, Muyembe D K. 2017. Assessing the influence of different plant species in drainage ditches on mitigation of non-point source pollutants (N, P, and sediments) in the Purple Sichuan Basin. Environmental Monitoring and Assessment, 189 (6): 267.

Levy G J, Fine P, Bar-Tal A. 2011. Treated Wastewater in Agriculture. Oxford, UK: Wiley Online Library.

Li H, Chen X D, Liu C, et al. 2020. Effect of various doses of 3,4-dimethylpyrazole phosphate on mineral N losses in two paddy soils. Journal of Soils and Sediments, 20: 3825-3834.

Liang K, Zhong X, Huang N, et al. 2017. Nitrogen losses and greenhouse gas emissions under different N and water management in a subtropical double-season rice cropping system. Science of the Total Environment, 609: 46-57.

Lowrance R, Smittle D. 1988. Nitrogen cycling in a multiple crop-vegetable production system. Journal of

Environmental Quality, 20: 123-128.

Memon N, Memon K S, Anwar R, et al. 2010. Status and response to improved NPK fertilization practices in banana. Pakistan Journal of Botany, 42(4): 2369-2381.

Min J, Shi W. 2018. Nitrogen discharge pathways in vegetable production as non-point sources of pollution and measures to control it. Science of the Total Environment, 613-614: 123-130.

Min J, Zhao X, Shi W, et al. 2011. Nitrogen balance and loss in a greenhouse vegetable system in southeastern China. Pedosphere, 21: 464-472.

Mustaffa M, Kumar V. 2012. Banana production and productivity enhancement through spatial, water and nutrient management. Journal of Horticultural Sciences, 7(1): 1-28.

Needelman B A, Kleinman P J, Strock J S, et al. 2007. Drainage Ditches: Improved management of agricultural drainage ditches for water quality protection: An overview. Journal of Soil and Water Conservation, 62(4): 171-178.

Nomura E S, Cuquel F L, Junior E D, et al. 2017. Fertilization with nitrogen and potassium in banana cultivars 'Grand Naine', 'FHIA 17' and 'Nanico IAC 2001' cultivated in Ribeira Valley, São Paulo State, Brazil. Acta Scientiarum Agronomy, 39(4): 505.

Pramanik S, Patra S K. 2016. Growth, yield, quality and irrigation water use efficiency of banana under drip irrigation and fertigation in the Gangetic Plain of West Bengal. World Journal of Agricultural Sciences, 12(3): 220-228.

Qiao C, Liu L, Hu S, et al. 2015. How inhibiting nitrification affects nitrogen cycle and reduces environmental impacts of anthropogenic nitrogen input. Global Change Biology, 21(3): 1249-1257.

Rajput A, Memon M, Memon K S, et al. 2015. Integrated nutrient management for better growth and yield of banana under Southern Sindh climate of Pakistan. Soil & Environment, 34(2): 126-135.

Reddy K, Kadlec R, Flaig E, et al. 1999. Phosphorus retention in streams and wetlands: A review. Critical Reviews in Environmental Science and Technology, 29(1): 83-146.

Shukla S, Goswami D, Graham W, et al. 2011. Water quality effectiveness of ditch fencing and culvert crossing in the Lake Okeechobee basin, southern Florida, USA. Ecological Engineering, 37(8): 1158-1163.

Sun L, Ma Y, Li B, et al. 2018. Nitrogen fertilizer in combination with an ameliorant mitigated yield-scaled greenhouse gas emissions from a coastal saline rice field in southeastern China. Environmental Science & Pollution Research International, 25(16): 1-13.

Tan H, Zhou L, Xie R, et al. 2004. Attaining high yield and high quality banana production in Guangxi. Better Crops, 88: 22-24.

Tan X, Shao D, Liu H, et al. 2013. Effects of alternate wetting and drying irrigation on percolation and nitrogen leaching in paddy fields. Paddy and Water Environment, 11(1): 381-395.

Tian Y H, Yin B, Yang L Z, et al. 2007. Nitrogen runoff and leaching losses during rice-wheat rotations in Taihu Lake region, China. Pedosphere, 17(4): 445-456.

Vymazal J. 2007. Removal of nutrients in various types of constructed wetlands. Science of the Total Environment, 380(1/2/3): 48-65.

Vymazal J. 2010. Constructed wetlands for wastewater treatment. Water, 2(3): 530-549.

Vymazal J, Březinová T D. 2018. Removal of nutrients, organics and suspended solids in vegetated agricultural drainage ditch. Ecological Engineering, 118: 97-103.

Wang J, Chen G, Zou G, et al. 2018. Comparative on plant stoichiometry response to agricultural non-point source pollution in different types of ecological ditches. Environmental science and Pollution Research International, 26: 647-658.

Wesström I, Messing I. 2007. Effects of controlled drainage on N and P losses and N dynamics in a loamy sand with spring crops. Agricultural Water Management, 87(3): 229-240.

Wu Z , Song Y , Shen H , et al. 2019a. Biochar can mitigate methane emissions by improving methanotrophs for prolonged period in fertilized paddy soils. Environmental Pollution, 253(10): 1038-1046.

Wu Z, Zhang X, Dong Y, et al. 2019b. Biochar amendment reduced greenhouse gas intensities in the rice-wheat rotation system: Six-year field observation and meta-analysis. Agricultural and Forest Meteorology, 278: 107625.

Xiong Y, Peng S, Luo Y. 2015. A paddy eco-ditch and wetland system to reduce non-point source pollution from rice-based production system while maintaining water use efficiency. Environmental Science and Pollution Research, 22: 4406-4417.

Xue L, Yu Y, Yang L. 2014. Maintaining yields and reducing nitrogen loss in rice–wheat rotation system in Taihu Lake region with proper fertilizer management. Environmental Research Letters, 9(11): 115010.

Yao L, Li G, Yang B, et al. 2009. Optimal fertilization of banana for high yield, quality, and nutrient use efficiency. Better Crop, 93: 10-11.

Yao Y, Zhang M, Tian Y, et al. 2018. Urea deep placement in combination with Azolla for reducing nitrogen loss and improving fertilizer nitrogen recovery in rice field. Field Crops Research, 218: 141-149.

Ye Y, Liang X, Chen Y, et al. 2013. Alternate wetting and drying irrigation and controlled-release nitrogen fertilizer in late-season rice. Effects on dry matter accumulation, yield, water and nitrogen use. Field Crops Research, 144: 212-224.

Zaman M, Blennerhassett J. 2010. Can urease inhibitor N-(n-butyl)thiophosphoric triamide(nBPT)improve urea Efficiency: Effect of different application rate, timing and irrigation systems. Proceedings of the 19th World Congress of Soil Science: Soil Solutions for a Changing World, Brisbane, Australia: 1-6.

Zhang M, Tian Y, Zhao M, et al. 2017. The assessment of nitrate leaching in a rice–wheat rotation system using an improved agronomic practice aimed to increase rice crop yields. Agriculture, Ecosystems & Environment, 241: 100-109.

Zhao X, Zhong X, Bao H, et al. 2007. Relating soil P concentrations at which P movement occurs to soil properties in Chinese agricultural soils. Geoderma, 142(3/4): 237-244.

Zhao X, Zhou Y, Min J, et al. 2012. Nitrogen runoff dominates water nitrogen pollution from rice-wheat rotation in the Taihu Lake region of China. Agriculture, Ecosystems & Environment, 156: 1-11.

Zhao Z, Sha Z, Liu Y, et al. 2016. Modeling the impacts of alternative fertilization methods on nitrogen loading in rice production in Shanghai. Science of the Total Environment, 566: 1595-1603.

Zhou B, Duan J, Xue L, et al. 2019. Effect of plant-based carbon source supplements on denitrification of synthetic wastewater: Focus on the microbiology. Environmental Science and Pollution Research, 26(24): 24683-24694.

Zhu T, Zhang J, Huang P, et al. 2015. N_2O emissions from banana plantations in tropical China as affected by the application rates of urea and a urease/nitrification inhibitor. Biology and Fertility of Soils, 51(6): 673-683.

第6章 环境养分农田回用与化肥替代技术

6.1 引　言

　　农业面源污染是指在农业生产和生活活动中，溶解的或固体的污染物，如氮、磷及其他有机或无机污染物质，从非特定的地域，通过地表径流、农田排水和地下渗漏进入水体引起水质污染的过程，其中氮磷是当前主要的面源污染物。氮磷排放到周围水体中是污染源，但其对于农业生产系统来说是必需的大量营养元素。因此，若能利用农业生产对这些环境源养分资源进行消纳和回用，不仅能减少农田化肥氮的投入，提高农田生产力，还能有效削减排入水环境中的氮磷，减少环境治理成本，达到农业生产与环境保护的双赢。这里环境源养分是指在水体环境中或者即将被排到水体环境中的那部分氮磷养分资源，主要包括农村生活污水工程尾水、养殖肥水、沼液及富营养化河水等。

　　根据环境保护部最新的《畜禽养殖业污染物排放标准(第二次征求意见稿)》及现行的《城镇污水处理厂污染物排放标准》(GB 18918—2002)，产生的养殖废水和农村生活污水即使全部经过处理达标排放，生活污水尾水中总氮依然高达 15～20 mg/L，养殖尾水总氮浓度也高达 40～70 mg/L，氨氮浓度高达 25～40 mg/L，远高于我国《地表水环境质量标准》(GB 3838—2002)对总氮(2 mg/L)的要求。若对现有的污水处理工艺进行提标改造，使其满足地表水水质标准，则成本太高；若直接排入水体后再进行净化处理，则需要巨额的环境治理费用。以滇池为例，1996～2015 年的 20 年间共计投资 510 亿元左右，滇池的库容为 16 亿 m³，折合每年每立方米水体治理费用为 1.6 元。

　　因此，需要采取养分回用-替代化肥的农业面源污染氮负荷削减策略，该策略也是一种环境中氮磷资源的交换利用或交易行为(氮交易)，把要处理的各种污水中的氮磷资源回收利用，既减少了污水处理(提标改造)的成本，又减少了农田化肥的投入，有效削减了整个区域的氮磷排放负荷，实现了区域水体水质达标及氮减排的目标(薛利红等，2017)。

6.2　环境中的养分资源现状调查及农田回用潜力评估

6.2.1　生活污水及工程尾水

1. 我国生活污水处理现状

　　水资源缺乏是一个世界性的难题。我国是一个严重缺水的国家，虽然淡水资源总量居世界第四位，但人均淡水资源量仅为世界平均水平的 1/4，并且面临着各区域水资源分布不均匀的问题。随着人口的增加和经济的快速发展，农业面源污染问题严重，使得很多江、河、湖泊水质下降，加剧了水质性缺水的状况。2018 年，我国生活污水排放量已达 521.1 亿 t(张维蓉和张梦然，2020)，并仍在持续增长。据计算，除养殖废水外，太湖地区农村生活污水是面源污染的一大污染源(张红举和陈方，2010)。目前，城镇生活污水主要通过污水管网输送到污水处理厂进行集中处理，然而，达标排放的生活污水尾水仍含有一定量的氮磷养分(TN≤20 mg/L，TP≤1.5 mg/L，一级 B)，一般属于劣Ⅴ类水[《地表水环境质量标准》(GB 3838—2002)]，直接排放会造成污染。因此，一些经济发达的城市和地区提出对污水处理厂出水水质进行提标尝试，新标准下主要污染物控制指标限值将达到《地表水环境质量标准》Ⅳ类水水平，这对改善水环境质量有着重要意义(刘红磊等，2015；傅信党和龚向红，2018)。

　　然而，我国各城市污水处理存在着区域间发展不平衡的状况。经济发展较为落后、人口密度较低的西部地区，污水处理设施建设较差，如青海省的污水处理厂数量和规模低于北方其他省份，其污水处理率仅有 60.0%(单连斌等，2018)。另外，我国农村居民一般居住比较分散，污水收集和集中处理较为困难。许多地区生活污水处理率低于 10%，经济高度发达的太湖地区这一比例也仅达 30%～50%(姜海等，2013)。在管网不够发达且污水处理率较低的乡镇，对生活污水进行深度处理不太现实。

2. 生活污水产生量及污染负荷估算

　　生活污水产生总量按照用水量乘以排放系数进行估算，本小节分别对城镇和乡村的生活污水产生总量进行了估算。城镇人口用水定额南方地区为 170～280 L/(人·d)，北方地区为 110～180 L/(人·d)，2015 年中国城市人均日生活用水量为 174.46 L(中国产业信息，2017)。本研究中城镇人口用水量采用 2015 年的平均值进行估算。农村用水量则根据中华人民共和国住房和城乡建设部于 2010 年发布的《东北地区农村生活污水处理技术指南(试行)》《华北地区农村生活污水处理技术指南(试行)》《东南地区农村生活污水处理技术指南(试行)》《中南地区农村生活污水处理技术指南(试行)》《西南地区农村生活污水处理技术指南(试行)》《西北地区农村生活污水处理技术指南(试行)》中给定的用水量参考值来计算(表 6-1)。乡村地区生活污水排放系数按照 75%进行估算；城镇地区生活污水排放系数按照 85%进行估算(中华人民共和国住房和城乡建设部，2010)。

表 6-1　农村地区居民用水量参考值

区域	经济条件	卫生条件描述	用水量/[L/(人·d)]
东北地区	好	有水冲式厕所和淋浴设施	80～135
	较好	有水冲式厕所和淋浴设施	40～90
	一般	无水冲式厕所，有简易卫生设施	40～70
	较差	无水冲式厕所和淋浴设施	20～40
华北地区	好	户内有给水排水卫生设施和淋浴设施	100～145
	较好	户内有给水排水卫生设施，无淋浴设施	40～80
	一般	户内有给水龙头，无卫生设施	30～50
	较差	无户内给水排水设施	20～40

续表

区域	经济条件	卫生条件描述	用水量/[L/(人·d)]
东南地区	很好	有独立淋浴、水冲式厕所、洗衣机，旅游区	120~200
	好	室内卫生设施较齐全，旅游区	90~130
	较好	卫生设施较齐全	80~100
	一般	有简单卫生设施	60~90
	较差	无水冲式厕所和淋浴设施，无自来水	40~70
中南地区	好	有独立淋浴、水冲式厕所、洗衣机，旅游区	100~180
	较好	有独立厨房和淋浴设施	60~120
	一般	有简单卫生设施	50~80
	较差	无水冲式厕所和淋浴设施，水井较远，需自挑水	40~60
西南地区	很好	有独立淋浴设施，旅游区	150~250
	好	有水冲式厕所和淋浴设施	80~160
	较好	有水冲式厕所和淋浴设施	60~120
	一般	无水冲厕所，有简易卫生设施	40~80
	较差	无水冲厕所和淋浴设施，主要利用地表水、井水	20~50
西北地区	好	有自来水、水冲厕所、洗衣机、淋浴间等，用水设施齐全	75~140
	较好	有自来水、洗衣机等基本用水设施	50~90
	一般	有供水龙头，基本用水设施不完善	30~60
	较差	无供水龙头，无基本用水设施	20~35

注：参考东北、华北、东南、中南、西南和西北六个地区的农村生活污水处理技术指南(中华人民共和国住房和城乡建设部，2010)。

根据人口当量计算可得，2017年全国生活污水产生总量约为563.01亿t，产生量最高的三个地区分别为东南地区、中南地区及西南地区，排放量分别为150.63亿t/a、127.19亿t/a、100.52亿t/a。与用水量类似，各地区年污水产生量主要以城市为主，占比为67.8%~89.6%。全国各地区农村生活污水水质状况如表6-2所示。2017年全国农村地区生活污水产生量约为119.34亿t，各地区之间差异明显。生活污水产生量最高的三个地区分别为中南地区、西南地区及东南地区，分别为32.84亿t/a、32.40亿t/a、26.31亿t/a（表6-3）。

表6-2 全国各地区农村生活污水日平均排污状况 （单位：mg/L）

区域	pH	SS	COD	BOD$_5$	NH$_3$-N	TP
东北	6.5~8.0	150~200	200~450	200~300	20~90	2.0~6.5
华北	6.5~8.0	100~200	200~450	200~300	20~90	2.0~6.5
东南	6.5~8.5	100~200	70~300	150~450	20~50	1.5~6.0
中南	6.5~8.5	100~200	100~300	60~150	20~80	2.0~7.0
西南	6.5~8.0	150~200	150~400	100~150	20~50	2.0~6.0
西北	6.5~8.5	100~300	100~400	50~300	3~50	1.0~6.0

注：参考《农村生活污水处理与再生利用》(侯立安等，2019)。

表 6-3　全国各地区农村生活污水总污染负荷

区域	污水产生量 /(万 t/a)	NH₄⁺-N /(t/a)	TP /(t/a)	NH₄⁺-N /[g/(人·d)]	TP /[g/(人·d)]
东北	48015.5	26408.5	2040.7	1.54	0.12
华北	145848.9	80216.9	6198.6	2.28	0.18
东南	263071.7	92075.1	9865.2	2.49	0.27
中南	328384.4	164192.2	14777.3	3.04	0.27
西南	324044.0	113415.4	12961.8	2.51	0.29
西北	84035.3	22269.4	2941.2	1.18	0.16
全国大陆	1193399.8	498577.5	48784.8	—	—

根据表 6-2 中各个区域氨氮、总磷浓度均值，乘以农村污水产生量，估算出各地区农村污水产生的氨氮和总磷总污染负荷。根据计算，全国农村地区生活污水产生的氨氮和总磷总污染负荷分别为 49.86 万 t/a 与 4.88 万 t/a；人均氨氮、总磷的污染负荷分别在 1.18～3.04 g/(人·d)、0.12～0.29 g/(人·d)之间(表 6-3)，可利用的养分资源空间巨大。

3. 生活污水排放污染负荷估算

我国对水环境保护和水污染防治工作非常重视。根据 2015 年国务院发布的《水污染防治行动计划》，到 2020 年，全国县城、城市污水处理率分别达到 85%、95%左右。近年来，我国污水处理率逐年上升，2009～2018 年，我国污水处理率从 75.25%上升至 95.49%(张维蓉和张梦然，2020)。可以说，城市地区已基本达到污水处理率 95%的目标，然而，目前很多农村地区污水收集管道建设还未开展，生活污水处理率低于 10%(姜海等，2013)。

以江苏省苏州市为例，根据《苏州统计年鉴 2016》，2015 年年末常住总人口为 1061.60 万人，其中，城镇人口为 795.14 万人，农村人口为 266.46 万人。城市和农村人均日生活用水量分别按照 174.46 L 和 135 L 计算，那么该地区城市和农村地区年生活污水产生总量分别约为 4.30 亿 t 和 0.98 亿 t。该市农村生活污水处理率已达 75%，城市生活污水处理率按照 95%计算。因此，该市城市和农村地区年生活污水尾水排放总量分别约为 4.09 亿 t 和 0.74 亿 t。达标排放的生活污水尾水按照一级 B 排放标准来计算(NH₄⁺≤8 mg/L，TN≤20 mg/L，TP≤1.5 mg/L)，可得出苏州市城镇地区生活污水尾水氨氮和总磷污染负荷分别为 3270.88 t/a 与 613.29 t/a；农村地区尾水氨氮和总磷污染负荷分别为 590.84 t/a 与 110.78 t/a。考虑到未处理的农村生活污水会直接排放到水体环境中，该市农村生活污水实际氨氮和总磷总污染负荷分别为 1452.49 t/a 与 203.10 t/a，仍会对水体造成污染。若农村生活尾水中的这部分氮磷养分全部回用到稻田生产系统，正常施肥量以 240 kg N/hm² 和 45 kg P₂O₅/hm² 算，则每年可以替代 9.23 万亩的稻田不施化学氮肥，8.46 万亩的稻田不施化学磷肥。

6.2.2　养殖肥水

1. 养殖粪水处理现状

畜禽养殖业是我国农村经济发展的主要产业之一，据《中国统计年鉴2020》统计，我国仅生猪存栏量就高达31040.7万头（2018年年底数据）。随着畜禽养殖业集约化的进程加快，畜禽养殖业在带来可观收益的同时，养殖粪水的排放和污染治理已成为全国污染防治的重点。养殖粪水中含有大量的有机物、氮、磷等成分，随意排放可造成水体环境污染。为控制畜禽养殖粪污污染，减少粪水的排放及其对环境的影响，促进畜禽养殖环境与经济的可持续协调发展，我国发展了养殖粪污的无害化、资源化、能源化处理技术。目前，我国粪水处理主要技术包括自然处理法、厌氧处理、好氧处理、厌氧-好氧处理法及新型处理技术生物膜反应器（MBR）等。畜禽粪水无论采用何种综合措施进行处理，都必须首先进行固液分离。

自然处理法是我国在厌氧处理技术之前最常用的方法，即利用天然的水体、土壤和生物其自身的物理化学综合反应来达到净化作用，如人工湿地、氧化塘等。这类方法可以节省投资，降低能耗，运行管理成本相对较低，但其净化效果受自然条件的严重制约，需要占据较大的土地面积，容易受到外部环境的影响。

厌氧生物处理技术因其造价低、占地少、能量需求低的特点，在养殖场粪水处理领域中最为常用。其主要原理就是利用厌氧微生物的降解作用净化粪水中的有机物质，不受传氧能力限制，能使一些在好氧处理技术中无法被降解的部分有机物得到更好、更有效的处理，耗能少，且运行费用低。厌氧处理技术还可以杀死病菌，防止病菌通过水体进行传播，有利于防疫。厌氧生物法对于高浓度的有机质粪水能起到有效的净化作用，但对粪水中氮、磷等物质的净化作用较低，且在厌氧处理过程中氨氮的浓度升高，处理后的粪水仍具有一定的臭味，达不到排放的要求。

厌氧-好氧利用模式则综合了厌氧和好氧处理的优点，既能克服厌氧处理达不到除臭要求的缺陷，又能克服好氧处理能耗大与土地面积需求大的不足。

MBR工艺目前在污水处理和水资源再利用领域中使用较多，是一种由活性污泥法与膜分离技术相结合的新型水处理技术。与传统水处理技术相比，MBR具有出水水质优且稳定和占地面积小的特点，而且其不受场合限制，无论城镇或城郊，也无论工厂或养殖场，均可设置安装使用，操作简单、管理方便、易于实现自动化控制。但MBR造价高、能耗高且易出现膜污染问题，使得其在农业粪水处理中的应用较少。MBR的出现很好地解决了粪便粪水中有机物含量很高、固液分离不稳定这些问题，并且其使粪水不经稀释而直接处理成为可能，因此人们仍致力于其在畜禽粪水处理方面的研究。

2. 粪水产生量估算

畜禽养殖量数据来自《中国畜牧兽医年鉴2018》，肉牛、奶牛、马、驴、骡和羊的生产周期按365 d计算，养殖量按年末存栏量计算；猪的生产周期按照199 d计算，养殖量按照年末出栏量计算。肉牛、奶牛和猪的粪水产生量按《第一次全国污染源普查农业污染源产排污系数手册》中的数据计算；马、驴、骡和羊的粪水产生量按宋大利等（2018）的研究计算。

据计算，2017年我国畜禽养殖粪水产生量为74400.9万t（表6-4）。从不同畜禽种类来看，猪、肉牛和羊粪水产生量较大。从区域分布来看，畜禽粪水主要分布在中南地区（江西、河南、湖北、湖南、广东、广西和海南），该地区的畜禽粪水产生量占全国总量的29.8%（图6-1）。

表6-4 2017年不同畜禽种类粪水及氮磷产生量 （单位：万t/a）

畜禽种类	粪水产生量	氮产生量	磷产生量
肉牛	20296.0	101.7	7.9
奶牛	5507.8	27.6	2.1
马	238.4	1.6	0.3
驴	283.4	0.5	0.1
骡	85.6	0.1	0.0
猪	41369.1	68.7	20.7
羊	6620.6	39.2	3.2
总计	74400.9	239.4	34.4

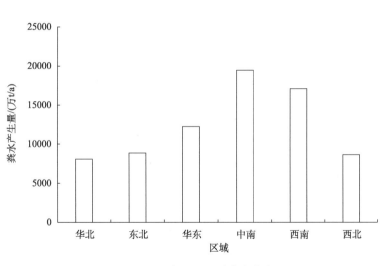

图6-1 2017年不同区域粪水产生量

3. 粪水排放量及氮磷污染负荷估算

粪水排放系数按照宋大利等（2018）研究中的数据进行估算，猪粪水排放系数为82%，奶牛粪水排放系数为86%，其他畜种均为100%。经估算，2017年全国粪水排放总量为66183.4万t，其中肉牛和猪的粪水排放量较大，肉牛的氮磷排放量分别占总量的45.6%和26.1%，猪的氮磷排放量分别占总量的25.2%和56.1%（表6-5）。不同地区之间，中南地区和西南地区排放量较高，分别为18995.5万t/a和15443.5万t/a（图6-2）。

表 6-5　2017 年不同畜禽种类粪水及氮磷排放量　　　　（单位：万 t/a）

畜禽种类	粪水排放量	氮排放量	磷排放量
肉牛	20296.0	101.7	7.9
奶牛	4736.7	23.7	1.8
马	238.4	1.6	0.3
驴	283.4	0.5	0.1
骡	85.6	0.1	0.0
猪	33922.7	56.3	17.0
羊	6620.6	39.2	3.2
总计	66183.4	223.2	30.4

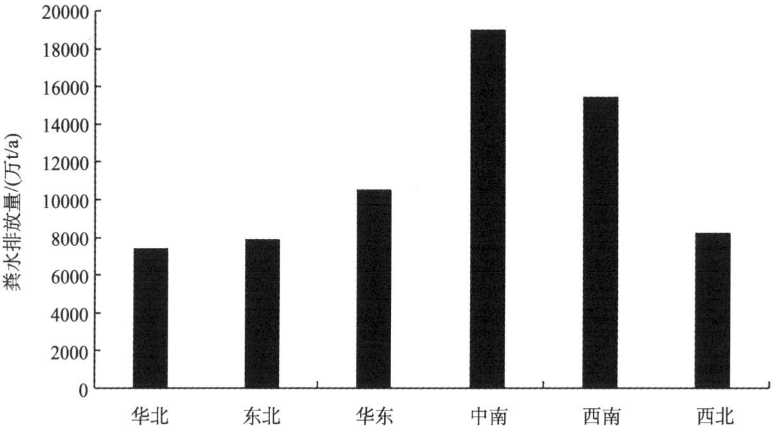

图 6-2　2017 年不同区域粪水排放量

6.2.3　沼液

1. 我国沼液工程及分布

集约化畜禽养殖场沼气工程是一项提供清洁能源、减轻环境污染、潜力巨大的生物质能源工程。"十一五"期间，我国沼气工程得到了迅猛发展，截至 2011 年，全国大中型沼气工程已有 73032 处(陈超等，2013)。随着我国经济的快速发展和人民物质生活水平的不断提高，畜禽养殖品的消费逐年增长，集约化、规模化畜禽养殖场不断涌现。据《中国农业统计资料 2017》，全国生猪出栏 70825 万头，存栏 43504 万头，其中千万头以上存栏量的省份有四川(4676 万头)、河南(4284 万头)、湖南(3937 万头)、山东(2764 万头)、云南(2575 万头)、湖北(2432 万头)、广西(2216 万头)、广东(2076 万头)、河北(1819 万头)、江苏(1691 万头)、江西(1617 万头)、贵州(1498 万头)、安徽(1468 万头)、辽宁(1407 万头)、重庆(1396 万头)共 15 个省份，合计存栏量 35856 万头，占全国总量的 82.4%。因此，从存栏量和规模化养殖场数量看(图 6-3)，生猪养殖主要集中在华北、华东、华南、华中地区及四川、辽宁等省，而这些地区也是我国畜牧业沼气工程分布的主要地区。

沼气工程带来了大量的生物能源，减少了畜禽粪便等废弃物，增加了经济效益，但与此同时产生了大量沼液，如果得不到合理的处理，不仅浪费了其中的资源，还很容易造成环境的二次污染。

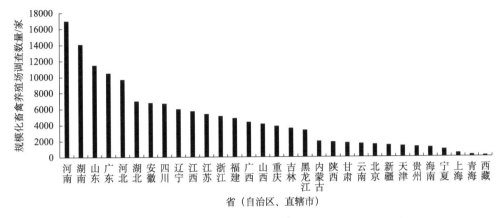

图 6-3　各省规模化养殖场数量（《中国畜牧业年鉴 2008》）

2. 沼液产生总量

据《中国农业统计资料 2017》，中国大型沼气工程运行数量达到 7265 处，总池容 $781×10^4$ m^3，年产气量 $14.4×10^8$ m^3；中型沼气工程运行数量达到 10734 处，总池容 $430×10^4$ m^3，年产气量 $4.3×10^8$ m^3；小型沼气工程运行数量达到 95183 处，总池容 $7334×10^4$ m^3，年产气量 $5.5×10^8$ m^3。中国沼气学会秘书长李景明曾预测，到 2020 年，全国农村户用沼气总数将发展到 8000 万户，普及率达 70%，将建大型沼气工程总量达 8000 处以上，沼气年利用量达到 440 亿 m^3，据此推算可生产沼液肥约 14 亿 t。

3. 沼液利用现状

畜禽养殖废水通过长期厌氧发酵过程，使大量的病菌、虫卵、杂草种子死亡。作为厌氧发酵残留物的液态部分，沼液营养成分相对富集，不仅含有农作物能直接吸收的氮、磷、钾，还含有极其丰富的植物所需的钙、铁、铜、锌、锰、钼等微量元素，以及具有抑菌和提高植物抗逆性作用的激素如氨基酸、生长素、赤霉素、单糖、不饱和脂肪酸、核酸及抗生素等有益物质。目前沼液主要应用于农作物基肥、追肥、浸种、叶面喷肥、保花保果剂、抗病防虫剂、无土栽培母液，还广泛用于水产、畜禽养殖及花卉培植等。"猪—沼—菜/果/鱼"生态模式是把畜禽养殖业产生的粪便直接入沼气池进行厌氧发酵，利用发酵残余物种菜、种果或养鱼，达到对农业资源的高效利用、生态环境建设、提高农产品质量、增加农民收入等效果。一般在丘陵山地推行"猪—沼—果"模式，在平原湖区推行"猪—沼—鱼"模式，在村镇周边推广"猪—沼—菜"模式，这些模式对解决我国农村清洁能源问题和环境保护问题发挥了切实有效的作用，推动了资源消耗型传统农业向资源循环利用型生态农业的转变。近年来，随着集约化养殖规模的扩大，沼液农田施用是现阶段处理处置畜禽养殖废水最经济、最有效的利用方式。研究表明，沼液对小麦、水稻、玉米、棉花、苹果、葡萄、石榴、茶叶、柑橘等的生长发育及产量品质方面都有特殊功效，是重要的有机肥资源。沼液既可作基肥、追肥，也可浸种和叶面喷雾，既可单施，也可与化肥、农药、生长剂等混合施用。施用沼液能提高土壤有机质和氮、磷、钾等含量，同时，还能改善土壤结构，增强保水保肥能力及土壤微生物活性；降低土壤重金属毒性和改善作物品质等。

近年，不断地开展通过沼液膜浓缩实现沼液处理与利用方式的研究与应用，浙江省农业科学院采用最新的"林地-稻田定量灌溉+非灌溉期膜浓缩+排水净化回用"的沼液循环利用模式开展沼液利用，牧场产生的沼液可以在类似(林)稻-麦生产系统的农田土壤中消纳或通过膜浓缩技术实现远距离农田的利用，浓缩沼液还可通过配制水溶性复合液体肥将其商品化进一步增值，同时浓缩产生的尾水通过植物和微生物联合生态净化后用于冲洗栏舍或牧场园林绿化，将沼液中的养分和水得到充分资源化利用。茶园采用"沼液配送+絮凝+水肥一体喷滴灌"的生态循环利用模式，通过自动化喷滴灌技术实现沼液在茶园的高效应用和化学肥料的部分替代，既提高了茶叶产量与品质，又提升了茶园土壤肥力；特别是与绿肥和商品有机肥的结合应用，可进一步提升茶叶品质，有望实现有机茶生产，产生更好的经济、环境和生态效益。开发养殖沼液资源化利用新模式，对于最大限度利用消纳养殖废水，在抗生素、重金属等对水体和农田的污染风险可控的前提下使其变废为宝，具有重要的生产指导意义。

但是，目前沼液利用还存在诸多问题，包括设计、技术、管理及运行等方面，造成许多工程处理和净化的效果并不理想，甚至无法正常运转。由于我国的畜禽养殖业发展仍相对落后，大多数的畜禽养殖场尚不完全具备规范化进行畜禽废弃物无害化处理的能力，多数沼气池和厌氧发酵处理装置产生的沼渣和沼液不能得到有效利用，沼液未经处理即排入江河湖泊中，反而形成潜在的二次环境污染，造成了水体环境的不断恶化。

4. 环境排放量预估

目前的养殖废水主要通过厌氧发酵后的沼液在农田直接利用，或通过生化处理降低COD 和氮磷含量后达标排放，或通过农田灌溉利用的方法进行消纳处理。据楼芳芳等(2019)对金华市金东区畜牧业资源化利用情况的分析，金东区每年约有 300 万元财政资金用于建设田间储肥池、补贴沼液运输等，目前已累计建成 12720 m^3 田间储肥池、4.7×10^4 m 输液管网、37 座泵房，年利用沼液约 2.4 万 t。姚维斌和魏晓晖(2017)对合肥市的中小型养殖场的调查研究表明，85 家猪场中粪污水采用厌氧处理的有 80 家，占总数的 94%；厌氧后进行好氧处理的有 18 家，占总数的 21%；对沼液进行贮存的有 73 家，占总数的 86%；进行三级沉淀处理的有 12 家，占总数的 14%。处理后的沼液以有机肥还田、还林、还塘进行综合利用，规模较大的猪场将粪污经过有氧、厌氧和三级沉淀池处理后作为农田、林地灌溉水使用。处理后可以达标排放的只有 2 家，没有经过任何处理直接排放的主要是小规模养猪场，共有 5 家(占总数的 6%)。

根据预估，目前全国不到 12 亿 t 畜禽粪污水，大部分经过不同程度的发酵形成了熟化程度不同的沼液用于农田灌溉、土地消纳或处理后达标排放。在监管不到位或部分偏僻地区的牧场，非生长季的过量沼液可能存在偷排和直排现象，凭经验预估未充分发酵和未达标处理的沼液排放量约在 20%，即 2 亿 t 左右。沼液中氮、磷和 COD 含量平均以 1000 mg/L、100 mg/L 和 3000 mg/L 来计，则每年排入水体环境中的氮、磷和 COD 总量分别为 1.0 万 t、0.1 万 t 和 3 万 t，对水体的污染也不容小觑。

6.3　环境源养分农田回用与化肥替代技术

6.3.1　农村生活污水及工程尾水的农田安全利用技术

农村生活污水及处理过的工程尾水中，正常情况下指标基本都能满足我国《农田灌溉水水质标准》（GB 5084—2021）。因此，可以通过农田灌溉直接对这部分污水中的氮进行回用，不仅能避免直接排放对水体的污染，还能减少农田化肥氮投入，而且污水中富含的其他养分如磷、有机物等也能促进养分的吸收转化，从而提高土壤肥力，保证作物产量（谢迎新等，2008；Kang et al.，2007；Li et al.，2009；Tzanakakis et al.，2007；Agrafioti and Diamadopoulos，2012）。稻田作为一种特殊的人工湿地，生育期内蓄水层的存在使其不仅能够大量消纳净化周围的河道水体，还能消纳利用生活污水尾水中的氮磷，达到减少化肥投入的作用（Kang et al.，2007；Akponikpè et al.，2011；薛利红等，2011；马资厚等，2016；尹爱经等，2017a，2017b）。研究表明，正常灌溉下，太湖流域每公顷稻田一季可消纳尾水 5000 t 左右，可利用生活污水中的氮 100～130 kg，减少化肥投入 40%～50%，并保证水稻高产和环境安全（马资厚等，2016）。通过在稻田内部设计沟渠将其改造成沟灌渗滤型稻田湿地，连续进水并保证水力停留时间在 5～7 d，就能保证出水总氮浓度稳定在 2 mg/L 以下，达到地表水（湖库）V 类水标准，而且对外源污水的消纳处理能力大幅加强，水稻旺盛生长期的日处理水量可达 160～200 m^3/hm^2（薛利红等，2011）。而稻田在我国广泛分布，太湖流域耕地中近 80% 均为稻田，因此利用稻田来消纳净化面源污水的潜力巨大。最新研究表明，生活污水或处理过的生活污水尾水由于其富含有机物和有益微生物，碳氮比低，可以促进稻田还田秸秆的腐解，降低土壤中亚铁和有机酸含量，显著提高土壤脲酶、过氧化氢酶活性等，从而有效缓解秸秆还田初期对水稻幼苗生长的不利影响，改善水稻生长状况，提升土壤肥力和质量（徐珊珊等，2017；刘雅文等，2018）。生活污水尾水灌溉可以代替部分化肥，可以降低化肥施用后 3 天内田面水氨浓度峰值，从而减少氨挥发（徐珊珊等，2016）。在不减少化肥氮用量条件下，生活污水灌溉促进了氧化亚氮和甲烷的排放（Zou et al.，2009），但当考虑到污水灌溉带入的氮而减少化肥施用条件下，污水灌溉能显著减缓秸秆还田下稻田的甲烷排放，整体的全球增温潜能值（GWP）有下降趋势（Xu et al.，2017），还能减少稻田的氨挥发（徐珊珊等，2017）。在正常的土壤上连续 3 年进行生活污水尾水灌溉，水稻籽粒及土壤都未检测出重金属超标现象，但发现了土壤中重金属含量的轻微累积现象，因此，长期尾水灌溉可能造成的土壤重金属超标风险还需要进一步关注。

由于生活污水每天都会产生，量大面广，而农田灌溉对水的需求有限且具有阶段性，稻田稻季需水量大，冬季多种植小麦、油菜或种植绿肥休耕等，对水的需求急剧下降，因此要实现生活污水中氮磷养分的全年消纳利用，仍需寻求其他的技术途径。例如，Duan 等(2016, 2017)就尝试用黑麦草浮床来净化冬季的低污染水，发现与对照组相比，黑麦草草帘浮床的引入提高了水体的 COD/N 值，从而达到 TN、NH_4^+ 的高效去除，在低氮和高氮进水浓度下，TN 去除率可分别达到 86.8%与 95.0%以上，相应地 NH_4^+ 去除率可达 91.1% 与 97.9%以上，虽然 COD 浓度略有上升，但不超过 30 mg/L。

6.3.2　农村生活污水及工程尾水的水生植物富集-肥料化还田技术

对于那些不能直接农田回用的生活污水工程尾水，可因地制宜建设一些水生植物净化塘，利用水生植物的养分高效吸收功能，对尾水中的氮磷等养分进行吸收富集。这些水生植物收割处理后可直接回田，或者加工成有机肥后回用到农田，从而使尾水中的氮磷养分得到资源化再利用。该技术主要适用于规模化生活污水处理厂，且要求周边有条件建设水生植物净化塘。

目前，利用水生植物净化生活污水尾水的技术已比较成熟并逐步走向工程化应用(何娜等，2012)。研究表明，去除氮效果较好且在实践中应用较多的水生植物包括凤眼蓝 [*Eichhornia crassipes* (Mart.) Solms]、狐尾藻 (*Myriophyllum verticillatum* L.)、香菇草 (*Hydrocotyle vulgaris*)、芦苇 (*Phragmites australis* (Cav.) Trin. ex Steud.)、再力花 (*Thalia dealbata* Fraser)、美人蕉 (*Canna indica* L.)、灯心草 (*Juncus effusus*)、睡莲 (*Nymphaea tetragona*)、菖蒲 (*Acorus calamus* L.)、金鱼藻 (*Ceratophyllum demersum* L.)、竹叶眼子菜 (*Potamogeton wrightii* Morong)、菹草 (*Potamogeton crispus* L.)、菱 (*Trapa bispinosa* Roxb.)、蕹菜 (*Ipomoea aquatica* Forsskal)、慈姑 (*Sagittaria trifolia* L. var. sinensis)、菰 [*Zizania latifolia* (Griseb.) Stapf]等(高吉喜等，1997; Zhu and Zhu, 1998; Brisson and Chazarenc, 2009)。Sinha 和 Sinha(2000)将凤眼蓝与浮萍和蓝绿藻组合后处理生活污水，BOD、硝酸盐和磷酸盐的去除率均在 90%以上。

尾水中氮的去除除了水生植物的直接吸收外，微生物的硝化和反硝化起主要作用(张志勇等，2010；高岩等，2012)。为了保证尾水的净化效果，确保出水水质，可以合理搭配沉水植物、挺水植物及漂浮植物，形成不同的水生植物系统(高吉喜等，1997)；水生植物净化塘可采用多级串联形式，采用不同的水生植物塘组合(Wooten and Dodd，1976；刘红江等，2010)；且必须保证一定的面积规模，面积规模大小与采用的水生植物种类和污水中氮磷浓度有关。利用凤眼蓝净化生活污水工程尾水，尾水生产能力(t 或 m³)与净化塘水面面积(m²)在 1∶3～1∶5 为宜，且凤眼蓝种苗最佳初始投放量为 0.5～1.0 kg/m²(张志勇等，2010)。江苏省农业科学院采用凤眼蓝对南京市高淳东坝污水处理厂的尾水进行净化，尾水经过三级串联净化塘净化后，平均总氮和氨氮浓度分别由进水的(9.86±3.51) mg/L 和(0.49±0.09) mg/L 降低至出水的(2.51±1.52) mg/L 和(0.20±0.08) mg/L，其中 7 月和 8 月出水总氮浓度平均为(1.47±0.27) mg/L，可以达到《地表水环境质量标准》(GB 3838—2002)Ⅳ类水标准(邱园园等，2017)。

为了达到预期的净化效果，水生植物生长到一定时期后必须进行收割。如凤眼蓝适宜多次采收，采收标准为生物量达 20～25 kg/m²，每次采收量为 2/3(盛婧等，2011)。收获后的水生植物可以直接还田。研究表明，凤眼蓝晒干后直接还田，在施用量 4500 kg/hm²

下能够显著提高水稻产量和生物产量及水稻抽穗期叶片叶绿素含量(刘红江等，2011)；麦田施用时以 10.8~13.5 kg/m^2 为宜，施用后土壤 N、P、K、有机质含量较高，且对产量影响不大，当季还可节约施用化肥氮 141.75 kg/hm^2、磷 36~45 kg/hm^2，并可免施钾肥(盛婧等，2009，2010)。采收后的水生植物也可经机械挤压脱水后与作物秸秆、清淤底泥、畜禽粪便、蓝藻藻泥等辅料混合后加工成有机肥(徐跃定等，2011)。研究表明，水生植物有机肥的农田利用效果同商品有机肥，最佳化肥替代比例为 20%~30%。

水生植物的生长受温度限制，冬季(11 月至次年 3 月)气温偏低，许多水生植物生长缓慢，影响其对尾水中氮磷的吸收，因此该技术主要适用于夏秋季，即 5 月至 11 月的污水尾水处理。为进一步提高该技术的适用期，冬季需要在塘上增加塑料拱棚进行保暖，并建议采用黑麦草等冷季型植物。其对尾水的实际净化效果仍需进一步监测。

6.3.3　养殖肥水农田安全利用技术

养殖肥水是养殖场产生的粪水经过一定的工艺处理后达到一定水质标准的厌氧水。经过厌氧发酵处理的养殖肥水，不仅含有作物生长所需的氮、磷、钾等矿质元素，还有维生素、多种氨基酸、蛋白酶等生理活性物质和有益菌群，是一种养分丰富的优质有机肥。

肥水农田利用不仅可以补充作物生长的营养物质，提高作物产量，改善作物品质，改良土壤的理化性质，同时还可以解决灌溉水资源紧张的问题，因此，肥水已被广泛应用于大田作物、蔬菜和果树上。研究表明，牛场肥水氮浓度在 99~105 mg/L 时，冬小麦生育期内进行 2~3 次肥水施用，与施用化肥相比，冬小麦籽粒中蛋白质含量提高 2.5%~5.8%，冬小麦产量提升 4.6%~6.5%(郭海刚等，2012)。利用 3×10^6 kg/hm^2 肥水代替化肥施用，可以使柑橘的产量增加 8.59%，同时柑橘果实中的可溶性固体含量增加。肥水施用于生菜可提高生菜的产量和干物质累积量(杨静和徐秀银，2013)。肥水喷施玉米，使玉米茎秆粗壮，叶片厚实，叶片颜色浓绿，产量明显提升。牛场肥水冬小麦农田利用显著增加了冬小麦产量，当牛场肥水氮带入量为 240 kg/hm^2 时，促进冬小麦籽粒和植株氮积累，氮表观利用率和农学效率相对较高(杜会英等，2015)；冬小麦越冬期肥水灌溉和拔节期追施化肥，与纯施用化肥处理相比，冬小麦产量差异不显著(冯洁等，2016)。此外，肥水农田利用，不仅可以增加土壤中的氮、磷元素的含量，同时还可以提高土壤有机质含量，改善土壤的性质。肥水灌溉的冬小麦田，0~100 cm 土体硝态氮积累量明显增加。肥水追肥可显著提升土壤中有机质和速效钾含量(鲁天文等，2015)。紫色土菜地施用肥水后，土壤中硝态氮和有效磷含量均有所提高，土壤的孔隙度增加，团聚物周围微生物量增加，土壤稳定性提高(余薇薇等，2012)。

由于肥水含有大量的氮和有机物，菜地土壤施用后会为土壤微生物增加大量的碳源和氮源，导致 CH$_4$ 和 N$_2$O 排放的增加(靳红梅和常志州，2013)。孙国峰等(2012)用遮光密闭箱和气相色谱仪研究肥水施用下麦田 N$_2$O 和 CH$_4$ 的排放，研究结果表明，肥水施用下可以明显减少麦田 N$_2$O 和 CH$_4$ 的排放，牛场肥水施用下稻田的氨挥发排放量仅为 2.7 g/m^2，极显著低于常规氮肥施用下的稻田(30 g/m^2)。

蔬菜地施用肥水后会导致土壤电导率和盐分含量增加、土壤 pH 下降(唐华等，2011；杨静和徐秀银，2013)。奶牛场肥水灌溉小麦试验发现了土壤电导率增加和 pH 降低的规律。

综上所述，肥水灌溉虽然可以替代化肥、提升作物产量和土壤肥力，但施用不当也会带来一些负面影响。需要因地制宜，综合考虑作物养分需求及土壤养分供应，根据尾水中的实际养分浓度，科学合理地确定施用时间和施用量，同时考虑重金属、盐分等有毒有害物质的累积效应，对肥水施用进行科学限量，从而保证农作物安全生产。

6.3.4 沼液的农田直接安全利用技术

1. 沼液的稻田安全利用技术

沼液在单、双季稻上均可应用，可作基肥施用，也可作追肥施用；可全量替代化肥，也可以部分替代，部分替代以 50%～75%沼液替代化肥氮效果较好(图 6-4)。清洁沼液氮含量通常在 500～1000 mg/kg，沼液氮由于具有一定的挥发性，施用量按化肥用量的 1.5 倍施用。作基肥施用时在前茬作物收割秸秆还田后即可以灌溉水的形式放入稻田。例如，单季稻田氮肥施用量在 270 kg/hm² 的情况下，按基肥施氮比例 60%，全量替代化肥沼液基肥施用量 240～490 kg/hm²，作追肥施用时与常规施肥时期相同，可以通过与灌溉水混合均匀放入稻田。若在单季稻上作分蘖肥和穗肥追施，每次按施肥总量(270 kg/hm²)的 20%追施，全量替代化肥沼液每次追肥施用量为 80～160 t/hm²。

图 6-4 浙江金华蒋堂水稻沼液灌溉示范田

在沼液投入氮量为 135～540 kg/hm²、沼液用量为 270～1080 t/hm² 范围内，水稻生长和沼液消解可安全地同步进行，土壤吸附、同化和水稻吸收共同消解了沼液中有机物和氮、磷、钾等。500～800 mg N/kg 浓度的沼液在田面有浅水条件下不经稀释灌入稻田，不会对水稻产生肥害，不同沼液用量处理稻谷产量均不低于全化肥处理(图 6-5)。

施用沼液后不同时间段 60 cm 深土壤渗漏水氨态氮和硝态氮含量(图 6-6 和图 6-7)显示，施用沼液处理下渗水中氨态氮含量都低于全化肥处理，且不随沼液用量增加而明显增加，施用沼液后 9 天内，除在第 1～3 天含量略高外，5 天后基本平稳。渗漏水中硝态氮含量与全化肥处理接近，差异不明显，也不随沼液用量增加而出现渗漏水中硝态氮含量明显提高的现象，施用沼液后不同时间渗漏水硝态氮含量波动较小。表明在 2 倍化肥氮沼液用量范围内，不会明显增加渗漏水的氮含量，施用沼液对地下水污染的环境风险较小。

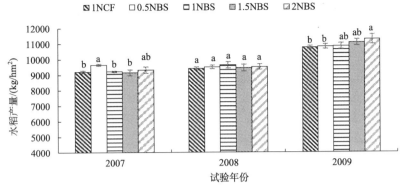

图 6-5　浙江省农业科学院嘉兴绿嘉园牧场沼液灌溉对水稻产量的影响（姜丽娜等，2011）

小写字母不同表示处理间差异达到显著水平（$p<0.05$）；1 NCF：1 倍 N 化肥；0.5 NBS：0.5 倍 N 沼液；1 NBS：1 倍 N 沼液；
1.5 NBS：1.5 倍 N 沼液；2 NBS：2 倍 N 沼液；下同

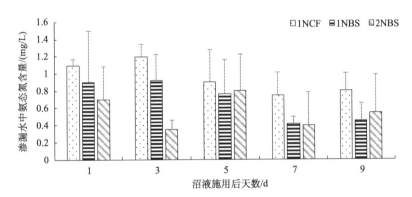

图 6-6　浙江省农业科学院嘉兴绿嘉园牧场沼液灌溉对渗漏水中氨态氮含量的影响（姜丽娜等，2011）

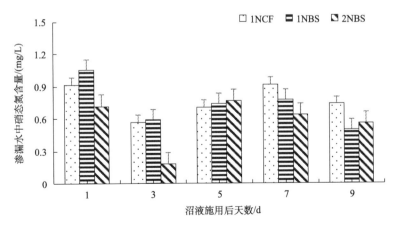

图 6-7　浙江省农业科学院嘉兴绿嘉园牧场沼液灌溉对渗漏水中硝态氮含量的影响（姜丽娜等，2011）

2. 沼液的茭白田安全利用技术

茭白生长需肥量大，吸肥力强，每年可生产两季。每生产 1000 kg 鲜茭白约需氮 14.9 kg、磷 3.7 kg、钾 14.1 kg，每生产 1000 kg 秋茭白需吸收氮 13.7 kg、磷 3 kg、钾 13.7 kg。

二季茭白按亩产 3500 kg 计，需要氮、磷、钾量分别为 50 kg、12 kg、50 kg。发酵完全的澄清沼液氮浓度一般为 500~1000 mg/kg，氮、磷、钾比例约为 10∶1∶6。试验表明，沼液按 2 倍于化学氮施用可完全替代化肥，产量达到正常水平。在沼液氮含量为 500 mg/kg 的情况下，二季茭白的每亩沼液用量为 200 t 左右，施肥成本可以降低 250 元/亩左右，如浙江兰溪八角井茭白 220 亩示范田，每年两季节省肥料成本 5.5 万元，效益比常规施肥提高 6.1%，减少直接排放的污水 6.6 万 t。沼液灌溉对茭白产量的影响见表 6-6。

表 6-6　沼液灌溉对茭白产量的影响

处理	茭白产量/(kg/hm²)	增产率/%
CK	13824 b	0
全化肥	16058 ab	16.16
等氮沼液	15725 ab	13.75
2 倍氮沼液	18443 a	33.41
3 倍氮沼液	17459 a	26.29

土壤检测结果(表 6-7)显示，沼液灌溉处理土壤的速效磷和速效钾含量比空白、全化肥处理明显提高，不同处理之间土壤 pH、有机质差异不大。不同处理沼液灌溉后土壤全氮量没有明显提高，2 倍氮沼液和 3 倍氮沼液处理氮的投入量明显超过全化肥处理，但土壤氮指标没有提高，表明施入的氮被土壤中微生物消解或通过氨挥发进入大气。

表 6-7　沼液灌溉对土壤肥力的影响

处理	pH	水溶性盐/(g/kg)	有机质/(g/kg)	土壤全氮/(g/kg)	碱解氮/(mg/kg)	速效磷/(mg/kg)	速效钾/(mg/kg)
CK	7.21	0.023	53.7	3.39	179.2	52.6	137.8
全化肥	6.90	0.019	55.5	3.36	177.0	57.9	149.3
等氮沼液	7.21	0.021	54.3	3.25	203.8	70.8	159.7
2 倍氮沼液	6.97	0.017	55.3	3.22	191.2	73.2	154.5
3 倍氮沼液	6.85	0.017	53.4	3.17	171.7	70.2	159.0

6.3.5　沼液浓缩利用技术

1. 沼液浓缩处理

沼液浓缩处理主要基于膜浓缩处理技术。沼液浓缩过程包括前处理过程和沼液膜浓缩过程。前处理过程包括分级过滤、自然沉淀和絮凝沉淀等技术，通过该过程，沼液原液漂浮物、粒径大于 1.0 mm 的悬浮固体、SS 去除率达到 60%~80%，COD 去除率达到 20%~40%，可实现固液分离，且重金属等有害物质得以有效清除。沼液膜浓缩过程包括超滤膜处理、纳滤膜处理、反渗透处理三个阶段。超滤膜系统采用孔径为 50 nm 特种超滤膜组件进行处理，再通过纳滤膜、反渗透膜组件处理，产出的浓缩液制作液体有机肥,透过的清液再经生态池处理达到《畜禽养殖业污染物排放标准》(GB 18596—2001)。

　　沼液原液经过混凝、超滤、纳滤和反渗透处理后,沼液中的 COD、TP 和氨氮浓度分别从原来的 1968 mg/L、13.4 mg/L 和 993 mg/L 下降至 65 mg/L、0.01 mg/L 和 182 mg/L,除了氨氮含量超标外,COD 和 TP 含量已经达到地表水 Ⅴ 类水标准(表 6-8)。

表 6-8　沼液膜浓缩出水效果　　　　(单位：mg/L)

处理	COD	TP	氨氮
原水	1968	13.4	993
混凝	1118	0.6	908
超滤	910	0.2	843
纳滤	292	0.01	764
反渗透	65	0.01	182

2. 沼液浓缩肥配制

　　通过膜法处理产生的 10%浓缩沼液中有机质、氮、磷、钾的含量分别约为 15000 mg/L、2000 mg/L、100 mg/L 和 2000 mg/L,通过添加不同养分比例的化学肥料、腐殖酸等可溶性肥料,经加热搅拌,可配制水稻、蔬菜、水果等作物用肥或开发商品有机叶面肥。膜浓缩与配肥车间见图 6-8。

图 6-8　膜浓缩与配肥车间

3. 浓缩沼液的尾水处理

　　膜浓缩形成的尾液可进行农田回灌,然后经过多级生态处理后达标排放。以嘉兴市科皇牧业有限公司沼液处理利用示范工程为例,沼液经管道输送至农田灌溉,农田排水排入周边的生态沟渠和生态塘,经过水生植物的净化后再排放至周边河道。其中,东生态沟渠中四周种植挺水植物,包括再力花、梭鱼草、粉美人蕉、西伯利亚鸢尾、菖蒲、水鬼蕉等,种植面积基本相同,中间畦上种植木槿、鸢尾、美人蕉等湿地植物。西生态沟渠是一条长约 90 m、宽 1.5 m、深 0.5 m 的生物缓冲带,中间种植耐寒矮化苦草,两边分段种植梭鱼草、紫叶美人蕉、西伯利亚鸢尾、菖蒲、美人蕉、南美天胡荽等挺水植物。共设计 3 个生态净化塘，东生态沟渠南端为浮叶植物净化塘，水深 2 m，中间种植睡莲，周边保留土著野生水草，中间种植浮水植物铜钱草和聚草，与四级处理的连接涵洞底部填埋沸石；南浮水植物净化塘面积约为 400 m²，水深 2 m，种植浮水植物铜钱草和聚草，与北浮水植物净化塘的连接涵洞底部填埋沸石；北浮水植物净化塘面积 1.5 亩，水深 1.5 m，以矮化苦草为主，适量搭配伊乐藻，构建成水下森林，并添加微生物和螺与虾等水生小动物。嘉兴市科皇牧业有限公司浓缩沼液尾液处理流程示意图和场地布置示意图分别见图 6-9 和图 6-10。

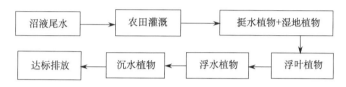

图 6-9　嘉兴市科皇牧业有限公司浓缩沼液尾液处理流程示意图

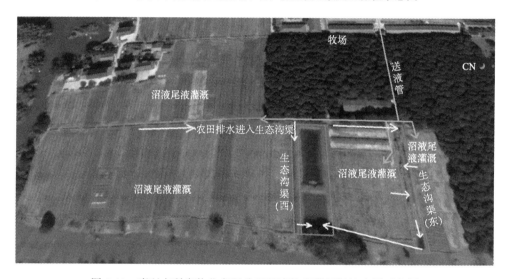

图 6-10　嘉兴市科皇牧业有限公司沼液处理利用场地布置示意图

沼液灌溉农田后，农田排水中的总磷和氨氮浓度分别为 0.7 mg/L 和 2.3 mg/L，超过地表水 Ⅴ 类水标准，经过生态沟渠及生态净化塘四级净化后，出水中总磷和氨氮浓度分别下降至 0.3 mg/L 和 0.9 mg/L，可达到地表水 Ⅳ 类和 Ⅲ 类水标准(表 6-9)。

表 6-9　生态沟渠对沼液灌溉农田排水的处理效果　　(单位：mg/L)

监测点	COD	总磷	氨氮
田间排水口	34.3（Ⅴ）	0.7（劣Ⅴ）	2.3（劣Ⅴ）
生态沟沟首	29.9（Ⅳ）	0.6（劣Ⅴ）	1.4（Ⅳ）
生态沟中段	26.5（Ⅳ）	0.4（Ⅴ）	1.1（Ⅳ）
生态沟沟尾	25.1（Ⅳ）	0.3（Ⅳ）	0.9（Ⅲ）

4. 沼液配制肥在蔬菜上的应用效果

每生产 1000 kg 黄瓜需要吸收氮(N)2.73 kg、磷(P_2O_5)1.3 kg、钾(K_2O)3.47 kg 左右，根据黄瓜的需肥特征确定了沼液配制肥的施用方法：施肥前期以平衡型沼液配制肥(N-P-K=200-100-200)为主，后期以高钾型沼液配制肥(N-P-K=140-70-280)为主。用沼液配制肥与世多乐大量元素水溶肥料进行滴灌对比试验，底肥每亩均用羊粪 1200 kg，芭田复合肥 40 kg，钙镁磷肥 40 kg，栽培期滴灌 7 次。应用效果对比显示，沼液配制肥每亩施用氮素(N)增加 322 g，增加了 12.1%；减少磷素(P_2O_5)施用 836 g，减施 50.2%；减少钾素(K_2O)施用 536 g，减施 19.0%；施肥总量减少 14.7%，亩产量由对照的 1384 kg 提高至 1629 kg，增产 17.7%。

不同施氮水平不同肥料处理的青菜浇灌对比试验[设置 3 个肥料品种处理：市售水溶肥(CWS)、普通化肥(WS)和沼液配制肥(BS)，3 个氮肥浓度分别为 0.05 g/kg(1)、0.1 g/kg(2)、0.15 g/kg(3)]表明，第一季种植中，与 CK 相比，沼液配制肥处理 BS1 和 BS2 的株高分别增加了 32.3%和 33.3%，单株鲜重分别增加了 79.0%和 80.4%，沼液配制肥长势及增产最为明显(表 6-10)，且在施氮量为 0.1 g/kg 时，青菜株高和单株鲜重处于最大值；第二季趋势与第一季相同，第二季浓缩沼液肥处理相比于对照处理的株高和单株鲜重增加效果更明显，特别是单株鲜重显著高于对照处理。浓缩沼液肥还可以提高青菜植株的氮肥利用率，比传统化肥和市售水溶肥的氮肥吸收利用率提高 1.2～10.5 个百分点，氮肥农学利用率提高了 2%～122.7%(表 6-11)。

表 6-10　施用沼液配制肥对青菜株高和单株鲜重的影响

处理	第一季		第二季	
	株高/cm	单株鲜重/g	株高/cm	单株鲜重/g
CK	18.9±2.93 c	19.14±0.63 c	6.6±0.79 b	1.56±0.23 e
CWS1	23.9±1.25 ab	33.01±0.84 ab	7.2±0.26 ab	2.76±0.40 cd
CWS2	21.8±2.54 b	34.37±0.66 a	7.9±0.41 ab	3.23±0.48 c
CWS3	18.7±0.39 c	21.77±1.45 c	6.9±0.66 ab	1.94±0.03 de
WS1	23.5±1.79 ab	33.28±3.26 a	8.0±1.86 a	4.03±0.18 b
WS2	23.7±0.37 ab	33.34±2.97 a	8.2±0.74 a	3.93±0.21 b
WS3	18.0±0.13 c	28.91±0.47 b	7.3±0.90ab	2.44±0.31d
BS1	25.0±0.03 a	34.26±1.81 a	8.1±0.44a	4.72±0.35a
BS2	25.2±0.29 a	34.52±2.40 a	8.3±0.39a	4.83±0.43a
BS3	19.5±0.08 bc	29.98±1.41 b	7.5±0.63ab	3.27±0.12c

表 6-11　施用沼液配制肥对青菜氮肥利用率的影响

处理	第一季			第二季		
	吸收利用率/%	农学利用率/(kg/kg)	生理利用率/(kg/kg)	吸收利用率/%	农学利用率/(kg/kg)	生理利用率/(kg/kg)
CWS1	20.8±0.04 c	2.98±0.42 ab	14.46±1.07 a	5.1±0.02 bc	0.72±0.15 bc	13.34±0.26 d
CWS2	19.8±0.08 bc	2.25±0.95 b	11.06±0.87 b	3.9±0.01 c	0.52±0.10 c	12.83±0.60 cd

处理	第一季			第二季		
	吸收利用率 /%	农学利用率 /(kg/kg)	生理利用率 /(kg/kg)	吸收利用率 /%	农学利用率 /(kg/kg)	生理利用率 /(kg/kg)
CWS3	6.6±0.02 d	0.32±0.39 c	4.02±0.97 c	1.2±0.01 d	0.12±0.02 d	11.12±0.47 e
WS1	25.3±0.04 ab	3.29±0.62 ab	13.00±0.58 ab	9.6±0.01 a	1.53±0.33 a	15.80±0.38 a
WS2	16.8±0.02 bc	1.74±0.38 b	10.29±0.92 b	5.1±0.01 bc	0.73±0.06 bc	14.40±0.28 c
WS3	10.8±0.01 cd	0.98±0.10 c	9.12±1.01 b	1.5±0.01 d	0.20±0.04 d	12.61±0.17 d
BS1	31.3±0.05 a	3.50±0.94 a	11.04±1.70 b	10.9±0.02 a	1.63±0.39 a	15.40±0.86 ab
BS2	21.5±0.02 b	2.39±0.73 b	11.26±1.48 b	7.0±0.01 b	0.98±0.07 b	15.02±0.40 b
BS3	14.0±0.08 c	1.50±0.36 bc	10.71±1.55 b	2.7±0.01 cd	0.39±0.07 cd	14.72±0.11 b

6.4 典型应用案例分析

6.4.1 农村生活污水及工程尾水中氮磷的农田回用案例分析

目前,太湖水质虽总体有所改善,但氮磷浓度仍居高不下,水质未实现根本好转。2015 年江苏省太湖流域 15 条主要入湖河流中 9 条总磷浓度、12 条总氮浓度未达到国家治太总体目标要求;太湖上游流域内共有污水处理厂 35 家,年排放尾水近 400 亿 m³,一级 A 标准排放的尾水中总氮浓度仍高达 15.0 mg/L,总磷浓度高达 1.0 mg/L,比地表 V 类水总氮(限值标准 2.0 mg/L)、总磷(限值标准 0.20 mg/L)浓度分别高出 6.5 倍和 4.0 倍。尾水经河道汇入太湖后对湖体氮、磷负荷的贡献率分别高达 51.0%和 40.0%,为第一大污染源(朱滨,2016)。对污水处理厂尾水进行深度净化,从源头消减氮磷污染入河,是太湖治理的重点和难点。

常见的污水处理厂尾水氮磷深度净化方法在应用过程中存在一定的缺陷,例如,物理过滤或吸附法处理成本高,出水水质较差;化学沉淀或氧化剂氧化法运行费用高,推广难度大,容易造成二次污染,且费用相对较高,目前对大多数深度处理厂来说都很难维持长期运行(常会庆和王浩,2015);超滤或反渗透法对膜压控制要求高,因膜容易阻塞和污染,对预处理要求严格,且反渗透法会产生大量的副产物(占处理尾水的 25%～50%),反渗透浓水难以处理(孙迎雪等,2014,2015);人工湿地法基质易堵塞,植物腐败会产生二次污染(李宁,2009)。利用凤眼蓝深度净化污水处理厂尾水,并回收氮磷和再利用,成本低、见效快,对减轻太湖氮磷负荷具有重要意义。

1. 示范工程基本情况

在行业项目等的资助下,江苏省农业科学院于 2014 年起以南京高淳东坝污水处理厂为研究对象,针对村镇生活污水处理厂一级 A 标准排放尾水,以削减源头污染物为根本,以养分的农田循环再利用为目标,开展了尾水中的农田安全利用及水生植物深度净化尾水与回收养分再利用生态工程技术示范,分别建设了尾水农田直接安全利用示范工程、凤眼蓝深度净化与养分回收示范工程、凤眼蓝高效采收与脱水处置示范工程、凤眼蓝渣有机肥堆制示范工程和凤眼蓝有机肥农田施用示范工程。示范工程从 2015 年开始运行。

南京市高淳区东坝镇生活污水处理厂($31°17'27''N$，$119°02'38''E$)坐落于江苏省南京市东坝镇胥河以南，西环路以西。设计日处理规模为 0.50 万 m^3，实际日处理能力为 0.10 万 t，接管服务范围为东坝集镇、东坝村、东风村和新中村。处理工艺采用改良 A_2O 法工艺，污泥处理工艺采用机械浓缩、机械脱水后进行卫生填埋。进水主要为村镇居民生活污水，出水水质执行《城镇污水处理厂污染物排放标准》(GB 18918—2002)中一级 A 标准，污水经处理达标排放后经小河直接排入胥河。经检测，该污水处理厂排出的尾水中 pH 变化为 7.04~7.20，COD、SS、TP、NH_4^+-N、动植物油和 BOD_5 的日均浓度值分别为 8 mg/L、7 mg/L、0.16 mg/L、0.86 mg/L、0.07 mg/L 和 1.70 mg/L，达到设计排放标准。

2. 示范工程工艺设计

该示范工程主要采用两种技术工艺来净化回收利用尾水中的氮磷。第一种是利用污水处理厂周边的稻田人工湿地，通过管道进行稻田的尾水灌溉来消纳净化尾水。其中尾水中的氮磷主要通过稻田土壤系统的吸附、水稻的吸收等途径被利用，并能减少稻田的部分化肥使用，达到促进水稻生产的作用。第二种工艺则利用高效吸收氮磷的水生植物对尾水中的养分进行回收，水生植物收获并加工成有机肥后再回用到农田，净化后的尾水则直接排放至河道。尾水中的氮主要通过水生植物吸收、反硝化脱氮而去除，磷主要通过水生植物吸收而被去除。工艺路线图如图 6-11 所示。

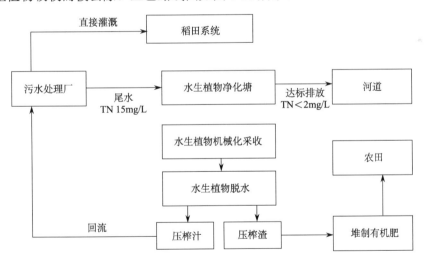

图 6-11　尾水中氮磷的农田直接回用与间接回用技术路线图

3. 示范工程建设

1) 水生植物深度净化塘示范工程

根据生活污水处理厂实际生产能力和生态工程治污目标，参考凤眼蓝净化污水的能力,采用三级串联方式,在东坝镇污水处理厂北侧建设深度净化塘工程。各级净化塘均长 105 m、深 1.2 m,其中第一级净化塘宽为 25 m,第二、三级深度净化塘宽为 27.5 m,各级净化塘之间采用土夯方式隔开,净化塘底部和岸堤均铺设防水布防止渗漏,出水口设置溢流堰使深度净化塘水深保持在 1 m。深度净化塘总占地面积为 8400 m³,总有效容积为 7500 m³(占地 11.25 亩)。深度净化塘的进水口和出水口处均设置流量计监测尾水进出流量。污水处理厂尾水通过预先铺设的管道排入三级净化塘。

2015 年采用凤眼蓝进行处理,5 月进行凤眼蓝种苗投放和扩繁,种苗初始投放量为 0.6 kg/m²;6~11 月为生态工程运行期,11~12 月为打捞和脱水处置期。2016 年对原有的净化塘进行改造,利用防水布将单个塘分为两部分,利用钢管挂网将水生植物分隔开,形成凤眼蓝、大藻镶嵌组合深度净化模式,并在二级净化塘末端建设出水口,见图 6-12。2016 年 5 月,利用原地保种的水生植物种苗进行扩繁,初始投放量为 0.1 t/亩,日均接纳生活污水尾水 1000 t。

(a)2015 年,采用凤眼蓝

(b)2016 年,采用凤眼蓝和大藻

图 6-12　东坝镇污水处理厂尾水中氮磷的水生植物富集回收-深度净化示范工程

2)小型可移动式水生植物打捞-脱水-有机肥生产示范工程

针对规模化污水处理厂尾水深度净化生态工程,江苏省农业科学院在前期湖泊大水域生态治污专用装备的基础上,研发了小型化、可移动、便于运输和灵活组装的打捞、传输、破碎、脱水专用生产线装备(图 6-13),单套小型化水生植物"采收-脱水"一体化生产线日处理能力为 80 t,加工 1 t 凤眼蓝可获渣 300 kg、汁 700 kg,处理费用低于 15 元/t。

图 6-13　凤眼蓝"采收-脱水"一体化中试生产线运行现场

将压榨脱水后的凤眼蓝挤压渣与猪粪进行混合，经过 15～20℃室温下 60 d 的堆肥，生产出有机肥料，产品质量经检测达到中国有机肥生产行业标准。每吨新鲜凤眼蓝脱水及堆肥成本仅为 18 元。此外，还研制了小型堆肥翻抛机(图 6-14)。

图 6-14　小型堆肥翻抛机

3) 水生植物有机肥的农田回用示范工程

2016 年和 2017 年分别进行了水生植物有机肥稻田回用的技术示范。小区试验和大田示范同时进行。小区试验主要是为了评价水生植物有机肥施用对水稻生长和产量的影响及生态环境效益，与尾水直接回用处理在同一块试验田里进行。大田示范按照有机肥替代化肥 30%的比例进行施用，总施氮量为 240 kg/hm²。同时，用当地农户田块作为对照，农户田块总氮用量为 337.5 kg/hm²。

4）生活污水尾水稻田直接回用示范工程

2016～2018 年分别进行了生活污水尾水稻田直接回用的技术示范，同样采用小区试验和大田示范同时进行的方式。选择污水处理厂周边的稻田，以常规河水灌溉作为对照，设置污水尾水灌溉处理及水生植物有机肥回用处理。试验设两因素处理，主区为灌溉处理，包括净水灌溉(T)和尾水灌溉(S)两个处理，副区为施肥处理，包括不施化肥处理(N0)、正常化肥处理(N)和有机肥配施处理(ON)，共 6 个处理、3 个重复、18 个小区，小区面积 49 m^2。稻田施氮量 2016 年和 2017 年分别为 210 kg/hm^2 和 240 kg/hm^2，基肥、蘖肥、穗肥比例为 3：3：4；磷和钾肥用量分别为 70 P$_2$O$_5$ kg/hm^2 和 70 K$_2$O kg/hm^2。氮肥采用尿素，磷肥为过磷酸钙，钾肥为氯化钾，均表施。尾水 pH 平均值为 7.71，电导率为 387 μS/cm，COD$_{cr}$ 为 10.5 mg/L，TN 平均浓度为 11.09 mg/L，以硝态氮为主，总磷平均浓度为 0.18 mg/L。

2017 年和 2018 年分别灌溉 6 次和 4 次尾水，整个稻季消纳尾水约 3000 m^3/hm^2 和 2000 m^3/hm^2，消纳尾水中的总氮量分别为 33.27 kg/hm^2 和 22.20 kg/hm^2，约占常规施肥处理的 15.8%和 10.6%。

4. 示范工程运行效果

1）水生植物深度净化生活污水尾水效果

示范工程运行效果表明，凤眼蓝深度净化生态工程改善尾水效果显著。2015 年尾水中总氮浓度平均由 12.05 mg/L 降至 1.42 mg/L，总磷浓度平均由 0.40 mg/L 降至 0.10 mg/L，氨态氮浓度平均由 0.37 mg/L 降至 0.10 mg/L；尾水总氮、总磷、氨氮的削减率分别可达 88.2%、75.2%、73.8%。示范工程运行期间累计净化尾水近 150 万 t，累计收获凤眼蓝 180 t，去除尾水中总氮 3.19 t、总磷 0.09 t。凤眼蓝对尾水总氮、总磷的削减能力沿水流流程方向逐渐降低，在一级净化塘中，每平方米凤眼蓝每天平均削减尾水总氮、总磷量高达 2.48 g 和 0.12 g，而在三级净化塘中仅分别为 0.21 g 和 0.0 g。2016 年，尾水中总氮浓度平均由(13.21±3.65)mg/L 降至(1.84±0.62)mg/L，总磷浓度平均由(0.56±0.19)mg/L 降至(0.09±0.03)mg/L，尾水总氮、总磷的削减率分别可达 86.07%、83.93%，出水水质可接近地表III类水标准(表 6-12)。2016 年工程运行期间累计净化尾水近 160 万 t，累计收获水生植物(凤眼蓝+大藻)208 t，去除尾水中总氮 2.39 t、总磷 0.118 t。采用凤眼蓝和大藻组合后，尾水中总磷的净化效率得到了提高，每平方米水生植物的氮磷去除量也得到了提升。

表 6-12 2016 年东坝镇污水处理厂尾水深度净化效果

指标	尾水/(mg/L)	一级出水/(mg/L)	二级出水/(mg/L)	去除率/%
TN	13.21±3.65	5.32±1.64	1.84±0.62	86.07
TP	0.56±0.19	0.12±0.04	0.09 ±0.03	83.93

凤眼蓝深度净化生态工程运行的实践结果为生活污水尾水的生态治理提供了技术支撑与理论依据，每种养 4～5 m^2 凤眼蓝即可将 1 t 一级 A 标准尾水净化为水质优于地表

Ⅴ类标准水。

2）水生植物加工成有机肥过程中的养分流研究

为了明确水生植物脱水粉碎加工成有机肥过程中的养分流动情况，对各个环节进行了监测，计算了物质平衡。计算发现，种养 1 m² 的凤眼蓝，每天可从 1 m³ 水体中吸收掉 0.9～1.4 g 氮。种养 1 亩凤眼蓝，最高可生产凤眼蓝（鲜重）56.7 t（含水率 95%左右），1 年可吸收利用水体氮、磷、钾的量分别为 120 kg、20 kg 和 220 kg。1 t 新鲜凤眼蓝挤压脱水可获渣 300 kg、汁 700 kg，其中有 70%的氮、34%的磷和 92%的钾存留在凤眼蓝渣中，其余的则存留在凤眼蓝汁中。最终凤眼蓝渣经堆沤后形成的凤眼蓝有机肥中有机质含量为 610 g/kg、氮 20.9 g/kg、磷 3.4 g/kg、钾 24.4 g/kg，完全达到商品有机肥的标准。

3）水生植物有机肥稻田回用效果

本示范工程中 2015 年收获凤眼蓝 180 t，生产有机肥 7 t，即约 140 kg 氮和 23.8 kg 磷重新回用到农田中，替代了化肥氮 140 kg 和磷 23.8 kg。技术示范效果显示，与农户对照施肥田块相比，2016 年水生植物有机肥配施田块在化肥减量 30%的情况下，亩产 472 kg，比农户对照田块（459 kg）增产 2.8%；2017 年，现场专家测产结果显示，水生植物有机肥示范田块在化肥减量 28.8%的情况下，亩产 532.1 kg，与农户对照田块（544.3 kg）基本持平。

4）生活污水尾水稻田直接回用示范效果

2017 年试验结果（表 6-13 和表 6-14）表明，水稻株高表现为尾水灌溉减量施肥（SRN）、常规施肥（CN）处理最高，且显著高于有机无机肥（CON）、不施肥（CN0）、尾水灌溉仅施分蘖肥（STN）处理。分蘖数在水稻生长中期和收获期均表现为尾水灌溉（SN）处理最高，CN0 处理最低，其他处理间没有显著差异，收获期的穗数与分蘖数规律一致。秸秆重表现为 SN、SRN 处理最高，CN0 处理最低，其他处理居中。产量表现为 SRN 处理最高，除空白对照外，其他处理产量没有显著差异。20%的尾水替代化肥 N 最终产量提高了 14%。穗粒数表现为 SRN 处理最高，CN 处理最低，其他处理没有显著差异。千粒重各处理间没有显著差异。结实率表现为 CN 处理最高，SN 处理最低，其他处理间没有显著差异。田间试验受天气影响，实际灌溉量小于试验设置的灌溉量。但尾水仍能够促进水稻生长发育，并在穗粒数上高于施肥处理，最终减量 20%化肥氮获得的产量高于常规施肥处理。

表 6-13　尾水稻田回用大田试验 2017 年不同处理的水稻生长指标

处理	中期分蘖数 /(个/穴)	有效分蘖 /(个/穴)	株高 /cm	秸秆重 /(g/穴)	籽粒重 /(g/穴)	收获指数 /%
CN0	8.8 c	9.4 c	73.06 c	28.62 b	33.20 c	53.6 a
CN	12.1 ab	11.4 b	80.44 a	34.88 ab	36.64 bc	51.2 a
CON	11.2 ab	11.8 ab	77.33 b	35.22 ab	40.71 abc	53.6 a
STN	10.4 bc	11.1 b	72.83 c	33.25 ab	39.02 abc	54.0 a
SN	13.4 a	12.8 a	78.94 ab	39.33 a	43.63 ab	52.6 a
SRN	12.0 ab	10.9 b	81.56 a	36.60 ab	45.29 a	55.5 a

注：同列不同字母代表多重比较差异性显著（$p<0.05$），下同。

表 6-14　尾水稻田回用大田试验 2017 年不同处理的水稻产量构成

处理	穗数 /(万穗/亩)	穗粒数 /(个/穗)	千粒重 /g	结实率 /%	产量 /(t/hm²)
CN0	163.0 c	149.2 ab	26.01 a	92.4 ab	5.77 b
CN	217.0 b	121.3 c	27.39 a	94.9 a	6.89 ab
CON	205.5 ab	139.0 bc	27.38 a	92.4 ab	7.08 a
STN	193.2 b	149.6 ab	26.84 a	91.3 ab	6.79 ab
SN	222.2 a	149.2 ab	26.12 a	89.4 b	7.59 a
SRN	188.7 b	170.3 a	26.98 a	90.4 ab	7.88 a

2018 年试验结果(表 6-15 和表 6-16)表明,各个处理的水稻收获指数没有显著差异。与其他处理相比,CN、CON、SN、SRN 处理穗数均较高;尾水灌溉处理的 STN、SN、SRN 穗粒数最大,显著高于不施肥 CN0 处理。尾水处理中,除总氮投入量较低的 STN 处理产量较低外,SN 和 SRN 处理产量与常规施肥 SN、基肥有机肥 COD 处理产量在同一水平。

表 6-15　尾水稻田回用大田试验 2018 年不同处理的水稻生长指标

处理	中期分蘗数 /(个/穴)	株高 /cm	秸秆重 /(g/穴)	籽粒重 /(g/穴)	收获指数 /%
CN0	7.5±0.6 b	83.0±2.6 d	32.1±3.9 b	36.1±3.6 c	53.0±4.4 a
CN	13.2±1.3 a	104.8±2.0 ab	49.8±1.3 a	58.2±10.5 abc	53.7±3.7 a
CON	12.4±0.2 a	101.1±2.0 b	43.7±9.0 ab	48.0±18.7 abc	52.1±4.2 a
STN	9.4±0.7 ab	95.3±1.3 c	42.0±3.2 ab	48.3±0.3 b	53.5±1.9 a
SN	12.7±2.6 ab	105.7±1.5 a	56.3±13.1 ab	60.5±7.6 ab	52.2±7.9 a
SRN	12.8±1.4 ab	101.3±0.9 b	56.1±8.2 ab	65.8±5.2 ab	54.1±5.0 a

注:同一指标中不同小写字母表示不同处理间分析差异显著($p<0.05$),下同。

表 6-16　尾水稻田回用大田试验 2018 年不同处理的水稻产量构成

处理	穗数 /(个/穴)	穗粒数 /(个/穗)	千粒重 /g	结实率 /%	产量 /(t/hm²)
CN0	8.7±0.8 c	166.8±32.6 c	26.73±0.08 a	95.4±1.4 a	4.66±0.27 c
CN	12.7±0.8 ab	179.0±43.7 bc	25.98±0.08 b	95.3±1.3 a	8.45±1.15 a
CON	12.8±1.3 abc	184.6±47.4 bc	26.47±0.14 a	95.5±1.1 a	7.56±0.84 ab
STN	10.0±0.4 bc	204.0±8.8 ab	25.97±0.15 b	95.2±2.9 a	6.60±0.26 b
SN	12.4±0.9 ab	209.1±46.4 ab	24.58±0.20 d	91.2±1.4 b	7.86±0.72 ab
SRN	12.0±0.3 a	225.1±35.5 a	25.62±0.03 c	91.2±1.4 b	8.49±0.36 a

5. 工程设计/技术参数

1)农村生活污水工程尾水的水生植物富集-肥料化还田技术

(1)水生植物净化塘的配比。

尾水日生产能力(t 或 m³)与净化塘水面面积(m²)在 1∶3～1∶5 之间为宜。建议采用多级串联形式,采用不同的水生植物组合。夏秋季推荐使用凤眼蓝与大藻的组合,冬季推荐使用黑麦草。

(2)水生植物系统构建。

高效氮磷吸收植物建议以漂浮植物为主,可合理搭配沉水植物和挺水植物。漂浮植物夏秋季以凤眼蓝和大藻组合较好,可同时高效去除氮和磷;冬春季以黑麦草为主。凤眼蓝种苗最佳初始投放量为 0.5～1.0 kg/m²,4 月初投放,10 月底或 11 月初打捞。黑麦草建议提前育成毯苗后再放入塘中。

(3)水生植物收获及肥料化。

利用水生植物采收-脱水-粉碎的小型化移动式装备进行收获处置,然后高温堆肥,具体参见《水葫芦高温堆肥技术操作规程》(DB32/T 1872—2011)。

(4)水生植物有机肥农田回用。

总氮量参照当前水稻高产推荐量,常规粳稻一般在 240 kg/hm²。适宜化肥替代比例为 20%～30%,一次性基施。其他同高产田块管理。

2)农村生活污水工程尾水的稻田直接灌溉技术

(1)尾水水质要求。

从污水处理厂或分散式生活污水处理工程排放的尾水,其水质需符合《城镇污水处理厂污染物排放标准》(GB 18918—2002)一级 B 标准的要求。进入稻田前,需保证水质达到《农田灌溉水质标准》(GB 5084—2021),尤其是重金属和大肠杆菌指标。如大肠杆菌超标,则灌溉前需要进行灭菌处理。其他指标若达标,可以正常灌水;若不达标,需要用河水进行稀释再进行灌水。

(2)灌溉水量与方式。

灌溉方式采用传统畦作漫灌。栽插后 7 天内实施日灌夜露、晴灌阴露的间隙灌溉方式,每次灌水深度 2 cm 左右,确保露田 2～3 次;分蘖期浅水勤灌,水深以 3 cm 为宜,适当露田;当田间茎蘖数达 18～20 万个/亩时,自然断水搁田,达到全田土壤沉实不陷脚,叶色褪淡为止;基部第一节间定长后实施干湿交替的水分灌溉,直至收获前 10 天断水。

水稻从插秧到成熟的整个生育阶段生活污水工程尾水的灌溉量在 300～400 m³/亩。注意施肥后一周内关闭出水口,保证不排水。

(3)配套施肥管理。

根据灌水量及尾水中氮含量,估算尾水中带入氮量。氮肥用量参考当地高产推荐施用量,以 210～240 kg/hm² 为宜。施肥时应减去尾水中带入的氮,化肥氮减少比例不超过 40%,以 10%～20%为宜。化肥氮的运筹比例为 3∶3∶4,即基肥 30%、分蘖肥 30%、穗肥 40%。

6.4.2 养殖肥水的小麦-玉米农田利用案例分析

1. 示范工程基本情况

华北农灌区地下水严重超采,导致地下水位下降等诸多生态环境问题,在华北小麦-玉米轮作区进行肥水农田利用示范推广十分必要。示范工程位于河北省保定市徐水区梁家营镇,养殖场奶牛存栏量为1190头,青年牛350头,泌乳牛840头;示范工程厌氧池容积为1500 m³,肥水贮存池容积为2500 m³。牛场肥水为pH 7.4～8.4,化学需氧量为2385～3762 mg/L,总氮为369.6～417.1 mg/L,氨态氮为203.9～302.8 mg/L,总磷为50.6～70.0 mg/L。

2. 示范工程工艺设计

采用干清粪工艺,粪水通过刮板进入集粪沟,沉淀泥沙后由管道进入厌氧池,经厌氧处理后变为养殖肥水,再由管道进入贮存池贮存。在小麦、玉米需水和需肥季节,肥水经配水稀释后利用管道运输至农田;在非需水和需肥季节,肥水在贮存池贮存,避免外排造成环境污染(图6-15)。

图 6-15　养殖粪污处理-农田利用示范工程工艺流程图

2013～2017 年进行了小麦-玉米轮作田肥水利用的技术示范,采用田间小区试验的方式。设 5 个处理:不施肥(CK);低浓度牛场肥水农田施用,牛场肥水 20%+清水 80%,在小麦越冬、拔节期和玉米种植后三次施用(BSL);中浓度牛场肥水农田施用,牛场肥水 33%+清水 67%,在小麦越冬、拔节期和玉米种植后三次施用(BSM);高浓度牛场肥水农田施用,牛场肥水 50%+清水 50%,在小麦越冬、拔节期和玉米种植后三次施用(BSH);传统施肥处理(CF)。传统施肥处理肥料施用量为:小麦播种时施底肥,150 kg N/hm²、120 kg P_2O_5/hm² 和 75 kg K_2O/hm²;小麦拔节期追施 150 kg N/hm²;玉米播种后撒施 120 kg N/hm²、60 kg P_2O_5/hm² 和 60 kg K_2O/hm²。

3. 肥水农田利用示范效果

1) 对小麦-玉米产量的影响

如表 6-17 所示,CK 处理小麦产量显著低于其他处理,BSM、BSH 和 CF 处理五年小麦和玉米平均籽粒产量显著高于 BSL 处理。随着种植年份的增加,CK 处理小麦产量显著降低,其他处理年份间差异不显著。

2) 土壤硝态氮积累量

BSH 和 CF 处理 2 m 土体硝态氮累积量显著高于 BSM 和 BSL 处理(图6-16)。CK 处理 2 m 土体硝态氮累积量 8 季作物平均为 26.1 kg/hm²,肥水处理为 59.3～180.4 kg/hm²,CF 处理为 191.7 kg/hm²。

表 6-17　小麦季和玉米季籽粒产量　　　　　　　　（单位：kg/hm²）

处理	小麦产量					玉米产量				
	2013 年	2014 年	2015 年	2016 年	2017 年	2013 年	2014 年	2015 年	2016 年	2017 年
CK	5263.3b	3646.7d	3426.7d	2720.0c	2330.0d	6009.9b	5315.7c	4165.2c	3708.9c	3615.3c
BSL	5550.0b	6980.0c	5940.0c	5440.0b	5010.0c	7433.4a	7335.9b	6719.7b	5670.6b	5694.0b
BSM	6933.3a	7740.0b	7406.7b	7363.3a	7383.3a	8182.2a	9102.6a	9438.0a	8451.3a	8373.3a
BSH	6700.0a	8446.7a	8006.7a	7440.0a	7523.3a	8178.3a	9828.0a	9629.1a	9016.8a	8981.7a
CF	6810.0a	8553.3a	7793.3ab	7520.0a	7873.3a	8353.8a	9582.3a	9412.7a	8989.5a	8977.8a

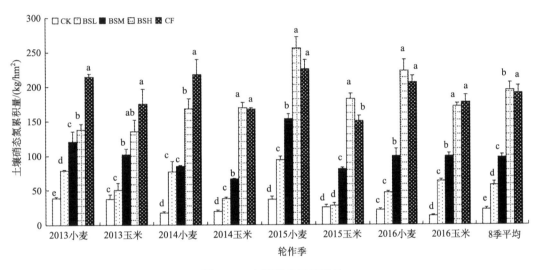

图 6-16　土壤硝态氮累积量

3）小麦-玉米轮作农田氮平衡

　　肥水灌溉，总投氮量的 56.1%～79.6%被植株吸收，7.0%～8.5%残留在 2 m 深度土体中，损失达到 13.4%～35.4%（表 6-18）。肥水灌溉的氮利用率变化在 42.7%～56.9%，均高于习惯施肥处理的 41.6%，并呈现出随着肥水浓度增加而降低的趋势。氮损失中，硝态氮淋溶占总损失量的 24.9%～53.6%，占总氮投入的 4.3%～8.7%。高浓度肥水灌溉处理硝态氮淋溶损失率（8.7%）高于习惯施肥处理（7.4%），中低浓度肥水灌溉处理均显著低于习惯施肥处理，分别为 6.4%和 4.3%。

表 6-18　小麦-玉米轮作农田周年氮平衡表　　　　　　　　（单位：kg/hm²）

项目	CK	BSL	BSM	BSH	CF
化肥氮投入	0	0	0	0	1260
土壤初始无机氮	51.9	62.3	115.1	169.5	191.8
土壤矿化氮	221.7	221.7	221.7	221.7	221.7
灌溉带入氮	63.0	601.2	970.2	1456.2	63.0
降雨带入氮	56.7	56.7	56.7	56.7	56.7

续表

项目	CK	BSL	BSM	BSH	CF
麦秸还田带入氮	44.8	96.6	118.1	167.3	131.1
作物吸收	414.3	826.8	1005.9	1161.1	1043.2
土壤残留	23.7	72.2	107.3	176.7	185.3
硝态氮淋溶损失	49.7	74.9	112.5	181.4	149.2
N_2O 排放	0.55	0.89	0.97	1.33	1.38
表观损失	0.0	139.5	368.7	733.6	695.8

4）土壤硝态氮淋溶

肥水灌溉后 7～10 d，硝态氮淋溶通量达到最高，之后波动降低（图 6-17）。小麦-玉米轮作周年，BSL、BSM、BSH 和 CF 处理硝态氮淋溶损失量分别为 25.0 kg/hm^2、37.5 kg/hm^2、60.5 kg/hm^2 和 49.7 kg/hm^2，分别占氮投入量的 4.3%、6.4%、8.7%和 7.4%。

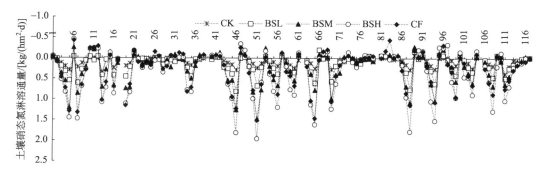

图 6-17　小麦-玉米轮作硝态氮淋溶通量

5）小麦-玉米轮作农田土壤 N_2O 排放量

高浓度肥水灌溉 N_2O 排放量显著高于中浓度和低浓度肥水灌溉处理，与化肥处理差异不显著。肥水灌溉处理每生产 1 t 作物籽粒产量排放的 N_2O 量为 60.9～79.1 g N_2O-N，肥水灌溉处理低于化肥处理（图 6-18）。

综上所述，肥水氮浓度为 127 mg/L 时，进行小麦-玉米农田 3 次施用（小麦越冬期、拔节期和玉米种植后），肥水氮带入总量为 315 kg/hm^2（小麦季 210 kg/hm^2，玉米季 105 kg/hm^2），既可以保证作物产量，同时不增加氮素损失。

4. 养殖场需配套农田面积测算

根据《畜禽粪污土地承载力测算技术指南》（农办牧〔2018〕1 号）（以下简称《指南》），计算该养殖场需要配套的小麦-玉米农田面积。

1）养殖场粪肥养分供给量

该养殖场粪肥养分产生量等于养殖场不同饲养阶段的存栏量乘以该饲养阶段的养分排泄量，最后求和得到畜禽粪便养分产生量，公式如下：

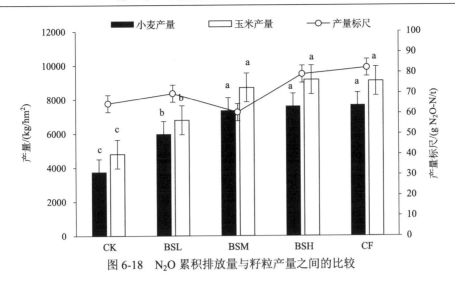

图 6-18　N$_2$O 累积排放量与籽粒产量之间的比较

粪肥养分产生量=Σ（不同阶段畜禽存栏量×该饲养阶段养分排泄量）

不同饲养阶段养分排泄量见表 6-19。

表 6-19　不同饲养阶段养分排泄量　　　　　［单位：kg/（头·d）］

饲养阶段	粪尿氮排泄量	粪尿磷排泄量	数据来源
青年牛	0.116	0.0165	产排污系数手册
泌乳牛	0.25	0.0417	

粪肥养分供给量等于粪肥养分产生量乘以粪肥养分收集率，再乘以粪肥处理养分留存率，后求和得到总养分供给量，公式如下：

粪肥养分供给量=Σ（粪肥养分产生量×粪肥养分收集率×粪肥处理养分留存率）

经估算，该养殖场粪污收集、处理工艺氮磷收集（留存）率见表 6-20，粪肥养分产生量和供给量见表 6-21。

表 6-20　粪污收集、处理工艺氮磷收集（留存）率　　　（单位：%）

粪污收集、处理工艺	氮	磷
干清粪	88	95
粪污厌氧发酵	95	75
沼液贮存	75	90
沼渣堆肥	68.5	76.5

表 6-21　养殖场粪肥养分产生量和供给量

饲养阶段	年存栏量 /头	氮产生量 /(kg/a)	磷产生量 /(kg/a)	氮供给量 /(kg/a)	磷供给量 /(kg/a)
青年牛	350	14819	2108	9251	1342
泌乳牛	840	76650	12785	47851	8137
合计	1190	91469	14893	57102	9479

2) 单位土地粪肥养分需求量

根据单位土地养分需求量、施肥供给养分占比、粪肥占施肥比例和粪肥当季利用率来计算单位土地粪肥养分需求量，公式如下：

$$单位土地粪肥养分需求量=\frac{单位土地养分需求量\times施肥供给养分占比\times粪肥占施肥比例}{粪肥当季利用率}$$

单位土地养分需求量为该养殖场单位面积配套土地种植的各类植物在目标产量下的氮磷养分需求量之和，各类作物的目标产量可以根据当地平均产量确定，具体参照表6-22植物吸收养分量推荐值计算。施肥比例根据土壤中氮磷养分确定，土壤不同氮磷养分水平下的施肥供给养分占比推荐值参照表 6-23。《指南》中粪肥中氮素当季利用率推荐值为 25%～30%，磷素当季利用率推荐值为 30%～35%。

表 6-22　不同作物形成 100 kg 产量需要吸收养分量推荐值　　　　（单位：kg）

作物	氮	磷
小麦	3	1
玉米	2.3	0.3

表 6-23　土壤不同氮磷养分水平下施肥供给养分占比推荐值

土壤地力分级		I	II	III
施肥供给占比/%		35	45	55
土壤全氮含量/(g/kg)	旱地（大田作物）	>1.0	0.8～1.0	<0.8
	水田	>1.2	1.0～1.2	<1.0
	菜地	>1.2	1.0～1.2	<1.0
	果园	>1.0	0.8～1.0	<0.8
土壤有效磷含量/(mg/kg)		>40	20～40	<20

根据实际测定和实际粪肥施用比例，该养殖场周边农田土壤养分分级为 I 级，施肥供给养分占比为 35%；粪肥养分最高代替化肥比例为 80%；粪肥氮素当季利用率推荐为25%，磷素当季利用率推荐为 30%。该养殖场麦玉轮作条件下单位土地年养分需求量见表 6-24。

表 6-24　单位土地年养分需求量

作物	目标产量/(t/hm²)	氮需求量/(kg/hm²)	磷需求量/(kg/hm²)	粪肥氮需求量/(kg/hm²)	粪肥磷需求量/(kg/hm²)
小麦	4.5	135	45	151	42
玉米	6	138	18	155	17
小麦-玉米轮作	—	273	63	306	59

3) 养殖场目前土地可承载的粪肥量情况

目前,养殖场配套的土地年可消纳 30576 kg 的粪肥氮和 5880 kg 的粪肥磷(表 6-25),分别约占养殖场粪肥提供总氮量和总磷量的 53.5% 和 62%。

表 6-25 养殖场可承载粪肥情况

作物	配套面积/hm^2	粪肥氮需求量/(kg/hm^2)	粪肥磷需求量/(kg/hm^2)	粪肥氮总需求量/kg	粪肥磷总需求量/kg
小麦	100	135	45	15120	4200
玉米	100	138	18	15456	1680
小麦-玉米轮作	100	273	63	30576	5880

4) 养殖场粪污全消纳需要配套的农田面积

该养殖场配套土地面积等于养殖场粪肥养分供给量除以单位土地粪肥养分需求量。

$$配套土地面积 = \frac{养殖场粪肥养分供给量}{单位土地粪肥养分需求量}$$

从表 6-26 中可以看出,以小麦-玉米轮作分析,以氮计,全部利用需要 187 hm^2 的土地;以磷计,全部利用需要 161 hm^2 的土地。为减少粪肥过量施用造成的污染,配套耕地面积应该取氮、磷计算结果的较高值,该养殖场粪肥全部还田需要配套小麦-玉米轮作农田面为 187 hm^2,磷不足的部分可通过其他肥料补充。

表 6-26 养殖场配套农田面积 (单位:hm^2)

作物种类	粪肥全部就地利用	
	以 N 计	以 P 计
小麦	378	226
玉米	369	564
小麦-玉米轮作	187	161

5. 小麦-玉米轮作田肥水利用经济环境效益分析

1) 经济效益

小麦-玉米轮作种植,按照传统施肥一个轮作期 420 kg N/hm^2、180 kg P$_2$O$_5$/hm^2 和 135 kg K$_2$O/hm^2,折成肥料量为尿素 913 kg/hm^2、过磷酸钙 1500 kg/hm^2、氯化钾 265 kg/hm^2。按照每千克尿素 2.0 元、过磷酸钙 1.0 元、氯化钾 1.7 元,在一个传统小麦-玉米轮作期,每公顷购买化学肥料需要花费 3776.5 元,肥水利用农田节约化学肥料购买费用 3776.5 元。

2) 环境效益

控制养殖粪水污染对改善农村、农业生产及居民生活环境非常重要,是目前我国政府所关注的重点问题之一。《国务院关于促进乡村产业振兴的指导意见》(国发〔2019〕

12 号)中指出,要推进种养循环一体化;2020 年中央一号文件中也明确要求,大力推进畜禽粪污资源化利用。农业农村部和生态环境部联合出台《关于促进畜禽粪污还田利用依法加强养殖污染治理的指导意见》(农办牧〔2019〕84 号),指出到 2025 年,畜禽粪污综合利用率达到 80%,要把畜禽粪肥作为替代化肥的重要肥料来源,着力扩大堆肥、液态粪肥利用,多种形式利用粪污养分资源,服务种植业提质增效。《农业农村部关于落实党中央、国务院 2020 年农业农村重点工作部署的实施意见》(农发〔2020〕1 号)中指出,大力推进畜禽粪污资源化利用,健全畜禽粪污处理利用标准体系。在《2020 年畜牧兽医工作要点》(农办牧〔2020〕11 号)中指出,推动建立畜禽粪污全链条养分管理制度,因地制宜推广全量还田利用技术模式。将养殖粪水处理后农田利用,可有效解决粪水排放所造成的污染问题,减少病虫害传染源,美化环境。农田利用可带动一系列相关产业共同发展,实现治污与致富同步、环保与创收双赢。

6. 其他注意事项

肥水小麦-玉米农田利用后的环境风险及作物品质应加以考虑,从加强肥水水质监测、加强土壤养分监测和加强作物植株监测及其他四个方面进行控制。

1)肥水水质监测

对肥水的主要养分进行监测,有利于制定更为合理的奶牛养殖场肥水农田施用制度,肥水水质监测参照《农田灌溉水质标准》(GB 5084—2021)进行。

2)土壤养分监测

土壤养分超过小麦、玉米吸收值时,养分淋溶进入地下水,造成环境风险。每个轮作周期植株收获后,应进行土壤养分的测定。

3)作物植株监测

肥水施用后,对作物籽粒中重金属等指标进行监测。

4)其他事项

应选择晴朗天气施用,不宜在雨天和下雨前一天施用,距小麦、玉米收获期 10 日内严禁施用。

6.4.3　沼液的种养耦合循环利用模式及案例

1. "林地-稻田定量灌溉+非灌溉期膜浓缩+排水净化回用"的全消纳利用模式

1)模式简介

嘉兴市科皇牧业有限公司(以下简称科皇牧业)创建的种养耦合沼液"林地-稻田定量灌溉+非灌溉期膜浓缩+排水净化回用"循环利用模式,充分依托了该公司周边赋存的生态条件(300 亩农田与近 5 亩樟树林地),同时考虑了与当地现行的稻-麦和稻-油轮作体系有机结合。科皇牧业是一家中等规模(5000 头存栏)的生猪养殖场,采用粪污混合的"水泡粪"清粪工艺和沼气工程技术。

沼液利用模式由三个模块组合而成(图 6-19)。第一模块是沼液直灌。在农田和林地需要灌溉时,灌溉前在农田的田埂边布设管道或利用已有可输送沼液的水沟,在林地的林间开沟确保沼液通过顺畅且不积水；根据灌溉面积和单位面积沼液消纳量估算确定沼液灌溉量，沼液从沼液池中提取，沿沟渠或布设的管道进入农田和林地；林地没有吸收利用的沼液，可再排入稻田进一步利用吸纳。为了减少管道和沟渠堵塞的情况，在灌溉前通过重力沉淀和电絮凝或化学絮凝方法去除部分悬浮有机物。第二模块是沼液膜法浓缩。考虑周边农田、林地无法安全消纳牧场全部的养殖沼液，在农业生产不能进行沼液灌溉的季节，通过工厂化的沼液膜浓缩-配肥技术浓缩贮存并外运利用。第三模块是膜浓缩尾水或农田与林地的排水通过净化处置后再循环利用。膜浓缩产生的尾水及通过林地（樟树）和稻田利用后的排水通过生态沟渠初级净化和池塘沉水植物再净化之后，进入猪场回用或排入河道。

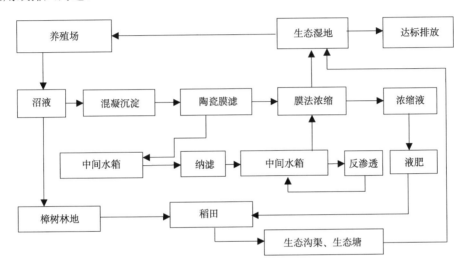

图 6-19　沼液林地稻田灌溉与膜浓缩沼液肥及尾水循环利用示意图

2）运行效果

经过上述三个模块的运行，牧场日产 40 t 的沼液通过合理安排，在配置 300 亩左右的农田和林地的情况下，不仅实现了沼液中养分和水分的全年资源化循环利用（表 6-27），而且保证了排出的尾水达标排放或牧场回用，有利于水资源利用和环境水体的保护。

表 6-27　项目区 40 t/d 沼液循环利用模式全年消纳方案

项目	6~8 月	10~11 月、2~3 月	9 月、4~5 月、12~1 月	总和
沼液产生量 /t	3680	4800	6120	14600
消纳类型	水稻季消纳	小麦季消纳	氧化塘贮存后休闲地或林木地消纳	
安全消纳量/(t/hm²)	1000	1000	3000	
配置消纳面积/hm²	3.68	4.80	2.04	10.52
1/2 安全消纳量/(t/hm²)	500	500	1500	
配置消纳面积/hm²	7.36	9.60	4.08	21.04

项目区稻田在用沼液替代 25%~50%化肥氮的情况下，不会导致水稻减产，而全量替代 100%化肥氮和 150%单施沼液处理的产量低于习惯施肥处理。多年应用表明，化肥配施沼液能够保持更稳定的产量。

该技术模式与采用传统沼液生化处置方法相比，效益也更高。由表 6-28 可以看出，传统生化处理方法每立方米的成本在 8~10 元之间，总处理成本达 14.60~18.25 万元，但在冬季低温条件下沼液生化处置无法达标排放，必须进入污水处理系统再处理。而采用"林地-稻田定量灌溉+非灌溉期膜浓缩+排水净化回用"的沼液循环利用模式，使该牧场每年产生的 1.825 万 t 沼液中约有 70%可通过稻-麦轮作农田消纳利用，剩余 30%的部分通过膜法浓缩（浓缩 5 倍左右，浓缩成本约为 20 元/m³）后运至外地农田进行利用；也可以通过配制水溶性复合液体肥将其商品化，增值 20%以上。同时，约有 75%以上的尾水（排水）通过植物和微生物联合生态净化后在牧场内得到回用（冲洗栏舍或牧场园林绿化），从而沼液带出的 2883 kg 氮磷钾纯养分和 1.8 万 m³ 水资源全部得到有效的利用。

表 6-28　沼液循环利用模式与生化处理效益比较

沼液处置（利用）方式	沼液资源化利用/%	处置成本/万元	养分利用/kg	浓缩液配肥加工增值/万元	尾水（排水）净化回用/%
传统沼液生化处置	0	14.60~18.25	0	0	排放或进入污水管网系统
沼液循环利用模式	≥90	9.23	2883	≥240	≥75

2. 沼液的园地生态循环利用模式

1）"沼液配送+絮凝+水肥一体喷滴灌"的有机茶园生态循环利用模式简介

淳安县汾口强龙茶场有机茶园建立了"沼液配送+絮凝+水肥一体喷滴灌"的生态循环利用模式，利用其地处丘陵地貌的特点，在茶园最高处兴建 50 m³ 的沼液储存池，同时组装沼液混凝沉淀一体化设备、加压泵、自动反冲洗叠片过滤器、比例施肥器、压力补偿式滴灌带等，完成百亩沼液喷滴灌系统建设（图 6-20）。在具体生产管理中，将沼液作为有机替代化学肥料技术的重要部分，与有机肥和绿肥利用等有机结合，制定出有机茶生产的养分全程供应和病虫综合绿色防控技术解决方案，即在秋季茶园翻耕时施用以蚕沙为主要原料的茶叶专用有机肥；引进白车轴草和黑麦草绿肥品种混播茶园行间，进行茶园土壤改良和生态培肥；利用沼液喷灌等设施，将发酵沼液均匀追施到茶园；利用黄板-绿板（诱虫板）合理间作诱杀和压制蚜虫、粉虱和小绿叶蝉虫口基数，采用苦参碱等植物源农药控害。通过全程施用有机养分和病虫绿色防控，使茶叶生产实现了向有机茶生产的转型和提质增效。

该利用模式的运行步骤如下：

（1）由县沼液配送中心通过专用槽罐车将经发酵的沼液送达茶园，存入沼液储存池；

（2）沼液经过化学絮凝装置，絮凝去除悬浮在沼液中的细小有机物（SS），以解决喷滴灌过程中堵塞喷头的问题；

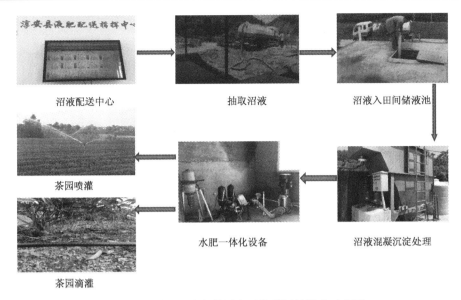

图 6-20 养殖沼液在茶园资源化利用的模式示意图

（3）根据茶树生长需要设计灌溉量并进行喷灌或滴灌，必要时用清水调节沼液浓度，实现沼液的定量灌溉；

（4）完成沼液喷滴灌作业后及时清理管道，以免沼液对喷滴灌相关部件造成腐蚀。

2）运行效果

茶园大区示范表明，以常规施用化肥（$N+P_2O_5+K_2O$ 1200 kg/hm^2）为对照，设置两种沼液喷（滴）灌处理：一是每年沼液喷（滴）灌 4 次、每次 300 m^3/hm^2 的沼液利用处理（替代 15.83%化肥），二是沼液喷（滴）灌+有机肥施用+行间种植绿肥处理（替代 53.3%化肥）。结果显示，用沼液灌溉替代 15.83%化肥处理提高了茶叶的品质，三年茶叶的平均产值较常规对照增加 6000 元/hm^2，通过水肥一体化技术节约人工支出 6000 元/hm^2，由于沼液絮凝过滤工序增加了 2 元/m^3 的成本，扣除节约的化肥投入后仍增加成本 1260 元/hm^2，合计增加直接经济效益 10740 元/hm^2。替代 53.3%化肥的"沼液喷（滴）灌+有机肥施用+行间种植绿肥"处理，相较于常规对照，其经济效益增加了 12540 元/hm^2，效果更为显著。

三年来，强龙茶厂通过沼液追施、有机肥、绿肥应用等有机替代技术，辅以茶园病虫综合绿色防控技术的应用，化肥用量和化学农药用量减少，累计增加经济效益 100 余万元。此外，连续三年利用沼液处理的茶园土壤有机质含量从 13.4 g/kg 提高到 15.6 g/kg，而"沼液喷（滴）灌+有机肥施用+行间种植绿肥"处理的土壤有机质含量提升到 23.5 g/kg，在变废为宝、提升土壤肥力的同时，茶园生态环境得到明显改善。

3. 沼液资源化利用模式应用的条件与适用范围

不同沼液资源化利用模式的适用条件与范围不同。"林地-稻田定量灌溉+非灌溉期膜浓缩+排水净化回用"种养耦合循环利用模式和稻田直接利用模式，适用于牧场周边具有较大农田消纳面积且有林果种植和粮油作物轮作的生产系统，适合养殖规模较大的牧场且配置有沼液膜浓缩装备；为了尾水或排出水的资源化回用，还需要有一定面积的水塘或湿地，以确保净化效果。"沼液配送＋絮凝＋水肥一体喷滴灌"的生态循环利用模式，适用于离养殖场较远、地处丘陵低山的农区，特别是种植茶叶和果园、设施蔬菜等经济效益较高的农作体系，同时，需要配备沼液运输车、沼液储存池和絮凝设备设施。

表 6-29 列出了不同清粪工艺的沼液水质状况。由于水泡粪清粪方式的用水量较多，相较于干清粪方式而言，其沼液中 COD_{Cr}、氨氮、总氮和全盐含量均较低；有机固形物指标则视沼液储存时间长短和是否搅动而变异较大。因此，在农田灌溉时要充分考虑沼液来源(养分和盐分的高低)，酌情调整单位面积的施用量。

表 6-29　不同清粪工艺的沼液水质指标　　　　　　　　　(单位：mg/L)

清粪工艺	SS	COD_{Cr}	氨氮	总氮	总磷	全盐量
水泡粪	1450～13500	1290～5080	342～1860	479～1950	24.5～196	1920～43500
干清粪	2090～5080	1280～10700	852～1410	938～1520	36.1～73.1	1500～53300

4. 沼液资源化利用的注意事项

1)可能产生的氮磷、抗生素和重金属积累的风险

为了促进生猪等健康快速生长，养殖饲料中添加有各类抗生素和铜、锌等微量元素，因而沼液携带不同数量的重金属和抗生素，很可能会在利用过程中对土壤和生态环境产生风险。卫丹等(2014)研究发现，沼液中 10 种抗生素的浓度最高达 1000 μg/L 以上，超过了欧盟水环境抗生素阈值。施用沼液后土壤中抗生素类兽药残留检出率为 41.7%，环丙沙星类残留量为 9.66 mg/kg，均高于对照土壤。本项目采集了浙江省部分市区养殖场的沼液，检测了氨氮、TN、TP、有机固形物(SS)、全盐量、COD_{Cr}、铜、锌及土霉素、泰妙菌素等 8 种抗生素(表 6-30)。结果显示：11 个沼液样品中 TN、TP、有机固形物(SS)、全盐量和 COD_{Cr} 均有较大差异；8 种抗生素中土霉素的检出量最高，泰妙菌素有 9 份检出，其他 6 种抗生素未检出；重金属铜、锌也有检出且含量有差异。因此，当单次用量过大或长期高量使用沼液可能会引起土壤含盐量增加、氮磷养分淋溶损失和抗生素及铜、锌积累的可能。建议在实际应用中根据作物类型、生态条件等进行科学施用。

表 6-30　浙江省部分市区养殖场的沼液检测结果(2018 年)

序号	猪场	氨氮	TN	TP	SS	全盐量	COD_{Cr}	铜	锌	土霉素	泰妙菌素
1	金华 A	874	938	73.1	5080	6680	10700	1.64	3.89	10.9	未检出
2	金华 B	342	479	87.8	3140	3360	1290	0.31	2.09	217	未检出
3	金华 C	1860	1950	75.8	6510	7510	5080	2.49	6.87	336	0.25
4	金华 D	596	652	79.8	3820	43500	1710	0.17	0.62	437	0.48
5	杭州 A	672	754	196	13500	41600	2660	22.4	115	642	1.89

续表

序号	猪场	氨氮	TN	TP	SS	全盐量	COD$_{Cr}$	铜	锌	土霉素	泰妙菌素
6	绍兴 A	1100	1310	24.5	1450	1920	1350	0.17	0.7	32.1	1.53
7	绍兴 B	1410	1520	63.4	3720	53300	2710	1.05	13.1	167	1.76
8	绍兴 C	1390	1440	28.3	4840	3630	2930	1.75	2.93	86.3	0.21
9	绍兴 D	817	1570	62.4	38400	2150	3480	19.4	109	251	8.85
10	绍兴 E	852	1030	36.1	2090	1500	1370	1.11	4.83	25.2	1.28
11	绍兴 F	1120	1240	52.6	3510	2620	1280	0.46	3.37	76.9	1.23

注：常规水质指标单位为 mg/L、重金属单位为 mg/L、抗生素单位为 μg/L；磺胺噻唑、磺胺甲恶唑、磺胺地索辛、磺胺二甲嘧啶、磺胺甲二唑、四环霉素均未检出。

2）农田利用沼液的输送问题

目前沼液的输送途径主要有车辆运输、管道输送和渠道输送三种。通过专用槽罐车可以将沼液方便地运输到田间地头，有的车上还配套喷灌设备，车到地头可以直接进行喷灌。但槽罐车成本较高，虽然购买槽罐车国家会给予一定程度的资金补贴，但实际普及面并不广。为了降低成本，也可以将农用车或拖拉机进行改装，在车上安装一个储液罐实现沼液运输，改装成本只有购买专用槽罐车的几十分之一。此外，沼液车辆运输运行成本比较高，通过对三种输送方式粗略地计算比较，车辆运输成本高于其他两种方式（表 6-31），因此出现了一些利用国家补贴购买的槽罐车却闲置的现象。但槽罐车可以将沼液输送到任何可通车的地方，这也是管道和渠道输送所不及的。

表 6-31　一个万头猪场的沼液不同输出方式运行成本比较

输送方式	设施成本/(万元/a)	运行成本/(万元/a)	合计 /(万元/20a)
车辆运输	8.5	2.5	58.5
管道输送	5.0	1.5	35.0
渠道输送	5.0	0.5	15.0

注：设施成本按购置一辆槽罐车或建设分布 500 亩的管渠设施计算，运行成本主要计算人工和动力运行成本，合计以 20 年使用期计算。

沼液也可以通过渠道输送，但沼液不同于普通的灌溉水，含有大量营养物质，并有一定的臭味，大量积聚易对农作物产生危害，也会造成环境污染，因此，最好能利用专用渠道进行灌溉输送。利用现成渠道和设计建设专用沼液输送渠道应注意以下几方面的问题：①最好不要利用灌排两用渠道进行沼液输送，因为灌排两用渠道渠底比田面高，容易积存沼液，并产生长时间的环境污染。②由于单个沼液源在单位时间内的出液量是固定不变的，而且比较小，按一个万头猪场每天沼液量为 100 t，每天排放 10 h 计算，每小时也只有 10 t 的流量。因此，沼液输送专用渠可以做小些，降低成本。③单个沼液源在单位时间内的出水量虽然比较小，但长年累月的沼液排放量是很大的，而且伴有大量的营养物质。因此，沼液输送专用渠道的分布要尽量广，最好能延伸分布到规划区域内的每一块田地，并要建一些分水闸和安全溢出口。④沼液输送专用渠道的坡降应略高于普通灌溉渠道，尽可能防止沼液在渠道中积存。

　　由于单个沼液源在单位时间内的出水量比较小，可采用小管径管道输送沼液，建设成本不高。而且由于管道的摩阻系数小，能进行长距离低能耗输送，且不受地形限制，进行喷滴灌利用的沼液也必须通过管道进行输送。因此，沼液管道输送优点较多。其管网可根据不同的地形进行设计。对于地形平坦且农田分布于周围的沼液源，可通过设计以沼液源为中心的网状管道对沼液进行分散输出消纳利用；对于丘陵地区的沼液源，可将沼液通过一主管道输送到某一具有地形或环境优势的集中点，然后再进行分散输出消纳利用。沼液农田消纳利用管网的输液管道管径可通过以下公式进行计算：

$$D = 1.13\sqrt{\frac{Q}{V}} \times 1000 \tag{6-1}$$

式中，D 为需要确定的输液管的管径，mm；Q 为沼液输送量，m^3/s；V 为经济流速，m/s。

　　例如，一个万头猪场每天的沼液量为 100 t，确定水泵每天工作 10 h，则沼液输送量 Q 为 10 t/h，经济流速 V 取 1.5 m/s，则需要确定的输液管的管径 D 为 48.6 mm。如果设计水泵工作时间为 5 h/d，则沼液输送量 Q 为 20 t/h，经济流速 V 仍取 1.5 m/s，则需要确定的输液管的管径 D 为 68.8 mm。

　　沼液管道输送所用水泵的流量可以根据沼液池每天的出液量和每天水泵的工作时间来计算。例如，一个万头猪场每天的沼液量为 100 t，水泵工作时间为 10 h/d 或 5 h/d，则需选水泵的流量 Q 可分别为 10.0 t/h 或 20.0 t/h。

　　管道沿程水头损失计算公式为

$$h_f = \frac{f}{d^b} \times LQ^m \tag{6-2}$$

式中，h_f 为管道沿程水头损失，m；f 为管道沿程水头损失摩阻系数；d 为管道内径，mm；b 为管径指数；L 为管道长度，m；Q 为流量，L/h；m 为流量指数。硬塑管的 f、m、b 值分别为 0.948×10^5、1.77、4.77。

　　水泵扬程 H 可以按管道沿程水头损失加 10%的余量，再加高程差算得

$$H = (1 + 10\%) \times h_f + \Delta h \tag{6-3}$$

式中，Δh 为高程差=出水口高程-进水口高程，m。

　　按以上方法给出如表 6-32 所示的计算实例。

表6-32　一个万头猪场的沼液管道化排放配套设施规格计算实例

抽水时间/h	水泵流量/(t/h)	理论管径/mm	选用管材/mm	管材内径/mm	沿程水头损失/m	水泵扬程/m
10	10.0	48.6	50	46.8	34.4	44.4
5	20.0	68.7	75	70.6	16.5	26.5

　　注：沼液量以 100 t/d、沼液输送距离以 500 m、出水口与进水口高差以 10 m 计算。

　　根据以上计算，两台水泵需要配套的动力，前者可选 5.5 kW 功率 IS50-32-200 型电机，后者可选 4 kW 功率的 IS65-50-160A 型电机，后者更省电，但所需的管道较粗，成本较高。沼液在进行长距离输送前应该进行分离过滤，过滤后的沼液输送可用清水泵，清水泵的能效比污水泵高，扬程也高，比较符合长距离输送的需求。

3）沼液的前处理与贮存问题

沼液池流出的沼液要经过沉淀池和氧化塘进行处理储存，沉淀池和氧化塘的容量至少应达到 10 d 的排放量，最好能达到 30 d 的排放量，这样有利于沼液污水的氧化和再沉淀发酵，也有利于寒冬、雨季存放沼液污水。如果每天实际排放的污水为 50 t，则需要建 500～1500 m³ 的沉淀池和氧化塘。沉淀池和氧化塘可以建设成迂回的流道式，以提高沼液的流动性，提高氧化效率。

田间储液池是为了沼液输送和使用方便而在田间地头建设的储液池，目前使用的田间储液池大多数在 50 m³ 以下，主要有以下三种类型：①敞口池，可分为地下、地上、半地上三种类型，以地上型和半地上型使用比较安全方便。敞口储液池的优点是建造简单、成本低，缺点是容易掉进杂物和繁殖微生物，易堵塞灌溉管道，且不够安全。②封闭池，也可分为地下、地上、半地上三种类型，该种储液池不容易掉进杂物和繁殖微生物，不易堵塞灌溉管道，对人畜也比较安全。③双层池，二层结构，较高，可形成一定的压力差，用于大棚的自压灌溉很方便。双层结构还很容易使沼液与沉渣分离，沉渣的冲洗利用也很方便。

储液塘也可称为沼液库，具有长时间大容量存储沼液的功能。在沼液排放困难或农田无法完全利用消纳期间，储液塘是缓解沼液出路的有效方法。储液塘容积较大，可根据不同的条件建设，但需要进行科学合理的选址和规划。设计可靠的工程建设方案，要着重考虑以下几方面的因素：①地形、地质。储液塘所处的地形应该选在雨水不易积聚，沼液容易排放的相对高一点的位置。如果选在地势较低的位置或山垄中，周围应建好完整的排水沟，阻止雨水流入塘中。储液塘所处的位置应具有良好的地质条件，塘底不应是沙性土质，不能产生严重的漏水，坝基应稳固结实，塘堤坚固。②距离、方位。储液塘要尽可能离村庄远一点，与牧场也要有一定的距离，并且不要设在村庄和牧场水源和风向的上方。③沼液去向。储液塘能起到很大的缓冲作用，但最终还是需要通过作物进行利用和土地休闲期进行消纳。也可采用就地利用措施达到排放标准后再排放，如浙江加华种猪有限公司 4 个面积 2 万 m²、池深 4 m 的生物稳定塘属于储液塘性质，水面可进行蔬菜无土栽培，水中养殖以浮游生物为食的白鲢和花鲢，净化后可达到国家畜禽污水排放标准要求。

4）沼液喷、滴灌工程技术问题

选用大流量灌水器能最大限度降低堵塞影响。喷灌系统流量大，不容易造成管道堵塞，可以在大田作物、茶叶、苗木等作物上应用。用于大棚蔬菜、苗圃的微喷和滴灌系统容易堵塞，可以少用流道复杂、易堵塞的类型，如迷宫式、内镶式滴灌管，而应多应用结构简单且廉价的双向微孔管道。另外，选用具有自冲洗功能的灌水器也可以很好地防止灌水器堵塞。自冲洗灌水器有两种类型：开关冲洗型和连续冲洗型。

根据预处理的水质状况，喷、滴灌设施首部还要分别安装筛网式、叠片式过滤器或两者组合使用，如果在棚头阀门后再安装一个小流量的筛网式过滤器，进行微管二级过滤处理，可进一步提高系统的防堵性能。田间安装沼液滴灌管时，沼液滴灌管上的滴孔朝上，可使水中的少量杂质沉淀在管子的底部，并防止根系入侵沼液微灌孔。

新安装的喷、滴灌管第一次使用时，要打开喷、滴灌管末端的堵头，充分放水冲洗，把管中杂质冲洗干净后才能开始使用，以后每使用 5 次要冲洗一次。沼液灌溉后的喷、滴灌管道和过滤器需要及时用清水清洗，清洗时间在 5 min 以上。灌水前要经常检查过滤器，开启过滤器反冲洗装置去污，或手工清洗过滤器滤网上积聚的杂质，防止过滤器堵塞，如果发现滤网损坏要及时更换。

　　对沼液进行预处理是防止堵塞最经济有效的方法。首先，喷、滴灌沼液必须经过沉砂池过滤，清除沉淀物，根据水质及流量，在水泵取水口处用铁丝网做三道拦污栅，安装的拦污栅目数由小到大，可分别为 10～50 目不等，拦去悬浮泥和杂物。沼液如果运至蓄液池中备用，则需加盖避光，防止杂物进入及生物繁殖。麻泽龙等(2009)研究提出的通过快滤池、人工湿地及慢滤池污水处理方法，不但能很好地清除物理性杂物，还能清除部分化学污染物，实现了与农业灌溉的紧密结合；杨金楼和计中孚(1994)则提出了根据不同的原料进行预处理的方法。

　　沼液含氮和钾比较丰富，在喷、滴过程中需要补充配施其他肥料时，要选用可溶性肥料，配肥器必须安装在过滤器之前。施肥结束后同样要用清水对系统进行冲洗，防止管道中剩余的肥料沉淀。如果喷、滴灌系统发生肥料等化学堵塞，必要时可进行酸液清洗，可同时达到消毒、抑制和消灭水中的藻类和微生物的效果，防止黏结块状物质产生。特别是当生物堵塞与化学堵塞同时发生并达到中等或严重程度时，只有化学处理才有效果。一般常用的两种化学处理方法是加氯处理与加酸处理，常用的有高氯酸、硝酸、硫酸等，使用时将 pH 调到 5.5～6.0，处理时必须严格控制使用浓度，避免对作物造成危害。加氯处理应保持水中自由氯含量为 1～2 mg/kg 或者使氯浓度保持在 10～20 mg/kg 浓度 20～30 min。氯处理对于部分堵塞的灌水器是比较有效的，但对于完全堵塞的灌水器则效果不明显。清洗时应注意调低系统灌溉压力，以减缓流速，提高酸洗效果，结束后再用清水冲洗。

　　5) 需要注意的其他问题

　　来源于牧场的污水或生活污水，用于稻田灌溉的沼液需经充分发酵，以消除虫卵等有害物质，并需经过 10～30 d 的曝气氧化沉淀处理，以消除还原性的清洁沼液。

　　农田沼液灌溉特别要注意灌溉的均匀性。通过配水灌溉、田面水落干灌溉、田沟迂回灌溉、多点灌溉等措施可以提高沼液灌溉的均匀性。

　　水稻沼液灌溉不能过量。清洁沼液适当多施通常不会对水稻生长及产量产生不良影响，但浑浊沼液容易在进水口和低洼部位形成沉淀，导致养分量超标数倍，不但使植株生长不均匀，而且造成水稻贪青倒伏，严重时甚至减产。

　　在天气预报近 3 天有较强降雨的情况下不能进行沼液灌溉，否则容易导致田面水泄漏，对环境产生影响。

参 考 文 献

常会庆, 王浩. 2015. 城市尾水深度处理工艺及效果研究. 生态环境学报, (3): 457-462.

陈超, 阮志勇, 吴进, 等. 2013. 规模化沼气工程沼液综合处理与利用的研究进展. 中国沼气, 13(1):
　　25-28.

杜会英, 冯洁, 郭海刚, 等. 2015. 麦季牛场肥水灌溉对冬小麦-夏玉米轮作体系土壤氮素平衡的影响.

农业工程学报, 31(3): 159-165.

冯洁, 张克强, 王风, 等. 2016. 牛场废水与化肥配施对冬小麦-夏玉米产量和土壤氮素的影响. 灌溉排水学报, 35(10): 1-7.

傅信党, 龚向红. 2018. 污水处理厂排放标准执行地表水准I类标准的探索. 净水技术, 37(5): 67-74.

高吉喜, 叶春, 杜鹃, 等. 1997. 水生植物对面源污水净化效率研究. 中国环境科学, 17(3): 247-251.

高岩, 易能, 张志勇, 等. 2012. 凤眼莲对富营养化水体硝化、反硝化脱氮释放 N$_2$O 的影响. 环境科学学报, 2: 349-359.

郭海刚, 杜会英, 王风, 等. 2012. 规模化牛场废水灌溉对土壤水分和冬小麦产量品质的影响. 生态环境学报, 21(8): 1498-1502.

何娜, 张玉龙, 孙占祥, 等. 2012. 水生植物修复氮、磷污染水体研究进展. 环境污染与防治, 34(3): 73-78.

姜海, 李成瑞, 梁永红, 等. 2013. 农村生活污水治理难题与对策研究——以江苏太湖地区为例. 农村环境与发展, (2): 1-6.

姜丽娜, 王强, 陈丁江, 等. 2011. 沼液稻田消解对水稻生产、土壤与环境安全影响研究. 农业环境科学学报, 30(7): 1328-1336.

靳红梅, 常志州. 2013. 追施沼液对不同 pH 土壤 CH$_4$ 和 N$_2$O 排放的影响. 农业环境科学学报, 32(8): 1648-1655.

李宁. 2009. 小城镇污水生物处理方法的比较研究. 扬州: 扬州大学.

刘红江, 陈留根, 朱普平, 等. 2010. 稻田流失养分循环利用系统构建研究初探. 生态环境学报, 19(10): 2275-2279.

刘红江, 陈留根, 朱普平, 等. 2011. 农田施用水葫芦对水稻产量形成的影响. 中国农学通报, 27(3): 184-188.

刘红磊, 李安定, 邵晓龙, 等. 2015. 天津市《城镇污水处理厂污染物排放标准》解读. 城市环境与城市生态, 28(6): 22-28.

刘雅文, 王悦满, 杨林章, 等. 2018. 生活污水尾水灌溉对麦秸还田水稻幼苗及土壤环境的影响. 应用生态学报, 29(8): 2739-2745.

楼芳芳, 黄剑锋, 胡旭进. 2019. 金华市金东区畜牧业资源化利用情况分析. 湖北畜牧兽医, 40(11): 38-39.

鲁天文, 王勤礼, 许耀照, 等. 2015. 沼液追肥对制种玉米产量与土壤化学性质的影响. 中国沼气, 33(2): 81-83.

麻泽龙, 周芸, 王朝勇, 等. 2009. 养殖废水处理与高效再利用系统的设计. 中国给水排水, 25(6): 44-47.

马资厚, 薛利红, 潘复燕, 等. 2016. 太湖流域稻田对3种低污染水氮的消纳利用及化肥减量效果. 生态与农村环境学报, 32(4): 570-576.

邱园园, 张志勇, 张晋华, 等. 2017. 凤眼莲深度净化污水厂尾水生态工程中温室气体的排放特征. 农村与生态环境学报, 33(4): 364-371.

单连斌, 等. 2018. 北方城镇污水处理厂提标改造及污泥处理处置技术与案例. 北京: 科学出版社.

盛婧, 陈留根, 朱普平, 等. 2010. 高养分富集植物凤眼莲的农田利用研究. 中国生态农业学报, 18(1): 46-49.

盛婧, 郑建初, 陈留根, 等. 2009. 水葫芦富集水体养分及其农田施用研究. 农业环境科学学报, (10):

2119-2123.

盛婧, 郑建初, 陈留根, 等. 2011. 基于富营养化水体修复的凤眼莲放养及采收条件研究. 植物资源与环境学报, 20(2): 73-78.

宋大利, 侯胜鹏, 王秀斌, 等. 2018. 中国畜禽粪尿中养分资源数量及利用潜力. 植物营养与肥料学报, 24(5): 1131-1148.

苏州市统计局, 国家统计局苏州调查队. 2016. 苏州统计年鉴 2016. 北京: 中国统计出版社.

孙国峰, 郑建初, 陈留根, 等. 2012. 沼液替代化肥对麦季 CH_4、N_2O 排放及温室效应的影响. 农业环境科学学报, 31(8): 1654-1661.

孙迎雪, 胡洪营, 高岳, 等. 2014. 城市污水再生处理反渗透系统 RO 浓水处理方式分析. 给水排水, (7): 36-42.

孙迎雪, 胡洪营, 汤芳, 等. 2015. 城市污水再生处理反渗透系统 RO 浓水的水质特征. 环境科学与技术, 38(1): 72-79.

唐华, 郭彦均, 李智燕. 2011. 沼液灌溉对黑麦草生长及土壤性质的影响. 草地学报, 19(6): 939-942.

卫丹, 万梅, 刘锐, 等. 2014. 嘉兴市规模化养猪场沼液水质调查研究. 环境科学, 35(7): 2650-2657.

谢迎新, 熊正琴, 赵旭, 等. 2008. 富营养化河水灌溉对稻田土壤氮磷养分贡献的影响: 以太湖地区黄泥土为例. 生态学报, 28(8): 3618-3625.

徐珊珊, 侯朋福, 范立慧, 等. 2016. 生活污水灌溉对麦秸还田稻田氨挥发排放的影响. 环境科学, 37(10): 3963-3970.

徐珊珊, 侯朋福, 薛利红, 等. 2017. 生活污水灌溉下稻田还田麦秸的腐解特征及其养分释放规律. 应用与环境生物学报, (4): 1-11.

徐跃定, 常志州, 叶小梅, 等. 2011. 水葫芦高温堆肥技术操作规程, DB32/T 1872—2011.

薛利红, 何世颖, 段婧婧, 等. 2017. 基于养分回用-化肥替代的农业面源污染氮负荷削减策略及技术. 农业环境科学学报, 36(7): 1226-1231.

薛利红, 俞映倞, 杨林章. 2011. 太湖流域稻田不同氮肥管理模式下的氮素平衡特征及环境效应评价. 环境科学, 32(4): 222-227.

杨金楼, 计中孚. 1994. 上海市郊畜禽粪沼渣液后处理工程技术(调研报告). 上海农业学报, (增刊): 31-36.

杨静, 徐秀银. 2013. 施用沼液对生菜产量及土壤质量的影响. 中国沼气, 31(6): 51-54.

姚维斌, 魏晓晖. 2017. 中小规模猪场粪污处理情况调查报告. 当代畜牧, (36): 62-65.

尹爱经, 薛利红, 杨林章, 等. 2017a. 生活污水灌溉对稻田土壤磷形态和吸附特征的影响. 农业环境科学学报, 36(7): 1434-1442.

尹爱经, 薛利红, 杨林章, 等. 2017b. 生活污水氮磷浓度对水稻生长及氮磷利用的影响. 农业环境科学学报, 36(4): 768-776.

余薇薇, 张智, 罗苏蓉, 等. 2012. 沼液灌溉对紫色土菜地土壤特性的影响. 农业工程学报, 28(16): 178-184.

张红举, 陈方. 2010. 太湖流域面源污染现状及控制途径. 水资源保护, 26(3): 87-90.

张维蓉, 张梦然. 2020. 当前我国水污染现状、原因及应对措施研究. 水利技术监督, (6): 93-98.

张志勇, 郑建初, 刘海琴, 等. 2010. 凤眼莲对不同程度富营养化水体氮磷的去除贡献研究. 中国生态农业学报, 1: 152-157.

中国产业信息. 2017. 2016 年中国城市供水综合生产能力、城市供水总量、城市用水人口及城市人均日生活用水量. http: //www. chyxx. com/industry/201702/491574. html[2020-04-20].

中华人民共和国住房和城乡建设部. 2010. 东北、华北、东南、中南、西南、西北地区农村生活污水处理技术指南（试行）.https://www.mayiwenku.com/p-20024345.html, https://www.mayiwenku.com/ p-5339736. html, https://www.mayiwenku.com/p-5271063.html, https://www.mayiwenku.com/ p-5271773. html, https:// www.mayiwenku.com/p-7422526.html, https://www.mayiwenku.com/p-7928152. html [2021-02-02].

朱滨. 2016. 太湖主要入湖河流支浜水环境现状调查诊断与整治对策研究. 南京: 东南大学.

Agrafioti E, Diamadopoulos E. 2012. A strategic plan for reuse of treated municipal wastewater for crop irrigation on the Island of Crete. Agricultural Water Management, 105: 57-64.

Akponikpè P B I, Wima K, Yacouba H, et al. 2011. Reuse of domestic wastewater treated in macrophyte ponds to irrigate tomato and eggplant in semi-arid West-Africa: Benefits and risks. Agricultural Water Management, 98: 834-840.

Brisson J, Chazarenc F. 2009. Maximizing pollutant removal in constructed wetlands: should we pay more attention to macrophyte species selection. Science of the Total Environment, 407(13): 3923-3930.

Duan J, Feng Y, Yu Y, et al. 2016. Differences in the treatment efficiency of a cold-resistant floating bed plant receiving two types of low-pollution wastewater. Environmental Monitoring and Assessment, 188(5): 1-11.

Duan J, He S, Feng Y, et al. 2017. Floating ryegrass mat for the treatment of low-pollution wastewater. Ecological Engineering, 108: 172-178.

Kang M S, Kim S M, Park S W, et al. 2007. Assessment of reclaimed wastewater irrigation impacts on water quality, soil, and rice cultivation in paddy fields. Journal of Environmental Science and Health, Part A: Toxic/Hazardous Substances and Environmental Engineering, 42(4): 439-445.

Li S, Li H, Liang X Q, et al. 2009. Phosphorus removal of rural wastewater by the paddy-rice-wetland system in Tai Lake Basin. Journal of Hazardous Materials, 171: 301-308.

Sinha A K, Sinha R K. 2000. Sewage management by aquatic weeds(water hyacinth and duckweed): economically viable and ecologically sustainable biomechanical technology. Environmental Education and Information, 19(3): 215-226.

Tzanakakis V E, Paranychianakis N V, Angelakis A N. 2007. Soil as a wastewater treatment system: historical development. Water Science and Technology, 7(1): 67-75.

Wooten J W, Dodd J D. 1976. Growth of water hyacinths in treated sewage effluent. Economic Botany, 30(1): 29-37.

Xu S, Hou P, Xue L, et al. 2017. Treated domestic sewage irrigation significantly decreased the CH_4, N_2O and NH_3 emissions from paddy fields with straw incorporation. Atmospheric Environment, 169: 1-10.

Zhu J, Zhu X Y. 1998. Treatment and utilization of wastewater in the Beijing Zoo by an aquatic macrophyte system. Ecological Engineering, 11: 101-110.

Zou J, Liu S, Qin Y, et al. 2009. Sewage irrigation increased methane and nitrous oxide emissions from rice paddies in southeast China. Agricultural Ecosystem and Environment, 129: 516-522.

第7章 农业面源污染治理的新材料、新产品与新装备

农业面源污染的产生，其实就是氮磷等从农田通过不同途径最终迁移到地表水体或地下水体，从而从养分变成了污染物。有效提高肥料利用率，增加土壤对氮磷养分的固持能力，减少氮磷的损失，是源头控制面源污染发生的关键。近年来，新型缓控释肥料、生物炭、硝化抑制剂等新产品、新材料异军突起，越来越多地被应用在农田养分的调控中，在面源污染控制中发挥着重要的作用。新型环境材料的研发及其在农田排水等低污染水体净化中的应用也成为研究热点。新型农机装备的发展促进了施肥方式的变革和施肥效率的提高，如水稻插秧侧深施肥一体化机械、水肥一体化装置等通过机械定位深施和水肥耦合而大大提高了肥料利用率，沼液浓缩装备对沼液进行浓缩后配制成高效液态肥料，不仅有效解决了沼液持续产生、量大、难以实时全额消纳的难题，而且提高了经济效益，实现了沼液中养分的远距离再利用，在面源污染防控中也发挥了不可替代的作用。为此，本章重点介绍近年来在农业面源污染防控中有较好效果且有应用前景的新材料、新产品和新装备。

7.1 新材料的应用

7.1.1 生物炭

1. 生物炭类型及性质

生物炭普遍孔隙结构发育良好，具有较大的比表面积，同时表面具有丰富的官能团，特别是含氧官能团。这些特性可以大大提升生物炭对土壤中有机和无机成分的吸附固持，有效减少土壤中氮磷的流失，从而降低面源污染风险。

目前生物炭的常见制备方式包括高温限氧裂解(pyrolysis)和水热碳化(hydrothermal carbonization，HTC)，由此得到裂解生物炭和水热炭。常规裂解生物炭是生物质在缺氧及 300℃以上的处理温度条件下缓慢热解得到的富碳产物。裂解生物炭一般呈碱性，粉末状，具有含碳量高、表面官能团丰富、稳定性高等特性；同时具有丰富的孔隙结构，表面有大量负电荷，对土壤中的阳离子有较强的吸附作用；且自身含有丰富的营养元素，可改善土壤理化性质。水热炭是通过水热法制备的炭基材料，是在较低温度(180~375℃)和自生压力条件下，以水或水溶液为反应介质，将生物质碳化获得的富碳产物。水热炭通常呈酸性，热值高，且生物质原料不受水分含量的影响，适用于家禽粪便、活性污泥和厨余垃圾等含水量高的原材料。此外，水热炭表面具有较高程度的芳构化，含有丰富的含氧官能团，存在于水热炭表面的含氧基团具有良好的亲水性，可用来提高土壤的保水能力。水热碳化脱水过程产生的液体产物含有丰富的有机、无机物质，这些物质有作为养分被作物利用的潜力。原料类型和碳化条件对水热炭的性质有重要影响。随着水热

碳化温度的升高，水热炭的稳定性和芳构化程度越来越高。

相对于常规限氧裂解生物炭，水热炭具有诸多优点。在炭材料制备方面，水热碳化技术可适用于自身含水率较高的生物质，相比于常规限氧裂解碳化减少了脱水的成本；水热过程对大气环境的负面影响较小，没有烟气的产生；由于制备温度低，因此能耗少。此外，水热炭产率较高，根据报道，水热炭产率可达 40%～70%；且水热炭热值（HV）更高。然而，水热炭也存在一定的缺陷，如孔隙发育不充分、可溶性有机成分复杂、具有一定环境毒性等。目前，水热炭的应用研究还处于起步阶段。

2. 高温裂解生物炭在稻田面源污染防控中的应用

1）对稻田养分淋溶的影响

土壤养分淋溶主要受土壤水分垂直运移的影响。生物炭由于自身具有良好的孔隙发育和较低容重的特点，添加到土壤后不但能增加土壤持水量和土壤团聚体的稳定性，而且能提高作物对土壤水分的有效利用，从而减少氮磷随淋溶的损失。生物炭对土壤氮磷养分淋溶产生影响，全氮和全磷的淋溶量分别显著减少32.37%和23.68%（宋彬等，2019）。不同施用率的稻壳炭与肥料混施后对太湖滨岸灰潮土氮磷淋失产生影响，氮淋失量随着稻壳生物炭施用量的增加而降低，氨态氮累积淋失量减少可达 26.6%，硝态氮累积淋失量减少可达 67.3%，然而稻壳炭施用率较高时磷酸盐累积淋失量显著增加 54.2%（卜晓莉等，2019）。总体而言，生物炭对水分运移的影响能力因土壤类型的不同而不同，因此对土壤氮磷养分的淋溶影响程度不同，一般生物炭对砂土有效水和养分的吸持效果较黏土或壤土更加显著。

2）对稻田氨挥发排放的影响

施加到农田中的氮肥有 10%～30%以氨气的形式进入大气环境，进而通过干湿沉降进入水体，加重了地表水富营养化风险。因此，关注生物炭还田对稻田氨挥发的影响具有重要意义。研究表明，常规裂解生物炭由于 pH 偏高，在较高施用量条件下，应用到农田土壤中可能会增加氨挥发排放量（Sun et al., 2020）。pH>9 的生物炭会导致氨挥发排放量增加 30.8%，pH<4 的生物炭则能有效降低氨挥发排放（Sha et al., 2019）。太湖稻-麦轮作系统研究发现生物炭施用显著增加了小麦生长季土壤氨挥发，这可能与显著增加土壤 pH 有关（Zhao et al., 2014）。

氨挥发主要受土壤含水量、空气温度、风速、pH 和土壤或田面水中的 NH_4^+-N 含量和水分管理等因素的影响。将生物炭添加到土壤可以影响土壤 N 循环，不同的土壤类型和生物炭类型表现差别较大。中碱性铝矿土壤中施用生物炭能够显著减少 NH_3 排放量，可能是因为生物炭能够增加土壤的阳离子交换量（CEC），增加对土壤中 NH_3 的吸收。然而，酸性土壤（pH=5）施用碱性生物炭后 NH_3 排放显著增加，这可能是因为碱性生物炭的施加提高了土壤 pH。生物炭施用率较高（3%，质量分数）时，引入了更多的碱性基团，使得稻田田面水和表层土壤 pH 增加，这也导致了更高的氨挥发损失率（表 7-1）；但0.5%（质量分数）的生物炭处理氨挥发损失总量比 CKU 处理低 9.95%～12.10%（图 7-1）（Feng et al., 2017）。生物炭的制备温度对土壤 NH_3 挥发的影响不同，相对于 700℃，在500℃条件下制备的竹子生物炭对 NH_3 吸附能力更高，生物炭表面的酸性官能团随着温度的升高会逐渐减少。

表 7-1　生物炭施加对稻田氨挥发累积排放量的影响(Feng et al., 2017)

试验处理	氨挥发累积排放量/(kg N/hm²)			
	基肥期	分蘖肥期	穗肥期	肥期排放总量
WSB-500-0.5%	10.58 ± 1.60 ab	10.37 ± 1.59 ab	2.32 ± 0.80 b	$23.27 \pm 3.98(8.12\%)$ b
WSB-500-3%	13.01 ± 2.72 a	13.29 ± 2.08 a	5.58 ± 1.19 a	$31.88 \pm 5.99(11.7\%)$ a
WSB-700-0.5%	8.14 ± 1.59 b	9.89 ± 1.04 b	2.45 ± 0.52 b	$20.50 \pm 3.14(6.97\%)$ b
WSB-700-3%	9.47 ± 2.21 ab	11.61 ± 1.44 ab	5.17 ± 0.93 a	$26.26 \pm 4.58(9.37\%)$ a
CKU	7.11 ± 0.18 b	8.20 ± 1.99 b	3.34 ± 0.92 b	$18.65 \pm 3.09(6.20\%)$ b
CK0	1.23 ± 0.53 c	1.85 ± 0.23 c	0.70 ± 0.02 c	3.78 ± 0.74 c

注: WSB 为以麦秆为原料生产生物炭; 500、700 为烧制温度; 0.5%、3% 为生物炭添加量(质量分数); CKU 为常规施肥处理; CK0 为对照不施 N 肥处理, 下同。同一列相同字母代表处理间差异不显著。

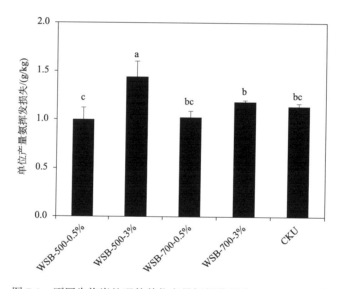

图 7-1　不同生物炭处理的单位产量氨挥发量(Feng et al., 2017)

3)对稻田径流养分流失的影响

土柱盆栽试验表明, 施加高温裂解生物炭对稻田田面水 NH_4^+-N 和 NO_3^--N 浓度动态变化影响有限(图 7-2)。斯林林等(2018)在太湖流域进行的稻田田间试验表明, 常规裂解生物炭配施控释肥和稳定性肥田面水 TN、NH_4^+-N 和 NO_3^--N 质量浓度显著降低, 与单施控释肥相比, 各处理 TN、NH_4^+-N、NO_3^--N 径流流失均有不同程度削减。常规裂解生物炭配施控释肥和稳定性肥显著削减了稻田径流氮素流失, 可有效降低区域稻田氮素面源污染风险。常规裂解生物炭由于表面一般带负电荷, 且自身含有一定量的磷, 因此在农田径流磷减排中的作用往往不明显。

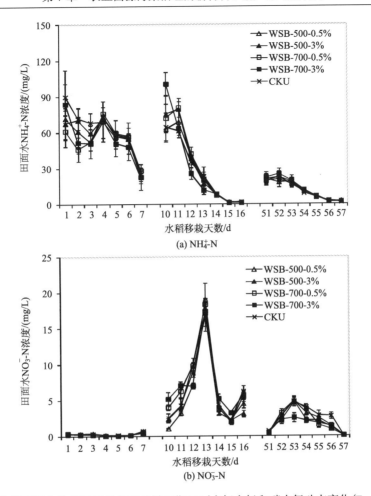

图 7-2 不同高温裂解生物炭还田条件下关键肥期田面水氨态氮和硝态氮动态变化(Feng et al., 2017)

3. 高温裂解生物炭在小麦-玉米轮作体系中的应用

中国农业科学院农业环境与可持续发展研究所利用田间试验开展了不同生物炭用量对华北平原小麦-玉米轮作体系作物产量、土壤氮素动态变化及氮的环境排放的影响等研究。试验设计 5 个生物炭添加处理: C1 (2.25 t/hm^2)、C2 (4.5 t/hm^2)、C3 (9 t/hm^2)、C4 (13.5 t/hm^2)、CS (仅第一年添加 13.5 t/hm^2 生物炭) 和一个单施化肥处理 C0 (冬小麦: N 315 kg/hm^2、P$_2$O$_5$ 45 kg/hm^2; 夏玉米: N 255 kg/hm^2、P$_2$O$_5$ 45 kg/hm^2、K$_2$O 60 kg/hm^2),3 次重复。化肥全部作为基肥一次性施入小区中,生物炭与化肥同时施入,再翻耕耙地使生物炭与化肥充分混匀。生物炭由河南三利新能源有限公司提供,由小麦秸秆在 500℃下高温裂解制备而成。有机质含量为 52.09 g/kg,全氮含量为 4.88 g/kg,全磷含量为 0.83 g/kg,速效氮含量为 4.6 mg/kg,速效磷含量为 162.0 mg/kg,pH 8.67。

1) 对作物产量和氮素利用率的影响

结果表明,添加不同剂量的生物炭均不同程度地增加了作物产量(图 7-3)。其中,2017年,小麦季 C3 处理显著增加了作物产量,增产幅度达 7.13%,玉米季 C4 处理显著增产

4.61%；2018 年，C3 和 C4 处理均显著增加了小麦和玉米的产量，小麦季增幅分别达 5.77%
和 5.07%，玉米季增幅分别达 12.46% 和 12.49%。与对照组相比，除小麦季的 CS 处理外，
添加生物炭均可以显著提高玉米总吸氮量。而除小麦季的 CS 处理外，添加生物炭可以
提高氮肥回收效率（表 7-2）。

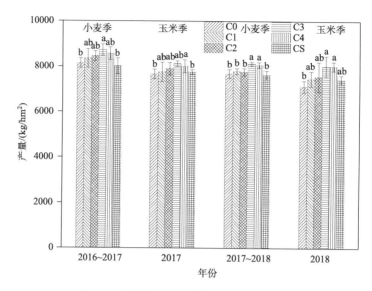

图 7-3　不同生物炭用量各处理各时期产量

不同字母代表处理间统计差异显著，下同

表 7-2　不同生物炭用量小麦、玉米季不同处理的吸氮量及氮肥利用率

处理		籽粒吸氮量/(kg/hm^2)	秸秆吸氮量/(kg/hm^2)	施肥量/(kg/hm^2)	氮肥回收利用率/%
	C0	96.46b	169.26b	315.00	20.89c
	C1	112.57a	165.29b	315.00	33.65b
小麦季	C2	109.29a	166.70b	315.00	47.16a
	C3	113.76a	169.04b	315.00	48.18a
	C4	108.80a	164.18b	315.00	34.53b
	CS	95.40b	157.17c	315.00	23.41c
	C0	78.72d	510.04b	255.00	20.19d
	C1	115.71b	537.24a	255.00	33.12b
玉米季	C2	121.32ab	515.76b	255.00	23.35c
	C3	110.43b	510.72b	255.00	40.44a
	C4	89.27cd	491.76c	255.00	24.57c
	CS	99.73c	537.00a	255.00	25.55c

注：同一列不同字母代表处理间统计差异显著，下同。

2）对土壤无机态氮的影响

不同处理下生育期内 0～20 cm 深度土层土壤 NO_3^--N 含量变化趋势基本一致，在每

季施肥后先迅速增加到最高值，而后下降并在一定范围内波动(图 7-4)。2017 年土壤 NO_3^--N 含量波动范围较 2018 年剧烈，且最高值均出现在施基肥后的一周左右。2017 年小麦季和玉米季，添加生物炭的处理均显著增加了土壤 NO_3^--N 含量($P<0.05$)，两季分别增加了 12.74%～33.58%和 25.52%～56.29%；而在 2018 年小麦季和玉米季，仅 C3、C4 和 CS 处理显著增加了土壤 NO_3^--N 含量($P<0.05$)，两季分别增加了 22.90%～27.43%和 14.97%～22.20%，C1 和 C2 处理有增加土壤 NO_3^--N 含量的趋势，但无显著性差异($P>0.05$) (表 7-3)。除 2018 年玉米季外，土壤 NO_3^--N 含量平均值随着生物炭施用量的增加而增加，而 CS 处理随着时间的推移增加土壤 NO_3^--N 含量的能力减弱。

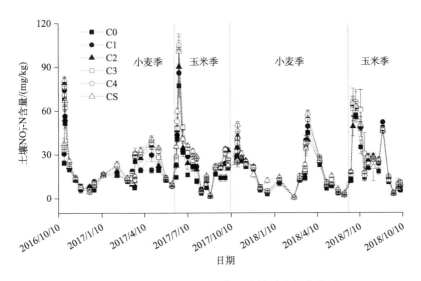

图 7-4 不同生物炭用量条件下土壤硝态氮变化图

表 7-3 各处理土壤 0～20 cm 深度土层 NO_3^--N 含量/各季平均值 (单位：mg/kg)

处理	C0	C1	C2	C3	C4	CS
2017 年小麦季	19.37±1.52d	21.84±1.70cb	22.90±1.68bc	24.08±1.52abc	24.97±1.59ab	25.87±1.59a
2017 年玉米季	20.73±1.92c	26.02±2.04b	27.30±2.58b	30.47±2.28a	31.83±1.08a	32.40±2.16a
2018 年小麦季	16.60±1.62b	19.09±1.37ab	19.13±0.93ab	20.41±1.74a	21.16±1.78a	20.78±1.20a
2018 年玉米季	24.62±2.11b	27.93±1.92ab	25.88±2.22ab	30.09±4.30a	29.88±3.25a	28.31±2.67ab

各处理土壤 NH_4^+-N 含量变化趋势基本一致，在每季施肥后(基肥和追肥)立即达到峰值，而后迅速下降到较低范围内(图 7-5)。除 2017 年玉米季外，其余各季各处理之间无显著性差异($P>0.05$)，但生物炭处理有降低土壤 NH_4^+-N 含量的趋势，而 2017 年玉米季除 C1 处理外，其余生物炭处理均显著降低了土壤 NH_4^+-N 含量($P<0.05$)，达 10.26%～20.12%(表 7-4)。

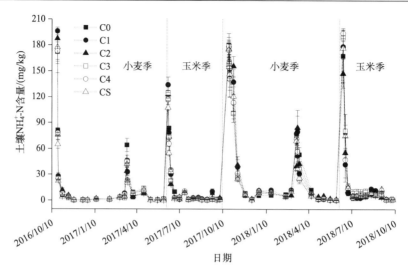

图 7-5　不同生物炭用量条件下土壤氨态氮变化图

表 7-4　各处理土壤 0~20 cm 深度土层 NH₄⁺-N 含量/各季平均值　　（单位：mg/g）

处理	C0	C1	C2	C3	C4	CS
2017 年小麦季	22.46±2.08a	22.32±1.25a	20.58±1.57a	20.06±2.40a	20.56±1.96a	19.34±1.64a
2017 年玉米季	19.66±1.10a	20.07±1.35a	17.28±0.99b	17.65±0.77b	17.48±0.63b	15.71±0.98b
2018 年小麦季	44.84±2.59a	47.60±5.61a	47.97±5.27a	44.02±3.49a	43.46±4.96a	42.45±3.65a
2018 年玉米季	24.11±5.39a	22.06±2.75a	19.41±2.61a	26.87±2.29a	23.63±3.29a	24.71±1.57a

3）对土壤 N_2O 排放的影响

添加不同剂量的生物炭均显著降低了土壤 N_2O 累积排放量（$P<0.05$），尤其是 C3 和 C4 处理效果最佳（图 7-6）。在小麦季，C3 处理抑制土壤 N_2O 累积排放量能力最强，在两年内分别减少了土壤 N_2O 累积排放量达 46.3%和 62.2%；而在玉米季，C4 处理抑制土壤 N_2O 累积排放量能力最强，两年内分别减少了土壤 N_2O 累积排放量达 33.3%和 37.6%。不同剂量生物炭与土壤 N_2O 累积排放量随着生物炭施用量的增加呈现逐步下降趋势，C4 处理效果最佳。此外，与 C0 处理相比，CS 处理在 2017 年小麦季和 2017 年玉米季显著降低了土壤 N_2O 累积排放量（$P<0.05$），分别达到 33.56%和 22.24%，而在 2018 年小麦季和 2018 年玉米季对土壤 N_2O 累积排放量未表现出显著影响（$P>0.05$）。同时，与 C4 处理相比，2017 年小麦季和 2017 年玉米季 CS 处理对土壤 N_2O 累积排放量抑制作用并不显著（$P>0.05$），而 2018 年小麦季和 2018 年玉米季 CS 处理的土壤 N_2O 累积排放量显著高于 C4 处理（$P<0.05$）。

4）对土壤 NH_3 排放的影响

如图 7-7 所示，在 2017 年小麦季和玉米季监测了土壤 NH_3 排放通量。土壤 NH_3 排放主要集中在 8 月初至 9 月末的玉米生长旺盛期和成熟期。除 C1 处理波动较大外，其余处理的土壤 NH_3 排放通量都是先缓慢上升达到最高点，而后又缓慢下降。在小麦季，C1、C4 和 CS 处理可以降低土壤 NH₃ 排放，而在玉米季中生物炭处理对土壤 NH₃ 排放均无显著性差异(图 7-8 和图 7-9)。在全年中，添加生物炭可以不同程度地增加土壤 NH₃ 排放，尤其是 C2 和 C3 处理显著增加了土壤 NH₃ 排放，分别达 35.09% 和 24.74%。

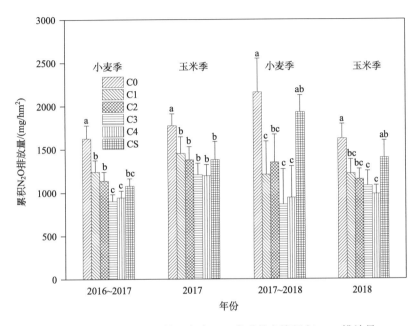

图 7-6　不同生物炭用量下小麦、玉米季的土壤累积 N_2O 排放量

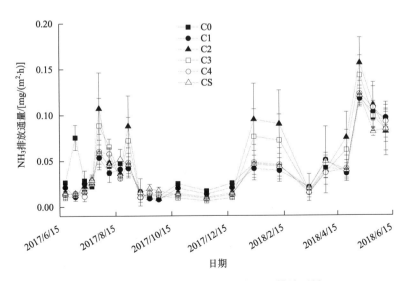

图 7-7　不同生物炭用量下土壤 NH_3 排放通量

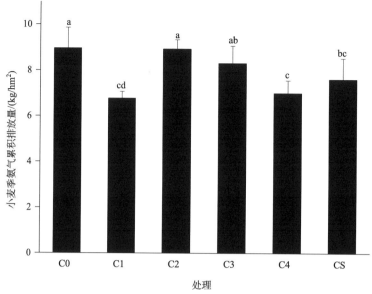

图 7-8　不同生物炭用量下小麦季土壤 NH₃ 累积排放量

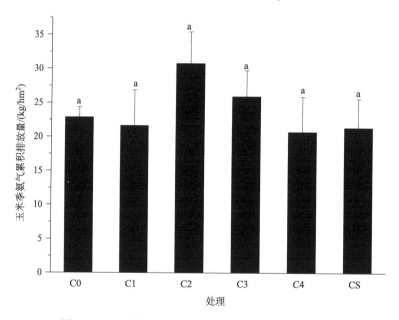

图 7-9　不同生物炭用量下玉米季土壤 NH₃ 累积排放量

5) 对氮磷径流损失的影响

试验结果显示，添加生物炭处理明显减少了径流水量，与对照常规化肥处理相比，添加生物炭处理的径流量减少了 14%~23%，且表现为径流量随着生物炭用量的增加而递减的规律 (表 7-5)。此外，添加生物炭处理的径流液氨氮和总磷含量也有所下降，整体上表现为随着生物炭含量增加而降低的趋势 (表 7-5)。小麦季氮磷流失量和对照相比，C1、C2、C3 和 C4 处理氮素分别减少 58.23%、50.87%、32.55% 和 22.21%，磷素分别减少 70.20%、49.24%、32.52%和 42.54%；玉米季氮素流失量分别减少 23.97%、35.73%、40.43%和 36.79%，玉米季磷素流失量分别减少 35.01%、36.08%、48.85%和 45.30%；全年氨氮流失量平均减少 24.1%、35.8%、40.4%和 36.7%，磷素平均流失量减少 36.4%、36.7%、48.3%和 45.2%（表 7-6）。

表 7-5　试验区水土氮磷流失情况

处理	监测项目	2017.6.10	2017.7.28	2017.8.22	2018.5.25	2018.6.11	2018.8.8	2018.8.27
C0	水量/(L/hm²)	65806	24134	5846	2398	48867	15140	6746
	氨氮/(mg/L)	4.25	3.1	1.23	1.22	4.68	3.43	1.23
	总磷/(mg/L)	0.21	0.17	0.08	0.57	0.25	0.17	0.12
C1	水量/(L/hm²)	52361	20833	5702	1198	49521	9854	5958
	氨氮/(mg/L)	3.98	2.98	1.1	1.02	3.67	3.04	1.04
	总磷/(mg/L)	0.17	0.12	0.09	0.34	0.17	0.13	0.08
C2	水量/(L/hm²)	47895	17500	5412	1652	45674	11245	6852
	氨氮/(mg/L)	3.65	2.67	0.87	0.87	3.22	3.23	1.24
	总磷/(mg/L)	0.16	0.16	0.13	0.42	0.16	0.21	0.13
C3	水量/(L/hm²)	48623	20832	4836	2145	40127	10735	6121
	氨氮/(mg/L)	3.42	2.14	0.92	0.92	3.24	3.34	1.04
	总磷/(mg/L)	0.11	0.07	0.15	0.43	0.16	0.24	0.14
C4	水量/(L/hm²)	41256	19845	4479	2014	44126	12459	5748
	氨氮/(mg/L)	4.07	2.45	1.02	1.13	3.18	3.55	0.97
	总磷/(mg/L)	0.14	0.12	0.12	0.39	0.17	0.16	0.07

表 7-6　试验区全年水土氮磷流失量

处理	氨氮流失量/(g/hm²)	氨氮减少率/%	总磷流失量/(g/hm²)	总磷减少率/%
C0	653.5	—	35.4	—
C1	495.9	24.1	22.5	36.4
C2	419.6	35.8	22.4	36.7
C3	389.5	40.4	18.3	48.3
C4	413.5	36.7	19.4	45.2

施用生物炭不同程度地增加了作物产量及氮素吸收和氮肥利用率，提高了土壤硝态氮含量，降低了玉米季的土壤氨态氮含量，减少了径流产生量与土壤氮磷流失量。此外，生物炭显著降低了土壤 N_2O 排放，减排效果随着生物炭用量的增加而增加；减少了小麦季的氨挥发排放，对玉米季的氨挥发减排效果不佳，个别处理甚至出现增加现象。本试验条件下，以 C3 添加量表现最佳，小麦和玉米增产 4%～12%，周年径流氮磷排放分别减少 40.4%和 48.2%，N_2O 排放降低 42%，对周年的氨挥发排放无影响。这表明生物炭在废弃物资源再利用及化肥面源污染控制方面有积极作用，但具体效果因生物炭类型、土壤类型、施用量大小及方式等而有所不同。亟须制定相应技术标准规范，从而最大程度发挥生物炭在面源污染防控方面的积极效果。在未来推广应用中要实现其效益最大化，

不仅要考虑施用量，同时也要考虑施用频率，如每隔 2 年或 3 年施用一次。

4. 高温裂解生物炭在菜地面源污染防控中的应用

受高强度人为活动如施肥及耕作的影响，氮素淋失及土壤酸化已成为影响菜地土壤环境健康的主要问题。生物炭因自身官能团属性而多呈碱性，能够有效固持土壤中的 NH_4^+-N，可减少硝化反应的底物，进而降低释放的 H^+ 及 NO_3^--N 的淋失风险，并提高作物对化肥氮的利用，降低残留氮素含量，减少氮淋失量及盐基离子损失带来的致酸贡献。江苏省农业科学院杨林章研究团队以太湖流域菜地土壤(湖白土)为供试土壤(土壤 pH 为 5.65、有机质含量为 17.9 g/kg、全氮含量为 1.87 g/kg、氨态氮含量为 20.4 mg/kg、硝态氮含量为 58.4 mg/kg、速效磷(Olsen-P)含量为 61.0 mg/kg、速效钾含量为 70.1 mg/kg)，以小白菜为供试作物，采用盆栽试验系统研究了生物炭添加对小白菜产量及品质、氮素吸收和利用、土壤速效氮含量、土壤氮淋洗、土壤交换性阳离子含量及 pH 等的影响(俞映倞等，2015a)。具体结果如下。

1) 生物炭添加对小白菜产量及品质的影响

试验设置 4 个处理：添加生物炭及化肥氮处理(BC+U)、单施化肥氮处理(U)、单加生物炭处理(BC)及空白处理(N0)，6 个重复，随机排列。生物炭为小麦秸秆炭，450℃煅烧，比表面积 7.37 m²/g、孔容为 0.01 cm³/g、孔径为 6.25 nm、总碳为 503.10 mg/g、总氮为 12.52 mg/g、氨态氮为 3.02 mg/kg、硝态氮为 1.82 mg/kg。化肥氮采用普通尿素，施用量为 100 kg/hm²。生物炭在初始季前按照 1%比例拌入土壤，各处理磷钾肥施用量相同，按 P_2O_5 150 kg/hm²、K_2O 100 kg/hm² 作底肥一次性施入。试验共开展 5 季，分为化肥氮添加(1～3 季)及氮素消耗(4、5 季，所有处理均不施加氮肥)两个阶段。

肥料氮添加仅在试验第 1 季显著增加了产量，此后两季，连续肥料氮添加处理产量明显下降，甚至显著低于无氮处理(图 7-10)。生物炭的添加促进了产量，尤其是在施氮的条件下，其第 2、3 季的产量比 U 处理增加超过 70%。停止肥料氮添加后，U 处理的产量几乎维持在第 3 季的水平，无氮处理的产量略有下降，而 BC 处理产量较最初产量水平差异不显著，比 U 处理高了 39% 和 25%。肥料氮与生物炭共同添加的 BC+U 处理在连续两季不施氮肥后，依然能够保持该处理最初的产量水平，比 U 处理产量高出近一倍。

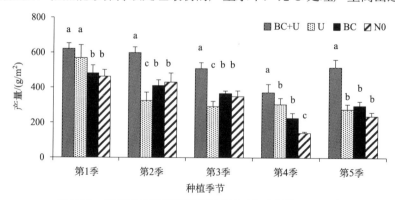

图 7-10　连续五季种植叶菜产量变化(俞映倞等，2015a)

不同字母代表处理间统计差异显著，下同

尿素的施用显著增加了叶菜硝酸盐含量，生物炭添加后，叶菜硝酸盐含量明显降低（图 7-11）。氨基酸的变化趋势与硝酸盐相反，生物炭添加显著提高了叶菜的氨基酸含量，BC+U 处理较 U 处理氨基酸含量提高了 20%～34%，BC 处理较 N0 处理提高了 20%～63%（图 7-11）。

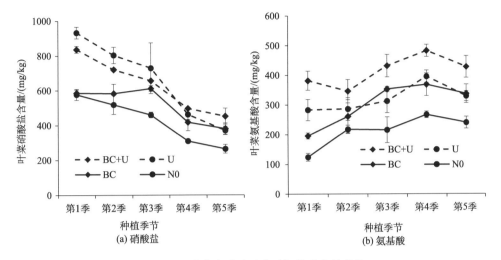

图 7-11　叶菜多季硝酸盐及氨基酸含量变化

2）对氮素吸收和利用的影响

肥料氮与生物炭共同添加对叶菜氮累积的促进作用显著，BC+U 处理的氮素累积量在各种植季均显著高于其他处理。虽然，初始季 U 处理产量数据并未较 BC+U 处理产生显著差异，但其氮累积量已低于 16%，达显著水平；且自第 2 季起，U 处理氮累积量显著低于无肥料氮添加的 BC 处理，略高于 N0 处理。无肥料氮条件下，N0 处理的氮累积量逐季显著下降，第 5 季时仅为初始季的 55%，而生物炭添加使叶菜氮累积连续 5 季保持在一个较为稳定的水平（图 7-12）。由此可见，生物炭对叶菜连续多季种植具有促进氮累积量维持在适当水平的作用，而单纯性连续添加肥料氮，氮素累积水平下降迅速。

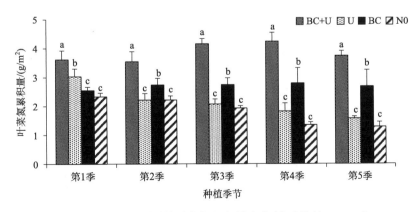

图 7-12　连续五季种植叶菜氮累积量变化（俞映倞等，2015a）

生物炭添加对肥料氮利用率提升效果显著，尤其是连续种植，U 处理的表观利用率明显下降，而 BC+U 处理则不断上升（表 7-7），连续种植五季的综合利用率为 33.93%，为 U 处理的 6.4 倍。另外，U 处理的农学利用率自第 2 季起出现负值，即肥料氮的连续添加，抑制了叶菜对氮的利用，产量出现低于空白（N0 处理）的现象，而表观利用率并未全为负值，说明其吸收的氮素并未转化成产量，而是累积在叶片中，这也是 U 处理叶菜硝酸盐含量较高的原因。综合五季整体氮肥利用率数据，可见生物炭添加对叶菜利用肥料氮具有促进作用，而盲目连续单纯性施氮会严重影响叶菜对氮的利用。

表 7-7　肥料氮添加处理当季及多季氮利用率（俞映倞等，2015a）

试验周期	氮肥表观利用率/%		氮肥农学利用率/%	
	BC+U	U	BC+U	U
第 1 季	12.85±2.33a	6.99±2.13b	1.31±0.16a	0.88±0.35a
第 2 季	13.32±2.43a	0.01±0.97b	1.66±0.23a	−1.04±0.20b
第 3 季	22.22±1.10a	1.37±0.98b	1.66±0.10a	−0.60±0.04b
全试验周期（1~5 季）	33.93±2.20a	5.30±1.39b	3.48±0.20a	−0.15±0.14b

3）生物炭添加对土壤速效氮含量的影响

肥料氮添加增加了土壤中速效氮的含量（原始土壤速效氮含量为 55 mg/kg）。U 处理连续添加三季后土壤速效氮含量由 55 mg/kg 上升至 115.50 mg/kg，并未显示持续增加的趋势；停止肥料氮投入后，U 处理速效氮含量显著下降。而 BC+U 处理较好地维持了土壤速效氮水平，停止肥料氮投入两季后，保持在 40 mg/kg 水平上下。无肥料氮添加处理（BC 及 N0 处理）土壤速效氮含量低于 20 mg/kg，无生物炭条件下（N0 处理）土壤速效氮呈不断下降趋势（表 7-8）。肥料氮添加条件下，NO_3^--N 所占速效氮比例较大。不添加肥料氮处理前两期，NH_4^+-N 是土壤速效氮的主要形态；连续种植多季后，土壤速效氮形态以 NO_3^--N 为主。生物炭增加了土壤速效氮中 NO_3^--N 含量的比例，该趋势在无肥料氮添加条件下更为明显。

表 7-8　土壤速效氮含量及硝态氮比例（俞映倞等，2015a）

试验周期	BC+U		U		BC		N0	
	速效氮含量/(mg/kg)	硝态氮比例/%	速效氮含量/(mg/kg)	硝态氮比例/%	速效氮含量/(mg/kg)	硝态氮比例/%	速效氮含量/(mg/kg)	硝态氮比例/%
第 1 季	98.73±9.49 a	61.92	100.56±2.26 a	69.11	14.45±0.57 b	34.64	13.10±0.17 b	19.40
第 2 季	99.19±9.48 b	60.56	118.57±5.62 a	42.55	13.40±0.54 c	37.23	11.16±0.14 c	18.81
第 3 季	103.16±1.64 b	62.68	115.50±8.22 a	61.43	19.73±0.70 c	71.82	9.98±0.77 d	40.14
第 4 季	45.83±0.40 a	91.37	28.27±1.63 b	87.72	17.83±1.05 c	86.80	4.94±0.24 d	60.73
第 5 季	39.80±4.36 a	94.87	11.06±0.50 b	83.41	17.66±1.10 c	89.44	5.69±0.41 d	74.10

4）生物炭添加对土壤氮淋溶的影响

为明确生物炭添加对土壤氮淋溶及酸碱缓冲能力的影响，开展了不同氮肥用量（添加及不添加氮素)和不同生物炭添加(0%、1%、2%、5%)处理的盆栽试验。氮肥用量为 200 kg N/hm², 各处理磷钾肥施用量和水分管理方式均相同。其中土壤氮素的淋溶过程采用模拟浇灌方式, 具体参见俞映倞等(2015b)。

不同生物炭添加比例下的淋溶量在一个种植季不同时间差异不显著(图 7-13)。生物炭添加可显著降低淋溶量, 且 5%添加比例下效果最好, 较无添加处理降低淋溶损失量 35%~60%。1%、2%添加比例降低了 28%~44%的淋溶损失量。

在无尿素添加情况下, 淋溶液氮浓度在 10~27 mg/L 之间, 较高浓度出现在种植季前期, 生物炭添加对淋溶液氮浓度没有显著影响。尿素添加显著增加了淋溶液氮浓度, 施肥后(出苗第 20 天, 施肥时间为出苗第 14 天)淋溶液氮浓度增加至 72~107 mg/L, 种植季前两次淋溶液氮含量也因为前一季尿素的添加而显著高于同一时期的不施氮处理, 总氮浓度在 21~48 mg/L。生物炭添加显著减少了淋溶液氮浓度, 单一种植季施肥后(出苗第 20 天及 30 天)发生淋失时, 平均减少了 33.3%, 施肥前(播种前及出苗第 10 天)平均减少了 21.9%。但较高生物炭添加比例并未进一步消减淋溶液氮含量, 不同生物炭添加比例处理间差异不显著。

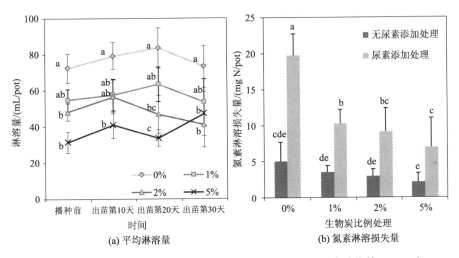

图 7-13　一个种植周期的平均淋溶量和氮素淋溶损失量(俞映倞等, 2015b)

生物炭添加对氮淋溶损失量的影响仅在尿素添加条件下较为显著。递增的生物炭添加比例分别较无生物炭仅尿素添加处理降低氮淋溶损失量 48.3%、53.7%和 65.0%。虽然不同生物炭添加对氮淋溶损失量消减差异未构成统计学显著, 但已显示较好的相关趋势, 即生物炭添加比例越大, 氮淋溶损失量消减比例越大。

5) 生物炭添加对土壤交换性阳离子含量及 pH 的影响

土壤有机质含量在连续种植三季后出现 9.4%~18.2%的下降, 添加生物炭处理比无生物炭添加处理有机质含量增加了 11.6%~43.3%。生物炭对交换性 K^+、Na^+ 和 Mg^{2+} 盐基离子也表现出较为相似的影响趋势(表 7-9), 无生物炭处理三个种植季后土壤中交换性 K^+、Na^+ 和 Mg^{2+} 分别较原始土壤下降 35.8%~69.0%、61.1%~63.0%和 43.7%~51.6%, 而生物炭添加处理较试验前无显著差异。交换性 Ca^{2+} 含量在三年连续施氮后下降了

37.6%，添加生物炭处理后与试验前无显著差异，交换性 Al^{3+} 则不受尿素和生物炭添加的影响。不施氮时，土壤 pH 在种植三季后没有下降反而略有增加，连续三季施用尿素后 pH 降低了 0.44 个单位，达到显著水平；而 1% 和 2% 生物炭添加比例有效维持了土壤 pH。

表 7-9　土壤 pH、有机质及主要交换性阳离子含量（第 3 季收获后）（俞映倞等，2015b）

处理	pH	有机质 /(g/kg)	交换性 K^+ /(mmol/kg)	交换性 Na^+ /(mmol/kg)	交换性 Ca^{2+} /(mmol/kg)	交换性 Mg^{2+} /(mmol/kg)	交换性 Al^{3+} /(mmol/kg)
不施肥	5.78±0.12a	14.65±1.44c	4.02±1.26c	3.15±0.37b	52.57±4.11a	9.97±0.72c	3.66±0.63a
施肥处理	5.21±0.10c	16.21±1.69bc	1.94±0.18d	3.31±0.34b	27.79±0.65c	8.57±0.50c	3.24±0.19a
单施 1% 生物炭	5.64±0.14a	17.42±2.03bc	5.95±0.76b	9.03±0.42a	40.11±2.19ab	14.71±3.87ab	3.90±0.21a
施肥+1% 生物炭 N-BC1	5.40±0.16bc	18.09±1.99abc	6.16±0.89b	7.68±0.63a	42.24±2.13ab	19.79±4.08a	3.56±0.67a
单施 2% 生物炭	5.82±0.09a	18.14±1.51abc	6.87±0.87b	9.38±0.82a	45.92±3.15a	15.02±0.80b	3.76±0.16a
施肥+2% 生物炭	5.57±0.12ab	21.00±1.80a	6.11±0.68b	8.93±0.99a	46.25±5.79a	20.39±2.62a	3.94±0.58a
单施 5% 生物炭	5.61±0.11ab	17.57±2.02abc	8.43±1.00a	8.47±0.91a	37.75±3.68b	17.31±0.62b	3.54±0.21a
施肥+5% 生物炭	5.37±0.14bc	19.46±2.03ab	4.87±0.78c	8.16±0.95a	40.33±5.34ab	17.63±3.25ab	3.57±0.33a
原始土壤	5.65±0.05a	17.90±1.87ab	6.26±1.04b	8.51±0.69a	44.50±4.88ab	17.70±2.64ab	3.59±0.26a

在酸化土壤条件下，生物炭添加可以显著提高小白菜的产量与品质，增加对肥料氮的利用率，减缓化肥氮施用带来的土壤 pH 下降及产量损失，有效维持土壤有机质含量，控制化肥氮施用条件下土壤速效氮含量的激增并有效减少土壤氮淋失。本试验条件下以 1% 的生物炭添加比例比较适宜。

5. 高温裂解生物炭在华南蕉园化肥面源污染防控中的应用

中国热带农业科学院在海南省香蕉主产区澄迈县桥头镇开展了生物炭添加对香蕉产量及氮面源排放的影响。该区土壤类型为砖红壤（Latosol），香蕉品种为'南天皇'。试验设置不施肥（CK）、单施化肥（NPK）、有机无机肥配施（NPKM）、有机肥配施的基础上增施生物炭（BC）和间种绿肥并增施生物炭（GM）共五个处理。除 CK 外，其他处理 N、P、K 投入量保持一致（表 7-10）。BC、GM 处理生物炭作为基肥一次性施入。供试生物炭 pH 为 10.2，C、H、N、S、P 和 K 含量分别为 65.7%、2.43%、0.55%、0.08%、0.16% 和 1.11%。绿肥竹豆（*Phaseotus calcaltus* Roxb）在香蕉移栽后种植于香蕉行间。

表 7-10　各处理肥料和生物炭施用量及化肥减施比例

处理	化肥施用量/(g/株) N	P	K	有机肥 /(kg/株)	生物炭 /(kg/株)	化肥减施/% N	P	K
CK	0	0	0	0	0	—	—	—
NPK	360	180	540	0	0	—	—	—
NPKM	224	108	440	8	0	37.8	40.0	18.5
BC	180	92	368	8	8	50.0	48.9	31.9
GM	180	92	368	8	8	50.0	48.9	31.9

1）对香蕉产量的影响

试验期间香蕉生长良好，未出现叶片黄化、缺素等症状。2017 年 6 月香蕉田间测产结果表明，NPK 处理香蕉产量为 23.2 kg/株，NPKM、BC 和 GM 处理香蕉产量均有不同程度的提高。其中，BC 处理条件下香蕉产量和生物量最高，分别为 25.2 kg/株、115 kg/株，分别比 NPK 处理提高了 8.6%和 19.2%（表 7-11）。

表 7-11 不同农艺措施对香蕉产量和生物量的影响 （单位：kg/株）

处理	产量	生物量	叶片	茎秆
CK	8.16±1.15 a	57.2±5.39 a	5.17±0.95 a	43.9±5.19 a
NPK	23.2±2.72 b	96.5±10.4 b	7.57±0.77 b	65.7±6.94 b
NPKM	24.7±3.06 b	99.7±11.2 bc	7.73±0.32 b	67.2±7.85 bc
BC	25.2±2.80 b	115±10.2 c	8.49±0.86 b	81.2±6.87 bc
GM	24.1±2.73 b	108±7.33 bc	7.85±0.59 b	75.6±8.43 c

2）对蕉园氮磷淋溶损失的影响

香蕉移栽后每月原位监测蕉园土壤淋溶氮磷损失情况，结果如图 7-14 和图 7-15 所示。随着香蕉的生长发育，土壤淋溶液总氮浓度先升高后降低，CK 处理土壤淋溶液总氮浓度为 2.8～6.7 mg/L，明显低于各施肥处理 4.5～45.5 mg/L。定植后 6～10 个月（180～300 d）土壤淋溶液总氮浓度较高，为 11.6～45.5 mg/L，其他时间段淋溶液总氮浓度较低，为 4.5～18.1 mg/L。生物炭添加处理 BC 和 GM 显著降低了土壤淋溶液氮浓度，整个生育期内分别比 NPK 处理减少了 28.4%和 27.9%。土壤淋溶液总磷浓度随着香蕉生长发育呈现先降低后升高的趋势，不施肥处理土壤淋溶液总磷浓度明显低于各施肥处理。定植后 4～9 个月（120～270 d）土壤淋溶液总磷浓度较低，为 0.03～0.10 mg/L，其他时间段淋溶液总磷浓度较高。生物炭添加处理 GM 和 BC 显著降低了土壤淋溶液总磷浓度，整个生育期内分别比 NPK 处理减少了 32.0%和 25.7%。

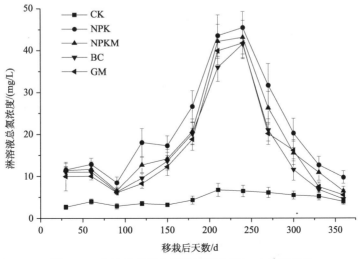

图 7-14 各处理香蕉土壤淋溶液总氮(TN)浓度变化

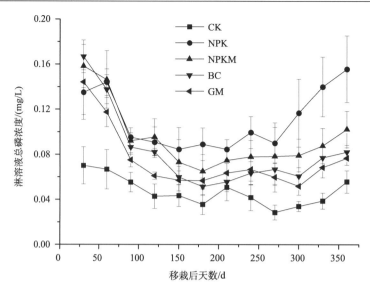

图 7-15 各处理香蕉土壤淋溶液总磷(TP)浓度变化

如图 7-16 所示,从香蕉移栽至收获整个生育期内,施肥处理氮素淋失量远大于不施肥处理,NPK 处理累积氮淋失量高达 240 kg/hm^2,占氮肥投入量的 21.5%。与 NPK 相比,BC、GM 处理氮淋失量分别减少 29.3%和 27.1%,显著低于 NPK($P<0.05$)。由于磷酸根离子容易被砖红壤中的铁铝成分固定,不易发生淋失,磷淋失量仅为氮淋失量的 0.4%～1.0%。施肥处理磷素淋失远大于 CK 处理,NPK 处理累积磷淋失量为 1.1 kg/hm^2,占磷肥投入量的 0.15%。与 NPK 处理相比,BC 和 GM 处理磷淋失量分别减少 26.6%和 38.9%,显著低于 NPK($P<0.05$)。

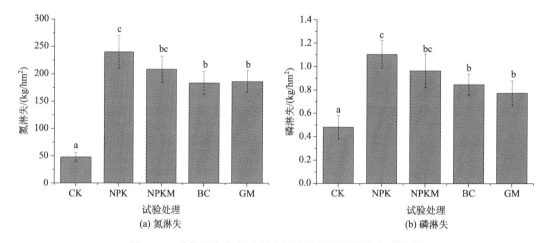

图 7-16 香蕉整个生育时期内各试验处理氮淋失和磷淋失

3)经济效益分析

按照每千克香蕉单价 4.0 元,尿素、过磷酸钙和氯化钾每千克 2.2 元、0.75 元和 2.8 元,扣除肥料(包括化肥、有机肥和生物炭)成本后,NPKM 和 BC 处理分别比 NPK 处理节本增效 13233 元/hm^2、11152 元/hm^2（表 7-12）；而且氮淋洗损失分别减少 31.5 kg/hm^2、56.5 kg/hm^2，具有良好的生态环境效益。

表 7-12　不同农艺措施下香蕉种植经济效益分析　　　　（单位：元/hm^2）

处理	商品收入	肥料成本				
		尿素	过磷酸钙	氯化钾	有机肥	生物炭
NPK	232000	1980	773	4555	—	—
NPKM	247333	1232	464	3712	4000	—
BC	252333	990	395	3104	4000	8000
GM	241333	990	395	3104	4000	8000

常规裂解生物炭在蕉园中的应用表明，在减少化肥氮磷用量 50%左右下通过配施有机肥和生物炭，可有效增加香蕉产量 8.8%，每亩节本增收 743 元，蕉园氮磷淋洗损失减少 27%左右，起到了化肥增效减排的效果。

6. 生物炭还田的效益分析和应用注意事项

生物炭的制作成本与生物炭的原料及其可利用性、预处理条件、制备条件（特别是温度和烧制时间）、设备可用性等因素密切相关。规模化分批等量生物炭还田条件下，即使扣除水稻增产的表观经济效益，仍然会亏损 96 元/(亩·a)。但如果将生物炭用在经济作物上，如蔬菜和果园，则有可能起到增收的效果。例如，本项目在香蕉上的应用发现，施加生物炭可提高每亩效益 743 元。在进行生物炭还田的总体效益分析时，除了经济效益外，还应考虑生物炭还田的环境效益（如面源污染减排、温室气体减排、土壤质量改善），并将环境效益赋予一定的经济价值。当前针对生物炭全产业链、还田后全过程和全方位的经济效益评估相关研究还比较匮乏，生物炭还田的环境效益的价值评估还不充分，这在未来的研究中应予以关注。在继续深化研究生物炭功能及其功能改进的同时，更应该强化生物炭应用过程中的障碍因素消除方法和技术研究，并在更大尺度、更广视角下审视生物炭应用的综合效益。水热炭作为一种新型的生物炭材料，其制备过程无烟气、不需脱水、制备温度低、产率较高；相对于常规热解生物炭，具有一些优势。但是水热炭相关研究整体上处于起步阶段，目前尚未见水热炭量产的成本分析报道，这在未来的研究中应予以关注。

此外，在应用过程中还需关注生物炭应用可能产生的环境风险及不确定性。首先，生物炭本身的特性及施入土壤特性的差异，导致其环境效应存在不确定性。虽然大量研究表明，生物炭还田可以实现诸如温室气体减排、面源污染风险降低等有益效果，但是仍然有不少研究报道了相反的结果。另外，生物炭原料和制备条件的不同，决定了生物炭施入土壤可能对土壤质量产生的负面影响。例如，使用市政污泥制备生物炭，若不经过预处理，可能含有重金属等有毒有害物质。在生物炭制备过程中，由于复杂的热化学反应，可能会形成多环芳烃、二噁英、呋喃等有机污染物质，以及活性自由基等活性成分，因此，生物炭的长期大量施用可能产生的环境风险需要长期跟踪观察。

7.1.2　硝化抑制剂

尿素是含氮量最高的氮肥，也是目前使用量较大的一种化学氮肥。施入土壤中的尿素在脲酶作用下水解形成的氨态氮除被作物吸收利用、挥发损失到空气中，还进一步参与土壤硝化反硝化过程。而土壤硝化过程和其最终产物硝态氮参与的反硝化过程是 N_2O 产生的两个主要途径。除氮转化过程中的气态损失，土壤中的氨态氮和硝态氮还可通过径流或淋溶等随水流失。因此，为了控制农田氮素损失，除减少肥料用量、优化肥料运筹等措施外，硝化抑制剂等肥料增效剂也是提高肥料利用率、减少氮肥损失的优选。

硝化抑制剂是一类能够抑制氨态氮转化为硝态氮的化学物质，具有延缓土壤硝化过程的特性。不同硝化抑制剂化学特性不同，作用机理也不尽相同：如双氰胺（DCD）主要以底物竞争的形式干扰氨氧化微生物对底物的利用；3, 4-二甲基吡唑磷酸（DMPP）的机理则可能是抑制氨氧化过程中 NH_3 向羟胺（NH_2OH）的转化；2-氯-6-三氯甲基吡啶（CP）可能是通过氧化产物 6-氯嘧啶羧酸螯合氨单加氧酶 AMO 活性位点上的 Cu 来抑制硝化作用。氰酸盐和氯酸盐等硝化抑制剂可抑制亚硝酸氧化细菌的活动，从而抑制 NO_2^- 转化为 NO_3^--N。

施用硝化抑制剂能够有效减少土壤氮素的淋溶和径流损失，降低土壤 N_2O 和 NO 的排放，同时增加作物的氮素利用率，是减少氮肥环境污染的有效方式。不同类型硝化抑制剂的研究结果大致相同。DMPP 能显著提高土壤氨态氮含量，降低硝态氮含量，其在第 2～4 周对硝化作用的抑制效应最强（孙志梅等，2006）。CP 能减少 16%的硝酸盐淋溶损失量；草地施用 DCD 后硝酸盐淋溶损失量减少了 75%左右。施用硝化抑制剂不仅直接削弱了硝化过程，还间接降低了反硝化过程，从而起到 N_2O 和 NO 减排的作用。硝化抑制剂的施用能够有效降低 N_2O 排放 44%（39%～48%），降低 NO 排放量 24%（8%～38%）（Qiao et al., 2015）。与单施氮肥处理相比，氮肥配施硝化抑制剂显著降低了 81%的 NO 排放量；在所有种类的氮肥中，硝化抑制剂对 NO 减排效果在硫酸铵中最为明显（59%），其次为尿素处理（40%），在复合肥中减排效果最差，仅为 9%（Liu et al., 2016）。硝化抑制剂对集约化菜地 N_2O 排放的影响因种类不同而不同，CP 和 BNI（生物硝化抑制剂）显著降低 16.5%和 18.1%的 N_2O 排放量，而施用 DCD 没有显著影响（Zhang et al., 2015）。不同水分条件（50%、65%和 80%土壤孔隙水含量）下施用硝化抑制剂 DMPP 都能有效降低土壤 NO 排放（Wu et al., 2017）。

施用硝化抑制剂虽能在很大程度上减少尿素等氮肥施用后土壤 N_2O 和 NO 的排放，但在抑制和延缓硝化过程的同时也在不同程度上增加了土壤 NH_3 的挥发。硝化抑制剂的施用降低了 0.2～4.5 kg 的 N_2O 排放量，但同时增加了 0.2～17.7 kg 的 NH_3 排放量，从而削弱了其 N_2O 直接和间接排放的减排潜力。通过对 824 项田间数据整合分析发现，施用脲酶抑制剂和缓释肥可分别减少 54%和 68%的 NH_3 挥发，而施用硝化抑制剂则增加了 38%的 NH_3 损失量（Pan et al., 2016）。硝化抑制剂对 NH_3 挥发的促进作用受硝化抑制剂种类、生态系统类型、肥料形态和土壤类型的综合影响，变幅在 7%～33%。例如，DCD 施用增加了土壤 34%的 NH_3 排放量，而 DMPP 和碳化钙的应用却未表现出明显的促进作用，在农业土壤中促进作用明显，增幅为 4%～44%，而在草地土壤中作用不显著（Qiao et al.,

2015)。为验证硝化抑制剂在化肥面源污染防控中的作用,本项目也开展了相关试验研究。

1. 硝化抑制剂在华北平原小麦-玉米体系中的应用

在典型华北平原地区山东省德州市农业科学研究院科技园区,开展了硝化抑制剂对小麦-玉米轮作体系作物生产及环境排放的影响研究。该地区地势平坦,属温带大陆性季风气候,年均气温 12.9℃,年均日照 2592 h,年均降雨量 547.5 mm,无霜期平均达 208 d。供试土壤类型为潮土、砂质壤土。耕层土壤基本理化性质:全氮为 0.80 g/kg,碱解氮为 26.56 mg/kg,有效磷为 34.27 mg/kg,速效钾为 117.00 mg/kg,有机质为 13.17 g/kg,pH 为 8.59。试验共设置 4 个处理,小麦季:农民习惯施肥对照(N-P$_2$O$_5$-K$_2$O=315-270-0)、控释肥(270-150-120)、微生物肥料(270-150-120)和配施硝化抑制剂处理(270-150-120);玉米季:农民习惯施肥对照(255-45-60)、控释肥(225-45-60)、微生物肥料(225-45-60)和配施硝化抑制剂处理(225-45-60)。每个小区面积为 90 m^2,各设 3 个重复。小麦品种'山农 21 号',玉米品种'鲁宁 184'。控释肥为山东省农业科学院农业资源与环境研究所自制的以丙烯酸树脂为主体复合膜材料的包膜控释氮肥;微生物肥料为中农绿康购买的功能性土壤调理剂,用量 600 kg/hm^2;硝化抑制剂采用市场购买的双氰胺,用量为尿素用量的 8%。

1) 不同施肥措施对小麦和玉米产量的影响

由图 7-17 可知,不同施肥措施对小麦和玉米的产量影响差异不显著。与农民习惯相比,控释肥处理的小麦和玉米产量均略有增加,微生物肥料处理和配施硝化抑制剂处理的产量略有降低,但均未达到显著性差异水平。说明在小麦季减氮 14.3%、玉米季减氮 11.8% 的条件下,采用控释肥、微生物肥料或者配施硝化抑制剂可以保证小麦和玉米高产。

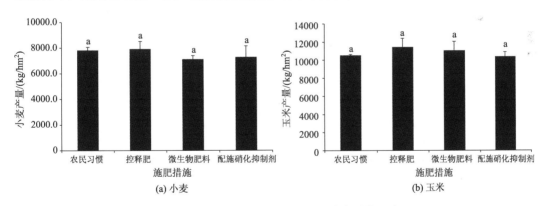

图 7-17 不同施肥措施对小麦和玉米产量的影响

同一字母表示处理间差异统计不显著

2) 不同施肥措施对小麦生育期土壤硝态氮累积的影响

小麦孕穗期不同处理、不同土层土壤硝态氮变化差异较大,所有处理随土层深度增加呈现先降低后增加的趋势(图 7-18)。0~100 cm 深度土壤硝态氮累积量从大到小的顺序:配施硝化抑制剂>农民习惯施肥>微生物肥料>控释肥。硝化抑制剂配施处理各层土壤硝态氮含量大于其他处理,可能是因为配施硝化抑制剂在前期抑制了尿素的硝化作用，导致孕穗期硝态氮含量增加。在小麦灌浆期，农民习惯、微生物肥料和稳定性肥料三个处理各土层硝态氮含量变化趋势和含量较相似，均随着土层深度增大呈现降低的趋势，三种处理降低了 0～20 cm 深度及 20～40 cm 深度土层中硝态氮含量，而控释肥处理最低，小于 10 mg/kg。

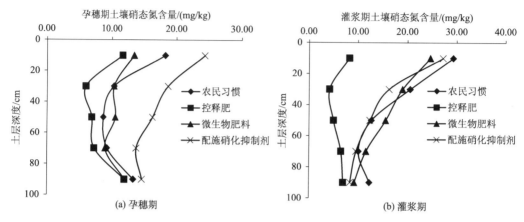

图 7-18　小麦孕穗期和灌浆期不同土层硝态氮的含量情况

3）不同施肥措施对氮磷径流、淋溶的影响

由表 7-13 可知，小麦-玉米轮作系统氮磷的径流损失均较低，总氮径流损失位于 0.017～0.052 kg/hm²，总磷径流损失位于 0.001～0.010 kg/hm²。对于氮径流损失，农民习惯和微生物肥料处理损失相对较大，控释肥和配施硝化抑制剂处理最低。对于磷径流损失，以农民习惯施肥处理损失最大，其他几个施肥处理损失明显小于农民习惯施肥处理，可忽略不计。各施肥处理的氮磷淋溶损失量明显大于径流损失量，总氮淋溶损失量位于 6.56～10.97 kg/hm²，农民习惯施肥处理氮淋溶损失量最大，控释肥处理总氮淋溶损失量最小，微生物肥料和配施硝化抑制剂处理氮淋溶损失基本相当；总磷淋溶损失量位于 0.135～0.454 kg/hm²，从大到小的顺序是农民习惯施肥>控释肥>配施硝化抑制剂>微生物肥料。周年内，控释肥和配施硝化抑制剂及微生物肥料处理均起到了减少氮磷流失的作用，控释肥的控制效果最佳，可减少 40% 的氮流失，配施硝化抑制剂处理可减少氮流失 26%；微生物肥料则对磷流失的控制效果最佳，可减排 70%；控释肥和配施硝化抑制剂处理分别减少磷流失 34% 和 50%。

表 7-13　不同施肥措施对小麦、玉米两季氮磷径流和淋溶损失的影响　（单位：kg/hm²）

处理	径流		淋溶		合计	
	TN	TP	TN	TP	TN	TP
农民习惯	0.046±0.005b	0.010±0.002a	10.97±0.51a	0.454±0.038a	11.016	0.464
控释肥	0.020±0.002c	0.003±0.001b	6.56±0.25c	0.305±0.026b	6.580	0.308
微生物肥料	0.052±0.001a	0.002±0.000bc	8.07±0.55b	0.135±0.007d	8.122	0.137
配施硝化抑制剂	0.017±0.002c	0.001±0.000c	8.13±0.36b	0.232±0.023c	8.147	0.233

4) 不同施肥措施对氨挥发的影响

由表 7-14 可知,玉米季氨挥发损失量高于小麦季,这可能与玉米季温湿环境有助于氨挥发有关。配施硝化抑制剂处理显著增加了小麦季的氨挥发损失量,由农户对照的 6.96 kg/hm² 增加到 10.39 kg/hm²,但显著降低了 11.8 kg/hm² 的玉米季氨挥发排放,减幅达 57.6%。小麦-玉米轮作周年内,配施硝化抑制剂处理的氨挥发损失量最小,比农户习惯施肥模式可减少氨挥发排放 30.5%。

表 7-14　不同施肥措施处理对小麦和玉米氨挥发损失的影响　　　（单位：kg/hm²）

处理	小麦季氨挥发损失	玉米季氨挥发损失	合计氨挥发损失
农民习惯施肥	6.96±1.54b	20.49±4.30a	27.45
控释肥	8.30±1.00ab	11.57±4.11bc	19.87
微生物肥料	6.02±1.94b	15.83±0.79ab	21.85
配施硝化抑制剂	10.39±1.38a	8.69±1.20c	19.08

5) 小结

与农户习惯施肥模式相比,在总氮用量降低 13% 的情况下,配施硝化抑制剂能保证小麦与玉米的高产,并能降低土壤 0~40 cm 深度土层硝态氮积累,减少周年 26% 的氮淋溶和径流损失及 50% 的磷径流和淋溶损失,降低 57.6% 的氨挥发排放,发挥了减肥、增效、减排的作用。

2. 硝化抑制剂在长江中下游稻田中的应用

江苏省农业科学院于 2017 年和 2018 年在其试验基地开展了硝化抑制剂对水稻产量以及氮肥吸收利用的影响研究。供试水稻品种为'武运粳 23 号',供试土壤为江苏黄泥土。试验采用原状模拟土柱,土柱高度为 50 cm,直径为 30 cm。试验设置常规施肥处理(CN)和耦合添加硝化抑制剂处理(CP)。所有处理的化肥氮磷钾投入和水分管理均保持一致,其中氮肥采用尿素,施肥量采用当地常规用量,N 用量为 270 kg/hm²。分 3 次施用,基肥：分蘖肥：穗肥分配比例为 4:2:4；磷肥采用过磷酸钙,用量为 96 kg/hm²(纯 P_2O_5),一次性基施；钾肥采用氯化钾,用量 192 kg/hm²(K_2O),分两次使用,基施 50%、分穗肥施用 50%。试验用硝化抑制剂的有效成分为 2-氯-6-三氯甲基吡啶(CP),含量为 24%,按照有效成分为尿素质量的 0.25% 于 3 个肥期与尿素同时添加。水分管理采用前期淹水-中期干湿交替-后期淹水的方式。其中,移栽后 10 d 内、施肥后 7 d 内、孕穗期和灌浆期保持 2~5 cm 深度水层,中期(分蘖期至孕穗前)采用干湿交替灌溉方式,此外,有效分蘖临界叶龄期排水晒田和收获前期稻田自然落干。

1) 对水稻产量的影响

与常规施肥 CN 处理相比,硝化抑制剂添加 CP 处理有增加水稻产量的趋势,但两年差异均未达到显著水平。穗粒结构结果表明,除穗数两年表现不一致(2017 年 CP 处理低于 CN 处理,2018 年 CP 处理高于 CN 处理),CP 处理的穗粒数、结实率和千粒重均高于 CN 处理(表 7-15)。

表 7-15　硝化抑制剂添加对水稻产量及穗粒结构的影响

年份	处理	穗数/盆$^{-1}$	穗粒数/穗$^{-1}$	结实率/%	千粒重/g	产量/(g/盆)
2017	CN	45.00a	97.44a	90.90a	27.42a	108.78a
	CP	42.00a	112.36a	93.93a	27.86a	121.66a
2018	CN	41.00a	111.56a	95.83a	26.43a	120.69a
	CP	45.00a	124.59a	96.15a	28.27a	145.92a

注：同一列每个肥期不同字母表示这一肥期此列处理之间差异显著，$P<0.05$，下同；CN：常规施肥；CP：添加硝化抑制剂；下表同。

2) 对氮素吸收利用的影响

与 CN 处理相比，CP 处理明显提高了水稻氮素利用率，增幅 9%左右，2018 年差异达到显著水平。添加硝化抑制剂处理的水稻氮收获指数(NHI)均大于 CN 处理，但处理间差异不显著(表 7-16)。

3) 对稻田氨挥发和 N_2O 排放的影响

水稻施肥期的氨挥发损失量显著高于非肥期，占全生育期氨挥发损失量的 90%左右，是氨挥发损失的主要时期。与 CN 处理相比，CP 处理主要增加了基肥期、穗肥期和非肥期的氨挥发，增加比例分别为 138%、48%和 78%，氨挥发总量增加了 59%(表 7-17)。

表 7-16　硝化抑制剂添加对水稻氮素吸收利用的影响

年份	处理	氮素吸收量/(g/盆)	氮素利用率/%	氮素收获指数
2017	CN	2.46a	64.67a	0.70a
	CP	2.80a	66.00a	0.75a
2018	CN	2.90b	52.02b	0.61a
	CP	3.69a	61.35a	0.69a

表 7-17　硝化抑制剂添加对稻季阶段氨挥发损失量与比例的影响(2018 年)

处理	肥期			肥期占全生育期比例	非肥期		全生育期总量/(kg/hm²)
	基肥期/(kg/hm²)	分蘖肥期/(kg/hm²)	穗肥期/(kg/hm²)	/%	基肥−分蘖肥阶段/(kg/hm²)	穗肥后阶段/(kg/hm²)	
CN	16.07a	20.67a	13.92a	91	2.29a	2.88a	55.83a
CP	38.25a	20.74a	20.67a	90	4.23a	4.98a	88.87a

稻田 N_2O 排放较少，仅为 0.02～0.07 g/m²。CP 对稻田 N_2O 排放无显著影响。尽管 CP 处理的 N_2O 平均排放通量和累积排放量高于 CN 处理，但处理间差异均不显著(表 7-18)。

表 7-18　不同处理的 N_2O 平均排放通量和累积排放量(2018 年)

处理	N_2O 平均排放通量/[μg/(m²·h)]	N_2O 累积排放量/(g/m²)
CN	7.49 a	0.02a
CP	24.97 a	0.07a

4) 对田面水氮素浓度的影响

稻田径流氮素损失以氨态氮为主，而淋溶损失以硝态氮为主。由于试验在盆栽条件下进行，因此通过对田面水氨态氮和硝态氮浓度分析表征氮素随水流失风险。田面水氮素浓度结果表明，与稻田田面水氨态氮浓度相比，田面水硝态氮浓度较低(图 7-19)。CP处理的三个肥期田面水氨态氮浓度均高于单施化肥 CN 处理，分别增加 21.7%、28.9%、9.0%，而田面水硝态氮浓度均低于单施化肥 CN 处理，分别降低 57.9%、58.7%、56.2%。总体上 CP 处理增加了施肥后第 1~2 天田面水中无机氮的浓度，降低了施肥后 3~7 天的无机氮浓度。

5) 经济效益分析

试验在盆栽条件下进行，因此本部分仅参照大田经济效益核算方法对本试验经济效益进行分析比较，且由于盆栽生境条件与大田明显不同，因此按面积换算后的经济效益偏高。基于此，本部分仅对净产值的比例变化进行定性分析。经济效益分析结果表明，与常规施肥处理相比，硝化抑制剂添加处理的产值在 2017~2018 年均有增加。扣除成本后，硝化抑制剂添加处理的亩净收益在 2017~2018 年分别增加 14% 和 26%(表 7-19)。

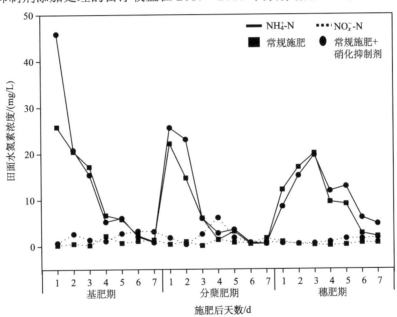

图 7-19　不同处理的田面水氮素浓度动态变化

表 7-19　不同处理的经济效益核算　　　　　　　　　　　(单位：元/亩)

年份	处理	投入						产值	净产值
		种子	化肥	农药	人工	机械	水电		
2017	CN	32	171	80	130	174	30	3081	2464
	CP	32	180	80	130	174	30	3446	2820
2018	CN	32	171	80	130	174	30	3407	2790
	CP	32	180	80	130	174	30	4133	3507

注：经济效益核算不包括土地流转费用，其中种子、农药、人工、机械、水电按集约化种植条件下实际成本测算。稻谷价格按国家发展和改革委员会稻谷粳稻最低收购价 1.50 元/斤测算(发改价格〔2017〕307 号)。

6）小结

硝化抑制剂添加有增加水稻产量、氮素利用率的趋势。硝化抑制剂添加对稻田气态 N_2O 损失无显著影响，但增加了氨挥发损失。从田面水氮素浓度结果来看，硝化抑制剂添加处理的三个肥期田面水氨态氮浓度均高于单施化肥 CN 处理，分别增加 21.7%、28.9%、9.0%，有增加径流氮损失的风险，而硝化抑制剂添加处理的三个肥期田面水硝态氮浓度均低于单施化肥 CN 处理，分别降低 57.9%、58.7%、56.2%，能够有效降低淋溶氮损失。经济效益分析结果表明，硝化抑制剂添加处理的亩净收益较常规施肥处理明显增加。Sun 等（2015）在田块尺度的研究结果也表明，硝化抑制剂添加能够增加水稻产量，减少 N_2O 排放，但增加了稻田氨挥发损失。此外，研究结果还表明，硝化抑制剂添加下可以大幅减少氮素用量，180 kg N/hm² 氮肥用量耦合硝化抑制剂添加处理与 240 kg N/hm² 氮肥用量的水稻产量相当。

3. 硝化抑制剂在长江中下游菜地上的应用

南京农业大学开展了不同硝化抑制剂添加对菜地 N_2O、NO 和 NH_3 排放及产量等的影响研究，动态观测了四种典型菜地土壤（红壤、褐土、潮土、黑土）下添加 2-氯-6-三氯甲基吡啶（N+CP）和双氰胺（N+DCD）后连续 5 季蔬菜（苋菜、苋菜、空心菜、菠菜和香菜）生长过程中三种活性气态氮（N_2O、NO、NH_3）的排放和蔬菜产量。同时在南京连续动态监测了集约化蔬菜大棚内施用三种不同硝化抑制剂：2-氯-6-三氯甲基吡啶处理（CP）、双氰胺（DCD）和 3,4–二甲基吡唑磷酸盐（DMPP）后的 8 季蔬菜的产量及 N_2O 排放情况，其中，CP、DCD、DMPP 用量分别为尿素用量的 0.5%、5% 和 1%，与氮肥充分混匀后均匀施入土壤中，在 0～20 cm 深度土层翻耕混匀，所有处理氮磷钾用量相同。

1）对土壤性质的影响

盆栽试验结果表明，施用硝化抑制剂显著影响了土壤无机氮的含量（$P<0.05$）（表7-20）。总体而言，硝化抑制剂的施用增加了各菜地土壤的 NH_4^+-N 含量，增幅范围为 0.3%～41.1%，同时降低了 6.3%～34.4% 的 NO_3^--N 含量。施用硝化抑制剂后，四种菜地土壤 pH 有一定程度的增加，但并未到达显著水平。硝化抑制剂的施用增加了土壤 EC 值，这种促进作用在红壤和褐土中达到显著水平（$P<0.05$）。此外，施用硝化抑制剂显著增加了潮土和黑土的微生物量碳含量，而在一定程度上降低了红壤和褐土的微生物量碳含量（$P>0.05$）。总体而言，施用硝化抑制剂后四种菜地土壤理化性质变化规律基本保持一致。

表 7-20　2015～2016 年五季蔬菜轮作后各处理土壤理化性质-土壤盆栽试验

	处理	NH_4^+-N /(mg/kg)	NO_3^--N /(mg/kg)	pH	EC /(dS/m)	微生物量碳 /(mg/kg)
红壤	N	54.33±11.56b	1044±95a	4.26±0.04a	1.76±0.21a	756.02±62.40a
	N+CP	76.67±10.60a	843±119a	4.31±0.04a	1.83±0.21a	729.97±95.64a
	N+DCD	59.61±6.42ab	976±56a	4.26±0.04a	1.93±0.19a	706.82±81.46a
褐土	N	50.89±2.59a	812±74a	7.53±0.02a	1.73±0.06a	753.29±57.49a
	N+CP	54.42±9.50a	761±86a	7.60±0.02a	1.83±0.07a	713.33±80.83a
	N+DCD	58.45±8.38a	654±84a	7.60±0.07a	1.86±0.13a	681.43±53.20a

续表

处理		NH_4^+-N /(mg/kg)	NO_3^--N /(mg/kg)	pH	EC /(dS/m)	微生物量碳 /(mg/kg)
潮土	N	56.22±4.27a	302±87a	7.65±0.10a	0.78±0.06a	678.41±27.93a
	N+CP	56.38±6.44a	198±22a	7.67±0.02a	0.78±0.03a	699.20±21.46a
	N+DCD	58.39±5.54a	241±42a	7.66±0.04a	0.81±0.06a	697.75±18.89a
黑土	N	53.67±2.35a	300±34a	6.91±0.05a	0.77±0.05a	906.84±94.39a
	N+CP	58.70±4.09a	287±33a	6.92±0.04a	0.75±0.05a	1038.01±84.94a
	N+DCD	57.50±3.34a	249±19a	6.95±0.03a	0.82±0.03a	1109.92±196.70a
双因子方差分析（ANOVA results）						
土壤		n.s.	***	***	***	*
硝化抑制剂		**	**	n.s.	n.s.	n.s.
交互		*	n.s.	n.s.	n.s.	n.s.

注：同一列后标识不同字母表示差异显著（$P<0.05$）；***显著性 $P<0.001$；**显著性 $P<0.01$；*显著性 $P<0.05$；n.s.表示差异不显著。

2）对蔬菜产量的影响

盆栽试验结果表明，四种土壤类型下蔬菜总产量差异显著，黑土蔬菜总产量最高，潮土和红壤蔬菜产量次之，褐土蔬菜产量最低。与氮肥处理相比，氮肥配施硝化抑制剂增加了四种菜地土壤蔬菜总产量 0.8%～21.5%，两种类型硝化抑制剂的作用效果无显著差异。

田间试验结果表明，连续 8 季蔬菜种植过程中，各处理的蔬菜总产量有所差异（图7-20）。DCD 处理蔬菜总产量高达 436.72 t/hm²，对照 CK 处理产量最低。与常规尿素 N 处理相比，硝化抑制剂 CP 和 DCD 处理显著增加了 16.2% 和 18.4% 的蔬菜产量，分别增加蔬菜产量 50.87 t/hm² 和 59.22 t/hm²，DMPP 处理增产 9.2%，增产效果不显著（$P<0.05$）。

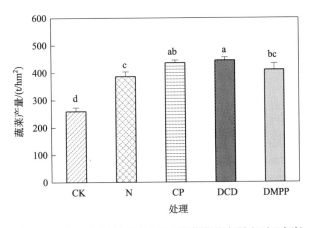

图 7-20　不同硝化抑制剂处理下的蔬菜总产量（田间试验）

3）对菜地 N_2O、NO 和 NH_3 排放的影响

盆栽试验结果表明，施用硝化抑制剂显著影响菜地土壤 N_2O、NO 和 NH_3 累积排放

量，且在不同土壤中作用效果不一致(表 7-21)。与氮肥处理相比，氮肥配施硝化抑制剂显著降低了褐土和潮土 N_2O 累积排放量，降低幅度平均分别为 57.6%和 38.4%；而硝化抑制剂的施用未显著影响红壤和黑土 N_2O 累积排放。与 CP 相比，施用 DCD 能够进一步降低除红壤外的其余菜地土壤 N_2O 累积排放量 12.1%~22.3%。连续 5 季蔬菜种植过程中，不同土壤 NO 累积排放量差异显著。红壤各处理 NO 累积排放量较高，潮土累积排放量相对较低。与氮肥处理相比，氮肥配施硝化抑制剂能够显著降低褐土和潮土 NO 累积排放量，平均减排幅度为 75.6%和 52.1%；同时增加潮土对 NO 的吸收。与 N+CP 处理相比，N+DCD 处理能够进一步降低除红壤外的其余三种土壤 NO 累积排放量。褐土和潮土 NH_3 累积排放量较高，红壤排放量较低，黑土排放量居中。施用硝化抑制剂在不同程度上促进了土壤 NH_3 挥发，增加幅度为 3.2%~44.6%。具体而言，硝化抑制剂的施用能显著降低褐土和潮土 N_2O 排放和红壤 NO 排放，从而表明硝化抑制剂的作用效果受土壤类型的影响。施用硝化抑制剂对 NH_3 排放的促进作用在黑土中较为明显，可能与显著降低硝化过程有关。此外，硝化抑制剂施用后，菜地土壤 NO+N_2O 累积排放减少量与 NH_3 挥发增加量呈现显著的正相关关系，表明硝化抑制剂在延缓硝化过程中增加了 NH_3 损失的风险。从环境效益和农学效益综合考虑，施用硝化抑制剂能够显著影响中国集约化菜地土壤活性气态氮排放强度，其减缓效应在褐土和潮土中达到显著水平，两种硝化抑制剂作用效果差异不显著。

表 7-21 不同菜地土壤各处理 N_2O、NO 和 NH_3 总排放量、蔬菜总产量和活性气态氮排放强度(盆栽试验)

土壤	处理	N_2O 总排放量/(kg N/hm²)	NO 总排放量/(kg N/hm²)	NH_3 总排放量/(kg N/hm²)	总产量/(t/hm²)	活性气态氮排放强度/(t/hm²)
红壤	N	24.26±2.50a	8.70±0.87a	5.02±0.23a	35.20±2.52a	1.09±0.15a
	N+CP	22.11±1.93a	6.62±1.16b	5.29±0.34a	35.51±2.10a	0.96±0.10a
	N+DCD	22.53±0.79a	9.03±0.85a	5.18±0.3a	36.90±1.27a	1.01±0.01a
褐土	N	6.22±0.79a	1.27±0.15a	6.88±0.49b	24.71±2.90a	0.58±0.03a
	N+CP	2.85±0.44b	0.36±0.12b	9.46±1.68ab	26.93±1.50a	0.47±0.05b
	N+DCD	2.42±0.24b	0.26±0.05b	9.95±1.96a	26.33±1.91a	0.48±0.06b
潮土	N	2.05±0.29a	0.20±0.08a	6.64±0.51b	39.09±2.03b	0.23±0.02a
	N+CP	1.42±0.12b	−0.26±0.22b	7.66±0.57b	47.48±4.62a	0.19±0.02b
	N+DCD	1.10±0.12b	−0.47±0.04b	9.36±0.83a	45.94±3.40ab	0.22±0.02ab
黑土	N	5.66±1.39a	0.97±0.11a	5.95±0.36b	75.65±5.84a	0.17±0.03a
	N+CP	5.56±0.63a	0.53±0.07b	7.1±0.58ab	85.27±8.03ab	0.16±0.01a
	N+DCD	4.89±0.68a	0.40±0.10b	7.12±0.22a	88.97±4.16a	0.14±0.01a

注：同一列数据后不同小写字母表示在每种土壤中差异显著($P<0.05$)。

施用硝化抑制剂显著影响活性气态氮排放强度。与氮肥处理相比，氮肥配施硝化抑制剂显著降低了褐土和潮土活性气态氮排放强度，降低幅度平均分别为 18.1%和 10.9%；施用硝化抑制剂后，红壤和黑土活性气态氮排放强度呈降低趋势，但都未达到显著水平。

在四种菜地土壤中，硝化抑制剂类型对活性气态氮排放强度影响差异不显著。四种土壤活性气态氮强度组成不同，在红壤中，N_2O 排放强度比重较高，在褐土和黑土中 N_2O 排放强度和 NH_3 排放强度较高，而潮土中 NH_3 排放强度比重最大。

田间试验结果与盆栽试验结果基本一致。硝化抑制处理显著降低了 N_2O 的排放系数（图 7-21），N、CP、DCD 和 DMPP 四个处理的排放系数分别为 1.92%±0.09%、0.75%±0.05%、0.95%±0.10%、1.39%±0.03%，CP 处理降低程度最高（$P < 0.05$）。这主要是因为施用硝化抑制剂能够有效抑制 NH_4^+-N 向 NO_3^--N 氧化，显著降低 N_2O 排放系数，减少 N_2O 排放，其减排效果 CP>DCD>DMPP。硝化抑制剂在菜地应用中具有特殊性，硝化抑制剂的作用效果受土壤温度、土壤含水量的影响。

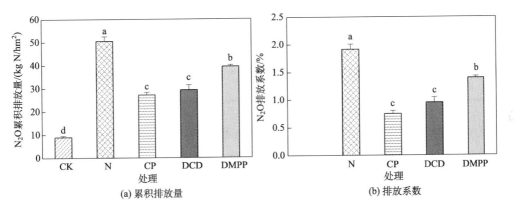

图 7-21　不同硝化抑制剂处理菜地 N_2O 累积排放量和 N_2O 排放系数（田间试验）

不同字母代表处理间差异统计显著，下同

整个试验期内各处理单位产量 N_2O 排放量范围为 0.035～0.131 kg N/t。CP、DCD 和 DMPP 处理单位产量 N_2O 排放量都显著低于单施尿素 N 处理，就单位产量 N_2O 排放量而言，CP 处理效果最好，可以减少单位产量 53.7% 的 N_2O 排放量（图 7-22）。硝化抑制剂 CP、DCD 和 DMPP 可以在增加蔬菜产量的同时减少 N_2O 的排放。

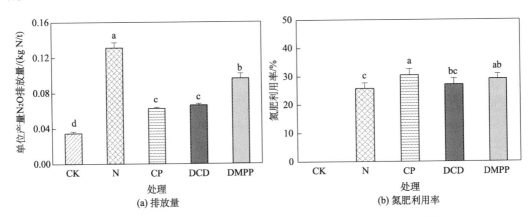

图 7-22　不同处理菜地单位产量 N_2O 排放量和氮肥利用率（田间试验）

相同小写字母表示在 $P > 0.05$ 水平上处理之间差异不显著

4) 对菜地氮肥利用率及氮淋失等的影响

田间试验结果表明，在整个观测期内，CP、DCD 和 DMPP 分别增加氮素利用率达 17.7%、5% 和 12.3%（图 7-22），这也间接证明了氮素损失的降低。前人研究发现，施用硝化抑制剂能够将氮肥以氨态氮形式长时间保留在土壤中，从而减少土壤硝态氮淋溶和反硝化损失。硝化过程被抑制后，施用的氮肥将以 NH_4^+-N 的形式保持在土壤中，避免 NO_2^- 或 NO_3^--N 剧增，起到减少 NO_2^- 和 NO_3^- 径流和淋溶损失，以及减缓 N_2O 排放的作用。通过整合 62 项研究发现，施用硝化抑制剂能提升土壤 pH 0.23 个单位，显著增加土壤 NH_4^+-N 浓度 41%（24%～60%），同时能够降低 NO_3^--N 浓度 41%（33%～48%），最终降低无机氮淋溶达 48%。本研究盆栽试验也发现施加硝化抑制剂后土壤氨态氮含量增加，土壤硝态氮含量降低。在施肥量为 650 kg N/hm^2 的菜地中通过淋溶损失的 NO_3^--N 达到了 20.2～24.4 kg N/hm^2，施用硝化抑制剂能降低蔬菜地土壤 NO_3^--N 淋溶损失 36%～58%。通过对 151 项试验整合分析表明，施用硝化抑制剂能够减少农田土壤无机氮的淋溶和径流损失分别为 13.6%～37.3% 和 15.5%～45.0%。

5) 小结

施用硝化抑制剂下，菜地土壤 $NO+N_2O$ 累积排放减少量与 NH_3 挥发增加量呈显著正相关关系，表明硝化抑制剂在延缓硝化过程中增加了 NH_3 挥发损失风险；同时施用硝化抑制剂将氮肥以氨态氮形式长时间保留在土壤中，从而减少硝态氮淋溶和反硝化损失，在菜地面源污染防控中将起重要作用。本研究的大田观测结果显示，硝化抑制剂 CP、DCD 和 DMPP 均可以增加蔬菜产量，减少 N_2O 排放，增加氮素利用率。盆栽试验结果显示，硝化抑制剂施用后减少了 N_2O 排放但增加了氨排放，其减缓效应主要受土壤类型影响，不同种类硝化抑制剂的作用效果差异也显著。硝化抑制剂种类不同，作用效果也有所差异，受土壤温度、土壤含水量的影响，今后应在我国不同区域开展大田应用的实际观测研究。

7.2　农业面源污染防控的新环境材料研制

即使采用了化肥源头减量措施，仍然有一部分氮磷会不可避免地随着径流等排到田外。如何在农田排水到达河湖之前对其中的氮磷进行有效去除净化，是面源污染防控的一个重要内容。近年来，新型高效脱氮除磷材料在低污染水体中的应用成为研究热点。其中吸附法主要利用吸附材料与污水中的氮/磷之间进行物理吸附、配位体交换或表面沉淀等反应，对水中低浓度氨氮和磷酸盐的去除表现出了良好的性能，因具有操作简单、高效、可回收等优点而被广泛应用。吸附氨氮的常见环境材料为黏土矿物，包括沸石、蒙脱石、高岭土、珍珠岩、硅石、凹凸棒土等（Bhatnagar and Sillanpaa, 2011; Rozic et al., 2000）。除了吸附法外，水体中的氨氮还可通过光催化氧化技术来降解去除。光催化氧化技术直接利用太阳能，促使氨氮发生一系列氧化还原反应，最终降解生成氮气和水（Lee, 2003; Lee et al., 2002），具有能耗低、操作简单、条件温和、绿色无二次污染等优点，在水中氨氮的去除方面具有良好的应用前景。常用的水体氨氮光催化材料有 TiO_2、ZnO、CdS、Fe_2O_3 等。

去除水体中硝氮的吸附剂主要有天然黏土矿物吸附剂、炭基材料吸附剂、农业废物吸附剂、工业废物吸附剂和生物吸附剂等(Bhatnagar and Sillanpaa, 2011)。此外,水体中的硝氮还可通过化学还原法去除,即采用某些金属如 Zn、Fe、Mg 和 Al 等及其化合物,将硝氮还原为氨氮、氮氧化物或氮气(Murphy, 1991; Yang and Lee, 2005)。磷吸附剂种类众多,包括纤维素、天然黏土矿物、水合金属氧化物、活性炭、改性黏土等,一些工业副产物和生物废弃物等也可作为磷的吸附剂使用,Fe 和 Al 的氧化物和氨氧化物及稀土金属对水中磷酸盐具有极强的选择吸附性。目前市场上应用于水处理的环境材料大部分为天然矿物材料(沸石等)、活性炭、TiO_2、铁基材料和镧系材料,但这些材料在农业面源污染治理方面还处于起步阶段,而且经过功能化改性的新型环境材料还未投入实际应用。

随着纳米技术的快速发展,纳米尺度的环境材料成为当下的研究热点。颗粒尺寸细微化使得纳米材料具有量子效应、小尺寸效应和表面特性等多种性能,这些性能赋予纳米材料较强的吸附和催化活性,能够有效去除废水中的氮磷。项目围绕着富营养化水体中氮磷的净化处理,根据吸附、催化等氮磷去除方式,将传统的吸附材料包括沸石、无机矿物和炭基材料等与新兴纳米吸附、催化材料相结合,研发了几种对氨氮、硝氮和磷酸根有良好去除效果的环境材料(图 7-23)。

图 7-23　脱氮除磷环境材料

7.2.1　水体中净化氨氮的环境材料

1. 改性沸石的制备

天然沸石是一种阴离子型架状结构的铝硅酸盐矿物,其基本结构是硅氧四面体和铝氧四面体,硅(铝)氧四面体不同的连接方式直接导致沸石结构中出现大量孔穴和孔道,使得其具有极大的比表面积(Zhao, 2016),因而对氨氮有良好的选择吸附性。但天然沸石在形成过程中孔道分布不均匀,彼此之间的相互连通程度也较差,为了提高天然沸石的阳离子交换特性,需对天然沸石进行改性处理。目前常用的改性方法有热改性、酸改性、碱改性和盐改性等。项目采用 NaOH 对天然沸石进行水热改性,将沸石浸泡于 0.4 mol/L 的 NaOH 溶液,在 60℃恒温水浴内老化 2 d,80℃烘干,即可得到改性沸石(图 7-24)。通过碱改性处理改善了沸石的表面性质,比表面积增加,阳离子可以提高对 NH_4^+ 的吸附量。

图 7-24　NaOH 改性沸石的电镜照片

2. TiO₂ 和 ZnO 复合光催化材料的制备

光催化氧化降解氨氮的机制主要是紫外光照射在催化剂表面(主要为 TiO₂ 和 ZnO)后,产生具有高活性的光生电子 e^- 和光生空穴 h^+,与吸附在催化剂表面的 H_2O、—OH 等发生反应生成具有强氧化性的羟基自由基·OH,光生空穴本身也具有很强的氧化能力,可以促使氨氮发生一系列氧化还原反应,最终降解成氮气和水(Lee, 2003; Lee et al., 2002)。

TiO₂ 和 ZnO 具有良好的氨氮降解能力,但应用于水处理时,存在易团聚、分散性差和难以重复利用等不足,目前主要是对其进行负载、离子掺杂等改性方法来制备复合材料,以提高其光催化能力。项目采用水热法制备了 TiO₂ 和 ZnO 光催化剂,分别以聚合物、石墨烯和生物炭为载体,以 Cu 离子为掺杂剂,获得了一系列具有稳定光催化能力的氨氮处理材料:ZnO-PMMA、Cu-ZnO-GO 和 TiO₂/生物炭复合材料。

ZnO-PMMA 的制备方法如下:以一定量的硫酸钛/硝酸锌和尿素为反应前驱体,在密封的压力容器内,以水作为反应介质,利用高温高压的反应条件,使 TiO₂ 和 ZnO 晶体从溶液中析出生长。聚甲基丙烯酸甲酯(PMMA)作为一种无毒环保的热塑型材料,耐碱、耐酸,具有良好的化学稳定性,同时具有质轻、价廉、易于成型等优点,能够透过73.5%的紫外光。项目选用 PMMA 为黏附载体,采用简单的热黏固法,使 PMMA 与纳米 ZnO 结合形成 ZnO-PMMA 复合材料(张婉等,2017),通过 PMMA 负载,能够改善纳米 ZnO 的分散性和光学性能,所制得的纳米 ZnO 为六方晶系纤锌矿结构,尺寸为 200～400 nm,均匀分布于 PMMA 微球表面(图 7-25),而且以 PMMA 大颗粒微球作为载体,使原本离心才可分离回收的纳米 ZnO 通过简单的过滤即可得到,解决了催化剂回收难的问题。

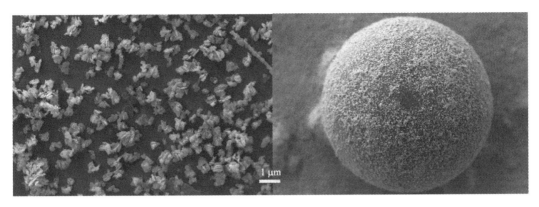

图 7-25　ZnO-PMMA 扫描电镜图

Cu-ZnO-GO 的制备如图 7-26 所示:采用二步水热法,以醋酸锌、硝酸铜和醋酸钠为前驱体,加入 KOH 溶液,将混合液装入水热反应釜中,120℃下恒温反应 10 h,获得金属元素 Cu 掺杂 ZnO 晶格形成 Cu-ZnO 复合材料,使原先一步激发的电子跃迁变为多步激发,从而令 ZnO 的光吸收范围向可见光波段延伸,光催化活性因而提高。在此基础上,将所得产物(Cu-ZnO)与氧化石墨烯(GO)混合,160℃下恒温水热反应 10 h,在 Cu-ZnO 结构中进一步引入 GO,形成 Cu-ZnO-GO 复合材料(He et al., 2018),GO 不仅具

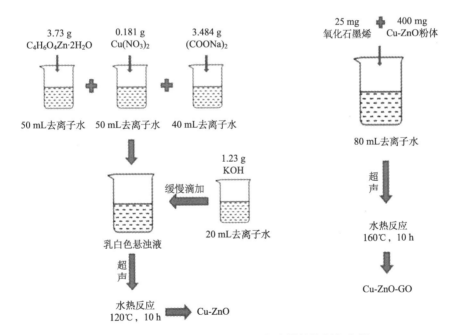

图 7-26　Cu-ZnO 和 Cu-ZnO-GO 复合材料的制备流程

有极高的电子迁移率和电导率,还具有独特的光学性能,可利用其降低 ZnO 电子–空穴的复合速率,提高氨氮的降解效率。所得材料的表征结果(图 7-27)显示 Cu 的掺杂迅速增强了 ZnO 在可见光范围的响应,GO 的加入使 ZnO 能带隙降低,光吸收范围红移,光催化的波长范围扩大到了可见光,光催化性能增强。

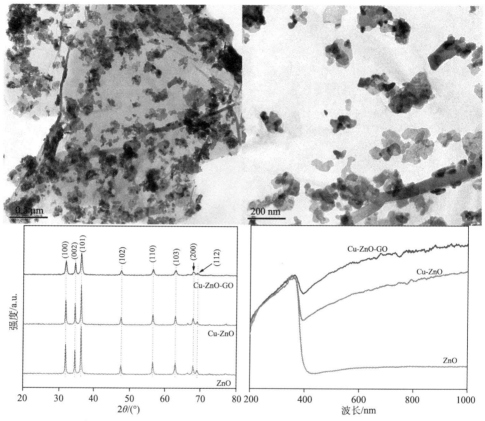

图 7-27   Cu-ZnO 和 Cu-ZnO-GO 复合材料的形貌和光学性质表征

TiO$_2$/生物炭复合材料的制备:以生物炭为载体,以硫酸钛、尿素为前驱体,通过水热法 180℃恒温反应 10 h,干燥后可以获得 TiO$_2$/生物炭复合材料(张梦媚等,2017),结果发现通过生物炭的负载,可以明显改善 TiO$_2$ 的分散性和稳定性,如图 7-28 所示,TiO$_2$ 均匀附着在生物炭的表面及孔道里,粒径在 200~300 nm,团聚程度低,分散度好,说明光催化性能得到提高。

图 7-28   TiO$_2$/生物炭复合材料电镜照片

3. 对水体中氨氮的去除效果

ZnO-PMMA 能够有效地催化去除废水中的氨氮，当 ZnO∶PMMA=5∶1 时，在紫外光照射作用下，催化剂用量为 1.0 g/L，初始 pH=12.0，温度 30℃，光照 4 h，氨氮去除率可达 33 mg/g。其反应动力学符合准一级反应，表观速率常数随初始氨氮浓度的增加而减小（图 7-29）。

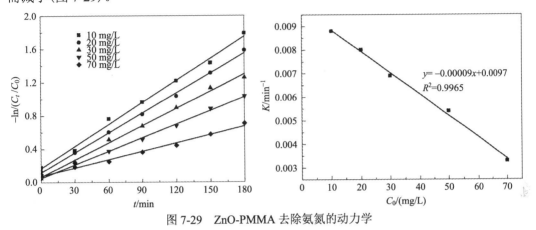

图 7-29　ZnO-PMMA 去除氨氮的动力学

TiO$_2$/生物炭复合材料具有良好的氨氮降解能力，在紫外光照射下，当 TiO$_2$ 负载量为 20%，催化剂用量为 1.5 g/L，水样初始氨氮浓度为 50 mg/L，pH=11.0，温度为 60℃，光照 120 min 时，氨氮去除率可达 100%，常温下也可以达到 70% 以上（图 7-30）。

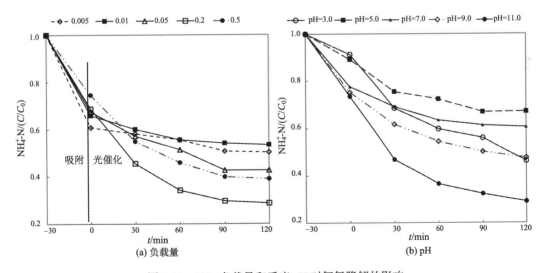

图 7-30　TiO$_2$ 负载量和反应 pH 对氨氮降解的影响

Cu-ZnO-GO 在可见光下也具有良好的光催化降解氨氮性能，对氨氮去除率可达 40 mg/g，与紫外光作用下的效果相近。说明 Cu 的掺杂和 GO 的负载拓展了光响应，让 ZnO 的光吸收范围向可见光波段延伸；降低了电子-空穴的符合速率，改善了 ZnO 的分散性，提高了其降解效率(图 7-31)。

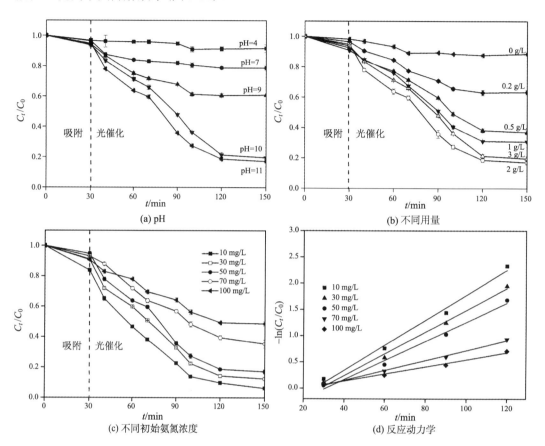

图 7-31　Cu-ZnO-GO 在不同 pH、不同用量和初始氨氮浓度下的氨氮降解能力及反应动力学

可以看出，改性沸石和光催化复合材料对氨氮均有较好的去除效果，其中改性沸石吸附法除氨氮能力略低于光催化法，但其操作简单、吸附氨氮后材料可以还田再利用，具有实际循环应用前景；而光催化法除氮更有效且彻底，通过负载和掺杂的手段进一步提高了其光催化性能，在自然光下可以分解氨氮，并且氨氮降解的产物基本为氮气，能耗低、操作简单、绿色无二次污染，对脱除水中氨氮具有十分重要的意义。不同环境材料对氨氮的去除效果见表 7-22。

表 7-22　不同环境材料对氨氮的去除效果

材料	氨氮去除能力/(mg/g)
碱改性沸石	19.29
TiO_2	22.5(紫外光照)
TiO_2-生物炭	35(紫外光照)
ZnO	19(紫外光照)
ZnO-PMMA	33(紫外光照)
Cu-ZnO-GO	40(可见光照)

7.2.2　水体中净化硝氮的环境材料

1. 负载型纳米零价铁复合材料的制备

铁粉来源广泛，价格低廉，具有还原能力强和环境友好的特点，常被用作还原剂脱除水中硝酸盐氮。相比普通铁粉，达到纳米级的零价铁粒径小、比表面积大、反应活性高，优势更加明显。人工合成的纳米铁颗粒的比表面积是细铁粉(粒径<10 μm)的37倍(Wang and Zhang, 1997)，欧美国家用纳米铁作为可渗透性反应墙(PRB)的填充材料，成功应用于地下水硝酸盐超标的原位修复。纳米铁作为还原剂还原硝酸盐的主要反应式如下。

酸性条件下：

$$NO_3^- + 4Fe^0 + 10H^+ \longrightarrow NH_4^+ + 4Fe^{2+} + 3H_2O$$

中性条件下：

$$NO_3^- + 2.82Fe^0 + 0.75Fe^{2+} + 2.25H_2O \longrightarrow NH_4^+ + 1.19Fe_3O_4 + 0.50OH^-$$

在零价铁去除硝酸盐体系中，Fe^0和反应中间产物Fe^{2+}都可作为还原剂，将水体中的硝酸盐还原成NH_4^+、NO_2^-或N_2，Fe^0被氧化为Fe^{2+}、Fe^{3+}，在中性或碱性条件下生成$Fe(OH)_2$和$Fe(OH)_3$。由于零价纳米铁(nZVI)存在不稳定，易氧化、团聚，回收困难和还原产物中氨氮含量高等问题，在应用中有一定的局限性。主要的解决方法是开发nZVI的支撑材料，将其限域于有序的介孔材料中，制备新型吸附-还原环境功能材料，不但可以降低nZVI的氧化速率，同时负载材料一般具有强吸附性，可增加纳米材料反应位点的局部浓度，从而增强反应的驱动力，提高对硝氮的还原效率并实现颗粒的重复利用。常用的载体材料有活性炭、沸石、硅藻土、螯合树脂、纳米石墨烯和生物炭等。研究表明，负载型nZVI复合材料具有多种优势，对硝酸盐还原效率高于nZVI，在中性pH条件下硝酸盐还原效率较高(Khalil et al., 2017; Moradi et al., 2017)。

项目以硅藻土(或者生物炭、树脂)为载体，二价铁盐为前驱体，$NaBH_4$溶液为还原剂，通过原位液相还原法，制备了负载型的纳米零价铁。结果(图7-32)显示，纳米铁颗粒存在于载体上，均匀分布且分散，其中一部分负载在其表面，另外一部分镶嵌在载体的孔隙内，且粒径小于100 nm。电镜结果表明，通过负载可以解决纳米铁易团聚和不稳定的问题。

2. 负载型纳米零价铁对硝氮的去除效果

纳米零价铁-硅藻土复合材料对水体硝氮有良好的去除效果(图7-33)，在合适的铁负载量(Fe^{2+}:硅藻土=0.2:1)时，常温下对硝氮的去除可达36.3 mg/g，其反应过程符合准一级反应动力学方程，并且具有重复利用的能力，循环使用3次均可保持较好的硝氮去除性能。

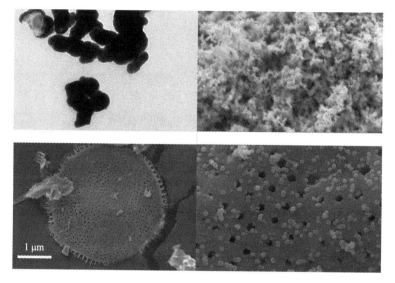

图 7-32　纳米零价铁与硅藻土负载纳米零价铁的电镜照片

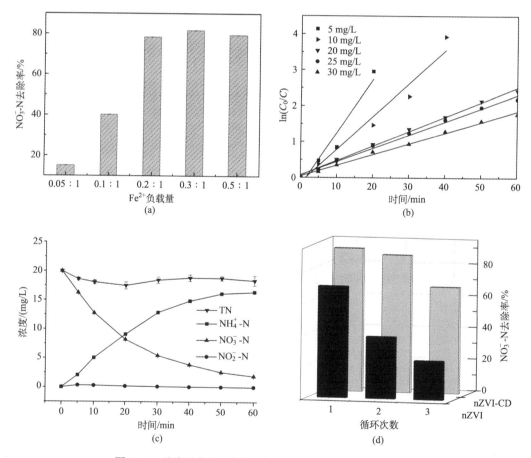

图 7-33　纳米零价铁-硅藻土复合材料对水体硝氮去除性能

以生物炭和树脂为载体，通过原位还原法分别制备了零价铁-生物炭、零价铁-树脂零价铁-硅藻土复合材料，如表 7-23 所示，负载型零价铁材料都体现了良好的硝氮还原能力，对硝氮的去除量都可以达到约 30 mg/g。但发现零价铁需要进一步稳定，而且还原产物主要为氨氮，如何进行调控，使硝氮转化为氮气，是需要进一步解决的问题。

表 7-23　负载型纳米零价铁去除硝氮性能

材料	硝氮去除能力/(mg/g)
零价铁	28.2
零价铁-生物炭	36.3
零价铁-树脂	35
零价铁-硅藻土	29.1

7.2.3　除磷环境材料

磷是不可再生资源，所以吸附法是实现磷回收的最有效、经济的方法。吸附材料与磷发生物理吸附、配位体交换或表面沉淀等作用从而去除水体中的磷酸盐(Li et al., 2016; Loganathan et al., 2014)。吸附法除磷效率高，还可以通过进一步的解吸、再生处理实现磷资源和吸附剂的回收，从而部分解决天然磷矿储量耗尽导致未来磷资源稀缺的问题。探究高选择性、高吸附容量和低成本的吸附剂是该领域研究的主要目标。铁、铝、锰的氧化物和锆、镧等稀土金属氧化物对水中磷酸盐具有极强的选择吸附性而被较多研究，其表面羟基可与磷酸根之间进行配体交换形成内配位络合物，并且稀土金属的配位作用更强。通过多孔载体材料负载纳米吸附剂，可以有效提高吸附材料的稳定性。因此，La、Fe 等金属及其氧化物与多孔载体形成复合材料在含磷废水的处理领域将有优异的应用前景。

1. 除磷吸附材料的制备

项目通过表面改性和载体负载的方法，开发了纳米 Fe_3O_4 和 $La(OH)_3$ 系列除磷吸附剂(He et al., 2017; 胡小莲等, 2017, 2018)。纳米材料的表面改性剂选用高阳离子密度的材料聚乙烯亚胺(PEI)，通过空间位阻效应提高除磷材料的分散性即稳定性，同时 PEI 丰富的氨基基团增加了正电荷密度，可以显著提高磷酸盐的去除效果。载体材料选择生物炭和沸石，生物炭来源于废弃物资源，具有较大的比表面积、丰富的空隙结构和官能团，在作为吸附剂或者纳米材料的载体方面引起广泛关注；而沸石作为一种高比表面积的多孔材料，既是一类常见的吸附材料，又是提高纳米材料分散性的理想载体之一。

除磷吸附剂的制备方法比较简单，PEI-Fe_3O_4/La(OH)$_3$ 是将 PEI 与前驱体铁盐和镧盐(Fe^{3+}、Fe^{2+} 和 La^{3+})按一定比例混合，加入氨水，通过一步共沉淀的方法，制备出 PEI 改性的磁性纳米吸附剂 PEI-Fe_3O_4/La(OH)$_3$(宋小宝等, 2020)。这种制备方法操作简单，材料的分散性和稳定性良好，PEI-Fe_3O_4/La(OH)$_3$ 复合材料呈短棒状，长度为 205 nm 左右，直径为 50 nm 左右，表面正电荷增强(图 7-34)。此外，项目还以生物炭和沸石为载体，负载 $Fe_3O_4/La(OH)_3$，其制备方法为：3 种前驱体离子 Fe^{3+}、Fe^{2+} 和 La^{3+} 按一定比例与载体材料充分混合后，加入氨水，通过共沉淀方法在 80℃ 下反应一定时间，获得 $Fe_3O_4/La(OH)_3/$生物炭（FLB）和 $Fe_3O_4/La(OH)_3/$沸石（FLZ），将制得的产品转入水热反应釜熟化一定时间，可以获得性质优良的吸附材料。电镜结果显示沸石和生物炭的表面负载了致密的纳米活性层 $[Fe_3O_4/La(OH)_3]$（图 7-35），有利于磷酸根形成配位体，具有良好的磷酸根吸附性能。

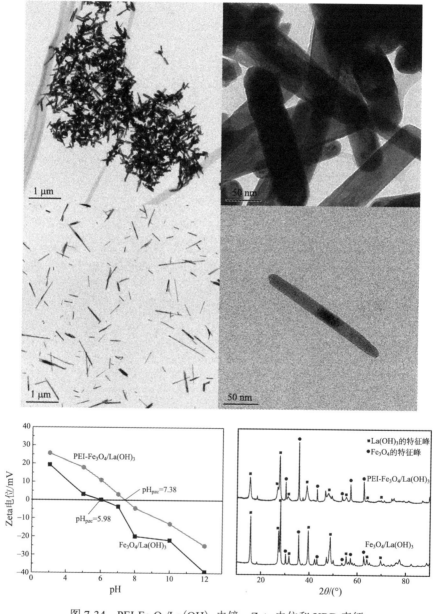

图 7-34　$PEI-Fe_3O_4/La(OH)_3$ 电镜、Zeta 电位和 XRD 表征

图 7-35　Fe$_3$O$_4$/La(OH)$_3$/生物炭(FLB)(左)和 Fe$_3$O$_4$/La(OH)$_3$/沸石(FLZ)(右)的电镜照片

2. 去除水体磷的效果

PEI-Fe$_3$O$_4$/La(OH)$_3$ 有良好的磷酸盐吸附性能，其饱和吸附量达到 87.52 mg/g，吸附行为符合朗缪尔(Langmuir)等温模型和准二级动力学模型，在竞争性离子(SO$_4^{2-}$、Cl$^-$和 NO$_3^-$)存在的水体中也表现出了良好的吸附性能。此外，材料在五次吸附-脱附过程中都保持了良好的磷酸盐去除率，并且在实际污水处理中性能优异，可以将环境中磷酸盐浓度从 0.86 mg/L 降低到 0.05 mg/L(图 7-36)。

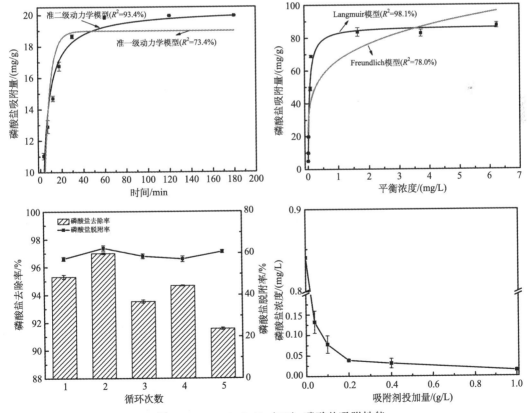

图 7-36　PEI-Fe$_3$O$_4$/La(OH)$_3$ 磷酸盐吸附性能

Fe₃O₄/La(OH)₃/生物炭对磷酸盐的最大吸附量为 100.61 mg/g，等温吸附试验表明其对于磷酸盐的吸附为单层均相吸附过程，其反应动力学更符合准二级动力学模型，表明磷酸盐吸附过程主要是化学吸附，材料在 pH 为 3～10 的模拟污水中、高浓度共存离子污水及实际污水中均表现出优异的吸附性能(图 7-37)。此外，吸附后的材料可在 1 mol/L 的 NaOH 溶液中脱附，脱附率可达 65% 以上，表现出一定的可再生性。

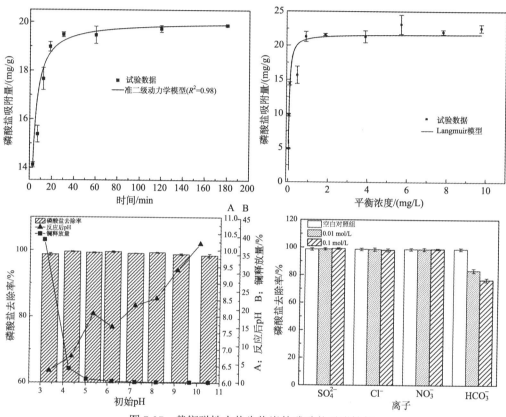

图 7-37 载镧磁性水热生物炭的磷酸盐吸附性能

表 7-24 为所研制的几种吸附剂的除磷性能，结果显示镧基材料体现了最佳的除磷能力，吸附量大(均在 87 mg/g 以上)，而且不受外界影响，在较广的 pH 范围内都有良好的吸附能力，其他共存离子都不影响其吸附磷酸根的能力；铁基材料也有良好的除磷性能，而且由于其具有磁性，有利于吸附剂和磷的回收再利用。

表 7-24 环境材料的除磷能力

材料	磷酸根去除能力/(mg/g)
Fe₃O₄/La(OH)₃/沸石	87.3
Fe₃O₄/La(OH)₃/生物炭	101.25
Fe₃O₄	18.26
PEI-Fe₃O₄	29.88
PEI-Fe₃O₄/La(OH)₃	87.52

7.3　农业面源污染防控中的新装备研发与应用

7.3.1　沼液浓缩装备

大型沼气工程中沼液产生量大且连续不断产生，若周边没有足够的农田消纳，或者长江中下游地区冬季不需要灌溉的情况下，沼液的处置利用将成为难题，直接排放会造成水体污染。为此，在项目资助下，浙江省农业科学院研发了沼液膜浓缩处理装备，对沼液进行浓缩后，利用浓缩液配置成液体肥料，上清液则经过生态湿地等净化后可达标排放，解决了沼液长距离运输难、只能就近消纳的问题，可实现沼液中养分的有效存贮及在农田的长距离输送。

1. 工作原理

沼液浓缩处理主要基于膜浓缩处理技术。当稀溶液和浓溶液被半透膜隔开时，稀溶液中的水分会自发流向浓溶液，使浓溶液一侧液面不断上升，直到液面差达到一定高度后静止不变，此现象即为浓度差推动的渗透现象，而两侧液面的静压差就是渗透压。倘若在浓溶液处施以大于该渗透压的压力，则浓溶液中的溶剂会向稀溶液一侧渗透，即为反渗透过程，这就是沼液浓缩处理技术的基本原理。

2. 沼液浓缩过程

沼液浓缩过程包括前处理过程和沼液膜浓缩过程。前处理过程包括分级过滤、自然沉淀和絮凝沉淀等技术，通过该过程，沼液原液中的漂浮物、粒径大于 1.0 mm 的悬浮固体等去除率可达到 60%~80%，COD 去除率达 20%~40%，可实现固液分离，重金属等有害物质得以有效清除。沼液膜浓缩过程包括超滤膜处理、纳滤膜处理、反渗透处理三个阶段。超滤膜系统采用孔径为 50 nm 的特种超滤膜组件进行处理，再通过纳滤膜、反渗透膜组件处理，产出的浓缩液可制作液体有机肥，透过的清液再经生态池处理可达到《畜禽养殖业污染物排放标准》（GB 18596—2001）。因此，利用膜浓缩反渗透原理，开展沼液膜浓缩处理对控制畜禽养殖废水污染物排放、减轻环境压力、实现农业废弃物资源化利用有良好效果。浙江嘉兴沼液浓缩示范工程絮凝与膜过滤装置见图 7-38。

图 7-38　浙江嘉兴沼液浓缩示范工程絮凝与膜过滤装置

工艺流程如图 7-39 所示。

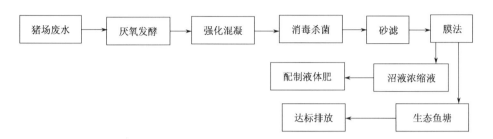

图 7-39　沼液浓缩工艺流程图

3. 沼液浓缩效果

沼液原液在浓缩过程中，铵氮含量总体呈增加趋势。浓缩 1～5 倍时铵氮含量迅速增加，当浓缩到 5 倍之后，浓缩液中铵氮含量增加的速度开始变慢；当浓缩到 7～8 倍时，浓缩液中铵氮含量呈现下降趋势，而透过液中铵氮含量的增加趋势变快。沼液浓缩液中全磷含量则随着沼液浓缩倍数的增加而不断增加，8 倍浓缩液全磷含量达到了沼液原液的 2 倍，沼液透过液的全磷含量一直保持在较低水平(图 7-40)。因此，沼液膜浓缩处理技术以浓缩 5 倍以内的沼液进行沼液肥配制较为经济适用。

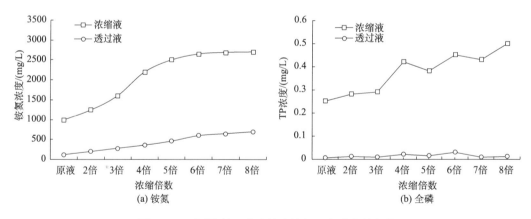

图 7-40　不同倍数沼液浓缩液铵氮及全磷含量变化

4. 沼液浓缩成本效益分析

以嘉兴科皇牧业为例，在日产出沼液 40 t 左右的情况下，建设日处理 50 t 沼液的装备，一次性投资成本约 134.4 万元，具体投入成本见表 7-25。主体设备寿命 10 年以上，膜每 3 年更换一次，每次更换费用是 20 万元，折合每吨水费 1.8 元。

表 7-25　膜浓缩制备液肥投资概算表

序号	设备名称	规格型号	单位	数量	价格/万元
1	沉淀池(含不锈钢筛网)	10 m×3 m×1.5 m		1	2.0
2	混凝沉淀一体化设备	2800 mm×2200 mm×2900 mm		1	4.5
3	原液泵	10 m³/h，扬程 30 m，3 kW	台	1	1.0
4	自清洗多介质过滤器	φ1200×2500	台	1	3.0
5	自清洗精密过滤器	304 不锈钢，40 in*，5 芯，5 μm	台	1	3.9
6	混凝系统阀件	304 不锈钢阀门	套	1	1.3
7	输配管	UPVC 管	套	1	0.7
8	连体式紫外灯管	1350 mm×300 mm×480 mm	支	3	3.0
9	灭菌罐	Φ800 mm×2000 mm	套	1	1.3
10	中间水箱	20 m³		3	3.0
11	产品罐	5 m³		1	0.3
12	超滤清洗罐	1 m³		1	0.1
13	水罐	1 m³		1	0.1
14	反渗透清洗罐	1 m³		1	0.1
15	进超滤膜原料泵	Q=20 m³/h，H=20 m	台	1	0.7
16	超滤清洗泵	Q=20 m³/h，H=15 m	台	1	0.3
17	输送泵	Q=2 m³/h，H=25 m	台	2	0.6
18	超滤反洗泵	Q=20 m³/h，H=15 m	台	1	0.3
19	进反渗透膜原料泵	Q=2 m³/h，H=40 m	台	1	0.7
20	清洗泵	Q=2 m³/h，H=40 m	台	1	0.4
21	反渗透高压泵	Q=5 m³/h，H=85 m	台	1	0.7
22	反渗透循环泵	Q=12 m³/h，H=30 m	台	4	1.2
23	换热器		台	2	1.0
24	超滤膜组件		支	3	15.0
25	反渗透膜组件		支	15	24.0
26	反渗透膜壳		支	3	2.4
27	保安过滤器	5 μm，20 m³/h	台	3	6.0
28	精密过滤器	1 μm，20 m³/h	台	1	2.0
29	保安过滤器	5 μm，2 m³/h	台	2	1.4
30	流量计		支	6	1.2
31	压力表		支	20	3.0
32	温度表		支	6	1.2
33	自动阀门		支	6	1.8
34	管配件		批	1	2.6
35	控制系统			1	5.0
36	支架			1	3.0

续表

序号	设备名称	规格型号	单位	数量	价格/万元
37	尾水排放泵		台	1	0.6
38	现场制作、安装调试			1	5.0
39	基建				30.0
	总计				134.4

*in 表示英寸，1 in=2.54 cm。

膜浓缩运行成本按每吨沼液 10 元(不含折旧费)计算,全年需要浓缩的沼液量为 15000 t,需要运行费用 15 万。形成 3000 t 浓缩液,每吨浓缩液相当于 7.5 kg 纯化肥,按价值 30 元计算;形成的沼液使用到半径 10 km 范围,运输费用按每千米 0.5 元计算,运输费用每吨平均不到 5 元,沼液浓缩液销售价定为 35 元/t,形成市场以后,3000 t 浓缩液价值 10.5 万,与运行费用达到平衡。

5. 沼液浓缩适用条件

沼液浓缩适用于养殖废水发酵后形成沼液的深化处理,用于浓缩的沼液最好是发酵充分、沉淀过滤、曝气氧化等预处理比较彻底的清洁沼液。如果需要将沼液浓缩液配制成平衡型或者专用型肥料,则必须配备反应釜、灌装机等肥料配制设备。田间应用则必须配备配送输液车辆管道、储存设施及灌溉系统。如果直接回用到农田,则周边必须有足够消纳的农田面积。例如,一个万头猪场年产的沼液浓缩液以氮含量计算相当于 60 t 左右的尿素,以种植稻-麦两茬作物为例,按每亩 60 kg 尿素用量、沼液替代化肥 50% 比例来计算,需要配置落实 2000 亩面积的农田。

7.3.2　蔬菜根际土壤水肥智能管控技术与装备

1. 工作原理

根际土壤水肥智能管控技术是以蔬菜高产的水肥吸收规律为基础,应用的传感技术和自动化控制技术对水肥用量进行智能管控,旨在从源头减少蔬菜体系的化肥用量,从过程控制蔬菜体系的化肥损失,降低由不合理施肥引起的面源污染风险。该技术在对作物根际的水分和养分分别进行实时监测的基础上,采取智能化决策和调控,实时调控根际土壤水分和养分含量,充分发挥出水肥耦合作用,达到控水减肥、降低面源污染风险等目标。

2. 装备构成及运行方式

根际土壤水肥智能管控技术装备由测墒自动灌溉装置、根际养分智能管控装置两方面的技术装备共同构成。测墒自动灌溉装置是利用改良版土壤墒情传感器实时监测作物根层土壤墒情的动态变化,并根据主要蔬菜作物的需水特性实时自动精准灌溉,达到提高水分利用效率等目标。根际养分智能管控装置以作物根际 EC 值为主要调控参数来驱动水肥一体化的动力施肥装置——变频施肥泵,从而实时调控根际土壤的施肥浓度和施肥量，可实现水肥供给与作物生长需求同步的数字化管理。

根际土壤水肥智能管控技术装备分别在根际土壤中安装水分传感器和 EC 值传感器，建立起实时监测和调控根际土壤墒情和 EC 值的水肥耦合系统，控制系统一方面根据水分传感器的信号进行测墒自动灌溉；另一方面根据根际土壤 EC 值传感器的信号做出实时调控灌溉水 EC 值的施肥管理决策。具体运行过程如下。

(1) 测墒自动灌溉装置系统根据土壤墒情传感器的信号指标和制定的灌溉管理决策自动启动，实时监测和调控土壤墒情。

(2) 测墒自动灌溉装置系统启动时，同时启动整个水肥智能管控设施如水泵、电磁阀及根际土壤 EC 值传感器、施肥管理决策装置等相关开关和阀门。

(3) 根际养分智能管控装置启动后，根际土壤 EC 值传感器监测并释放出实时 EC 值信号输入施肥管理决策装置。

(4) 施肥管理决策装置接收到根际土壤 EC 值的实时监测信号后，参照蔬菜生长适宜的标准值指标进行的编辑和处理，释放出管理灌溉水 EC 值的信号，反向调节灌溉水 EC 值。即当根际土壤 EC 值与蔬菜生长适宜的标准值一致时，释放出标准值的管理信号；当根际土壤 EC 值低于标准值时，释放出适当高于标准值的管理信号；当根际土壤 EC 值高于标准值时，就释放出适当低于标准值的管理信号；当根际土壤 EC 值过高，达到一定的阈值时，就直接关闭施肥阀阀门。

(5) 施肥管理决策装置释放的管理信号，作为灌溉水 EC 值的管理决策，变频调控施肥泵，自动调谐灌溉水的 EC 值，并将灌溉水输送到根际土壤，使根际土壤 EC 值调控到标准值指标的较小偏差范围内。

(6) 当土壤墒情传感器的信号达到灌溉上限，或测墒自动灌溉装置完成了灌溉周期的工作任务时，整个水肥智能管控设施自动关闭，等待下一个灌溉周期的工作任务。

3. 根际土壤水肥智能管控技术装备在蔬菜中的应用效果

1) 西芹

以广州市南沙区优势蔬菜种类西芹为对象，进行了单位面积上西芹的水肥管控模式和传统栽培模式的生产成本和经济效益情况比较和对比分析。如表 7-26 所示，水肥管控模式比传统栽培模式每亩节约灌溉水 17.4 t，节约成本 17.4 元，减少了 20.7%。传统栽培模式每亩用氮磷钾三元复合肥(15-15-15)45 kg，实际含量 20.25 kg，而水肥管控模式选用的灌溉专用液体肥(8-4-18)，每亩施 45 kg，实际含量 13.5 kg，比传统模式节肥 33.3%，节约肥料成本 90 元，减少了 33.3%。传统栽培模式需要灌溉和施肥的人工较多，水肥管控模式只需操作相关设备，比传统栽培模式节约人工成本 66.7%。尽管水肥管控模式增加了农业灌溉设备设施的成本，其设备及其安装工程费用的折旧成本约为每亩 500 元，但生产总成本(灌水成本+施肥成本+人工成本+设备折旧成本)仍低于传统模式。水肥管控模式植株长势壮旺，病虫害明显减少，产量增加 25.7%，提高产值 1085.3 元，增幅达 25.7%。此外，采用水肥管控模式的产品比传统栽培模式的商品性有较大的提高，其植株生长旺盛，收获的产品较大、较匀称，叶柄肥厚，如表 7-27 所示，产品价格普遍比传统栽培模式高 10%以上，但考虑到商品价格具有较大的波动性和收购商的主观性，还未计算品质提高所产生的附加值。最终水肥管控模式每亩增收节支1092.7元，增幅达33.4%。

表 7-26　每亩西芹水肥管控模式与传统栽培模式的生产成本和收益比较

栽培模式	灌水量		施肥量		人工		设备折旧费用/元	总成本费用/元	产量/kg	产值/元	效益/元
	用量/t	费用/元	用量/kg	费用/元	用量/人	费用/元					
传统栽培	84	84	20.25	270	6	600	0	954	4227.6	4227.6	3274
水肥管控	66.6	66.6	13.5	180	2	200	500	946.6	5312.9	5312.9	4366
增收节支	−17.4	−17.4	−6.75	−90	−4	−400	500	−7.4	1085.3	1085.3	1092.7
增幅/%	−20.7	−20.7	−33.3	−33.3	−66.7	−67	—	−0.8	25.7	25.7	33.4

表 7-27　西芹水肥管控模式与传统栽培模式的产品质量指标比较

处理	生长势	商品颜色	株高/cm	商品长度/cm	叶柄宽/cm	叶柄厚/cm	单株重/kg
传统栽培	较弱	心不够白	82	74	2.23	1.13	0.45
水肥管控	较强	心较白	83.3	75.7	2.27	1.57	0.51

2) 冬瓜

应用根际土壤水肥智能管控技术，在广州市三水区白坭镇开展了冬瓜的生产试验(图7-41)，进行了水肥管控模式和传统生产模式的生产成本和经济效益的比较和分析，具体如表 7-28 所示。水肥管控模式比传统栽培模式每亩节约灌溉水 23 t，节约成本 23 元，减少了 19.8%。传统栽培模式每亩用肥(氮磷钾合计)47.25 kg，而水肥管控模式每亩用肥 36 kg，比传统模式节约肥料用量 23.8%，肥料成本减少了 23.8%。传统栽培模式需要灌溉和施肥的人工较多，水肥管控模式只需操作相关设备，比传统栽培模式节约人工成本 50%。尽管水肥管控模式增加了农业灌溉设备设施的成本，设备及安装工程费用的折旧成本约为每亩 500 元，但生产总成本仍低于传统模式。且生产过程中水肥管控模式长势壮旺，病虫害明显减少，增加产量，提高产值 2250 元，增幅达 37.5%。传统栽培模式的冬瓜个头普遍较小，大小不均匀，外观相对较差，当时产品的收购价一般为 0.96 元/kg；而智能管控栽培的冬瓜个头结实硕大，大小匀称，表皮色泽良好(表7-29，图7-41)，该批

(a) 对照　　　　　　　　　　　　　　(b) 优化

图 7-41　冬瓜根际土壤水肥智能管控技术应用案例

表 7-28　冬瓜根际水肥智能管控技术应用增收节支效果

| 栽培模式 | 用水量 | | 施肥量(养分纯量) | | 人工 | | 设施 | 总成本 | 产量 | 产值 | 效益 |
	用量/(t/亩)	费用/(元/亩)	用量/(kg/亩)	成本/(元/亩)	/(人/亩)	/(元/亩)	/(元/亩)	/(元/亩)	/(kg/亩)	/(元/亩)	/(元/亩)
传统栽培	116	116	47.25	525	10	1000	0	1641	6000	6000	4359
智能管控	93	93	36	400	5	500	500	1493	8250	8250	6757
增收节支	−23	−23	−11.25	−125	−5	−500	500	−148	2250	2250	2398
增幅/%	−19.8	−19.8	−23.8	−23.8	−50	−50	/	−9	37.5	37.5	55

表 7-29　品质参数的调控效果

处理	单果重/kg	果形指数	光泽度	糖度	硬度	氮平衡指数	类黄酮指数	花青素指数
对照	9.2	3.0	14.3	1.81	1.66	796	4.03	0.5
优化	10.6	2.5	6.4	1.84	1.62	638	3.03	1.8

次的冬瓜实际收购价格达 1.16 元/kg,其生产效益比传统栽培模式有很大幅度提高,品质指标有明显提升,但考虑到产品价格具有波动性和收购商的主观性,收购价统一以 1.00 元/kg 计算。最终水肥管控模式每亩增收节支 2398 元,增幅达 55%。

水肥管控模式的水分利用效率(单位用水量的产量=蔬菜产量/用水量)为 88.7 g/kg,比传统栽培模式的 51.7 g/kg 提高了 37.0 g/kg,增幅为 71.5%。

水肥管控模式下化肥偏生产力(单位施肥量的蔬菜产量=蔬菜产量/施肥量)为 229.2 kg/kg,比传统栽培模式 127.0 kg/kg 提高了 102.2 kg/kg,增幅达 80.5%。

4. 蔬菜测墒自动灌溉生产模式应用案例

蔬菜生产需要消耗大量的灌溉水资源。珠江三角洲一带水资源丰富,但灌溉水资源状况比较复杂,季节性缺水和水质性缺水现象普遍存在。应用蔬菜测墒自动灌溉技术,适时适量满足蔬菜生长对水分的需求,在节约水肥资源、提高产量、增加效益、减轻劳动强度、保证产品质量等方面能起到重要作用。为此,选择了几个主要蔬菜品种进行需水规律及用水量的生产试验研究,通过测定蔬菜生产过程的用水量和产量,弄清不同灌溉方式和不同蔬菜种类的用水差异,研究灌溉对蔬菜产量、用水量、水分利用效率和生产效益的影响,为蔬菜合理灌溉、提高蔬菜水分利用效率、增加蔬菜生产效益等提供科学依据。

如图 7-42 所示,试验在广州市南沙区大岗镇广州东升农场有限公司进行。试验品种有 5 个,分别为汕头市金韩种业有限公司提供的双青玉豆菜豆品种,先正达集团(Syngenta)提供的蔓陀绿西兰花品种,惠州市博罗县福田镇提供的福航一号福田菜心品种,江门市林利隆种子店提供的 70 天中熟青白竹筒白大白菜品种,广州市伟兴种子店提供的碧玉西葫芦品种。生产试验的总面积为 5 亩,分别种植 5 个蔬菜品种,每种蔬菜种植 1 亩。每个品种分别设传统沟灌和测墒灌溉 2 个灌溉处理试验小区,小区面积 0.5 亩。传统沟灌小区用人工方式补充畦沟的灌溉水,保持畦沟的合理水位,每天上午用畦沟的灌溉水浇灌畦面种植的蔬菜,保持土壤湿润并满足蔬菜生长需要,畦面铺盖玉米秆保水保墒。测墒灌溉小区安装土壤墒情传感器实时监控土壤墒情变化,用测墒灌溉控制器设定合理的灌溉指标和灌溉制度,通过实时监测的土壤墒情进行灌溉,设定灌溉上限为田间持水量的 85%、每天上午灌溉 1 次的制度,以保持合理的土壤墒情,满足蔬菜对灌溉水的需求,畦面用地膜覆盖保水保墒。各个品种处理的施肥及其他生产管理措施与对照保持一致。

图 7-42　5 种蔬菜品种田间用水定额测定灌溉系统运行情况

1)蔬菜产量

测墒灌溉处理的蔬菜产量均不同程度地高于传统沟灌处理(表 7-30),增产幅度在品种间差异较大。其中西葫芦增产幅度最大,高达 354.4%,主要是因为传统沟灌小区的病虫害多,中后期出现大量死苗导致失收。大白菜和福田菜心分别增产 3286 kg/亩和 324.7 kg/亩,增幅为 96.2%和 72.4%,田间表现为测墒灌溉小区生长快,单株产量有大幅提高。西兰花和菜豆的增产幅度相对较低,每亩分别增产 81.0 kg 和 72.5 kg,增幅分别为 12.1%和 10.6%。

表 7-30　蔬菜测墒灌溉与传统沟灌的产量比较

项目	菜豆	西兰花	福田菜心	大白菜	西葫芦
测墒灌溉/(kg/亩)	749	749	773.2	6702	935.4
传统沟灌/(kg/亩)	677	668	448.5	3416	205.8
增产/(kg/亩)	72.5	81	324.7	3286	729.6
增幅/%	10.6	12.1	72.4	96.2	354.4

测墒灌溉处理的蔬菜生长指标优于传统沟灌处理,田间表现为生长势强,茎叶生长旺盛,叶片青绿,生长量比传统沟灌处理大,植株的抗逆性强。特别是西葫芦,两种灌溉方式下的抗逆性表现出较大差异,传统沟灌处理的病毒病等蔬菜病虫害发生严重,造成大量失收,严重减产。测墒灌溉与传统沟灌的福田菜心、西葫芦和大白菜的生长情况分别见图 7-43~图 7-45。

图 7-43　测墒灌溉与传统沟灌的福田菜心生长情况比较(左：测墒灌溉；右：传统沟灌)

图 7-44　测墒灌溉与传统沟灌的西葫芦生长情况比较(右下：测墒灌溉；左上：传统沟灌)

图 7-45　测墒灌溉与传统沟灌的大白菜生长情况比较(左：传统沟灌；右：测墒灌溉)

2）用水量与水分利用效率

测墒灌溉处理与传统沟灌处理相比较，不同蔬菜品种的差异较大（表 7-31）。其中，对于菜豆和西兰花需水量不大的蔬菜种类，采用测墒灌溉处理的节水效果好，每亩节水 26.2～26.9 t，用水量减少三成以上，节水效果明显；对于福田菜心和西葫芦需水量较多的蔬菜，采用测墒灌溉处理略有节水；而对于大白菜需水量大的蔬菜，采用测墒灌溉处理用水量反而较大，每亩增加用水量 8.7 t，主要原因是测墒灌溉处理田间生长量大，叶面积大，增加了叶片的水分蒸腾量。可见测墒灌溉处理有智能节水的作用，能根据蔬菜生长需求节约用水，总体上用水量减少。

表 7-31　蔬菜测墒灌溉与传统沟灌的小区灌水量比较

	项目	菜豆	西兰花	福田菜心	大白菜	西葫芦
测墒灌溉	总灌水量/(t/亩)	43.8	52	40.2	73.7	48.3
	平均每天用量/(t/亩)	0.274	0.268	0.229	0.414	0.322
传统沟灌	总灌水量/(t/亩)	70	78.9	42.4	65	50.3
	平均每天用量/(t/亩)	0.438	0.406	0.241	0.365	0.335
	节水/(t/亩)	26.2	26.9	2.2	−8.7	2
	节约百分比/%	37.4	34.1	5.2	−13.4	4.0

测墒灌溉处理大幅提高了蔬菜的水分利用效率（表 7-32）。对于菜豆、西兰花、福田菜心和大白菜，测墒灌溉处理比传统沟灌处理的灌水量增加虽然差别较大，但水分利用效率增加幅度比较接近，都在 69.4%～81.1% 的范围内。由于传统沟灌处理的西葫芦严重失收，测墒灌溉处理的水分利用效率相对有大幅度提高。

表 7-32　蔬菜测墒灌溉与传统沟灌处理水分利用效率比较

项目	菜豆	西兰花	福田菜心	大白菜	西葫芦
测墒灌溉/(g/kg)	17.1	14.4	19.2	91	19.4
传统沟灌/(g/kg)	9.7	8.5	10.6	52.5	4.1
增幅/%	76.3	69.4	81.1	73.3	373.2

测墒灌溉能够结合微灌溉技术，根据作物生长需求适时适量调节根际土壤状况，保证根际土壤水分供给，同时防止水分过量对土壤养分淋洗的冲刷，在提高肥料利用效率、降低化肥面源污染方面起着重要作用。樊兆博等（2015）的试验结果也指出，与传统漫灌施肥相比，番茄滴灌施肥每季氮肥和水分投入量分别降低 78% 和 46%，氮肥偏生产力和灌溉水利用效率则分别提高 5 倍和 2 倍，番茄产量和经济效益分别提高 6% 和 22%。传统漫灌施肥 0～90 cm 深度土层硝态氮残留量平均高达 819 kg/hm²，滴灌施肥可降低 50% 的土壤硝态氮残留。表明与传统漫灌施肥相比，滴灌施肥栽培体系是一个低环境代价和高效稳定的生产体系，能减少水肥流失，提高水肥利用效率。

本试验在两种栽培模式等量施肥的情况下，通过调控水分供应，使其产量大幅增加，

这显著提高了化肥利用效率(Zhang et al., 2011; 吕清海, 2019), 氮磷化肥利用率可提高
4.5%～141%, 极大地减少了养分损失或者土壤养分残留风险。

　3) 经济效益比较

　进一步分析不同灌溉处理的蔬菜生产效益, 结果见表 7-33。大白菜蔬菜产品价格以
0.60 元/kg 计, 其他 4 种蔬菜产品价格以 3.00 元/kg 计; 灌溉用水以每吨 1.00 元计。结
果表明, 测墒灌溉处理大幅提高了蔬菜生产效益, 每亩增收节支 43.7～1990.8 元。菜豆、
西兰花、福田菜心和大白菜采用测墒灌溉处理比传统沟灌的生产效益提高了 2.2%、3.6%、
59.6%和 88.8%; 西葫芦由于传统沟灌处理严重失收, 测墒灌溉处理的生产效益提高达
351.0%。

表 7-33　蔬菜测墒灌溉与传统沟灌的生产效益比较

	项目	菜豆	西兰花	福田菜心	大白菜	西葫芦
测墒灌溉	灌水成本/(元/亩)	43.8	52	40.2	73.7	48.3
	设施成本/(元/亩)	200	200	200	200	200
	生产收入/(元/亩)	2247	2247	2319.6	4021.2	2806.2
	生产效益/(元/亩)	2003.2	1995	2079.4	3747.5	2557.9
传统沟灌	灌水成本/(元/亩)	70	78.9	42.4	65	50.3
	生产收入/(元/亩)	2029.5	2004	1345.5	2049.6	617.4
	生产效益/(元/亩)	1959.5	1925.1	1303.1	1984.6	567.1
	增加	43.7	69.9	776.3	1762.9	1990.8
	增幅/%	2.2	3.6	59.6	88.8	351.0

　4) 小结与建议

　水肥耦合明显促进作物生长, 提高了养分利用率(毛丽萍等, 2020)。测墒灌溉技术
是减少水肥资源浪费, 提高肥料利用率的关键措施。测墒自动灌溉技术的应用, 改变了
传统作物水分管理方式, 实施更加精准合理的灌溉指标, 在小麦、玉米等粮食作物中开
展了大量基础和应用研究(郭培武, 2019)。由于传统上认为蔬菜需水量大, 该节水灌溉
技术在蔬菜上的应用还很缺乏。本课题组研究和应用的蔬菜测墒自动灌溉技术, 根据菜
田土壤特点和蔬菜生长水分需求, 制定并严格控制灌溉上限, 做到了土壤墒情调控的数
字化精准管理, 能严密监控土壤墒情, 保证蔬菜需水与灌溉供水的平衡, 营造良好的根
际土壤条件, 避免人工难以判断土壤墒情造成灌溉操作的盲目性, 防止过量灌溉引起的
水肥流失(曹健等, 2015)。结合应用根际土壤养分智能管控技术, 实时监测和管控根际
离子浓度, 实现作物根际的施肥总量、养分配比和养分形态的一体化实施调控, 并构建
完善的水肥一体化监测和管控设施, 形成绿色高效的水肥耦合技术方案, 从而有效改善
田间生态环境、促进蔬菜生长和提高水肥利用效率。

7.3.3 水稻插秧侧深施肥一体化机械

1. 工作原理及机械性能

水稻侧深施肥技术是通过在水稻插秧机上安装侧深施肥装置，在机械插秧时同步将颗粒状肥料定位、定量、均匀地施于秧苗侧面 5.0 cm 处，施肥深度在 3~5 cm（图 7-46），使肥料在土壤中缓慢分解，延长肥效，提高肥料利用率。

条间距(30 cm)

水田面

3~5 cm

肥料

5 cm

土壤层(15 cm)

图 7-46　水稻插秧侧深施肥技术示意图

市场常用的插秧施肥一体化机械普遍以气吹式施肥装置为主，插秧方式有毯苗机插和钵苗机插。对水稻插秧施肥一体机各排肥口及排肥口之间的稳定性和作业效率进行了 7 次测试，单个排肥口排肥稳定性系数平均为 96.0%，6 个排肥口同时排肥时稳定性系数平均为 98.7%，表明作业时肥料出肥高度均匀。经 4 块面积为 5 亩的田块现场测定，插秧施肥一体机作业效率(含加肥耗时)为 10 min/亩，满足大面积规模作业要求。

2. 水稻插秧施肥一体化技术应用效果

1）小区试验

选择太湖地区常规粳稻品种'武运粳 23 号'，以常规分次撒施(CN)为对照，采用日本井关农机株式会社气吹式水稻插秧侧深施肥一体化机械，选择适合机械深施的市场常用的硫包衣尿素(SCU，N 37%)和掺混控释肥料(RBB，N-P$_2$O$_5$-K$_2$O=21%-13%-17%)，通过设置"一次性基施"(B)和"一基一追"(BF；基肥 70%缓控释肥深施，后期追施30%尿素氮肥)两种技术模式，2014 年在江苏省宜兴市漳渎村对水稻插秧施肥一体化技术进行了田间小区试验。每个处理重复 3 次，各处理氮、磷、钾用量均相同，分别为 270 kg/hm^2、135 kg/hm^2 和 216 kg/hm^2，磷钾肥一次性基施。CN 处理基肥、分蘖肥和穗肥氮素用量分别为 135 kg/hm^2、45 kg/hm^2 和 90 kg/hm^2。

结果表明，与 CN 处理相比，两种缓控释肥在两种施肥模式下均未显著降低水稻产量和氮素利用率，除淋洗氮损失外，不同深施处理均有降低径流氮损失和氨挥发损失的趋势（表 7-34）。处理间比较来看，掺混控释肥(RBB)的产量和氮素利用率均高于 SCU 和 CN 处理，且一基一追处理的增加效果优于一次性基施处理。两种肥料在两种施肥模式下径流氮损失差异不显著，均显著低于 CN 处理。此外，与 CN 处理相比，RBB 处理的氨挥发损失控制效果优于 SCU 处理，同一肥料类型下，不同施肥模式间氨挥发损失差异不显著。

表 7-34 不同处理对水稻产量、氮素利用和损失的影响

处理	产量/(t/hm²)	氮素利用率/%	径流氮损失/(kg/hm²)	淋洗氮损失/(kg/hm²)	氨挥发损失/(kg/hm²)
CN	10.05c	40.30cd	4.92a	3.45d	76.05a
B-SCU	9.95c	35.00d	1.64b	5.13b	65.56ab
BF-SCU	9.91c	43.76bc	1.78b	8.64a	32.02bc
B-RBB	11.88b	49.43ab	2.04b	4.12c	14.33c
BF-RBB	13.44a	53.65a	1.63b	5.39b	25.86c

结果说明，采用插秧施肥一体化机械，选择掺混控释肥有利于实现水稻高产低排的目标。

2) 大区验证

为验证水稻掺混控释肥插秧施肥一体化技术的实际效果，以农户田块为对照（氮肥用量 411 kg/hm²），2017 年在江苏省镇江市镇江新区团结河流域进行了缓控释肥侧深施肥减量技术（B-RBB、BF-RBB）示范。示范基地水稻种植品种为'镇糯 19 号'，肥料采用配比掺混的配方肥（N-P$_2$O$_5$-K$_2$O=21-13-17），总氮量为 200 kg/hm²。

示范结果表明，与农户田块产量（581.1 kg/hm²）相比，B-RBB 和 BF-RBB 两种技术田块均未降低水稻产量（687.4 kg/hm² 和 584.1 kg/hm²）。经济效益分析结果（表 7-35）同时表明，即使掺混控释肥单价稍高，掺混控释肥一次性基施和一基一追技术的净产值分别较农户田块增收约 463.5 元/亩和 167.3 元/亩。此外，稻季 7 次径流事件的监测结果（表 7-36）表明，B-RBB 和 BF-RBB 技术显著降低了高浓度径流期氮素浓度，对氮素的径流损失有较好控制效果。

表 7-35 两种示范技术的经济效益核算 （单位：元/亩）

处理	投入						产值	净产值	增收
	种子	化肥	农药	人工	机械	水电			
CN	32	306	80	130	174	30	1801.4	1049.4	—
B-RBB	32	232	80	70	174	30	2130.9	1512.9	463.5
BF-RBB	32	178	80	100	174	30	1810.7	1216.7	167.3

注：经济效益核算不包括土地流转费用，其中种子、农药、人工、机械、水电按集约化种植条件下实际成本测算。稻谷价格按国家发展和改革委员会稻谷粳稻最低收购价 1.50 元/斤测算（发改价格〔2017〕307 号）。

表 7-36 径流氮素浓度 （单位：mg/L）

技术名称	2017/6/10	2017/7/2	2017/7/10	2017/8/8	2017/8/12	2017/8/20	2017/9/24
农户施肥	1.69	11.09	4.10	3.91	2.45	1.36	1.34
B-RBB	1.95	1.97	1.55	3.70	1.66	1.55	1.27
BF-RBB	2.39	1.91	1.23	4.04	2.86	2.68	1.13

3. 注意事项

①侧深施肥设备对水田沉浆要求较高。例如，沉浆不足易导致开沟效果不佳，沉浆过度则回泥装置不能将肥料完全覆盖。格田沉淀可用手指(约 2 cm)划成沟，慢慢恢复是最佳沉淀状态，是插秧适期；手指划不成沟说明沉淀不好，不能插秧；手指划成沟但不恢复，说明沉淀过度，均不能保证插秧施肥质量。②要选择适宜肥料品种，要求粒型整齐，硬度适宜，手捏不碎、吸湿少、不黏、不结块。一般选用粒径为 2～5 mm 的圆粒型配方肥(或复合肥)或缓控释肥。③肥料适宜用量与运筹比例。侧深施肥时，氮肥投入量比常规推荐施氮量应减少 20%～30%。若采用缓控释肥，在土壤肥力较高时可采用一次性基施，其他时候推荐一基一追技术，即 70%的氮作为基肥深施，30%采用尿素追施。若采用配方肥，推荐一基一追两次施肥。④精准操作施肥机械。按照推荐的施肥量，调节好排肥量档位，严防排肥口堵塞。插秧施肥一体化机械作业时必须缓慢起步，匀速前进，忌急停、倒车等。如确需倒车作业，需将插秧施肥装置抬起后进行。每天作业完毕后要清扫肥料箱，第 2 天加入新肥料再作业。

7.3.4　小麦播种-正位深施肥一体化机械

1. 工作原理及机械性能

小麦播种-正位深施肥一体化机械是在小麦播种机械前部架设旋耕机构和辅助开沟机构，并在中部架设施肥播种机构，机架后部设有镇压覆土机构，实现同时进行旋耕、施肥和播种作业的功能。理想作业条件下，小麦播种深度一般在 3.0 cm，颗粒肥料施于种子正下方约 5.0 cm 处(图 7-47)，使肥料在土壤中缓慢分解，延长肥效，提高肥料利用率。

播种深度3 cm

施肥深度
(种子正下方5 cm)

图 7-47　小麦播种-正位深施肥技术示意图

2. 技术应用效果

太湖地区小麦多采用免耕/旋耕+种子撒播+肥料分次撒施方式，肥料利用率低。为了进一步提高肥料利用率和减少氮排放,并解决用工多的问题,研发了小麦条播-深施肥一体化技术。2018 年分别在江苏省南京市江宁区和苏州市太仓市进行了田间大区试验比对。两地试验结果均表明,无论等氮量(南京)还是机条播减量(减量10%),深施处理小麦产量均显著高于撒播撒施对照处理,产量分别增加15%和8%(表 7-37、表 7-38)。太仓试验结果还表明,机条播减量深施处理的小麦氮素利用率显著高于撒播撒施处理。此外,南京试验中氮流失量监测结果表明,机条播深施处理的氮流失量较撒播撒施处理的氮流失量有降低趋势,但处理间差异不显著(表 7-37)。

表 7-37　小麦条播-深施肥一体化技术试验示范效果(南京,2018 年)

播种施肥模式	施氮量/(kg/hm^2)	产量/(t/hm^2)	氮流失量/(kg/hm^2)
撒播	0	2.23c	1.9b
撒播撒施	240	4.53b	7.83a
机条播深施	240	5.23a	7.66a

表 7-38　小麦条播-深施肥一体化技术试验示范效果(太仓,2018 年)

播种施肥模式	施氮量/(kg/hm^2)	播种量/(kg/hm^2)	产量/(t/hm^2)	氮肥利用率/%
撒播	0	300	3.35c	—
撒播撒施	300	300	6.41b	42.1 b
机条播深施	270	225	6.93a	47.5 a

3. 注意事项

由于机械采用旋耕-播种-深施肥一体化作业,因此,作业时一般要求土壤墒情不宜过烂、秸秆量适宜且碎草匀铺。作业过程要及时检查种仓和肥仓,并注意检查旋耕装置作业中是否有碎草缠绕。要选择适宜的肥料品种,要求粒型整齐,硬度适宜,手捏不碎、吸湿少、不黏、不结块。一般选用粒径为 2~5 mm 的圆粒型配方肥(或复合肥)或缓控释肥。机械作业时必须缓慢起步,匀速前进,忌急停、倒车等。如确需倒车作业,需将播种施肥装置抬起后进行。每天作业完毕后要清扫肥料箱,第 2 天加入新肥料再作业。

参 考 文 献

卜晓莉, 汪浪浪, 马青林, 等. 2019. 稻壳炭施用对太湖滨岸灰潮土氮磷淋失及土壤性质的影响. 生态环境学报, 28(11): 7.

曹健, 张白鸽, 陈琼贤, 等. 2015. 不同灌溉上限对芥蓝生长及农艺性状的影响. 节水灌溉, 233(1): 8-11.

樊兆博, 林杉, 陈清, 等. 2015. 滴灌施肥对设施番茄水氮利用效率及土壤硝态氮残留的影响. 中国农业大学学报, 20(1): 135-143.

郭培武. 2019. 测墒补灌下水肥一体化对小麦耗水特性和氮素利用特性的影响. 泰安: 山东农业大学.

胡小莲, 唐婉莹, 何世颖, 等. 2017. 四氧化三铁/聚乙烯亚胺纳米颗粒的制备及除磷性能的研究. 环境科学学报, 11: 4129-4138.

胡小莲, 杨林章, 何世颖, 等. 2018. Fe$_3$O$_4$/BC 复合材料的制备及其吸附除磷性能. 环境科学研究, 31: 143-153.

吕清海. 2019. 不同水肥供应水平下温光对番茄生长及产量和水肥利用率的影响. 咸阳: 西北农林科技大学.

毛丽萍, 赵婧, 仪泽会, 等. 2020. 不同种植方式和亏缺灌溉对设施黄瓜生理特性及 WUE 的影响. 灌溉排水学报, 3: 17-24.

斯林林, 周静杰, 吴良欢, 等. 2018. 生物炭配施缓控释肥对稻田田面水氮素动态变化及径流流失的影响. 环境科学, 39(12): 5383-5390.

宋彬, 孙茹茹, 梁宏旭, 等. 2019. 添加木质素和生物炭对土壤氮、磷养分及水分损失的影响. 水土保持学报, 33(6): 227-232, 241.

宋小宝, 何世颖, 冯彦房, 等. 2020. 载镧磁性水热生物炭的制备及其除磷性能. 环境科学, 41: 773-783.

孙志梅, 武志杰, 陈利军, 等. 2006. 3,5-二甲基吡唑(DMP)施用后土壤硝化作用潜势及微生物群落动态变化研究. 农业环境科学学报, 6: 1518-1523.

俞映倞, 薛利红, 杨林章, 等. 2015a. 生物炭添加对酸化土壤中小白菜氮素利用的影响. 土壤学报, 52(4): 47-55.

俞映倞, 薛利红, 杨林章. 2015b. 生物炭对菜地土壤氮平衡及酸碱缓冲能力的影响. 环境科学研究, 28(12): 1947-1955.

张梦媚, 何世颖, 唐婉莹, 等. 2017. TiO$_2$/生物炭复合材料处理低浓度氨氮废水. 环境科学研究, 30: 1440-1447.

张婉, 唐婉莹, 何世颖, 等. 2017. ZnO-PMMA 复合材料光催化去除水中低浓度氨氮. 环境科学学报, 37: 664-670.

Asada T, Ishihara S, Yamane T, et al. 2002. Science of bamboo charcoal: study on carbonizing temperature of bamboo charcoal and removal capability of harmful gases. Journal of Health Science, 48: 473-479.

Bhatnagar A, Sillanpaa M. 2011. A review of emerging adsorbents for nitrate removal from water. Chemical Engineering Journal, 168: 493-504.

Feng Y, Sun H, Xue L, et al. 2017. Biochar applied at an appropriate rate can avoid increasing NH$_3$ volatilization dramatically in rice paddy soil. Chemosphere, 168: 1277-1284.

He S Y, Hou P F, Petropoulos E, et al. 2018. High efficient visible-light photocatalytic performance of Cu/ZnO/rGO nanocomposite for decomposing of aqueous ammonia and treatment of domestic wastewater. Frontier in Chemistry, 6: 1-13.

He S Y, Zhong L G, Duan J J, et al. 2017. Bioremediation of wastewater by iron oxide-biochar nanocomposites loaded with photosynthetic bacteria. Frontier in Microbiology, 8: 1-10.

Khalil A M E, Eljamal O, Amen T W M, et al. 2017. Optimized nano-scale zero-valent iron supported on treated activated carbon for enhanced nitrate and phosphate removal from water. Chemical Engineering Journal, 309: 349-365.

Lee D K. 2003. Mechanism and kinetics of the catalytic oxidation of aqueous ammonia to molecular nitrogen. Environmental Science & Technology, 37: 5745-5749.

Lee J, Park H, Choi W. 2002. Selective photocatalytic oxidation of NH$_3$ to N$_2$ on plantation TiO$_2$ in water. Environmental Science & Technology, 36: 5462-5468.

Li M X, Liu J Y, Xu Y F, et al. 2016. Phosphate adsorption on metal oxides and metal hydroxides: A comparative review. Environmental Review, 24: 319-332.

Liu W, Hong Y, Liu J, et al. 2016. Global assessment of nitrogen losses and trade–offs with yields from major crop cultivations. Science of the Total Environment, 572: 526-537.

Loganathan P, Vigneswaran S, Kandasamy J, et al. 2014. Removal and recovery of phosphate from water using sorption. Critical Reviews in Environmental Science and Technology, 44: 847-907.

Moradi M, Naeej O B, Azaria A, et al. 2017. A comparative study of nitrate removal from aqueous solutions using zeolite, nZVI-zeolite, nZVI and iron powder adsorbents. Desalination and Water Treatment, 74: 278-288.

Murphy A P. 1991. Chemical removal of nitrate from water. Nature, 350: 223-225.

Pan B, Shu K L, Mosier A, et al. 2016. Ammonia volatilization from synthetic fertilizers and its mitigation strategies: A global synthesis. Agriculture Ecosystems and Environment, 232: 283-289.

Qiao C, Liu L, Hu S, et al. 2015. How inhibiting nitrification affects nitrogen cycle and reduces environmental impacts of anthropogenic nitrogen input. Global Change Biology, 21: 1249-1257.

Rozic M, Cerjan-Stefanovic S, Kurajica S, et al. 2000. Ammoniacal nitrogen removal from water by treatment with clays and zeolites. Water Research, 34(14): 3675-3681.

Sha Z, Li Q, Lv T, et al. 2019. Response of ammonia volatilization to biochar addition: A meta-analysis. Science of The Total Environment, 655: 1387-1396.

Sun H, Feng Y, Xue L, et al. 2020. Responses of ammonia volatilization from rice paddy soil to application of wood vinegar alone or combined with biochar. Chemosphere, 242: 125-247.

Sun H, Zhang H, Powlson D, et al. 2015. Rice production, nitrous oxide emission and ammonia volatilization as impacted by the nitrification inhibitor 2-chloro-6- (trichloromethyl) -pyridine. Field Crops Research, 173: 1-7.

Wang C B, Zhang W X. 1997. Synthesizing nanoscale iron particles for rapid and complete dechlorination of TCE and PCBs. Environmental Science and Technology, 31: 2154-2156.

Wu D, Senbayram M, Well R, et al. 2017. Nitrification inhibitors mitigate N_2O emissions more effectively under straw–induced conditions favoring denitrification. Soil Biology and Biochemistry, 104: 197-207.

Yang G C C, Lee H L. 2005. Chemical reduction of nitrate by nanosized iron: Kinetics and pathways. Water Research, 39: 884-894.

Zhang H X, Chi D C, Wang Q, et al. 2011. Yield and quality response of cucumber to irrigation and nitrogen fertilization under subsurface drip irrigation in Solar Greenhouse. Agricultural Sciences in China, 10 (6): 921-930.

Zhang M, Fan C, Li Q, et al. 2015. A 2–yr field assessment of the effects of chemical and biological nitrification inhibitors on nitrous oxide emissions and nitrogen use efficiency in an intensively managed vegetable cropping system. Agriculture, Ecosystems and Environment, 201: 43-50.

Zhao X, Wang J, Wang S, et al. 2014. Successive straw biochar application as a strategy to sequester carbon and improve fertility: A pot experiment with two rice/wheat rotations in paddy soil. Plant and Soil, 378: 279-294.

Zhao Y N. 2016. Review of the natural, modified, and synthetic zeolites for heavy metals removal from wastewater. Environmental Science and Technology, 33: 443-454.

第8章 典型区域主要作物体系氮磷污染控制方案

8.1 基于高产和环境容量的区域氮肥总量控制方案

为了在获得较高目标产量、相应品质和经济效益并维持或提高土壤肥力的基础上实现化肥总量控制，在对我国典型农区主要作物体系氮肥污染现状及氮磷流失特征进行科学评估和监测的基础上，本章提出化肥氮磷总量控制的原则，建立氮磷合理施用总量控制模型，并从区域宏观层面提出行之有效的控制肥料施用方案，以期为合理施肥、有效减少农田面源污染提供技术支撑。

8.1.1 总量控制的原则

施肥的主要目的是获得较高目标产量、相应品质和经济效益并维持或提高土壤肥力。据此，定义了合理施氮的原则：在特定的气候-土壤-作物体系中，在一定的经营管理措施（轮作与耕作、品种、灌溉等）下，能够实现可获得的目标产量、相应品质和经济效益并维持或提高土壤肥力，将环境效应降低至可接受的范围内的合理施氮量区间，即将施肥量控制在一个目标产量、作物品质和效益、环境效应与土壤肥力均可接受的范围内，实现多目标共赢。

在给定的作物生产条件下，随着施氮量的增加，作物的产量和经济效益会呈现出二次抛物线变化。基于肥料-产量效应函数和肥料-经济报酬函数，可以计算得出最高产量施氮量和经济最佳施氮量。谷类作物的籽粒粗蛋白含量也随施氮量的增加而提高，一般会在最高产量施氮量后达到峰值(图 8-1)。随着施氮量的增加，相应的氮素损失[氨挥发、反硝化、氧化亚氮(N_2O)排放、淋溶或径流]也增加，但在施氮方法和时期、肥料品种均趋于合理的条件下，氮素各种损失在最高产量施氮量前保持较低水平，因为作物对氮素的高效吸收会降低相应损失；但当施氮量超过最高产量施氮量后，氮素各种损失一般会呈指数增长。在施氮量-产量和品质-净经济效益的合理范围内，施氮引起的环境代价较小；环境代价在效益达到最大值以后才开始显著增加。因此，从产量、品质和氮素损失对施氮量的效应曲线看，合理施氮量范围就是经济最佳施氮量和最高产量施氮量的区间。不合理施氮会造成三种情况：①氮素供应不足，产量、品质和经济效益均低；②过分"减氮"后产量下降不明显，但达不到品质要求，经济效益不高，土壤肥力下降；③过量施氮，产量不提高甚至下降，籽粒和秸秆含氮量提高，氮素损失增加，环境代价增大，氮素浪费，经济效益下降。在合理施氮范围，产量、品质和效益均高，环境代价最低，土壤肥力得以维持或提高。

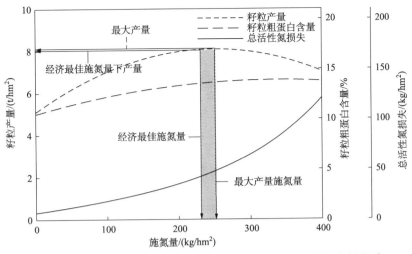

图 8-1　施氮量与籽粒产量、籽粒粗蛋白含量和总活性氮损失的关系

8.1.2　主要大田作物基于高产和环境容量的区域氮肥总量定额

科学合理施用氮肥主要包括四个方面，即适宜的施肥量(right rate)、施肥时期(right time)、施肥方法(right place)和肥料品种(right type)。这四个方面不是孤立的，而是紧密联系的。施肥量首先取决于目标产量，但又决定于肥料品种、施肥时期和施肥方法。如果后三者均合理，则施入农田的氮肥能够被作物充分吸收利用，不需要加大施氮量以弥补肥料氮损失。如果后三者中任一方面被忽视，均会导致较高的氮素损失，使确定的合理施氮量无法满足高产作物的氮素需求，这也是为什么农户现有施肥技术不得不加大施氮量的主要原因。依据上述合理施肥的原则，在施肥时期、施肥方法和肥料品种都趋于合理的条件下，Li 等(2020)提出了主要大田作物基于高产和环境容量的区域氮肥总量控制方案(表 8-1～表 8-3)。

表 8-1　我国小麦产区氮肥定额用量

区域	目标产量/(t/hm²)	氮肥定额用量/(kg/hm²)
东北春麦区	4.7～6.3	146～179
华北灌溉冬麦区	7.7～10.2	203～245
北雨养冬麦区	7.1～9.5	197～231
西北雨养旱作麦区	6.9～9.2	195～225
西北灌溉麦区	5.4～7.2	162～199
西南麦区	6.0～8.0	173～210
长江中下游冬麦区	6.5～8.6	183～223

表 8-2　我国玉米产区氮肥定额用量

区域	目标产量/(t/hm²)	氮肥定额用量/(kg/hm²)
东北冷凉春玉米区	8.2～10.9	177～211
东北半湿润春玉米区	8.9～11.8	186～222

续表

区域	目标产量/(t/hm^2)	氮肥定额用量/(kg/hm^2)
东北半干旱春玉米区	11.4～15.2	228～260
东北温暖湿润春玉米区	8.7～11.6	184～217
华北早中熟夏玉米区	11.3～15.0	204～246
华北晚熟夏玉米区	11.8～15.7	210～254
西北雨养旱作春玉米区	8.3～11.1	179～214
北方灌溉春玉米区	11.9～15.9	223～269
西北绿洲灌溉春玉米区	14.1～18.8	250～304
四川盆地玉米区	11.0～14.7	227～255
西南山地丘陵玉米区	10.8～14.4	220～250
西南高原玉米区	9.7～12.9	206～234

表 8-3　我国水稻产区氮肥定额用量

区域	目标产量/(t/hm^2)	氮肥定额用量/(kg/hm^2)
黑龙江寒地单季稻区	8.25～11.00	105～150
吉辽蒙单季稻区	8.25～11.00	120～150
长江上游单季稻区	8.25～11.00	150～180
长江中游单季稻区	8.25～11.00	150～180
长江中游双季稻区	7.13～9.50	120～165
长江下游单季稻区	8.25～11.00	150～180
长江下游双季稻区	7.50～10.00	135～165
江南丘陵山地单季稻区	7.88～10.50	135～180
江南丘陵山地双季稻区	7.13～9.95	120～165
华南平原丘陵单季稻区	7.88～10.50	135～180
华南平原丘陵双季稻区	7.13～9.95	120～165
西南高原山地单季稻区	7.88～10.50	135～180

　　为了让作物生产经营主体能够进行自我风险估算，建议实施环境风险指标管理。Zhang 等(2019)根据优化氮素管理条件下的氮输入、输出情况，制定了我国主要大田作物体系氮素管理的盈余指标(表 8-4)。这些盈余指标可以作为衡量氮素管理是否合理的标准，用于指导合理氮素管理。高于此盈余指标，就意味着氮素投入过量，环境损失风险加大，要减少氮肥投入量；而低于此盈余指标，则可能带来土壤地力的消耗，就说明氮肥投入低了，需要增加施氮量。

　　氮素在土壤中具有快速转化、迁移和损失的特点，需要明确不同作物在其各个生长发育阶段的氮肥需求量，以确定合适的施氮时期及施氮量。氮肥需要在作物的"最大效率期"和"生理敏感期"施用，从时间上协调肥料氮素供应与作物需求，才能够有效地降低氮肥损失，提高氮肥利用率。氮肥表施是目前农户普遍采用的施肥措施，是氮肥

表 8-4　典型地区主要作物体系氮素盈余风险指标(Zhang et al., 2019)　　　(单位：kg/hm²)

区域	作物体系	化肥氮	其他来源氮	收获氮	氮盈余指标
华北平原	麦-玉	361	65	270	156
长江中下游	稻-麦	381	74	294	161
	双季稻	337	94	263	168
华南地区	双季稻	325	83	261	147

注：参照 Zhang 等(2019)，氮盈余=化肥氮+有机肥氮+沉降氮+生物固定氮-籽粒携出氮。

氨挥发和径流损失的主要原因。研发适合于不同作物体系、作物不同发育阶段的田间氮肥深施机械，实现氮肥深施，是合理施肥的关键。选用利用率较高的氮肥品种是降低氮肥损失的重要技术手段，如缓控释肥、添加脲酶抑制剂或硝化抑制剂的新型氮肥品种，都可以有效地降低氮肥损失和面源污染。

8.1.3　总量控制的关键

在当前农户常规氮素管理基础上"减氮"，实质上是要减少氮素损失。例如，在华北平原的玉米生产中，对于目标产量为 10 t/hm² 的田块，按照理论施氮量，需要施用 230 kg N/hm² 的氮肥；如果氮肥品种、施氮方式和施肥时期均处于合理状况，这时的氮肥损失率为 22%左右，损失量为 50 kg N/hm²；氮肥被作物吸收或补充土壤氮素消耗的量为 180 kg N/hm²，氮肥有效率为 78%左右(图 8-2 右)。但在当前农户传统氮素管理下，施氮量普遍在 300 kg N/hm² 以上；如果为达到相同的目标产量和维持土壤氮素水平，仍需要保持作物吸收氮与土壤残留氮为 180 kg N/hm²，则其损失量达到了 120 kg N/hm²，氮肥损失率达 40%左右，较上述合理氮素管理多损失 70 kg N/hm²，这就是农户传统施肥的环境代价(图 8-2 左)。但在未采取合理施肥技术减少氮素损失的情形下，盲目减少施氮量，势必会降低作物产量和吸氮量。如上面的例子，将施氮量减少至 230 kg N/hm²，如果氮肥损失率还是 40%，则损失量为 92 kg N/hm²，这时，被作物吸收或补充土壤氮素消耗的氮仅有 138 kg N/hm²；按照理论施氮量推算，这样的供氮量仅能获得 6～7 t/hm² 的产量，或者消耗地力；这种"减氮"而不减"氮损失"的施肥措施只是做了表面的减量，是不科学、不可取的(图 8-2 中)。

"减氮"应该对大田作物、蔬菜和果树体系区别对待。目前，我国大田作物单位播种面积施氮量已基本趋于合理范围，"减氮"的余地并不大；科学施肥的主要目标是通过改进施肥技术进一步减少氮素损失。在诸多谷类作物"减氮"试验中，如果未采取合理施肥技术以减少损失而一味地"减氮"(施氮量低于经济最佳施氮量)，籽粒粗蛋白含量会降低或者达不到品质要求，也会消耗地力。现阶段，我国蔬菜和果树单位播种面积施氮量远高于作物需求量，全国平均每季作物分别为 388 kg N/hm² 和 555 kg N/hm²；在一些农户田块，每季作物施氮量可分别高达 847 kg N/hm² 和 782 kg N/hm²，因此，减氮的空间很大。我国存在蔬菜和果树不合理施肥的现象，如过量灌水造成的氮素淋溶出根区以下，为了满足浅根系蔬菜的氮素供应强度，农户需要不停地施肥。因此，对于蔬菜和

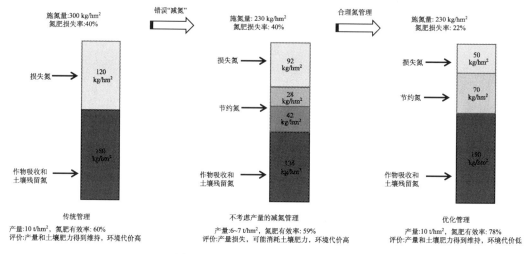

图 8-2　正确和错误的"减氮"模式

资料来源：巨晓棠和张翀 (2021)

果树这种效益较高的经济作物，施肥需要与供水措施配合，才能实现"减氮"。很多试验结果表明，与传统粗放水肥管理模式相比，通过水肥一体化或滴灌施肥等技术，可将施氮量控制在合理范围内，还能够提高果蔬的品质，如增加可溶性糖、维生素 C 含量和糖酸比等，实现真正意义上的高产优质和环境保护。根据我国已经发表的大量研究资料，蔬菜每季作物氮肥推荐量范围大致在 150～300 kg N/hm²，果树大致在 150～250 kg N/hm²。

此外，合理施氮还包括与有机肥和秸秆还田的结合、与磷钾肥和中、微量元素的平衡施肥，与其他农艺措施(轮作与耕作、品种、灌溉等)的配合与协调。有机无机配合是合理施肥的首要原则，这种措施可提高作物对氮素的吸收和利用效率，减少氮素损失；可保证持续高产与稳产，提高土壤肥力。过去人们仅注意有机肥提供的养分，而对有机肥或秸秆提供的碳源在调节土壤肥力因子方面的作用重视不够。有机无机配合，为微生物提供了碳源，既可维持土壤相对较大的有机碳、氮库，增加土壤的缓冲性能，又可维持土壤较好的无机氮供应，提高土壤保水保肥性能。当土壤维持一个较大的有机氮库时，在水热条件较好的作物快速生长期，土壤有机氮可通过矿化作用持续不断地供应氮素满足作物需求，仅需在关键生育期施用氮肥就可以了。当土壤有机氮库较小时，土壤失去了这种保持和供应养分的缓冲性能，即使多次施肥，也很难保证对作物养分的持续供应，因为根系接触土壤氮的概率较肥料氮大得多，作物对土壤氮的依赖和吸收始终是主要的。

8.2　华北平原农田化肥氮磷污染控制方案

8.2.1　小麦-玉米轮作体系

1. 控制原则和目标

为了实现华北平原小麦-玉米轮作体系化肥氮磷污染科学防控，应采取综合防控的原则，同时推动粮食作物生产规模化经营，加强化肥污染知识宣传普及，制定技术运用的相关优惠政策、推动地方性法规保障技术的落实。

华北平原小麦-玉米体系化肥氮磷污染控制目标,是在保证高产的条件下,实现氮磷肥的科学施用,结合栽培、灌溉、植保等农艺措施综合管理,控制生产体系合理氮磷盈余,从而实现化肥氮磷面源污染的科学治理。首先采取源头减量达到合理施肥量,整个轮作季氮肥用量在目前 474~545 kg N/hm² 的基础上减少 20%~25%,磷肥用量控制在 90~120 kg P₂O₅/hm²,并采用新型肥料、深施氮肥和科学合理灌溉,提高氮肥利用率,降低氮肥损失。结合耕作、植保等农艺措施,保证目标产量的实现。在上述以肥料科学管理为核心的综合措施下,最终实现氮素盈余量控制在 23~137 kg N/(hm²·a),磷素盈余量在 15~26 kg P/(hm²·a),土壤速效磷含量控制在环境阈值的 50%以下。

2. 控制方案

1) 确定合理施肥量

氮肥污染的控制遵循"源头控制优先的原则"(巨晓棠和谷保静,2014),源头控制就是确定合理施氮量,根据巨晓棠(2015)的研究,合理施氮量可以用式(4-1)进行估测。

设定冬小麦和夏玉米目标产量分别为 7500 kg/hm² 和 9000 kg/hm²(一般要参照当地多年产量水平估算确定目标产量),根据式(4-1)推算,施氮量分别为 210 kg N/hm² 和 207 kg N/hm²,一个轮作季为 417 kg N/hm²,比目前华北平原平均施氮量 545 kg N/hm² 减少 23%。

考虑玉米季矿化率较高及磷肥在土壤中不易移动的特点,对整个轮作季的磷肥用量进行调整。小麦季磷肥施用量控制在 83~125 kg P₂O₅/hm²,夏玉米季在 45~65 kg P₂O₅/hm²。

为了提高磷肥的农学效率,参照华北平原冬小麦季和夏玉米季磷肥管理的农学指标,冬小麦季和夏玉米季的农学阈值指标为土壤速效磷含量分别为 14.8 mg P/kg(12~26.2 mg P/kg)和 13.2 mg P/kg(11~19 mg P/kg)。考虑体系土壤磷素环境风险指标,淋失阈值土壤速效磷含量为 50 mg P/kg,所以,需要定期监测耕层土壤速效磷含量,调整施磷量,控制土壤速效磷含量在农学阈值左右,严禁含量接近淋失的环境阈值。

2) 生产过程中氮素损失的阻控措施

氮肥管理采用播前基肥和关键期追肥的分次施肥措施,坚持前少后多以匹配作物需求和供应,即基肥氮素的投入控制在总量的 1/3,在小麦和玉米的拔节期和大喇叭口期再追施 2/3。基施氮肥一般随着土壤翻耕和种肥同播实现深施氮肥,追肥需要机械化深施,以提高作业效率,可采用高地隙追肥机、行间追肥机、自走式追肥机或者注射式施肥机械深施氮肥。控制灌溉目的在于降低硝酸盐的淋溶损失,如果播前需要造墒播种,在播种前或越冬期、拔节期、扬花期,分别灌水 75 mm。

3) 其他农艺措施的综合优化

在以上措施的基础上,结合其他农艺措施的综合优化,包括冬小麦深耕精播技术,实现控制基本苗为 225×10⁴~300×10⁴ 株/hm²。首先,要足墒播种,保证 2 m 深度土体含水量达到田间持水量的 90%以上(王志敏等,2006);其次,播前深耕,耕作深度为 25~30 cm,以保证秸秆深埋,确保苗床有足够的土壤;再次,精播,小麦播种量控制在 112.5~300 kg/hm²,在适宜播期内以最低量播种,超过适宜播期则适当增加播种量;最后,控制播种深度在 3～5 cm。

同时配套适宜的植保措施进行病虫草害防治。①病害防治，首先要选择抗病性高产品种，并进行播前包衣，除了用杀虫剂包衣外，还应采用针对全蚀病、茎基腐病防治的杀菌剂拌种；抓好病害化学防治防控关键期并采用合适的杀菌剂，如赤霉病必须在扬花期喷药，坚持"见花就打"原则，提高防控的时效性。②虫害防治，主要包括种子处理和播种药剂防治。种子处理就是在播前进行拌种包衣，苗期地下害虫的防治需要在播前每亩撒施含 3 kg 甲基异柳磷或辛硫磷毒土；返青后红蜘蛛、蚜虫、麦叶蜂这类害虫的防治重点是做好虫情预报工作，当红蜘蛛、蚜虫数量达到 500 头/100 株、麦叶蜂达到 40 头/m² 时及时进行化学防治。夏玉米虫害防治：对于鳞翅目夜蛾类的二点委夜蛾、黏虫、玉米螟、棉铃虫、草地贪夜蛾采用高效农药(如氯虫苯甲酰胺)防治。③草害防治，麦田杂草防治坚持在播种后秋季防治的原则，特别是对于近年来爆发的节节麦、野燕麦、雀麦等田间杂草的防治。

最后需要农机农艺结合，尽量机械化作业。例如，通过深耕机械，提高秸秆还田质量，保证冬小麦播种质量；夏玉米可采用玉米精量免耕播种机，保证种子掩埋深度均一，实现夏玉米出苗的匀和齐；并大力推广肥料深施机械对氮肥深施，减少氮素损失并降低劳动力成本。

3. 配套保障措施

对于华北平原小麦-玉米轮作当前所出现的化肥面源污染问题，除了技术层面的原因外，还要解决现代集约化粮食生产所要求的土地规模化经营与小农户管理模式的矛盾。

随着经营面积增加，化肥用量降低，小农户经营高劳动力成本和低机械化水平阻碍着新技术的运用。与小农户比，规模化经营对肥料价格非常敏感而愿意减少化肥施用量，所以，规模化经营是推动肥料污染控制的重要因素(Ju et al.，2016)。实际上，从高标准要求肥水资源管理的角度看，零碎小地块管理模式比较适用于蔬菜、水果等经济作物精细管理生产，不适用于粮食作物的大田生产。所以，应提倡粮食作物生产的规模化经营，以保障控制技术方案在生产中的自觉落实。①建立相关的土地流转的政策：需要有关政策或者相应激励机制鼓励土地规模化经营，鼓励土地流转、保护流转土地经营者的利益，鼓励种地大户、家庭农场、合作社等新型经营主体组织成片连方种植的规模化经营。②对于建设高效设施设备，如新型灌溉设施设备、利用新型高效化肥所增加的成本投入，给予相应的资金补贴。③科普肥料管理对环境影响的新认识，利用广播、电视、移动互联网及其他形式或途径，科普小麦-玉米生产科学施肥技术和环境污染的知识，培养农户科学施肥、环境保护意识，并扎实做好技术示范和推广工作。④推动建立地方性法规，逐步制定与农田化肥氮磷污染奖惩有关的地方法律法规，纳入环境保护法，对未达标排放的经营者予以地方性法规的约束，对达标排放经营主体予以优惠政策支持和奖励。⑤把对化肥氮磷污染物排放的控制纳入地方行政事务，计入地方行政管理的职责范围，作为地方行政考核指标等。这些社会管理都会对化肥氮磷污染控制技术的实施起到推动、保障的作用。

8.2.2　蔬菜种植体系

1. 控制原则和目标

《全国种植业结构调整规划(2016—2020 年)》提出在我国蔬菜生产中，要达到稳定面积、保质增效和均衡供应。要求统筹蔬菜优势产区和大中城市"菜园子"生产，到 2020 年蔬菜面积稳定在 $21.3×10^6\,hm^2$ 左右，其中设施蔬菜达到 $420×10^4\,hm^2$，且在蔬菜种植中要实现增产增效、节本增效。农业部《到 2020 年化肥使用量零增长行动方案》指出要大力推进化肥减量提效，积极探索产出高效、产品安全、资源节约、环境友好的现代农业发展之路；同时也强调了黄淮海地区的施肥原则：减氮、控磷、稳钾，补充硫、锌、铁、锰、硼等中微量元素。

在我国农业由数量型增长向质量型转变的关键时期，农业绿色高质量发展成为了蔬菜生产的重要指导思想，亟须提高水肥药等资源的利用效率，减少菜地面源污染，保障蔬菜生产数量，提高蔬菜质量，从而促进蔬菜可持续健康发展。实施华北地区蔬菜种植体系面源污染控制，必须以氮磷资源高效利用和环境安全为目标，在确保蔬菜产量不下降、质量不断提高的条件下，改变传统落后的施肥观念与技术，科学合理施肥，提高水肥资源利用效率 10%以上。

主要控制原则包括以下几点：①注重源头控制，科学把控肥料用量。根据蔬菜目标产量和土壤养分供应状况，确定适宜的肥料投入量和投入品种及结构，实现总量控制。②提高灌溉效率，实现水肥协同防控。尽量避免大水漫灌，推广自动化控制程度高的精准灌溉技术装备配套应用，并根据蔬菜蓄水规律进行精确灌溉，实现以水促肥，协同提高水肥资源利用效率。③加强土壤质量管理，提高土壤保水保肥能力。土壤是蔬菜生长的载体，适宜的碳氮比、良好的物理性状、丰富的有益微生物环境是提高土壤水肥保蓄能力的关键。应该注意施用高碳有机物料，同时避免带入大量氮磷养分造成前期养分流失加剧；提倡应用高碳低氮磷物料，调节土壤碳氮比提高到 9 以上或更高，有利于土壤保水保肥能力的提升。优质的土壤调理产品和微生物制剂产品的应用对于提升土壤质量有一定积极作用，同时严格管控重金属等污染物质进入土壤。④加强宏观调控，优化种植制度与结构。长期重茬是影响土壤健康质量的关键因素之一。推广填闲种植，合理利用土壤中过度累积的养分是提高养分资源利用效率、减少污染和提高菜农收入的有效途径。

2. 控制方案

1)肥料科学合理减量

科学合理施肥是菜地土壤氮磷面源污染控制的关键。氮磷施用量与蔬菜产量密切相关，不合理地降低氮磷用量可能会带来减产风险。需要根据蔬菜目标产量和土壤养分供应状况，确定适宜的肥料投入量，实现总量控制。同时要科学合理地实施有机无机配合、氮磷钾及中微量元素合理配伍。注重蔬菜专用肥的应用，一般生育前期施用低磷肥料，生育后期注重施用高钾肥料。合理运筹施肥时间、改进施肥方式。通过调整氮磷形态投入比例，既能保证土壤根层氮磷供应，减少可溶态磷和硝态氮向下淋溶，又可降低植物体的硝酸盐含量，提高蔬菜品质。例如，对山东临沂设施蔬菜种植区进行调研发现，设施黄瓜追肥所采用的氮形态中，硝态氮∶氨态氮∶酰胺态氮≈1∶0.4∶0.4；磷肥施入中有机肥投入的磷量平均为 874 kg P$_2$O$_5$/hm^2，占磷投入总量的 40%，存在较大的淋失风险。而将追施氮肥比例调整为硝态氮∶氨态氮∶酰胺态氮=1∶1∶2 后，黄瓜平均增产 8.8%，在盛瓜期黄瓜硝态氮含量比农民习惯降低 22.6%，维生素 C 含量无显著变化，同时氮素利用率提高 6.2%。对磷肥进行形态调整，以重过磷酸钙替代约 20%的有机磷，同时追施多聚磷酸铵，显著降低 60～100 cm 深度土壤中水提取态磷素含量，磷吸收利用率提高 15.5%，淋失量降低 14.3%，而黄瓜产量无显著差异。

2）水肥协同防控

在华北蔬菜种植体系中，氮素损失多随水向下迁移通过淋溶损失到地下水中，造成地下水硝酸盐超标等问题。因此，改变水分管理方式是减少氮素淋溶的关键手段之一。研究发现，小水勤浇、滴灌比传统的沟灌方式分别节水 16.7%和 36.0%，同时显著提高了设施蔬菜的经济产量，因而相应产量的水分效率分别提高了 38.7%和 74.0%；并显著提高了 0～90 cm 深度土壤剖面硝态氮累积量,将更多的硝态氮保留在作物能够再利用的中上土层中，减少了硝态氮向深层土壤的淋失。设施蔬菜水肥协同调控氮素污染，根据作物生长需水规律进行精确调控，苗期至开花期阶段，少量施用普通水溶肥配合小水勤浇；开花期至结果前期，尽量避免大水漫灌，而采用养根促根的有机水溶肥，结合小水勤浇，既减少肥料浪费，又能适当蹲苗练苗，培育苗壮根系；盛果期，施用低淋溶水溶肥配合普通水溶肥，适当控制灌水量，严禁大水大肥。推荐依据自身条件，采用小水勤浇或者滴灌施肥方式，尽量将养分留在根系能够吸收到的土层；采收后期，如果前期施用低淋溶水溶肥比较频繁，则适当减少或者不施肥，让作物尽量利用土壤剖面残留的可利用养分，减少休闲季节的养分表聚，提高肥料利用效率，减少淋溶风险。

3）种植制度与结构优化

华北平原蔬菜产业虽然经过了近 30 年的发展，但在蔬菜生产中仍然存在不科学的施肥措施，盲目选择化肥和有机肥种类、过量施用有机肥、养分施用比例失调、肥料肥效差等问题，造成土壤养分富集、蔬菜品质下降、土壤质量下降，尤其是有些种植年限较长的大棚已经不再适合进行蔬菜生产。针对这些种植年限长的大棚，需要改变当地传统连作习惯(设施黄瓜 1 茬)，优化蔬菜种植模式布局，实现设施菜地的低污染高效种植。改变当地一大长茬黄瓜的种植习惯，改为黄瓜(短茬)+甜瓜，尽管一长茬黄瓜是两短茬黄瓜产量的 2 倍多，但甜瓜的收益要远高于黄瓜，结果两短茬模式比一长茬黄瓜模式增收 38%；而追肥量减少也节约了肥料成本，累计收益比一长茬增收约 39%。两短茬的种植模式替代一长茬的种植模式在降低施肥量的同时也减少了氮磷养分的积累，经济效益和环境效应方面均得到了提高。

在华北平原农民实际种植生产过程中，一般在夏季有 2～3 个月的休闲期，期间通常进行棚内清理和土壤消毒工作。在夏季休闲期栽培填闲作物，削减土壤累积养分，同时增加农民收入，是环境效益和经济效益兼顾的一项可推广技术。如利用该休闲期栽培食用菌，食用菌收获后，将食用菌菌渣代替有机肥施入土壤中，菌渣中的碳提高了土壤碳氮比，改善了土壤环境质量，相比畜禽粪便等有机肥减少了氮磷的带入，降低了氮磷向地下水淋溶的风险。一个日光温室按 1 hm^2 可用面积计算，菌渣代替有机肥可减少腐熟畜禽粪便或商品有机肥投入约 $1.5×10^4$ 元，使用菌渣后设施菜田土壤物理、化学和生物质量得到改善，蔬菜作物的产量更稳定，品质得到改善。适宜在设施中填闲栽培的草菇、灵芝、金福菇、长根菇等食用菌收益 $7.5×10^4$～$12×10^4$ 元/hm^2（不包含人工投入），氮淋溶平均减少 34.5 kg N/hm^2，磷淋溶平均减少 22.5 kg P/hm^2，环境效益显著。

3. 配套保障措施

高新技术与产品保障是推进蔬菜化肥污染防控的关键，政府应出台配套激励和保障制度措施，包括投入品限量、种植制度调控、蔬菜优质优价等配套措施，全面推进蔬菜绿色可持续发展。加强与发展改革、财政等部门的沟通协调，扩大设施蔬菜与农业农村部的测土配方施肥、耕地质量保护与提升项目规模。支持有机肥增施和水肥一体化、机械施肥等技术推广项目的对接，提高设施蔬菜的优质高产。政府需加大宏观调控力度，进一步加强产供销生产链的衔接，同时加强技术培训，推行通过优化种植制度调控减少氮磷污染。

8.3　长江中下游地区农田化肥氮磷污染控制方案

8.3.1　稻-麦轮作体系

1. 控制原则和目标

长江中下游属于典型的南方平原河网区，该区降雨充沛，水系发达，以稻田为主要土地利用方式，是我国农业高度集约化地区。该区化肥投入量大，氮肥年投入量高达 550～650 kg N/hm^2，利用率不足 40%，大量氮素通过径流、淋溶、氨挥发等途径损失到周边环境。加上区域水利排灌设施发达，农田流失的氮磷很快通过硬质化的水泥沟等输入周边水体，是区域水体氮污染负荷的主要来源之一。

针对长江中下游集约化稻田由于化肥高度投入而产生的氮磷流失负荷大等问题，杨林章等（2013）以减少农田氮磷投入为核心，拦截农田径流排放为抓手，实现排放氮磷回用为途径，水质改善和生态修复为目标，研发了高产环保的稻-麦农田养分精投减投、流失氮磷的多重生态拦截、环境源氮磷养分的农田安全再利用及污染水体的生态修复等关键技术，形成了可复制、可推广的"源头减量-过程阻断-养分循环再利用-生态修复"的农田氮磷流失综合治理集成技术，有效实现了减氮减排、增产增效及改善区域水环境质量的三赢。"南方水网区农田氮磷流失治理集成技术"入选农业农村部 2018 年十大引领性农业技术和 2019 年主推技术。

削减该区域农田化肥面源污染，化肥的源头减量是关键。从农田氮磷流失规律来看，化肥氮磷用量与氮磷径流损失量呈显著正相关关系（杨旺鑫等，2015；夏永秋等，2018），作物生长前期是化肥面源污染控制的重要时段，此期苗小、养分需求量低，且是降雨频发期，氮素损失高达 55%～70%（侯朋福等，2017 a；严磊等，2020）。因此，根据作物养分需求精确施肥，并通过速效缓效配合、有机无机结合、肥料深施机械的应用等农机农艺融合手段来提高肥料利用率，减少氮磷损失。在减量的基础上，还应在农田流失氮磷向水体迁移的过程中，实施全程的生态拦截阻控，使排水中的氮磷尽可能地被吸收再利用，并充分利用该区的塘浜等自然条件，对农田汇水进行净化，从而最大限度地减少其进入河湖的污染负荷，即要走"源头减量-过程阻断-养分循环再利用-生态修复"的化肥增效减投与"达标"排放技术路线。

2. 控制方案

1）合理施肥与轮作休耕

首先，要实施按需精确施肥。根据作物品种及土壤肥力水平确定适宜施氮量。水稻可采用凌启鸿先生提出的精确定量施氮法（凌启鸿，2007），也可采用当前广泛采用的测土配方施肥法。除此之外，为了简便应用，可采用巨晓棠提出的理论施氮量简易计算方法（巨晓棠，2015）。在总施氮量确定的基础上，根据土壤地力进行基-蘖-穗肥的优化调整，确保养分供应与作物需求相吻合，在减少化肥用量的前提下实现高产稳产。薛利红等（2016）详细描述了稻田持续高产的化肥减量施氮技术体系，即根据目标产量计算适宜施氮量，根据地力调整前后期运筹比例及基肥和分蘖肥的分配比例。低土壤肥力下基蘖肥施用比例以 60%为宜，其中基肥与分蘖肥的比例以 3:7 较好，中高土壤肥力下基蘖肥的比例降低到 50%左右为宜（范立慧等，2016）；最后根据水稻长势对穗肥用量进行实时动态调整。

随着磷肥的多年持续施用，长江中下游地区稻田的土壤磷素累积现象也日益突出。前期对太湖流域典型水稻土磷库现状的调查表明，土壤磷库大部分已不缺磷，同时当土壤速效磷浓度在 6 mg P/kg 以上时，水稻施磷已无明显增产效果（朱文彬等，2016），因此磷肥减量有很大的空间。根据淹水土壤磷有效性提高的原理，建议稻-麦轮作农田仅旱季作物基肥施用磷肥，稻季不施磷或少施磷。稻季不施磷仅麦季施磷的技术措施在太湖流域连续示范了 8 年，水稻和小麦产量仍然可以维持与农民传统施肥情况相当，且土壤磷素的径流损失显著降低。

采用肥料深施机械实施深施。为进一步提高肥料利用效率、减少氮排放，可采用肥料深施机械将肥料定位施入土壤 3~5 cm 深度处，确保其处于根层。推荐采用水稻插秧侧深施肥一体化机械和小麦播种-正位深施肥一体化机械，既可减少劳力、提高作业效率，又能有效提高肥料利用率。试验结果表明，氮肥减量的同时结合基肥深施，与常规农户施肥相比，既保证高产又使氮肥利用率提高了 13 个百分点。

施用新型缓控释肥。采用合适的新型缓控释肥如包膜尿素或掺混控释肥，在比正常推荐施肥用量降低 20%的条件下，能实现水稻高产并有效减少氨挥发排放及径流损失（Hou et al.，2019；侯朋福等，2017b）。缓控释肥具有养分缓慢释放的特点，因此可以减少施肥次数。土壤肥力高的黏性土壤，可采用一次性施肥技术；其他土壤可采用"一基一追"技术。

水环境敏感区推行麦季轮作休耕。针对长江中下游水环境敏感区的特殊要求及麦季径流排放较高的特点，可利用豆科绿肥的固氮功能，实施冬季轮作休耕，藏粮于地并有效减少污染排放。十多年的长期定位试验结果和多点的示范结果表明，麦季种植豆科作物(紫云英或蚕豆)，化学氮肥减投 50%(冬季不施氮肥，稻季氮肥施用量减少至180 kg N/hm² 左右)，可保证水稻稳(或增)产和全年经济效益，并减少氮径流损失 60%~70%，同时土壤地力和水稻品质均持续提升(Yu et al.，2014；Zhao et al.，2015)。

2)生态拦截与净化

针对农田排水发生时间不确定、负荷变化大、流速急、流量多、流程短、出口多等特点，采用以"近源促沉阻控、生态沟渠拦截、湿地调蓄净化"为核心的农田排水高效阻控与多重拦截技术体系(图 8-3)。

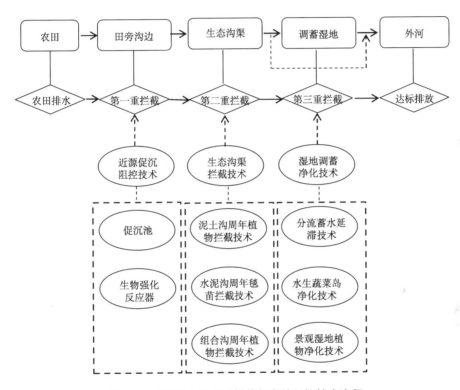

图 8-3　农田排水的多重拦截与高效阻控技术流程

在农田集中排水口处安装原位促沉装置。暴雨时往往有一定的土壤颗粒被冲刷随径流带走，造成初期地表径流中悬浮物及氮磷浓度均较高，此时在农田排水口处安装原位促沉装置及生物强化净化反应器，内部填充能高效吸附、过滤的环保材料，可实现对悬浮物的高效阻控及氮磷的初步净化。研究结果表明，促沉池对悬浮物的去除效果可达52%~68%，对排水中 TN 的去除率可达 14%~38%，去除率随排水中氮浓度的增加而提高。建议每百亩农田配置总有效容积为 10 m³ 的促沉净化装置为佳。

因地制宜地对排水沟渠进行生态化改造。针对长江中下游地区稻田现有的排水沟渠类型，因地制宜地进行生态化改造，通过增加高效氮磷吸收植物、高效吸附氮磷基质、拦截坝或溢流堰等，延长水力停留时间，提升其对农田排水中氮磷的拦截净化效果。对于土质沟渠，有资金条件的改建为主体构造为带孔水泥板的生态拦截沟渠，无条件地通过高效氮磷拦截植物系统的构建打造土质生态沟渠；对于三面光水泥排水沟渠，通过在沟底铺设生态毯苗来提升氮磷拦截效果。课题组经过多年研究筛选，提出了周年高效的生态沟渠植物配置模式——狗牙根-黑麦草时序演替模式和藨草+麦冬+酢浆草时空分布模式等，以及适宜水泥沟渠的植物毯苗组配模式——冬季采用黑麦草毯苗，夏季采用水稻或空心菜(本课题数据未发表)。示范结果表明，生态拦截沟渠和土质生态沟渠对农田排水中氮的拦截率可达53%～67%，磷的拦截率在54%～58%(刘福兴等，2019a，2019b)；毯苗水泥沟渠对排水中氮的拦截率可达34%～45%，磷的拦截率为32%～50%。课题组也明确了保证排水氮拦截效率的农田生态沟渠配置比例：百亩农田应配置180 m的高效生态沟渠。

充分利用塘浜库等小微水体进行径流氮磷的净化。长江中下游农田排水经沟渠后多排入周边的塘、小河支浜等小微水体，最后再汇入大河湖库。提升这些小微水体的自净消纳能力是削减农田排水氮磷入河率的最后一道屏障。通过合理规划汇水系统，配置适宜水生植物系统，增加生境多样性，建设净化型湿地塘调蓄及旁路系统，平时中小降雨条件下地表径流全部汇集净化，大暴雨时可保证农田初期高浓度地表径流进行汇集净化。在镇江的应用监测结果发现，暴雨事件(降雨量74.9 mm)时，初期高浓度径流总氮浓度为6.11 mg/L，前15 min的初期高浓度径流全部进入调蓄湿地塘系统，停留3 d后出水浓度为2.97 mg/L，系统拦截净化效率为51.4%。生态塘对降雨径流中氮磷的去除率在30%～50%之间(王晓玲等，2017)。根据太湖流域降雨分布特征及稻-麦农田水肥管理特征，推算每百亩农田需要建设2亩左右的生态湿地塘，可以保证农田排水氮磷全部净化后排放。

3. 配套保障措施

生态化农田水利建设。高标准农田水利基本建设应充分遵循农田生态的理念，不应只考虑灌排和行洪方便建设"三面光"的沟渠，建议灌渠可采用"三面光"沟渠建设，排渠则按照生态沟渠标准建设。一定面积的农田应建设适当面积的生态汇水净化塘，面积比不超过3%，以保证这个区域流失的污染物有较长时间的沉降和自净消纳。

加快推进规模化种植。根据对苏南典型地区苏州市吴中区的调研结果，普通农户的平均生产规模不足0.067 hm²，家庭农场和农民合作社的平均生产规模为6.9 hm²和21.4 hm²，肥料投入随着生产规模的增加而减少，普通农户最高(390 kg/hm²)，其次是家庭农场，农民合作社最低(340 kg/hm²)，比普通农户低10%左右；而产量则以农民合作社最高，比普通农户增产10%～13%，达到显著水平。对全国2万多户农户的调查数据表明，农场规模是影响中国化肥农药使用强度的重要因素，户均耕地面积每增加1%，每公顷化肥和农药施用量分别下降0.3%和0.5%；消除小农场规模现象将使农业化学品施用量减少30%～50%，这些化学品的环境影响将减少50%(Wu et al.，2018)。由此可见，增加农场规模使化肥农药减量的肥料投入更加科学合理，而且有利于机械化操作。

进一步加强生态补偿的力度。在现有的有机肥、休耕轮作等补偿政策的基础上，扩大生态补偿项目范畴，增加对缓控释肥、插秧侧深施肥一体化技术等的补贴，促进技术的广泛应用。

8.3.2　蔬菜种植体系

1. 控制原则和目标

根据《全国种植业结构调整规划(2016—2020 年)》和农业部《到 2020 年化肥使用量零增长行动方案》，要大力推进化肥减量提效，积极探索产出高效、产品安全、资源节约、环境友好的现代农业发展之路；长江中下游地区的施肥原则为减氮、控磷、稳钾，配合施用硫、锌、硼等中微量元素。

2. 控制方案

根据前面章节的研究结果，设施菜地中氮盈余量超过了 600 kg N/hm²，因此源头减量是提高氮肥利用率、减少氮肥损失的根本措施，同时在适宜用量的基础上配施氮肥增效剂能进一步地增效减排。在南京市上坊镇高桥门集约化大棚菜地周年四茬蔬菜的试验结果也证实，蔬菜产量随施氮量的增加而逐渐增加，但当超出一定氮肥用量时，继续增施氮肥产量不会再增加，反而会有减少的趋势；蔬菜总产量与施氮量之间为开口向下的二次函数关系(图 8-4)。添加硝化抑制剂(CP)使反应曲线上移，增产效果显著，如表 8-5 所示，生菜、空心菜、小白菜和香菜四茬的增产率分别为 6.2%～19.2%、5.0%～11.4%、6.1%～14.4%和 6.2%～20.0%。如图 8-5 所示，氮肥利用率与施氮量呈显著负相关，施用硝化抑制剂促进了植株对氮素的吸收利用，氮肥利用率明显增加。综合氮肥对蔬菜产量和氮肥利用率的影响，推荐该地区菜地氮肥施用量以当地常规氮肥施用量的 2/3 为最优方案。

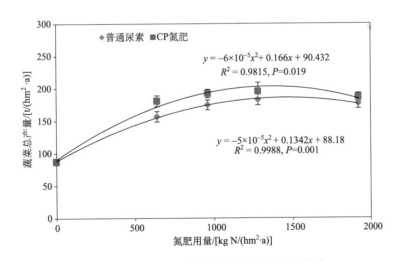

图 8-4　总观测期内蔬菜产量与施氮水平的关系

表 8-5　普通尿素与 CP 氮肥施用下蔬菜产量　　　　　　［单位：t/(hm²·a)］

处理	生菜	空心菜	小白菜	香菜	总观测期
CK 不施氮肥	17.6±1.1c	44.8±5.4c	14.6±2.7b	10.7±3.0d	87.6±5.1e
N1	27.1±4.3b	60.9±4.3b	36.9±3.9a	32.0±3.4c	156.8±8.0d
N2	32.4±3.2ab	65.5±5.3ab	38.1±4.4a	38.4±3.1bc	174.4±7.6c
N3	32.0±3.1ab	65.4±5.1ab	39.2±2.1a	45.7±5.6ab	182.4±8.2abc
N4	31.1±3.3ab	64.4±4.4ab	37.0±5.2a	43.8±7.1ab	176.3±7.1c
NI1	32.3±3.4ab	67.8±5.8ab	42.2±6.1a	38.4±5.0bc	180.7±8.4bc
NI2	35.5±4.3a	71.1±4.7a	43.2±7.1a	42.2±5.1ab	192.0±6.5ab
NI3	35.0±3.3a	69.3±5.2ab	42.1±5.8a	49.1±4.6a	195.4±13.6a
NI4	33.1±5.5ab	67.6±6.5ab	39.2±5.6a	46.6±6.0ab	186.5±6.2abc

注：N 和 NI 表示普通尿素和 CP 氮肥，后面数字 1～4 代表不同施氮水平，施氮量分别为 640 kg/(hm²·a)、960 kg/(hm²·a)、1280 kg/(hm²·a) 和 1920 kg/(hm²·a)；产量以鲜重计。平均值±标准误差，同一列中不同字母表示不同处理间差异显著(P<0.05)，下同。

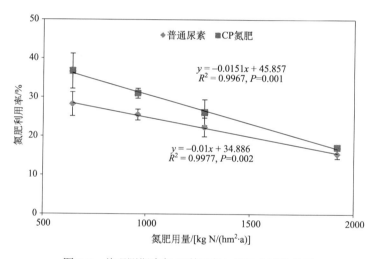

图 8-5　总观测期内氮肥利用率与施氮水平的关系

3. 配套保障措施

首先要加强科学施肥技术培训，宣传化肥面源污染的危害。菜地集约化程度高，施肥量大，不仅造成环境污染，还会引起土壤酸化和盐渍化，严重威胁土壤质量健康。首先，为扭转老百姓为追求高产而盲目施肥的现象，必须加大科学施肥技术培训的力度，加快相关施肥技术规程的制定，通过明白纸、田间现场观摩、视频讲解、微信公众号推送等多种方式推介宣传，改变老百姓的传统施肥观念，积极引导传统施肥观念向科学施肥观念转变。其次，要积极扶持鼓励肥料企业进行肥料产品创新升级，生产出多类型的针对性强的缓控释肥掺混肥、有机无机复合肥、生物有机肥、配方肥等，并对农户进行跟踪服务和施用指导。再次，需要政府积极引导，建立公益性的社会化农化服务中心，建立省、市、县专家施肥服务系统等。最后，要逐渐培育优质优价的市场价格机制，加强农产品质量监管，引导农户采用绿色生产方式生产绿色产品。

8.4　华南地区农田化肥氮磷污染控制方案

8.4.1　双季稻种植体系

1. 控制原则和目标

广东是目前化肥施用强度最大的省份之一，尤其在水稻种植中，化肥投入量大、施肥时间和施肥方法不恰当等因素造成了大量氮磷养分未被作物吸收利用，而通过径流和淋溶等途径迁移到水体中，加剧了面源污染。因此，在保证粮食产量不减的情况下，如何提高化肥利用效率、减少化肥损失及其对环境的影响，是当前急需解决的问题。

要实现化肥面源污染的科学防控，必须针对华南地区稻田一年多熟、种植制度多样、气候高温多湿、降雨量大、化肥施用量大、稻田养分径流和挥发损失严重等特点，制定合理的、科学的技术方案。根据华南双季稻种植体系目标产量，依据氮平衡理论制定合理施肥量，并从种植模式、肥料运筹和水分管理等方面进行综合调优，提出简单有效、经济可行的华南多熟制稻田化肥面源污染治理的成套技术方案并建立相关技术规程(标准)，实现在氮肥利用率提高 8%～10%、氮肥施用量有效减少的同时显著降低氮磷环境流失，减少稻田化肥面源污染。

2. 控制方案

双季稻种植体系应以 "源头减量-过程阻断-养分循环再利用-生态修复" 的 4R 理论为指导。首先，基于氮素平衡理论，科学把控化肥用量。根据水稻养分吸收规律和土壤养分供给情况，确定适宜的施肥时间和施肥量，使养分供应和水稻阶段性养分需求匹配，减少向环境的流失。其次，通过节水控污技术对氮素径流、淋失进行阻控，实现水肥资源高效利用，达到减缓氮素损失的目的。在生产上，可采用水稻"三控"施肥技术作为源头减量技术。该技术基于氮素平衡理论优化施肥量、时间和比例，控制无效分蘖，优化水稻群体结构，提高群体质量，减少病虫害发生，可实现高产、优质、高效、安全、环保的协调。在此基础上，针对华南地区降雨量大、稻田化肥养分径流损失大的情况，同步采用稻田节水控污技术作为过程拦截技术，精准控制水稻各生育期田间水层指标，降低汛期稻田水位，提高农田蓄雨和蓄水能力，减少氮磷养分的径流流失。此外，结合生态沟渠拦截技术及冬季的轮作休耕调整技术，实现多熟制稻田周年的全程防控。

1)水稻"三控"施肥技术

水稻"三控"施肥技术是针对华南双季稻生产中化肥、农药过量施用、肥料利用率低和环境污染严重等突出问题研制的高效施肥技术体系。该技术的主要内容是控肥、控苗、控病虫，简称"三控"，技术要点如下。①根据目标产量和肥料偏生产力确定合理的肥料用量。总施氮量的确定：根据目标产量和氮肥偏生产力确定，即总施氮量($kg\ N/hm^2$)=稻谷产量(kg/hm^2)÷氮肥偏生产力。氮肥偏生产力取 50 kg/kg 纯氮。磷、钾肥总施用量的确定：在总施氮量确定后，按 $N:P_2O_5:K_2O=1:0.2～0.4:0.8～1$ 的比例确定磷、钾肥施用量。农家肥、绿肥和秸秆等有机肥，根据其施用量和养分含量，计入总施肥量中，在确定化肥施用量时予以扣除。冬季种植蔬菜或马铃薯等冬作的，其氮、磷、钾肥对早稻的残效分别按冬作施肥量的20%计，在早稻总施肥量中予以扣除。②肥料合理运筹。在总施氮量确定后，即可按照基肥40%～50%、分蘖肥20%左右、穗肥20%～30%的比例，确定各阶段的施氮量。磷肥全部作基肥施用。钾肥的一半作基肥施用，另一半作促花肥或保花肥施用。

2) 华南双季稻节水控污技术

该技术可通过干湿交替节水灌溉技术，在不影响水稻生长的条件下，有效控制田间水位，提高田块蓄雨能力，进而有效削减降雨产生的径流及径流引起的养分流失。在水稻移栽前后，对田埂进行整修。移栽后维持浅水层。移栽后10 d建立5 cm水层。此后，每隔2～3 d(根据土壤类型不同，时间间隔可适当调整)观测一次田间水位，待水位自然落至地下15 cm不见水时，再灌水建立5 cm水层，如此循环。为防止水分亏缺对水稻结实的影响，在见穗期(抽穗1%)建立5 cm水层，维持7 d田面有水，待自然落干至地下15 cm不见水时，再灌水建立5 cm水层，如此循环。收割前7 d排水干田。

通过水稻"三控"施肥技术结合华南双季稻节水控污技术，可实现节约灌溉用水、提高水肥利用效率和减少面源污染等多重目标。

3) 生态沟渠拦截技术

生态沟渠是去除氮磷的有效途径之一，对稻田排水沟渠水体中的氮磷拦截率可达20%～30%。在生产上，可充分利用现有的排水沟渠，种植适宜在华南地区生长的菖蒲、美人蕉和再力花等水生植物，对氮磷等养分进行拦截，以减少稻田养分流失引起的水体污染。

4) 冬闲期稻田农业面源污染控制技术

冬闲期由于稻田地表缺少植被，裸露表层的土壤受风蚀和降雨等作用，容易引起水土流失和土壤养分径流损失。在华南双季稻区，通过示范推广"稻-稻-绿肥"种植模式，在冬季种植黑麦草、紫云英和油菜等绿肥，可为农田土壤表层穿上"保护衣"，减少水土流失和养分损失，有效削减农田面源污染。以黑麦草为例，黑麦草属于禾本科多年生植物，不仅生物量高，同时富含蛋白质、矿物质和维生素，是理想的绿肥品种。研究结果表明，在冬闲农田种植黑麦草，可将土壤中的无机氮转化为植株的有机氮，每亩可固氮15 kg，有效减少土壤无机氮流失造成的农业面源污染。紫云英是一种重要的豆科绿肥，具有较强的固氮能力。据测算，冬闲期种植紫云英鲜草，产量可达3.0～3.75 t/hm²。紫云英翻压还田后，可减少来年20%左右的早稻化肥氮投入。

3. 配套保障措施

1) 整合各类平台和资源，充分发挥政府部门的职能作用

建立以政府部门为主导，科研单位负责技术研发，农技推广部门负责示范区现场观摩、技术培训等宣传活动的组织模式。以广东省农业科学院水稻研究所为例，利用广东省水稻产业技术体系、广东丝苗米产业联盟、广东丝苗米产业园及各地方的农技推广部门等，举办专家培训班，就近指导，宣传和推动稻田节水控污灌溉等技术的应用。

2)建立核心示范基地和技术展示区

以示范基地为依托,在示范基地开展技术示范,做出样板,树立典型,组织技术培训和巡回指导,举办现场观摩会并发放技术资料等活动,通过示范区展示和推广辐射周边地区。

3)针对不同类型经营主体,采用不同的推广措施

小农户每户种植面积小,户数多,地域分布广而散,因此针对小农户主要采用大众传播法和集体指导法。通过发放资料、电视、互联网等传播方式,把情况相同或相似的一些农民组织起来,采取培训班、成果示范、方法示范、小组讨论等方法,集中对农民进行技术指导和推广。针对新型经营主体、大中型农企采取个别指导法,科技人员不定期到各村和农户进行现场技术巡回指导;科技人员利用电话访问、信函访问、办公室访问等方式使农户有任何问题都可以随时沟通。

4)充分利用各种现代媒体技术手段,省时快捷地推动技术的应用

创办各类微信群(种粮大户群、技术培训班群等),用以开展技术咨询和指导,互帮互助,相互交流,鼓励先进农户带动后进农户;还可以通过网络视频、网站等对技术进行宣传报道。

8.4.2　蔬菜种植体系

1. 控制原则和目标

华南地区蔬菜种植体系的面源污染控制要以降低氮磷盈余为目标,采用科学施肥方法,以推动可持续性发展为原则。首先,重视氮磷污染的源头控制,科学施肥。根据作物产量潜力和土壤养分状况,确定适宜的养分数量;优化氮、磷、钾配比,提倡有机替代;促进大量元素与中微量元素配合;推广使用高效新型肥料;优化施肥时间,改进施肥方式;注重施肥技术与轻简栽培技术结合,高效经济园艺作物推广水肥一体化技术。其次,控制流失途径,减少对水体环境等的污染。推广测墒灌溉节水技术、避雨栽培和地膜覆盖等综合措施;创建农田面源污染在"农田—沟渠塘—河道"输移过程中的多重拦截技术。最后,鼓励构建环境源氮磷物质的农田回用技术。结合美丽乡村建设等主题,创建以生态浮床为主的农田汇水区生态修复技术,实现农田面源污染的终端削减与生态系统修复和景观建设的结合。

以蔬菜肥水生理为基础,以系统养分去向的定量研究为主要依据,在产前合理规划生产模式、做好灌溉水源净化,从源头阻控污染物进入菜园系统;在生产中选用良种培育壮苗,以测土配方为重要依据,运用大量元素形态调节、中微元素增效辅助的施肥技术和以设备为依托的测墒灌溉技术,集成避雨栽培等手段控制生产过程中的氮磷等污染物排放;最后构建基于沟渠系统的氮磷分段式立体拦截技术体系,形成贯穿源头-过程-末端的、适合华南露地蔬菜菜田面源污染的综合控制方案。其中,施肥是菜地土壤氮磷面源污染的重要源头。科学合理的施肥技术是控制菜地污染的有效措施,包括选用适宜施肥量、肥料品种和施肥方法。节水灌溉是阻控流失途径的关键,包括选用清洁水源、合理灌溉制度和精准灌溉设备。此外,还包括蔬菜工厂化育苗技术(带肥移栽)、蔬菜避

雨栽培技术、生态草带拦截技术等。

2. 控制方案

1）蔬菜养分综合高效管理技术

针对华南地区高温多雨气候条件、土壤保肥能力差、土壤酸性大等特点，首先根据蔬菜生长特性、土壤肥力及目标产量确定总施肥量、养分配比、基肥与追肥的比例，并根据季节对施肥量进行调整，在炎热的夏季要适当调减施氮量；在低温天气或阴雨天气要控制氮肥的施用，适当增加磷钾肥的施用量。推荐使用有机肥，化肥氮的替代比例以10%～30%为宜，磷肥和钾肥推荐用量也酌情减少 10%～15%。有机肥施用量要注意土壤质地，砂土应少施，黏土可多施，夏季少施，冬季多施，结合整地采取全层施肥。将全生育期施肥总量 10%～30%的氮肥、有机肥、磷肥、钙肥作基肥，采用含有控释氮的基质带肥移栽时，可进一步减少基肥比例。70%以上无机氮作追肥，采用硝氨比1∶1并添加硝化抑制剂的氮肥策略可达到速效缓效结合的效果，有效降低淋溶损失。追肥施用固体肥时宜与测墒灌溉技术集成使用；施用液体肥时宜采用水肥一体化技术并应适当增加追肥次数。根据施肥量与养分配比，合理选配肥料种类和用量，进一步制定具体施肥方案，如基肥用量、追肥时间和用量、比例、次数等。

液体肥可选用微灌专用型液体肥；固体肥采用可溶性化学肥料如硫酸铵、氯化铵、硝酸铵、硫酸锌、硝酸钾、硝酸钙、硫酸钾、硫酸镁、硫酸铜、螯合铁、钼酸铵等。选用氮肥时要注意选择适宜的氨态氮和硝态氮的比例。各种化学肥料不能任意混配，配制肥料母液时肥料浓度要低于其饱和浓度，防止重结晶。追肥时将肥料配制成母液放入贮存罐后，在滴灌时通过调节注射泵的水肥混合比例或控制肥料母液贮存罐阀门开关，使肥料母液以一定比例与灌溉水混合施入田间。注意水肥混合液的 EC 值最好控制在 0.5～1.5 mS/cm，不宜超过 3.0 mS/cm。追肥应当同时考虑天气，宜勤施薄施，5 d 至少需追肥1 次，在晴好的天气及蔬菜生长旺盛时可每天或隔天追施少量水肥。汛期内的蔬菜施肥管理宜使用固体肥料。此外，还需根据蔬菜类型及土壤肥力情况适当补充中微量元素，如菜心生产中还应适当补充中、微量元素，特别是钙、镁和硼的施用。

2）节水灌溉技术和蔬菜测墒自动灌溉技术

大水漫灌是导致蔬菜养分损失的主要驱动因素，而通过节水灌溉可有效减少淋溶和径流损失。可采用喷灌、滴灌、微灌等节水灌溉技术，结合水肥一体化进行；也可采用蔬菜测墒自动灌溉技术（详见第 7 章），自动监测土壤墒情，并根据蔬菜需水特性进行自动灌溉，不仅节水，还可有效减少养分淋溶和径流损失。一般情况下灌溉上限宜控制土壤相对含水量在 70%～90%，灌溉下限一般控制在土壤相对含水量 55%～65%的范围内。实际操作过程中，根层分布较深的作物应适当减少灌溉次数，根层分布较浅的作物则适当增加灌溉次数。保水保肥力好的壤土和黏壤土应适当减少灌溉次数，保水保肥力差的砂质土壤应相对增加灌溉次数。

3. 配套保障措施

农业面源污染治理是一个漫长而艰巨的过程，治理技术的突破是解决面源污染问题的重要途径。但是要从根本上解决这一问题，需要得到政府和社会力量的支持和合作。因此，在强化化肥面源污染控制技术研发应用的同时，要配套以下保障措施：首先，需要配套产业政策和土地经营等方面的政策支持。更改过去以牺牲环境为代价的盲目追求高产，引导产业增质提效发展；集约化规模化的土地利用方式更有利于化学肥料等农资投入品的科学管理。另外，应当加强与发展改革、财政部等部门的沟通协调，扩大测土配方施肥、耕地质量保护与提升项目规模，支持秸秆还田、绿肥种植、增施有机肥和水肥一体化、机械施肥等技术推广。对新型经营主体、适度规模经营提供科学施肥服务，对施用有机肥、配方肥、高效缓释肥料予以补助。积极争取金融、保险、税收等政策，支持化肥使用量零增长行动的开展。最后，加强法制保障。加快建立健全耕地质量保护和肥料管理的各项规章制度。引导肥料企业利用测土配方施肥数据成果，推动产品质量升级，推动配方肥下地。支持开展肥料统配统施等服务，可以向新型经营主体、肥料企业等社会化服务组织打包购买施肥服务，也可以对施肥相关产品予以补贴。

8.5　北方马铃薯农田化肥氮磷污染控制方案

8.5.1　控制原则和目标

为了实现内蒙古马铃薯田化肥面源污染的科学防控，需要在科学理解马铃薯养分吸收规律的基础上，结合土壤养分供给能力，依据氮素平衡理论制定合理的施肥量，实行化肥减量与总量控制。同时，结合优化灌溉、新型肥料施用及水肥一体化等技术进行氮素损失过程控制。此外，要加大面源污染防控技术在马铃薯种植农户中的应用，这就要求优化技术措施使农户容易操作。总之，为了全面推进马铃薯种植的绿色可持续发展，必须坚持源头控制化肥用量、过程控制氮素损失、技术措施简单易行的原则，最终实现区域化肥总量的减少及农田生态环境的改善。

根据内蒙古马铃薯种植过程中总化肥投入的情况，以化肥高效利用和环境安全为目标，在保障马铃薯产量的基础上，依据氮平衡理论对马铃薯种植过程中化肥用量进行总量控制，同时从肥料品种、施肥方式和施肥结构上进行优化，配套当地已经成熟的水肥一体化技术等，实现氮肥施用量减少 10%、氮肥利用率提高 5%~10%、硝态氮淋溶降低5%~10%的目标。

根据马铃薯种植过程中的实际问题，因地制宜地开展面源污染的科学防控。首先，科学把控化肥用量。根据马铃薯养分吸收规律和土壤养分供给情况，基于氮素平衡理论，确定适宜的化肥用量，实现总量控制。其次，进行氮素淋失途径的管控。大力推广新型肥料施用、水肥一体化技术等措施，合理运筹施肥时间，改进施肥方式，实现水肥资源高效利用，达到减缓氮素损失的目的。

8.5.2　控制方案

1. 内蒙古马铃薯主产区土壤硝态氮的承载量确定

马铃薯是典型的浅根系作物，主要耕层分布在 0~40 cm 深度，40~60 cm 深度分布明显降低，60 cm 深度以下分布很少。因此取 0～60 cm 深度土层作为马铃薯可利用氮素的承载层。根据 2016～2018 年的相关试验结果，确定了阴山北麓马铃薯主产区根层(0～60 cm)土壤硝态氮的承载能力。图 8-6 显示，施用氮肥可显著增加不同土层土壤硝态氮的含量。不施肥处理下，0～30 cm 和 30～60 cm 深度土壤硝态氮含量均为 10 kg N/hm² 左右，传统施肥模式下，0～30 cm 和 30～60 cm 深度土壤硝态氮含量均在 35 kg N/hm² 左右波动，优化施肥处理虽然降低了 0～30 cm 和 30～60 cm 深度土壤硝态氮含量，但差异并不显著。通过进一步计算得出，施肥处理条件下，马铃薯田 0～30 cm 和 30～60 cm 深度土壤硝态氮含量均为 30～35 kg N/hm²。因此，阴山北麓马铃薯主产区根层(0～60 cm)土壤硝态氮的承载能力为 70 kg N/hm² 左右。

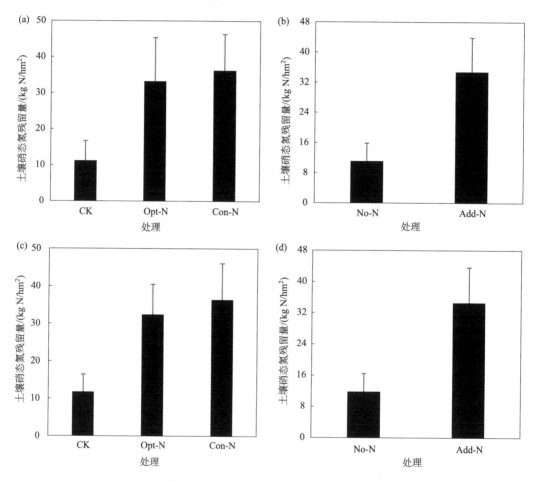

图 8-6　马铃薯试验田土壤硝态氮承载力

(a)和(b)为 0～30 cm 深度土层；(c)和(d)为 30～60 cm 深度土层；CK 为空白处理；Opt-N 为优化施肥处理；Con-N 为农户传统施肥处理；No-N 为不施肥处理；Add-N 为施用化肥处理

2. 内蒙古马铃薯主产区氮素环境损失量估算

在明确马铃薯根层土壤硝态氮承载力的基础上，如要对土壤氮的潜在损失量进行推测，我们必须清楚，在马铃薯生长期内氮素的来源除了外在的氮素输入外(化肥、有机肥、干湿沉降、灌溉、非生物固氮、种子等)，土壤自身也会通过矿化作用释放出一部分无机氮供给马铃薯生长，即土壤的表观矿化氮量，也就是说土壤的氮素来源包括化肥、有机肥、干湿沉降、灌溉、非生物固氮、种子和土壤表观矿化氮。经过对 2016~2018 年相关数据的统计分析，内蒙古马铃薯农田平均表观矿化氮约为 40 kg N/hm²。进入土壤中的氮一部分残留到土壤中，余下的氮素输出到土体之外。氮素的输出项主要是氮素的损失和植物吸收，因此，在明确目标产量的前提下，可估算出氮素的潜在损失量。根据 2016~2018 年田间定位试验结果，在优化施肥模式下，氮肥的化肥投入量为 175 kg N/hm²，氮素的总输入量为 279 kg N/hm²，马铃薯田硝态氮的承载力为 70 kg N/hm²，那么氮素的总输出量为 209 kg N/hm²，已知作物吸走的氮为 150 kg N/hm²，可以推算出大约有 59 kg N/hm² 氮素损失到环境中去(图 8-7)。

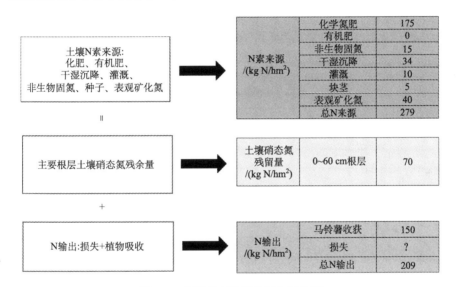

图 8-7 土壤硝态氮潜在损失量估测

3. 基于根层土壤硝态氮承载力的马铃薯田氮平衡优化施肥量的确定

马铃薯田施肥由有机肥(X_1)和无机肥(X_2)投入两部分组成，同时干湿沉降、灌溉、非生物固氮等也会为土壤带来一定量的无机碳氮(F)供给作物生长。进入土壤中的氮一部分损失到环境中(L)，一部分残留在土壤中(R)，剩余的氮素被作物吸收带走(Z)(图 8-8)。那么优化施氮量遵从以下公式：$Y(\text{kg N/hm}^2)=X_1+X_2=L+R+Z-F$。

实际施肥量由理论氮平衡推荐施氮量按施肥比例，每次扣除土壤供氮量计算得到。施肥时期及施肥比例的确定：苗期(20%)、块茎形成期(20%、30%)、块茎膨大期(20%)和淀粉积累期(10%)。内蒙古马铃薯主要种植区土壤以砂壤土为主，土壤中的无机氮主要为硝态氮，因此以土壤硝态氮的含量来表征土壤供氮能力，利用土钻在 0~30 cm 深度土层分别随机取表土 5 钻，装到自封袋内混匀，按照土:水为 1:1 利用 RQeasy 硝酸盐反射仪试纸条法快速测定即可。

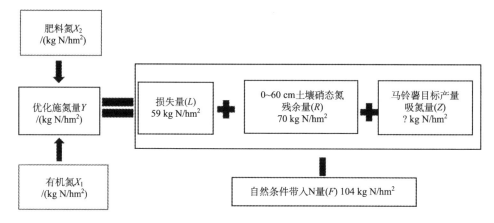

图 8-8　马铃薯田优化氮肥施用量的确定

4. 生产过程中氮素损失的阻控措施

内蒙古马铃薯种植土壤主要为砂性土壤,氮素损失主要以硝态氮的淋溶损失为主(杨海波等,2018)。因此,在生产过程中氮素损失阻控主要是在总量控制的基础上,通过运筹施肥时间、改变水肥管理方式,实现水肥资源高效利用,从而达到减缓氮素损失的目的。根据马铃薯生育期养分吸收规律,确定马铃薯适宜的施肥时间和施肥比例:苗期(20%)、块茎形成期(20%、30%)、块茎膨大期(20%)和淀粉积累期(10%),使养分供应和马铃薯阶段性养分需求匹配,减少环境流失。在此基础上,新型肥料如硝化抑制剂、脲酶抑制剂等的使用能够有效地抑制尿素及氨态氮向硝态氮的转化,从而进一步减缓马铃薯种植过程中硝态氮的淋失,提高氮肥利用率(黄强等,2019)。不合理的灌溉会导致土壤中硝态氮向下迁移,通过淋溶而损失(王小春等,2014),因此改变水分管理方式是减少氮素淋溶的关键手段之一。研究发现,滴灌能够显著提高土壤剖面硝态氮累积量,将更多的硝态氮保留在作物所能够再利用的中上土层中,减少了硝态氮向深层土壤的淋失(井涛等,2012)。因此,在马铃薯种植过程中,采用水肥一体化施肥技术,"以肥调水,以水促肥",实现水肥资源的高效利用,从而减少氮素的环境损失。很多试验结果表明,与传统粗放水肥管理模式相比,通过水肥一体化或滴灌施肥等技术,不仅将施氮量控制在合理范围内,还能够在实现马铃薯高产稳产的基础上减少氮素的损失,实现真正意义上的高产优质和环境保护(宋娜等,2013)。

8.5.3　配套保障措施

基于根层土壤硝态氮承载力的马铃薯田氮平衡优化施用技术,在充分考虑土壤养分供应能力和马铃薯养分吸收规律下制定科学合理的施肥方案,是解决马铃薯种植区面源污染问题的重要途径。但在具体的实施过程中,在大力推广相关技术措施的同时,需要配套以下保障措施。

1. 大力推进马铃薯机械化生产

从科研、生产、推广等多个方面多途径发力,努力攻克关键环节技术难关,进一步与相关企业密切协作,加紧技术攻关,加快研制步伐,尽快推出质优价廉的国产化马铃薯联合收获机。健全农机农艺技术体系,完善马铃薯种植、施肥、收获和打秧等技术与机具集成配套,融合马铃薯育种、栽培、病虫害防治等农艺技术。

2. 扩大测土配方施肥规模

基于根层土壤硝态氮承载力的马铃薯田氮平衡优化施用技术,需要充分考虑土壤养分的供给能力,同时在马铃薯生育期根据土壤养分和马铃薯养分需求规律进行施肥技术的实时调整,实现化肥投入的实时监控。

3. 大力推广水肥一体化技术

水肥一体化技术的核心作用就是"以肥调水,以水促肥",它使作物在高效利用水肥资源的情况下,提高了作物产量。但要使水肥一体化技术真正发挥其作用,还需要对农户进行相关专业培训,政府相关部门应充分发挥政府职能,给予农户经济补贴和技术支持,帮助农户进行前期规划建立水肥一体化系统。

4. 继续推进土地规模化流转

土地细碎化经营不利于大面积粮食生产的现代化管理,而集约化、规模化的土地利用方式更利于化学肥料等农资投入品的科学管理。虽然近年来,内蒙古马铃薯生产过程中有部分企业、农业合作社等已经开始集约化经营,但是需要有关政策或者相应激励机制进一步鼓励土地规模化经营,鼓励种地大户、家庭农场、合作社等各种形式形成更大的规模化经营。

8.6　海南蕉园化肥氮磷污染控制方案

8.6.1　控制目标与策略

根据海南香蕉种植过程化肥投入情况,以化肥高效利用和环境安全为目标,在保障香蕉产量的基础上,对香蕉种植过程中施用的化肥进行总量控制,大力推进有机无机配施和酸性土壤改良技术,实现氮肥施用量减少 20%～50%、氮肥利用率提高 5%以上的目标;并适时配套水肥一体化技术。

1. 科学施肥,进行化肥投入总量控制,重视氮磷污染的源头控制

根据香蕉目标产量和土壤养分供给状况,确定适宜的化肥施用量。根据香蕉养分需求规律,优化氮、磷、钾配比,促进大量元素与中微量元素配合。同时从肥料类型、施肥方式和施肥结构上进行优化,运筹施肥时间、改进施肥方式,实行有机无机配合和酸性土壤改良技术。注重施肥技术与轻简栽培技术结合,大力推广高效新型肥料施用、水

肥一体化技术等。

2. 氮磷损失过程控制

根据海南降雨多、强度大的特点，推广秸秆还田和生物炭施用技术，适时适地套种豆科植物，提高土壤保水保肥能力，减少氮磷养分损失。

8.6.2 控制方案

蕉园氮磷化肥控制方案分为控制指标、关键技术两大部分内容。控制指标也是为解决蕉园过量施肥及缺少简单易行的评价体系的突出问题特别设计的。关键技术主要是为氮磷损失过程设计的控制措施。

1. 合理施肥量的确定

蕉园化肥污染控制应该遵循"源头控制"的原则，合理化肥施氮量可以用式(8-1)进行估测(巨晓棠，2015)。

$$N_{fert} \approx Y \times N_t \tag{8-1}$$

式中，N_{fert}为理论化肥施氮量，kg N/hm^2；Y为目标产量，t/hm^2；N_t为生产1 t香蕉需氮量，kg，其值介于4.6~8.5，与香蕉品种有关。实际生产中，应考虑氮肥损失，其与农田管理措施、气候条件、土壤类型等因素有关。根据目标产量法推算，香蕉产量为60 t/hm^{2}的蕉园化肥推荐施氮量为276~510 kg N/hm^2。实际推荐用氮量根据香蕉品种、土壤肥力水平、农田管理措施会有适当调整。在香蕉移植前按照采集0~20 cm深度耕作层的土壤测定其碱解氮含量，结合香蕉目标产量，确定氮肥推荐用量(表8-6)。按照香蕉60 t/hm^{2}的产量目标，每生产1 t香蕉，N、P、K、Ca和Mg分别需要4.6 kg、0.41 kg、15 kg、2.5 kg和1.2 kg(姚丽贤等，2005)。化肥氮实际施用量应当用推荐用量减去有机肥氮投入量。

表8-6　土壤碱解氮和速效钾分级及肥料推荐用量

碱解氮/(mg/kg)	氮肥推荐用量/(kg N/hm^2)	速效钾/(mg/kg)	钾肥推荐用量/(kg K$_2$O/hm^2)
>180	420~480	>300	600~675
150~179	480~540	200~299	675~750
120~149	540~600	150~199	750~825
90~119	600~660	100~149	825~900
60~89	660~720	50~99	900~975
<60	720~780	<50	975~1050

资料来源：Yao等(2015)。

由于华南地区香蕉种植区土壤以红壤、砖红壤为主，对磷的固定能力强，磷肥利用率较低，磷肥用量比其吸收量大得多。通常认为土壤速效磷含量>20 mg P/kg为适量，<20 mg P/kg为低量，<10 mg P/kg为严重缺乏。凡属香蕉丰产稳产园的土壤养分多在上列各项指标的较高水平，处于缓坡低丘陵的香蕉园，应重视土壤培肥，以获取香蕉

优质丰产稳产。磷肥推荐用量为 56～168 kg P$_2$O$_5$/hm，植株营养生长期、花芽分化期、抽蕾结果期磷肥积累量分别占 18%、45%和 37%（Yao et al.，2015）；叶片磷含量应保持在 0.19%～0.22%，如果低于 0.19%，则应适当增加施肥量。

2. 蕉园养分综合管理关键技术

蕉园种植土壤差异较大，有的是连续种植，有的是由林地改种香蕉；土壤类型也有砂土、黏土等差异。因此，需要根据香蕉需肥特性、土壤肥力、气候条件及目标产量，进行测土配方施肥，以合理确定总施肥量、养分配比、基肥与追肥的比例、肥料种类和用量。香蕉对矿质营养元素的吸收量：钾>氮>钙≥镁>硫>磷>锰>铁>硼>锌>铜（Bolfarini et al.，2020；Meya et al.，2020），与其他作物有所不同。可以对不同肥料混合或配制成香蕉专用复合肥料，并考虑适宜的氮素形态比例，如研究发现苗期硝酸盐比氨态氮更好，NO$_3^-$：NH$_4^+$ 的最佳比例为 9∶1（王岚，2012）。

针对香蕉种植区以强淋溶性土壤为主，具有有机质含量低、酸性强、贫瘠、保肥能力差的特点，蕉园应以有机肥为主，化肥为辅，注重补充中微量元素肥料。有机肥使用腐熟羊粪或牛粪等，适当使用石灰、生物炭等调节土壤 pH，推荐施用钙镁磷肥。施肥按照前促、中攻、后补的原则，苗期以淋施或喷施叶面肥为主。香蕉种植后 6～7 个月即开始花芽分化，在营养生长阶段，充足的肥料能为丰产打下良好的基础。为减少养分流失，肥料应勤施、薄施。在高湿、高温的环境下栽种的香蕉，养分易分解和流失，所以施肥要少量多次，即每次施用量可少，但两次间隔宜短（赵凤亮等，2020）。化肥氮适宜分 6～10 次施用；营养生长期施肥量占 45%～50%，花芽分化期施肥量占 20%～25%（林电等，2002）。叶片营养诊断也是判断香蕉营养丰缺的重要工具，尤其是在花芽分化和果实膨大初期。根据营养丰缺诊断情况对追肥进行适时调整（表 8-7），以确保高产优质的同时避免过量的化肥施用。

表 8-7 香蕉叶片营养诊断

生长阶段	营养状态	养分含量/%		
		N	P	K
花芽分化期	缺乏	<2.3	0.12	1.9
	低	2.3～3.3	0.13	<4.5
	适宜	3.3～3.7	>0.14	4.5～5.0
	高	>3.7	—	>5.0
果实膨大期	缺乏	1.6～2.1	—	1.3～2.6
	低	2.0～2.5	0.12～0.16	2.7～3.2
	适宜	2.7～3.6	0.16～0.27	3.2～5.4
	高	—	—	—

资料来源：Halliday 和 Trenkel（1992）。

酸性土壤改良：对于土壤 pH<5 的蕉园，建议施用石灰调节土壤 pH，并重视有机肥料、堆肥和生物炭等有机改良剂的施用。Zhang 等（2020）研究发现，在 pH=3.7 的铁铝

土上施用 2.7 t/hm^2 的石灰可以增加土壤的 pH 和养分利用率，并提高香蕉产量。但是长期施用石灰会产生一些负面影响，如降低土壤中可交换的 Mg^{2+} 浓度(Raboin et al.，2016；Holland et al.，2018)。有机肥料、堆肥和生物炭等有机改良剂的施用也可有效改善土壤酸度并提高土壤质量(Haynes et al.，2001；Zhang et al.，2017)，降低可交换的 Al^{3+} 浓度(Raboin et al.，2016)，并增加酸性土壤中的养分(Ca^{2+}和 Mg^{2+})浓度(Otieno et al.，2018)；还可改变土壤微生物组的结构(Liu et al.，2018)。

新型肥料与灌溉施肥一体化技术：由于香蕉施肥量大、生长期长、施肥次数多(年施肥 8～10 次)，传统化肥料利用率低，施用新型缓控释肥可以提高肥效、降低化肥施用量、减少施肥次数(丁文等，2011)。De Godoy 等(2019)在巴西的研究发现，与多次分施(三次、五次和七次)常规肥料(420 kg N/hm^2)相比，一次性施用控释肥(210 kg N/hm^2 和 315 kg N/hm^2)香蕉产量并没有降低，而且缓解了施用常规肥料造成的土壤酸化。

灌溉施肥是指将液体肥或者固体肥料溶解后通过加压灌溉系统同时为作物提供养分和水分的施肥方式(Magen，1995)，可以优化水分和养分在时间和空间(精确地将水肥施到根系活动区)的匹配，较好地满足香蕉生长的需要(Nanda，2010)。蕉园灌溉施肥一般将氮肥(尿素、硝酸铵等)和钾肥(氯化钾、硫酸钾等)溶解后，通过喷带或滴灌系统将养分输送至香蕉植株附近。以尿素和氯化钾为例，香蕉移栽后肥料施用方案参见表 8-8。具体实施方案可根据香蕉品种、地力条件和产量目标进行适当调整。灌溉施肥可以使香蕉植株早开花，提高产量和品质(Hegde and Srinivas，1991)，节水 40%～70%，肥料施用减少 20%～30%(Srinivas et al.，2001)，进而提高肥料利用效率。相关研究表明，灌溉施肥因淋溶损失的肥料量低至 10%，传统的耕作体系则为 50%(Senthilkumar et al.，2017)。

表 8-8　香蕉氮肥和钾肥水肥一体化施肥方案

移栽后周数	尿素/[g /(株·周)]	小计/(g /株)	氯化钾/[g /(株·周)]	小计/(g /株)
4～8	5	25	2	10
9～18	12	120	8	80
19～30	10	120	15	180
31～40	7	70	20	200
41～46	2	10	12	60
合计		345		530

8.6.3　配套保障措施

围绕香蕉产业"节本、提质、增效"的可持续发展目标，为了减少蕉园化肥用量、减少面源污染，我国香蕉营养施肥由经验施肥逐步向精量平衡施肥转变，但养分综合管理技术研究还需进一步完善，与信息技术相结合的精准施肥技术研究仍是努力的方向(谢江辉，2019)。在大力推广相关技术措施的同时，需要做好以下配套措施。

1. 推广基于香蕉园耕作层土壤养分承载力的香蕉养分平衡优化施肥技术

根据不同香蕉园土质和土壤养分供给能力及香蕉植株养分吸收规律，科学合理地制定施肥方案，是提高香蕉肥料利用率、减少农业面源污染的重要途径。

2. 大力推广水肥一体化技术

蕉园水肥一体化技术是根据特定要求保持最佳施肥和提供水分的最有效、最便利的方法，可以使香蕉植株早开花，并提高产量和品质（Hegde and Srinivas，1991）；肥料损失降至 10%，肥料利用率高达 90%，节水 40%～70%，肥料施用减少 20%～30%（Srinivas et al.，2001；Senthilkumar et al.，2017）。

3. 继续发展集约化、规模化生产经营

虽然我国香蕉产业近年来迅速发展出一些香蕉专业合作社、协会、种植企业、家庭农场和专业大户，但仍以小规模为主。通过土地流转适当集中，积极培育专业大户、家庭农场、合作社、龙头企业等新型经营主体，形成百亩、千亩甚至万亩的大规模香蕉园区，实现统一规划、统一种植、统一管理、统一销售，推进香蕉产业组织化、规模化发展进程，提升产业化发展水平（王芳等，2018）。

参 考 文 献

丁文, 黄功标, 吴凌云, 等. 2011. 缓控释肥料在香蕉上的施用效果研究. 福建热作科技, 36: 5-7.

范立慧, 徐珊珊, 侯朋福, 等. 2016. 不同地力下基蘖肥运筹比例对水稻产量及氮肥吸收利用的影响. 中国农业科学, 49(10): 1872-1884.

侯朋福, 薛利祥, 俞映倞, 等. 2017a. 稻田径流易发期不同类型肥料的氮素流失风险. 农业环境科学学报, 36(7): 1353-1361.

侯朋福, 薛利祥, 俞映倞, 等. 2017b. 缓控释肥侧深施对稻田氨挥发排放的控制效果. 环境科学, 38(12): 5326-5332.

黄强, 郑顺林, 郭函, 等. 2019. 尿素配施硝化/脲酶抑制剂对春季和秋季马铃薯产量及土壤矿质氮的影响. 西北农业学报, 28(9): 1499-1507.

井涛, 樊明寿, 周登博, 等. 2012. 滴灌施氮对高垄覆膜马铃薯产量、氮素吸收及土壤硝态氮累积的影响. 植物营养与肥料学报, 18(3): 654-661.

巨晓棠. 2015. 理论施氮量的改进及验证-兼论确定作物氮肥推荐量的方法. 土壤学报, 52: 249-261.

巨晓棠, 谷保静. 2014. 我国农田氮肥施用现状、问题及趋势. 植物营养与肥料学报, 20(4): 783-795.

巨晓棠, 张翀. 2021. 论合理施氮的原则和指标. 土壤学报, 58(1): 1-13.

林电, 颜速亮, 常春荣, 等. 2002. 反季节组培香蕉氮钾肥料配比、施肥时期及其效应研究. 热带作物学报, 23: 36-40.

凌启鸿. 2007. 水稻精确定量栽培理论与技术. 北京: 中国农业出版社.

刘福兴, 陈桂发, 付子轼, 等. 2019a. 不同构造生态沟渠的农田面源污染物处理能力及实际应用效果. 生态与农村环境学报, 35(6): 787-794.

刘福兴, 王俊力, 付子轼. 2019b. 不同规格生态沟渠对排水污染物处理能力的研究. 土壤学报, 56(3):

561-570.

宋娜, 王凤新, 杨晨飞, 等. 2013. 水氮耦合对膜下滴灌马铃薯产量、品质及水分利用的影响. 农业工程学报, 29(13): 98-105.

王芳, 谢江辉, 过建春, 等. 2018. 2017 年我国香蕉产业发展情况及 2018 年发展趋势与对策. 中国热带农业: 27-32.

王岚. 2012. 巴西香蕉幼苗铵硝响应特征. 海口: 海南大学.

王小春, 杨文钰, 邓小燕, 等. 2014. 玉/豆和玉/薯模式下土壤氮素养分积累差异及氮肥对土壤硝态氮残留的影响. 水土保持学报, 28(3): 197-203.

王晓玲, 李建生, 李松敏, 等. 2017. 生态塘对稻田降雨径流中氮磷的拦截效应研究. 水利学报, 48(3): 291-298.

王志敏, 王璞, 李绪厚, 等. 2006. 冬小麦节水省肥高产简化栽培理论与技术. 中国农业科技导报, 8(5): 38-44.

夏永秋, 杨旺鑫, 施卫明, 等. 2018. 我国集约化种植业面源氮发生量估算. 生态与农村环境学报, 34(9): 782-787.

谢江辉. 2019. 新中国果树科学研究 70 年——香蕉. 果树学报, 36(10): 1429-1440.

薛利红, 李刚华, 侯朋福, 等. 2016. 太湖地区稻田持续高产的减量施氮技术体系研究. 农业环境科学学报, 35(4): 729-736.

严磊, 薛利红, 侯朋福, 等. 2020. 太湖典型地区雨养麦田的径流发生时间特征. 农业环境科学学报, 39(5): 1043-1050.

杨海波, 杨海明, 孙国梁, 等. 2018. 阴山北麓节水灌溉马铃薯田氮素平衡研究. 北方农业学报, 46(5): 54-60.

杨林章, 施卫明, 薛利红, 等. 2013. 农村面源污染治理的"4R"理论与工程实践——总体思路与"4R"治理技术. 农业环境科学学报, 32(1): 1-8.

杨旺鑫, 夏永秋, 姜小三, 等. 2015. 我国农田总磷径流损失影响因素及损失量初步估算. 农业环境科学学报, 34(2): 319-325.

姚丽贤, 周修冲, 彭志平, 等. 2005. 巴西蕉的营养特性及钾镁肥配施技术研究. 植物营养与肥料学报, 11: 116-121.

赵凤亮, 邹刚华, 单颖, 等. 2020. 香蕉园化肥施用现状、面源污染风险及其养分综合管理措施. 热带作物学报, 41(11): 2346-2352.

朱文彬, 汪玉, 王慎强, 等. 2016. 太湖流域典型稻-麦轮作农田稻季不施磷的农学及环境效应探究. 农业环境科学学报, 35(6): 1129-1135.

Bolfarini A C B, Putti F F, Souza J M A, et al. 2020. Yield and nutritional evaluation of the banana hybrid 'FHIA-18'as influenced by phosphate fertilization. Journal of Plant Nutrition, 43: 1331-1342.

De Godoy L J G, França F G, França K C R S, et al. 2019. Controlled-release fertilizer in the first banana crop cycle. Revista de Ciências Agrárias, 42: 908-914.

Halliday D J, Trenkel M E. 1992. IFA World Fertilizer Use Manual. Paris: International Fertilizer Industry Association.

Haynes R J, Mokolobate M S. 2001. Amelioration of Al toxicity and P deficiency in acid soils by additions of organic residues: A critical review of the phenomenon and the mechanisms involved. Nutrient Cycling in Agroecosystems, 59: 47-63.

Hegde D M, Srinivas K. 1991. Growth, yield, nutrient uptake and water use of banana crops under drip and basin irrigation with N and K fertilization. Tropical Agriculture, 68: 331-334.

Holland J, Bennett A, Newton A, et al. 2018. Liming impacts on soils, crops and biodiversity in the UK: A review. Science of the Total Environment, 610: 316-332.

Hou P F, Xue L X, Zhou Y L, et al. 2019. Yield and N utilization of transplanted and direct-seeded rice with controlled or slow-release fertilizer. Agronomy Journal, 111: 1-10.

Ju X T, Gu B J, Wu Y Y, et al. 2016. Reducing China's fertilizer use by increasing farm size. Global Environmental Change, 41: 26-32.

Li T Y, Zhang W F, Cao H B, et al. 2020. Region-specific nitrogen management indexes for sustainable cereal production in China. Environmental Research Communications, 2(7): 075002.

Liu H, Xiong W, Zhang R, et al. 2018. Continuous application of different organic additives can suppress tomato disease by inducing the healthy rhizospheric microbiota through alterations to the bulk soil microflora. Plant Soil, 423: 229-240.

Magen H. 1995. Fertigation: An overview of some practical aspects. Fertiliser News, 40: 97-100.

Meya A I, Ndakidemi P A, Mtei K M, et al. 2020. Optimizing soil fertility management strategies to enhance banana production in volcanic soils of the northern highlands, Tanzania. Agronomy, 10: 289.

Nanda R. 2010. Fertigation to enhance farm productivity. Indian Journal of Fertilisers, 6: 13-22.

Otieno H M, Chemining'wa G N, Zingore S. 2018. Effect of farmyard manure, lime and inorganic fertilizer applications on soil pH, nutrients uptake, growth and nodulation of soybean in acid soils of western Kenya. Journal of Agricultural Science, 10: 199-208.

Raboin L M, Razafimahafaly A H D, Rabenjarisoa M B, et al. 2016. Improving the fertility of tropical acid soils: Liming versus biochar application? A long term comparison in the highlands of Madagascar. Field Crops Research, 199: 99-108.

Senthilkumar M, Ganesh S, Srinivas K, et al. 2017. Fertigation for effective nutrition and higher productivity in Banana-A Review. International Journal of Current Microbiology and Applied Sciences, 6: 2104-2122.

Srinivas K, Reddy B, Chandra Kumar S, et al. 2001. Growth, yield and nutrient uptake of Robusta banana in relation to N and K fertigation. Indian Journal of Horticulture, 58: 287-293.

Wu Y J, Xi X C, Tang X, et al. 2018. Policy distortions, farm size, and the overuse of agricultural chemicals in China. Proceedings of the National Academy of Sciences, 115(27): 7010-7015.

Yao L, Li G, Tu S. 2015. 4R nutrient management for banana in China. Better Crops with Plant Food, 99: 17-19.

Yu Y L, Xue L H, Yang L Z. 2014. Winter Legumes in rice crop rotations reduces nitrogen loss, and improves rice yield and soil nitrogen supply. Agronomy for Sustainable Development, 34(3): 633-640.

Zhang C, Ju X, Powlson D, et al. 2019. Nitrogen surplus benchmarks for controlling N pollution in the main cropping systems of china. Environmental Science & Technology, 53(12): 6678-6687.

Zhang J, Li B, Zhang J, et al. 2020. Organic fertilizer application and Mg fertilizer promote banana yield and quality in an Udic Ferralsol. PLoS ONE, 15(3): e0230593.

Zhang X, Zhao Y, Zhu L, et al. 2017. Assessing the use of composts from multiple sources based on the characteristics of carbon mineralization in soil. Waste Management, 70: 30-36.

Zhao X, Wang S Q, Xing G X. 2015. Maintaining rice yield and reducing N pollution by substituting winter legume for wheat in a heavily-fertilized rice-based cropping system of southeast China. Agriculture Ecosystems & Environment, 202: 79-89.

第9章　化肥面源污染治理技术集成示范与模式创新

集约化农田的化肥面源污染治理是一项复杂的系统工程，只有根据各地具体情况，从面源污染治理技术创新和技术推广模式创新两个方面着手，才能取得实效。在化肥面源污染治理技术研发过程中，应根据不同区域、不同作物的化肥面源污染发生特点，研制适宜的源头防控、过程阻断和末端治理等关键技术，进而通过系统组装和集成，分区域、分作物建立化肥面源污染控制技术体系，制定技术规程和标准。针对不同区域的生态条件、化肥面源污染特点和社会经济发展状况，在代表性地区建立核心示范区，探索形成针对分散农户、规模农场、新型经营体等不同生产主体的技术推广模式。加强与地方各级政府部门和农技人员的合作，形成部门联动、上下合力的整治体系，辐射带动化肥面源污染治理技术的大面积推广应用。本章介绍华北平原小麦-玉米农田、长江中下游稻-麦轮作农田、华南多熟制稻田、华南蕉园及内蒙古马铃薯农田的化肥面源污染治理关键技术、主要推广模式和取得的成效。相关技术体系和推广模式可为其他地区及作物体系的化肥面源污染治理提供借鉴。

9.1　化肥面源污染治理技术推广模式

9.1.1　主要技术推广模式

根据组织方式的不同，农业技术推广有政府主导、学术机构主导及企业主导等推广模式。在本项目的化肥面源污染治理技术推广过程中，三种模式都得到应用。农业面源污染治理是一项公益性事业，得到了政府部门的高度重视，政府主导和学术机构主导是主要的推广模式。通过产学研结合，企业在化肥面源污染治理中也发挥了重要作用。

1. 政府主导的推广模式

在政府主导的推广模式中，政府在农业技术推广中居主导和核心地位。该模式的特点如下：①层次分明、结构完善。国家建立了同地区行政级别相当的纵向（自上而下）推广体系，每一级都有明确的职能和相应的人员结构，并建立健全了岗位责任制和工作汇报制。同时，注意省际、地区间、县域间经常性的横向合作和信息交流。②政府农业部门直接领导推广工作，负责组织工作的是下属农业部门的推广机构，在辖区内开展农业技术推广工作。③经费来源以政府拨款为主。④国家为农业技术推广立法，以法保推广，以法促推广。如水稻"三控"施肥技术被广东省农业农村厅选定为农业面源污染治理重点推广技术，在全省27个县市推广应用，通过推广专用配方肥、农资补贴等激励，对基层农技人员、示范户、农资店主等开展技术培训，举行现场观摩会，大力开展技术宣传等办法，推动技术落地。据统计，该技术在减少14%的化肥用量的同时，提高了8%的作物产量，化肥面源污染明显减少，取得了良好效果。

2. 学术机构主导的推广模式

学术机构主导的推广模式的主要特点是农业教育、科研、推广三位一体，学术机构负责组织和实施基层农业技术推广工作。例如，江苏省农业科学院与南京太和水稻种植专业合作社合作，在南京市江宁区汤山镇建立基地。在对长江中下游稻-麦轮作区化肥面源污染控制关键技术试验示范的基础上，基于污染源头减量-过程阻控-养分循环再利用的面源污染防治技术策略，提出了适宜我国长江中下游稻-麦轮作区化肥面源污染综合控制集成模式。与常规化肥分次撒施相比，本项目研发的新型缓控释肥一次性深施技术在宽窄行栽插和等行距栽插方式下氮肥用量分别降低了 48.5%和 36%。整个稻季的径流氮损失比常规化肥分次撒施处理降低 29%以上。

3. 企业主导的推广模式

随着推广体系的发展，越来越多的企业参与到农业技术推广过程中。该模式的主要特点是：推广方式灵活，如订单农业；推广主体以促进组织的发展、满足企业的原料供给为推广目的；推广以市场为导向，遵循技术推广的相关法律法规，并接受相关部门的监督。如浙江省农业科学院的沼气液体肥料生产，就是以企业为主导的推广模式。由科研单位提供技术支持，将养猪场的粪便转化为沼气，沼液经过浓缩成为液体肥料出售，既解决了养殖场的污染问题，又可产生可观的经济效益。

9.1.2　分散农户技术示范和推广模式

分散农户每户种植面积小、户数多、地域分布广而散，技术的示范与推广主要采用大众传播法和集体指导法。

1. 大众传播法

大众传播法是将农业技术和信息经过选择、加工和整理，通过大众传播媒介如印刷品、电视、互联网等传递给广大农民群众的推广方法。通过大众媒介传播的技术和信息是经过筛选、加工整理的，还附带着发行机构的声望，所以具有一定的权威性。一样的信息，经由大众媒体传播，就比个人传播更具有权威性，能使接收者容易信任。大众传播法传播的技术和信息数量大，传播范围广，传播速度快，可在短时间内传遍全国乃至全世界。

2. 集体指导法

集体指导法又称团体指导或小组指导法，即在同一类型、同一地区、相同的生产和经营方式的条件下，推广人员把情况相同或相似的一些农民组织起来，采取培训班、成果示范、方法示范、小组讨论等方法，集中对农民进行指导和传递信息的交流方法。

1)集体指导法的特点

集体指导法指导范围相对较大,有利于提高推广效率和经济效益;其信息传递方式属双向交流,能及时得到反馈信息;有利于展开讨论或辩论,达成一致意见。

2)集体指导法的应用

(1)培训班:集中一段时间,把与推广项目有关的领导、推广人员、农民技术员、科技示范户和有经验的农民组织起来进行系统培训。主要讲解推广项目的内容目标和技术要求,或交流传播生产中常规技术和急需传播的一些改进技术,可以是某项专门知识或操作技能,也可以是科研新成果。

(2)成果示范:在农业推广人员指导下,将在当地经试验取得成功的科技成果组装配套技术有计划地在一定面积上进行实际应用,做出样板,示范给其他农民,带动他们共同仿效应用。成果示范能够用无可争辩的事实向农民展示新技术的优越性,是一种可以全部用感官去学习的推广方法,具有较强的说服力,很容易被接受。成果示范要有计划地进行,示范点选择要有代表性,要同农民的目标一致,取得当地政府的合作并解决示范所必要的资金和配套物资。成果示范的步骤:示范布局及示范地块的选择、确定示范户、做好观察记录、及时组织示范参观、做好示范总结评价工作。

(3)方法示范:指在农业推广工作中,通过实际操作向农民展示某种技能的应用方法。方法示范可以使农民通过视觉、听觉、味觉、触觉等器官进行学习,并以看、听、做、讨论相结合,在短期内学到一种技能,增加他们采用新技术的决心,是一种很好的教学方法。方法示范进行的程序,大体可分为准备、示范、回答问题三个步骤。示范内容事先要有周密的计划和充分的准备;示范阶段,示范者首先要介绍示范项目,说明选择该方法的动机及其对观众的重要性;其次进行操作示范,一步一步交代清楚,使群众能看清楚、听明白,在小结中将示范中说明的重点进行重复并做出结论,劝导农民效仿采用;回答问题环节,在示范结束后,允许群众提问题,对于群众提出的问题,要抓住重点,清晰、扼要地回答,如果条件许可,可让群众实际操作。

(4)小组讨论:依据群众关心的问题,提出题目,请农民或技术人员参加讨论,交流知识和思想,发表意见和看法,以期对有争论的问题达成一致意见。

9.1.3　新型经营主体技术示范和推广模式

新型经营主体主要是农民合作社和大耕户,他们耕作的土地较多,有一定的技术水平。对他们采取个别指导法,通过巡回技术指导、电话访问、信函访问、办公室访问等,农户有任何问题都可以随时与科技人员沟通。

个别指导法的特点是针对性强。根据不同农户的具体情况,采取不同的方式方法,直接解决问题。推广人员与农户直接接触,坦诚提出解决问题的方法和措施,使问题及时得到解决,双向沟通。推广人员与农户的沟通是直接和双向的,推广人员可以了解真实情况,掌握第一手材料,而农户可以主动接触推广人员,反映问题,听取指导。

9.2　华北平原小麦-玉米农田化肥面源污染治理技术集成与示范推广

9.2.1　华北平原小麦-玉米农田化肥面源污染现状与治理策略

华北平原是我国粮食主产区，山东省化肥单位面积用量达到 466.54 kg/hm^2，远高于发达国家为防止化肥对水体造成污染而设置的 225 kg/hm^2 的安全上限。化学肥料对作物产量的提高功不可没，但由于化肥生产、供应、施用呈畸形发展，施肥方面出现了诸多问题。首先，在化肥使用结构上，重化肥，轻有机肥；重氮、磷肥，轻钾肥；重大量元素肥，轻中、微量元素肥。理想的氮、磷、钾比例为 1：0.4～0.5：0.4～0.5，我国平均水平为 1：0.31：0.11，华北平原氮、磷、钾的施用结构为 1：0.35：0.18，氮肥施用偏高。其次，在施肥品种上，长期以来比较单一，复合肥、新型肥料的品种及使用比例和发达国家相比较低，肥料种类以氮肥为主，新型肥料品种少且推广度低，致使化肥利用率不高，肥料利用率低于发达国家 10～20 个百分点。最后，施肥方法落后，多采用人工撒施，使得肥料大量损失。不合理的肥料施用导致肥料利用率低、增肥不增产，同时造成农田氮磷负荷不断升高，以气态、径流和淋溶等形式进入地表及地下水体，化肥面源污染风险加剧。因此，减少化肥用量、丰富肥料类型、优化施肥结构及改进施肥方法是从源头削减化肥氮磷污染的重要途径。

9.2.2　华北平原小麦-玉米农田化肥面源污染治理关键技术

1. 基于氮盈余基准的肥料减量技术

根据目标产量，综合考虑土壤氮库可持续生产及对环境影响小的肥料运筹技术。华北平原冬小麦-夏玉米轮作体系下，常规氮肥用量达 570 kg/(hm^2·a)。设置 10%、20% 和 30% 的氮肥减量梯度，对作物产量、氮素损失及土壤氮素盈余等指标进行检测，确定在不改变目前其他生产条件下，华北地区冬小麦-夏玉米种植中氮肥用量减少 20%～25% 比较合适，即小麦季 250 kg N/hm^2，夏玉米 200 kg N/hm^2，此时产量没有下降，氮素盈余量约 137 kg N/(hm^2·a)，虽仍高于华北地区冬小麦-夏玉米轮作体系下 80 kg N/(hm^2·a) 的氮素盈余量推荐值(巨晓棠和谷保静，2017)，但氮素总损失量降低 66.8 kg N/(hm^2·a)，是现有生产水平下较为合理的用量。

2. 基于养分平衡的肥料结构优化技术

主要针对华北平原冬小麦-夏玉米种植中氮多、磷多、钾少的现象，优化氮磷钾的比例，降低氮肥用量，提高氮肥利用率，促进小麦-玉米种植模式下肥料结构优化，实现减污增效。经过几年试验，在减少氮磷肥用量的基础上，增施钾肥，筛选出适合冬小麦和夏玉米的肥料结构，小麦适宜的施肥结构是 N-P$_2$O$_5$-K$_2$O=270-135-90 kg/hm^2，氮肥投入降低 14%，磷肥投入降低 50%，产量增加 16.9%，氮素流失减少 63%；玉米适宜的施肥结构是 N-P$_2$O$_5$-K$_2$O=195-75-60 kg/hm^2，氮肥投入降低 24%，产量不变。优化肥料结构的同时，配施菌肥，可调节土壤微生态环境，提高肥料利用率。另外，在作物生育后期随农药喷施抗逆增效剂，减少倒伏的概率，保障稳产。

3. 基于土壤库容扩增的碳氮调控技术

主要通过施用有机肥、生物炭等措施，调节土壤 C/N 值，扩大土壤氮磷库容，实现以碳调氮磷、以碳保氮磷，增加土壤对养分的持留能力。有机肥、生物炭等作为底肥随化肥一起施入，有机肥带入的氮计入氮素投入中，替代比例在 30% 左右为宜，进而减少化肥用量。施用不同有机物料(有机肥、生物炭、秸秆等)可以改善土壤性质，华北平原小麦-玉米农田氮肥利用率提高 9.53%～26.50%，玉米产量增加 4.05%～19.35%；土壤有机碳提高 24.0% 以上，土壤氮含量增加 2.5%～13.3%，磷含量增加 3.8%～41.5%，氮素流失减少 44.3%～64.2%。该技术在减少化学肥料投入的同时增施有机物料，实现在"用地"的同时"养地"，另外还促进了农业废弃物的循环利用。

9.2.3 技术示范推广效果——典型案例分析

1. 示范区简介

示范区位于山东省滨州市滨城区(37°9′ N，118°3′ E)。滨城区地处黄河下游鲁北平原，黄河从市区南端穿境而过，属温带季风气候，大陆性较强。四季分明，日照充足，年平均气温 12.5℃，年平均降水量 583.2 mm。地势平坦，多以潮土为主，土地碱性较高。全区辖 10 个街道、2 个镇和 1 个乡，其中示范区所在的秦皇台乡土地资源丰富，农业自然环境优良。滨城区先后获评"国家现代农业示范区""国家农业科技园区""全国粮食生产先进县(区)"称号。主要种植冬小麦和夏玉米，种植模式为冬小麦-夏玉米轮作。示范区所在园区有高标准灌溉沟渠 5000 多 m，基地主道路 1500 m，田间机耕路 3000 多 m，农田 4000 余亩，但在农田养分管理、土壤改良培育和化肥面源污染治理等方面需新技术的介入(图 9-1)。

图 9-1　示范区概况

2. 示范技术

华北平原小麦、玉米常规种植中使用的肥料有尿素、磷酸二铵和硫酸钾，其中冬小麦氮肥用量(以纯 N 计)为 315 kg/hm², 磷肥(以 P_2O_5 计)为 270 kg/hm², 不施钾肥。施肥方法上氮肥 50%作基肥, 50%在拔节期追肥, 磷肥全部作基肥。夏玉米氮、磷、钾肥(以 K_2O 计)的用量分别为 255 kg/hm²、120 kg/hm² 和 60 kg/hm², 氮肥 60%作基肥, 40%在小喇叭口期追肥, 磷、钾肥都作基肥。普遍存在化肥用量高、结构不合理、施肥时间和作物需肥规律不匹配、有机物料投入不足及养分流失严重的问题。针对以上问题, 于 2018年开展了小麦-玉米农田化肥面源污染治理技术示范。示范技术为融合化肥减量、肥料结构优化、施肥方法改进、土壤碳氮调控及水肥管理的小麦、玉米全链条增产增效及面源污染防控技术体系。

首先进行肥料运筹技术示范, 根据第 4 章确定的当前管理水平下示范区合理的减量额度进行化肥减量, 小麦氮、磷肥用量由原来 315 kg N/hm² 和 270 kg P_2O_5/hm² 减少到 250 kg N/hm² 和 135 kg P_2O_5/hm², 增施钾肥 90 kg K_2O/hm²。在施用方法上, 根据小麦、玉米需肥规律, 减少氮肥基施用量, 40%基施, 其余在小麦拔节期追施。玉米基肥由原来 255 kg N/hm²、120 kg P_2O_5/hm² 和 60 kg K_2O/hm² 调整为 200 kg N/hm²、75 kg P_2O_5/hm², 钾不变, 施肥方法由习惯的 60%氮肥和全部磷钾肥作底肥, 改为 40%氮肥基施, 60%后移在大喇叭口期追施。

在肥料运筹的基础上, 进行有机物料替代, 以碳调氮。小麦、玉米种子用微生物种衣剂处理, 防病促生; 在肥料种类上, 用新型缓控释肥替代传统尿素, 同时底肥配施微生物菌肥和有机物料, 替代比例在 40%左右, 活化土壤养分库, 提高养分有效率, 有机物料所含氮磷钾计入氮磷钾投入总量, 对氮磷钾投入进行总量控制。同时加强水分管理, 小麦生育期保障土壤 0～60 cm 深度土层含水量在田间持水量的 65%～90%范围。小麦拔节期、灌浆期若土壤含水量低于田间持水量的 65%, 则进行定额灌溉。灌水要求注处开口、缓水进田、小水慢灌, 使土壤浸透, 避免大水漫灌。小麦生育期若遇暴雨, 积极防止无序排水, 引入排水沟, 排水沟为土质, 并有挺水植物, 从而降解排水沟中的养分浓度, 降低农业面源污染负荷。玉米生育期土壤 0～60 cm 深度土层含水量在田间持水量的 65%～90%, 拔节期若土壤含水量低于田间持水量的 65%, 则进行定额灌溉。灌水时避免大水漫灌, 同时遇暴雨也应及时疏导地表排水进入排水沟, 防止地表径流无序排放。

3. 示范效果

本模式在维持作物产量和削减氮磷流失方面都表现出了积极的效果。在未增加任何新产品投入的情况下, 仅改变基肥和追肥比例及时间, 冬小麦氮肥投入减少 15%(270 kg/hm²), 磷肥投入减少 50%(135 kg/hm²), 平均单产 7995 kg/hm², 与原种植模式 7500 kg/hm² 相比, 没有减产。夏玉米氮肥用量降低 20%(204 kg/hm²), 磷肥和钾肥投入量不变。

投入以农业废弃物为主的有机物料, 一方面解决了农业废弃物导致的环境污染问题, 实现废弃物循环利用; 另一方面可以改善示范区土壤性状, 扩增土壤库容, 减少氮磷流失, 实现在用养地结合的基础上降低农业面源污染。添加秸秆生物炭可以削减氮磷淋溶损失, 其中氮淋溶损失平均减少 18.6%, 磷淋溶损失平均减少 41.0%。施用有机肥和生物炭可减少尿素投入 47%～54%, 减少淋溶 NH_4^+-N 损失 37.2%～55.9%, NO_3^--N 损失 6.3%～34.9%, 减少径流中 NH_4^+-N 损失 12.1%～29.4%, 减少 N_2O 排放 26.1%～56.3%,

玉米产量和常规相比略有增加。经济效益分析表明，全年冬小麦-夏玉米轮作下每亩可以实现节本增效 160 元以上。通过示范，有效地推动了小麦、玉米清洁种植，提升了当地民众对面源污染的认识，取得了良好的经济、环境和社会效益。

9.3 长江中下游稻-麦轮作农田化肥面源污染治理技术集成与示范推广

9.3.1 长江中下游稻-麦轮作农田化肥面源污染现状与治理策略

长江中下游地区稻田分布比较广泛，2015 年统计数据显示，稻田面积共计约 1.73 亿亩，其中稻-麦轮作农田面积为 767 万 hm^2，占比 66.5%，其余为双季稻田。稻-麦轮作农田主要分布在江苏、安徽、湖南、湖北、浙江和上海，水稻单产较高，平均产量在 6.98~9.58 t/hm^2，高产田块可达 10.5 t/hm^2 以上。为保证水稻高产，农户往往投入了大量的化肥。据 2013 年的调研数据，江苏环竺山湖小流域稻-麦轮作系统施氮量已由"十一五"期间的 540 kg/hm^2 降低到 490.7 kg/hm^2，但与推荐的环境友好型种植技术模式或轮作模式的施肥水平相比，还有很大的节肥提效和控污减排空间(胡博等，2016)。而宜兴多年田间试验监测数据结果表示，长江中下游地区稻田处于一种高投入、高损失的状态，多余的氮几乎全部通过径流、渗漏、氨挥发等途径损失掉了，而残留在土壤里的氮相对较少(Zhao et al.，2012)。"十一五"国家水专项课题对太湖流域污染负荷来源的分析表明，总氮和总磷农村面源污染所占的比重分别约为 58% 和 40%，其中种植业化肥面源污染对总氮和总磷的贡献为 67631.3 t 和 3661.4 t，即种植业化肥面源污染对太湖总氮和总磷的贡献率大约为 18% 和 7%，其根源在于种植业生产中不合理的肥料投入(刘庄等，2010)。因此，化肥面源污染的控制对于农业的可持续发展及水环境质量的改善具有重要作用。

农田化肥面源污染主要是由化肥的不合理投入(施肥量过大、施肥时间和施肥方法不恰当)而造成的氮磷养分未被作物吸收利用，通过径流、淋洗及气态等途径迁移到周边环境中，导致区域内的水环境质量下降。因此，要控制农田化肥面源污染，必须基于区域氮磷养分平衡的原理，在保证产量和效益的同时，首先对化肥投入的总量进行控制，从源头上控制面源污染的发生。农田氮磷养分的损失过程是不可避免的，因此需要在源头减量的基础上利用多种手段对农田养分损失的各个途径(包括径流、渗漏、氨挥发及 N_2O 等气体排放)进行有针对性的拦截和阻控，进一步减少农田氮磷向环境的排放。要实现区域农田化肥面源污染的控制和水体环境的改善，除了控源节流外，还必须广开肥源，充分挖掘环境中可能存在的养分资源，如生活污水处理后的尾水、沼液、未经处理的养殖肥水、富营养化河塘水等，对这些养分资源进行农田回用，实现农田化肥的绿色替代，可在减少农田化肥面源污染的同时减少环境污染负荷。

长江中下游地区是典型的水网地区，河流密布，化肥中的氮磷离开农田后迁移到水体的路径非常短，且因地形、地势的差异造成产流、汇流特征具有较大的空间异质性。为有效控制化肥面源污染，减轻对水体的污染负荷排放，源头控制是关键，在减少化肥用量的同时提高肥料利用率，减少各种途径损失；而氮磷径流拦截技术措施也必不可少。

长江中下游地区稻田多紧邻河道,因此养分的回用及循环灌溉也是减少化肥污染的一个重要途径。在区域尺度上要实现化肥面源污染的有效控制,必须因地制宜,采用源头减量-过程阻断-养分循环再利用-生态修复的综合策略,对各项技术进行组装集成,实现化肥污染全过程、全空间覆盖,才能获得农业可持续生产与水环境改善的双赢(杨林章等,2013)。

9.3.2 长江中下游稻-麦轮作农田化肥面源污染控制关键技术

1. 化肥源头减量技术

1)稻田轮作制度调整技术

多年多点的试验研究表明,在传统稻-麦轮作的基础上,冬季改种植冬小麦为紫云英、黑麦草、蚕豌豆等绿肥,稻季化肥施用量可减少 10%～20%,节约化肥氮 30～60 kg/hm^2,水稻产量略微增加。由于冬季不施肥,因此稻-麦周年可减少化肥氮投入 300 kg/hm^2、磷肥 65 kg/hm^2 和钾肥 65 kg/hm^2 左右,周年可削减氮径流损失 70%,氨挥发损失 40%,氮渗漏损失 15%,N$_2$O 排放 50%以上(Yu et al.,2014;Zhao et al.,2015;Cai et al.,2018)。冬季改种小麦为豆科绿肥紫云英,牺牲了麦季产量,因此,需要进行一定的生态补偿。该技术主要适用于沿湖、沿河区域或一级保护区等重点保护区域,也适用于生产有机或绿色产品的农场或小型分散农户。

由于水稻-紫云英轮作/休耕简便易行且污染减排效果明显,目前已在长江中下游地区进行了大面积推广使用,其中江苏省 2016～2018 年推广应用 4.7 万 hm^2,2019 年开始,苏南地区整体推进,太湖流域一级保护区全部实施,每年大约在 8.3 万 hm^2 左右。地方政府也均制定了相应补偿措施。例如,浙江地区冬种绿肥补贴 4500 元/hm^2,上海地区 2018 年绿肥补贴标准在 5250～5700 元/hm^2,江苏省轮作休耕 2016～2018 年补贴 2175～3750 元/hm^2。

2)稻田新型缓控释肥技术

新型缓控释肥通过对传统肥料外层包膜处理来控制养分释放速度和释放量,使其与作物需求相一致,可显著提高肥料利用率,明显降低氨挥发等各项损失。当前缓控释肥成本相对较高,因此综合成本效益,提出了长江中下游稻田基于新型缓控释肥的一次性深施技术和"一基一追"技术。即稻田氮肥用量在高产推荐施氮量的基础上降低 10%～20%,以 210～240 kg N/hm^2 为宜,采用市场成熟的水稻专用缓控释肥如硫包衣尿素、树脂包膜尿素或者包膜控释掺混肥。一次性深施技术需要利用机插秧侧深施肥一体化机械,将所有的缓控释肥一次性深施下去。"一基一追"技术,稻季 60%～70%的氮采用新型缓控释肥,于整地前施入混匀,或者采用插秧施肥一体化机械,将新型缓控释肥在插秧时一起深施到田里,其余采用普通尿素,根据苗情在分蘖期或孕穗分化期追施,既能保证增产增效,又能减氮减排。多年多点试验示范结果表明,采用最新的水稻专用掺混控释肥深施技术,两年间减少农户化肥氮用量分别为 33%和 28%,水稻分别增产 9.8%和 21%,总氮径流损失降低 6%～23%,氨挥发损失降低 11%～42%,农户节约化肥成本 10.3%和 12.7%,净收益增加 20%以上(Hou et al.,2019)。

3) 化肥氮的基-蘖-穗肥优化运筹模式

该技术主要根据土壤基础地力及当地生产条件，通过斯坦福方程计算目标产量下的肥料用量，也可采用简化的方法来计算科学适宜施氮量，即目标产量与百千克籽粒吸氮量的乘积。产量目标一般在农户产量的基础上增加 5%～10%。在此基础上根据土壤地力条件等进行肥料运筹优化，从而达到按需按产施肥。低地力土壤，基追比以 6：4 为宜，中地力土壤可降为 5：5，高地力土壤降为 4：6。为确保高产，避免水稻中期强降雨可能带来的肥料流失等问题，可在穗肥期利用叶色对水稻长势进行实时无损诊断，如凌启鸿等（2017）提出顶 3 叶顶 4 叶叶色差是稻体氮素营养水平的表观指标，用单叶 SPAD 测定顶 3 叶和顶 4 叶的叶色差可以准确诊断水稻植株氮素的丰亏。该技术相对简单，适用于分散的小农户。

4) 基于有机无机配施的化肥替代减量技术

该技术主要利用农业有机废弃物如沼液沼渣、菇渣、畜禽粪便、秸秆或者基于这些有机物料生产的商品有机肥来代替部分化肥施用，达到减少化肥用量、减少面源污染排放的目的。替代的化肥氮含量以占总氮用量的 20%～30% 为宜（45 kg/hm² 纯氮），沼渣推荐施用量为 15000～18000 kg/hm²，菇渣推荐用量为 2250～2700 kg/hm²，腐熟的畜禽粪便（干重）推荐用量为 2250 kg/hm²。同时配合施用 150 kg/hm² 的三元复合肥（N-P₂O₅-K₂O=15%-15%-15%），在水稻插秧整地之前均匀施入土壤。在水稻分蘖期（插秧后 7～10 天）每公顷追施尿素 180 kg 左右；拔节孕穗期每公顷追施尿素 135 kg 左右。稻-麦轮作系统采用有机与无机化肥配施，与常规农户施肥处理相比可减少化肥氮用量 20% 以上，产量不减甚至增加，氮肥利用效率增加，稻季径流损失分别减少 6%～28%，麦季径流和渗漏损失减少 25%～46%（Xue et al.，2014）。

5) 稻-麦轮作农田的磷肥周年运筹减量技术

针对目前稻-麦轮作农田多采用 1：1：1 的 NPK 三元复合肥，从而导致磷肥投入过量、土壤磷库普遍处于盈余这一现状，根据水稻作物对磷肥的实际需求，根据"淹水磷有效性提高，频繁干湿交替磷有效性降低"原理，采用稻季少施或不施磷肥的办法来减少不必要的磷肥投入，达到减少磷素损失的目的。该技术具体为：稻季不再施用磷肥，改 NPK 三元复合肥为 NK 二元复合肥或单质肥。冬季作物季施用磷肥，用量为 75～105 kg P₂O₅/hm²，复合肥或磷肥均可，基肥一次性施入。氮和钾肥正常水平施用，水分管理和田间管理同正常高产田块。该技术每公顷可节省磷肥投入 60～75 kg P₂O₅，保证作物不减产，可节约成本 450～600 元/hm²，提高磷肥利用率，同时降低土壤速效磷累积量 10.5%～36.7%，减少径流总磷浓度 12.0%（朱文彬等，2016；陈浩等，2018）。但应注意极少数缺磷水稻土类型如乌栅土、白土和小粉土上或者土壤有效磷<15 ppm 时，越冬作物季可加大磷肥施用量至 120 kg/hm²，以满足土壤磷供应；并减少稻季灌排烤田次数，尽可能避免剧烈干湿交替。

2. 过程拦截技术

1) 农田排水的原位促沉净化技术

在采用了径流源头控制技术后，仍然会有一部分氮磷随着农田径流或排水流失到周围的环境水体中去，需要对这部分流失的氮磷养分进行强化净化和高效拦截，从而进一步减少最终进入水体的量。

农田排水的原位促沉净化技术借鉴了潜流-垂直流人工湿地的思路。针对农田排水以颗粒态污染物为主的特点，在空间结构设计的基础上，利用水流速的改变和填料的合理配置，使颗粒、悬浮物、胶体等污染物被高效拦截、沉淀和去除。农田排水口污染物促沉净化装置为半圆柱体，装置直径范围为 2.0～3.0 m，高度为 0.8～1.3 m。装置由外围过滤带和内部促沉净化系统组成，其中外围过滤带由装置外围固定布水板及外围促沉填料组成，内部促沉净化系统由内部固定挡水板、集水-布水管、内部促沉填料及排水管组成。装置外围固定布水板由塑料片构建而成，呈半圆形，两端连接农田田埂，直径为 2.0～3.0 m，高度为 0.6～1.1 m，塑料片上沿开若干直角三角堰；外围促沉填料为天然沸石，铺填高度在三角堰底部下 0.1～0.2 m。内部固定挡水板由 PVC 板材焊接而成，为半圆柱体，上不封顶，直径为 1.4～2.4 m，高度为 0.8～1.3 m；集水-布水管由收集管和布水管组成，收集管 3～4 根，为 PVC 给水管，位于内部促沉净化系统下部，平行于装置底部安装，一端穿过内部固定挡水板弧面深入外围促沉填料内，另一端与垂直于其的布水管相通；布水管为 PVC 给水管，高度距内部固定挡水板顶部 0.3～0.4 m，于内部促沉系统中心垂直安装，管下端焊接于装置底部 PVC 板上，顶端封口，沿顶端向下四周开孔布水；内部促沉填料为天然沸石，铺填高度距布水管布水区域下沿 0.1～0.2 m；出水管为 PVC 给水管，平行于装置底部安装，一端深入内部促沉填料内，另一端穿过内部固定挡水板直立面和田埂进入农田沟渠系统。排水促沉装置示意图及现场照片见图 9-2。

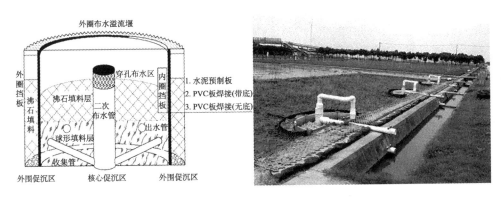

图 9-2　排水促沉装置示意图及现场照片

农田排水口污染物促沉净化装置能够实现对农田排水污染物的原地处理，装置的空间与结构设计适应了农田排水污染物的特点，同时所用材料没有任何生态风险，且设计简单，占地面积少，成本低廉，运行维护成本低。实际应用效果表明，装置对悬浮物的去除率在 60% 以上，对 TN 的去除率在 20%～32%，对 TP 的去除率在 31%～42%，且出水相对稳定。

2) 生态拦截沟渠技术

生态拦截沟渠技术主要是通过对现有排水沟渠的生态改造和功能强化，或者额外建设生态工程，利用物理、化学和生物的联合作用对污染物(主要是氮磷)进行强化净化和深度处理，不仅能有效拦截、净化农田污染物，还能汇集处理农村地表径流及农村生活污水等，实现污染物中氮磷等的减量化排放或最大化去除。该技术具有不需额外占用耕地、资金投入少、农民易于接受，又能高效阻控农田氮磷养分流失等特点。

生态拦截型沟渠系统，主要由工程部分和植物部分组成，沟渠采用带孔的硬纸板材构建而成，沟内每隔一定距离设置一小型的拦截坝(高度10~20 cm)，也可放置一些多孔的拦截箱，拦截箱内装有能高效吸附氮磷的基质，沟底和沟壁且可种植具备高效吸收氮磷的植物。通过工程部分和植物部分的有效组合，农田排水中的氮磷通过植物吸收、基质吸附、泥沙沉降及流速减缓等被有效去除。生态沟渠每米造价在400~600元，适宜于水网地区的排水沟渠。建设时需注意沟渠的坡度，太陡容易倒塌，并要注意植物的四季搭配，植物衰老时要及时收获并进行重新栽植，从而确保拦截效果。生态小坝和植物拦截箱可根据实际情况进行建设。生态沟渠技术已在太湖流域、滇池流域、珠江三角洲、巢湖流域得到了大面积的应用。在太湖流域的应用结果表明，生态拦截型沟渠对稻田径流排水中氮磷的平均去除率可达48.4%和40.5%(杨林章和周小平，2005)；在珠江三角洲地区的应用实践表明，在原有排管沟渠基础上改建的生态沟渠，能在满足原有排灌功能的前提下，对稻田排水径流中固体悬浮物、总磷、总氮、化学需氧量、氨氮、生化需氧量的去除效率分别达到71.7%、63.4%、49.9%、26.6%、14.5%和11.6%(何元庆等，2012)。

3. 环境源养分的农田回用技术

氮磷等物质进入环境水体中属于污染物，但对于农田生产系统来讲，是必需的养分资源。该技术通过农田回用将氮磷由污染物转换成养分，利用水稻植株的养分吸收功能、稻田土壤的吸附截留过滤功能及稻田微生物的转化同化功能来实现对生活工程污水尾水中氮磷的回用净化，从而达到减少化肥施用、节约资源、净化环境并促进生产的功能。

水稻插秧后采用处理后的生活污水、工程尾水或者富营养化河塘水代替普通河水进行灌溉，灌溉方式采用常规畦作漫灌。除了水稻灌浆后期无须灌水外，稻季的其余时间保持均匀灌水，每日灌水量为2 cm深(保证水力停留时间为3 d左右，保证稻田水层在3~5 cm)即可。施肥后一周内关闭出水口，保证不排水。如遇降雨则停止灌水，并关闭出水口，保证不排水。水稻总施肥量等于当地高产推荐施肥量与灌溉带入总养分的差值，基肥、分蘖肥和穗肥正常施用，但每次需减去灌溉带入的氮量。

实践应用表明，用生活污水或工程尾水灌溉，稻田稻季可消纳生活污水工程尾水4000 m³，消纳利用污水中的氮在60~80 kg N/hm²，可减少化肥氮施用20%~40%，水稻生长和产量不减，稻田氨挥发显著降低，并能减少前期氮流失风险(马资厚等，2016)。在太湖流域直湖港小流域的应用表明，利用生活污水尾水回用稻田，在水稻旺盛生长期，日处理水量可达160~200 m³/hm²甚至更高，在连续进水并保证一定的水力停留时间下，出水TN浓度稳定在2 mg/L以下，达到地表水(湖库)V类水标准，且稻季只需施肥150 kg N/hm²左右，就能达到正常产量。对于太湖流域一个日处理水量为20 t的小型分散生活污水处理设施，只需充分利用周边的稻田，将其出水引入稻田人工湿地，保证水力停留时间在4 d以上，出水就能达到地表水(湖库)V类水标准，而且仅需1.5~1.8亩的稻田湿地。该技术不仅能轻松地达到污水处理设施提标改造的效果，而且费用低，并兼顾了水稻粮食生产,实现了环境保护和农业生产的双赢(薛利红和杨林章,2015)。

使用该技术时需注意灌溉水源中有无其他有害元素,如重金属、病原菌等,必要时在前端采取过滤净化处理措施。采用连续灌水排水方式时,请注意避开施肥期,施肥一周内做到不排水;其余时间可设一处溢流堰,堰口高度在 3 cm 左右,田内水位高于 3 cm 时,自行排出。

9.3.3　长江中下游稻-麦轮作区化肥面源污染控制技术集成与示范推广

在对长江中下游稻-麦轮作区化肥面源污染控制关键技术试验示范的基础上,基于污染源头减量-过程阻断-养分循环再利用的面源污染防治技术策略,对这些关键技术进行进一步的技术优化组合集成,针对不同的对象群体及目标,提出了三套适宜我国长江中下游稻-麦轮作区化肥面源污染综合集成模式。

1. 面向环保优质的稻田化肥污染防控技术模式——"结构调整-施肥优化-径流拦截利用"

针对长三角区域经济发达这一特征,水环境敏感区如太湖一级保护区对环境污染防控要求较高,有机绿色农场及大多数分散农户更注重的是品质而非产量等实际情况,在农业面源污染控制 4R 理论"源头减量-过程阻断-养分循环再利用-生态修复"的指导下,提出了面向环保优质的稻田化肥污染防控技术模式。该技术模式主要以污染减排最大化为目标,注重粮食品质,兼顾产量。适用区域为南方稻-麦轮作区,适用对象为以种植业为主的有机绿色农场、合作社或者位于太湖一级保护区的分散农户。

如图 9-3 所示,该技术模式主要采用轮作制度调整技术(即将稻-麦轮作改为稻-绿肥/豆轮作模式)和稻田化肥科学减量技术来减少化肥的投入,同时配以排水原位促沉净化技术、水稻无肥拦截带技术及生态拦截沟渠技术,对农田排水中的氮磷进行拦截,在此基础上,有条件的地方配以生态湿地塘净化技术并实施循环灌溉。

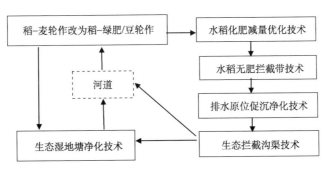

图 9-3　技术流程

通过"结构调整-施肥优化-径流拦截利用"技术系统的应用,稻田化肥投入量可由原来的高于 480 kg/(hm²·a) (TN)降低到 180~200 kg/(hm²·a) (TN),化肥氮减量 60%以上,水稻保证高产甚至增产,污染排放可减少 TN 18~24 kg/(hm²·a)、TP 0.75 kg/(hm²·a)、

NH_4-N 8 kg/(hm^2·a)左右。

　　该技术模式的实施到位需要农民或经营户的环保意识较强，农田排灌系统配套，水分管理方式科学(忌大水淹灌随意排水)，土地配置合理，要有相应的生态沟渠塘等，农田与生态塘的配置比例以50∶1为宜。其他相应的保护条例与法规(秸秆禁烧、废弃物与养殖废物的收集处置与循环利用)也要执行到位。此外，由于采用冬季种植绿肥技术，需要政府给予合适的生态补贴。

2. 面向高产高效低污的稻-麦轮作农田污染防控模式

　　针对南方经济发达地区农田规模化趋势逐渐加大、劳动力日益紧缺这些特点，在农业面源污染控制4R理论"源头减量-过程阻断-养分循环再利用-生态修复"的指导下，提出了面向高产高效低污的稻-麦轮作农田污染防控模式。该技术模式采用全程机械化作业，以高效(高效率和高效益)为目标，同时达到减少农田化肥面源污染排放的目标。适用于规模化稻-麦轮作农田，面积在33.3 hm^2以上，沟渠塘配套，并且区域内有部分河道。适用对象为以种植业为主的新型农场及专业合作社。

　　该模式中化肥源头减量主要在秸秆粉碎还田的基础上，采用水稻专用新型缓控释掺混肥或测土配方肥，同时利用现代化的插秧侧深施肥一体化机械，在插秧的同时实现肥料的深施，从而大幅提高肥料利用率，减少肥料损失。由于田块规模变大，生态拦截模块主要采用大型的农田排水促沉净化技术及生态拦截沟渠技术，并在末端配置生态湿地塘净化技术实施循环灌溉。冬季收获的水生植物等可以直接回用或者简单堆沤后回到农田，实现水体中养分的再利用。

　　该技术模式可使年施氮量降低20%以上，年氮排放量降低30%左右，保证稻-麦高产，年净收益增加750~1500元/hm^2。该技术模式的实施到位需要合作社或农场主具备配套的大型作业机械如秸秆还田机械、播种插秧机械、肥料撒施机械、插秧施肥一体化机械等。区域内农田排灌系统配套，水分管理方式科学(忌大水淹灌、随意排水)，土地配置合理，要有相应的生态沟渠塘等，农田与生态塘的配置比例以50∶1为宜。生态沟渠塘的建设成本需要政府进行项目配套补贴。此外，大型机械、有机肥及新型缓控释肥的购买需要政府给予一定的补贴优惠政策。

3. 基于种养循环的稻-麦轮作农田化肥污染综合防控模式

　　针对那些小型分散畜禽养殖场、沼气工程及分散农村生活污水处理设施等排放的养殖废水、沼液沼渣和尾水等，充分利用农田的消纳净化功能，在农业面源污染控制4R理论"源头减量-过程阻断-养分循环再利用-生态修复"的指导下，提出了基于种养循环的稻-麦轮作农田化肥污染综合防控模式。该技术模式主要通过种养循环来实现化肥减量、高产优质的目的，同时有效避免了这些低污染废水直接排入周边水体，从而起到净化水体环境的双重效果。

　　该技术模式中，源头减量方面主要采用环境源中养分的农田化肥替代减量技术，充分利用养殖废水、沼液沼渣、生活污水及尾水中的氮磷和有机碳等养分资源，实现化肥的替代减量，减少农田氮磷的排放；生态拦截模块主要因地制宜地采用生物强化净化技术及生态拦截沟渠技术，有条件的地方在末端配置生态湿地塘净化技术并实施循环灌溉和水生净化植物回收养分的农田循环利用。

该技术模式将外源养分输入农田可以替代或减少化学氮肥投入 20%~50%，并保证产量，有效消纳污水等农业废弃物，净化周边水体环境，总环境中氮减排 30%以上。但应用时需要关注重金属、病原菌带入可能引起的环境及安全风险问题，沼液及沼渣等应根据农田限量标准施用，并按规模配置农田，确保安全消纳。

该技术模式主要适用于分散养殖场、沼气工程及污水处理工程(包括小型分散农村生活污水处理工程及规模化污水处理厂)周边农田。具体实施对象可以是分散性养殖企业或者合作社、小型分散农村生活污水处理工程及污水处理厂所在区域的当地政府如村委会、镇政府等，也可以是农场主。

9.3.4　技术示范推广效果——典型案例分析

1. 面向环保优质的稻田化肥污染防控技术模式示范——以南京汤山基地为例

1)示范区简介

示范区主要位于南京市江宁区汤山镇阜庄社区，示范区土地总面积 33.3 hm²，土地全部流转归由南京太和水稻种植专业合作社经营，含旱地、稻田、鱼塘等多种土地利用方式，其中稻田 20 hm²左右，水塘面积约 5.3 hm²，为主要利用方式，其次是桃园，有零星菜地。示范区整体地势呈东高西低、南高北低，水系相对独立，具有典型丘陵小流域集水区的特征。示范基地平面分布见图 9-4。

图 9-4　汤山镇示范基地平面分布

　　示范区起初为荒地，排灌设施陈旧且不齐全。园区于 2013 年开始建设，在对园区地形地貌及周边农业产业详细调研的基础上，面向未来农业与农村社会经济的发展，贯彻藏粮于地、藏粮于技的指导思想，以扩量为基础，以提质为根本，以增效为目标，全面提升土地的生产力与土地的产出效率。在土地综合整治的基础上，将生态的理念融入高标准农田建设中来，应用农业高新技术，构建优质安全农产品生产、生态养殖、废弃物资源化、水资源高效利用等现代循环农业新模式，实施减肥减药、生态保护、面源污染防控等工程，建成"科学传播、农业经营、休闲观光、环境保护、生态服务"五位一体的现代城郊型田园综合体。目前建设有高标准的农田管道灌溉系统，排水沟渠、泵站等排灌系统配套齐全。

　　2) 示范的主要技术

　　项目紧密结合园区发展定位，于 2016 年开始进行相关技术的研发与示范。面向园区生态型高标准农田及高效高值绿色农业发展的定位，项目重点示范了面向环保优质的稻田化肥污染防控技术模式，同时辅以病虫草害的绿色生态防控技术示范（图 9-5），从而打造高端稻米产品。示范的具体技术包括以下几种。

图 9-5　示范区示范现场图

　　(1) 化肥源头减量技术：综合应用有机肥减量替代技术、缓控释肥一次性基施技术和麦季改种绿肥（紫云英和绿肥油菜）技术等，在提升土壤地力的同时大幅削减化肥的用量。从 2016 年起，稻田每年每公顷撒施有机肥 4500 kg，冬季全部休耕改种小麦与绿肥紫云英。2016 年和 2017 年稻季主要示范了有机无机配施减量技术和新型缓控释肥一次性深施技术。2018 年稻季示范区稻田全部采用新型缓控释肥一次性深施技术，水稻供试品种为'苏香粳 100'和'南粳 5055'，采用宽窄行和等行距栽插两种插秧施肥一体化机器进行插秧施肥一体化作业。宽窄行栽插的密度为 (33/17) cm×12 cm，等行距栽插的密度为 30 cm×12 cm，水分管理采用干湿交替水分管理措施。所有田块均采用掺混控释肥 ($N-P_2O_5-K_2O=23-11-17$)，后期不追肥。宽窄行插秧施肥一体化机器掺混肥实测用量为 570 kg/hm^2，等行距插秧施肥一体化机器掺混肥实测用量为 750 kg/hm^2。

　　(2) 径流阻控与生态拦截技术：充分利用示范区已有的管道灌溉系统实行水稻的精确灌溉，从源头上控制径流的产生。同时配套建设生态护坡、生态田埂和生态沟渠，对径流中的氮磷养分进行阻控。其中生态护坡主要种植香椿和菖蒲等，香椿采用矮化密植方式，除有效拦截净化旱坡地的径流外还有一定的经济收益。生态田埂高度 30～40 cm，田埂上种植香椿、饲料桑、芝麻、番薯、黄花菜等，不仅可以抑制杂草，防止水土流失，削减面源污染，而且种植的驱诱植物还提高了生态多样性，有效减少了病虫害的发生，饲料桑等还能当作饲料喂鸡鸭等，极大提升了农田的生态景观功能。生态沟渠中种植菖蒲和香根草，沟底种植苦草等，对径流排水中的氮磷及颗粒物进行拦截净化。

(3)养分再利用技术方面，主要示范了稻田及养殖尾水的回用技术及循环灌溉技术。示范区有生态种养稻田约 3.3 hm²，主要养鱼和龙虾等，在稻-鱼/稻-虾共作田块的养殖沟内种植莲藕，实现稻田和养殖尾水中养分的再回用。此外，由于示范区内水系相对独立，农田排水经生态沟渠排放至示范区内的河道后最终流入示范区内的水库，在此建立了泵站，保障整个园区的灌水供应，实现了示范区排水的循环灌溉。

水质净化方面，主要示范了多级生态净化塘技术，农田排水经泵站提升至园区上游的生态塘内，经生态塘的多级净化后，实现水分的自流灌溉。

3)示范效果

2018 年监测了整个示范区稻田的化肥减量与增产效果(表 9-1)。其中示范区常规化肥分次撒施田的产量来源于示范区内长期定位试验小区稻-麦轮作处理的数据，化肥用的是尿素，基肥、分蘖肥和穗肥分别占总施氮量的 30%、30% 和 40%。示范田块产量为大田实收产量数据。可以看出，采用新型缓控释肥一次性深施技术，可大大减少稻季化肥氮用量，与常规化肥分次撒施田相比，宽窄行栽插和等行距栽插方式下的氮肥用量分别降低了 51% 和 36%。但产量并没有显著影响，'南粳 5055' 在宽窄行栽插方式下产量比常规化肥分次撒施田略微增加，增幅 1.3%；等行距栽插方式下产量略有下降，降幅 3.8%，但总体仍保持着较高的产量水平，达 8.80 t/hm²。

表 9-1　2018 年稻季新型缓控释肥一次性深施技术的减肥增产效果

处理		品种	栽插方式	施氮量/(kg/hm²)	产量/(t/hm²)
示范田块	新型缓控释肥一次性深施	'苏香粳 100'	宽窄行栽插	131	10.11
			等行距栽插	173	9.47
		'南粳 5055'	宽窄行栽插	131	9.27
			等行距栽插	173	8.80
对照	常规化肥分次撒施	'南粳 5055'	等行距栽插	270	9.15

经济效益分析(表 9-2)表明，等行距下采用新型缓控释肥一次性深施技术尽管肥料成本小幅增加，但人力成本降低，单位面积净收益与常规化肥分次撒施方式相当。此外，宽窄行栽插下新型缓控释肥一次性深施技术由于机械原因不仅降低了肥料用量和成本，同时节约了人力成本投入，单位面积净收益较常规化肥分次撒施方式增加 1257 元/hm²。

表 9-2　2018 年稻季新型缓控释肥一次性深施技术的增收效果(品种：'南粳 5055') 　(单位：元/hm²)

处理	栽插方式	肥料成本	人力成本	机械+水电	种子+农药	产值	净收益
新型缓控 释肥一次 性深施	宽窄行	1822.5	1050	3000	1380	14368.5	7116
	等行距	2407.5	1050	3000	1380	13639.5	5802
常规化肥 分次撒施	等行距	1993.5	1950	3000	1380	14182.5	5859

注：相关成本为规模化种植下生产成本，未考虑插秧施肥一体化作业增加的机械成本。

　　此外，还在示范区内同步设置了田间小区试验，对新型缓控释肥一次性深施技术的径流减排效果进行了监测，结果如图 9-6 所示。可以看出，2018 年稻季共监测到 7 次径流事件，缓控释肥减量深施处理(减量 20%)的径流氮浓度随着生育进程的加快而逐渐降低，在水稻生育前中期的前 5 次径流中缓控释肥减量深施处理的径流氮浓度显著低于常规化肥分次撒施处理，其中 6 月 28 日的降幅可达 60%，而后期的两次径流事件中缓控释肥处理的氮浓度较常规化肥处理略有增加，但总体浓度处于一个较低的水平。整个稻季缓控释肥减量深施处理的径流氮损失为 1.83 kg/hm²，比常规化肥分次撒施处理(2.57 kg/hm²)降低了 29%。而实际大田缓控释肥深施技术的化肥减量达 36% 和 48.5%，高于小区试验中的 20%，可以推断，其实际径流减排效果会更好。

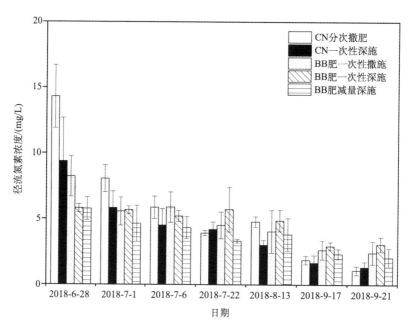

图 9-6　示范区不同肥料处理下的径流氮浓度变化

CN：常规化肥；BB 肥：缓控释掺混肥

2. 面向高产高效低污的稻-麦轮作农田化肥污染防控模式示范——以江苏润果镇江万亩稻-麦基地为例

1）示范区简介

江苏润果农业发展有限公司位于镇江市镇江新区姚桥镇，成立于 2009 年，通过土地流转，农场规模达 1667 hm²，其中 420 hm² 是村庄搬迁地，1180 hm² 农田是通过工业整理方式平整出来的土地，土壤结构遭到了破坏，土壤地力贫瘠，而且田块平整度差，杂草旺盛，化肥投入量大且产量水平较低。

2）示范的主要技术

在项目的支持下，在江苏润果农业发展有限公司的镇江万亩稻-麦轮作农田基地进行了示范应用。选择江苏润果农业发展有限公司镇江基地 133.3 hm² 稻-麦农田作为核心示范区，在对区域化肥施用现状、污染物排放情况及周边水系水质情况进行系统调研的基础上，以面源污染治理的"源头减量-过程阻断-养分循环再利用-生态修复" 4R 理论为指导，主要进行了面向高产高效低污的稻-麦轮作农田化肥污染防控技术集成模式的示范，并因地制宜地建设了相应的示范工程。

其中化肥源头减量方面，稻季主要应用示范的有基于水稻插秧侧深施肥一体化的新型缓控释肥一次性施肥技术、基于水稻插秧侧深施肥一体化的新型缓控释肥一基一追技术及基于化肥总量削减-运筹优化-叶色诊断穗肥的精确施氮技术；麦季主要示范的是基于化肥总量削减的运筹优化技术、有机无机配施技术和稻-麦周年磷肥优化运筹技术。在过程阻断方面，主要应用示范了农田排水的促沉净化技术、生态拦截沟渠和湿地塘净化技术，在核心示范区的农田排水口安装了 2 处小型净化反应器和 3 处大型的促沉池，建设了 3 条生态拦截沟渠（长度分别为 660 m、330 m 和 420 m，合计 1410 m），并利用废弃的垃圾堆放地建设了一处大型的净化湿地塘（48000 m²），平常核心示范区所有的地表径流均汇集到该湿地塘进行净化，大暴雨时高浓度污染物的初期地表径流汇集在该湿地塘，后期的低浓度径流则经旁路系统直接排放至河道，基本实现了核心示范区农田排水的全部拦截与净化，正常降雨年份下可实现核心示范区农田排水不外排。此外，对核心示范区的农田汇水重污染河道——上社河的水质也进行了强化净化，建立了 1 km 长的河道水质修复工程，包括生态岸坡、强化净化生态浮岛、河道滨水生态系统构建及漂浮水生植物净化带建设。而养分循环再利用方面，主要是利用现有的湿地塘实现了核心示范区的循环灌溉，同时每年的 11 月，对河道及湿地的水生植物进行收获，收获后的水生植物堆肥后重新回用到农田。核心示范区工程空间布局见图 9-7。

3）示范效果

为了明确技术示范效果，同时委托第三方上海市农业科学院对示范区的水质状况进行了监测。其中选择示范对照区未经改造的沟渠作为对照沟渠，该对照沟渠管辖的农田面积与选择的生态沟渠基本相当，大约 13.3 hm²。整个示范区共设置了 7 个监测位点，对照沟渠有 2 个，生态沟渠有 2 个，湿地净化塘出口处设置 1 个点，河道净化工程的开始和结束位置各设 1 个监测点。此外，在水稻和小麦成熟时对示范的技术随机选择 1 块田进行现场测产，并邀请了 5 位专家现场进行见证。

图 9-7　镇江润果基地稻–麦轮作农田化肥污染防控示范工程平面图

　　源头减量技术示范效果：基于新型缓控释掺混肥的水稻插秧施肥一次性深施技术示范与常规化肥对照相比，施氮量由 337.5 kg/hm² 降低到 240 kg/hm²，产量由对照的 8.16 t/hm² 增加到 8.92 t/hm²（表 9-3），氮肥利用率由 36.2% 提高到 48.5%，氨挥发损失率由 27.9% 降低到 13.0%，径流氮浓度也降低了近 50%（由 3.70 mg/L 降低到 1.95 mg/L），净收益也略有增加，增幅为 17%。水生植物有机肥减量配施技术示范田的肥料总氮用量减少 28.9%，在化肥氮用量减少 44% 的基础上水稻产量（7980 kg/hm²）与对照（8160 kg/hm²）相当，稻季径流氮素浓度均值较对照区（3.70 mg/L）降低至 1.81 mg/L，减排达 50%。运筹优化诊断施肥技术示范结果表明，与农户常规化肥对照处理相比，稻季化肥施用量由 337.5 kg/hm² 降低到 209 kg/hm²，麦季由 270 kg/hm² 降低到 216 kg/hm²，稻–麦全年产量为 16.2 t/hm²，比对照增产 4.6%，经济效益提高 20%。

表 9-3　2017 年度稻田化肥源头减量技术示范的减肥增产效应

示范技术	测产田块面积/hm²	总施氮量 /(kg/hm²)	实收产量 /(t/hm²)
农户常规化肥对照	30.9	337.5	8.16
缓控释掺混肥一次性深施技术	17.25	240	8.92
缓控释掺混肥一基一追技术	18	240	8.06
运筹优化诊断施肥技术	14.4	209	8.99
水生植物有机肥减量配施技术	14.85	240	7.98

农田排水的生态拦截效果：2016 年 11 月至 2017 年 10 月，共发生了 6 次径流事件。从图 9-8 的监测结果来看，农田排水中 TN、TP 浓度在季节间变化较大，小麦生长季排水中的 TN 浓度明显高于水稻生长季，而水稻生长季排水中的 TP 浓度与 TN 正好相反。生态沟中 TN、TP 浓度明显低于对照沟。生态沟渠的相对氮去除率为 19.6%~65.1%，平均为 40.7%；磷的相对去除率为 19.1%~64.9%，平均为 43.7%，说明生态沟渠去除了排水或径流中约 40.7% 的氮和 43.7% 的磷。在这 6 次径流事件中，有 5 次在湿地出口处观测到有水流出，说明湿地不能容纳全部径流。监测数据显示，湿地对 TP 的净化效果优于 TN，经湿地净化后的出水其 TN 和 TP 浓度得到进一步降低。在整个监测年中，农田排水中总氮浓度有 80% 的时间低于 2 mg/L，达到国家地表水 V 类水标准。建成后的生态拦截沟渠和调蓄净化湿地塘见图 9-9 和图 9-10。

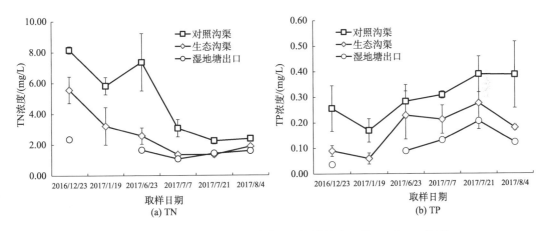

图 9-8　示范区对照沟渠、生态沟渠和湿地塘出口的 TN 和 TP 浓度

图 9-9　建成后的生态沟渠

建设前　　　　　　　　　　　　　　建设后

建设前　　　　　　　　　　　　　　建设后

建设前　　　　　　　　　　　　建设后俯视图

建设后　　　　　　　　　　　　　　　　　建设后

图 9-10　净化湿地建设前后照片

养分回用示范工程效果：2016 年冬季，上社河共收获水生植物 162 t，氮磷吸收总量分别为 247.69 kg 和 35.09 kg，这表明在不考虑水生植物根系促进反硝化作用脱氮的间接影响下，水生植物由于自身吸收直接从河水中带走了 247.69 kg 的氮。最后，这些水生植物生产了 7 t 共含纯氮 140 kg 的有机堆肥。在 2017 年水稻季，将这些堆肥作为基肥撒施于稻田，替换了 20% 的化学氮肥。有机肥稻田回用后，与农户施氮相比，可节约化肥氮 121.5 kg/hm²，水稻产量由 9216 kg/hm² 提高到 9367 kg/hm²。

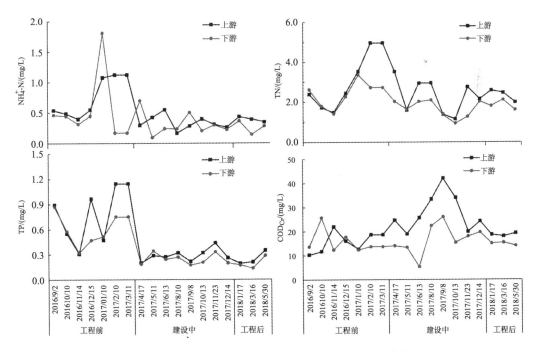

图 9-11　上社河水质生态修复工程建设前后水质的变化

河道水质改善效果：示范工程实施前，上社河水体 TN、TP 浓度分别为 1.73～4.94 mg/L 和 0.20～1.14 mg/L，有一半时间超过国家地表水 V 类水标准，属于劣 V 类水体。TN 浓度冬季高于夏季，TP 浓度较高主要是因为上游养鸭。因此，在示范工程启动时，首先禁止在河道养鸭，并在河道前端建设了 2～3 m 宽的凤眼蓝截污净化带。在此基础上，建设了生态岸坡，河岸两边补种了水生植物，河道中间实施了带填料的强化净化水生浮床系统。自生态修复工程建设以来，工程区水质明显改善(图 9-11)。与上游相比，下游 TN、NH$_4^+$-N、TP 和 COD$_{Cr}$ 浓度分别下降 28.9%、30.4%、21.9%和 35.5%(表9-4)，总磷浓度稳定在 0.5 mg/L 以下，优于 V 类水标准。

表9-4 上社河水质生态修复工程运行效果

监测点	TN	TP	NH$_4^+$-N	COD$_{Cr}$	水质类别
生态修复工程前端/(mg/L)	2.54±1.03	0.35±0.29	0.41±0.24	24.81±7.76	劣 V 类
生态修复工程末端/(mg/L)	1.80±0.47	0.27±0.13	0.29±0.16	15.90±5.24	V 类
污染物相对移除率/%	28.9	21.9	30.4	35.5	—

9.4 华南多熟制稻田化肥面源污染治理技术集成与示范推广

9.4.1 华南多熟制稻田化肥面源污染现状和治理策略

1. 华南多熟制稻田概况

多熟制是一年内在同一块土地上先后种植两种或两种以上作物的种植制度，属于在空间(间混套作)或时间(复种)上的集约化种植模式(信道诠和伶屏亚，1986)。多熟种植主要分布在水资源和光温资源相对充足的热带、亚热带和暖温带地区，多采用复种和间套作的种植模式(梁玉刚等，2016)。

华南稻区地处我国最南端，光温资源丰富，以种植双季稻为主，年水稻播种面积470 万 hm^2 左右，约占全国的 16%。该稻区无霜期长、高温多雨、台风多，水稻病虫害和倒伏问题突出，劳动力短缺，用工等种稻成本高，种稻效益低，严重威胁水稻产业发展，甚至出现抛荒现象。化肥农药过量施用现象也较普遍，带来严重的环境污染，同时导致稻米产量、品质不稳定，影响优质稻品牌建设。

该区域多熟制模式以冬作-双季稻一年三熟种植为主，以春烟-水稻-蔬菜、玉米-晚稻-蔬菜、花生-晚稻-马铃薯、春毛豆-中稻-秋四季豆-荷兰豆/甜豌豆和春烟/夏玉米/甘薯-蔬菜等经济高效多熟复种为辅(张宝文，2005)。根据《广东统计年鉴 2018》资料，2017 年广东水稻播种面积占农作物播种总面积的 47.2%，稻谷占粮食总产的 86.6%。以水稻为主的稻田多熟制是广东省多熟制的主体(吴乐民和温演望，1992)。

稻田多熟制的主要类型如下。①双季稻-冬种绿肥：这是华南水稻产区的传统利用方式。冬种绿肥(紫云英、苕子、黑麦草)，实行稻稻肥模式，可以减少化学氮肥投入，同时有利于培肥地力。②双季稻-冬薯(甘薯、马铃薯)：这是增加粮食产量、保障粮食安全的重要模式，经济效益较好。马铃薯粮菜两用，可有效利用冬闲田种植。甘薯耐旱耐瘠，主要分布在广州、汕头、肇庆与饶平、揭阳、罗定一线以南地区。③双季稻-冬种蔬菜：近年来，随着商品经济的发展，南菜北运产业不断发展壮大，冬种蔬菜面积逐渐扩大。双季稻后冬种番茄或青椒、茄瓜类蔬菜等形成一年三熟，或与菜豆间种青瓜、青瓜间种辣椒形成一年四熟。④双季稻-冬种玉米：主要分布在冬季光热资源丰富的广东南部地区，多在双季稻后冬种玉米(甜玉米)。⑤双季稻-豆类(大豆、花生)：主要分布在汕头市和湛江市一带地区，是一种用地养地相结合的一年三熟制。

2. 华南多熟制稻田化肥面源污染现状

1) 华南多熟制稻田面源污染源状况

随着农业经济的快速发展，化肥、农药等农业投入品使用量剧增。2014 年广东、广西、福建、海南四省区化肥平均施用强度达 409.3 kg/hm²，是化肥施用环境安全阈值的 1.9 倍(刘钦普，2017)。过量施用化肥，导致没有被作物吸收利用的氮磷等营养元素通过地表径流、土壤渗漏进入水体，进而导致江河湖泊水体的富营养化，成为农业面源污染的重要来源之一(朱兆良等，2005)。以广东为例，2008 年和 2017 年广东省水资源公报显示，广东省的珠三角、东江、韩江及粤东诸河、粤西诸河等重大流域的部分支流，来自农业面源污染的氨氮和总磷是导致水体质量超标的主要污染物。其中，稻田是重要的农业污染源之一，由于华南地区降雨量大，地表径流是氮磷养分流失的主要途径。调查表明，华南地区稻田氮素径流损失量平均为 21.32 kg N/hm²，磷素径流流失量为 3.22 kg P₂O₅/hm²(张子璐等，2019)。广东省 2018 年全省水稻播种面积为 178.74 万 hm²(《广东省统计年鉴 2019》)，据此测算，广东稻田氮素径流损失约为 3.8 万 t，磷素径流损失约为 5755 t。

2) 稻田氮磷损失的主要影响因素

从目前的研究结果来看，导致稻田氮磷损失的主要因素包括降雨量、土壤类型、氮磷肥施用量、土壤全氮和全磷含量等。已有研究表明，降雨量和氮磷肥施用量分别与养分径流损失量呈显著正相关关系，与土壤黏粒含量呈显著负相关关系(杨旺鑫，2015)。施肥可以直接提高土壤表层中速效氮、磷含量，随着施肥量增加，由径流引起的养分损失量明显升高。稻田长期处于淹水条件，导致田面水在降雨期间更容易溢出农田，形成径流。另外，晒田期间，雨水对稻田地表冲刷，使得径流水和土壤能够充分混合，养分交换过程更紧密，增加了农田养分的径流损失量。一般情况下，土壤黏粒含量越高，越易形成结构良好的微团聚体，而团聚体数量越多，土壤的凝聚力越大，土壤保肥和保水性越好，越有利于减少土壤养分的径流损失。此外，团聚体可促进土壤微生物生长繁殖，增强土壤微生物对土壤养分的固持，减少养分流失(王静等，2010)。

3. 华南多熟制稻田化肥面源污染治理策略

华南地区气候高温多湿，降雨量大，稻田养分径流和挥发损失严重，因此减少农业化肥面源污染的重点在于减少稻田养分径流损失和氨挥发损失。应针对种植模式、高效肥料、肥料运筹和水分管理等多方面开展工作。通过技术集成，提出简单有效、经济可

行的华南多熟制稻田化肥面源污染治理的成套技术方案，建立技术规程(标准)并示范推
广，为提高稻田化肥利用效率、治理化肥面源污染提供技术支撑。

9.4.2 华南多熟制稻田化肥面源污染治理关键技术

1. 水稻"三控"施肥技术

1)技术概述

华南双季稻区是我国重要的水稻主产区之一，该稻区降雨量大、高温多湿、沿海台
风多，加上施肥不合理，导致水稻氮低效、病虫多、易倒伏等问题突出。水稻"三控"
施肥技术是针对水稻生产中化肥农药过量施用、环境污染、病虫害和倒伏严重等突出问
题而研发的高效安全施肥及配套技术体系。该技术的核心内容是控肥、控苗、控病虫，
简称"三控"(钟旭华等，2007a)。与常规栽培相比，该技术大幅减少了基蘖肥用量，增
加了穗粒肥用量，并推迟分蘖肥施用时间，具有省肥省药、增产增收、操作简便的优势(钟
旭华等，2007a, 2007b)。该技术一般节省氮肥 20%，增产 10%左右，氮肥利用率提高 10
个百分点(相对提高 30%)以上。纹枯病、稻飞虱、稻纵卷叶螟等主要病虫害减少 20%～
60%，每季少打农药 1～3 次，环境污染大幅减轻，水稻抗倒性大幅提高，稳产性好，平
均每公顷增收节支 2700 元左右。双季稻田周年氮素径流损失平均减少 40.4%，氮素淋溶
损失减少 30.0%，氨挥发减少 29.0%(Liang et al.，2019；潘俊峰等，2019)。该技术在广
东及华南稻区获得广泛应用，并辐射到长江流域等水稻产区。

2)主要技术内容和操作要点

(1)选用良种，培育壮秧：选用株型和群体通透性好、抗病性较强的高产、优质良种。
育秧方式可采用水、旱育秧或塑料软盘育秧等。大田育秧要求适当稀播，培育适龄壮秧。
一般早稻秧龄为 25～30 d，晚稻秧龄为 15～20 d。

(2)合理密植，保证基本苗数：根据育秧方式不同，可采用人工插秧、抛秧和铲秧移
栽等方式，每公顷栽插或抛植 27 万穴左右。杂交稻每穴插植苗数 1～2 条，每公顷基本
苗数达 45 万条；常规稻每穴插 3～4 条苗，每公顷基本苗数达 90 万条。有条件的地方，
推荐采用宽行窄株插植，插植规格以 30 cm×13.3 cm 为宜。

(3)氮肥总量控制：根据目标产量和不施氮空白区产量确定总施氮量。以空白区产量
为基础，每增产 100 kg 稻谷施氮 5 kg 左右。空白区产量可通过试验确定，也可通过调查
估计。目标产量根据品种、土壤和气候等条件确定。

(4)氮肥的分阶段调控：在总施氮量确定后，按照基肥占 40%左右、分蘖中期(移栽
后 15 d 左右)占 20%左右、幼穗分化始期占 30%左右、抽穗期占 5%～10%的比例，确定
各阶段的施氮量，追肥前再根据叶色做适当调整。该技术的最大特点是"氮肥后移"，
大幅减少分蘖肥，控制无效分蘖，在保证穗数的前提下主攻大穗。

(5)磷钾肥的施用：在不施肥空白区产量基础上，每增产 100 kg 稻谷需增施磷肥(以
P_2O_5 计)2～3 kg，增施钾肥(以 K_2O 计)4～5 kg。在缺乏空白区产量资料的情况下，可按
$N：P_2O_5：K_2O$ =1.0：0.2～0.4：0.8～1.0 的比例确定磷钾肥施用量。磷肥全部作基肥，
钾肥在分蘖期和穗分化始期各施一半。

(6)水分管理：寸水回青，回青后施用除草剂。浅水分蘖，当全田茎数达到目标穗数 80%～90%时(广东早稻插秧后 25 d 左右，晚稻插秧后 20 d 左右)排水晒田，但不宜重晒。倒二叶抽出期停止晒田，此后保持水层至抽穗。抽穗后干湿交替，养根保叶，收割前 7 d 左右断水，不宜过早断水。

(7)病虫害防治：以防为主，按病虫测报及时防治病虫害。秧田期注意防治稻飞虱、叶蝉、稻蓟马、稻瘟病等，移栽前 3 d 喷施送嫁药。插秧后注意防治稻瘟病、纹枯病、稻飞虱、三化螟和稻纵卷叶螟等，插秧后 45 d 左右预防纹枯病一次。破口期防治稻瘟病、纹枯病、稻纵卷叶螟等，后期注意防治稻飞虱。采用"三控"施肥技术的水稻病虫害一般较轻，可酌情减少施药次数。

2. 华南双季稻节水控污技术

1)技术概述

华南双季稻节水控污技术是针对水稻生产中化肥施用强度大、灌溉耗水量高、面源污染问题严重及温室气体排放量高等问题，通过水稻优化施肥和节水技术耦合集成建立的水肥综合管理技术。该技术通过节水灌溉，在不影响水稻生长和产量的条件下有效控制田间水位，减少灌溉用水并提高田块蓄雨能力，进而减少稻田养分的径流和渗漏损失。通过水稻优化施肥技术与节水灌溉技术的集成，同时降低氮肥和灌溉水投入量，协同提高稻田水肥利用效率，减少养分流失及温室气体 CH_4 和 N_2O 的排放，解决水稻生产上的高投入、高排放、低产出的问题，实现水稻绿色增产。其应用主要基于节水灌溉技术和"三控"施肥技术等关键技术。通过控肥，减少氮肥用量，从而减少氮素养分环境流失和 N_2O 排放。节水灌溉技术是采用田间水位管观测稻田水分状况，进行干湿交替灌溉，增加土壤氧含量，减少甲烷的生成和排放。与常规栽培技术相比，该技术有三大优点：一是节水，化肥流失少。常规灌溉除了晒田期不保持水层，大多数时期田面处于淹水状态，而节水灌溉由于大部分时间不保持水层，减少了田面蒸发和地下渗漏，可节水 30%以上，同时大幅降低了氮磷化肥的径流损失风险。二是高产稳产。采用间歇灌溉，根系发育好，养分吸收能力强，植株健壮，抗性强，高产稳产。三是温室气体甲烷排放少。由于根区氧气多，减少稻田甲烷的产生和排放。虽然温室气体 N_2O 排放有所增加，但综合 CH_4 和 N_2O 排放量的全球增温潜势(GWP)大幅下降(Liang et al.，2016，2017)。节水控污技术降低 45%的总氮径流损失和 17.8%的总氮渗漏损失，从而有效控制了稻田氮素损失(Liang et al.，2019)。稻田节水控污技术原理见图 9-12。

2)主要技术内容和操作要点

(1)根据目标产量与无肥区地力产量确定施肥量。

在地力产量的基础上，稻谷产量每提高 100 kg，需增施纯氮 4.5～5.0 kg，五氧化二磷 2.0～3.0 kg，氧化钾 4.0～5.0 kg。即总施氮量(kg N/hm²) = [目标产量(kg/hm²)－无氮区地力产量(kg/hm²)]÷100×(4.5～5.0)；总施磷量(kg P_2O_5/hm²)=[目标产量(kg/hm²)－无磷区地力产量(kg/hm²)] ÷ 100 ×(2.0～3.0)，总施钾量(kg K_2O/hm²)= [目标产量(kg/hm²)－无钾区地力产量(kg/hm²)] ÷ 100 ×(4.0～5.0)。目标产量根据品种、地点、季节和栽培管理水平确定，按产量潜力的 85%～90%计。产量潜力可采用当地同类品种的高产纪录。地力产量可通过田间缺素区试验测得。

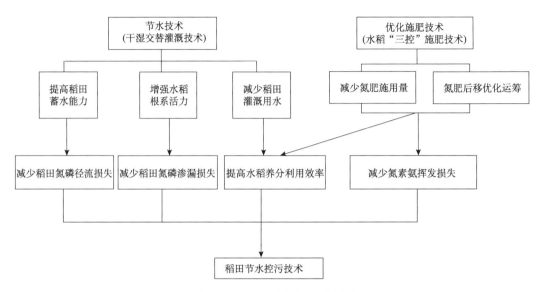

图 9-12　稻田节水控污技术原理

在缺乏无肥区产量资料的情况下，可用此法先估算总施氮量，即总施氮量（kg N/hm²）=目标产量（kg/hm²）÷氮肥偏生产力。氮肥偏生产力是衡量氮肥利用率高低的指标，可取 45～50 kg 稻谷/kg 纯 N。在总施氮量确定后，可按 N∶P₂O₅∶K₂O=1∶0.2～0.4∶0.8～1 的比例，估算磷、钾肥施用量。农家肥、绿肥和秸秆等有机肥，根据其施用量和养分含量，计入总施肥量中，在确定化肥施用量时予以扣除。冬季种植蔬菜或马铃薯等冬作的，其氮、磷、钾肥对早稻的残效分别按冬作施肥量的 20%计，在早稻总施肥量中予以扣除。

（2）不同时期的施肥量及比例。

氮肥：在总施氮量确定后，即可按照基肥占 40%～50%、分蘖肥占 20%左右、穗肥占 20%～30%，确定各阶段的施氮量。追肥用量可在追肥前根据叶色适当调整，叶色深则适当少施，叶色浅则适当多施。分蘖力强的品种，基肥施用量适当减少，否则要适当增加。

磷、钾肥：磷肥全部作基肥施用。钾肥的一半作基肥施用，另一半作促花肥或保花肥施用。

（3）施肥方案的制订。

基肥：移栽前施用，施后与表土混匀。基肥中的氮肥施用量占总施氮量的 40%～50%。土壤肥力高的适当减少，土壤肥力低的适当增加；分蘖力强的品种适当减少，分蘖力弱的品种适当增加。磷肥全部作基肥施用，钾肥的 50%作基肥施用。分蘖肥：早稻一般在移栽后 15～17 d 左右，晚稻一般在移栽后 12～15 d 左右。对于保水保肥能力差的土壤，或者栽插密度和基本苗数达不到要求的，应在移栽后 5～7 d 增施尿素 3～5 kg。穗肥：幼穗分化 Ⅱ 期（第一次枝梗原基分化期）施用，此时叶龄余数 2.5 左右，距抽穗约 27 d。

在华南双季稻区，早稻为移栽后 35～40 d，晚稻为移栽后 30～35 d。如果叶色偏深或群体偏大，应推迟施肥时间，并减少施氮量。如果对施用时间没有把握，则掌握"宁迟勿早"的原则。

(4)水分管理。

水分管的制作与安装：采用无底水分管监测田间水分状况。水分管采用内径 20 cm左右的 PVC 管制作，管长 25～30 cm，中部划一刻度线。其中 15 cm 为地下部分，在管壁上每隔 2 cm 打 1 个孔径为 0.5 cm 的小孔；另 10～15 cm 为地上部分，每隔 1 cm 划一刻度，便于记录田间水位。在生产上，水分管也可用塑料瓶等材料制作。水稻移栽后，在田间代表性位置安装水分管。将水分管垂直压入土中，距泥面 15 cm，掏空管内泥土，使水分管内外相通。注意避开田间特别高和特别低的地方，水分管安放位置离田埂至少1 m 以上。田间水分管结构见图 9-13。

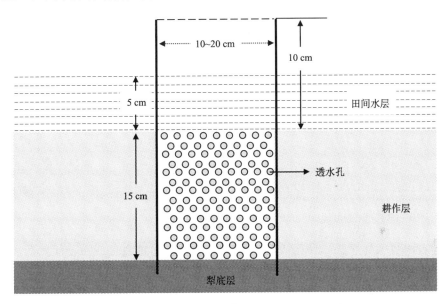

图 9-13　田间水分管结构(Bouman et al., 2007)

不同时期的水分管理(图 9-14)：为充分利用天然降雨，在水稻移栽前后，对田埂进行整修。够苗前排水口高度为 5 cm，够苗后(常规的晒田时间)加高到 10 cm。田埂漏水严重的，可用塑料薄膜包埋。移栽后 10 d 内浅水移栽，返青后施用除草剂，维持浅水层到移栽后 10 d。移栽后 10 d，在田间安装水分管，建立 5 cm 水层。此后，每隔 5～7 d观测一次田间水位(一般而言，砂壤土田隔 5 d 观察一次，黏壤土田隔 7 d 观察 1 次)。待水位自然落至地表下 15 cm 时，再灌 5 cm 水层，如此循环至出穗。在见穗期(抽穗1%)，为防止水分亏缺对水稻结实的影响，维持 7 d 田面有水，待自然落干至地表下 15 cm 后再灌 5 cm 水层，如此循环。收割前 7 d 排干水。

(5)配套措施。

本技术对育秧、气候、土壤等无特殊要求。为更充分地发挥本技术的优势，建议配套如下技术措施。育秧要求：杂交稻每公顷大田用种量在 15～18.75 kg，常规稻每公顷

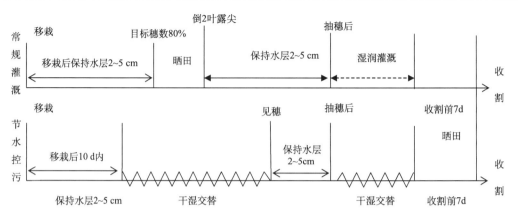

图 9-14　稻田节水灌溉不同时期的水分管理

大田用种量在 30~37.5 kg。播种前精选种子，做好种子消毒等处理。育秧方式可采用水育秧、旱育秧、塑料软盘育秧等。大田育秧要求适当稀播，培育适龄壮秧。手工插秧的秧龄早稻为 25~30 d、晚稻为 15~20 d，机插秧的秧龄为 12~15 d。移栽要求：根据育秧方式不同，移栽可采用手插秧、抛秧和机插秧等方式。每公顷栽插或抛秧 27 万穴左右，杂交稻每穴 1~2 苗，常规稻每穴 3~4 苗。机插秧的栽插规格以 25~30 cm×13.3 cm 为宜。病虫草害防治：以农业防治为主，药物防治为辅，尽量减少农药用量，保护生物多样性。加强预测预报，以最小的投入，获得最佳的防治效果。在移栽后 10 d 内，保持田间浅水，促进秧苗返青，并结合施用除草剂，控制杂草。水稻生长期间，根据预测预报，及时防治病虫害。采用本技术规程的稻田，水稻病虫害发生减轻，可酌情减少施药次数。

3. 秸秆还田替代化肥技术

秸秆还田替代化肥技术是把不宜直接利用的秸秆通过直接或堆积腐熟后施入土壤中，并替代一部分化肥(主要是氮肥和钾肥)的一种化肥绿色替代技术。该技术将秸秆归还于稻田中，转化成土壤的有机质和速效养分，既改善了土壤理化性质，又可提供氮磷钾等养分，从而可以替代部分化肥投入。目前该技术是华南多熟制稻田培肥和化肥绿色替代的重要措施之一。据李廷亮等(2020)报道，我国水稻的草谷比为 1.01，华南地区水稻秸秆产量为 2783.5 万 t，约占华南地区三大粮食作物(水稻、小麦和玉米)秸秆产量的 86.0%。因此，秸秆还田技术在华南多熟制稻田化肥减施增效中具有重要意义。

秸秆还田技术的优势如下：①秸秆还田补充了土壤养分。作物秸秆含有一定量的养分、纤维素、半纤维素、木质素、蛋白质和灰分元素，既有较多有机质，又有氮、磷、钾等营养元素。据报道，水稻秸秆中氮素平均含量为 0.78%，磷素含量为 0.42%、钾素含量为 2.31%(李廷亮等，2020)。②秸秆还田促进了微生物活动。在整个农业生态系统中，土壤微生物具有分解有机质的作用。秸秆还田给土壤微生物增添了大量能源物质，各类微生物数量和酶活性也相应增加；实行秸秆还田微生物可增加 18.9%，接触酶活性可增加 33%，转化酶活性可增加 47%，尿酶活性可增加 17%。从而加速了对有机物质的分解和矿物质养分的转化，使土壤中的氮、磷、钾等元素含量增加，土壤养分的有效性也有所提高(祁君凤等，2020)。③秸秆还田可改善农业生态环境。以往农村 80%的秸秆主要采取焚烧处理，造成空气污染、影响交通、使土壤表层焦化等，有时还会引起火灾。另外，秸秆随意处置还会影响农业生态环境。所以秸秆还田有利于实现农业废弃物的综合利用。

秸秆还田的缺点：①由于秸秆还田量过大或不均匀，易发生土壤微生物(即秸秆转化的微生物)与作物幼苗争夺养分的矛盾，甚至出现黄苗、死苗、减产等现象。所以一般每公顷秸秆粉碎翻压还田不超过 4500 kg，最多不超过 7500 kg，否则，会影响秸秆在土壤中的分解速度及作物产量。因此在秸秆直接还田时，一般还应适当增施一些氮肥和磷肥。②秸秆直接还田易发生病虫害。秸秆中的虫卵、带菌体等一些病虫害，在秸秆直接粉碎过程中无法被杀死，还田后留在土壤里，导致病虫害直接发生或者越冬来年发生。

秸秆还田大体可分为 5 大类，分别为秸秆粉碎翻压还田、秸秆覆盖还田、堆沤还田、焚烧还田、过腹还田。其中秸秆粉碎翻压还田和秸秆覆盖还田是华南双季稻秸秆还田的重要方式。

秸秆粉碎翻压还田技术也叫机械化秸秆直接还田技术(张水清等，2010b)。水稻秸秆粉碎翻压还田技术主要通过机械收割机在收割稻谷的同时，将稻草粉碎，抛撒在地表，在下茬水稻播种或移栽前整地时将粉碎后的稻草翻耕入土，使之腐烂分解。这样能把秸秆的营养物质完全地保留在土壤里，不但增加了土壤有机质含量，培肥了地力，而且改良了土壤结构，减少了病虫危害。秸秆覆盖还田是将作物秸秆或残茬直接铺盖于土壤表面，这样可以减少稻田水分的蒸发，增加水体温度，加速秸秆的腐烂，增加土壤有机质含量，增强土壤微生物活性，提高土壤肥力。

秸秆还田技术的技术要领如下：①秸秆还田的数量。秸秆数量过多，不利于秸秆的腐烂和矿化，甚至影响出苗或幼苗的生长，导致作物减产；过少则达不到应有目的。一般以 2250～3750 kg/hm² 为宜。②注意淹水和施入氮肥。水稻秸秆还田，放水泡田，配合施用氮、磷肥。这是因为一般禾本科作物秸秆纤维素含量较高，达 30%～40%，还田后土壤中碳素物质会陡增，一般要增加 1 倍左右。由于微生物的增长是以碳素为能源、以氮素为营养的，而有机物对微生物的分解适宜的碳氮比为 25∶1，多数秸秆的碳氮比高达 75∶1，这样秸秆腐解时由于碳多氮少而失衡，微生物就必须从土壤中吸取氮素以补不足，也就造成了与作物共同争氮的现象，所以秸秆还田时增施氮肥显得尤为重要，可以起到加速秸秆腐解及保证作物苗期生长旺盛的双重功效。③施入适量石灰。新鲜秸秆在腐熟过程中会产生各种有机酸，在水田中易累积，浓度大时会造成危害(肖小军等，2021)。因此在水田水浆管理上应采取“干湿交替、浅水勤灌”的方法，并适时搁田，改善土壤通气性。在酸性和透气性差的土壤中进行秸秆还田时，应施入适量的石灰，中和产生的有机酸。施用量以 450～600 kg/hm² 为宜，促进秸秆腐解和以防中毒。

秸秆还田技术在华南多熟制稻田中的表现：①稻草还田显著促进了水稻对氮素的吸收，其总吸氮量比稻草不还田处理增加 13.7%～20.3%。与稻草不还田处理相比，稻草还田处理的水稻在分蘖中期、穗分化始期和抽穗期叶片叶绿素含量显著提高。稻草还田可提高氮肥吸收利用率(RE)、农学利用率(AE)和氮肥偏生产力(PFP)。两年平均，稻草还田处理的 RE 比稻草不还田处理提高 8.23 个百分点，相对提高 23.4%，达极显著水平(张水清等，2010a)。②稻草覆盖还田促进水稻分蘖，最高茎蘖数和分蘖成穗率协同提高，最终使有效穗数显著增加。稻草还田增强了群体物质生产能力，叶面积指数和叶片叶绿素含量(SPAD 值)提高，最终提高了地上部干物质量(张水清等，2011)。③稻草全量还田显著提高了水稻产量，平均增产 4.8%，主要原因是稻草还田促进了水稻的干物质积累，增加了每穗粒数(田卡等，2015)。④与常规化肥处理相比，秸秆还田处理不仅可从源头上减少化肥投入量，还可降低稻田径流液中氮和磷的养分含量，分别使总氮和总磷的流失量减少 12.6%和 9.7%(朱坚等，2016)。

9.4.3　稻田节水控污技术集成

2015～2017 年，在广州市的广东省农业科学院大丰试验基地进行了优化灌溉模式与优化施肥的集成试验，检验干湿交替节水灌溉技术的适宜灌溉参数及节水灌溉技术与施肥技术的集成应用效果。试验设置无氮肥处理、常规水肥管理(FP)，水稻"三控"施肥技术结合常规灌溉技术(TC)和稻田节水控污技术(AWD)。其中，稻田节水控污技术采用了 3 种不同模式的节水技术，分别是 AWD15(田间水位落到地下 15 cm 灌水)、AWD20(田间水位落到地下 20 cm 灌水)和 AWD30(田间水位落到地下 30 cm 灌水)。研究发现，与 FP 相比，AWD15、AWD20 和 AWD30 的灌溉次数和灌溉量显著减少，水分生产力提高了 9.0%～22.6%(表 9-5)。节水灌溉显著降低了稻田总用水量和田面水深，因而大幅削减了径流发生次数和径流量，TN 和 TP 的径流损失减少 70%以上(表 9-6 和表 9-7)。三种节水灌溉中，AWD15 处理在早、晚稻的产量均略高于常规灌溉，表现较为稳定，而

表 9-5　2015 年不同灌溉模式下水稻产量、水分投入情况和水分生产力

季节	处理	产量 /(kg/hm²)	水分投入总量 /(m³/hm²)	灌溉次数	灌溉用水量 /(m³/hm²)	水分生产力 /(kg/m³)
早季	FP	6643.7 a	9949.4 a	2.7 a	985.4 a	0.67 b
	AWD15	6961.9 a	8964.0 b	0.0 b	0.00 b	0.78 a
	AWD20	6918.1 a	9176.2 b	0.3 b	212.2 b	0.75 a
	AWD30	6663.5 a	9193.5 b	0.3 b	229.5 b	0.73 ab
晚季	FP	8396.9 a	6786.5 a	10.7 a	2544.5 a	1.24 b
	AWD15	8568.3 a	5844.6 b	4.3 b	1602.6 b	1.47 a
	AWD20	8274.5 a	5792.7 b	3.7 bc	1550.7 b	1.43 a
	AWD30	8045.0 a	5313.1 c	2.7 c	1071.1 c	1.52 a

表 9-6　2015 年晚季不同灌溉模式下的田面水径流量　　　　　　(单位：m³/hm²)

处理	降雨引发径流量	晒田排水径流量	生育期总径流量
FP	1510.2 a	289.0 a	1799 a
AWD15	464.0 b	0 b	464 b
AWD20	450.8 b	0 b	451 b
AWD30	457.3 b	0 b	457 b

表 9-7　2015 年晚季不同灌溉模式下田面水氮磷养分径流损失

| 处理 | 径流损失/(kg/hm²) | | | | | | 总氮流失率/% | 总磷流失率/% |
| | N 损失 | | | P 损失 | | | | |
	降雨	晒田排水	总损失	降雨	晒田排水	总损失		
FP	3.31 a	0.95 b	4.26 a	0.36 a	0.11 a	0.47 a	2.37 a	2.38 a
AWD15	1.11 b	0.00 a	1.11 b	0.12 b	0.00 b	0.12 b	0.62 b	0.59 b
AWD20	0.91 b	0.00 a	0.91 b	0.12 b	0.00 b	0.12 b	0.51 b	0.61 b
AWD30	0.86 b	0.00 a	0.86 b	0.11 b	0.00 b	0.11 b	0.48 b	0.58 b

AWD20 和 AWD30 其晚稻产量略低于常规灌溉。因此，AWD15 灌溉模式在早季和晚季都具有较好的稳产节水效果，可与"三控"施肥技术集成，作为双季稻节水控污灌溉技术在华南地区应用。

2016～2017 年，与常规施肥和常规灌溉相比，"三控"+AWD15 显著提高了双季稻谷产量(13.2%～19.0%)和氮肥利用率，减少了 28.8%～88.6%的灌水量，其径流、渗漏损失及氨挥发损失显著降低，降幅分别为 64.7%～70.5%、37.0%～49.3%、21.6%～41.0%，磷素径流也显著降低，降幅为 42.8%～64.5%(表 9-8 和表 9-9)。与"三控"施肥相比，"三控"+AWD15 可减少 1～2 次灌水次数，减少 30.6%～89.4%的灌水量，显著降低了氮素和磷素径流损失，产量没有显著变化。

表 9-8　2016 年不同处理下水稻产量、灌水量和氮磷养分损失

| 季节 | 处理 | 产量/(kg/hm²) | 灌水量/(m³/hm²) | 氮素损失/(kg/hm²) | | | 磷素损失/(kg/hm²) | |
				径流	渗漏	氨挥发	径流	渗漏损失
早季	FP	6491.0 b	1280.3 a	27.5 a	17.13 a	44.9 a	0.937 a	0.638 a
	TC	7387.0 a	1372.2 a	13.3 b	9.26 b	36.4 b	1.180 a	0.731 a
	TC+AWD15	7476.7 a	146.1 b	8.1 c	8.69 b	35.2 b	0.536 b	0.629 a
晚季	FP	7400.0 b	2757.4 a	15.7 a	18.6 a	46.5 a	0.772 a	0.969 a
	TC	8361.9 a	2827.0 a	10.3 b	13.6 b	31.7 b	0.732 a	0.836 a
	TC+AWD15	8682.6 a	1963.1 a	5.49 c	10.4 c	31.0 b	0.274 b	0.782 a

表 9-9　2017 年不同处理下水稻产量、灌水量和氮素养分损失

季节	处理	产量/(kg/hm²)	灌水量/(m³/hm²)	径流损失/(kg/hm²)	渗漏损失/(kg/hm²)	氨挥发损失/(kg/hm²)	总损失/(kg/hm²)
早季	FP	6768.0 b	1053.7 a	18.4 ab	18.9 a	36.6 a	73.9 a
	TC	7601.6 a	954.8 ab	12.3 bc	14.7 b	24.7 b	51.7 b
	TC+AWD15	7658.2 a	261.9 c	6.5 b	11.9 b	21.6 b	40.0 c
晚季	FP	5776.3 b	2188.3 a	15.3 a	19.5 a	39.7 a	74.5 a
	TC	6780.6 a	2326.0 a	10.0 b	14.2 ab	26.5 b	50.7 b
	TC+AWD15	6874.7 a	1203.6 bc	5.2 c	11.7 b	29.3 b	46.2 b

华南地区气候高温多湿，降雨量大，稻田养分径流和挥发损失严重，而大量的水肥投入加剧了面源污染程度。本研究研发的基于"三控"施肥和 AWD15 的稻田节水控污

技术，提高了肥料利用效率，减少了稻田淹水时间和径流，降低了肥料损失和面源污染，同时兼顾了水稻高产。

9.4.4　稻田节水控污技术的示范推广——典型案例分析

2015 年在广东省肇庆市高要区禄步镇开展稻田节水控污技术示范。该地属南亚热带季风湿润气候区，全年无霜期为 328 d，雨热同期且雨量充沛，年均降雨量为 1700 mm，常年有效积温为 7905℃。示范区内，灌溉水资源丰富，排灌设施完善。试验田的土壤以潴育型水稻为主，土壤主要理化性状为：pH 4.8，全氮含量 1.98 g/kg，碱解氮 116.0 mg/kg，速效磷 25.3 mg/kg，速效钾 51.6 mg/kg，有机质 26.8 g/kg。农户主要种植模式为冬闲-稻-稻模式。肇庆市高要区禄步镇白土垌示范区概况图见图 9-15。

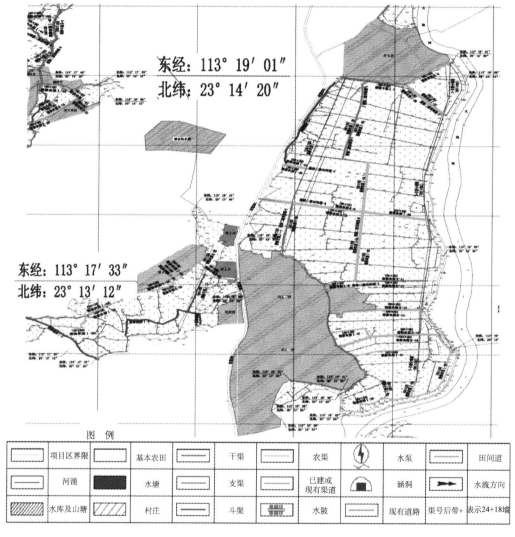

图 9-15　肇庆市高要区禄步镇白土垌示范区概况图

示范基地的管理单位为高要市农业技术推广中心，主要负责示范基地的日常管理、技术培训及技术示范。中心拥有三处设备完善的可容纳 250 人的培训室，可保证培训工作的开展；同时推广中心使用了 OA 办公系统、开设农业信息网、开通"三电合一"服务，开通了全国联网的"三农"热线电话"12316"和内部手机短信群发平台等，保证了有关技术措施的发布、宣传推广。2016~2019 年，在农技人员和当地农业部门的合作下，开展了多场现场观摩和培训会，水稻节水控污技术在高要区禄步镇稻田化肥面源污染综合治理核心示范区累计推广应用 593 hm²。与当地常规施肥和常规灌溉相比，该技术氮磷化肥投入量平均减少 66 kg/hm²，减幅为 18.5%，肥料利用率提高 12%，增产 9.8%，每公顷增收节支 2215.5 元。每季减少灌溉 3~5 次，每公顷减少氮磷流失 24 kg，减幅 35%。

水稻节水控污灌溉技术操作简单，减肥节水增收效果稳定（表 9-10）。为进一步推广技术的应用，农技人员和地方政府部门合作，在仁化、阳江、廉江等市县开展节水控污灌溉技术的多年多点示范。与常规栽培相比，水稻节水控污技术平均减少化肥用量 50.7 kg/hm²，减幅为 14.1%，降低肥料成本 13.4%，增产 9.2%，每公顷增收 1974 元，每季减少灌溉 2 次（表 9-11）。2016~2019 年，节水控污灌溉技术辐射到高要区蚬岗镇、莲塘镇等区域，辐射推广面积累计 7900 hm²，增产稻谷 470.5 万 kg，新增产值 1356.6 万元，每公顷增收 1717.5 元，节约成本 350.3 万元，增收节支共 1707.0 万元，平均每公顷增收节支 2161.5 元。根据核心示范区每公顷减少氮磷流失 24 kg 估算，2016~2019 年共减少氮磷养分损失 189.6 t。

表 9-10　稻田节水控污技术示范（2017 年晚季，高要）

处理	施氮量 /(kg/hm²)	产量 /(kg/hm²)	与 CK 对比量/±%	PFPN /(kg/kg)	与 CK 对比量/±%	灌水次数	与 CK 对比量 /±%
FP	202.5	6210		30.6		6	
TC+AWD	150	7099.5	14.3	47.4	54.9	4	-31.7

表 9-11　水稻节水控污技术多点示范

年份	地点	季节	处理	肥料用量 /(kg/hm²)	肥料成本 /(元/hm²)	产量 /(kg/hm²)	纯收入 /(元/hm²)	灌水 /次
2016	高要	早季	TC+AWD	283.5	1395	7569	17645	5
			TC	283.5	1395	8076	19014	5
			FP	352.5	1731	7093	15688	5
		晚季	TC+AWD	298.5	1460	8355	20141	5
			TC	298.5	1460	8117	19484	9
			FP	352.5	1731	7339	16794	9
	仁化	早季	TC+AWD	345	1668	8464	19517	2
			TC	345	1668	8054	18409	2
			FP	351.8	1708	7931	17998	2

年份	地点	季节	处理	肥料用量 /(kg/hm²)	肥料成本 /(元/hm²)	产量 /(kg/hm²)	纯收入 /(元/hm²)	灌水 /次
2016	仁化	晚季	TC+AWD	345	1668	7271	16733	3
			TC	345	1668	7318	16861	3
			FP	351.8	1708	6615	14842	3
	阳江	早季	TC+AWD	298.5	1460	5673	12398	11
			TC	298.5	1460	5734	12562	11
			FP	337.5	1666	5404	11260	12
		晚季	TC+AWD	286.5	1408	6817	15998	9
			TC	286.5	1408	7226	17129	12
			FP	358.2	1748	5897	12780	12
2017	惠城	早季	TC+AWD	315	1592	7361	16688	—
			FP	352.5	1748	7151	15809	—
		晚季	TC+AWD	315	1592	7560	17682	—
			FP	352.5	1748	7310	16679	—
	广州	早季	TC+AWD	315	1289	7658	18098	0.7
			FP	345	1419	6768	15434	5
		晚季	TC+AWD	345	1419	6875	16137	4.7
			FP	365	1506	5776	12931	6.3
	高要	早季	TC+AWD	298.5	1492	7146	16426	3.3
			TC	298.5	1492	7490	17216	—
			FP	390	1980	6335	13144	5
		晚季	TC+AWD	298.5	1492	7060	16675	4.3
			TC	298.5	1492	7349	17357	—
			FP	390	1980	6201	13153	6.3
2018	高要	晚季	TC+AWD	316.5	1620	8261	20683	—
			TC	316.5	1620	8678	21809	—
			FP	360	1847	8102	20027	—
2019	高要	早季	TC+AWD	283.5	1395	7074	16401	0.7
			TC	283.5	1395	7151	16677	2.7
			FP	352.5	1731	6320	13789	4.0
		晚季	TC+AWD	298.5	1460	6260	14725	6.3
			TC	298.5	1460	6443	15165	9.7
			FP	352.5	1731	5810	12935	11.3
平均			TC+AWD	307.0	1499	7324	17129	4.6
			TC	304.8	1489	7421	17426	6.8
			FP	357.6	1732	6703	15156	6.7

注：纯收入为稻谷产值扣除肥料成本，未扣除其他成本。FP表示常规施肥加灌溉；TC表示"三控"施肥加常规灌溉；TC+AWD表示"三控"施肥加节水灌溉。表中数值为三次重复的平均值。—表示未统计灌水次数。

除节水控污技术外，为进一步削减稻田面源污染，项目组还在广东省肇庆市高要区禄步镇稻田化肥面源污染综合治理技术核心示范基地建立了净化水体的氮磷拦截生态沟渠，作为稻田氮磷拦截生态沟渠过程阻控技术（图 9-16）。生态沟渠是去除氮磷的有效途径之一，对稻田排水沟渠水体中的氮磷拦截率可达 20%～30%。本项目在现有生态沟渠种植菖蒲、再力花等水生植物，对氮磷等养分进行拦截，以减少稻田养分流失引起的水体污染，改善生态环境。

图 9-16　华南多熟制稻田化肥面源污染综合治理技术核心示范基地生态沟渠

9.5　华南蕉园化肥面源污染治理技术集成与示范推广

9.5.1　华南蕉园化肥面源污染现状与治理策略

我国香蕉的主要种植地区分布在广东、广西、台湾、福建、海南、云南六个省区，香蕉产业已成为当地农民增收的主要来源之一（张锡炎，2017）。香牙蕉种植面积占总种植面积的 90%，粉蕉占 8%，贡蕉和大蕉分别占 1%。香牙蕉中'桂蕉 6 号'（'威廉斯 B6'）占 41%，巴西蕉占 29%，'桂蕉 1 号'（'特威'）占 19%，天宝高蕉占 5%，南天黄占 3%，宝岛蕉占 1%（王芳等，2018）。香蕉种植户为提高产量、获取较高的经济效益，肥料投入量不断增加。

我国蕉园氮肥施肥量低则为 500～750 kg N/hm^2，高则为 900～1016 kg N/hm^2（Tan et al.，2004; Yao et al.，2009），远高于香蕉氮素需求量。绝大多数蕉农施肥仅凭借经验，而且肥料配方不合理。常规氮肥利用率不足 20%，磷肥利用率仅为 2.4%（曹明等，2012）。化肥的过量投入会导致农田养分盈余，南方地区降雨多且分布集中，容易引起养分环境损失，大量不合理的施肥不但导致肥料利用率较低、种植产业经济效益下降，还会造成农田土壤中硝酸盐累积、耕地质量下降和水体污染等一系列生态问题（宁瑜，2017）。香蕉地氮素径流流失形态以硝态氮为主，占总氮径流流失浓度的 34.9%～46.8%，还存在大量其他形态的氮素径流流失；氮素径流流失量为 37.2 kg/hm^2，占其施肥引入纯氮量的 15.3%（余萍，2011）。因此，如何兼顾施肥的环境效益和经济效益，将是香蕉产业合理施肥的研究重点。

9.5.2　华南蕉园化肥面源污染治理关键技术

1. 有机无机配施技术

蕉园土壤酸化严重，有机质含量低，保水保肥能力差。香蕉生长适宜的土壤 pH 为 5.5～6.5，与甘蔗、烟草等农田相比，蕉园土壤酸化速度较快(Kafkafi and Tarchitzky, 2011)。同时，香蕉是一种高度耗肥的作物，对肥料的响应比较灵敏(Mustaffa and Kumar, 2012)，因此需要大量的矿物质养分才能快速生长和发育(Noor-un-Nisa et al., 2010)。尽管化肥具有含量高、见效快、轻便等优点，但是容易因径流、淋溶或挥发而损失。为了避免产生酸性毒害，培育土壤肥力，应当采用化肥有机替代、地表覆盖、施用石灰等措施，包括施用有机肥、粪肥、作物秸秆、甘草等有机物料。施用农家肥能够显著增加茎围、功能性叶片数和香蕉产量(Rajput et al., 2015; Ssali et al., 2003)。研究发现有机无机配施比仅施用化肥可更有效地增加养分有效性、土壤细菌多样性、脲酶和酸性磷酸酶活性，并且缓解土壤酸化(Sun et al., 2018)。由于含有较高的碳、氮，有机物料还能够提高香蕉抗病性，比如香蕉穿孔线虫(Pattison et al., 2011)和枯萎病(Sun et al., 2018)。通过有机无机配施技术可以减施氮肥20%～50%，产量增加26.7%～31.5%，土壤 pH 提高 0.2～0.6(王一鸣等, 2019)。施用有机肥对香蕉产量和土壤 pH 的改良作用见表 9-12。

表 9-12　施用有机肥对香蕉产量和土壤 pH 的改良作用

有机肥用量 /(t/hm²)	化肥减少/%	产量增加/%	土壤 pH 提高	数据来源
9.0～18	20～50	26～31	0.2～0.6	王一鸣等, 2019
22.5～30	50～67	9.2～11.3	—	周东荣和莫金荣, 2012
12.5～20	20～56	6.8～13.6	0.2～0.3	本研究组

2. 新型肥料技术

作为喜钾作物，香蕉需钾肥最多，氮肥次之，磷肥最少，氮、磷、钾三要素配比范围一般应是 1∶0.2～0.6∶1.1～2.0，可以根据土壤条件灵活掌握(黄慧德, 2017)；常规复合肥(15-15-15)不能满足香蕉生长所需要的养分配比。在等量养分的条件下，相对常规肥处理，施用控释肥可提高香蕉叶片中氮、钾含量，并且能明显提高土壤中氮、磷、钾的利用率(韦树美, 2011)。根据香蕉养分需求规律，研制并施用缓控释肥有利于提高肥料利用效率。施用控释肥更有利于香蕉植株生长中期和孕蕾期的生长，显著提高了香蕉产量(11.9%)；有效维持了香蕉生长中期土壤速效氮、磷、钾含量，增幅分别为 124%、127% 和 173%；显著提高了香蕉生长孕蕾期叶片全氮含量，以及香蕉生长中期和孕蕾期叶片全钾含量(朱志堂, 2017)。在巴西研究发现，与多次分施(三次、五次和七次)常规肥料(420 kg/hm²)相比，一次性施用控释肥 CRF 14-07-27(210 kg/hm²、315 kg/hm²)可生产相同产量的香蕉，并保持香蕉植株足够的营养状态(De Godoy et al., 2019)。控释肥 210 kg/hm^2 处理的土壤 pH 高于常规分次施肥，并且施用四个月后，土壤中的 P 和 K 含量均保持在适合香蕉作物的水平。郭春铭等(2017)研究发现，碱性长效缓释氮肥能够显著降低土壤酸度，土壤 pH 提高了 0.3~1.2，香蕉产量提高 35%~50%，香蕉氮素吸收量增加 24%~50%，还能增加土壤氮素残留量，减少氮素表观损失，提高氮肥利用率 27%~67%。丁文(2013)研究发现，在等量养分施用量条件下金正大缓控释肥(15-3-27)令香蕉产量提高 6.2%，氮肥利用率提高 42.7%。黄丽娜等(2017)研究表明，控释尿素比例为 15%~45% 时香蕉产量平均提高 34.3%。

3. 肥料增效剂

肥料增效剂，是指一类以增加养分有效性为目的的活性物质。通过固持氮和活化土壤中难以利用的磷、钾元素来增加对作物养分的供给，并在调节植物生理功能中起到一定作用。通常是将它添加到常规肥料中，以适当减少肥料施用量，提高肥料的利用率。肥料增效剂种类很多，从功能上可分为硝化抑制剂、脲酶抑制剂、养分活化剂、保水剂等。从组成上可分为有机活化剂、无机活化剂、生物活化剂或混合活化剂等(周健民和沈仁芳，2013)。生物炭可以改变土壤的吸附和解吸能力及 pH 缓冲能力来提高磷素利用率，减少磷淋失(Ch'ng et al., 2016)。Zhu 等(2015)利用静态箱-气相色谱法测定了海南香蕉园 N$_2$O 排放通量，结果表明香蕉园 N$_2$O 排放量为 6.39~12.8 kg/hm^2，与尿素施用量、温度和土壤氨根离子含量显著正相关；施用 0.3%脲酶抑制剂正丁基硫代磷酰三胺(NBPT)和 0.6%硝化抑制剂双氰胺(DCD)后 N$_2$O 排放减少了 65.4%。根据本课题组的田间试验结果，与常规施肥相比，配施生物炭(8 kg/株)处理香蕉产量和生物量分别增加 8.8%和 19%，氮、磷淋溶损失分别降低 27.1%和 26.6%。

4. 灌溉施肥技术

灌溉施肥(fertigation)是施肥技术和灌溉技术相结合的一项新技术。灌溉施肥是定量供给作物水分和养分及维持土壤适宜水分和养分浓度的有效方法。灌溉施肥技术实现了水肥一体化管理，为合理、高效利用有限的水肥资源提供了新的途径和方法，具有节水、节肥、节药、省工、高效、防止土壤和环境污染等优点(李伏生和陆申年，2000)。臧小平等(2009)研究发现，与浇灌相比，滴灌在香蕉周年生长中的灌水量仅为浇灌处理的 27%，产量增加 15.6%；微喷灌灌水量为浇灌处理的 31.6%，产量增加 5.6%。结合灌溉施肥，地下滴灌条件下养分利用效率可高达 90%，而常规施肥方法仅为 40%~60%(Bar-Yosef, 1999)。灌溉施肥技术和滴灌技术的联合使用为优化水和养分在时间(高频)和空间(精确地施到根系活动区)方面提供了可能(Nanda, 2010)。

根据香蕉养分需求特点，结合喷灌、滴灌等灌溉技术，实行香蕉水肥一体化有利于提高养分吸收效率，防止土壤退化，降低肥料使用量和使用成本，同时还可提高农产品的生产率和质量。灌溉施肥可以防止径流和淋溶造成的损失，从而最大限度地减少地下水污染；灌溉施肥可以节水 40%~70%，肥料使用减少 25%(Senthilkumar et al., 2017)。

9.5.3　示范推广典型案例

在海南省香蕉主产区澄迈县进行香蕉化肥减量与面源污染防控技术集成与示范(图 9-17)。试验地处热带季风气候,年平均气温 23.8℃,年均降雨量 1786 mm,土壤类型为砖红壤。示范基地将土壤酸化调控与有机物料修复技术、水肥耦合一体化技术进行集成。

图 9-17　香蕉化肥减量与面源污染防控技术示范(2017 年 1 月)

2016～2017 年示范区增施有机肥和生物炭进行土壤酸化调控,有机肥用量为 17 t/hm^2,生物炭用量为 15 t/hm^2,氮肥投入减少 22.7%,磷肥减少 29.9%,钾肥减少 10.7%,采用喷带喷灌的方式实现水肥一体化。香蕉产量和植株生物量分别提高 7.6%和 12.2%。并且行间播种豆科植物决明(*Cassia tora* Linn.),充分利用其生物固氮和地表覆盖的作用,达到培肥地力、抑制杂草生长、减少水分蒸发和水土流失的目的。香蕉化肥减量与面源污染防控技术示范及其肥料投入与产量见表 9-13。

表 9-13　香蕉化肥减量示范肥料投入与产量

处理	有机肥 /(t/hm^2)	化肥 N /(kg/hm^2)	化肥 P$_2$O$_5$ /(kg/hm^2)	化肥 K$_2$O /(kg/hm^2)	香蕉产量 /(t/hm^2)
常规施肥	10	1050	795	1912.5	59.1
示范区	17	812	557	1708.5	63.6

2017～2018 年示范区有机肥施用量为 4 kg/株、常规复合肥(15-15-15)为 0.45 kg/株、高氮高钾复合肥(18-5-22)为 1.8 kg/株;与农户常规施肥量相比,化肥施用量减少 37.5%,产量提高 8.8%(表 9-14)。

表 9-14　香蕉常规施肥和示范区施肥比较

月份	常规施肥	示范区施肥
8	1 kg 羊粪+0.15 kg 复合肥	有机肥和生物炭各 1.5 kg+0.15 kg 复合肥 (15-15-15)
9	0.15 kg 复合肥	—

续表

月份	常规施肥	示范区施肥
10	0.15 kg 复合肥	0.15 kg 复合肥
11	0.15 kg 复合肥	—
12	0.15 kg 复合肥	0.15 kg 复合肥
1	2 kg 羊粪+0.75 kg 复合肥+0.15 kg 钾肥	有机肥和生物炭各 2.5 kg+0.6 kg 高氮高钾复合肥（18-5-22）
2	0.75 kg 复合肥+0.15 kg 钾肥	—
3	0.75 kg 复合肥+0.15 kg 钾肥	0.6 kg 高氮高钾复合肥
4	0.75 kg 复合肥+0.15 kg 钾肥	0.6 kg 高氮高钾复合肥
5	0.15 kg 复合肥	0.6 kg 高氮高钾复合肥
6	不施肥	不施肥
7	不施肥	不施肥
肥料总量	3 kg 有机肥 3.9 kg 复合肥 0.6 kg 钾肥	4 kg 有机肥 0.45 kg 复合肥 1.8 kg 高氮高钾肥
化肥减量/%		50

综上所述，根据土壤养分状况和香蕉需肥规律，通过增施有机肥和生物炭提升土壤质量，结合水肥一体化施肥技术，可有效地改善土壤理化性质、减少化肥用量，增加香蕉产量，提高肥料利用率。

9.6　内蒙古马铃薯农田化肥面源污染治理技术集成与示范推广

9.6.1　内蒙古马铃薯农田化肥面源污染现状与治理策略

内蒙古地处我国正北方，全区平均海拔 1000 m 左右，为我国第二大高原。内蒙古农作物多达 25 类，其中马铃薯占有很大比重，是我国马铃薯主产省份之一，马铃薯播种面积及总产量均居全国前列(陈杨等，2012)。得天独厚的地理位置使得全区各地均有马铃薯种植，但主要种植区集中在阴山南麓、北麓 4 个盟市的旗县市及大兴安岭东南 2 个盟市的 4 个旗县市，其中阴山北麓是内蒙古的马铃薯主产区。近年来，随着喷灌、滴灌等节水灌溉技术的推广发展，以前种植杂粮的田地现在有很大比重变为马铃薯农田，肥料用量也随着水肥一体化的有效利用而大大增加。内蒙古马铃薯产量从 1982 年的 41.50 万 t 增加到 2014 年的 803.75 万 t，氮肥用量从 1982 年的 6.50 万 t 增加到 2014 年的 97.15 万 t，增加了近 14 倍，增加的部分可能很大部分用在了灌溉马铃薯种植上(陈杨等，2012)。马铃薯氮肥过量施用问题比较严重，而氮肥利用率不到 20%(郑海春，2007)，导致作物收获后土壤累积了大量的硝态氮。阴山北麓地处蒙古高原，常年的风蚀导致该地区土壤为沙质结构，土壤承载力差，不合理灌溉、施肥很容易将土壤中累积的硝态氮随灌溉水渗漏到土壤下层，流出作物根系生长区域。更重要的是大量氮素的淋失，导致地下水硝酸盐、亚硝酸盐等超标，最终影响当地动物饮水健康及农牧民生活(杨海波等，

2018）。据监测，内蒙古马铃薯主产区氮素损失以硝态氮淋失为主，占整个氮素输出的30%左右。因此，科学防控内蒙古马铃薯田化肥面源污染，必须在保证产量和效益的同时首先对化肥投入的总量进行控制，从源头上防止面源污染的发生；同时结合优化灌溉、新型肥料施用及水肥一体化等多种技术手段对土壤氮素损失尤其是硝态氮的淋失进行过程管控，从而达到减少马铃薯田化肥面源污染的目的。

9.6.2 内蒙古马铃薯农田化肥面源污染治理关键技术

1. 基于氮平衡的化肥总量源头控制技术

受传统观念的影响及经济利益的驱使，内蒙古马铃薯主产区氮肥施用量普遍过量。调查结果表明，内蒙古滴灌和喷灌马铃薯农田化学氮肥投入量平均为 285.7 kg N/hm²，有机肥带入的氮为 191.6 kg N/hm²，平均氮肥施用量为 477.3 kg N/hm²，过多的氮肥投入导致土壤硝态氮的大量累积及淋失。因此，必须进行氮肥投入总量的控制。依据氮平衡理论，在明确目标产量的基础上可以利用以下公式计算优化施氮量：

$$Y(\text{kg N/hm}^2) = L + R + Z - F$$

式中，L 为合理的环境氮损失，约为 59 kg N/hm²；R 为适宜的土壤残留氮，约为 70 kg N/hm²；F 为通过土壤表观矿化、干湿沉降、灌溉、非生物固氮等输入土壤中的氮，约为 104 kg N/hm²；Z 为目标产量需氮量，内蒙古马铃薯主产区马铃薯吸氮量为 150～225 kg N/hm²；则优化施氮量（Y）为 175～250 kg N/hm²。

基于氮平衡的优化施肥量的确定过程并未考虑土壤本身的养分供给能力，内蒙古马铃薯主要种植区土壤以砂壤土为主，土壤中的无机氮主要为硝态氮，因此在播种施肥之前，通过测定表层土壤硝态氮的含量确定土壤供氮能力，最终实现氮肥用量的精准调控。在此基础上，新型肥料如硝化抑制剂、脲酶抑制剂等的使用能够有效地抑制尿素及氨态氮向硝态氮的转化，从而进一步减缓马铃薯种植过程中硝态氮的淋失，提高氮肥利用率。田间试验表明，与农户常规施肥模式相比，氮肥增效优化，在减少氮肥投入的基础上不仅可以实现马铃薯的高产、稳产，同时显著降低了马铃薯田的氮素损失，硝态氮淋失量与农户常规施肥模式相比可以减少 56%～74%。

2. 过程阻控技术

1）氮肥实时调控技术

在氮肥总量控制的基础上，通过合理运筹施肥时间、改变水肥管理方式，实现水肥资源高效利用，减少氮素的环境损失，是在氮肥减量基础上实现作物高产、稳产的基础。农户在施肥方式上常采用"一炮轰"式的施肥模式，肥料中养分的释放和供给能力与作物养分吸收规律不一致，从而导致氮素的环境损失。而进行氮肥的实时调控，根据马铃薯养分吸收规律，确定氮肥的施用时期及比例是提高氮肥利用效率、减少氮素环境损失的重要手段之一。根据 2016～2019 年田间试验结果，明确了马铃薯氮肥吸收规律，并确定了氮肥施用时期及比例为苗期（20%）、块茎形成期（20%、30%）、块茎膨大期（20%）和淀粉积累期（10%）。同时，通过对马铃薯不同生育时期土壤硝态氮含量的测定，对氮肥用量进行实时调控，达到精准施肥的目的。虽然测土配方施肥技术精度较高，但费时费力，对田间施肥指导也有一定的滞后性。而高光谱遥感反演技术能够实现氮素营养的快速实时诊断，杨海波等(2020)基于高光谱指数对马铃薯植株氮素浓度进行估测，并根据植株氮浓度进行氮肥的合理追施(张加康等，2020)，实现精准调控、精准施肥的目标。

2)水肥一体化技术

不合理的灌溉导致土壤中硝态氮向下迁移通过淋溶而损失，水肥一体化施肥技术实现了科学灌水、施肥的一体化管理。水肥一体化技术结合氮肥实时调控技术，根据不同阶段作物需水需肥规律进行灵活而又准确的调控，既能为农作物提供养分，又能提高养分利用效率，同时避免养分在土壤中大量残留及流失。技术要点如下。①肥料溶解与混匀：可选择液态或固态肥料，固态以粉状或小块状为首选，要求水溶性强；施用液态肥料时不需要搅动或混合。②施肥量控制：施肥时要掌握剂量，注入肥液的适宜浓度大约为灌溉流量的 0.1%。③灌溉施肥的程序分 3 个阶段：第一阶段，选用不含肥的水湿润；第二阶段，施用肥料溶液灌溉；第三阶段，用不含肥的水清洗灌溉系统。

3. 技术应用效果

本项目以多年多点的试验田块为基础，初步建立滴灌马铃薯土壤植株氮素营养的动态诊断指标和氮肥的动态优化体系，结合新型肥料、水肥一体化技术等提出了基于根层土壤硝态氮承载力的马铃薯田氮平衡优化施肥的氮肥污染控制方案。为了更好地验证基于氮平衡的马铃薯田氮肥优化施用高产高效种植模式，增强农民对环境与效益双赢理念的认识，根据基于根层土壤硝态氮承载力的马铃薯田氮平衡优化施肥量的确定方法，分别于 2017 年和 2018 年在四子王旗和武川县开展田间示范工作。

根据优化施氮量的计算公式，反推出当目标产量为 45 t/hm^2 和 37.5 t/hm^2 时，优化施氮量分别为 250 kg N/hm^2 和 212 kg N/hm^2，同时在马铃薯生长周期采用测土配方施肥技术，确定施肥时期及施肥比例。表 9-15 显示，与农民田块相比，示范田在减肥 17.14%～45.79%的同时能够保证马铃薯的产量，甚至可以增加马铃薯的产量。虽说实测产量未达到目标产量水平，但氮肥施用量有所下降，和优化施氮量的公式相吻合。

表 9-15 基于根层土壤硝态氮承载能力的马铃薯田氮肥优化技术田间示范

田块类型	年份	地点	目标产量 /(t/hm^2)	优化施氮量 /(kg N/hm^2)	实际产量 /(t/hm^2)	实际施氮量 /(kg N/hm^2)
示范田	2017	四子王旗	45.0	250	37.5	216
	2018	武川县	45.0	250	43.5	232
		四子王旗	37.5	212	37.5	193
农民田块	2017	四子王旗	45.0	—	37.5	340
	2018	武川县	45.0	—	37.5	280
		四子王旗	37.5	—	37.5	356

　　表 9-16 为示范田与农民田块经济效益对比。与农民田块相比，示范田在维持马铃薯产量不变甚至略有增加的前提下，总成本投入下降了 16.67%～44.23%，毛收入平均增加9.87%。从净收益来看，农民田块净收益较低，四子王旗农民净收益甚至为负，出现亏损现象。而每公顷示范田净收益均高于 1 万元，最高可达 1.64 万元。因此，基于根层土壤硝态氮承载能力的马铃薯田氮肥优化技术的推广应用可实现经济和环境效益的双赢。示范区马铃薯测产的相关照片见图 9-18。

表 9-16　示范田与农民田块经济效益对比

田块类型	年份	地点	总成本投入/(元/hm²)	实测产量/(kg/hm²)	马铃薯毛收入/(元/hm²)	净收益/(元/hm²)
示范田	2017	四子王旗	23490	37500	33562.5	10073
	2018	武川县	22500	43500	38932.5	16433
		四子王旗	21750	37500	33562.5	11813
农民田块	2017	四子王旗	37500	37500	33562.5	−3938
	2018	武川县	27000	37500	33562.5	6563
		四子王旗	39000	33000	29535	−9465

图 9-18　示范区马铃薯测产的相关照片

9.6.3　典型案例

精确的氮素营养管理是实现化肥面源过程阻控的重要前提，基于根层土壤硝态氮承载力的马铃薯田氮平衡优化施肥，通过测土配方施肥技术在马铃薯生育期进行氮素的实时调控。虽然这种方法精度较高，但费时费力，对田间施肥指导也有一定的滞后性(杨海波等，2019)。近年来，借助光谱技术实现氮素营养的快速实时诊断一直是农业应用的研究热点。为了进一步验证基于根层土壤硝态氮承载力的马铃薯田氮平衡优化施肥技术的实施效果，2019 年本课题组在锡林郭勒盟正蓝旗建立了 5.3 hm^2 示范区进行田间示范工作。

在根据氮平衡理论计算出氮肥优化用量的基础上，根据马铃薯氮素吸收规律，制订初步的施肥计划，在马铃薯生育期进行光谱氮素营养诊断，并根据诊断结果进行氮肥追施，从而实现氮素的分期调控，达到氮肥提质增效的目的。技术流程见图 9-19。

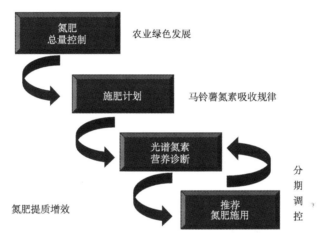

图 9-19　基于氮平衡和光谱氮素营养诊断的氮肥优化施用技术流程图

根据优化施氮量的计算公式及播种之前土壤硝态氮含量的测定结果，反推出当目标产量为 60 t/hm^2 时，优化施氮量为 220 kg N/hm^2。为了更好地验证基于光谱氮素营养诊断的氮肥推荐施用技术，设置施用 1200 kg/hm^2 复混肥作为基肥和施用 600 kg/hm^2 复混肥作为基肥两个田间区块，并根据马铃薯氮素吸收规律，初步制定了生育期施肥计划(表 9-17)。

表 9-17　马铃薯示范区施肥计划

田块	施肥次数	施肥时间	养分施入量/(kg/hm^2)		
			N	P$_2$O$_5$	K$_2$O
示范田 1	基肥	2019/5/12	135.0	120	90
	第一次追肥	2019/6/15	0.0	0	0
	第二次追肥	2019/6/25	17.0	0	0

续表

田块	施肥次数	施肥时间	养分施入量/(kg/hm²)		
			N	P₂O₅	K₂O
示范田 1	第三次追肥	2019/7/5	25.4	0	0
	第四次追肥	2019/7/15	17.0	0	0
	第五次追肥	2019/7/25	12.8	0	0
	第六次追肥	2019/8/5	8.5	0	0
	第七次追肥	2019/8/15	4.3	0	0
	合计		220.0	120.0	90.0
示范田 2	基肥	2019/5/12	67.0	60.0	45.0
	第一次追肥	2019/6/15	30.5	0	0
	第二次追肥	2019/6/25	15.3	0	0
	第三次追肥	2019/7/5	45.9	0	0
	第四次追肥	2019/7/15	23.0	0	0
	第五次追肥	2019/7/25	15.3	0	15
	第六次追肥	2019/8/5	15.3	0	15
	第七次追肥	2019/8/15	7.7	0	0
	合计		220.0	60.0	75.0

光谱氮素营养诊断结果显示，基于根层土壤硝态氮承载力的马铃薯田氮平衡优化施肥技术制定的阶段施肥计划，能够很好地满足马铃薯生育前期的生长需求；而 2019 年 7 月 19 日的光谱氮素营养诊断显示，植株的氮素浓度高于马铃薯氮素临界稀释曲线给出的氮浓度，即土壤氮素供应过多导致马铃薯生长旺盛。对土壤中硝态氮含量进行监测，也发现马铃薯大量吸收利用了土壤中残留的无机氮(图 9-20)，于是调整了制定的施肥计划，将氮肥用量下调 10%。

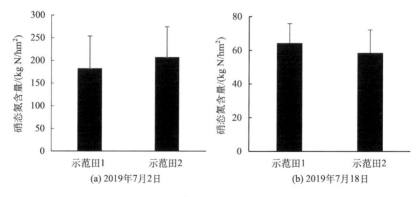

图 9-20　马铃薯生育期土壤硝态氮含量

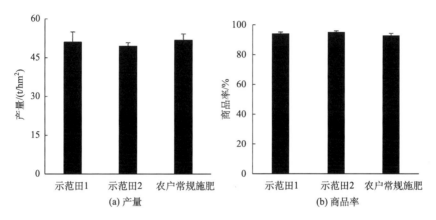

图 9-21 为示范田和农户田块马铃薯产量和商品率对比图。从图 9-21 中可以看出，基于氮平衡和光谱氮素营养诊断的氮肥优化施用技术可以维持马铃薯产量的稳定，同时马铃薯的商品率与农户常规施肥模式相比差异也不显著。但基于氮平衡和光谱氮素诊断的氮肥优化施用技术可节省肥料投入约 3800～5200 元/hm²（图 9-22），在维持马铃薯产量稳定的前提下，总成本投入下降了 42.07%～57.13%。因此，基于氮平衡和光谱氮素营养诊断的氮肥优化施用技术能够在氮肥总量控制的基础上，进行氮肥的分期调控，实现马铃薯种植经济和环境效益的双赢。

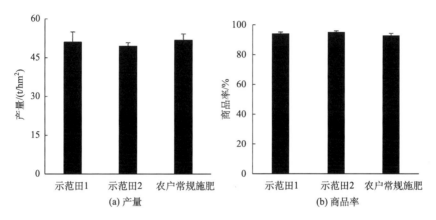

图 9-21　示范区马铃薯产量及商品率

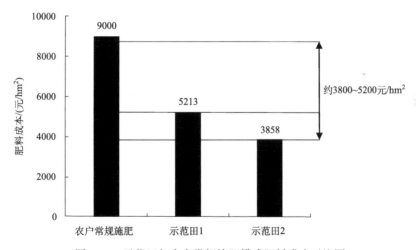

图 9-22　示范田与农户常规施肥模式肥料成本对比图

参 考 文 献

曹明, 宋媛媛, 樊小林. 2012. 控释氮钾比例对香蕉产量及氮磷钾肥料利用率的影响. 西北农林科技大学学报(自然科学版), 40(11): 35-41.

陈浩, 汪玉, 袁佳慧, 等. 2018. 太湖稻-麦轮作区减施磷肥对土壤供磷和小麦吸收磷的影响. 农业环境科学学报, 37(4): 741-746.

陈杨, 樊明寿, 康文钦, 等. 2012. 内蒙古阴山丘陵地区马铃薯施肥现状与评价. 中国土壤与肥料, 2: 104-108.

丁文. 2013. 缓控释肥料对香蕉产量、品质和养分利用率的影响. 福建农业学报, 28(1): 47-50.

郭春铭, 刘卫军, 樊小林. 2017. 碱性长效缓释氮肥对蕉园土壤 pH 和香蕉氮肥利用效率的影响. 植物营养与肥料学报, 23(1): 128-136.

何元庆, 魏建兵, 胡远安, 等. 2012. 珠三角典型稻田生态沟渠型人工湿地的非点源污染削减功能. 生态学杂志, 31(2): 394-398.

胡博, 罗良国, 武永锋, 等. 2016. 环竺山湾湖小流域种植业面源污染减排潜力研究. 农业环境科学学报, 35(7): 1368-1375.

黄慧德. 2017. 香蕉需肥特点与施肥技术. 世界热带农业信息, (6): 51-55.

黄丽娜, 程世敏, 赵增贤, 等. 2017. 控释氮比例对香蕉产量及其构成因子的影响. 中国南方果树, 46(5): 63-67.

巨晓棠, 谷保静. 2017. 氮素管理的指标. 土壤学报, 54(2): 281296.

李伏生, 陆申年. 2000. 灌溉施肥的研究和应用. 植物营养与肥料学报, 6(2): 233-240.

李廷亮, 王宇峰, 王嘉豪, 等. 2020. 我国主要粮食作物秸秆还田养分资源量及其对小麦化肥减施的启示. 中国农业科学, 53: 4835-4854.

梁玉刚, 周晶, 杨琴, 等. 2016. 中国南方多熟种植的发展现状、功能及前景分析. 作物研究, 30(5): 572-578.

凌启鸿, 王绍华, 丁艳锋, 等. 2017. 关于用水稻 "顶 3 顶 4 叶叶色差" 作为高产群体叶色诊断统一指标的再论证. 中国农业科学, 50: 4705-4713.

刘钦普. 2017. 中国化肥施用强度及环境安全阈值时空变化. 农业工程学报, 33(6): 221-228.

刘庄, 李维新, 张毅敏, 等. 2010. 太湖流域非点源污染负荷估算. 生态与农村环境学报, 26: 45-48.

马资厚, 薛利红, 潘复燕, 等. 2016. 太湖流域稻田对不同低污染水中氮的消纳利用及化肥减量效果. 生态与农村环境学报, 32(4): 570-576.

宁瑜. 2017. 减量施肥对香蕉生长发育和生理特性的影响. 南宁: 广西大学.

潘俊峰, 钟旭华, 黄农荣, 等. 2019. 不同栽培模式对华南双季晚稻产量和氮肥利用率的影响. 浙江农业学报, 31(6): 857-868.

祁君凤, 刘存法, 王熊飞, 等. 2020. 秸秆还田对海南水稻土养分含量及酶活性的影响. 热带农业科学, 40(12): 22-26.

田卡, 张丽, 钟旭华, 等. 2015. 稻草还田和冬种绿肥对华南双季稻产量及稻田 CH$_4$ 排放的影响. 农业环境科学学报, 34(3): 592-598.

王芳, 谢江辉, 过建春, 等. 2018. 2017 年我国香蕉产业发展情况及 2018 年发展趋势与对策. 中国热带农业, (4): 9.

王静, 郭熙盛, 王允青, 等. 2010. 保护性耕作与平衡施肥对巢湖流域稻田氮素径流损失及水稻产量的影响研究. 农业环境科学学报, 29(6): 1164-1171.

王一鸣, 赖朝圆, 张汉卿, 等. 2019. 有机氮替代部分无机氮对香蕉生产和土壤性状的影响. 土壤, 51(5): 879-887.

韦树美. 2011. 缓控释肥在香蕉上的使用效果初探. 安徽农学通报, 17(17): 88-89.

吴乐民, 温演望. 1992. 广东稻田多熟制的热量潜势及开发利用. 广东农业科学, 5: 7-9, 29.

肖小军, 余跑兰, 郑伟, 等. 2021. 油菜秸秆还田配施石灰对红壤稻田早稻产量及土壤特性的影响. 作物研究, 35: 8-13, 21.

信逎诠, 伶屏亚. 1986. 中国的多熟制及其发展方向. 中国农业科学, (4): 88-92.

薛利红, 杨林章. 2015. 太湖流域稻田湿地对低污染水中氮磷的净化. 环境科学研究, 28(1): 117-124.

杨海波, 高兴, 黄绍福, 等. 2019. 基于卫星波段的马铃薯植株氮素含量估测. 光谱学与光谱分析, 39(9): 2686-2692.

杨海波, 李斐, 张加康, 等. 2020. 基于高光谱指数估测马铃薯植株氮素浓度的敏感波段提取. 植物营养与肥料学报, 3: 541-551.

杨海波, 杨海明, 孙国梁, 等. 2018. 阴山北麓节水灌溉马铃薯田氮素平衡研究. 北方农业学报, 46(5): 54-60.

杨林章, 施卫明, 薛利红, 等. 2013. 农村面源污染治理的"4R"理论与工程实践——总体思路与"4R"治理技术. 农业环境科学学报, 32: 1-8.

杨林章, 周小平. 2005. 用于农田非点源污染控制的生态拦截型沟渠系统及其效果. 生态学杂志, 24(11): 1371-1374.

杨旺鑫. 2015. 我国农田氮磷损失影响因素及损失量初步估算. 南京: 南京农业大学.

余萍. 2011. 粤西地区天然降雨条件下农田氮素径流流失特征研究. 广州: 华南理工大学.

臧小平, 邓兰生, 郑良永, 等. 2009. 不同灌溉施肥方式对香蕉生长和产量的影响. 植物营养与肥料学报, 15(2): 484-487.

张宝文. 2005. 全国粮区高效多熟十大种植模式. 北京: 中国农业出版社.

张加康, 李斐, 李跃进, 等. 2020. 基于全株生物量和全株氮浓度的马铃薯氮临界浓度稀释模型的构建及验证. 植物营养与肥料学报, 26(9): 1691-1701.

张水清, 钟旭华, 黄农荣, 等. 2010a. 稻草覆盖还田对水稻氮素吸收和氮肥利用率的影响. 中国生态农业学报, 18: 611-616.

张水清, 钟旭华, 黄农荣, 等. 2011. 稻草覆盖还田对华南双季晚稻物质生产和产量的影响. 中国水稻科学, 25(3): 284-290.

张水清, 钟旭华, 黄绍敏, 等. 2010b. 中国稻草还田技术研究进展. 中国农学通报, 26: 332-335.

张锡炎. 2017. 香蕉产业发展面临的重大问题和对策措施. 中国果业信息, 34(1): 7-10.

张子璐, 刘峰, 侯庭钰. 2019. 我国稻田氮磷流失现状及影响因素研究进展. 应用生态学报, 30(10): 3292-3302.

郑海春. 2007. 内蒙古自治区化肥施用现状调研与化肥利用率的研究. 呼和浩特: 内蒙古农业大学.

钟旭华, 黄农荣, 郑海波, 等. 2007a. 水稻"三控"施肥技术规程. 广东农业科学, (5): 13-15, 43.

钟旭华, 黄农荣, 郑海波, 等. 2007b. 水稻"三控"施肥技术的生物学基础. 广东农业科学, (5): 19-22.

周东荣, 莫金荣. 2012. 配施有机肥对香蕉生长和产量的影响. 广东农业科学, (13): 70-71.

周健民, 沈仁芳. 2013. 土壤学大辞典. 北京: 科学出版社.

朱坚, 纪雄辉, 田发祥, 等. 2016. 秸秆还田对双季稻产量及氮磷径流损失的影响. 环境科学研究, 29(11): 1626-1634.

朱文彬, 汪玉, 王慎强, 等. 2016. 太湖流域典型稻-麦轮作农田稻季不施磷的农学及环境效应探究. 农业环境科学学报, 35(6): 1129-1135.

朱兆良, 孙波, 杨林章, 等. 2005. 我国农业面源污染的控制政策和措施. 科技导报, 23(4): 47-51.

朱志堂. 2017. 施用控释肥、碱性肥对香蕉生长发育和产量及土壤养分含量的影响. 南宁: 广西大学.

Bar-Yosef B. 1999. Advances in fertigation. Advances in Agronomy. Amsterdam: Elsevier, 1-77.

Bouman B A M, Lampayan R M, Tuong T P. 2007. Water Management in Irrigated Rice: Coping with Water Scarcity. International Rice Research Institute, Los Baňos, Philippines: 54.

Cai S, Pittelkow C, Zhao X, et al. 2018. Winter legume-rice rotations can reduce nitrogen pollution and carbon footprint while maintaining net ecosystem economic benefits. Journal of Cleaner Production, 195: 289-300.

Ch'ng H Y, Ahmed O H, Majid N M A. 2016. Minimizing phosphorus sorption and leaching in a tropical acid soil using Egypt rock phosphate with organic amendments. Philippine Agricultural Scientist, 99(2): 176-185.

De Godoy L J G, França F G, França K C R S, et al. 2019. Controlled-release fertilizer in the first banana crop cycle. Revista de Ciências Agrárias, 42(4): 908-914.

Hou P F, Xue L X, Zhou Y L, et al. 2019. Yield and N utilization of transplanted and direct-seeded rice with controlled or slow-release fertilizer. Agronomy Journal, 111: 1-10.

Kafkafi U, Tarchitzky J. 2011. Fertigation: A Tool for Efficient Fertilizer and Water Management. International Fertilizer Industry Association, Paris, France.

Liang K M, Zhong X H, Huang N R, et al. 2016. Grain yield, water productivity and CH_4 emission of irrigated rice in response to water management in South China. Agricultural Water Management, 163: 319-331.

Liang K M, Zhong X H, Huang N R, et al. 2017. Nitrogen losses and greenhouse gas emissions under different N and water management in a subtropical double-season rice cropping system. Science of the Total Environment, 609: 46-57.

Liang K M, Zhong X H, Pan J F, et al. 2019. Reducing nitrogen surplus and environmental losses by optimized nitrogen and water management in double rice cropping system of South China. Agriculture, Ecosystems & Environment, 286: 106680.

Mustaffa M, Kumar V. 2012. Banana production and productivity enhancement through spatial, water and nutrient management. Journal of Horticultural Sciences, 7(1): 1-28.

Nanda R. 2010. Fertigation to enhance farm productivity. Indian Journal of Fertilisers, 6(2): 13-22.

Noor-un-Nisa M, Memon K S, Anwar R, et al. 2010. Status and response to improved NPK fertilization practices in banana. Pakistan Journal of Botany, 42(4): 2369-2381.

Pattison A B, Badcock K, Sikora R A. 2011. Influence of soil organic amendments on suppression of the burrowing nematode, *Radopholus similis*, on the growth of bananas. Australasion Plant Pathology, 40(4): 385-396.

Rajput A, Memon M, Memon K S, et al. 2015. Integrated nutrient management for better growth and yield of banana under Southern Sindh climate of Pakistan. Soil Environment, 34(2): 126-135.

Senthilkumar M, Ganesh S, Srinivas K, et al. 2017. Fertigation for effective nutrition and higher productivity in banana-A review. International Journal of Current Microbiology and Applied Sciences, 6(7): 2104-2122.

Ssali H, McIntyre B D, Gold C S, et al. 2003. Effects of mulch and mineral fertilizer on crop, weevil and soil quality parameters in highland banana. Nutrient Cycling in Agroecosystems, 65(2): 141-150.

Sun J B, Zou L P, Li W B, et al. 2018. Rhizosphere soil properties and banana Fusarium wilt suppression influenced by combined chemical and organic fertilizations. Agriculture Ecosystems & Environment, 254: 60-68.

Tan H, Zhou L, Xie R, et al. 2004. Attaining high yield and high quality banana production in Guangxi. Better Crops, 88(4): 22-24.

Xue L H, Yu Y L, Yang L Z. 2014. Maintaining yields and reducing nitrogen loss in rice-wheat rotation system in Taihu Lake region with proper fertilizer management. Environmental Research Letter, (9): 115010.

Yao L, Li G, Yang B, et al. 2009. Optimal fertilization of banana for high yield, quality, and nutrient use efficiency. Better Crop, 93: 10-11.

Yu Y L, Xue L H, Yang L Z. 2014. Winter Legumes in rice crop rotations reduces nitrogen loss, and improves rice yield and soil nitrogen supply. Agronomy for Sustainable Development, 34(3): 633-640.

Zhao X, Wang S Q, Xing G X. 2015. Maintaining rice yield and reducing N pollution by substituting winter legume for wheat in a heavily-fertilized rice-based cropping system of southeast China. Agriculture Ecosystems & Environment, 202: 79-89.

Zhao X, Zhou Y, Min J, et al. 2012. Nitrogen runoff dominates water nitrogen pollution from rice-wheat rotation in the Taihu Lake region of China. Agriculture Ecosystems & Environment, 156: 1-11.

Zhu T, Zhang J, Huang P, et al. 2015. N_2O emissions from banana plantations in tropical China as affected by the application rates of urea and a urease/nitrification inhibitor. Biology and Fertility of Soils, 51(6): 673-683.

第10章 农田面源污染研究发展趋势

10.1 面临的形势与挑战

2020 年国家三部委联合发布的《第二次全国污染源普查公报》(中华人民共和国生态环境部等, 2020)数据显示, 2017 年农业生产(含种植业、畜禽养殖业和水产养殖业) 排放的化学需氧量 1067.13 万 t, 总氮 141.49 万 t, 总磷 21.20 万 t, 比"第一次全国污染源普查"(2007 年)分别下降了 19%、48%和 26%, 表明我国农业面源污染防控在这 10 年间取得了良好成效。其中种植业排放量大幅减少, TN 排放量较 10 年前(2007 年)减排近 88 万 t, 对于农业源 TN 减排贡献率达到 68.1%, 对全国 TN 排放总量减排贡献率达到 52%; TP 排放量较 10 年前(2007 年)减排近 3.25 万 t, 对于农业源 TP 减排贡献率达到 44.7%, 对全国 TP 排放总量减排贡献率达到 30.1%(胡钰等, 2021)。但仍需看到的是, 农业源排放量占总排放量"半壁江山"的格局并未改变, 2017 年农业源 N、P 等主要污染物排放量分别占总排放量的 46.52%和 67.22%。与 2007 年比, TN 占比有所下降(2007 年占比 57.19%), TP 占比基本持平(2007 年占比 67.27%)。其中, 2017 年种植业排放总氮 71.95 万 t, 总磷 7.62 万 t, 分别占农业源排放的 50.9%和 35.9%(胡钰等, 2021)。可见, 农业面源污染的防控是我国未来污染治理和环境建设的首要任务, 而农田面源污染又是重中之重。

2017 年党的十九大报告中明确指出, 要坚定不移贯彻创新、协调、绿色、开放、共享的新发展理念, 坚持人与自然和谐共生, 并把推进绿色发展, 着力解决突出环境问题, 加大生态系统保护力度和改革生态环境监管体制作为生态文明提质改革的重点; 其中突出环境问题中明确包括农业面源污染防治。2018 年生态环境部和农业农村部联合印发《农业农村污染治理攻坚战行动计划》(环土壤〔2018〕143 号), 明确提出要有效防控种植业面源污染。之后相继出台的《中华人民共和国水污染防治法》《农业面源污染治理与监督指导实施方案(试行)》《中华人民共和国乡村振兴促进法》《中华人民共和国长江保护法》等均明确将加强农业面源污染作为主要内容之一。这些最新政策文件和规划方案的出台表明了国家对农业面源污染防治的重视, 也表明了农田面源污染治理除了关注化肥外, 还要关注农药、农膜及农作物秸秆等农业废弃物。

在当前全球新冠疫情居高不下及国际贸易摩擦加剧等新形势下, 国家将粮食安全提高到了前所未有的高度。为保障我国粮食安全, 务必要稳定粮食种植面积和产量。"十三五"期间, 在化肥零增长政策的驱动下, 我国化肥使用强度已经逐渐下降, 化肥利用率也不断提高, 2020 年三大粮食作物化肥利用率已提高至 40.2%。2021 年 11 月中共中央、国务院发布的《关于深入打好污染防治攻坚战的意见》要求, 要持续打好农业农村污染治理攻坚战, 并明确提出到 2025 年化肥农药利用率达到 43%的目标。这表明, 农田面源污染防控将面临更加严峻的技术挑战, 未来农田面源污染防控必须要以保证作物高产为前提，以提高化肥利用率为核心，应向更加合理地调整结构、更加精准地降低投入强度和减少损失方面下功夫。

此外，"十四五"规划纲要中明确把 2025 年地表水优于 III 类水的比例提高到 85% 作为一个约束性指标。为了确保这一目标的实现，2021 年生态环境部将种植业排水口、畜禽养殖和水产养殖排污口也纳入长江、黄河和渤海入海(河)排污口的整治工作中。江苏省生态环境厅已经于 2021 年启动了太湖流域所有排污口的摸排与整治工作。这也表明未来对农田面源污染防控提出了更高的要求，除了化肥利用率提高外，对农田排水的水质也有了更高的要求。

10.2　农田面源污染治理的发展趋势

1. 治理策略的转变

当前，生态文明建设和农业绿色发展已经成为我国的主旋律，粮食安全成为我国的刚性需求，碧水蓝天、青山沃土是我国人民对美好生活的向往和追求。研究表明，我国农业面源污染排放量与经济增长总体上呈显著的倒"U"形曲线关系，化肥投入、农药投入及畜禽粪便排放与人均 GDP 仍处于上升阶段，到达农业面源污染减排拐点还需要一定的时间。近年来，随着农业供给侧结构性改革的深入推进和农业发展方式的加快转变，"一控两减三基本"的实施，积累了一批农业面源污染治理的实用技术和典型模式，农业面源污染的治理已取得显著成效。面对未来社会经济发展的新形势，农田面源污染的治理将从田块尺度的防控向流域尺度的防控转变，从治理氮磷污染、农药污染和薄膜污染向改善水环境质量的目标转变，从治理农田面源污染的单一目标向社会经济可持续发展、美丽乡村和生态文明建设的多重目标转变(耿兵等，2014)。

未来农田面源污染治理将从治理技术为主向管理与技术并重转变，将走向"管控为主、治理为辅"的策略。源头管控是农田面源污染防控的关键，在关注高效施肥用药技术的同时，科学制定农田化肥限量投入标准，并通过化肥实名制和化肥定额供给等相关政策的配套，从源头进行有效监管将是未来的发展方向。此外，随着国家对地表水环境质量的日益重视，流域尺度的污染物总量控制要求对不同生产单元和对象包括种植业、水产养殖业、畜禽养殖业、生活污水等进行分别控制，农村生活污水、规模化水产养殖尾水和畜禽养殖尾水排放标准陆续被提出，农田尾水的排放标准也将被逐渐提上日程。

农田是我国粮食安全的重要根基，如何在保证粮食安全的前提下实现农田面源污染的有效防控，是我国需要解决的重大问题。随着"藏粮于地"国家战略的深入落实，高标准农田建设已在全国范围内广泛开展，对促进我国农业增效、农民增收、农村发展发挥了重要作用。随着生态文明理念的不断落实和耕地多功能管理转型需求，高标准农田建设迫切需要向生态型转变，在增加耕地面积、提高耕地质量的同时，实现高标准农田建设的"生产发展—生活富裕—生态良好"三位一体功能提升。未来农田面源污染防控需要与高标准农田建设有效融合，以农田排灌单元的生态化改造为抓手，形成一些可推广、可复制的技术模式并形成相关标准，从而借助高标准农田建设而快速应用推广。

建立以养分循环利用为核心的"种-种""种-养""种-生""种-养-生"清洁生产模式是未来面源污染治理的新策略。在有条件的地区，要推行生态农业的理念，构建生态农业的发展模式，充分利用自然地理条件，使流失的氮磷等养分(污染物)在不同土地方式内循环利用，或利用食物链原理，使氮磷养分或废弃物资源循环利用，减少污染物向环境的排放，真正实现农业的清洁生产与环境的可持续发展(杨林章等，2013a)。

建立智能化的实时监测系统是全面、及时了解农业面源污染物排放、迁移和成污过程的重要手段。未来在重点流域、面源污染高风险地区、环境敏感区等要建立不同尺度的监测系统，实时跟踪各污染源的排放过程、数量和对水环境的影响，及时反馈给农业生产和监管部门，通过各种防控措施减少面源污染的排放，实现农业生产与环境保护的双赢。

2. 农田面源污染治理技术发展趋势

绿色投入品的创制：我国是世界上化肥施用量最多的国家，经过"十三五"期间的不懈努力，三大粮食作物的肥料利用率虽然有了很大提升，从 2015 年的 35.2% 提升到 2020 年的 40.1%，但仍低于世界发达国家或发达地区水平。此外，我国果菜茶等经济作物的肥料利用率低下，如设施菜地的氮肥利用率仅为 18.6%(丁武汉等，2020)，大多数养分随淋溶、氨挥发和径流等途径损失掉了，不仅浪费了资源，而且加剧了水体富营养化。因此，减少肥料投入、提高养分利用率仍然是未来农田面源污染防控的重点和主要任务，关注对象也将逐渐从粮田转到经济作物上。研发一批绿色高效的功能性肥料、纳米智能控释肥料、生物肥料、高效液体肥料、水溶肥料、新型土壤调理剂等绿色防控品，突破我国农业生产中减量、安全、高效等方面的瓶颈问题，将是未来的研究重点。如新一代作物专用缓控释掺混肥(不同释放速率的缓控释肥氮肥按比例科学掺混、脲酶/硝化抑制剂与控释包膜肥料科学掺混等)可实现养分的释放与作物养分需求的同步，进一步提高肥料利用率，大大降低向环境排放的风险。例如，生物炭由于其良好的吸附性能及良好的生物亲和性，将其运用于农田可改善土壤理化性质，提高土壤对养分的固持能力，并具备调控稻田氨挥发等效果(Xu et al., 2012; Feng et al., 2017; Yu et al., 2020)。此外，一些土壤改良剂、调理剂等既可提高养分的利用效率，也能减少养分的径流、挥发和淋溶损失(姬红利等，2011; 潘复燕等，2015)。此外，农田面源污染治理还需绿色环保型纳米农药、高效低毒低风险化学农药、新型生物农药、新型可降解地膜及地膜制品、氮磷高效低甲烷排放品种等的协同助力。

农田面源污染源头减量技术与智慧农机的结合：近年来土地的承包流转促进了我国农业向适度规模化发展，合作社、家庭农场和农业企业数量日益增加，为农田面源污染减排和农业绿色发展提供了向好的优势背景，但劳动力紧缺的问题也日益凸显。节本省工便成为农田面源污染源头减量技术研发的第一要求，机械化、智能化是未来的发展方向(薛利红等，2013)。农田面源污染源头减量技术和节能低耗智能机械装备的有机结合可进一步提高技术应用的精准度，并加快技术的推广应用。如与智能农机相结合的基于作物长势遥感和土壤肥力的实时精准追肥技术、蔬菜水肥一体化技术、水稻机插/机播——新型缓控释掺混肥侧深施一次性施肥技术、麦玉的种肥同播技术等，实现智慧精准施肥施药灌水等作业，提升农业生产过程信息化、机械化、智能化水平。

尾水的循环再利用：即使采用了源头管控技术，仍有部分氮磷不可避免地会随径流排水排出农田。因此，利用现有的排灌系统对农田尾水进行科学有序的蓄滞和农田循环再利用，是实现流域尺度农田面源污染有效防控的关键，将极大推动"管控为主、治理为辅"策略的实施。如旱地排水回用到稻田或水生植物田。

技术的工程化装备化应用：生态拦截是农田面源污染治理中一个重要的技术环节，国外主要是设置宽广的生物隔离带来控制 N、P 的径流迁移（Duchemin and Hogue，2009）。我国太湖地区使用的生态拦截型沟渠系统，包括农田径流的原位促沉系统、生态沟渠系统、生态湿地塘系统等，通过工程措施和植物配置，结合功能化氮磷吸附材料，实现对农田流出养分的控制（吴永红等，2011；刘福兴等，2019）。这些技术的应用均离不开工程建设，尤其是如何与高标准农田建设相结合，因地制宜地对工程进行科学配置，实现投入最小化下的污染防控效果最大化，将是未来研究的重点。此外，近年来功能性环保材料的研发也为提高生态沟渠系统对农田径流中 TN、TP 的去除提供了新的手段，可模块化应用批量化生产的即装即用式高效除磷脱氮装置的研发，将进一步提高生态沟渠系统对农田排放污染物的处理效果。

其他污染物的综合防控：近年来，稻田秸秆还田带来的 COD 排放问题、果园菜地长期大量有机肥施用带来的抗生素等污染问题、农膜施用及树脂包膜肥料带来的微塑料等污染问题日益受到关注，再加上碳中和、碳达峰、农田温室气体的排放等，未来农田面源污染防控技术将从单一的氮磷减排走向碳(COD 和甲烷)、氮、磷协同减排及多种污染物的联合防控减排技术。

3. 面源污染相关管理制度及政策的完善

有关农业面源污染管理措施的研究一直是农业面源污染治理的重要内容。国外关于面源污染管理措施的研究始于20世纪 70 年代后期，并以美国的"最佳管理措施"(BMPs)最具代表性。BMPs 是指在获得最大的粮食、纤维生产的同时能科学地使农业生产的负影响达到最小的生产系统和管理策略的总称(蒋鸿昆等，2006)。BMPs 包括工程措施、耕种措施、管理措施等类型。BMPs 的工程措施以控制径流过程为主，通过延长径流停留时间、减缓流速和向地下渗透、物理沉淀过滤和生物进化等技术去除污染物。美国在密西西比河三角洲治理工程中，采取了一系列保护性的最佳管理措施，使该流域的沉积物负荷减少 70%～97%，同时 N 和 P 通过沉积运移产生的负荷也明显减少(耿润哲等，2019)。丹麦政府建立了另一种最佳管理措施，包括植物生产严格按照作物轮作表进行，农场主所拥有的家畜数量和他所拥有或租赁的土地之间必须有一定的关联，即"依地定养"，农场必须有储存畜牧废弃物的设施，以保证较少量的养分流失，必须建立肥料使用账户、农药使用账户、能源和灌溉水使用账户，做到投入有监管、排放有措施、奖惩有法规。这些措施对保证丹麦良好的农业环境质量起到了至关重要的作用。

我国在应用最佳管理措施控制农田面源污染时，一方面要吸收欧美在面源污染控制上的一些成功经验，另一方面一定要因地制宜地根据我国的实际来制定防治对策，这是因为我国土地的利用方式和经营方式与国外有很大的差别，同时我国幅员辽阔，各地地理条件、经济水平都有很大的差异,在面源污染控制方面各地应该根据自己的实际情况制定符合当地的最佳管理措施。国家在宏观上给予政策、技术及资金上面的支持。同时,要重视对最佳管理措施在控制农田面源污染中的效果评估,通过环境经济、社会效益的分析,比选不同的管理方案,提出最优方案,进而付诸实施,以体现最佳管理措施的生态价值。

10.3　未来研究工作重点

1. 加强农田面源污染过程及机理研究

导致农田面源污染的因素有很多,从污染物排放、迁移转化到最后成为污染负荷、影响水环境质量,其过程是相当复杂的。目前对导致农田面源污染的因素研究已有很多,对一些污染物的迁移转化过程也已开展研究,但从污染物全生命周期的角度,还缺乏系统的认识,尤其是对污染物在不同土地利用方式下、不同耕作管理措施下、不同地理特征下的迁移转化过程、排放-污染过程的认识还较欠缺。今后应把工作的重点放在土地多尺度利用、氮磷等营养元素投入和成污过程(排放-运移-消纳-成污)三者之间的联系和内在规律上,阐明土地利用、耕作管理、地理水文特征等对农业面源污染的影响机理和规律,在充分认识农田面源污染发生机制、成污过程的基础上,提出科学、合理的农田面源污染防控措施与技术体系(杨林章等,2013b)。

2. 开展流域尺度的农田面源污染监测系统建设及负荷估算模型研究

我国农田面源污染的研究虽然已进行了几十年,但重技术研发和工程治理,轻发生过程及机理的研究,更缺乏长期的基础数据的积累,尤其缺乏面源污染的监测与评价。尽管在第一次全国污染源普查的基础上,我国构建了全国农田面源污染国控监测网络并实现了业务化运行,但现有监测网络在布点、监测技术、监测手段等方面还不足以适应我国当前农田面源污染防治的复杂形势,特别是难以准确评估农田面源污染对水体污染的贡献。这就使得我国在控制流域污染物排放总量、确定流域水环境容量、制定水资源保护规划等研究方面的数据无法确保科学性,实施的面源污染或环境治理工程缺乏针对性,治理目标难以实现或受到较大程度的影响。因此,加强面源污染监测网络的建立,构建全国农田面源污染环境监测"一张网",开展新的监测技术、新的监测方法的研究是十分必要的。同时,要利用建立的监测体系和监测数据,开发科学合理的面源污染评价方法,为面源污染的治理提供基础数据支撑,为农业结构调整、空间优化、环保措施的实施提供科学依据。

在面源污染监测的基础上,还要开展农田面源污染负荷估算方法和模型的研究。近年来,利用同位素技术进行污染的溯源已经得到应用。研究表明,以小流域为单元,把大气-植被-土壤-地表水-地下水作为一个系统,以同位素(包括氮、氧、氚等同位素)作为示踪手段,结合现代信息技术、水文过程、元素的生物地球化学过程等指标,可科学辨识农业面源污染物的来源、定量估算农田面源污染物输出负荷,解析面源污染物的迁移转化过程与机理。

面源污染负荷估算模型也是当今的研究热点。20 世纪 60~70 年代，国外开展了大量的研究，包括输出系数模型、机理模型等在内的一系列面源污染负荷估算方法和模型受到世界各国的广泛关注。比较著名的模型有 SWAT、Ann AGNPS、CREAMS、HSPF 等。由于现有主流模型大多根据北美地区环境特点而研发的，需要根据中国的土地利用、地理地貌特征、耕作管理措施等进行参数修订和模型修改，使之能更好地适应中国的实际情况，提高模型估算的精度。同时，要充分发挥时效性和宏观性方面具有明显优势的"3S"技术，结合农田面源污染的监测系统、污染负荷估算模型，通过数据分析与系统集成，建立农田面源污染的预警体系，及时发布污染风险预警，为决策者进行判断和宏观管理提供支撑。

3. 加强新产品、新材料与新装备的研发

农田面源污染治理已经取得阶段性成绩，一些技术的应用也取得了较好的效果，但要实现农田面源污染的全面防控、农村生态环境的根本好转，仍需要加大新产品、新材料和新装备的研究与开发。这些新产品包括新型肥料的研制与开发、新型环境材料的开发、新的环境治理设备或装备的开发等(杨林章等，2013a)。

未来新型肥料要实现多功能化，即既能提供作物生长必需的营养成分，又能改良土壤结构与理化性质，同时还能提高肥料的利用率。这些新型肥料包括新一代缓控释肥料、高效有机无机复混肥料、生物有机肥料、水溶性肥料、多功能肥料等。此外，智能肥料(smart fertilizer)也是今后肥料行业重点推出的新一代肥料，其通过复杂的材料和制造技术，自动感知土壤的温度、酸度或湿度变化，根据作物对养分的需求智能控制养分释放速率，提高肥料的利用率。

近年来，纳米材料已经成为材料科学研究的热点，是当今新材料研究领域中最富有活力、对未来经济和社会发展有着十分重要影响的部分。而纳米材料在环境污染治理中的应用是未来环境材料研究的重点。传统的污染治理方法效率低、成本高，并可能存在二次污染等问题，而新型纳米材料如催化材料、吸附材料、治理水污染的膜分离材料和过滤材料等的应用，可大大提高污染治理的效率，降低处理成本，并可实现材料的资源化利用。

除了要加强新产品、新方法和新材料研究与开发外，更要加强新设备、新装备的研制与开发，逐步将现有技术转化为物化产品，便于技术的推广应用。当前，面源污染治理的技术已经比较完善，但由于停留在技术层面，没有物化的产品或装备，很难将这些好的治理技术进行大面积推广应用。我国农业还是以小型分散式经营为主，农业经营者(农民、家庭农场、农业合作社或农业企业)很难有效掌握面源污染治理的各类技术，因此有必要将这些治理技术转化为物化的产品，包括设备或装备，农业经营者可以根据其生产需求和治理目标，选择购买相关设备或装备，将这些设备或装备用于面源污染的治理，实现治理技术的实际应用，达到有效控制农业面源污染的目的。

4. 加强面源污染治理相关政策和立法研究

长期以来，面源污染的治理一直是技术先行，政策和保障机制研究落后。在当前形势下，随着治理技术的推广应用，在取得阶段性成效的基础上，开展面源污染治理相关的政策与保障机制的研究是当务之急。这些政策包括财政支持政策、环境补贴政策、生态补偿政策等。

今后应该重点加大对环境友好型技术使用和生产方式的补贴，将财政补贴由流通环节转向环境友好型生产环节，即逐步将单纯的农业补贴转化为控制农业污染的补贴。如因限额使用化肥、农药所造成的减产，财政给予适当的补贴以降低生产者的损失。此外，对生产者采用清洁生产技术、生产绿色农产品的给予财政补贴，建立科学合理的生态补偿机制，出台相应的生态补偿政策，促进农业的结构性改革，最终起到增加农民收入、引导消费方式、改变生产技术和减轻农业面源污染等多重作用(韦宁卫, 2013)。

农田面源污染的治理不仅是技术问题，更是社会发展问题，在生态文明建设和法治建设的当下，亟须明确绿色发展立法理念，厘清政府、生产者及农户的责任，完善农田面源污染相关的法律法规(林煜, 2021)。在此基础上，构建农田面源污染多元主体合作共治机制和政策支持体系(沈贵银和孟祥海, 2022)。

参 考 文 献

丁武汉, 雷豪杰, 徐驰, 等. 2020. 我国设施菜地表观氮平衡分析及其空间分布特征. 农业资源与环境学报, 3: 353-360.

耿兵, 刘雪, 叶婧, 等. 2014. 加快发展农业循环产业, 促进农业面源污染治理. 中国农业科技导报, 16(2): 9-13.

耿润哲, 梁璇静, 殷培红, 等. 2019. 面源污染最佳管理措施多目标协同优化配置研究进展. 生态学报, 39(8): 2667-2675.

胡钰, 林煜, 金书秦. 2021. 农业面源污染形势和"十四五"政策取向——基于两次全国污染源普查公报的比较分析. 环境保护, 49(1): 31-36.

姬红利, 颜蓉, 李运东, 等. 2011. 施用土壤改良剂对磷素流失的影响研究. 土壤, 43(2): 203-209.

蒋鸿昆, 高海鹰, 张奇. 2006. 农业面源污染最佳管理措施(BMPs)在我国的应用. 农业资源与环境学报, (4): 64-67.

林煜. 2021. 农业面源污染防治的法制对策. 环境保护与循环经济, 41(11): 4.

刘福兴, 王俊力, 付子轼, 等. 2019. 不同规格生态沟渠对排水污染物处理能力的研究. 土壤学报, 56(3): 578-587.

潘复燕, 薛利红, 卢萍, 等. 2015. 不同土壤添加剂对太湖流域小麦产量及氮磷养分流失的影响. 农业环境科学学报, 34(5): 928-936.

沈贵银, 孟祥海. 2022. 农业面源污染治理: 政策实践、面临挑战与多元主体合作共治. 云南民族大学学报(哲学社会科学版), 30(1): 58-64.

韦宁卫. 2013. 农业面源污染治理与财税政策选择. 会计之友, 12: 107-109.

吴永红, 胡正义, 杨林章. 2011. 农业面源污染控制工程的"减源-拦截-修复"(3R)理论与实践. 农业工程学报, 27(5): 1-6.

薛利红, 杨林章, 施卫明, 等. 2013. 农村面源污染治理的"4R"理论与工程实践——源头减量技术. 农业环境科学学报, 32: 881-888.

杨林章, 冯彦房, 施卫明, 等. 2013a. 我国农业面源污染治理技术研究进展. 中国生态农业学报, 21(1): 96-101.

杨林章, 施卫明, 薛利红, 等. 2013b. 农村面源污染治理的"4R"理论与工程实践——总体思路与"4R"治理技术. 农业环境科学学报, 32(1): 1-8.

中华人民共和国生态环境部, 国家统计局, 中华人民共和国农业农村部. 2020. 第二次全国污染源普查公报. http://www. mee. gov. cn/home/ztbd/rdzl/wrypc/zlxz/202006/t20200616_784745. html.

Duchemin M, Hogue R. 2009. Reduction in agricultural non-point source pollution in the first year following establishment of an integrated grass/tree filter strip system in southern Quebec(Canada). Agriculture, Ecosystems & Environment, 131(1/2): 85-97.

Feng Y, Sun H, Xue L, et al. 2017. Biochar applied at an appropriate rate can avoid increasing NH_3 volatilization dramatically in rice paddy soil. Chemosphere, 168: 1277-1284.

Xu G, Lv Y, Sun J, et al. 2012. Recent advances in biochar applications in agricultural soils: Benefits and environmental implications. Clean-Soil, Air, Water, 40(10): 1093-1098.

Yu S, Xue L, Feng Y, et al. 2020. Hydrochar reduced NH_3 volatilization from rice paddy soil: Microbial- aging rather than water-washing is recommended before application. Journal of Cleaner Production, 268: 122233.

彩　图

长江中下游稻田化肥面源污染综合防控示范基地（江苏南京）——空间布局图

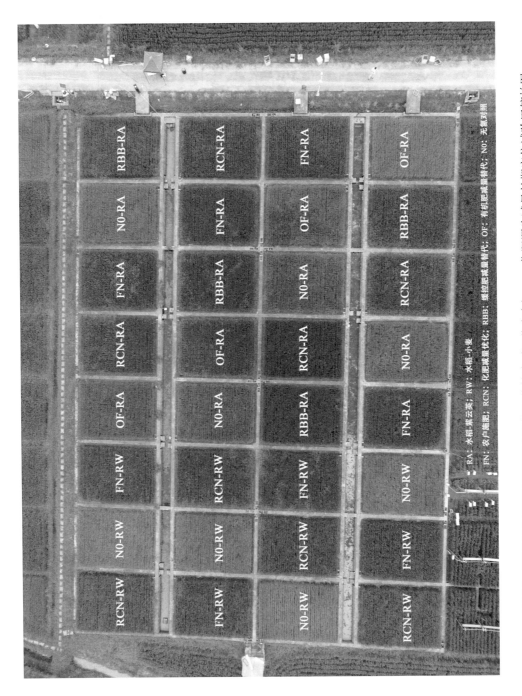

长江中下游稻田化肥面源污染综合防控示范基地（江苏南京）——化肥源头减量长期定位试验田俯拍图

RA：水稻紫云英；RW：水稻-小麦；
FN：农户施肥；RCN：化肥减量优化；RBB：绿控肥减量替代；OF：有机肥减量替代；N0：无氮对照

混凝土生态沟渠

有机肥替代

田内生态沟

生态田埂

生态护坡及缓冲带

稻田排水土质拦截沟渠

长江中下游稻田化肥面源污染综合防控示范基地（江苏南京）——面源生态拦截工程

长江中下游稻田化肥面源污染综合防控示范区（江苏镇江）——示范区布局与化肥源头减量技术示范

建设后

建设前

长江中下游稻田化肥面源源污染综合防控示范区（江苏镇江）——生态拦截沟渠

麦-玉作化肥面源污染防控田间小区试验

冬小麦示范田

农田化肥减量试验径流淋溶监测平台

夏玉米示范田

华北冬小麦－夏玉米轮作农田面源污染防控技术示范（山东）

建设前　　　　　　　　建设中　　　　　　　　建设后

华北冬小麦－夏玉米轮作农田面源污染防控技术示范（山东）——生态拦截沟渠

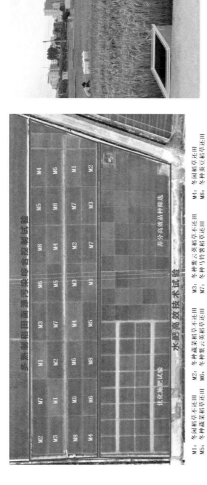

华南双季稻化肥面源污染综合试验区（广东白云）

M1: 冬闲稻草不还田　　M2: 冬种蔬菜稻草不还田　　M3: 冬种紫云英稻草还田　　M4: 冬种蚕豆稻草还田
M5: 冬种蔬菜云英稻草还田　　M6: 冬闲稻草还田　　M7: 冬种马铃薯稻草还田　　M8: 冬种蚕豆稻草还田

水肥优化管理田间小区试验（广东白云）

水稻节水控肥技术面上示范[广东雷山（左）和广东肇庆（中和右）]

华南双季稻化肥面源污染防控技术示范（广东）

华南菜地化肥面源污染综合防控技术示范（广东佛山）

香蕉化肥减量与面源污染防控技术示范（海南海口）

沼液膜过滤装置

沼液配肥浓缩尾液农田利用

沼液膜浓缩配肥工艺与尾液农田回用示范工程（浙江嘉兴）

沼液膜浓缩前处理

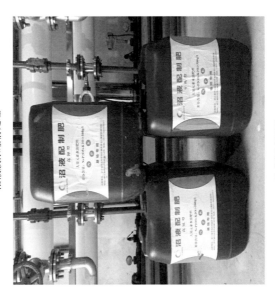

浓缩沼液配肥

尾水稻田回用示范田

水生植物净化塘
（上-2016年，下-2017年）

南京高淳东坝污水处理厂
示范工程平面布局图

农村生活污水尾水氮磷的农田回用示范工程（江苏南京）

1. 水生植物机械化打捞

2. 粉碎压榨脱水

3. 堆置有机肥

4. 水生植物有机肥农田回用

环境源养分的水生植物富集－有机肥农田回用示范工程

夏玉米

玉米种植前利用

小麦拔节期利用

冬小麦

小麦越冬期利用

养殖肥水的农田回用示范工程（河北）

马铃薯田间测产

无人机航拍田间处理图

田间小区实收马铃薯对比

马铃薯优化施肥技术示范

马铃薯田化肥面源污染防控技术田间示范（内蒙古）

CK	N	N+CP
C	N+C	N+DCD
2C	N+2C	N+DMPP

硝化抑制剂和生物炭在菜地菜地化肥面源污染控制中的应用田间小区试验

新材料、新产品在化肥面源污染控制中的应用

项目研发的高效脱氮除磷环境材料

生物炭/水热炭的稻田环境效应评价盆栽试验